U0288187

从规划研究到城市研究

Towards research-based Urban Planning

一个广州城市规划师的立场

Inquring mind of an urban planner in Guangzhou

袁奇峰　著

中国建筑工业出版社

图书在版编目（CIP）数据

从规划研究到城市研究——一个广州城市规划师的立场／袁奇峰著．
北京：中国建筑工业出版社，2015.12
ISBN 978-7-112-18793-5

Ⅰ.①从… Ⅱ.①袁… Ⅲ.①城市规划—研究 Ⅳ.① TU984

中国版本图书馆 CIP 数据核字（2015）第 281417 号

责任编辑：杨　虹
责任校对：李美娜　赵　颖

从规划研究到城市研究

一个广州城市规划师的立场

袁奇峰　著

*

中国建筑工业出版社出版、发行（北京西郊百万庄）
各地新华书店、建筑书店经销
北京嘉泰利德公司制版
北京中科印刷有限公司印刷

*

开本：787×1092 毫米　1/16　印张：31³/₄　字数：760 千字
2015 年 12 月第一版　2016 年 7 月第二次印刷
定价：68.00 元
ISBN 978-7-112-18793-5
（28075）

序

　　袁奇峰教授的论文集即将出版，邀我作序。我欣然答应，但提笔时突然觉得我没有资格。因为他的学术背景是城乡规划，我是地理学，他相对微观，我相对宏观。我有一个习惯，不懂则少说，或不说只听。但当我粗略翻翻这本论文集，反而觉得可以作序。因为看到他自我总结"经历了设计城市形态、形象，规划城市功能、结构，再研究城市发展体制、机制的过程，终于明白了城市空间规划要服从于城市发展基本规律的道理——只有掌握了城市发展之'道'，城乡规划之'术'才能摆脱'纸上画画、墙上挂挂'的命运。"我欣赏这段话，偏爱这段话。我们多年之努力不就是为了追求这个城市发展之"道"吗？

　　但是，当我看完该书的"附录"之后，又真的不敢写这个序了。因为以前并不了解他如此受到媒体的关注，而此书将来影响面之广也可想而知。理性思考告诉我们，像广州这样一座迅速发展的巨型城市，在其发展、规划、设计和建设中，不同意见的碰撞、批评甚至"谩骂"都不奇怪。城市规划师作为专业人士，在决策者和公众之间倡导真理，批评不按规律办事、影响城市整体利益的短期行为是其不可推卸的责任。严格说来，一个城市的规划出了问题，作为专业人士的规划师也有一份责任。如果采取回避的态度，不吭声，违背专业的良心，那绝不是一个好的、有作为的规划师的作为！不为批评而批评，批判中有建构，所以说，袁教授尽了一个城市规划师的责任。既然已答应作序，我就写几句，也不要把批评意见看得太严重！

　　袁教授最初给我留下深刻印象是在一次关于佛山市南海东部地区发展战略的咨询会上。听了他的发言马上觉得他看问题有洞察力，思路敏锐、独到，很多有"棱角"的观点在微笑中流畅而出，悦耳而有"嚼头"。后来，中山大学地理科学与规划学院开设城市规划专业，需引进规划人才。时任院长的保继刚教授征求我的意见，想调他进中大任教，我毫无迟疑表示同意。这样就造成了他前10年在广州市规划院，当总规划师；后10年进中山大学，做博士导师的经历。难得的职业历练铸就了丰厚的学术成就，体现在他的《从规划研究到城市研究》这本书中，值得一读！

　　论文集自然不可能像教科书那样，从定义、内容到理论、方法等去系统论述，但是作者在实践中不断总结、提升理论认识，或对某些规划制度创新的肯定、对某些弊端的批评，或对某些难题的解惑、对某些趋势的预警。因此值得我们去阅读，去体味，去拓展。譬如：

　　在谈到市场经济条件下的城市规划体系时，他指出"规划体系必须与时俱进，摒弃计划经济的弊端，突出其作为地方事务的特点；国家对地方规划的审批，应重点审查'粗线条'规划；重点完善地方规划编制、决策和管理制度；城市总体规划要弱化期限控制，用近期建设规划不断地检讨和调整，使近期行动与长远战略良好结合。"我想，这样才能保证"一张蓝图干到底"，不会一届政府一张新图。

　　在讲到控制性详细规划时，他敏锐地指出"城市规划有其科学性、工具性和行政性。科学性即为追求城市的长远、整体利益和三大效益（效率、公平和生态）的平衡；工具性即城市政府通过经营城市推动经济发展的工具；行政性即减少管理者的自由裁量权，便于规划督察，避免权力寻租。但目前过于强调其行政性面向，出现了为规划而规划，长期以往，控规就容易异化为市长、市场和市民的对立面。"

在总结战略规划时，作者认为，战略规划的成果应该是战略性的，是面向实施的，是弹性的、开放的、滚动的，需要不断检讨和反思。只有这样，战略规划才能发挥指导城市发展的作用。作者还用了较大篇幅论述了城乡规划一级学科建设、中心镇规划和"多规合一"等学科前沿问题。

作者全程参与了广州CBD——珠江新城的谋划、策划、规划和设计；长期跟踪研究其开发建设到基本建成的过程。由于身在其中近二十个春秋，自然体会良多，感慨万千！他在进一步反思中这样写到"最近十年，广州的城市规划日益变成了一种政策宣示，往往只是表达了政治家的一些短期想法和抽象概念，不再成为一种城市建设的谋略，城市规划成为炫耀权力的一种工具，很可惜！"只有一直身处其中，才会有如此切身之感。

如果这种状况延伸下去，会给城市发展带来破坏甚至灾难！其实要解决这个问题也并非难事，关键是要处理好决策者（市长、书记等）、规划师和公众之间的关系，各尽所能，各司其职。在决策者与规划师之间，决策者是主导方。为官一任，造福一方，做大做强，无可非议。但是城市发展、城市规划是一门专业学问，要遵循客观规律。决策者虽也大致了解城市情况，有着极强的热情和抱负，但是，由于时间、精力和专业的局限，难以准确把握城市发展内在规律，必须依靠专业人员。城市规划部门应该"向权力讲述真理"，要坚守专业精神，摸清决策者意图，运用自己的专业知识为决策者出谋献策，为城市健康、可持续发展服务。决不能盲目追随决策者的短期执政目标，搞"大会战"、"大跃进"，进而滋生莫名的浮躁。如此，不仅出不了好的规划成果，反而有可能贻误城市发展时机，迷失城市长远发展方向，愧对广大市民。

本书后面几篇可统称为城市发展问题研究。讲城市发展离不开区域。吴良镛先生有句名言，要从区域看城市，不能就城市论城市。我们讲城市发展离不开城市发展动力、区位条件、职能定位和空间格局等等"老八股"的内容。不过，作者在这里谈的主要是作者在规划实践工作中遇到的一些具体问题的总结思考，不乏精辟之论断，不仅有重要实践指导意义，而且也有一定的学术价值。这种做法也符合我经常倡导的，搞研究要以小见大，"小题大做"的研究方法。比如：

作者谈及了珠三角一体化、广佛同城化等区域协调问题。指出如何从长期形成的、强调城市行政区间的"竞争"，转变到"竞合"，进而演化到区域协调发展的"协同"，是珠三角在转型升级中无法回避的问题。如果珠三角全域都享受到了区域协调发展的红利，那么真正的珠三角一体化就实现了。

作者在总结了"大事件"推动城市发展以后指出，"大事件，需要冷思考"。各级政府应更加注意在决策过程中的制度建设，学会科学决策、民主决策，因为决策失误可能造成不可逆转的社会矛盾。他尖锐地指出，"政治精英的自大，导致政府理性不足；经济精英的贪婪，导致市场理性混乱；文化精英被矮化，导致公众理性缺失"。

在讨论广州发展战略的空间格局时，作者再次提到2012年版城市总体规划"1+2+3"

的空间格局。我想有些东西可能已经过去，但是作者的总结值得记取。即"每换一届官员都喜欢另起炉灶，热衷任期政绩目标"。我觉得，热衷任期政绩目标还可理解，但是"一个有战略担当的领导，绝不能到处另起炉灶，破坏城市长远的整体结构，不能让近期所为成为未来的成本。"在总结广州城市社会演变30多年的历史时，作者说"并不是轻松欢快的旅行，而是不仅充满经济利益的摩擦和统治文化的碰撞，而且伴随着巨变时期大国的治理迟滞和地方超越的艰难"。广州城市社会的30年，真是中国社会经济演变的丰富与生动的"活化石"。

袁奇峰教授正值天命之年，他笔耕不辍，还通过教学和承接各类项目研究，带出了一批学术新苗。在此，我特别希望袁教授及其弟子们在学术的高位上再夯实理论基础，递接从城市规划研究到城市发展研究的火炬。实践出真知，实践出理论，希望在不懈的实践中实现理论创新。当然理论创新不可能一蹴而就，而是需要讨论，争论甚至批判都是正常的。

城乡规划学与城市地理学，虽是两门不同的学科，但其对象都是城市。城市规划需要城市地理学的理论支撑，城市地理学也只有为城市发展服务才具有其内在的生命力。改革开放30多年来，学科发展的轨迹已经证明了这一点。我衷心地希望袁教授在地理科学和规划学院的氛围里，做两个学科相结合的促进派。

从这本论文集中，我不仅从中看到了作者的才华，体会到了他的执着和坚韧，还看到了他对我们共同居住的城市——广州的热爱与深情。因此，不揣冒昧，不避外行，乐于为本书作序。

许学强

2015 年 9 月 15 日

自　序·走向研究型规划

　　1982年进入同济大学建筑系城市规划专业，我受到了比较完整的工科训练，首先得益于学院完备的包豪斯式教学体系，从基本设计技能、建筑设计、工厂总平面设计、居住小区规划设计到城市总体规划。其次得益于学院优秀的教师队伍，老师们都是相关领域理论与实践的达人，经常在学术杂志上看到给我们上课的董鉴泓、陶松林、徐循初、邓述平、卢济威、阮仪三、张庭伟、朱锡金等教授的作品和文章。另外一个特点是理论联系实际，记得我们班的城市认识实习是在南京考察刚刚建成的金陵饭店；美术实习是在绍兴柯桥；城市居住区实习在常州市；而城市总体规划设计课程是何林和唐子来老师带我们在沈阳完成的，作业是铁西区分区规划，但是我却被抽出来去跟董鉴泓先生做《"沈阳－抚顺"一体化发展研究》；本科毕业论文则跟陈亦清老师做《绍兴城市发展战略及规划形态研究》。

　　本科四年我学会了一整套调查研究、问题分析、方案比选、甲方沟通、文本和图纸编制的技能，更多关心"有什么问题"，关注如何解决现实存在的矛盾，总之对"怎么办"有一套！但是在研究生毕业论文选题时就陷入左右为难的境况，纠结于研究城市规划实践还是理论方向？究竟是关于城市还是关于规划的理论研究？是关注"怎么办"还是关注"是什么""为什么"？

　　读研究生3年，跟随恩师邓述平教授和王仲谷、周秀堂老师做了大量城市规划设计项目，累积了大量实践经验，城市规划设计技能得到极大提升，在本书收入的《青海塔尔寺地区保护规划设计》就是跟随先生完成的。但是真要提笔写一篇几万字的硕士毕业论文，却发现自身知识的系统性不够的问题。1989年以前是中国思想解放的启蒙时代，我如饥似渴地学习可以看到的一切资料和图书。期间阅读了大量文献，对我影响最大的是《走向未来丛书》系列，启示是可以用社会科学的方法研究城市这样的复杂系统。通过阅读于洪俊、宁越敏编著的《城市地理学概论》，E.帕克等著的《城市社会学》，相马一郎著的《环境心理学》，李允鉌的《华夏意匠》、凯文林奇的《城市的形象》，芦原义信的《外部空间设计》、N.舒尔茨的《存在、空间与建筑》等激发起我对"人与城市空间"关系的兴趣，我的硕士论文通过"场所"和"时间"概念的引入，提出了营造有意义的"城市生活空间"的想法，主要观点见本书《城市生活空间初论》一文。

　　1993年分税制改革后国家进入高速发展轨道，地方政府的积极性被激发出来，拼尽全力改革、开放，调动一切资源向外开放吸引投资，对内启动所有制改革促发展，而发展主体的市场化、多元化更推动了国家经济的整体繁荣。而我1995年才来到广州这片热土。

　　中国的城市规划在近30多年来是政府促进经济发展的工具，很好地配合了地方政府招商引资，"以空间换发展"培育了强大的产业基础；配合地方政府经营城市土地，"以土地换财政"构筑了庞大的土地财政框架。通过城市规划这个综合平台来经营和分配空间资源成为城市政府的主要职能之一，其目的就是通过制定成文的规则最大化城市经济效益、致力于控制负外部性。城市规划的基本职能就是利用"一书两证"，通过土地用途管制和建设工程管制保障城市整体正常运行。中国的城市化孕育了自己颇具特色的城市规划体系，因此也带来许多与生俱来的问题，在论文集"第一篇，城市规划研究"中收录的论文聚焦于这方面的问题，其中《控制性详细规划，为何，何为，何去？》一文曾经获得中国城市规划学会、金经昌城市规划教育基金会联合颁发的 2010 年度"金经昌中国城市规划优秀论文奖"。

在城市快速发展阶段，作为一个地方规划设计师，我运用学校培养的城市设计技能完成了广州解放路双层骑楼街复建规划、环市东路花园酒店广场设计、上下九路传统骑楼街步行化、沙面历史文化街区保护规划、珠江新城规划检讨等一大批项目，无不把关注点放在城市公共空间体系和空间公共性的建构上。在广州市城市规划勘测设计研究院工作期间，我在学术期刊上共发表 18 篇学术论文，其中《21 世纪广州市中心商务区（GCBD21）探索》、《广州沙面建筑群，在使用中保护》还获得金经昌城市规划基金会 2001、2003 年度颁发的"金经昌城市规划优秀论文奖"。论文集"第二篇，城市设计研究"主要收录了这些论文。

2000 年后，我因为参与《广州城市总体发展概念规划》(中国建筑工业出版社，2002 年版)而开启了一个新的视野，战略规划不是为规划局这样的技术部门编制的，而是架设在规划局与城市主要决策者之间，向权力讲述真理或者让政治决策理性化和系统化的桥梁，城市规划终于有机会作为干预社会、推动城市善治的工具而参与到城市发展政体之中。这些年我先后主持了广州、沈阳、南宁、佛山、珠海、汕头、云浮、河源、江西九江、荔湾、番禺、南海、高明、三水、南京江宁等城市的发展战略研究。论文集"第三篇，城市发展研究"收录的论文主要讨论广州城市发展战略，另外有两篇是关于我们长期跟踪研究的南京市江宁区的。

2005 年我在中国工程院院士何镜堂教授、原建设部陈晓丽总规划师、原广东省高教厅厅长许学强教授推荐下，从工作了 10 年的广州市规划院调到中山大学地理科学与规划学院任教，我在教学岗位的这 10 年写作了近 60 余篇学术论文，原因是进入大学这样的学术生产机构，可以利用带研究生的有利条件同时展开多条研究线索：

有三个博士生的选题围绕城市边缘区的生态保护、大都市区生态农地和生态休闲空间展开：其中肖华斌博士运用景观生态学工具从生态功能需要生态结构支持的角度，提出生态结构需要保护生态空间的命题；陈世栋博士则通过广州白云区流溪河沿线万份村民问卷、千份村庄问卷深入分析了都市生态农地保护的困境，提出城市政府应该承担起农业型战略性生态资源保护的责任，以维护公共生态产品；吴志才博士深入分析了增城市 3 种绿道模式，提出了作为都市公共生态休闲产品的运行机制。这些研究文章收入论文集"第四篇，大都市区生态空间研究"。

有两位博士生的选题涉及城市保障性住区和"农村集资房"领域：马晓亚博士通过对广州市保障性住区的深入调研，揭示了其布局的边缘性、社会的分异性、公共服务设施配套滞后及社会结构演化的规律，她和我合作完成了多篇学术论文；吕凤琴博士通过对 1998 年前广州"农村集资房"历史的检视，发现集体建设用地上的房地产开发曾经是乡镇政府主导的小城镇发展的动力，但是在土地市场巨大利润的挤压下逐渐演变成为针对大城市居民的"小产权房"。相关论文收入"第五篇，房地产与住房制度研究"。

改革开放以来，国家的进步就是由一个个地方的实践推动的，佛山市南海区就是一个推动中国进步的地方：从 1990 年代的农村股份合作社的土地再集体化，到 21 世纪初的农村集体经营性建设用地流转经验的全国化，到"三旧改造"模式的探索和示范，再到三规合一试点。我们在这里做了 10 多年规划研究和设计，推动和见证了南海从"农村社区工业化"到"园区工业化"，从"工业南海"到"城市南海"的转变。从 2003 年开始我们就成功地把南海东部地区镶嵌进了"广佛同城"的愿景，目前这早已经成为当地各个社会阶层的共识，也成为更高层次的决策。

有两位博士生的选题聚焦在南海区。杨廉博士的研究揭示了珠江三角洲自下而上城市化地区农村社区工业化模式的核心，即作为"村社共同体"的农村集体经济组织行为模式，决定了空间使用的绩效和形态。他和我合作的两篇论文《城乡统筹中的集体建设用地问题研究——以佛山市南海区为例》、《基于集体土地开发的农村城市化模式研究——佛山市南海区为例》分别获得 2009、2013 年度"金经昌中国城市规划优秀论文奖"。钱天乐博士生正在进一步深化这项研究，通过跟踪研究我主持的南海区"三旧改造"若干项目的实施过程，试图解释政府、市场和村集体在存量集体建设用地开发中的博弈关系，初步提出了"协商型发展联盟"的假说。这些论文都收入了"第六篇，三旧改造与土地制度研究"。

正如我们南海研究的合作者邱加盛先生所言：只有在城市规划之前平衡好相关者利益，才能稳定大家对未来的预期，才能凝聚力量形成共识、推动共同行动。不为研究而研究，从学术的"第三只眼"研究城市发展，在推动社会经济发展的过程中，用批判性思维做规划设计，不仅针对城市现实问题提出药方，还对药方的副作用有着较为深刻的认识，如此让我们的研究团队有可能在实践与理论两个方面都能取得进展，相得益彰。

随着国家经济告别超速发展期，发展中掩盖的社会矛盾、生态问题日益凸显，如何避免"中等收入陷阱"成为学术界的焦点。回顾世界城市规划学科的发展历程，工业革命初期资本原始积累阶段残酷的社会问题引发了对理想社会的憧憬，其中一些国家从空想社会主义走向列宁式的暴力革命，最终造就了问题更多的以公有制为基础的计划经济体系；另外一些国家则沿着社会改革的道路走向了福利资本主义，诞生于英国的现代城市规划积极参与了这个进程，将复杂的社会问题转化为技术问题，主动成为社会改革和财富再分配的重要工具。

2011 年城市规划获批为一级学科，并正式更名为城乡规划学，学科编号 0833。对于所有城乡规划专业人员来说这是一个机遇也是重大的挑战！转型期的中国城市规划在社会主义市场经济的浪潮中挣扎了 30 多年，终于获得了对自身定位的全新认知，进入到城市空间资源分配的公共政策领域。也就是说，中国城乡规划学科要从建筑学走向更加广阔的学科背景，集成人类一切知识以构筑中华民族的城市生存环境，学会用科学与民主两只手去处理日益纷繁复杂的利益冲突，寻求中国城市发展的帕累托最优。在城市化即将进入相对平缓发展的时期，如何平衡发展中的经济、社会和环境效益，构筑可持续发展的中国城市，城市规划也要回归"新常态"。城乡规划的社会功能正在于帮助政府做正确的事，并把正确的事做好。

游于艺而近于道。这本论文集展现了一个广州城市规划师在中国城市化高速发展这30多年来持续的思考和学术探索，《从规划研究到城市研究》忠实地记录了作者和同事、学生们共同的成长足迹：经历了设计城市形态、形象，规划城市功能、结构，再研究城市发展体制、机制的过程，终于明白了城市空间规划要服从于城市发展基本规律的道理——只有掌握了城市发展之"道"，城乡规划之"术"才能摆脱"纸上画画、墙上挂挂"的命运。

知天命更要行天命。这本论文集收录了作者部分广州城市建设评论，其价值是把一些技术圈内的城乡规划话题公共化，引入社会讨论，让市民能够参与和监督城市建设决策。早在1997年，《羊城晚报》产经新闻部梁以墀编辑就约我在"家园版"开设专栏，每个周末一稿，所以一到周四晚上9：00就要坐在电脑前苦思冥想。本想写够100篇出一本书，没想到我才写到24篇就被单位领导警告了。城市建设涉及的问题太复杂、利益太大！感谢《北京规划建设》的文爱平编辑，从2014年开始约我开设"岭南城事"专栏，至今已经写的8篇评论全部收录到本论文集中，或许在异乡的专业杂志上谈本土的城市建设应该还能有些小空间。

感谢一路上给我指路的众多师长、同事和同行们，尤其感谢我的研究生导师邓述平先生，原广州市城市规划局的王蒙徽局长、潘安局长、史小予总工程师、段险峰主任，原广州市规划院李萍萍院长、陈建华院长、潘忠诚总工程师，中山大学许学强教授、保继刚教授，是他们给了我很多的机会和足够的信任，让我有机会完成这么多有意义的工作。

最后感谢为本书出版付出辛勤劳动的杨廉博士、沈思女士，感谢中国建筑工业出版社的责任编辑杨虹女士，是他们认真仔细的工作使本书的出版成为可能。

2015年9月16日

目　录

第肆篇　大都市区生态空间研究

第伍篇　房地产与住房制度研究

第 壹 篇

城市规划研究

构建适应市场经济的城市规划体系

据 2004 年 5 月 20 日《南方日报》载："2004 年 5 月广州市人大原则通过《广州市城市总体规划（2001—2010）》（送审稿）。有人大常委会委员指出，如果按照《广州市城市总体规划（1996—2010）》的报送审批进度，那么《广州市城市总体规划（2001—2010）》能够在 2007 年、2008 年获批就已经算很顺利的了。届时，离规划的最后一年 2010 年仅剩下两年的时间,失去了规划本该有的前瞻性,又如何能凸显这个规划的'龙头'意义呢？"

1 现行城市规划体系面临严峻挑战

中国城市规划体系由作为管理依据的城市总体规划、详细规划和作为管理手段的"两证一书"构成。现行"规划法"与其说是城市规划管理的大法，还不如说是一部有关规划编制办法的法律。由于立法的社会经济条件发生变化，现行城市规划体系面临严峻挑战。

1.1 总体规划陷入困境

我国现行的城市规划体系是在全民所有计划经济时代完成的制度设计，其理论基础是在空间上落实国民经济和社会发展计划。城市规划管理的权力根源是上级政府行政审批通过的城市规划方案，大城市总体规划则通过国务院审批成为国家事务。

《中华人民共和国城市规划法》立法的目的是"为了确定城市的规模和发展方向，实现城市的经济和社会发展目标，合理地制定城市规划和进行城市建设，适应社会主义现代化建设的需要。"

但是由于在我国快速工业化、城市化过程中东西部区域发展严重不平衡，大量人口和产业向东部发达地区聚集，而城市户籍制度的改革，更使城市人口规模预测往往沦为"数字拼凑游戏"，基于人口控制的城市总体规划便失去了基础，甚至无法做到"实事求是"这个基本的要求。中国多少一流的城市规划专家和官员每年不知要无可奈何地编制和评议多少个根本连自己都无法说服的假而无用的总体规划！

一轮总体规划编制工作，少则半年，多则 5 年以上，上报审批又要几年，等到批准下来，情况已发生变化，又必须调整。特别在经济快速发展年代，凝固的、过细的、过死的静态规划往往被不断变化的实际发展所突破，令规划部门疲于调整、修改，始终处于似有规划又似无规划，似有法可依又似无法可依的状态。因而有些城市的规划干脆就不报批，好随时修改（陈秉钊，2001）。

1.2 规划管理失去依据

改革开放后中国经济向社会主义市场经济转型，利益的多元化格局使不同利益阶层、不同利益团体在不同地区各不相同的空间诉求都在成为塑造城市的积极力量，在计划经济时代成型的城市规划管理体系一直面临着日益严峻的市场力量及巨大利益的冲击。

城市规划应该是未雨绸缪，而不能是临渴掘井。但是现行的城市规划体系由于至今仍然沿用计划经济时代自上而下"安排"与"控制"的静态思维方式，与市场经济条件下的城市发展现实脱节，大量死板无用的规划不是被城市发展的现实所突破，就是随着五年一届的市长任期被随意修改，城市规划管理成为了"无水之井"。

并且，没有经过审批的城市规划作为城市建设的依据、没有任何法定依据的"两证一书"、没有基于整体和长远控制的规划储备，或突破规划用"标准与准则"作为审批依据，带来了规划管理大量自由裁量权的出现，由此产生了大量"合法不合理""合理不合法"的案件。

2 城市规划体系变革的信号

2.1 城市发展方针的变革

《中华人民共和国城市规划法》规定："国家实行严格控制大城市规模、合理发展中等城市和小城市的方针，促进生产力和人口的合理布局"。

严格控制大城市规模方针和苛刻的土地政策，迫使大城市不断在旧城挖潜、改造。广州 20 年的旧城改造再造了一个旧城——高层建筑"见缝插针"、"遍地开花"，公共设施难以合理布局，高质量公共空间无法形成，旧城改造高层、高密度的原则导致原已十分拥挤的城市更加拥挤，也使得基础设施超负荷运行。历史环境的"大拆大建"，致使历史文化名城保护的防线退到了"文物保护单位"，千年古城的历史文化物质基础、岭南城市特色丧失殆尽。

在中国城市化高速发展、人口东移、大城市大发展的时期，党的十六大报告明确提出："农村富余劳动力向非农产业和城镇转移，是工业化和现代化的必然趋势。要逐步提高城镇化水平，坚持大中小城市和小城镇协调发展，走中国特色的城镇化道路。"（江泽民，《全面建设小康社会，开创中国特色社会主义事业新局面》），这表明城市发展方针面临着变革。

2.2 建设部积极推进"近期建设规划"

2003 年，建设部下达"近期规划暂行办法"，规定城市必须"明确近期内实施城市总体规划的发展重点和建设时序；确定城市近期发展方向、规模和空间布局，自然遗产与历史文化遗产保护措施；提出城市重要基础设施和公共设施、城市生态环境建设安排的意见"。

近期建设规划的期限为 5 年，原则上与城市国民经济和社会发展计划的年限一致。其中当前编制的近期建设规划期限为 2005 年。要求各地一定要如期完成规划编制工作。城乡建设必须严格执行规划，不符合近期建设规划的建设项目，不得核发"选址意见书"，不得批准"项目建议书"，不得批准用地。

建设部要求近期建设规划与国民经济五年计划同时编制，但同时又明确"严格依据城市总体规划，不得违背总体规划的强制性内容"。可见"近期规划暂行办法"是作为中央加强对地方规划监督管理的手段而提出的（仇保兴，2002）。

虽然其结果是有没有总体规划的城市全都通过了近期规划审批，但是这一次被描述为"来无踪去无影"的近期规划事件（王富海，2004），却可能在无意间开启了每五年一次对城市总体规划回顾与检讨的新的滚动规划体系。这也恰恰说明基于总体规划的近期建设规划，不可能改进已经不适应社会发展需要的总体规划体系。

2.3 崛起于地方的"概念规划"

2000 年发端于广州市的"城市总体发展概念（战略）规划"，可能是新千年以来城市总体规划编制工作中最具革命性的探索。

广州市概念规划咨询源于应对行政区划调整、辖区管理范围扩大的压力，试图超越既有规划的简单叠加，在一个较短的时间内寻求整体发展的优化方案，实现行政区划调整后整合效益的最大化。广州市政府试图通过"咨询"这样一个程序，通过"学术民主"的渠道统一政府各部门和各行政区的发展思路，减少利益调整过程中的社会成本——从这一点看，广州市概念规划的目的是"治乱"。

在工作组织上，广州概念规划分为"咨询"和"深化"两个阶段。在咨询阶段确实有一些单位为赢得关注不惜"出狠招"，其实在任何具有竞赛性质的活动中都会有"掀屋顶"的现象，但在政府最后审批通过的方案中往往不过"开个窗"罢了。由城市政府组织深化的概念规划（战略规划）由于有多方案参考，有专家意见，较之传统的总体规划工作方式在决策上更具学术民主性，有较多的理性成分，因此其成果已经具有相当的综合性。

更为关键的是由于政治家全程参与规划的研讨，在规划深化过程中已经反映了市长们的一系列城市建设决策，规划编制过程就成为管理者与技术部门协调的过程，从而使得概念规划深化的成果能够建立在坚实的基础之上，因而"从云山珠水走向山城田海""南拓北优，东进西联"等规划目标，概念规划对广州城市的长远发展和现实的建设安排有着积极的指导作用。

随后我国不少大中城市开始进行概念规划的编制，如北京、南京、哈尔滨、沈阳、成都、太原、合肥、杭州、宁波、台州、厦门、佛山、惠州、韶关等，概念规划成了我国规划界的热点。学者普遍认为城市发展战略规划是一项很有意义的工作（李晓江，2003；戴逢、段险峰，2003；王凯，2002；张兵，2002），对城市的未来发展具有长远的指导意义。

但问题是，概念规划未来的出路究竟会怎样？目前看来有 3 种可能：①成为总体规划编制前制度化的规划研究阶段，替代现在的规划纲要；②成为新的城市总体规划编制框架的改革方向，其成果是粗线条的，主要供中央和上级政府审查并与之在城市发展战略的层面达成共识；③部分被新的城市总体规划框架汲取，成为总体规划长远战略方面的补充。

如果说目前城市总体规划在全国范围普遍面临"遇着红灯绕着走"的消极抵抗，那么由广州开始的城市总体发展概念规划则开始了一场理性的对现行城市总体规划体制的自下而上的积极变革，因为市场经济下的城市发展迫切需要与之相适应的规划指导。

2.4 香港"法定图则"制度的引进

在公开、公平、公正的前提下，香港用既定的"法定图则"+"规划委员会"审批的规划体系，使城市规划在市场经济条件下发挥了重要的作用。

"全港发展策略"和"分区图则"都是概念性和弹性的，但是"法定图则"必须通过公众参与程序，才能由"规划委员会"审批。因此，只有"法定图则"是真正具有法定性质的操作性文件，而所有经过批准的"法定图则"都对社会公开、让市民监督，"法定图则"既管开发者又管管理者。

《香港城市规划条例》规定：在城市规划委员会中政府官员人数不得超出总人数的

50％；召开正式会议时其他社会人士出席会议少于政府官员时，则政府官员必须有人回避，以保证投票的公信度；任何规划如果涉及"法定图则"的修改，必须经委员会投票表决后才具有法律（BYLAW）效力，对表决结果有异议的只可以由上诉委员会做最终裁决。

深圳在全面引进和执行"法定图则"制度后，城市规划管理有了一个准绳——已经批准的"法定图则"。但是在"人治"大于"法制"的现实政治环境下，"'法定图则'在运行中可能会面临图则违反法定权益、公众参与效果不佳、规划部门职责不清、规划委员会的决策与监督机制不健全等方面的问题，而这些问题产生的根源不在于'法定图则'制度本身，而是由于宏观经济和政治环境的影响、'法定图则'自身定位的矛盾性并受到目前规划技术手段和法规的制约，因此对于'法定图则'目前能够发挥的作用应有一个客观清醒的认识"（邹兵、陈宏军，2003）。

3　市场经济需要城市规划

市场经济条件下，投资主体多元化，而城市规划是城市政府可以对社会经济发展实施调控的少数手段之一。即便是市场经济还不够完善的现阶段，城市规划作为城市政府经营城市的工具、社会协调的工具、城市建设决策的工具、城市管理的技术工具也正发挥着日益重要的作用。

3.1　政府经营城市的工具

政府逐步退出经营性领域后，以利用有限的"公共财政"为社会提供"公共物品"和服务成为其的主要职责。所以"企业化政府"管制之道为许多城市政府所推崇。

城市化、城市人口增长要求政府提供更多服务，而只有增加财政收益才能提高行政能力。

1993年确立的分税制，划定了国家与地方各级政府的财政边界。各个城市都在尽可能地增加GDP，中小城市为推进工业化和城市化忙着招商，大城市则关注产业结构的升级和优化。随着城市要素市场的建立，土地收益等日益成为政府重要的收入来源。

开放的投资市场，使"以足投票"的国内外游资成为城市政府尽力争取的对象。城市间的竞争日益剧烈，使得城市政府必须通过经营城市（即改善城市环境、塑造城市形象、改善社会和生态基础设施、改进服务）来达到增强城市核心竞争力、吸引投资的目的。

在这种情况下，作为城市政府主要工作的城市规划必须主动成为城市政府经营城市的工具，否则就将缺位出局。

3.2　社会协调的工具

由于城市建设项目不可避免地具有外在性（Externality），对周边环境价值有较大（好或者坏）的影响，基础设施、公共设施等是涉及整个城市的公共物品，而开发商等利益主体的市场决策多基于局部和个体考虑，因而城市政府必须代表城市整体利益成为协调者。

基于公益和长远利益的城市规划管理和控制是协调和平衡矛盾的重要手段，可用来确保"外在性"的内在化，防止不良"外在性"对周围地区的影响，用来确定地区开发的性质，以制定政府提供城市基础设施和公共设施的计划（朱介鸣、赵民，2004）。从平衡社会效益、环境效益、经济效益出发，在市场失效时政府必须利用行政手段和公共财政能力对城市发展进行干预，以协调社会矛盾，维护社会公平，保障公共利益。

3.3　城市建设决策的工具

由于城市建设外在性的存在，在利益主体多元化的市场经济条件下，城市政府的建设决策面临越来越多的挑战。

随着市场经济的推进，利益多元化使得民间力量与政府行政之间也开始出现相互制约的可能，"行政许可法"等良好的制度设计有可能使城市规划进一步体现地方事务的特征。

现实的规划编制过程其实就是一个协调各级政府、各部门、各利益团体、专业部门与政治家要求的过程，是一个不断形成共识与决策的过程。上级政府的规划审批也是一个城市与区域整体利益格局关系相互协调并形成共识的过程。

在城市建设决策通过技术手段难以平衡利益冲突的情况下，可以将城市规划过程作为一种诉诸民主的协调手段，启动专家委员会提供咨询服务、公众参与等程序以听取民意，使决策具备法理基础，获得社会认同。这样看来，城市规划过程本身就是一个政治过程。

3.4　城市管理的技术工具

城市规划编制是"向权力讲述真理"，规划方案的选择和审批过程就是一个政治决策过程。难怪有人说"有什么样的市长，就有什么样的城市"，而并未把焦点放在规划局长这样的技术官员身上。

规划技术的核心是在发展中运用规划策略平衡近期与长远利益；协调局部与整体利益；整合内部性与外部性；实现公众参与和民主决策。

任何一个总体规划的编制与实施都存在规划的长远技术原则与市长任期目标之间、上级（中央）与下级（地方）利益之间的谈判与妥协。而详细规划的编制又都是下级政府、开发者与城市总体规划编制原则的博弈。

规划师的权力来自国家规划法、技术规章的要求，规划人员应该要有一定的专业准则，但更为关键的是要建立一整套行之有效的法定管理体制。深圳市借鉴香港的"法定图则"+"规划委员会"制度就是符合市场经济原则的好的制度，在公开、公正、公平的前提下进行城市管理的工具，既约束开发者，也约束政府。

尽快建立适应市场经济的城市规划体系是城市规划技术得以在城市建设中发挥更为重要的作用的前提，规划法不仅要关心城市建设方针政策等宏观规划学术问题，更要致力于建立适应市场经济的规划管理制度，要鼓励地方建立制衡的规划建设决策体系。

4　结语

市场经济条件下城市规划的需求源于市场失效。城市规划体系必须与时俱进，摒弃计划经济的弊端，突出其作为地方事务的特点。

首先，要明确国家和地方事权。国家对地方城市规划的审批只需要审查涉及区域、流域协调和国家战略的重大问题，减少单一城市发展对区域的不良"外部性"影响即可。因此可以学习英国"结构规划"的方法，重点审查"粗线条"规划。

其次，要重视建立地方规划编制、决策和管理的制度，明确规划委员会制度、公众参与制度，在"市场－行政－公众"之间形成制衡的权力体系以保证城市的有序发展。在这个层面上，中央政府建设行政管理部门的主要功能是监察地方执行程序和维系制度的有效运行，对地方提供技术指导。

城市总体规划要弱化期限控制，用一个更为长远的发展战略和一个更为弹性的、强调程序控制的动态规划替代一劳永逸的20年不变的静态规划；要弱化规模控制，用相对大的空间包容不确定的快速发展，强调容量规划，划定城市发展的生态底线，对发展中不能破坏的东西划定明确底线，重视城市各系统的长远平衡发展。

重视近期规划的编制，用每五年不断的检讨和调整使近期行动与长远战略良好的结合起来，从"安排城市发展"转向"引导城市发展"。

城市详细规划要强调稳定与公平，发展稳定的地区必须普及法定的控制性详细规划，开发地区可以用综合发展区（CDA）、特别意图区（SPD）等区划工具进行控制；减少城市建设的不良"外在性"对周围地区的影响；确定提供地区开发的性质，为政府制定城市基础设施和公共设施的长远提供计划。

参考文献

[1] 广州市城市规划局．广州城市总体发展概念规划的探索与实践 [J]．城市规划，2001，（3）．

[2] 王蒙徽，段险峰，袁奇峰，等．在快速发展中寻求均衡的城市结构 [J]．城市规划，2001，（3）．

[3] 陈秉钊．他山之石，攻我陈规——谈城市规划的改革 [J]．国外城市规划，2000，（3）．

[4] 邹兵，陈宏军．敢问路在何方？——由一个案例透视深圳法定图则的困境与出路 [J]．规划评论，2003．

[5] 朱介鸣，赵民．试论市场经济下城市规划的作用 [J]．城市规划，2004，（3）．

（原文发表于《规划师》，2004年第12期）

应对转型期的持续变革

在这个急剧变化的年代，任何希望城乡规划管理体系、设计方案和法规能够"五十年不落后"的想法都只能是一厢情愿。因此，作为规范城乡建设的规划法也必须跟随国家的进步和城市发展的形势变化，不断地调适自己的定位和角色。

城乡规划是一个实践性很强的行业，与国家政治、经济、社会、文化和科技的发展有着密切的关系，因此，也是在转型期受冲击最大的领域之一。一方面，城市在国民经济和社会生活中承担着越来越重要的作用；另一方面，城市政府从来没有像今天这样承受着如此多的责难。在一个经济高速发展、社会急剧变化的社会中，同时应对观念、体制、政策和法规的变革确实不是一件容易的事情。

《中华人民共和国城乡规划法》就是在这个急剧变化时代的若干阶段性实践成果的总结，把成功的经验变成大家共同的"游戏"规则，因此，具有明显的适应国情的现实性、行政管理的可操作性和变革时代的动态性。

1 城市改革的成就

20 世纪 80 年代，在农村改革取得重大进展后，中国改革开放的重心转移到城市。为避免政府财政破产，扶持国营企业从"拨款"到"拨改贷"，结果导致大量银行坏账；为避免银行破产，再启动股票市场募集资金支持国营企业，结果导致股市危机。由于姓"资"姓"社"问题的纠缠，为坚持公有制占主导地位，导致国营企业改革迟滞，城市体制改革最终陷入困境。

20 世纪 90 年代，改革的重点放在产权制度上，城市政府在企业产权上普遍采取了"不求所有，但求所在"的态度，将城市经济的重心放在税收上，积极加入世界经济分工，通过开放政策在经济全球化中获得新的角色分工，通过改革政策推动市场经济体制的重建以提高资源配置效率，社会经济发展获得了巨大成就，极大地改善了人民生活。

2008 年是中国改革开放 30 年，城市经济体制改革已经由制度创新获得了决定性的成功。

2 "分税制"改革

城市化、人口增长要求城市政府提供更多服务，只有增加财政收益才能扩张行政能力。同时，城市间的竞争日益剧烈，使得城市政府必须通过经营城市资源、改善城市环境、塑造城市形象、改善社会和生态基础设施、改进服务以增强城市核心竞争力等来吸引投资。你追我赶地发展城市经济，提供公共服务，国家的发展也就被推动了。

1994 年的"分税制"改革，划定了国家与地方各级政府的财政边界，终于使各级城市政府也像 20 世纪 80 年代农村改革中的农民一样爆发了积极性。正是这个利益清晰的财税体制和政治上以发展指标考核官员、鼓励城市间发展竞争的行政体制设计最终成就了中国的城市改革。

现阶段的中国城市政府本质上已经被打造成为"发展型政府"，如果说得更透彻一些，就是"准企业化"的政府，所有的城市都在同一个开放的投资市场上竞争，而"以足投票"的国内外投资项目成为城市政府尽力争取的对象。各级城市政府纷纷将经济工作的重点放在税基培养上，而不管经济的增量究竟"姓资姓社"。国企改革也终于凝聚到产权制度上，通过"抓大放小"把绝大部分国有企业民营化和股份化，采取各种有效措施鼓励扶持民营经济发展，结果大幅度提高了经济效率。经济发展了，税收就可以增加，可以做更多的市政工程、做更多的公共事业，从而加快了城市的发展步伐。

3 土地有偿使用制度改革

中国城市规模的不断扩张既是经济发展、人口增长的结果，也是经济发展的手段。"筑巢引凤""招商引资"已经成为模式化的"中国发展经验"。

1987 年的"国有土地使用权转让制度"改革打开了城市建设市场化的大门，土地有偿使用制度使得城市土地的价值逐步显现出来，"以土地换资金，以空间换发展"，土地收入成为城市重要的收入来源。城市政府普遍用城市规划工具培育城市土地价值，在城市快速发展中积累建设资金，滚动推进基础设施建设和增量土地开发。大量市郊土地被划入开发区、城市发展区，许多城市新区孕育而生，大中城市规模的不断扩张说明城市政府获得了提供市政服务与收益之间的正反馈和财政的平衡点。

虽然城市间招商引资的竞争十分剧烈，导致各地政府在工业用地开发中基本无利可图，但是企业投产后的税收留成却非常可观。大多数城市在土地出让计划中对房地产开发用地供应斤斤计较，反而尽量增加工商业用地供应，不惜用零地价甚至负地价吸引工商业企业入住，因为持续的工商业税收是城市政府的更为重要的财政保障。许多城市政府往往将房地产开发用地的收益用于工业园区的开发。

中国城市改革的成功是在"不争论""发展才是硬道理""有些事只能说不能做，有些事只能做不能说"等"思想解放"的典型中国智慧中做成的。历史证明，改革开放 30 年来许多制度创新也只能在这样的氛围中产生出来。事实上，目前也还需要进一步解放思想。

4 城乡规划面临的挑战

城市建设在"全民所有计划经济"的一元化时代只是政府的事情。经过 30 年的改革，城市建设领域已经从纯粹的政府事务变成由政府和市场同时来做的事情，而且在很多方面市场力量已经成为城市建设的主力军。

城市建设市场化后，市场主体多极化，利益格局多元化。城乡规划面临如何协调多个利益主体的挑战，公与私、私与私都需要协调，这需要精心的制度设计来协调。随着近年来《行政许可法》对政府权力的界定、《物权法》对私有产权的廓清和保护等，政府各部门、政府和市场、社会各利益集团以及企业与个人之间的冲突必然增多。

但是，目前城市财政受制于国家的财政体制，还不能完全超脱于城市开发的利益纠缠，而在路径依赖下，粗放的、计划经济时代的治理框架，则进一步放大了城市开发过程中各类冲突的社会成本。目前，在城市建设领域无论是城市政府、开发商还是市民，无论在制度设计、价值体系和思维方式等方面都还没有做好适应市场化的准备。

《城市规划法》和许多现行的建设管理法规一样，都是在"全民所有计划经济"时代确立的。在市场经济的冲击下，城市建设中公共利益被侵蚀的案例随处可见，源于计划思维的中国城乡规划体系日益面临巨大的挑战，以至于要采取什么样的机制和手段才能维护和平衡公共利益，甚至辨别哪些是公共利益都成为当今城乡规划的重大课题。在各种利益日渐成为塑造当今中国城市的最主要动力的情况下，城乡规划成为政府调控市场利益格局的重要机制，理所当然应该成为城市建设中维护公共利益的第一道栅栏。

《城乡规划法》应该是国家城乡建设领域重要的"游戏"规则，应该更着力于界定政府与市场、市场不同主体以及市场与市民之间建设行为的约束关系，而不是目前这样更强调行政部门之间的管辖权的协调。新法试图通过增加规划修改、规划监察的程序，希望继续维持"自上而下"行政主导的决策机制，是难以应对市场化的冲击的。

5　民主决策应对市场冲击

按照本次修法的精神，城市总体规划是上级审批机构与城市政府就城市发展的法定约束文件，因此，城市政府对规划的调整都要按程序报上级许可。由于许多城市在没有上级批准的总体规划的情况下也发展了几十年，因此这种约束的力度实际上是有限的。相对而言，这一次进入规划法的"控制性详细规划"，可能成为中国城市规划在市场经济条件下对各个城市政府最有价值的"法定规划"。

1987 年国有土地使用制度的改革，城市土地可以作为一种商品进入市场。但土地是一种特殊的商品、一种基本资源，它的价值的实现必须通过土地的开发。这就带来了一个问题，土地如何开发？如果政府没有规定，由开发商自行决定，开发商追求高额利润的本性就可能损害城市的公共利益。因此，政府在出让土地使用权时必须提出土地开发的条件。而由城市政府编制的详细规划无法适应瞬息万变的市场经济，传统的城市总体规划又主要以土地使用功能规划为主，无法适应国有土地使用权出让转让后，对分散的建设者在开发强度、公共设施配套、城市设计等方面进行控制的需要。

在广泛借鉴发达市场经济国家经验，总结上海虹桥地区规划、广州街区规划、温州的控制性规划等实践的基础上，终于在 1991 年通过建设部行政规章《城市规划编制办法》确立了"控制性详细规划"这种具中国特色的城市规划工具。1995 年，建设部颁布的《城市规划编制办法实施细则》又进一步规范了规划编制要求。这一进程完善了城市规划体系的建设，其一是在规划体系中出现了"通过管理实现城市规划目标"的规划品种；其二是作为国有土地使用权转让的配套制度，成为具有极强法律约束力的"经济合同"附件，使控制性详细规划真正具有了准"法"的地位，成为城市政府与建设单位的城市建设"契约"。

城市规划管理的法治化有两个标志：一是依据公开，规划决策、管理依据和审批的公开透明；二是程序公正，决策和管理程序的公开、公正是结果公正的保障。但是，出于计划经济时代城市规划的路径依赖，控制性详细规划的编制目前基本上还是一个纯粹的技术过程。又由于是为了土地使用权转让才出现的规划类型，因此，控制性详细规划基本上就是城市土地开发规划，是城市扩张土地财政的工具。

转型期最大特点就是充满不确定性，新的体制尚未确立，制度创新却层出不穷。中

控制性详细规划：为何？何为？何去？

许多专业工作者苦于转型期城市规划的权威性不够，认为迫切需要通过立法来加强控制性详细规划（以下简称"控规"）的地位，既约束开发商，也约束管理者。2008 年颁布的《城乡规划法》集中地反映了这种诉求，业内比较普遍的看法是这部法律确立了控规作为规划管理基本依据的法律地位，提升了控规的权威性和严肃性。

"但是，现实中控规的尴尬境况绝不仅仅是由于其法定地位欠缺造成的，其自身存在着功能定位含糊、管制内容和技术手段难以适应发展需要等方面的不足"。"而控规编制的缺陷与成果法定化加剧了矛盾"。确实难以想象，少数几个规划师竟然可以预先很多年决定一个地区的长远开发方案，并成为"法定羁束依据"。因此，控规从出现之日起便伴随着规划管理的"刚性"和"弹性"之争，并没有因为《城乡规划法》的颁布而终结。

1　控制性详细规划：为何？

控规从产生之日起，就是为城市经营、土地开发服务的。

1.1　土地使用制度的改革

1954 年以后，我国城市土地开始采用无偿、无期限、无流动的使用制度，土地所有权和使用权高度国有化，通过行政划拨手段配置土地资源。城市基础设施建设的巨额投入成为了政府财政的净支出，其结果是政府投资开发的土地越多，财政的负担越大，城市政府因此丧失了增加城市投资建设的积极性。土地作为关键性生产要素之一，在我国城市经济中既无法体现其稀缺性，也失去了实现合理配置的机制，乱占、多占土地的情况屡禁不止，导致了严重的土地浪费现象。

（下接第 13 页）

（上接第 11 页）

国城市规划 30 年来的建构过程与国家改革开放同步，并依次遵循：观念突破，先行实践，进而在制度建设层面取得进展。

控制性详细规划应该可以适时借鉴发达市场经济国家和地区的经验，在规划编制和实施过程中引入公众参与和规划委员会制度。《广东省城市控制性详细规划管理条例》是全国第一部关于城市控制性详细规划的省级以上立法文件，确立了覆盖全省的公众参与制度和城市规划委员会审议制度，标志着广东省城市规划管理与法规体系开始与国际接轨。这无疑是新千年以来中国城市规划管理制度建设最具革命性的进展。

（原文发表于《北京规划建设》，2008 年第 2 期）

虽然已经开始启动土地使用收费制度改革，"到1987年为止，深圳市政府共行政划拨了82km²的土地，收取土地使用费的面积有17km²，但收费仅有1000万元，不足以支付政府前8年用于开发土地的银行贷款（6.7亿元）的利息，政府用于土地开发的大量投资被各开发公司以超额利润的形式归己所有。因此，这种土地管理制度和分配关系造成土地开发越多，政府负担越重，以至陷入不能自拔的贫困境地，再不改革就难以为继了"。

1987年7月1日，深圳市政府正式提出以土地所有权与使用权分离为指导思想的改革方案，确定了可以将土地使用权作为商品转让、租赁、买卖的改革思路。深圳市率先尝试土地拍卖，揭开了中国土地使用制度改革的序幕，直接促成了《宪法》的修改。1988年4月，全国人大修改《宪法》，增加了"土地使用权可以依照法律的规定转让"的内容，国有土地使用权转让由此正式"合法化"。

但是土地是一种具有资源性的特殊商品，其价值是通过土地开发来实现的。而土地开发是一种明显具有外部性的行为，会不可避免地对城市整体和周边土地价值产生正面或负面的影响。这就带来了一个问题，如何控制土地开发的外部性？如果政府没有规定，由开发商自行决定，开发商追求高额利润的本性就可能损害城市和临近土地的利益。因此，政府在出让土地使用权时必须提出土地开发的条件，这就是出现控规的直接原因。

1.2 适时的规划制度供给

城市建设除具有明显的负外部性特征外，还受制于市场经济的另外一个重要缺陷——市场无法自行提供城市基础设施等公共产品，城市必须借助于政府的公权力和公共财政来统筹和提供充足的公共产品和服务。另外，一个地区相对明朗的前景会稳定投资者对未来市场的预期，减少投资风险。

随着国有土地使用权转让而来的是城市建设和投资主体的多元化。利益的多元化格局使不同利益阶层、不同利益团体、不同地区各不相同的空间诉求都成了塑造城市的积极力量。

成型于计划经济时代的中国城市规划管理体系近30年来一直面临着日益严峻的市场力量和巨大利益的冲击。计划经济条件下的城市规划被认为是"国民经济计划的继续和延伸"，传统的城市总体规划以土地使用功能控制为主，无法控制开发量；而城市政府主持的修建性详细规划又由于过于"刚性"而难以适应市场需求，更无法适应国有土地使用权出让转让制度下对分散的建设者在开发强度、公共设施配套、城市设计等方面进行控制的需要，可操作性弱。

在广泛借鉴发达市场经济国家经验，总结上海虹桥地区规划、广州街区规划、温州的旧城改造规划等实践的基础上，建设部于1991年通过的行政规章《城市规划编制办法》确立了控规这种具有中国特色的城市规划工具。1995年，建设部颁布的《城市规划编制办法实施细则》又进一步规范了规划编制要求，中国城市规划体系中终于出现了可以"通过管理实现城市规划目标"的规划品种。

可见，控规从一开始就不是由中央政府发明的，而是地方政府根据国有土地出让工作的需要，"自下而上"在实践创新的基础上总结出来的一种新的规划方法和规划品种。"在土地使用权市场化以后，控规已转变为土地利益分配的重要工具，控规的编制过程也就是土地发展权的赋予过程"。

作为国有土地使用权转让合同的附件,控规从一开始就成为具有极强法律约束力的"经济合同"附件,使其真正具有了准"法"的地位,成为城市政府与建设单位的城市建设"契约"。相较于许多城市可以长期没有经过审批的城市总体规划的情形,控规由于与土地开发管理制度捆绑,反而已经成为更为根本的制度性规划品种。

1.3 控制性详细规划调整的现实尴尬

各地频繁发生的控规调整工作,如控规的修编、整合及指标调整等,已经引起越来越多的关注。"江苏省从2005年提出了城乡规划全覆盖的目标,到2007年底,全省县城及以上城市规划建设用地(2020年)基本编制了控规,其中,近期规划建设用地范围实现了控规全覆盖。目前在城市规划实施中,普遍有一半左右的建设项目程度不等地变更了控规规定内容,部分城市发生变更的项目达到80%左右;少数城市变更较少,但也达到20%-30%"。"目前调整中存在的主要问题在于缺乏对于城市和地区总体容量的研究、管理角色的多重叠合、公众参与的质量低等方面"。

控规指标调整是否具有正当性,关键要区分究竟是在土地出让前还是土地出让后。

城市政府被授权代表国家规划和决定国有土地使用的性质和开发强度,因此在土地出让前政府要考量的是土地开发的长远利益、整体利益和三大效益(效率、公正与生态)的平衡,作为管理依据的控规理所当然可以反复推敲修改。"控规指标调整要求的出现,体现出市场经济条件下城市建设的不确定性和以终极蓝图式的规划理想之间的矛盾,是市场经济条件下'自下而上'的城市开发建设活动对建设控制管理的反馈"。因此,可以借鉴香港土地开发的"勾地"制度,在土地出让前让开发商方面主动提出条件,就可以将目前控规调整中普遍存在的潜规则显性化,利益公共化。

但是,如果在土地已经出让后再要进行控规指标调整,特别是那些不顾公共配套和总体指标平衡的局部修改,就基本可以断定其中的权力寻租问题了。"频繁的控规局部调整,看似不起眼的单个地块指标的调整带来的是整体功能的失衡,由此会引发一系列的城市问题。最终引发的是对规划科学性与严肃性的质疑"。出路可能在完善规划调整与审批的制度建设。

业界普遍认为,《城乡规划法》的出台对控规的调整增加了更多限制,"《城乡规划法》对修改控规的条件和程序规定十分严格,这意味着控规必须更加适应市场的变化和规划实施管理的要求,更具有可行性和操作性,这也对城乡规划主管部门、规划编制单位提出了新的研究课题"。或许对已经收储而又未出让的土地价值进行反复研究与调整,恰恰正是一个负责任的城市政府应该做的。

2 控制性详细规划:何为?

"控规到底是为谁而控?是帮助老百姓提高生活品质,帮助政府控制开发商,还是帮助规划局来控制市场?"

2.1 强化权威的倾向

在中央政府层面,城乡建设规划主管部门在与相关权力部门博弈中,寄望于通过规划的立法来确定部门的职责边界。一方面，对规划"刚性"的追求有利于明确部门管理权限，有利于加强对行业的监控，以加强中央集权；另一方面，还可以通过规划督察，监控地方规划机构，控制行业腐败。

赵民等从行政法学的视角，指出控规与土地利用之间的关系已经从《城市规划法》设定的基于"行政许可"的"单向行政"关系，走向《城乡规划法》所设定的依据"成文规划"的"双向羁束行政"关系，更多地体现了"控权"的立法精神（即控制"规划管理方"）。从这个意义上理解，控规由此就从政府内部的"技术参考文件"转变为规划行政管理的"法定羁束依据"，强化了法律对规划行政的控制。对控规的修改明确了几近苛刻的程序，藉以提高规划管理的确定性，限制规划管理的自由裁量权，最大程度地消除权力滥用的基础。

《城乡规划法》不但是确定建设用地的土地性质和使用强度的重要手段，更是土地部门依法办理土地手续的依据。作为国有土地使用权出让合同的组成部分，未确定规划条件的地块不得出让国有土地使用权。这就意味着在规划区范围内，控规必须实现全覆盖，否则便无法为土地使用提供依据。中央政府的集权和管理、土地的垂直管理和计划性质的地方规划方法促生了控规的全覆盖，是社会转型期计划经济观和市场经济观博弈的缩影。

但是，对于一项专业技术很强的政府行政管理工作，在短期内过于快速地推进控规编制工作，是否会导致快速制度变迁的转移性高昂制度成本，显然是一个必须认真考量的重要问题。计划赶不上变化的问题将使控规全覆盖陷入近期建设项目没控制好、远期建设项目没控制住的尴尬境地。

2.2 经营城市的工具

在城市政府层面，控规是城市经营、获取土地财政的工具，是土地出让的依据，是计量土地出让价格的依据。目前，在中国任何一个城市都是一个独立的经营体，这是国家财政的"分税制"决定了在"分灶吃饭"中所得不多的地方政府不得不经营城市，否则"吃饭财政"无论如何也无法"扩大再生产"。城市政府的行政能力就是其提供服务的能力，最终取决于其财政能力。

1987 年开始的"土地有偿使用制度"使得城市土地的价值逐步显现出来，土地使用权转让成为我国城市重要的收入来源。"以土地换资金，以空间换发展"，城市土地的经营是绝大多数城市在城市快速发展中积累建设资金、滚动推进基础设施建设和增量土地开发的基本模式。地方政府普遍扩大城市规模以争取土地储备，或不惜破坏历史文化街区强力推进"旧城的成片改造"，把城市中心区的级差地租尽量取出，说明各地已经找到了提供市政服务与获取收益之间的财政平衡点。

在国家财税政策没有大的改变的情况下，城市必然会按照有利地方财政的逻辑发展，而不是按照规划师的长远、整体最优逻辑，建筑师的美学逻辑，生态学家的可持续逻辑发展。另外，在目前缺乏有效约束的情况下，政治家的政绩冲动也是城市发展绩效的控制因素，现实中往往只能是"有什么样的市长，就有什么样的城市"。

2.3 管理城市的手段

城市规划是政府手上少数可以对社会经济发展实施调控的手段。在市场经济还不足够完善的现阶段，城市规划作为政府经营城市的政策工具、社会协调的工具、城市建设决策的辅助工具、城市管理的技术工具发挥着日益重要的作用。

在地方城市规划行政管理机构层面，控规是在城市建设中保证公共设施、基础设施、公园绿地合理配套的依据。从开发管理的角度，王富海认为"认识控规的本质特征关键在于探讨怎样才能够比较合理地支持规划的行政许可，能够合理支持行政许可都应该叫做控规"。他认为，"划定地块、制定控制指标只是控规的一种表现形式，控规作为一个符号，其目的是要通过法定的程序，为规划的行政许可提供依据"。

"应尊重市场经济规律，体现规划的公平性；有效把握规划的'刚性'和'弹性'；精细控制好可控制的方面，灵活引导难以控制的方面。同时，以控规单元作为编制控规的基本单位，加强对控规的宏观控制；重视规划编制时的公众参与；在控规方案中增加实施评价篇章，便于定期评估，反馈修正。刚性控制'控制单元'中的强制性内容，弹性控制具体地块的要求"。广东省目前的做法就是把控规的地块尺度做大，把分区规划深度的"控规单元"法定化，而放开具体出让地块的自由裁量权。

3 控制性详细规划：何去？

区别新旧城区，取向不同的公共政策，应该是控规下一步改革的方向。

3.1 控制性详细规划的公共政策取向

"控制性详细规划只有转变为公共政策才能通过公共管理落实到实际。在实际操作中，大多数城市控规制度的完善仍停留在对编制内容的探讨上，对控规如何向公共政策转变缺乏系统的思考，同时对公共政策与法律的区别缺乏深刻认识"。只有经过长期实践检验的，具有高度规范性、稳定性并为社会所认可的公共政策才能转化为法律。"法律以维护公平、公正为惟一目标，必然在一定的情况下牺牲效率，'基于其防范人性弱点工具的特质在取得其积极价值的同时不可避免地要付出代价'。而公共政策的制定方向受到政府力、市场力和社会力三种力的相互作用，目标更为复杂，有时会以公平为主，有时则更多地追求效率"。

"中国目前仍为发展中国家，以'经济建设为中心'在相当长的一段时期内仍是中国的一项基本国策，这就决定了控规管理不能牺牲效率。实施区划法的美国，法制观念较为深入，有着适合区划法发展的'土壤'。在转型期的中国，不管是国家或地方政策都在不断的完善中，政策调整都要通过控规落实到土地开发上，在宏观政策不稳定的前提下企望控规的稳定是永远无法实现的。因此，将控规转化为法律的尝试为时过早且不符合中国的国情，必然会与现实的城市发展产生强烈的差距"。

《城乡规划法》被认为是试图通过控规成果的法定化来约束规划管理过程中的自由裁量权，但对自由裁量权的利弊学界仍存在不同的看法。

一部分规划师认为自由裁量权是腐败的根源，应该放弃。"在整个管理开发模式转变、开发过程向透明化方面转变的背景下，我们应该把自由裁量权交出来，不要拿在自己手里。目前容积率的管理之所以困难，问题出现频繁，原因可能就在于管理者手中自由裁量空间太大，从编制开始，控规审批和执行都受到管理者的影响和制约。可以结合人民代表大会制度，建立一个市人大委托派出的权力机构，把规划部门的决策权利上交到这一人大派出机构"。

另有一部分规划师从行政效率的角度认为"自由裁量权的存在是保证行政效率的决定因素。如果信息公开、透明，对权力也有相应的制约，高度的自由裁量权未必导致腐败。"行使自由裁量权最重要的原则是"保证在自由裁量权范围内作出的决定并非出于个人的好恶，而是出于公众利益"。

"针对控规的审查程序，考虑到控规既是重要的公共政策，也包括了很多工程技术政策和人文艺术方面的内容，难以像对工程施工图文件那样进行明确是非对错的审查。建立和完善控规审查制度，应研究区分公众参与、专家咨询和专门审查的作用、任务，不能互相混淆，责任不清"。

"控规要突出公益性，控规的编制不是为规划部门，不是为政府，更不是为开发商去做控制，而是为城市的公益性、长远性来做控制"。

3.2　新区开发，效率优先

"控规的重要性体现在它直接界定了土地的发展权，也就决定了土地的市场价值，因而对房地产市场乃至经济发展起着举足轻重的作用"。在竞争激烈的市场经济条件下推进新区开发，控规理所当然是城市开发、土地经营的工具，必然要突出效率优先的原则。

首先，要通过控规建构新区开发的秩序。由于投资主体尚未明确，可以通过控规增强土地利用前景的确定性、规划的连续性和稳定性，为土地开发市场的培育建立基本秩序，为基础设施的建设提供指引。

其次，相对于以往"终极蓝图"式的修建性详细规划，新区控规的编制应该建立在市场开发策划的基础上。对于投资主体尚未明确的新区，土地市场对控规的弹性要求高于刚性要求。控规必须是能够应对市场经济环境而不断变化的规划品种。

新区控规的编制，首先应该作为上层次规划的深化，然后以不同时间段经济上的投入产出作为评价标准。具体而言，可以通过土地收益测算来确定地段开发时机、开发总量。地块的容积率相对来说具有一定的弹性，但在不突破基础设施能力总量的前提下，各地块的容积率分配可以通过城市设计来实现。"在投资主体不明朗的情况下，应改变那种动辄上百页图纸（包括大量的图则）、内容大而全的控规编制方法，可以制定大地块的控制指标，而非细化到每个地块。投资主体明朗之后，在大指标的指导之下，再进行各个地块详细指标体系的编制。这样，将原来一次性完成的控规分解为若干次'过程规划'，可以使控规更好地适应经济发展的要求，对土地开发真正起到调控作用"。

"针对《城乡规划法》设定的土地出让条件与控规的'硬捆绑'带来的诸多问题，厦门通过在控规中引进土地'招、拍、挂'的规划咨询环节，实现控规与土地出让条件的'软捆绑'，根据市场开发情形有针对性地定期开展土地'招、拍、挂'的规划咨询，做好土地出让的技术准备工作"。厦门这种看似"机会主义"的规划管理方式，如果与前述"勾地"制度配合，正好符合"被企业化"的城市政府利益最大化的诉求。其实只要把利益放在阳光下，结果就不至于太离谱。

香港政府在土地经营中有许多有效的城市规划工具，其中，综合发展区（CDA）就是在旧区重建中发展起来的一种具有目的性和鼓励性的政策区划，在整个地区发展目标明确的基础上，统一规划，统筹商业、居住、办公等的土地混合使用，保证土地开发利益。而与之匹配的"详细蓝图"则保证了各自建设的开发商也可以共同开发一个有足够公共产品和高品质的地区。

3.3 旧城改造，公平导向

二战之后，欧美国家同样在经济高速发展、土地需求旺盛的时期推动了旧城改造，但是焕然一新的城市面貌却使人们觉得单调乏味、缺乏人性，没有旧城的传统社区那么有魅力和人情味。简·雅各布斯在1961年出版的《美国大城市的生与死》一书中指出："多样性是城市的天性"，她主张"小而灵活的规划"（Vital Little Plan），认为应该"从追求洪水般的剧烈变化到追求连续的、逐渐的、复杂的和精致的变化"。她说："大规模计划只能使建筑师们血液澎湃，使政客、地产商们血液澎湃，而广大群众则总是成为牺牲品。"

我国在2000年前后完成的城市住房制度改革，让许多城市人拥有了属于自己的房子。住房制度改革让越来越多的中国人开始关注私有产权保护的问题，于是有了2007年《物权法》的出台——市民是城市的主人，政府是服务者。

城市规划的主要目标是建设具有经济效率、社会公正和环境持续的城市。在技术精英掌握的科学的"综合规划"方法不足以解决复杂产权情况下的旧城改造问题时，就应该启动民主的办法，通过公众参与，让居民自己判断什么是城市和地区发展的长远利益、整体利益。

旧城改造应该基于产权地块来编制控规，不能以获取土地收益作为规划目标，而应"从产权保护的角度，建立起对政府权力的经济制约机制"。美国"区划"（Zoning）的理念首先是保护自由，其次才是协调冲突，它并不像城市美化运动那样是积极地规划理想城市，而是消极地应对社会冲突的协调。区划遵循"依据法定财产权"原则进行制订，基本特征是确定性，反映了美国宪法对私人财产的保护，也反映了大量土地拥有者的需求。

旧城改造中对既有产权利益格局进行保护，并不等于城市规划就无所作为，而是在追求城市利益最大化的同时保护市民的财产权，以维护社会和谐。德国等土地私有制的国家为保证公共利益，仍然可以在法律的支持下推行"市地重划"就是例证。

香港的法定图则与国内控规的最大区别就在于对不同地区进行区别对待：建成区的"分区计划大纲图则"更像城市建设现状图，基于保护土地产权，控制城市建设外部性，其控制的对象是零星改造；"发展审批图则"是为非城市地区制定的中期规划管制与发展指引；"市区重建局发展计划图则"则是为有效重建市区而制定。

3.4 控制性详细规划调整制度化

城市规划管理过程的法治化有两个标志：一是依据公开，规划决策、管理依据和审批的公开透明；二是程序公正，决策和管理程序的公正是结果公正的保障。当前迫切需要制定更加公开的程序、更加公正的制度，以防止不法开发商为求得较大的利润而向管理者行贿，从而出现权力寻租。

2004年，广东省第十届人民代表大会常务委员会第十三次会议通过了《广东省城市控制性详细规划管理条例》，并于2005年3月1日起施行。这是我国第一部规范控规的地方性法规，确立了覆盖广东全省的城市规划委员会制度、公众参与和信息公开制度、变更规划须经法定程序制度、监督检查制度等，明确市民权利。在此基础上制定了三个配套的文件：《广东省城市规划委员会指引》、《广东省城市控制性详细规划信息公开指引》和《广东省城市控制性详细规划管理条例技术规范》。其中，《广东省城市规划委员会指引》第三条明确规定："控规实行城市规划委员会审议制度。城市规划委员会是人民政府进行城市规划决策的议事机构。城市规划委员会委员由人民政府及其相关职能部门代表、专家和公众代表组成。其中，专家和公众代表人数应当超过全体成员的半数以上。"这无疑是新千年以来中国城市规划管理制度建设最具革命性的进展。

广州市城市规划委员会成立于 2006 年，下设发展策略委员会和建筑与环境艺术委员会两个专业委员会。原则上，城市规划委员会审战略，定规则；发展策略委员会审控规，定指标；建筑与环境艺术委员会审议城市设计与建筑设计，定方案。然而，在人治大于法制的现阶段，2009 年广州规划委员会议事规则悄然发生变化——发展策略委员会从常设会议改为由规划局"根据项目特点"选择"合适"的人选来开会，也就是说放弃了发展策略委员会的例会制度。本来许多在审批中有争议的案件，可以通过规划委员会投票的方式来决定，但是由于存在规划局选择"合适"专家的可能，因此规划委员会的决策一旦在社会上出现争议，就必然同时受到市长、市民和市场的质疑。这项似乎有利于提高规划局审批效率的制度调整，实际上降低了规划委员会的公信力。

"公共政策的核心在于价值观的多元认同和决策过程的民主化，作为公共政策的规划更本质的是民主协商的成果，而不是技术推演的产物。特定的公众参与、民主决策程序是控规权威性的真正来源"。在社会主义市场经济条件下，城市中的利益格局日益多元化，确实应该从程序方面规范和制约规划行政权的行使，强调自下而上的利益相关人的合作与参与。"公开制度、听证制度、说明理由制度等构成了城市规划程序制度的核心内容。在现阶段，对规划程序的法定化比规划成果法定化更为现实和可行"。

4 结语

控规自产生之日起就是为城市经营、土地开发服务的。城市规划有其科学性的一面，追求城市的长远利益、整体利益和三大效益（效率、公平和生态）的平衡；城市规划也有其工具性的一面，是现阶段城市政府通过经营城市推动经济发展的工具；城市规划还有其行政性的一面，希望减少管理者的自由裁量权，便于规划督察，避免权力寻租。但目前过于强调其行政性的面向，表现为追求控规的全覆盖、盲目强调管理的"刚性"和把控规作为上级督察的"法定羁束依据"等，出现了为规划而规划的倾向。长此以往，控规就容易异化为市长、市场和市民的对立面。

如何在控规编制的"科学性"无法完全保证"刚性"的情况下，通过公开、公平、公正的程序和公共政策保证在规划管理过程中获得"刚性"与"弹性"的平衡，让权利在阳光下运行，让城市的经济、社会和环境效益最大化，仍然是"新时期控规编制创新"最大的挑战。

作为公共政策，控规在城市的不同开发阶段应采用不同的原则：针对城市新区的开发，控规需要充分发挥其作为公共政策的弹性和灵活性，体现效率优先的原则；而在旧城改造过程中则应充分尊重既有的产权和利益格局，倡导公平导向的原则；应该建立一整套稳定的规划调整制度，通过规划、审批及调整程序的法定化，保障城市建设决策能够平衡效率与公平的关系。

参考文献

[1] 张泉. 城乡规划制度的变革和规划主管部门的应对 [J]. 城市规划, 2008, (1): 20-22.

[2] 赵民. 推进城乡规划建设管理的法治化——谈《城乡规划法》所确立的规划与建设管理的羁束关系 [J]. 城市规划, 2008, (1): 51-53.

[3] 栾峰. 基于制度变迁的控规技术性探讨 [J]. 规划师, 2008, (6): 5-8.

[4] 王骏, 张照. 控规编制的若干动态与思考 [J]. 城市规划学刊, 2008, (3): 89-95.

[5] 何子张. 控规与土地出让条件的"硬捆绑"与"软捆绑"——兼评厦门土地"招拍挂"规划咨询 [J]. 规划师, 2009, (11): 76-81.

[6] 李津奎. 城市经营的十大抉择 [M]. 深圳: 海天出版社, 2002.

[7] 田莉. 我国控制性详细规划的困惑与出路 [J]. 城市规划, 2007, (1): 16-20.

[8] 张泉. 权威从何而来——控规制定问题探讨 [J]. 城市规划, 2008, (2): 34-37.

[9] 李浩. 控规指标调整工作的问题与对策 [J]. 城市规划, 2008, (2): 45-49.

[10] 李江云. 对北京中心区控规指标调整程序的一些思考 [J]. 城市规划, 2003, (12): 35-40, 47.

[11] 颜丽杰.《城乡规划法》之后的控制性详细规划 [J]. 城市规划, 2008, (11): 46-50.

[12] 李咏芹. 关于控规"热"下的几点"冷"思考 [J]. 城市规划, 2008, (12): 49-52.

[13] 孙安军, 潘斌. 控规控什么 [J]. 城市规划, 2010, (1): 64-65.

[14] 卢科荣. 刚性和弹性, 我拿什么来把握你——控规在城市规划管理中的困境和思考 [J]. 规划师, 2009, (10): 78-80, 89.

[15] 黄明华, 王阳, 步茵. 由控规全覆盖引起的思考 [J]. 城市规划学刊, 2009, (6): 28-34.

[16] 张庭伟.1990年代中国城市空间结构的变化及其动力机制 [J]. 城市规划, 2001, (7): 7-14.

[17] 田莉. 论开发控制体系中的规划自由裁量权 [J]. 城市规划, 2007, (12): 78-83.

[18] 刘奇志, 宋中英, 商渝. 城乡规划法下控规的探索与实践——以武汉为例 [J]. 城市规划, 2009, (8): 63-69.

[19] 田莉. 我国控制性详细规划的困境与出路 [A]. 规划 50 年——2006 年中国城市规划年会论文集 [C].2007.

[20] 王唯山. 城市发展方式转型下的地方城市规划与实施——以厦门市为例 [J]. 城市规划学刊, 2008, (3): 11-17.

[21] 田莉. 城市规划的"公共利益"之辩——《物权法》实施的影响与启示 [J]. 城市规划, 2010, (1): 29-32, 47.

[22] 尹稚. 关于科学、民主编制城乡规划的几点思考 [J]. 城市规划, 2008, (1): 44-45.

（本文合作作者：扈嫒。原文发表于《规划师》，2010 年第 10 期）

城乡规划一级学科建设研究述评及展望

　　2009 年，国务院学位委员会办公室启动了对建筑学、城乡规划学、风景园林学作为一级学科的评估工作。评估工作历时两年，国务院学位委员会办公室最终于 2011 年 3 月初正式决定，通过以上三大学科作为一级学科的评定。城市规划从此演变为城乡规划学一级学科 [①]，得到了教育与学位管理部门的肯定。尽管学界和业界呼吁建设城乡规划一级学科已经多年，学界也对城乡规划学科建设的理论与实践、学科内涵与外延界定、多学科融合等问题进行了一系列的研究，但时下，城乡规划成为一级学科后仍面临学科的内涵界定及核心理论建设不足、社会转型期学科建设的不确定性、学科对重大城市建设问题缺乏响应等一系列问题，学科建设急需充实和提升。本文通过对中国期刊全文数据库刊物的检索，在对已有相关研究进行总结的基础上，对城乡规划学科建设的重点难点、理论及实践的方向等提出建议。

1　学界对城乡规划学科建设的认识

1.1　学科发展历程和理论基础

1.1.1　学科发展历程

　　现有的研究认为我国城乡规划学科发展经历了 2010 年以前依托于建筑学发展和 2011 年成为一级学科后的独立发展两个时期。

　　（1）2010 年以前，在城乡规划学依托于建筑学发展的时期，大部分学者把城市规划看成是建筑学的延伸，而非独立的学科。城乡规划学科的知识体系虽产生于建筑学，却绝不是对传统建筑学下的城市规划与设计知识的简单放大，而是在较大幅度地扩展人文地理学、区域经济学、城市社会学、生态学、公共管理学、艺术学与美学等相关领域内容的前提下，构建了现今比较完整的知识体系框架。

　　（2）2010 年以后，城乡规划学科在全国城乡规划学术界和建设管理业界已经具备庞大和强有力的支撑体系，其所涉及的研究范畴早已远远超出了原建筑学一级学科的范围。2011 年，我国正式决定将城乡规划学作为独立的一级学科进行设置和建设，这是由我国国情决定的——从传统的建筑工程类模式迈向社会主义市场经济综合发展模式，是中国城镇化道路的客观需要。

1.1.2　学科理论基础

　　西方的城市规划学科在 19 世纪末至 20 世纪初拓展到城市社会经济环境领域后，众多的学者从解决城市病的角度提出了很多理想化的规划理论，如"田园城市""阳光城市"等。《雅典宪章》《马丘比丘宪章》的出台，联合国人居环境大会的召开和相关文件的颁布，

[①]　2008 年我国正式将原来的《城市规划法》改为《城乡规划法》，原来城市规划的提法也改为城乡规划。

到现今的社会经济环境可持续发展等观念的运用，奠定了城市规划学科向社会经济环境规划领域扩展的基础。而在建筑工程领域，西方城市规划学科仍以建筑学的基本理论为基础指导城市物质环境的建设，依据各种工程技术标准建设、规划城市，维持城市功能的正常运转。

我国的城乡规划学科自诞生之日起，基本以自然科学和工程学体系的思维模式为主导。近年来人文社会科学对人居环境科学的支撑作用得到强化。部分学者认为城乡规划理论主要分为社会经济类的规划与建筑工程类的规划两部分。成为一级学科后，新的城乡规划学科的理论框架仍需着力构建。城乡规划是以城乡系统为研究对象的系统科学，其学科理论是建立在对城乡问题研究基础上的系统科学集成。对城乡问题的研究必须通过城乡规划学科去整合相关学科，开展综合性研究。

1.2 教育教学

自1909年世界上第一个城市规划专业（Department of Civic Design）在英国利物浦大学创立后，经过百余年的发展，西方城市规划教育从以纯技术性的物质规划为主要内容的阶段发展到理论研究与规划实践并存的阶段，形成了适应社会发展需要的、门类齐全的城市规划教育体系。

中国城乡规划教育作为一门独立的学科教育开展时间相对西方较晚，大约始于20世纪20年代，正式独立于1952年（工科四年制）。此后的三十年间中国设置城乡规划专业的高等院校数量一直不多，从1990年初的20余所到2004年的100余所，再到2008年的180所左右。办学依托的学科基础分布领域较广，如建筑类、地理区域类、人文社科类、农林类等。

1.2.1 教学培养体系

1999年由教育部颁布的《普通高等学校本科专业培养目录》对城乡规划专业的归属问题进行了说明，主要有两个方面：①理科背景的城乡规划教育归属于地理科学类下的二级学科"资源环境与城乡规划管理"；②工科背景的城乡规划归属于土建类下的二级学科"城市规划"。目前，我国的城乡规划教育形成了以依托建筑学为主、地理学为辅的局面，形成了同济大学、重庆大学等以建筑和工程为主的"工科规划"培养体系和北京大学、南京大学、中山大学等以地理学为主的"理科规划"培养体系。

我国的城乡规划教育目前正处于西方城市规划教育的第一阶段后期，也就是对纯技术层面的规划知识教学有所弱化，而社会人文层面的规划知识教学在增强。但也有学者认为城乡规划技术的发展还不能满足快速城市化的需要，规划的理论及技术层面的知识教育还应强化。无论如何，学界都已经关注到社会的转型及思考城乡规划教育的应对之策。

1.2.2 核心教材

一门学科之所以成为一级学科，关键在于其有独立的核心内涵，具体而言，也就是独立的"规划的理论"和"规划中的理论"构成的学科理论体系，这一体系在学科教育中的实体就是核心教材。目前我国的城乡规划的核心教材是《城市规划原理》。基础课程的知识结构及其相应教材的内容应不同于规划编制手册，是城乡规划初学者了解、理解城市与城乡规划的指引，是在考虑到现实城乡规划的前提下，对其未来发展方向的适度超前展望。

1.2.3 学科设置

城乡规划一级学科包含区域发展与规划、城市规划与设计、乡村规划与设计、社区发展与住房建设规划、城乡发展历史与遗产保护规划、城乡规划管理等6个二级学科方向，涉及的领域比较多。对于从事教学科研的高校而言，少部分学校可以搭建综合的城乡规划学科平台，多数学校可以根据各自的特色和条件，选择适合自身优势的学科方向，打造特色的学科平台，培养适应能力强的人才。

此外，虽然建筑学被分解成建筑学、城乡规划学、风景园林学三个一级学科，但三个新的一级学科之间仍需在更高层次的人居环境科学大平台上加强分工合作。城乡规划学是一门实践性很强的学科，这次学科调整将进一步推动城乡规划行业发展。赵万民认为，共建人居环境学科群，将使今后三个一级学科的建设发展有更加明确的目标和方向。

1.2.4 人才培养

对于规划人才的培养，学界认为无论是以工程技术为核心的工科城乡规划专业，还是以地理和社会学科为核心的理科城乡规划专业，除了教授好本学科的核心课程外，还应教授互有交叉的学科知识。早在2005年的"中国城市规划学科发展论坛"上，学界就已强调城市规划专业教学与地球科学、人文科学等的结合；陈秉钊先生谈到城市规划专业教育培养方案的修订时，也认为应将"专业教学的核心课程缩减到总学时数1/3，为学科综合发展创造空间"。工科城乡规划专业的学生要通过对人文和社会科学相关知识的学习，来培养价值观和社会道德感，而理科城乡规划专业的学生也应适当学习工程技术相关内容，并通过大量的实践来强化对理论的理解。

在人才培养层次上，由于城乡规划专业课程较多，为适应本科教学时间短、不易在本科学完全部课程的特点，最理想的培养方案是多招收研究生。而且，由于城市研究任务的繁重，城乡规划学科在人才培养方面也应加大硕士、博士研究生的培养力度。

1.3 与相关学科的融合

我国今天的城乡规划学科是多学科不断交叉融入城乡规划学科的结果：地理学科在20世纪70年代后期融入，城市地理、人文地理的融入夯实了城乡规划学科基础；生态学在世界环境危机提出以后融入，使"生态城市"建设成为现今城市建设的共识；而区域经济、环境保护、交通运输、历史人文、地缘政治、决策科学等学科目前也在逐渐融入。多学科交叉融合是城乡规划学保持鲜活生命力的基础。而城乡规划学下的6个二级学科的设置必须加强城乡规划学作为一级学科的规划核心理论和方法的研究，才能为一级学科的研究和教育确立方向：

（1）目前对城乡规划影响最大的学科莫过于经济学和地理学。大量应用区域经济学、发展经济学、制度经济学、土地经济学等知识可丰富城市发展研究理论。城乡规划学科的理论基础可借助于经济学和地理学的相关理念。这些知识往往是通过研究生产力布局的具有经济地理学（经济地理学现改为人文地理、城市地理）背景的规划师带来的。二级学科"区域发展与规划"方向考虑了城乡规划发展的历史渊源，给地理学科背景的学校提供了一个接口。

（2）随着我国市场经济的转型，城市建设主体日益多元化，利益格局错综复杂，城乡规划的公共政策属性日益凸显。因此，二级学科"城乡规划管理"方向应积极引入政治学和法学领域的知识。前些年学界开始探讨的城市治理已经切入政治学和法学领域，而目前的"城乡规划管理"作为单独的二级学科，仅是行政管理学中一个很小的门类。要发挥城乡规划在城乡发展中的引领作用，建议将"城乡规划管理"改为"城乡治理与规划管理"。

（3）城乡规划学成为一级学科后强调了"城乡发展历史与遗产保护规划"方向，重视城乡文化的保护，但是城市生态却没有被提及。城市生态学没有得到足够的重视是很可惜的，建议城乡规划学再设立"城市生态和可持续发展规划"二级学科方向。

2 城乡规划学科建设中存在的问题

长期以来，我国城乡规划学科存在"重技术轻社会""重实践轻研究""重城市轻乡村"等问题。现行的城乡规划体系是在全民所有计划经济时代完成制度设计的，而如今因社会经济条件发生变化面临严峻挑战。

2.1 源于计划经济的城乡规划体系面临挑战

新中国成立以来，城乡规划在国家的建设过程中发挥了巨大作用。但学科的建设与当时的国家体制是分不开的，在高度集中的计划经济年代，经济发展计划是国家意志的最集中体现，计划决定了一切资源的配置。城乡规划源于计划经济时代，必定从属于经济计划，只能是实现计划的工具和手段，规划无需、也不容有自身的价值准则和判断选择，因而留给规划工作者的仅是工程性、技术性领域的物质性设计。而城乡规划一旦丧失了应有的独立性，其物质性设计层面的发展及地位也是岌岌可危的。

我国城市建设历史曾出现过"大跃进"式的"快速规划"阶段，继而又出现过"三年不搞规划"及试图取消高等院校城市规划专业的事件，这造成了我国城乡规划在相当长时期内的职能缺位和学科核心理论体系的缺乏，并导致了社会对城乡规划科学性的怀疑。段进认为这样的现象是规划主体对象不清、理论研究薄弱和规划设计不规范等问题的集中体现。

2.2 转型期导致城乡规划学科建设方向有待厘清

在转型期快速城市化和中国特色市场经济的双重背景下，中国的城乡规划是政府经营城市、协调社会、城市建设决策、城市管理等的工具。转型期，利益的多元化格局使不同利益阶层、不同利益团体、不同地区的各不相同的空间诉求都成为塑造城市的积极力量，在计划经济时代成型的城乡规划管理体系三十年来一直面临着日益激烈的市场力量和巨大利益的冲击。

市场经济需要城乡规划的原因是市场失灵。城乡规划作为城市政府引领城乡发展的重要规制手段发挥着日益重要的作用，因此城乡规划要未雨绸缪，不能临渴掘井。

现行城乡规划体系由于至今仍然沿用全民所有计划经济时代自上而下"安排"与"控制"的静态思维方式，与市场经济条件下的城市发展现实脱节。例如，大量死板、无用、不切实际的城市总体规划不是跟不上城市发展变化，就是随着五年一次的市长换届被随意修改，成为地方政府忽悠上级政府的手段，往往使城乡规划管理无从实施，也威胁了城乡规划学科的科学性与公信力。又如，控制性详细规划是为指导土地出让而产生的规划类型。但一味地把其作为追求经济效益的手段来指导旧城区建设，就会产生破坏历史文化遗产的后果。其实，作为控制性详细规划模板之一的香港法定图则在本质上是一种保护旧城私人产权的制度，各项控制指标都是对现状的反映。控制性详细规划的灵魂是在控制条件下极大化城市建设的质量，是确立地区建设的标准，通过城市设计探讨并极大化地区的"公共性"是其精髓，但是至今缺少规划理论研究的支撑。

2.3 城乡规划学科对重大城市建设问题缺乏响应

（1）对住房制度问题缺乏响应

中国城镇住房体制改革从 20 世纪 80 年代开始，经历了由国家计划的福利制向市场主导的商品化体制改革，大致分为两个阶段：1998 年之前的构建新制度时期；1998 年至今的调控时期，即"新制度的修补"时期。现有涉及住房制度改革对城市空间结构的影响的研究成果较为丰硕，而涉及公平问题的保障性住房制度的研究则无论是在方法还是研究深度上都显得不足。微观空间下涵盖多层面的保障性住区的实体案例研究也亟待加强，现有研究多停留在对微观实体特征的描述性研究上，实证研究屈指可数。

（2）对转型期的社会建设的热点问题缺乏响应

主要体现在以下 4 个方面：①老龄化社会问题。随着老龄化社会的来临，对于老年人住区的发展及规划、老年人的康体设施分布等研究有待加强。②转型时期共同价值观和社会认同感构建问题。我国城市在历史的沉淀下形成阶层特色鲜明的街坊，由于具有相同的阶层特征而形成了成熟的社区文化。而现代的城市，由于外来人口急剧增加，城市的阶层也越加细分，外来务工者、城市原住民、中产阶级等阶层逐渐兴起，城市人口正经历多重耦合作用阶段。如何建立基于各阶层共同价值观的身份认同，是中国城市社会建设必须要面对的问题。③城市贫困与"城市新贫困"[①]问题。在城市住区更替的过程中，在大都市地区出现了传统农村向农村社区转变、农村社区向城市社区转变的过程；城市社区经历了老城区的衰落和在房地产主导下的新兴社区的崛起。与此同时，绅士化过程伴随着城市贫困与"城市新贫困"的发生，城乡规划学科对于城市中这些深层次问题的研究尚显不足。④社会福利化问题。后工业化社会的到来要求城乡规划加强对居民健康、弱势人群的保护、不同种族和不同性别人群的平衡等社会福利问题的关注，但近年来的"宜居城市"和"理想城市"的研究仅仅是对这些问题的初步回应。

（3）对城市治理问题缺乏响应

面临城市社会的逐渐成熟，由城市管理走向城市治理成为成熟公民社会建设的必然。相关经验表明，城市自治、制度分权、城市间合作和多中心治理等是城市变革和创新的主要内容与趋势。但城乡规划学科对于加快从城市管理向城市治理转变及从行政分权向制度分权转变，并建立和完善多种形式的合作治理机制，进而提高地方治理的质量和社会治理要求，尚缺乏足够的应对。

---

① "城市新贫困"指的是近年来在中国城市出现的、因社会结构转型、经济体制转轨、经济和产业调整、国有企业改革而诱发的贫困。在计划经济为主导的旧体制下，以单位为主体的福利功能的瓦解，以及相应的社会保险机制的空白，造成了大量的城市相对贫困人口的出现。在现阶段的中国，社会转型产生了对人们生活的巨大冲击，下岗、失业、农民工、外地打工者，形成了"城市新贫困"人群。

总之，城乡规划学科还处于学科建设的初级时期，在快速城市化背景下构建具有中国特色的、独立的城乡规划理论体系，仍然是学科建设的主要目标之一。

3 城乡规划学科建设展望

新中国成立以来，我国城乡规划已经经历和必将经历以下4个时期：①以"计划"替代"规划"时期（新中国成立至改革开放前）；②"规划"服务于项目建设时期（改革开放至2000年）；③"规划"统筹城乡建设时期（2000年-2030年），2006年，国家的相关政策文件中明确指出我国进入了城乡统筹发展阶段；④"规划"协调城乡及社会空间关系时期（2030年以后）。

当前，由于土地、环境等资源的约束，城乡规划正处于"统筹城乡建设时期"，而在2030年前后，将进入"协调城乡及社会空间关系时期"。这两个时期要求城乡规划学科的建设应该注意2个方面的转变：①城市规划转向城乡规划，乡村地区将变成与城市地区同样重要的"战场"；②城乡规划向公共政策转型。在以上两大转型的背景下，重构学科内涵及充实学科理论基础，并对目前尚未得到足够重视的乡村规划研究进行重点和难点突破，建立理论准备，指导下一步的乡村地区的规划实践工作，是当前必须解决的问题。

3.1 重构学科内涵，充实学科理论基础

改革开放三十年来，国家建设的主"战场"一直都在城市，规划也一直服务于城市建设。在政府的行政主管部门中，规划一直是建设部门的下属机构，许多地方政府一直到20世纪90年代才在建设职能部门下设置规划室，规划一直服务于项目建设。但是，从社会的实际需要看，规划和建设的关系应该是规划前置于建设。在城市化短时间大规模推进的情况下，政府规划职能建设的滞后一直是一个重要的问题，也是改革开放以来，以"计划"代替"规划"，以及经济要素短时间内集聚而规划缺乏应对的结果，导致了缺乏整体观念的重复建设等一系列问题的出现。低水平建设导致了环境资源的紧张，由此带来的巨大社会经济成本至今还在进一步的消化中。也正是基于我国人多地少和快速城市化的基本国情，规划统筹城乡建设的作用才得以显现，规划前置于建设已成为必然趋势。

目前，城乡规划学科的发展已经进入了"统筹城乡建设时期"，在规划的编制过程中生态前置变得非常重要，具体表现就是"多规合一"。为了落实"多规合一"，解决政府规划职能建设滞后问题，对职能部门进行调整势在必行。以前分属于不同部门的规划编制职能要统一收归城乡规划部门，原来负有编制规划权力的职能部门现在只保留执行规划的职能，如此就理顺了规划的"条条"与"块块"的关系。由此，城乡规划学科也迎来了新的发展契机，就是适时地加强公共政策的研究，先以大部制改革中城乡规划职能的重组入手，加强规划职能在职能部门之间权力分配的研究，服务于政府职能的转变。

在可预见的未来，随着社会的进一步转型、城市化后期的到来、产权的进一步明确、中产阶级的兴起及后工业化社会的到来等，城乡规划学科的发展将进入"协调城乡及社会空间关系"时期，学科的建设应该转向协调社会关系上。届时，城市的建设量已经减少，城乡规划学科更多地需转向关注城乡研究、协调城乡空间关系及社会各阶层主体的空间关系。因此，城乡规划学科应加强社会公共学科的融入。

3.2 突破研究的重点、难点问题

城乡规划学科的发展需研究以下 4 个重点、难点问题：

（1）城镇化质量提升问题。中国的城镇化继续向前发展，到了质与量同时提升的时候，城乡规划学科发展需在加强对城镇化历程研究的同时，强化对城镇化质量的研究。

（2）公共政策运用问题。社会转型背景下，城乡规划在一定程度上体现为公共权力的运用，因此需要加强对公共政策的研究。城乡规划作为政府公共管理的组成部分，基于法制及公众参与的界面，涉及资源管理、价值导向、公共权力、制度建设等非常复杂的内涵。因此，城乡规划学科既要研究"空间的处理"，又要加强对"空间的管理"的研究。

（3）人居环境建设问题。即城乡规划学要对城市、镇、乡、村庄的人居环境加以安排，包括从功能到艺术的规划和设计处理。目前，我国城乡规划的物质性规划和设计的任务很重、要求日益提高，这是由我国的具体国情所决定的。

（4）乡村地区规划研究问题。城乡规划学科应加强对乡村地区的规划研究，包括乡村地区的规划管理等。

3.3 确定实践主要方向

1992 年实施的《城市规划法》确定了城市规划的编制和管理的范围仅为城市规划区，而城市规划区基本上以城区为主，对乡村地区缺乏足够的关注。2008 年实施的《城乡规划法》引起了社会对乡村地区的关注，规划许可也由"一书两证"转变成了"一书三证"，在原来"两证"的基础上增加了"乡村建设用地规划许可证"。相应地，2011 年国务院学位委员会办公室通过的一级学科中，"城市规划"专业也变成了"城乡规划"专业，内涵和外延均大为扩展。这些转变都显示着我国已进入了城乡统筹发展阶段。

由"城市规划"更名为"城乡规划"，一字之差，含义却发生了很大变化。从国家层面看，统筹推进城镇化，需要高度重视对村镇规划人才的培养，应注意到"城乡规划"与"城市规划"在内涵上有所区别。如何加强对乡村地区的规划研究，规划教育课程体系怎样构建以适应农村、县域、村镇规划的需要，怎样使城乡规划学科更好地服务于城镇化和新农村建设，需要我们进行深入研究。目前城乡统筹规划方兴未艾，弥补了长期以来城镇体系规划缺少区域规划研究的缺憾，使得城乡聚落的布局有可能得到通盘安排。虽然城乡聚落的规划设计在学理上是一致的，但是我国面向农村地区的规划体系目前还不完善，针对性较强的技术方法也相对不足。在社会主义新农村建设全面推进的新背景下，必须进一步开展规划理论研究和技术探索，要"以改善农民生产生活环境为目标研究乡、村庄规划编制"，以满足不同类型农村地区的差异化发展。因此，学科建设要结合新农村建设，制定差异化的乡村规划指导方法。

总之，城乡规划学科的建设要有独立的内核，在借鉴其他学科的基础上，在发展的过程中形成自己的内涵。同时，学科建设必须紧扣时代变迁的主题，关注中国城市化进程、城乡统筹发展与社会治理，要为时代主题服务。

4 结语

城乡规划学科的内涵已远远超出建筑学科的范围，多学科融合成为城乡规划学科重构其内涵及核心理论体系的趋势。目前，西方的城市规划界已进入协调社会空间关系的时期，中国也即将进入这个阶段，因此在理论体系构建方面，必须从现在的重物质、重技术转向重社会学科或两者并重。

学科建设应该加强城乡一体化发展研究与实践。改革开放前三十年的发展的结果之一就是大都市区的崛起，广大乡村地区长期被忽视。在社会经济发展的客观要求和国家发展战略调整的背景下，国家发展进入了城乡一体化发展时期，城乡规划学界及业界也应对此有充分的准备，应加强对乡村地区的研究关注度，并争取大量的实践机会，结合目前许多城市已经开展的城乡统筹发展规划研究以积累经验，在加强实践的同时丰富学科理论体系。

新时期的城乡规划学科建设，只有在规划研究、规划实践、规划教育三者形成合力的情况下，才能逐步建立适应我国实际的城乡规划价值观，才能在快速城市化背景下形成中国的规划学科体系。

参考文献

[1] 住房和城乡建设部人事司，国务院学位委员会办公室．增设"城乡规划学"为一级学科论证报告 [R].2009.

[2] 住房和城乡建设部人事司，国务院学位委员会办公室．城乡规划学一级学科设置说明 [R].2011.

[3] 汪光焘．认真学习"城乡规划法"重新认识城乡规划学科 [J].中华建筑，2009，（1）：14-15.

[4] 谭少华．论城市规划学科体系 [J].城市规划学刊，2006，（5）：58-61.

[5] 王世福．当前城市规划学科发展的线索和路径 [J].规划师，2005，（7）：7-9.

[6] 吴志强．城市规划学科的发展方向 [J].城市规划学刊，2005，（6）：2-10.

[7] 段进．城市规划的职业认同与学科发展的知识领域——对城市规划学科本体问题的再探讨 [J].城市规划学刊，2005，（6）：59-63.

[8] 史舸．城市规划理论类型划分的研究综述 [J].国际城市规划，2009，（1）：48-53.

[9] 张庭伟．梳理城市规划理论——城市规划作为一级学科的理论问题 [J].城市规划，2012，（4）：9-17.

[10] 董鉴泓．城市规划学科的动态和展望 [J].同济大学学报（社会科学版），1990，（1）：66-68.

[11] 赵万民．关于"城乡规划学"作为一级学科建设的学术思考 [J].城市规划，2010，（6）：46-54.

[12] 汪芳．基于交叉学科的地理学类城市规划教学思考——以社会实践调查和规划设计课程为例 [J].城市规划，2010，（5）：53-61.

[13] 张庭伟．转型时期中国的规划理论和规划改革 [J].城市规划，2008，（3）：15-24.

[14] 华晨．规划之时也是被规划之日——规划作为一级学科的特征分析 [J].城市规划，2011，（12）：62-65.

[15] 赵万民，赵民，毛其智．关于"城乡规划学"作为一级学科建设的学术思考 [J]，城市规划，2010，（6）：46-54.

[16] 韦亚平．推进我国城市规划教育的规范化发展——简论规划教育的知识和技能层次及教学组织 [J].城市规划，2008，（8）：33-38.

[17] 杨保军．时代呼唤城市规划学科的变革 [J].城市规划，2000，（1）：39-40.

[18] 吴佳．治道变革视野中的中国城市规划转型 [J].城市发展研究，2006，（2）：64-68.

[19] 《城市规划》编辑部．着力构建"城乡规划学"学科体系——城乡规划一级学科建设学术研讨会发言摘登 [J].城市规划，2011，（6）：9-20.

[20] 张庭伟.规划理论作为一种制度创新——论规划理论的多向性和理论发展轨迹的非线性 [J].城市规划, 2006,（8）：9-18.

[21] 易华.学科交叉以人为本制度创新——中国城市规划学科发展论坛观点综述 [J].规划师, 2005,（2）：24-26.

[22] 诸大建.从学科交叉探讨中国城市规划的基础理论 [J].城市规划学刊, 2005,（1）：21-23.

[23] 唐凯.人居环境科学理论与实践——统筹城乡发展，建设人居环境暨《云浮市统筹发展规划》研讨会 [J].城市规划, 2012,（1）：30-32.

[24] 方创琳, 王德利.中国城市化发展质量的综合测度与提升路径 [J].地理研究, 2011,（11）：1931-1946.

[25] 赵民."公共政策"导向下"城市规划教育"的若干思考 [J].规划师, 2009,（1）：17-18.

[26] 罗震东.科学转型视角下的中国城乡规划学科建设元思考 [J].城市规划学刊, 2012,（2）：54-59.

[27] 邓春凤, 冯兵, 龚克, 等.对适应新时期城市规划教育的建议 [J].高等教育, 2007,（2）：39-41.

[28] 尼格尔·泰勒著, 李白玉, 陈贞译.1945 年后西方城市规划思想流变 [M].北京：中国建筑工业出版社, 2006.

[29] 韦湘民著, 刘东洋译.借鉴西方, 审视中国城市规划教育之未来 [J].国际城市规划, 2009,（S1）：136-140.

[30] 卓健, 刘玉民.法国城市规划的地方分权破折 1919 年 -2000 年法国城市规划体系发展演变综述 [J].国际城市规划, 2009,（S1）：246-255.

[31] 董楠楠, 陈菲.浅析联邦德国高校中的城市规划教育 [J].国际城市规划, 2007,（1）：94-98.

[32] 王骏, 张照.MITOCW 与我国城市规划学科教育的比较与借鉴 [J].城市规划, 2009,（6）：24-28.

[33] 张瑞平, 刘弘涛.城市规划专业课程体系优化研究 [J].土木建筑教育改革理论与实践, 2009,（11）：295-297.

[34] 陈秉钊.中国城市规划专业教育回顾与发展 [J].规划师, 2009,（1）：25-27.

[35] 张兵.关于城市住房制度改革对我国城市规划若干影响的研究 [J].城市规划, 1993,（4）：11-15.

[36] 王佳文, 马赤宇.住房建设规划与城市规划的衔接机制初探 [J].城市发展研究, 2006,（6）：92-95.

[37] 冯健, 刘玉.中国城市规划公共政策展望 [J].城市规划, 2008,（4）：33-41.

[38] 袁奇峰, 马晓亚.住房新政推动城镇住房体制改革——对"国六条"引发的中国城镇住房体制建设大讨论的评述 [J].城市规划, 2007,（11）：9-15.

[39] 马晓亚, 袁奇峰.保障性住房制度与城市空间的研究进展 [J].建筑学报, 2011,（8）：55-59.

[40] 杨弘生.美国城市治理结构及府际关系发展 [J].中国行政管理, 2010,（5）：102-105.

[41] 汪光焘.城乡统筹规划从认识中国国情开始——论中国特色城镇化道路 [J].城市规划, 2012,（1）：9-12.

[42] 汪光焘.贯彻《城乡规划法》依法编制城乡规划 [J].城市规划, 2008,（1）：9-16.

[43] 雷诚, 赵民."乡规划"体系建构及运作的若干探讨——如何落实《城乡规划法》中的"乡规划"[J].城市规划, 2009,（2）：9-14.

[44] 吴良镛.关于建筑学、城市规划、风景园林同列为一级学科的思考 [J].中国园林, 2011,（5）：11-12.

（本文合作作者：陈世栋。原文发表于《规划师》, 2012 年第 9 期）

中心镇规划：从村镇到城市的路径设计

——《广东省中心镇规划指引》编制的背景与创新

1 工业化带动城市化

人口持续增加，人均耕地不断减少，于是有人提出"谁来养活中国人？"的问题。

新一届政府提出要用最严格的土地管理制度来保护耕地，解决"粮食安全问题"。粮食安全本质上是一个国家安全问题！问题是：我们究竟要采取四面为敌资源内求的办法，还是"和平崛起"融入世界政治经济一体化进程的办法？其实中国人早已经超越了闭关自守、自给自足的时代。

改革开放 20 多年来我们抓住全球资本主义时代贸易自由化、产业大转移的这个战略机遇期，利用代工的机会迅速发展制造业，已经在较短的时间内基本完成了中国的工业化，近年正在抓紧发展重化工业和装备制造业，进行着优化国家工业体系的工作。

只有靠工业化，像日本那样通过出口工业产品、服务和技术在世界范围换取生存资源和生存空间，才能养活中国众多的人口，才能小康进而富裕。以工业化带动城市化是中国经济发展、社会进步的必由之路。

中共十六大报告提出"农村富余劳动力向非农产业和城镇转移，是工业化和现代化的必然趋势。要逐步提高城镇化水平，坚持大中小市和小城镇协调发展，走中国特色的城镇化道路。发展小城镇要以现有的县城和有条件的建制镇为基础，科学规划，合理布局，同发展乡镇企业和农村服务业结合起来。消除不利于城镇化发展的体制和政策障碍，引导农村劳动力合理有序流动。"

城市化水平提高表现在城市人口占总人口比率的增加，而城市化质量提高则体现在土地综合效益的提升。城市化路径无非是现有城市规模的扩大和城市总体数量的增加。

2 广东省中心镇的提出

改革开放以来，广东省城乡建设取得了巨大的成绩，城市化水平和城镇整体发展质量不断提高，这其中小城镇功不可没。珠江三角洲东岸地区大量三来一补的制造业企业基本都分布在小城镇，而内生型的西岸地区也依托小城镇发展多种经济成分和大型乡镇企业。

广东省内原有大、中城市数量本来就不多，城市规模扩张又长期受国家土地供应控制，而且创业和就业成本较高。因此，内地大量"离土离乡"的劳动力入粤并没有全部涌入原有的少数大中城市，而是随着生产力布局自然流向广大小城镇。小城镇是广东经济建设的主战场之一，已经成为全省经济现代化和农村城市化的重要据点。

2.1 小城镇，大问题

2003 年广东全省共有 1550 多个建制镇，一批建制镇已逐步发展成为设施配套、环境舒适的小城市，成为集聚力和辐射力较强的区域中心。但是，长期以来处在城市与乡村的夹缝间的小城镇也集中地体现了中国"城乡二元结构"的特点：

2.1.1 "城不像城、村不像村"

许多小城镇只重视招商引资，有些地方甚至提出了"国营、集体、个体经济一起上"，镇、公社、村、生产队、联合体、个体经济"6个轮子一起转"的发展模式，激发了村甚至组一级发展经济的积极性，而村、组级工业园的布局基本没有规划，农用地被大量占用、粗放使用，空间"碎片化"，不利于土地的集约使用和合理功能布局的形成。这种没有空间管制的、分散的、群众运动式的工业化既不利于经济要素集聚、严重浪费了土地，又违反了可持续发展的原则，最终阻碍了城市化发展。

2.1.2 "村村点火、户户冒烟"

工业企业"遍地开花"，带来经济效益低下、投资分散和环境污染等严重问题，影响了地区社会经济的可持续发展。

2.1.3 "城中村"

在城乡二元的土地政策下，商业和房地产业开发往往需要先将土地征用为国有土地，成本高企。而同样地段的农民宅基地建房却不需要负担城市住宅的高昂费用，于是在一些工厂较多、区位条件较好的地区，农民自建了八九层高的楼房进行出租。自建房出租成为农民低成本高收益的主要经济来源，很多人由此成为"食利阶层"，既不从事农业生产，也不愿意加入城市就业，并因保持农民身份可以得到较多利益而不愿城市化。而农民在城镇中的大量自建房往往成为"城中村"，成为城市化的障碍。

2.1.4 "离土不离乡，进厂不进城"

许多地区受到原有户籍制度、劳动就业制度等限制，出现了所谓"非城市化的工业化"，原南海市在1990年代曾经试图用"城乡一体化"来描绘乡村普遍工业化的图景，但是今天已经意识到中国当前仍然是依靠传统工业带动城市化快速发展的时代，过早提出"城乡一体化"不一定有益于经济和社会的持续发展，而以前所谓的"城乡一体化"其实是城乡产业和生活的同构和"一样化"。"非城市化的非农化"，导致非农人口居住分散，既影响了城市规模效益和服务功能的发挥，也不利于人民群众文化素质和生活质量的提高。

当前，城市化发展滞后于工业化，已成为广东省率先基本实现社会主义现代化的一大障碍，全省城市化水平和质量与国民经济和社会发展的要求仍然存在较大差距。

2.2 中心镇，大战略

《中共中央、国务院关于促进小城镇健康发展的若干意见》（中发［2000］11号）指出："要优先发展已经具有一定规模、基础条件较好的小城镇，防止不顾客观条件，一哄而起，遍地开花，搞低水平分散建设。"广东省面积17.8万 km^2 ，有1500多个建制镇。小城镇量大面广，发展很不平衡，因此，必须突出重点，把有限的财力、物力和人力重点放在支持少数有条件的小城镇加快发展上面，完善其功能，壮大其发展规模，强化其区域中心地位，提高其辐射能力，从而带动其他小城镇及农村经济社会的全面发展。

2000 年广东省委、省政府连续发布了《关于加快城乡建设，推进城市化进程的若干意见》（粤发［2000］8 号）和《关于推进小城镇健康发展的意见》（粤发［2000］10 号）两个重要文件，明确提出到 2010 年全省城市化水平达 50％以上，其中经济特区和珠江三角洲达 70％以上；全省重点建设 300 个左右中心镇，以此带动农村经济社会的全面发展。中心镇是指已经具备一定发展水平，且对周边农村地区具有一定经济带动和辐射作用的小城镇。至 2003 年为止，广东全省初步确定了 21 个市的 273 个中心镇，其中 15％为县城镇（共 41 个）。

为创新小城镇建设体制，2003 年广东省政府出台了《关于加快中心镇发展的意见》（粤府［2003］57 号），在中心镇规划编制、拓展建设资金渠道、用地政策倾斜、户籍制度改革、管理体制等方面的政策都有创新性突破。

位于设市城市的中心镇应该按照城市标准建设，发展成为城市中的有机功能组团或相对独立的卫星城。珠江三角洲发达地区和其他地区中经济基础较好、具有较大发展潜力的中心镇则应该逐步向中小城市发展。

中心镇规划理应成为广东省培育一代新城市的重要手段。

3　从村镇规划到城市规划

广东省小城镇规划建设中一个十分突出的问题，就是在市场经济条件下原有规划体系滞后、标准混乱、操作性不强，难以指导经济高速发展中的城镇建设。如何切实提高城镇规划水平，加快推进中心镇建设已成为当务之急。

2003 年 11 月广东省建设厅颁布实施《广东省中心镇规划指引》（以下简称《指引》），对加快中心镇建设、消除城乡二元结构、实现区域协调发展、改善城镇居住环境、促进城镇可持续发展等具有十分重要的意义。以下就编制中的若干重点摘要加以介绍。

3.1　中心镇规划的原则

中心镇规划的总体原则是加强城市规划对建设的引导和控制能力，用科学发展观指导经济发展，加强基层政权的执政能力建设。

3.1.1　宏观着眼，区域协调

必须就中心镇的经济腹地作出区域分析，在超越镇域的区域范围进行资源配置、产业布局和重要基础设施建设的协调和规划。立足长远，科学规划，提出符合区域协调发展的村镇行政区划调整撤并方案。落实上层次规划要求，处理好与周边城镇的各项接口，与区域共建共享基础设施。

3.1.2　要素集聚，集约发展

正确引导、妥善安排、合理规划，促进各项产业要素的合理集聚，积极引导"工业进（工业）园"、"住宅进（社）区"、"商业进（市）场"。对经济欠发达地区，规划要强化中心镇作为农村商品生产和交换中心的性质和功能，繁荣农村商品经济。

3.1.3　节约用地，合理布局

体现精明增长的思想，确保城镇空间布局紧凑，合理利用土地资源。即使各项城镇功能有效运转，又能节约土地资源。

3.1.4　突出服务，完善功能

基础设施和公共服务设施向中心镇适当集中，满足城镇居民及周边农村居民日益提高的物质和精神生活的需求，促进中心城镇成为地区真正的政治经济文化中心。

3.1.5　保护生态，改善环境

中心镇规划与建设要注意生态环境的保护和居住环境的改善，防止生态环境恶化，为城镇居民创造舒适、健康、优美的生活环境，实现城镇环境的可持续发展。

3.1.6　因地制宜，创造特色

中心镇规划应重视城市特色的设计与营造，发掘和保护历史文化资源，避免小城镇个性的丧失。培育中心镇主导产业和特色产品，发展特色经济，正确认识中心镇的区位优势，以市场为导向，因地制宜，培育和形成具有地方特色和竞争力的优势产业和特色产品。

3.1.7　因势利导，分期建设

正确处理好"远期合理和近期现实、普遍提高和重点突破"的关系，以"长远合理布局"为战略目标，因势利导，跨越发展门槛，兼顾各分期目标的现实推进和可持续发展。

3.2　中心镇规划的标准

我国在相当长的时期里是一个以农业为基础的国家，小城镇往往是农村地区行政和贸易中心，是为四乡提供社会和生活服务的中心地。《村镇规划标准》是在我国城乡二元结构下，小城镇社会经济发展较为落后的情况下制订的。目前广东的许多小城镇无论在经济结构、规模，还是景观上都已经属于城市范畴，在珠江三角洲发达地区城镇人口规模在20万以上的中心镇已经为数不少。广东省大部分中心镇按照发展要求将建设成为具有地方特色风貌及较强辐射和带动能力的地区经济文化中心，发展成为小城市和中等城市。要这些中心镇继续按照《村镇规划标准》来编制规划和指导建设，已经不能够适应城市发展的需求。

广东省中心镇采用城市规划用地分类标准，并对中心镇建设用地实现总量控制，中心镇规划区范围必须覆盖全部镇域范围，必须从全镇统筹考虑各项用地的规模与布局，将中心镇非农建设用地中城市建设用地与村建设用地的标准统一。

广东省中心镇人均建设用地指标分级　　　　　　表1

级别	一	二	三	四
人均建设用地指标（m²/人）	> 60 ≤ 80	> 80 ≤ 100	> 100 ≤ 120	> 120 ≤ 140

广东省中心镇人均建设用地指标按照中心镇常住人口分为四级（表1、表2），其中第四级（120-140m²/人）比《村镇规划标准》的第五级（120-150m²/人）标准有所降低，而暂住人口建设用地按照中心镇常住人口的60%-80%计算。

广东省中心镇规划实现了从村镇规划到城市规划的突破，采用城市规划标准，降低了人均用地指标，有利于中心镇土地的综合利用，有利于中心镇集约发展。

广东省中心镇人均建设用地指标   表2

现状人均建设用地水平（m²/人）	人均建设用地指标级别	允许调整幅度（m²/人）
≤ 60	一	可增 0-15
60.1-80	二	可增 0-10
80.1-100	二、三	可增、减 0-10
100.1-120	三	可减 0-10
120.1-140	四	可减 0-15
>140	四	可减至 140 以内

注：允许调整幅度是指规划人均建设用地指标对现状人均建设用地水平的增减数值。

4 中心镇的规划体系

《指引》在规划体系、成果内容和实施管理等方面进行了一系列的创新，正式明确了中心镇基本执行城市规划标准，实现了中心镇规划由传统的村镇规划向城市规划的跨越；增加了小城镇发展策略研究；提出在全镇域建立"三区六线"的空间管制体系；提出在总体规划之后增加建设用地分区图则以加强规划管理的可操作性。

4.1 中心镇的规划体系

广东省中心镇规划一般分为总体规划和建设规划两个阶段（图1）。

中心镇总体规划阶段包括中心镇发展策略研究、中心镇总体规划、中心镇近期建设规划、中心镇建设用地分区图则，其中发展策略研究为可选内容，在编制中心镇总体规划前可以单独编制中心镇发展策略研究，提出涵盖镇域范围、涉及社会、经济、环境与城镇建设各方面的宏观性、全局性的发展构想和实现手段，从而为中心镇总体规划的

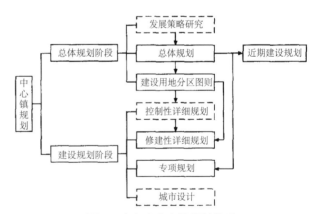

图1 广东省中心镇规划体系
注：实框为必备内容，虚框为可选内容。

编制提供具体指导。建设用地分区图则为新增的强制内容，必须与中心镇总体规划同时编制，旨在加强总体规划对详细规划的指导。

中心镇建设规划阶段主要包括详细规划（控制性详细规划、修建性详细规划）、专项规划和城市设计等内容。其中控制性详细规划为可选内容，修建性详细规划一般可以直接以建设用地分区图则为指导编制。城镇化水平较高的中心镇，应单独编制中心镇重点地区

的控制性详细规划，以指导修建性详细规划的编制。

根据实际情况和需要，中心镇还可在总体规划各项专业规划的基础上，单独编制交通系统规划、风景旅游区规划、绿化景观规划、消防规划、工程管线规划、历史文化遗产保护规划等专项规划和城市设计，以指导城镇各项建设。

4.2 镇域空间管制体系

广东省中心镇总体规划与传统总体规划不同，摒弃了传统村镇规划将总体规划分为镇域规划和镇区规划的思路，要求中心镇总体规划必须在全镇域范围内统筹布局。由于中心镇的村镇体系一般比较简单，照搬一般城市总体规划的城镇体系形式已经没有什么实质意义，因此广东省中心镇总体规划更加强化了镇域范围对涉及区域协调发展、资源利用、环境保护、风景名胜资源管理、自然与文化遗产保护、公众利益和公共安全等强制性内容的控制，提出了"三区六线"的控制体系，要求在编制中心镇总体规划时，必须在镇域整体范围内划定三大不同类型的规划管制用地，即：不准建设区、非农建设区和控制发展区，同时建立"六线"规划控制体系并提出规划控制要求。

4.2.1 "三区"地域控制体系

（1）不准建设区。包括具有特殊生态价值的自然保护区、水源保护地、海岸带、湿地、山地、农田、重要的防护绿地以及国道、省道两侧划定的不准建设控制区。

不准建设区应在中心镇总体规划图上明确标示，并在现场设立明确的地界标志线或告示牌。规划期内不准建设区必须保持土地的原有用途，除国家和省的重点建设项目、管理设施外，严禁在不准建设区内进行非农建设开发活动。

（2）非农建设区。包括镇区、工业区、乡村居民点。中心镇规划应根据总量控制要求和用地安排需要，确定中心镇非农建设区的范围。非农建设区内可以进行经依法审批的开发建设活动。非农建设区应在中心镇总体规划图上明确标示，并在中心镇规划建设中具体落实其界线坐标。

（3）控制发展区。中心镇镇域范围内除不准建设区和非农建设区以外，规划期内原则上不用于非农建设的地域为控制发展区，一般为中心镇远景发展建设备用地。控制发展区应保持现状土地使用性质，非经原规划批准机关的同意，原则上不得在控制发展区内进行非农建设开发活动。

中心镇非农建设需占用控制发展区用地的，必须同时从非农建设区中划出同样数量土地返还控制发展区；国家或省、市重点项目需要的建设用地，可根据具体情况，优先在中心镇非农建设区内安排解决。占用中心镇不准建设区和控制发展区用地须按照总体规划修编程序重新报原规划审批部门批准。

4.2.2 "六线"规划控制体系

为了更加有效地落实中心镇用地分区管制，加强中心镇用地规划管理，在中心镇建设用地分区图则的指导下，进一步确立中心镇"六线"规划控制体系，提出"六线"规划控制要求。

（1）城镇拓展区规划控制黄线。用于界定新增城镇建设用地（包括村镇建设用地）范围的控制线，是规划城镇建设用地与自然及乡村地域之间，或与要保护的生态地区之间的政策性控制线，城镇开发建设活动不得越出这个范围。

（2）道路交通设施规划控制红线。用于界定城镇道路广场用地和对外交通用地的控制线。红线导控的核心是控制道路及重要交通设施用地范围、限定道路沿线建（构）筑物的设置条件。

（3）生态建设区规划控制绿线。用于界定城镇公共绿地和开敞空间范围的控制线，非农建设区以外的区域绿地、环城绿带等开敞空间必须纳入绿线管制范围。

（4）水域岸线规划控制蓝线。用于界定较大面积的水域、水系、湿地及其岸线一定范围陆域地区，并将其作为保护区的控制线。

（5）市政公用设施规划控制黑线。用于界定市政公用设施用地范围的控制线。黑线导控的核心是控制各类市政公用设施、地面输送管道的用地范围，以保证各类设施的正常运行。

（6）历史文物保护规划控制紫线。用于界定文物古迹、传统街区及其他重要历史地段保护范围的控制线。

4.3 建设用地分区管制

根据广东省的实际情况，一般小城镇往往缺少分区规划层次的规划，又很少编制控制性详细规划，具体建设行为一般以总体规划为依据，传统的中心镇总体规划的镇区规划在土地利用、道路交通、绿化布局、市政工程管线等内容方面与镇域规划简单重复，而在对详细规划的指导方面偏偏又缺少控制内容。

《指引》提出在中心镇总体规划阶段要编制中心镇建设用地分区控制图则，对中心镇各类建设用地典型地区（如保护地区、完善地区、改造地区、发展地区）提出相应的分类和分区控制要求，并对各类建设区内不同用地性质地块提出容积率、建筑密度、绿地率、建筑高度、机动车出入口方位、公建配套等方面的具体控制，指导详细规划编制和地块开发建设。

中心镇建设用地分区图则的编制将使中心镇总体规划更具可操作性，减小规划管理的自由裁量权，在市场经济利益多元化的条件下，能够在开发建设中作到公开、公平、公正。

参考文献

[1] 广东省建设厅. 广东省城市规划指引——中心镇规划指引 [Z].2003-11.

[2] 中共广东省委，广东省人民政府. 关于加快城市建设，推进城市化进程的若干建议(粤发 [2000]8 号)[Z].2000-07.

[3] 中共广东省委，广东省人民政府. 关于推进小城镇健康发展的意见（粤发 [2000]10 号) [Z].2000-08.

[4] 广东省人民政府. 关于加快中心镇发展的建议（粤府 [2003]57 号) [Z].2003-07.

[5] 袁奇峰，易晓峰，王雪，等. 从"城乡一体化"到"真正城市化"——南海东部地区发展的反思和对策 [J]. 城市规划汇刊，2005，（1）.

（本文合作作者：方正兴、黄莉、熊青。原文发表于《城市规划》，2006 年第 7 期）

以体制创新推动"多规合一"

——以佛山市顺德区为例

对于城市规划管理在不同时期的集权和分权，理论界进行了积极的探讨。改革开放前30年体制改革的重点在于上下级政府之间的纵向"块块"分权，而同时期从中央到地方各部门的"条条"分割也被各个部门分别制订的法律所固化。产业、国土、环保和建设等部门分别从各自立场出发编制规划，这些规划之间缺乏协调，因此，尽管"多规合一"已经是一个讨论了多年的话题，也有了很多改革和尝试，但是由于部门之间的条条分割，始终缺乏体制机制上的突破，所以，如何协调空间资源的有限性和利益主体多元化的矛盾？尚需研究。

从珠江三角洲城乡规划管理的实践看：①改革开放初期向下分权有利于赋予基层一定的空间发展权，释放基层活力，有助于自下而上城市化地区的快速发展；但是随着空间资源日益紧缺，分权式的城乡规划管理模式已经难以适应经济转型升级的要求。②国家各部委大量"一票否决"式的规划及审批要求在基层都要落实到空间上，规划确实可以从不同角度去做，但是空间却只有一个，因此在城市和县一级必须也必然实现"多规合一"。

顺德一直是广东县级行政单元体制改革的试点，从1990年代的企业产权改革，到2009年的大部制改革，顺德体制改革一直在为珠江三角洲地区发展探路。在转型升级大背景下，总结顺德的规划管理经验，对城市和县级政府通过制度创新统筹空间资源配置很有必要。

1 顺德大部制改革——规划管理权限的多维重构

大部制，是市场化程度比较高的国家为发挥市场在资源配置中的基础作用、减少政府干预而普遍实行的一种政府管理模式。2009年，顺德基于"大规划、大经济、大建设、大监管、大保障"的理念，按照管理业务"同类项合并"、"行政权力分权制衡"思路，将区级党政机构从41个精简为16个 [①]，对各部门管理职能进行重组。

1.1 顺德的"多规合一"

大部制改革的一个重要目的就是改变目前政府管理业务的"条块分割"，按照管理业务的内在逻辑关系，重新划分管辖范围。在城乡规划领域，大部制改革后顺德将涉及宏观层面的规划编制权收拢。由原经济贸易局负责编制的产业发展规划、原佛山市国土资源局顺德分局负责编制的土地利用总体规划、原环境保护局负责编制的环境保护规划职能归并至发展规划统计局（以下简称发规统局）。从而实现了土地利用总体规划、产业发展规划、环境保护规划、国民经济和社会发展规划和城乡规划"五规合一"，解决了宏观层面规划的协调问题，据调研，宏观层面规划缺乏协调，一定程度上是顺德以往规划执行不力、城乡空间均质化蔓延的重要原因。在规划编制权的纵向划分方面，目前，顺德区级城乡规划

---

① 顺德的大部制改革详见《佛山市顺德区党政机构改革方案》（2009年09月16日）。

管理部门负有对宏观层面规划及重点地段控规的编制权，镇街一级则负有镇街层面总体规划和非重点地段控规的编制权。总体来看，宏观层面规划协调的解决增强了对专项规划和控规的指导性，加强了顺德整体统筹能力。

1.2　行政分权的影响和问题

大部制的另一个重要目的是分权制衡，在规划管理上体现为规划编制、审批与监检权限在相关部门之间的分工与协调。大部制前后规划编制权限的变化如前文所述；规划审批方面，"一书两证"的核发权在发规统局，消防、人防等由公安、国土等部门办理，在审批职能的纵向划分上，区发规统局则将临近区域性主干道路以外的用地面积小于8000m²的居住用地（含兼容商业服务业）以及用地面积小于2000m²的公共设施用地的建设工程设计方案审核、建设工程规划许可证核发下放至镇街，问题是发规统局内与规划职能相关科室由于创立不久，在机构合并和人员精简后，行政人员的大量精力被投放至具体的规划审批事务中而应接不暇，但是，"发规统局"在大部制改革中被定位为"决策局"，大量具体而微的事务降低了行政效率，影响了决策的科学性，与大部制的目的背道而驰。监检职能在大部制前统一由城市综合执法局执行，大部制后则由环境运输与城市管理局执行，"发规统局"只负责对违建给出认定的法律依据，在此过程中如两者缺乏协调，往往难以执法，一定程度上降低了规划权威性。

另一方面，与大多数城市如深圳、武汉大部制改革中将国土部门与规划部门合并不同的是，顺德将发展改革与统计部门和规划部门合并，成立"发展规划和统计局"，这在当时是全国唯一一例。顺德产业部门与空间部门的整合，解决了空间资源配置与产业空间载体之间的矛盾，统计职能则作为考核绩效的保障；同时，宏观层面的规划编制权限的收拢，有利于利用城乡规划的公共政策属性制定城市转型发展的政策和制度，使得发规统局作为决策局，成为了顺德转型发展的"参谋部"，远期将成为政府协调区域和社会关系的重要部门。总体看来，"发规统局"的成立为顺德的"多规合一"创造了体制机会，是顺德规划管理领域的新尝试。

1.3　简政强镇的影响和问题

如果说大部制改革从横向上划定了政府职能的话，紧随其后的"简政强镇"改革则是从纵向上划分上下级政府职能的重大举措。大部制后，由于原来部分职能重叠或相似部门的合并，裁汰了冗员及减少了部门扯皮的现象，但也使得区级行政人员的事务增加，这样，区向镇街的分权成为必然。另一方面，由于珠三角顺德、南海、东莞等城市的镇街无论从经济体量、管辖范围和人口规模都远非传统镇或街道可比，仅用1954年颁布的全文仅600字的《城市街道办事处组织条例》去框定其管辖权限显然不合时宜。在此情况下，佛山地区普遍进行的"简政强镇"改革，赋予了镇街更多的自主发展权，将区级政府的部分管理权限下放至镇街，区级政府强化统筹与协调的能力，主要负责全区经济社会发展规划、宏观政策制订和实施，并对镇（街）的业务进行指导和监督考核；而镇级主要负责经济社会发展微观层面的管理和服务。因而规划管理的上下级权限也发生了变化。

大部制改革前，顺德城乡规划实行垂直管理：区级政府执行城乡规划职能的是佛山市规划局顺德分局，镇街政府执行城乡规划职能的是镇街的规划所，规划所是区规划局的下属机构（图1），规划所协助街镇落实空间发展规划，但不是镇街的下级机构。这种垂直的管理模式，提高了顺德城乡规划管理的效率，服务于城乡整体发展大局。但是对镇街空间发展诉求有一定的制约。

大部制后，镇街城乡规划职能由区"发规统局"委托镇街的国土城建与水利局执行。镇街国土城建与水利局并非区"发规统局"的下属机构，前者仅在业务上接受后者的指导，行政上则隶属于镇街政府，其人、财、物都由镇街政府统管（图2）。这种分权化管理模式，有利于镇街自主性的发挥；但是政出多门，镇街国土城建与水利局既在行政上服从镇街政府，满足镇街的发展诉求，又在业务上服从区"发规统局"的指导，两者存在协调问题，镇街增量发展的惯性思维仍在继续，与城市整体转型升级存在矛盾，空间发展权分散是顺德一直以来空间分散和蔓延式发展的主要原因。从协调空间资源的有限性与多元利益主体诉求之间的矛盾来看，空间资源配置权必须集中。

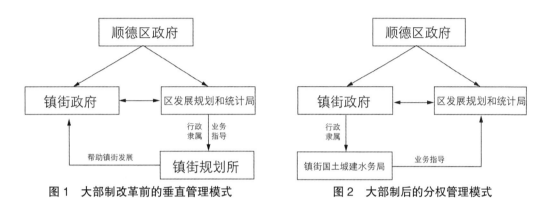

图1　大部制改革前的垂直管理模式　　　　　　图2　大部制后的分权管理模式

2　新时期顺德规划角色演变——从服务发展到引领城市转型升级

改革开放以来，城乡规划职能在顺德社会经济发展中起到了重要作用。城乡规划职能与城市空间格局演化过程具有耦合关系。

2.1　规划跟随城市发展阶段

20世纪80年代，顺德乡镇企业与集体经济起步并蓬勃发展。农村集体所有制产权单位在空间上具有广泛分布和区位分散的特点，集体建设用地也呈现出点多、规模小、均质分布的特点，导致了"村村点火、户户冒烟"的农村城市化格局。进入1980年代末，顺德组建了"科龙"、"美的"等大型企业，镇域经济形态雏形出现，北滘、容奇① 也成为珠江三角洲的工业卫星镇。大良凭其顺德县城的地位也获得了快速发展。整体来看，20世纪80年代顺德以村办、镇办乡镇工业为主导的地位，使得城镇空间结构出现较为均质和分散的格局，这与珠江三角洲发展早期整体"小集聚、大分散"格局一致。该时期城乡规划职能由建委执行，规划服务于城市建设与社会经济发展。规划职能自身尚存在亟需改进的地方，规划的前瞻性作用没有得到严格的落实。

2.2　规划服务于招商引资阶段

20世纪90年代，"专业镇"发展时代。由于20世纪80年代的分散建设导致用地低效，

---

① 　2000年，容奇镇与桂州镇合并，成立容桂镇。

顺德开始推行集约化建设，出现了兴建工业园区的热潮。"大企业、大市场"格局以及由核心企业和专业市场带动下的产业集群和镇域经济开始出现和扩大，顺德空间进入轴向延伸与圈层拓展并举的时期。这一时期顺德"快速增长的非农经济、强烈的城乡交互作用、土地利用混杂"等地域形态和 McGee 所描述的"Desakota"形态较为相似，顺德"城乡一体化"的混合空间格局基本确立。

这一时期规划服务于项目建设和招商引资，规划以项目定空间。各层级发展主体对空间资源争夺加剧，规划对空间资源的优化配置作用难以有效发挥。在"重国土，轻规划"的模式下，规划对城市发展控制不足，规划对城市形态塑造乏力。

2.3 规划引领城市转型阶段

进入 21 世纪，顺德发展重点集中在新城区建设和集约化建设。一方面，进行大规模的中心城区和新城区建设，如德胜新城及东部中心区的规划建设，东部各城镇形成连绵之势；另一方面，对存量用地优化提升，建立"集约工业区"和大型"专业交易市场"，加强土地资源集约利用，如乐从的"皇朝"、"罗浮宫"等大型企业设立专门店，龙江也通过家具材料城等的建设推动镇区发展。农村则通过村庄合并和城中村改造，加快城市化步伐。总之，通过增量用地的大规模集中式拓展和存量用地的内涵优化，区一级层面的宏观统筹力度得到加强。这一时期，东、北部城镇发展呈连绵带状之势，中南部则以散点开发的传统农村地区水乡格局为主，两者呈现完全不同的空间增长模式和形态。顺德"两带三点"（两带为 105 国道和 325 国道，三点为勒流、杏坛和均安）的空间发展格局确立（图 3）。

顺德规划与城乡发展关系 表 1

时间	1980 年代	1990 年代	2000 年以来
发展阶段	乡镇经济时期	专业镇时期	统筹发展时期
转型	农业到初级工业化	从计划经济向市场经济转变，产权制度改革	工业化带动城市化，体制改革，实现农村向城市、传统社会向现代化社会的转型
转型的原因	乡镇工业崛起	企业"遍地开花"、资源浪费和效率低	资源与环境等制约；镇街各自为政，城市整体竞争力提升难
主要手段	工业立市，发展乡镇工业和集体经济	全面推进综合体制改革	推行新型工业化和集约城市化
城市化阶段	"村村点火、户户冒烟"的农村城市化格局	形成了"村像城镇、镇镇像农村"的区域景现格局	中心区和新城区建设，优化提升存量用地，加强土地集约利用
城市化格局	规划服务镇街发展	规划服务项目建设，以项目定空间	规划确定空间资源分配，引领项目建设和经济发展
规划的角色	规划服务镇街发展	规划服务项目建设，以项目定空间	规划确定空间资源分配，引领项目建设和经济发展
规划存在的问题	规划没能发挥前瞻作用	规划缺位，规划引导作用不强。没有形成完整的规划体系	区与部分镇街诉求矛盾；控规覆盖不全，缺少法定依据；规划的实施难
规划与发展的关系	规划被动服务于发展	建设发展迅速，规划落后于发展的需求，导致规划缺位	土地资源难以为继，规划与发展矛盾凸显

注：根据文献 [18]、[19] 和 [20] 以及调研资料整理。

但是，由于该时期经济建设与社会建设不匹配，导致生活配套缺乏，土地利用低效及建成区蔓延未得到有效遏制，城市空间质量亟待提升。面对土地资源制约，原有发展模式已不适应于新时期的发展要求。但是竞争机制下，镇街争相要求土地指标，并提出自己的发展战略，甚至自编控规不上报却用于指导建设，而"大部制改革"后的顺德区政府，整体协调能力有待增强，现状街镇各自为政的局面影响了城市整体空间品质的优化和城市竞争力的提升。同时城乡规划从编制到实施的机制并不顺畅，导致规划实施难，影响了城市空间的建构。

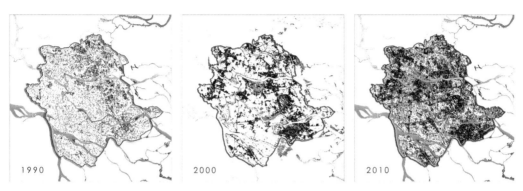

图 3　20 世纪 90 年代以来顺德城乡格局演变

3　规划体制机制的进一步设计——"片区统筹"管理模式及事权划分

3.1　分片管理，纵向分权

考虑到顺德明显的区域差异，从发展阶段和现状建设情况来看，顺德全域分为城市中心所在的东部片区、北部片区和生态环境较好的中南部片区（图4）。三大片区所处的发展阶段不一样，面临的问题各有不同，东部片区由于发展较早，已经是城市化较成熟地区，应在巩固优化中升级，北部片区正处于快速发展时期，应在融合中升级，中南部片区担负城市的生态功能，应在生态保育中升级。目前，顺德根据三大功能片区的思路设置了片区直属局，各大直属局是区局的派出机构，按照属地管理原则，管理各自片区内各镇街的规划管理事务，东部片区直属局与区局合署办公。总体而言，片区分局模式优点明显，一是符合顺德城乡发展战略，有利于扭转现状镇街各自为政的格局，服务于顺德城乡整体转型升级；二是有利于城乡规划体制机制活力的发挥和城乡空间资源的有效配置，符合顺德提高城市化质量的发展趋势。未来，顺德规划管理重点应是利用大部制改革构筑好体制基础，充分发挥城乡规划公共政策属性，以规划引领实现城市和产业的转型和升级。

3.2　区局与直属局事权划分

规划行政体制改革如火如荼地进行，但是，职能部门的事权划分依然需要进行深层次的划分。按照"决策在上，执行在下"及"规划上收，审批下移"的思路，将规划管理事权进行如下划分：发规统局集中精力做好全区全局性的规划组织、规划研究、统筹协调、政策及技术性文件的制定，强化规划宏观决策及规划引领作用；直属局侧重于日常规划管理和个案审批工作，实现建设项目规划管理重心下移，全面提高规划管理效能和服务水平（图 5）。

3.3 "多规合一"及决策机制探讨

尽管顺德规划体制创新已经走在全国前列,但现有规划管理框架依然可以做以下探索。城乡规划管理模式的创新既要考虑转型期社会的特点,也要具有本地性。顺德城乡规划进一步的体制机制创新可从以下两方面着手(图6)。

在规划编制体系方面,为了协调长远目标与短期安排之间的矛盾,在"五规合一"的基础上,编制五年规划和近期规划,另外,为了加强对空间的弹性安排,则应编制年度计划,方便对空间需求的预测及监控。为保障"多规合一"的落实,还应加强以下决策机制的设计。

第一,为加强城乡规划的民主性,可设立城乡规划决策委员会。作为全区最高规划决策机构,由顺德区区长担任主任,发规统局局长担任副主任,各政府部门和镇街主要领导人为委员,发规统局主管规划的副局长担任秘书长。负责审批经过城乡规划委员会审查的全区以及各镇街各层级规划。

第二,为加强城乡规划管理的科学性,应完善规划委员会制度。规划委员会可下设三大机构:发展决策委员会、技术审查委员会和环境艺术委员会。发展决策委员会负责全区的发展策略咨询,技术委员会负责城乡规划编制方案的技术审查、技术标准等的制定,环境艺术委员会负责城乡景观管理,建筑以及建设工程的管理。城乡规划委员由公务委员和非公务委员组成,公务员委员由

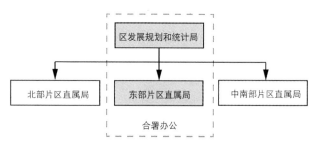

图4 三大片区统筹管理模式

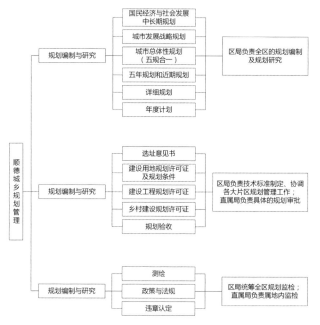

图5 顺德城乡规划管理业务划分

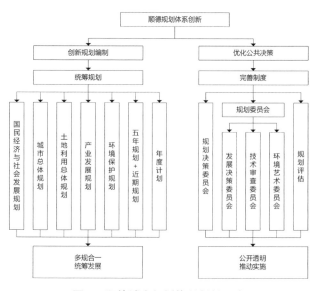

图6 顺德城乡规划体制创新思路

42

区和各镇街分管城乡规划建设的领导、城乡规划行政主管部门和其他相关部门的主要负责人或技术负责人组成；非公务员委员由人大代表、政协委员、基层社区代表、利益相关方、专家学者组成。委员由区人民政府聘任。其中公务员比例不得高于二分之一。

第三，为加强城乡规划的落实，创立规划评估制度。分别对重大城乡规划项目立项前进行评估；项目的实施过程中评估，跟踪项目进展情况，可以对项目的实施进行监督；项目实施后，通过评估机制，可以对项目的实施情况进行反馈，以便对项目的修改和对项目实施带来的社会效益进行量化分析，有利于优化决策。总之，顺德规划体制的改革充分说明了处于城市化中后期的地区规划公共政策属性在统筹各主体和社会各阶层权益的重要性。

4　结语

空间资源的紧缺及发展主体多元化成为转型期城市规划管理必须面对的重大问题，行政体系的"条框化"和多部门立法形成的部门规划从各自的立场出发，各自对城市发展进行引导和控制，特别是在涉及城市宏观层面的规划，缺乏统一指导，各部门各行其是，缺乏协调，造成的"规划浪费"将阻碍城市的进一步发展，所以，涉及宏观领域的"多规合一"是已进入或即将进入城市化后期阶段地区必须要解决的问题，而县域一级行政单元，最适合为"多规合一"进行体制改革的探索。

顺德运用改革前沿阵地的优势，为城市转型和产业升级架构体制保障，是变革生产关系以符合生产力要求的表现。在转型时期，先发展地区要取得进一步发展，解决环境资源紧约束及区域及城乡差异等问题是前提，城乡规划的公共政策属性为这些问题的解决提供了路径，而公共政策属性的有效发挥有赖于空间资源配置权的集中，所以，顺德的"五规合一"及"发规统局"的设立无疑是对这些问题的有力回应。而在具体的体制设计上，先发展地区可根据区域自然本底和发展现状划定片区，实行片区差异化管治，这是协调区域差异和城乡差异的有效措施，统筹片区的规划管理模式有利于减少管理层级并提高效率，管理的垂直化有利于加强规划统筹力度、按照"决策在上、执行在下"原则划分上下级规划管理权限是科学决策和有效执行的前提，是加强对空间主体权责约束的有效手段。

总之，顺德城乡规划管理面临的问题与珠三角乃至中国东部沿海先发展地区面临的问题具有一定的相似性，顺德规划管理的创新对这些地区具有一定的借鉴意义。

参考文献

[1] 孙施文.现行政府管理体制对城市规划作用的影响[J].城市规划学刊，2007，（5）：32-39.

[2] 谭纵波.从中央集权走向地方分权——日本城市规划事权的演变与启示[J].国际城市规划，2008，（2）：26-31.

[3] 田莉.论我国城市规划管理的权限转变——对城市规划管理体制现状与改革的思索[J].城市规划，2001，（12）：30-35.

[4] 肖铭，刘兰君.城市规划实施过程中的权力研究[J].华中建筑，2008，26（8）：72-75.

[5] 姚凯."资源紧约束"条件下两规的有序衔接——基于上海"两规合一"工作的探索和实践[J].城市规划学刊，2010，（3）：26-31.

[6] 胡俊.规划的变革与变革的规划——上海城市规划与土地利用规划"两规合一"的实践与思考[J].城市规划，2010，（6）：20-25.

[7] 许珂."两规合一"背景下对上海新市镇总体规划编制的思考 [J]. 上海城市规划, 2011,（5）: 73-77.

[8] 王唯山."三规"关系与城市总体规划技术重点的转移 [J], 城市规划学刊, 2009,（5）: 14-19.

[9] 石亚军, 施正文. 探索推行大部制改革的几点思考 [J]. 中国行政管理, 2008,（2）: 9-11.

[10] 蔡曦亮. 中国大部制改革的价值取向和发展方向 [J]. 北京行政学院院报, 2009,（3）39-43.

[11] 倪星. 英法大部门政府体制的实践与启示 [J]. 中国行政管理, 2008,（2）: 100-103.

[12] 魏红英. 深圳大部制改革与地方政府体制创新 [J]. 特区实践与理论, 2011,（5）: 41-44.

[13] 陈雪莲, 杨雪冬. 地方政府创新的驱动模式——地方政府干部视角的考察 [J]. 公共管理学报 .2009,（3）:1-11.

[14] 颜丽杰. 城市竞争背景下的规划管理政策研究 [J]. 城市问题, 2008,（10）: 25-28.

[15] 李东泉, 蓝志勇. 论公共政策导向的城市规划与管理 [J]. 中国行政管理, 2009,（5）: 36-39.

[16] 冯健, 刘玉. 中国城市规划公共政策展望 [J]. 城市规划, 2008,（4）: 33-41.

[17] 李红卫, 王建军, 彭涛. 改革开放以来珠江三角洲城市与区域发展研究综述 [J] 规划师, 2005,（5）: 96-99.

[18] 曹冬冬. 经济圈内中小城市发展优势及空间布局——以顺德为例 [J]. 南方建筑, 2006,（5）: 11-13.

[19] 袁奇峰. 改革开放的空间响应——广东城市发展 30 年 [M]. 广州: 广东人民出版社, 2008.

[20] Mcgee, T.D.Urbanisasi or Kotadesas？ Evolving Patterns of Urbanization in Asia[A].Costa, F.J.（ed.）.Urbanization in Asia : Spatial Dimensions and Policy Issues[C].Honolulu : University of Hawaii Press, 1989 : 93-108.

[21] 余颖, 余辉. 规划管理与咨询一体化的机制创新——以重庆市为例 [J]. 规划师, 2011,（6）: 12-19.

（本文合作作者：陈世栋、欧阳渊。原文发表于《现代城市研究》，2015 年第 5 期）

第贰篇

城市设计研究

21 世纪广州市中心商务区（GCBD21）探索

城市中心商务区（CBD）是城市发展到一定阶段，从城市中心区（Downtown）中剥离出来，明显区别于传统城市商业（购物）中心的特定城市地区。

CBD 的功能以商务办公为主，兼有会议展览、宾馆酒店、专业服务、文化娱乐、居住及高档零售业。它往往是公司总部的汇集之地，因为聚集经济，促进活动、交流和贸易而充满活力。它明显地不是"为市民服务的场所"，而是为城市所影响和辐射的区域服务的"外向型"第三产业用地，是生产性用地。

CBD 的规模与城市人口数量没有必然关系，它决定于国际及区域资本在城市中聚集的程度，取决于城市中商务机构的数量、性质及其业务流量。

在今天贸易自由化、经济全球化的时代，能否维持和能维持多大规模的 CBD 直接反映了城市在所在区域乃至全球城市体系中的地位和作用。在这个意义上，所有的城市都会有一个为市民服务的市中心区（Downtown），但并不是所有的城市都能有一个真正的 CBD，它已经成为国际性城市的重要标志之一。

1 广州市 CBD 建设背景

1996 年上报国务院的《广州市城市总体规划（1991—2010）》（送审稿）没有对商务办公设施的专门论述，更没有提及城市 CBD 概念。

据该规划，广州市共有三大组团，其中在城市中心区大组团"设有城市旧城中心和天河新城市中心两个区域性都市中心，为双中心的大组团。"在东翼和北翼大组团，各有一个城市副中心。在"城市社会服务设施发展规划"一节中，上述四个中心都列入"城市商业设施分级布局"中。

20 年来，广州市区迅速向东部扩展，已经形成了若干商务办公建筑密集地段。市政府在新区辟出大量商务办公用地，以满足日益增长的对办公空间的需求。

目前，商务办公建筑主要分布在东山、天河两区。在旧城区沿环市东路、东风东路、沿江路等交通干道呈带状自然分布；在新城区则以天河体育中心为核心，呈环状分布，但尚未形成有魅力的 CBD 地区。

1.1 珠江新城选址

1990 年代初，广州市在经济并不宽余的情况下准备建设地铁。市政府提出了建设广州新城市中心——珠江新城的目标，靠土地收益支持地铁建设。这项决策在客观上可以避免广州市商务办公建筑过于分散，无法形成集约优势的弊病。另外，也与 1992 年市委市政府刚刚提出的 15 年基本实现现代化，进一步提高中心城市地位，准备建设"国际化大都市"，"高标准、大规模发展第三产业"的目标是一致的。

珠江新城位于广州市天河区，北起黄埔大道，南至珠江，西以广州大道为界，东抵华南快速干线，用地面积约 6.2km²，规划建筑面积约 1300 万 m²。处在城市中心区大组团与东翼大组团之间，新旧区交汇处（图1）。

根据新近完成的《广州地区总体规划纲要（讨论稿）》（1999—2007），广州市城市结构可能将面临着重大调整：

该规划建议扼制城市北翼大组团的发展，以避免出现向旧城中心区的交通聚焦现象，避免古城风貌不断被见缝插针的旧城改建所破坏，避免发展用地对新国际机场的再次包围。建议采取以天河中心区为城市中心向东和向南集中发展的模式，在原东翼大组团不变的情况下，又提出发展南翼大组团的构想。据此，广州市城市总体发展形态将从"L"形向"T"形转变，而珠江新城与天河中心区正好处在未来城市发展三大组团交汇的地理中心，经济地理区位将有大的改观。

另外，根据广州市规划局组织编制的《广州市新城市中轴线规划设计研究》：

原来北起燕岭公园，经天河体育中心至珠江南岸赤岗的新城市中轴线将继续向南延伸至珠江外航道的海心沙岛，全长达到12km。其中新城市中心段和临江区段就在珠江新城及珠江两岸。而临江区段位于珠江内航道与新城市中轴线的交汇处，将成为广州市新世纪最重要的城市意象节点。

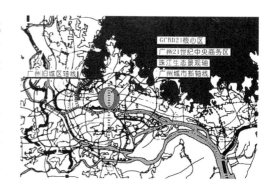

图1　珠江新城区位图

城市商务设施的需求取决于城市在所在区域中的地位与作用。如果广州市在将来在区域中的地位可以维持得起一个完整的城市CBD，珠江新城和天河体育中心周边商务办公区无疑是CBD核心最好的选址。城市发展结构的不可替代性决定了广州市的未来，再也找不出像珠江新城和天河中心区这样的城市地理中心区位与CBD如此恰当地结合（图2）：

（1）位于未来三大城市组团交汇的城市地理中心，区位居中，易于培养良好的城市中心意向使市民产生认同感；

（2）位于城市主要景观轴线珠江与城市新中轴线交汇的城市景观中心。易于形成良好的城市空间意向，形成有魅力、易识别的城市空间。

图2　天河体育中心现状

1.2　新城规划构想

在境内外三家规划设计单位规划方案咨询的基础上，广州市人民政府根据广州市环境艺术委员会和市规划局的意见，决定以美国托马斯规划服务公司（Thomas Planning Services. Inc. Boston. MA）方案为基础，编制控制性规划（图3）。

按市政府的意图，珠江新城将建设成为："未来的广州新城市中心，将统筹布局、综合商贸、金融、康乐和文化旅游、行政、外事等城市一级功能设施"。

规划将用地划分为东西两区，西区以商务办公为主要功能，与北部天河中心区内的商务办公用地一同构成广州市新的CBD，而东区以居住、康乐为主要功能。依据原规划预测，全区人口17-18万，就业岗位35-40万。

新城共分15个功能区，402个地块，除农民留用地123个地块、约456hm²和公建配套用地99个地块、约556hm²外，可供出让的建设用地共180个地块，建筑面积约780hm²，其中商住约占30%，商务、办公、公寓占70%。按目前价格计算，珠江新城预计可收取土地出让金220亿元，扣除征地、开发成本后，将为城市建设、特别是地铁建设提供超过100亿元的土地收益(图4、图5)。

根据当时房地产开发形势，市政府对珠江新城的规划提出了若干具体意见：要求保留三个自然村；保留原规划确定的猎德污水处理厂；提出了"统一规划、统一征地、统一开发、统一出让、统一管理"，并且"按小块用地公开招标"的开发模式。

2 珠江新城开发的困难

自1992年开始酝酿，广州新城市中心——珠江新城的开发至今已有7个年头了。虽然到1999年底，已累计投入资金44.2634亿元，但对多数广州人而言，珠江新城还只是一个地图上的概念。除居住用地正在积极开发外，只有若干政府办公机构迁入，目前，尚无一家真正的商务办公建筑建成。原因何在？

2.1 全市办公设施过剩

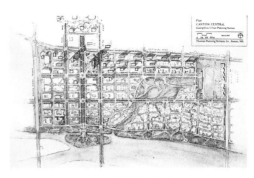

图3　托马斯方案

图4　原珠江新城控规模型

图5　原珠江新城规划

广州市历年写字楼上市及竣工情况表　　　　表1

	1985年	1990年	1991年	1992年	1993年	1994年	1995年	1996年	1997年	1998年
批准预售（万m²）	/	/	/	3.1	50.1	67.3	117.9	60.9	36.7	37.6
当年竣工（万m²）	/	24.6	13.5	23.2	12.5	14.6	16.4	55.3	42.7	41.3
年末总量（万m²）	196.6	291.5	304.9	328.2	340.7	355.2	371.6	426.9	469.6	510.9

据统计，至 1998 年末，广州市已竣工及已获规划批准建设的商务办公楼总面积约为 933.8 万 m² （包括珠江新城批出的 26.26 万 m²）。其中，目前已经建成的商务办公楼 510.9 万 m²、已获规划局批准但尚未建成的 422.9 万 m²（表 1）。

由于国家宏观经济调控和东南亚金融危机的影响，在 1993-1994 年曾经十分繁荣、供不应求的办公楼市场转向低迷，大量商务办公楼积压闲置。据广州市房地产局 1999 年 6 月调查，全市办公楼空置率达到 27.2%，销售基本停止（表 2、表 3）。

广州市 1993 年以来竣工写字楼区域分布情况表　　　　　　　　表 2

区域	越秀区	荔湾区	东山区	天河区	白云区	海珠区	芳村区	珠江新城
比例	16.25%	3.74%	31.45%	39.90%	0.08%	4.67%	1.78%	2.12%

资料来源：以上两表源自《南方日报》1999-12-31 D51 版.

广州写字楼样本空置率　　　　　　　　表 3

调查时间	样本数（个）	调查面积（万 m²）	未租售面积（万 m²）	空置率（%）
1999-06	36	64.92	17.64	27.2
1998-12	39	78.89	21.82	27.2
1998-06	36	81.95	28.58	34.9

已办理土地出让手续的写字楼建筑面积共计 645.3 万 m²，虽然已经获批准预售的建筑面积达到 355.4 万 m²，但是其中只有 230.5 万 m² 完成租售，目前广州市写字楼存量面积还有 415 万 m²。

粗略估计，即使现在开始不再批准新建写字楼项目，按 1998 年写字楼售出 32.6 万 m²，出租 17 万 m²，合共每年平均消化约 50 万 m² 的基数计算，消化目前的写字楼存量还要 8 年时间。如果将未出让的潜在供应量 133 万 m² 加进来，则还要多 2 年时间。

若设想以珠江新城为核心开发 CBD，再建设 655.10 万 m² 商务办公设施，则广州全市已建和准备建设的办公楼建筑面积总量将达到 1588.90 万 m²。但已建成的商务办公用房，却还大量积压难以消化。

结论：广州市商务用地供应失控，办公设施已经出现了供大于求的现象，而且在相当长一段时间内写字楼开发缺少动力，目前的市场需求难以在短期内维持一个强大而集中的商务中心区。

2.2　城市土地政策失当

2.2.1　全市土地供应失控

由于广州市土地供应市场长期的混乱，许多没有开发能力却能拿到廉价土地的"开发商"扰乱了地产市场。1998 年以前，几乎所有能拿出土地的单位都可以搞开发。有水快流，导致房地产开发遍地开花，见缝插针的旧城改建既破坏了名城风貌，又分散了可以促进新区开发的有限市场需求。正因为土地市场供过于求，导致珠江新城的土地有价无市。

而对许多开发商而言，珠江新城又成为一个"围城"：一方面，都明白将来新城市中心的土地价值极高，都想进入分一杯羹；另一方面，真正进入后又发现在支付了规范的地价款后，项目失去了竞争力。近两年来随着市政府对土地市场的规范，一般的土地供给正常了，但珠江新城大量廉价的村留用地仍然扰乱着市场，农村土地问题十分突出。

2.2.2 农村土地扰乱市场

土地是政府主要的财政来源之一，珠江新城又采用由政府统一开发出让土地的模式。随着政府对基础设施的投入，土地不断增值。然而珠江新城中的村庄用地和村留经济发展用地已经高达 150hm^2。由于这些用地均采用村里自行寻找合作方的开发模式，政府从土地出让中所获得的收益大大减少，投入产出效益大打折扣。另外，这种情况还会严重干扰政府土地出让和开发建设计划的实施。

据广州市有关规定，征用农村土地要留所征的 4% 用地作为村镇建设发展用地，另外还要将所征用地的 8% 返还村镇，由村镇自行开发，作为失去农田以后村镇新的经济来源。这一政策对于解决远郊农民的出路起到了积极的作用。但应用于市区范围内的农村时，则产生了不良的后果，加大了城市发展和改造的难度。

根据有关规定，找到合作伙伴共同开发建设的村留地，农民分成的部分免收地价，合作方分成部分只收开发商 700 元/m^2 地价；另外，在珠江新城还专门划出 5% 土地给区、镇（街）政府，只收取 1400 元/m^2 地价。仅此一项，按目前 2800 元/m^2 的出让价格，对区、镇（街）政府和各村的让利已达到 17.94 亿元以上，而市政基础设施和配套设施投资却仍然由政府负担。

按规划，珠江新城内保留有猎德村、冼村和谭村等几个自然村，留地规模较大，约 87hm^2。"都市里的村庄"虽然在地域上已完全进城了，但土地仍然是农村集体所有，管理上也没有进城，违法建设严重、基础设施滞后、社会控制困难、环境恶劣，与新城的发展目标极不协调。

目前，由农村自己改造旧村的可能性极小，由政府斥资进行改造又难以平衡效益。因此，采取何种改造方式，尚需市政府决策。由于未能明确具体的改造方式，目前所编制的这两个村的规划难以实施。这种情况出现在广州的未来新城市中心，集中反映了城市土地政策的失当。

结论：供过于求的土地市场、旧城区见缝插针的旧城改建既破坏了名城风貌，又分散了有限的市场需求。大量廉价的村留用地扰乱市场，土地市场的不公平竞争，影响土地市场的良性发育，削弱了政府利用土地调控房地产市场的能力，迟滞了新区开发。

3 GCBD21：一种城市发展战略

关于珠江新城建设，目前存在两种有害的倾向：

倾向一：认为形势一片大好，目前开发建设中的困难只是经济发展过程中小小的低谷，忍一忍又会有 1990 年代初那样的大发展。因此，当时制定的规划虽然会延迟，但是最终仍然可以实现。

评价：过于乐观地估计形势，看不到广州经济发展所面临的挑战，可能继续鼓励商务办公设施布局过于分散的情况，耗散了促成和维持CBD所需的市场需求，不利于迅速形成CBD面貌，会延迟甚至耽误珠江新城开发建设的时机。

【资料一】广州市面临挑战

广州一直是中国对外开放的前沿城市，往往因为率先开放而优先发展，但也因为全国的普遍开放而丧失进一步发展的机遇，全国范围内剧烈的区域竞争对广州市提出严峻挑战。

上海市超过广州市：

1840年后仅仅10年时间，上海市外贸就超过广州市成为全国第一。至1938年近100年时间，上海市吸引了大量国际资本成为全中国的首位中心城市。相应，广州沙面只有上海租界的1/147。

自1990年上海市开始大举对外开放至今10年，城市建设的质量和速度又超过广州市。同样在1990年代初开始策划建设CBD，上海市已经借助国际资本在浦东建成了一个陆家嘴金融中心区，而广州珠江新城商务办公区建设却至今尚未进入实质性阶段。

香港带动广州市：

随着香港的回归，香港替代广州市成为珠江三角洲的首位中心城市。但是香港毕竟是国际性城市，将会继续发挥国际性大都会在亚太区商业、金融、资讯、旅游、转口活动及制造业中心的作用。这将促进包括广州市在内的珠江三角洲地区的发展，使之继续发挥二传手的作用。

深圳市挑战广州市：

同样作为珠江三角洲的二级城市，紧靠香港的深圳市是中国改革开放的"窗口"和"试验田"，经过20年的发展，成功地吸纳了国家级的证券、期货交易中心市场，成功举办了高新技术交易会等，成为南中国地区国家级的金融中心，高新技术发展基地，而且在外贸领域也已超过广州市在城市外贸出口总值上居全国第一。

目前，广州市在环境、交通、土地存量方面存在的问题严重制约了发展潜力，在新一轮的"广州－深圳"两市发展竞争中处于劣势。因此一般研究认为，深圳市在CBD发展上将有可能超前于广州市，在相当时期内其发展还会抑制、甚至剥夺广州市在这方面的发展潜力。

但深圳市的发展不会是独立的，它最终将与香港形成港－深大城市地区，形成"一城两制"格局，它们的CBD也将融汇成一个大的CBD网络。

倾向二：对形势过于悲观且强调近期经济效益，认为最好把规划全改了，干脆把商务办公用地全改为目前市场情况较好的住宅和一般性商业用地，将其建设为一般的城市中心区，尽快回收政府已经投入的大量开发资金。

评价：过于强调近期经济效益，看不到广州经济发展所面临的机遇，放弃建设CBD的构想，是与广州市建设国际性城市的目标背道而驰的。

【资料二】广州市迈向国际性城市

同样作为珠江三角洲的二级城市，广州市有比深圳市优越而且独立的历史文化和政治经济资源：是全国综合性交通运输枢纽之一、华南地区最大的商贸中心、科技教育中心、区域性金融中心、广东省政治中心。

为率先实现现代化，广州市已经在加快行政区划调整，拟充分扩大经济总量，使市政府能将有限的资源集中在亟待改进的关键性问题上：着手城市结构的更新，实现城市交通与环境结构性的改善，努力改善投资环境，力争有大的发展。

近年来，有关研究普遍认为：我国国际性城市首先会出现在三个经济较为发达的地区：珠江三角洲、长江三角洲以及京津冀，与之相对应的经济中心城市香港、上海、北京会优先得到发展。

部分研究还认为广州市将会借助香港并与之形成互补的发展格局，发展成为相对独立的区域级国际性城市。

但是在发展时序上就要延迟至21世纪后期（表4）。

全球性城市建设时序　　　　　　　　　　　　　　　　　　　　　表4

全球时代世界城市	21世纪初期(2001-2020年)	21世纪中期(2020-2040年)	21世纪后期 (2040-2100年)
世界首位城市	纽约、伦敦、东京	纽约、伦敦、东京	纽约、东京、伦敦、巴黎
次一级区域性城市	巴黎、芝加哥、新加坡	巴黎、芝加哥、新加坡、汉城、悉尼	悉尼、芝加哥、汉城、新加坡、莫斯科、柏林
建设中的中国国际化大都市区域	香港	香港、上海、北京	上海、香港与广州、深圳、北京、天津

资料来源：姚士谋，国际化大都市建设.

3.1 "GCBD21"战略缘起

假设：市政府仍然坚持将广州建设成为区域级国际性城市的战略目标。

推论：面临城市间剧烈的竞争，必须突破瓶颈争夺优势，作为战略措施，市政府必须下决心在21世纪建设一个完整的城市中心商务区，笔者且称之为21世纪广州城市中心商务区（Guangzhou Central Business District of 21 Century 简称 GCBD21）。

3.1.1 开发管理措施

GCBD21开发管理应该采取逆经济发展周期调控的管理方式：

当经济发展进入相对高涨状态，社会资金充裕，项目投资需求增加，此时，应加大中心区商务空间开发的土地供应。城市的土地收益可达到最佳，另外，还可以有效地抑制土地投机行为蔓延，切实保障直接使用土地的商贸、金融、服务产业者具有健康的经营环境。

在经济发展的低谷时期，项目用地的推出规模应严格控制，应加大道路与市政公用设施的配套投资，抓住劳动力和原材料价格、项目财务费用和管理费用支出较低的时机为今后的商务设施发展创造条件。

在目前写字楼市场低迷，开发没有动力的情况下，可以采用若干措施：

措施一：学习上海市经验，制订优惠政策，向珠江三角洲、华南地区乃至全国的大中型企业和高新技术企业打开大门，发挥广州市靠近港澳、区域经济繁荣、信息灵通、人才汇集的优势，尽可能吸纳周边地区和华南地区的企业总部迁入广州，加强中心城市作为企业管理中心的功能，促进 GCBD21 的集约开发。

措施二：学习深圳市经验，调整房屋政策，规定商务办公活动必须进入办公楼，为避免商务办公干扰居住生活，不得利用住宅改建商务办公用房，要求工商行政部门在年审时把关。这将有利于消化过剩的办公楼市场，促进 GCBD21 的集约开发。

必须制订整体发展战略，将珠江新城建设作为长远目标，并准备为此长期控制大片区位优越、价值极高的新城市中心区土地，不惜暂时放弃近期土地收益，认真筹划，等待发展时机，才有可能实现预计目标。

3.1.2 GCBD21 战略

中心区发展既有稳步进行阶段，也有爆发式持续成长阶段。后者往往是在城市第三产业已经完成低层次数量积累，部分行业进入高赢利、快速积累的前提下，城市在相互竞争环境中面临突破瓶颈争夺优势的要求，由政府主导的发展形势。

随着中央政府经济调控的加强，广州城市中心区商务设施获得集中、快速发展的可能性减小，发展的模式也将有所转变：首先，高峰发展期的绝对速度将较 1993 年下降。其次，孤立的发展高峰将分散为陆续出现的多个小型高峰。第三，以特定产业发展为主的高峰将演变为产业特征不明显、投资约束为的新型周期。第四，城市之间商务设施开发节奏由基本重合转变为基本互补。在这种情况下，可针对珠江新城建设提出以下三个递进的开发战略：

战略一：以房地产开发作为主要动力，待市场需求上来以后，再加以开发。

战略二：仍然以房地产开发作为主要动力，但是加强全市土地供给控制，回收已经批出但开发商无力推进的商务办公用地，将未来全市的商务办公用地供应都集中放在 GCBD21 范围内，促成开发的集约和聚集效应。

战略三：在集约房地产开发的前提下，将若干政府性的开发项目也集中放在 GCBD21 范围内，为城市的整体利益放弃一部分土地收益，形成更大范围的集约开发，而且将重心放在珠江新城范围内，力保迅速形成 CBD 面貌，在珠江三角洲新一轮城市发展竞争中再创新优势。

为尽快推动珠江新城开发，政府已经加大了开发力度，准备在新城轴线南端率先投资建设广州歌剧院和博物馆，并已经开始举办国际建筑设计竞赛，可以预计，这种开发策略将会起到积极的功效。

【资料三】"广州市会议展览中心"选址的讨论

由于缺乏相应的研究支持，市政府最近在规模达到 50 万 m^2 建筑面积的"广州市会议展览中心"的选址问题上又表现出明显的摇摆，最终还是放到珠江新城对岸的琶洲岛。

面临香港、深圳两地的会展业强势竞争和迅速发展的电子网络商务交易，广州市会展业的发展空间明显受到限制。在一个需求有限甚至可能萎缩的市场上，"广州市会议展览中心"的选址不依托原有城市设施，完全另起炉灶，只会分流原有设施的客流，造成两败俱伤的局面。按 20km/h 计算，目前 30 分钟内可以到达珠江新城的星级酒店有 35 个，而可以到达琶洲岛的仅仅有 5 个。

如果国际化城市香港的会议展览中心都能够满足需要，那么珠江新城无论在用地规模还是交通组织上都可以胜任会议展览中心的功能。更何况新城规划之初就有这项功能，这也是 CBD 必须的功能之一。在琶洲岛建设会议展览中心既拉大了广州城市建设的架子，又耗散了广州市 GCBD21 集约开发所需的有限政府资源，这项决策尚值得再重新加以认真推敲。

3.2 "GCBD21"规模结构

3.2.1 规模

研究世界各大国际性城市，可以看出城市间商务办公建筑面积规模总量明显存在较大差异，与全球城市等级体系相对应（表5），大致可以分为两类：

（1）世界级国际性城市东京、纽约、伦敦和巴黎全市商务办公建筑总规模在2000万㎡以上；而CBD中商务办公建筑规模达到1500万-2500万㎡。

（2）区域级国际性城市多伦多、悉尼、休斯敦、新加坡以及上海、北京等城市的全市商务办公建筑总规模多在1000万㎡以下；而CBD中商务办公建筑规模多在500万㎡上下。

前者规模构成为多中心形式，后者主要为单一中心形式。而CBD核心用地规模大都在1.5-3.5km²，用地规模差别比建筑规模差别普遍要小得多，其原因在于建筑规模完全取决于商务活动量的大小，而用地规模不单纯取决于商务办公活动量的发展变化，还在于城市规划对建筑密度以及容积率控制标准的不同。

世界部分城市商务办公建筑面积规模及空间分布（万㎡） 表5

城市	全市	中心区	CBD	备注
纽约		3097	约2500	下曼哈顿及中城办公区
巴黎	2852	1500	1850	含德方斯350万㎡
伦敦	2197	1400	1496	The City Westend 和 CW
东京	约4000	约2900	约2200	丸之内、新宿、临海 Tele.Town
芝加哥			600	
休斯敦	370-520		270-420	
多伦多		1000	420	
悉尼	410		250	
新加坡			350	
上海			450	浦东陆家嘴中心区及浦西外滩
北京	1010		600	建外商务区，已建116万㎡

资料来源：李沛.当代全球城市中央商务区规划理论初探［M］.北京：中国建筑工业出版社，1999.

从国外CBD用地规模的发展方式来看，首先发展中心区商务中心。当城市中心区不能满足商务发展需求时，再开发新中心，即CBD从单一中心到副中心，最后发展至多中心。当单一中心发展到一定规模后，商务活动量需求增长，不再表现在单一中心上，而表现为商务中心网络的规模增长（表6）。

广州市全市商务办公建筑按规划将达到1588.9万㎡，其目标规模已经超出许多区域级国际性城市。就目前情况而言，已建成的510万㎡面积都没有足够的市场需求来维持，其他已经批准和规划待建的近1000万㎡商务办公建筑就更难以按预计时间完成。

CBD 核心规模统计 表6

单中心 CBD	用地面积 (km²)	建筑面积 (万 m²)	备注
下曼哈顿	2.1	约 1500	高强度开发，金融
纽约中城区	1.2	约 700	商务办公
新宿	1.6	160	办公
临海部副都心	1.5	350	Teleport Town 及展会
幕张	0.81+0.64=1.45		实施中
伦敦 IFC+Westend		1400	金融
道克兰堪纳瑞	0.71+0.34=1.05	110 (不包括国际展会)	办公
巴黎 IFC+ 格朗瓦尔	2	1500	金融，办公
德方斯商务区	1.6	250	办公
芝加哥中心	1.8	600	
休斯顿中心	1.5	420	
多伦多中心 (CNT)		420	
悉尼金融区	1	250	
新加坡 CBD	1.5	350	
上海陆家嘴中心	1.7	450	实施中
北京建外 CBD	1.5	600	实施中
合肥 CBD (老城区)	1.3	450	规划
南京新街口	1.2	290 (不包括住宅)	现状 (含在建)
大连新市中心区	2.2	400	规划

资料来源：吴明伟等.城市中心区规划［M］.南京：东南大学出版社，1999.

珠江新城规划商务办公用地一览表 表7

序号	地块编码	用地性质	用地面积 (hm²)	建筑面积 (m²)	容积率	备注
1	A	商务办公、会展	17.53	1536716	8.77	
2	B	金融办公	21.34	2343151	10.98	
3	F	商业、贸易	21.76	1958089	9	
4	J1-J4	商旅、商业、文娱、办公	19.60	975714	4.98	J5-J6 地块为广州大剧院和博物馆用地
			80.23	6813672	8.49	

资料来源：广州市城市中心—珠江新城 A (B、F、J) 地块土地使用规划条件.

1998 年底天河区已累计批出办公楼建筑面积达到 475.23 万 ㎡，用地约 226.1783hm² ；若加上开发珠江新城拟建的 655.10 万 ㎡ 建筑面积，天河区办公楼建筑面积将达到 1130 万 ㎡，占全市办公楼总量的 71.12%。

1998 年底在天河中心区——广园东路以南、黄埔大道以北、广州大道以东、天河东路以西地区已批出的商务办公楼达到约 336.93 万 ㎡ 建筑面积。其中体育中心四周就达到 217.11 万 ㎡，已建 126.86 万 ㎡。如果再加上珠江新城拟建面积，则该地区办公楼达到 992 万 ㎡ 建筑面积，将占天河区办公楼总量的 87.79%；占全市总量的 62.43%。

为集约建设广州商务办公建筑，使之相对集中按规划形成具有一定规模的 CBD，建议控制、回收那些分散在全市各处已批出但已经无力建设的约 422.9 万 ㎡ 商务办公建筑项目的用地或将其改作他用，集约市场力量建设珠江新城。另外，在珠江新城也宜引入一些政府项目，采取政府与开发商共同开发的局面，容许适当降低目前过高的地块容积率（表 7）。

在条件不具备的情况下，如果城市政府不顾客观需求盲目推进商务项目发展，则社会需求和市场动力将面临过度消耗、甚至枯竭的危险。因而，城市应当从保护和充分利用的角度管理这一宝贵资源的消耗，务使社会需求的满足过程、市场动力的释放过程有序和高效。

结论：在充分考虑城市新中轴线南延尚有大量区位良好的用地储备的前提下，在未来 20 年，在目前城市建成区及正在开发的新区范围内，笔者认为全市商务办公建筑总体规模应该控制在 1100 万 ㎡ 左右，而天河中心区与珠江新城商务办公建筑应在 600 万 ㎡ 左右，那么珠江新城商务办公建筑应控制在 300-400 万 ㎡ 左右。

笔者认为，这样一个商务办公建筑和 CBD 规模目标设定与广州市力争成为区域级国际性城市的目标相称，又足以支持区域级国际性城市对商务办公设施的需求。

3.2.2 结构

国际性城市 CBD 用地结构一般存在土地利用率由中心高至周边低变化的形态。

CBD 核心区（又称硬核 Hard Core）的主要特征是具有极其方便的可进入性和对外的可达性；高层建筑物集中、景观立体化；重视行人交通组织，有大量社会停车场；土地使用率高，日间人口密度较高等。

CBD 框架（或称核缘 Core Frigne）是核心区向一般城市地区过渡的地带，往往布置有大型枢纽性交通设施。

由天河火车站经天河体育中心至珠江，以体育中心四周和珠江新城商务办公区为硬核，以天河中心区和东风路、环市东路沿线地区为核缘，以城市新中轴线南延地区为发展用地储备，以广州大道、天河东路（江海大道）为内部交通轴的 CBD 结构会是一个好的选择。

3.3 "GCBD21" 构成初探

随着技术进步的加速和市场竞争的日益剧烈，不断扩张的跨国公司更多地以中小规模企业介入不同区域的市场，使公司构成愈发多样化、职能不断分离，地区不断分散，而管理则更加复杂。为公司特别是跨国公司总部服务的金融服务业及专业化生产服务业向 CBD 的聚集，使 CBD 成为管理控制中心、金融中心和专业化生产服务中心，成为经济变革的策源地。

CBD 开发项目构成从性质上大致可以划分为三大类：

（1）办公类：办公及其衍生性设施即会议和展览设施。

（2）服务类：主要是酒店、零售、餐饮、娱乐及文化设施。其中酒店比较特殊，一般包括综合服务、居住和临时办公等功能。

（3）居住类：公寓和住宅。公寓是出租给高收入就业人员的就近住所。

世界各大都市 CBD 开发，一般有两种开发类型：一种主要以办公设施为主。如伦敦道克兰（Dockland）的堪那瑞沃尔夫中心（Canary Wharf），占地 28.4hm^2，规划约 22-26 幢建筑，总面积 112 万 m^2，包括 93 万 m^2 办公空间，还有超过 10 万 m^2 展示、酒店、零售及娱乐等，停车位 6500 个，总就业 5 万人。

而另一种则开发规模较大，具有较强的综合性，除办公职能仍占绝对高比重外，还有相当数量的服务配套设施，相当数量的公寓以及数量众多、种类齐全的公共设施，自身职能比较完善，而且往往在一定程度上还起着作为周围地区商业和城市公共生活中心的作用。

如巴黎的德方斯新城：占地 250hm^2，其中商务区 160hm^2，公园区 90hm^2（居住），总建筑面积约 350 万 m^2，住宅共约 1.6 万套。就业人口 12 万，居住 3.93 万人。商务区总建筑面积 250 万 m^2，其中：

项目	办公	会展	零售	酒店、文娱	公寓
面积	218 万 m^2	4.5 万 m^2	10.5 万 m^2	30-40 万 m^2	1.1 万套

GCBD21 应该属于后者。

在商务办公设施开发缺乏市场动力的情况下，应更加借重政府投资项目的力量来吸引有限的市场需求，形成人气。另外，从广州市商务办公设施总量需求来看，目前珠江新城商务办公区容积率过高，普遍难以达到，也应做调整，适当减低开发量。

建议引入更多政府项目，除目前已决定建设的广州大剧院、博物馆以外，还可以引入图书馆、文化宫等社会性基础设施。另外，应该有意识地引导一些有利于造成中心性的服务设施在区内布置，如新机场的市区登机中心，结合地铁站的大型购物中心、汽车购物中心、汽车电影院等等。如果珠江新城商务办公区与已经形成的环体育中心商务办公区能够共同形成一个完整的 GCBD21 核心，那么新城的功能就应更加丰富，使 GCBD21 核心的整体功能更加丰满。

目前，最重要的是市政府要采取积极措施，创造良好条件，分阶段争取将国家级或华南地区的粮油商品交易所、房地产交易中心、产权交易所、技术交易所、人才市场等经济要素市场和金融、商贸、保险、房地产、信息、外经贸、文化等各类机构的管理中心迁入 GCBD21 办公、营业。要争取能够将像"会展中心"这样的骨干性设施及配套的酒店、文娱等功能放进来，以此拉动珠江新城商务办公区高层次的整体开发，这将对其开发产生决定性的促进作用。

广州珠江新城商务区的开发演变研究

　　珠江新城商务区的建设初衷是为广州地铁建设筹集资金。政府从 1993 年起拉动珠江新城商务区的土地开发，并使其成为新的城市中心区，珠江新城商务区成为广州 CBD 的雏形。自此，珠江新城商务区的建设经历了从 2000 年前的停滞发展到 2000 年后的逐渐繁荣的状态。在珠江新城商务区长达 18 年的建设过程中，开发者采取了不同的开发模式，形成了不同的市场供给状况，在市场供给因素和城市经济环境的影响下，市场需求反映在使用者的行为上。在珠江新城商务区不同的开发阶段，开发者和使用者的作用机制如何，是本文研究的重点所在。

1　CBD 的研究转向：从自然集聚到规划建设

　　从国内外 CBD 理论研究的趋势看，可分为以下几个方向：①从构建社会空间结构的角度，美国学者、社会学家伯吉斯提出同心圆城市地域结构模式理论（Concentric Zone Theory），并首次提到 CBD 概念。②从对已建成 CBD 指标分析的角度，墨菲（Raymond Murphy）、万斯（Jajnes E. Vae）等对美国 CBD 土地利用、定界和内部结构进行了分析。

（下接第 60 页）

（上接第 58 页）

　　CBD 建设不同于一般房地产开发，只有着眼于国际市场，才能吸引资金顺利实施开发，只有面向国际性客户，才是真正意义的 CBD。必须要组织人力、投入财力，对 GCBD21 的概念、形象、功能设计、策划，进行大规模的国际性、全国性的宣传、推介，要将其的开发置于国际市场和全国市场之中。

参考文献

[1] 李沛 . 当代全球城市中央商务区规划理论初探［M］. 北京：中国建筑工业出版社，1999.

[2] 吴明伟等 . 城市中心区规划［M］. 南京：东南大学出版社，1999.

[3] 广州市城市规划局，广州新城市中心——珠江新城综合规划方案［R］. 1993.

[4] 上海同济城市规划设计研究院，广州市城市新中轴线规划设计研究［R］. 1999.

[5] 广州市城市规划勘测设计研究院，广州地区总体规划纲要（讨论稿）［R］. 1999.

[6] 袁奇峰等 . 广州环市东路城市广场设计探寻［J］. 建筑学报，2000，（03）.

（原文发表于《城市规划汇刊》，2001 年第 4 期）

这些研究表明，CBD 是城市发展至一定阶段的产物。③从土地开发和政府管理的角度，蒋三庚指出"在建立 CBD 中，政府的行为应该是为商务区提供尽可能的便利条件，使企业更自由地活动和发展"。阎小培等人认为，CBD 开发运作的核心是公共控制，政府必须合适地引导市场行为。吴明伟等人提出通过选择加快开发进程的时机和商务实施开发的力度控制，以城市发展战略为指导，积极推动商务空间的发展进程。这些研究表明，CBD 是可以由政府主导建设而成的。④从城市经济学的角度，陈一新指出 GDP 总量、人均 GDP 和第三产业增加值是决定一个城市办公楼需求的主要因素，不同类型的 CBD 具有不同的开发时机。这些研究表明，CBD 建设需要把握开发时机，不能单纯依靠自然集聚。

综上所述，从国外的 CBD 研究起源看，CBD 的产生是一个自然形成的过程；随着 CBD 研究的发展，CBD 逐渐被作为一种规划建理论而提出；在国内的 CBD 研究中，CBD 被认为是可以通过地方政府主导开发建设而成的。CBD 研究逐渐发生了转向：CBD 从研究理论概念转变为规划实践的概念，从自然集聚的市场行为转变为规划建设的政府行为，CBD 被认为可以通过新城建设而实现，商务办公空间的开发往往是 CBD 开发的核心所在。由于珠江新城商务区是政府主导建设的长达 18 年的 CBD 项目，具有完整的开发历程，因此对于研究政府主导建设的 CBD 的作用机制具有十分重要的实证意义。

2 珠江新城商务区的建设背景

2.1 广州城市商务办公空间的演变

广州传统的 CBD 空间呈现网络化多中心的分布特点，新中心的形成往往是沿着珠江自西往东跳跃式扩散。广州商务办公空间分布可分为三个阶段：第一阶段（20 世纪 80 年代中期 -90 年代中期），环市东路和东风路沿线商务聚集区逐渐形成；第二阶段（20 世纪 90 年代中后期 -2000 年），随着六运会和九运会的推进，天河北商务聚集区也逐渐发展起来；第三阶段（2000 年至今），天河北地区聚集了商业和商务办公空间，珠江新城逐步发展，促使这种网络化多中心分布特点发生变化，在天河区出现了商务办公聚集的强核（图 1）。

广州商务办公空间之所以具有分散布局的特点，是由于长期计划经济所形成的土地功能混杂的城市空间格局而造成的。土地制度决定竞租曲线不适用，并使刚步入发展期的生产服务业难以在城市中心区找到空间载体，只能在旧城"见缝插针"地点状分散式分布或改变其他功能空间，大量"住改商"的商住混合楼也由此产生。2002 年，全国建立土地招拍挂制度，广州的商务办公空间才得到极大的发展。

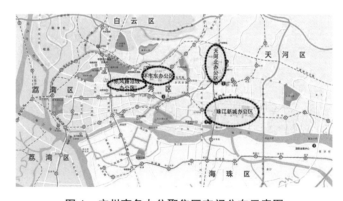

图 1　广州商务办公聚集区空间分布示意图

2.2 城市经济发展下的市场需求变化

城市经济的发展刺激了商务办公的市场需求：2000 年以来，珠江三角洲的整体繁荣和城市的合理分工，使总部经济得以在广州聚集；广州城市定位的转变和产业战略的调整，为以总部企业为主的高级生产空间在珠江新城商务区集聚提供了契机；广州经济实力的增强和生产性服务业的发展，更是极大地刺激了商务办公市场需求，为珠江新城商务区的发展注入了活力。

城市空间结构突变，为商务办公集聚提供了空间载体。2000 年，广州实施从"L"型走向"T"型的城市空间战略，城市空间结构发生突变，为产业战略的实现提供了支撑。珠江新城商务区的区位从城市发展的末梢变为中心，也使 CBD 建设构想与城市空间战略保持一致，城市空间功能结构的突变使广州商务办公空间的布局从分散走向集中（图 2）。

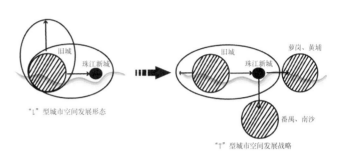

图 2 实施城市空间战略前后珠江新城的区位变化示意图

城市经济结构和空间结构的演变使市场的需求发生了变化，而具有良好区位优势的珠江新城商务区成为增量办公空间的最好选择。从广州市中心区办公楼房价租金和甲级办公楼空置率的数据看，2000 年以后的商务办公空间需求正在逐年增加（图 3、图 4）。

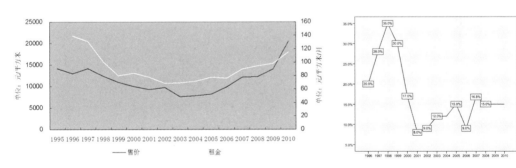

图 3 广州市中心区办公楼房价租金趋势图　　图 4 广州市甲级办公楼空置率趋势图

2.3 行政干预下的市场供给调整

从广州商务办公面积的供求情况看，广州商务办公市场供给演变历程可以分为以下四个阶段：起飞阶段（20 世纪 80 年代 -90 年代初），该时期的商务办公需求并不旺盛，办公活动均在酒店进行；繁荣阶段（1993-1995 年），随着商务办公需求逐渐旺盛，港澳投资增加，政府面对旺盛的市场需求，希望以珠江新城商务区为空间载体，提供大量的商务办公用地以满足市场发展的需要；衰落阶段（1995-2003 年），随着 1997 年金融风暴来临，国家实施紧缩宏观政策，市场需求迅速萎缩，大量办公楼被积压，市场一片萎靡；恢复至稳步发展阶段（2003 年至今），随着我国加入 WTO、CEPA 的签署、"9+2"泛珠江三角洲区域经济合作关系的建立、中美达成入市协议等区域经济背景的变化，政府及时调整商务办公用地的供应，规定新批出的商务办公用地均在珠江新城，并通过实施住宅禁商政策，改变原来商务办公用地分散的形态（图5）。

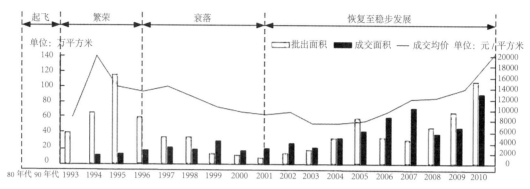

图5 广州商务办公市场供给演变

2.4 基于企业经营模式的市场偏好

从2007年广州甲级办公楼进驻客户的调查数据看，广州商务办公楼进驻客户的行业类型主要为制造业，金融业的比重较低，且进驻客户多为本地的中小企业，这表明广州生产服务业的发展尚未达到高端化阶段，内部行业分工尚未达到精细化的要求，这种企业经营模式产生了特殊的企业偏好，使其对办公场所的区域形象的要求高于对邻近客户的要求。因此，这些企业在新成立之初便将办公地选址于具有良好区域形象的天河新区（图6、图7）。

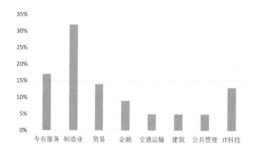

图6 2007年广州甲级办公楼用户行业构成

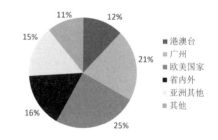

图7 2007年广州甲级办公楼用户来源构成

3 珠江新城商务区发展阶段的划分

通过对珠江新城商务区建设背景的分析，在2000年前，珠江新城只是作为实现"国际化大都市"的重要功能区，其实质是为地铁建设而筹资，因此珠江新城商务区在该阶段只是作为政府实现公共职能的媒介，通过基础设施的先行建设，实现从生地变成熟地的开发准备；在2000年以后，珠江新城商务区成为区域生产服务业的容器和流量经济中心，政府的积极性坚定了市场的信心，市场需求的变化促使企业化政府的出现，带来了珠江新城商务区今天的繁华。

两种截然不同的角色定位导致了不同的开发机制，从而直接决定了珠江新城商务区的发展存在两个发展阶段，分别是开发准备期（2000年前）和恢复至快速发展期（2000年至今）（图8）。

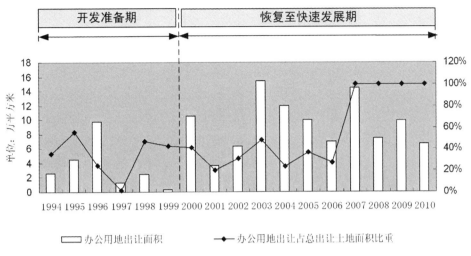

图 8　珠江新城发展阶段的划分

4　不同发展阶段的开发机制分析

4.1　开发准备期（2000 年前）

珠江新城商务区是作为政府实现公共职能的媒介，建设的初衷之一是为地铁建设筹资。由于土地为广州市土地开发中心收储，政府成为土地一级市场主要的供给者，政府作为一级开发者，由国有企业和开发商进行二级开发；同时，政府通过土地划拨自建政府办公和基础设施，使政府部门成为珠江新城商务区的使用者。在此期间，政府通过基础设施的前期投入，成立珠江新城开发指挥部，自建或购买整栋办公楼，以及通过调整土地拍卖价进行逆经济周期的调控，以增强市场对珠江新城商务区建设的信心，为开发作前期准备。但是，长期以来商务办公空间分散布局的特点，制约了珠江新城商务区的集聚建设。当时城市经济并没有步入快速发展的阶段，城市定位不明确，生产服务业发展刚起步，增量刚性需求不足，国家从紧的货币政策使投资需求减少，存量办公楼供给过多，导致消极的市场需求。在转型初期的中国，体制不完善使地方政府并没有合理控制土地开发的节奏，导致珠江新城商务区内住宅用地过度开发。面对市场环境和政府的政策，作为二级开发者的开发商和国有企业对前景失去信心，采取消极不开发的态度。根据目前的数据，国有企业获得政府行政划拨土地约 10.24 万 m²，其中，商务办公用地为 3.66 万 m²；开发商获得政府协议出让的土地总量约为 93.38 万 m²，其中，商务办公用地只有 7.45 万 m²，占总出让土地面积的 8%。开发商和国有企业，除了保利地产建了保利国税和地税大厦以外，无一敢在珠江新城商务区内建设办公楼。相反，大片商住用地却被开发成住宅。而已经拍下商务办公用地的开发商们更是质疑珠江新城商务区的建设。由于二级开发并没有得到有效的控制，珠江新城商务区建设迟迟未能启动。政府被拖欠大量的土地出让金，导致珠江新城商务区的开发遇到建设资金困难。

这一阶段，由于"村留地"的存在，村庄经济发展公司成为了一级土地市场的另一位供应者。政府允许村庄经济发展公司与开发商合作开发，村自用部分免收地价，与开发商合作开发部分按 700 元 /m² 的标准收取合作方的地价。由于开发商获取土地使用权的成本很低，在土地市场价格还没有形成前，与村经济组织合作的开发商采取建设临时商业建筑、收取租金的方式，等待开发时机，由此埋下后期土地开发的隐患。因此，企业无法进驻到

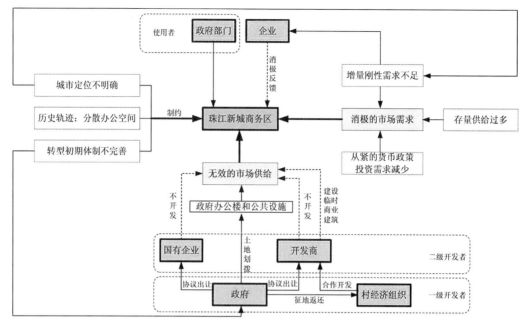

图 9 开发准备期的开发机制

珠江新城商务区，政府行政机构成为该发展阶段唯一的使用者（图 9）。

4.2 恢复至快速发展期（2000 年至今）

2000 年以后，珠江新城商务区逐渐成为区域生产服务业的容器和流量中心。政府作为一级开发者，通过土地的招拍挂，让国有企业和开发商进行二级开发；同时，政府通过自建或购买办公楼，使行政机构成为珠江新城商务区的使用者。政府通过对规划和管理机

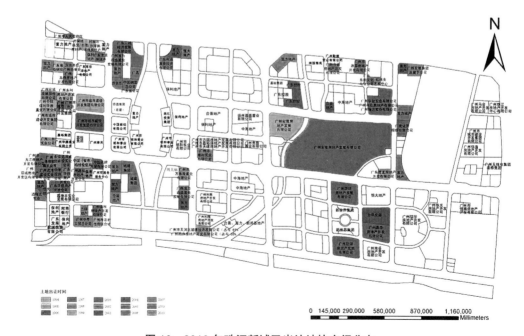

图 10 2010 年珠江新城已出让地块空间分布

构的调整，制定金融和招商优惠政策，并通过公共财政聚焦、文化区的营造，促进商务区的发展（图10）。

2000年广州空间战略的实现，使城市空间结构发生突变，支撑着产业战略的实现，为分散的办公空间走向集中提供了可能。同时，城市经济步入高速发展的阶段，城市定位的明确、生产服务业的快速发展，使增量刚性需求剧增，而国家较宽松的货币政策使投资需求增加，存量办公楼基本得到消化，导致旺盛的市场需求。随着我国转型加快，土地有形市场的形成，广州属地化管理使地方政府能合理指定招商政策支撑商务区的发展。面对市场环境的变化和政府的政策，作为二级开发者的开发商和国有企业对前景充满信心，采取积极开发的态度，从无效的市场供给转变为有效的市场供给。国有企业对资产多元化的需求，使国有企业作为二级开发者积极参与珠江新城商务区的开发，形成新的市场供给。房地产企业要求上市发展存在对固定物业资金评估的需要，办公楼的开发投资则可以成为其上市发展的重要筹码。因此，作为二级开发者的开发商也积极参与到珠江新城商务区的开发中，形成大量的市场供给。开发商均通过建设办公楼，采用自用或对外租售的经营模式，使自身也成为使用者，积极参与到市场建设中来，制定各种优惠措施吸引企业进驻。

在土地市场价格形成后，原来与村经济组织合作的开发商，也纷纷拆除原有的临时商业建筑，进行商务办公楼的开发。民营经济的发展使民营企业成为进驻的主力；存款准备金率的上调，产生了金融机构投资办公楼的投资新形态；行业技术的更新催生了对企业改善型办公楼的需求；相对低廉的价格吸引外来投资者；住宅调控引发"商住倒挂"，办公楼投资更具吸引力，这些因素均促进了市场需求的增加。至此，国有企业、行政机构、企业和开发商共同组成四大使用者。这些使用者存在以下几个特点：这一阶段，一级、二级开发的联动及使用者的发展壮大使市场供给和市场需求有效地契合，共同推动了珠江新城商务区的开发建设（图11）。

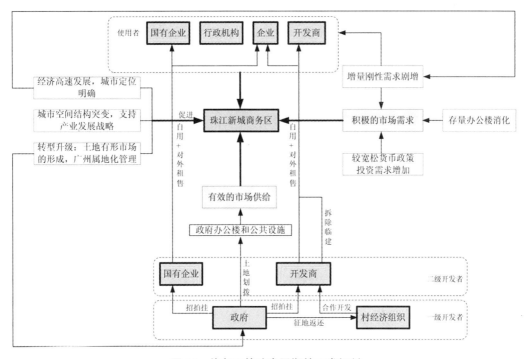

图11 恢复至快速发展期的开发机制

5 结语

综上所述，本文得出以下三个结论，对其他城市建设 CBD 项目具有一定借鉴意义。

（1）在开发准备期，珠江新城商务区的开发模式是政府主导，政府同时作为开发者和使用者，难以实现市场化运作；在恢复至快速发展期，珠江新城商务区的开发模式是政府引导，以国有企业、行政机构、企业和开发商为主体，实现市场化运作。

（2）政府在珠江新城商务区不同发展阶段所制定的政策，决定了珠江新城商务区发展的成败。在市场需求尚未形成阶段，政府应侧重培育市场需求，不能过于强调政府的主导作用；在市场需求形成阶段，政府则应注意对地区发展进行定位引导，预留发展空间，使市场供给与市场需求有效契合。

（3）城市发展至一定阶段，都会存在建设 CBD 的条件。在珠江新城商务区的开发准备期，广州城市经济的发展并不能为 CBD 发展提供支撑；但在恢复至快速发展期，城市经济的高速发展为广州建设 CBD 提供了可能。但如果没有开发准备期规划的高瞻远瞩，在发展机遇来临之际，这种地区增长极的培育将错失时机。

参考文献

[1] Burgess E W. The Growth of the City : An Introduction to a Research Project [M]. The University of Chicago Press, 1925.

[2] Murphy R E, Vance JE. A Comparative Study of Nine Central Business Districts [J]. Economic Geography, 1954, (4) : 301-336.

[3] 蒋三庚. 关于北京中央商务区的发展思路研究 [J]. 首都经济贸易大学学报，2001, (2) : 60-63.

[4] 阎小培，周春山，冷勇，等. 广州 CBD 的功能特征与空间结构 [J]. 地理学报，2000, (4) : 476-486.

[5] 吴明伟，孔令龙，陈联. 城市中心区规划 [M]. 南京：东南大学出版社，1999.

[6] 陈一新. 中央商务区（CBD）城市规划设计与实践 [M]. 北京：中国建筑工业出版社，2006.

[7] 易虹，叶嘉安. 广州市生产服务业发展初期空间格局形成机理研究 [J]. 城市规划学刊，2011, (1) : 45-52.

[8] 吴庆华. "经济增长联盟"的成因、影响及拆分路径探讨 [J]. 理论导刊，2009, (10) : 18-23.

[9] 吴缚龙. 市场经济转型中的中国城市管治 [J]. 城市规划，2002, (9) : 33-35.

[10] WALDERA. Local Governments as Industrial Firms : An Organizational Analysis of China's Transitional Economy [J]. American Journal of Sociology, 1995, (101) : 263-301.

[11] WUF. The 'Game' of Landed-property Production and Capital Circulation in China's Transitional Economy, with Reference to Shanghai [J]. Environment and Planning A, 1999, (31) : 1757-1771.

[12] 温锋华. 改革开放以来广州商务办公空间结构演变及机制研究 [D]. 中山大学博士学位论文，2008.

[13] 戚冬瑾，周剑云. "住改商"与"住禁商"——对土地和建筑物用途转变管理的思考 [J]. 规划师，2006, (2) : 66-68.

[14] 秦晓. 市场化进程：政府与企业 [M]. 北京：社会科学文献出版社，2010.

（本文合作作者：陈倩敏。原文发表于《规划师》，2012 年增刊）

广州 CBD 收官：珠江新城 20 年得失

2014 年 10 月的最后一周，广州第一高楼"周大福中心"终于封顶（图 1）。新城市中轴线与广州的"母亲河"珠江交汇处,广州（观光）塔、西塔和东塔（周大福中心）"三塔夹江"景观完成，历经 20 年坎坷的广州 21 世纪中央商务区（GCBD21）核心区——珠江新城的建设也终告收官。

珠江新城规划始于 1993 年的国际竞赛，成形于 2003 年的规划检讨。在长达 20 年的建设期，它

图 1　周大福中心（珠江新城东塔）封顶

首先熬过了 1997 年亚洲金融危机带来的广州写字楼市场十年冰封，坚守到 2003 年市场重启，然后 2008 年之后出现了爆炸式的增长。回顾这 20 年的建设过程，其中得失值得总结。

1　成功的谋划

20 世纪 90 年代，翻身农民出身的黎子流市长朴素地提出广州要向香港学习，建现代化国际大都市——那就要有中环（香港中央商务区），要有地铁网。广州要学习香港大力发展现代服务业，需要建设一个新的城市中心区。而香港地铁建设投资靠的就是沿线土地联合开发，所以通过开发新城市中心就可以筹资建设地铁。于是，把这两件事放在一起就促成了珠江新城的开发，这个决策在现在来看也是非常有远见的。

广州"新城市中心区"珠江新城位于天河区，处在当时规划的城市中心区大组团与东翼大组团之间、新旧区交汇处，位于天河体育中心南部滨江地段。北起黄埔大道，南至广州的"母亲河"珠江，西以广州大道为界，东抵华南快速干线，用地面积约 6.2 平方公里。

但是，1993 年开始的第一轮房地产高潮期，珠江新城土地整备还没有完成。1997 年终于具备土地出让条件的时候，亚洲金融危机波及广州，城市经济陷入低谷，商务办公用地出让全部停止。1998 年底，广州市已竣工及已获规划批准建设的商务办公楼总面积约为 933.8 万 m²，除去已经建成的商务办公楼 510.9 万 m²，大量写字楼烂尾，开发商资金链断裂破产。

1999 年，人大代表质疑珠江新城建设：土地开发已累计投入 50 个亿，除居住用地正在积极开发外，只有省商检局和省、市两个检察院迁入，商务办公区还是一片空地，建议削减办公用地改建住宅以尽快回收投资。我主持的《珠江新城规划检讨》就是在这样的背景下立题的。接手这个项目后，我们提出：

首先，2000 年广州城市发展战略规划确立了建设国际性区域中心城市的目标，明确了城市空间拓展和城市经济"再工业化"的战略。面临珠江三角洲城市间剧烈的竞争，如果广州要突破瓶颈巩固中心城市地位，市政府必须下决心大力发展生产性服务业，所以应

该力争在 21 世纪初建成广州城市中央商务区（Guangzhou Central Business District of 21st Century，简称 GCBD21）。以此支撑城市经济的继续发展，巩固广州作为省域经济中心和产业服务中心城市的地位。

其次，如果广州市将来在区域中的地位可以维持得起一个完整的城市中央商务区，珠江新城和天河体育中心周边商务办公区无疑是 CBD 核心区最好的选址。因为城市发展结构的不可替代性决定了广州市未来再也没有一个选址可以像珠江新城和天河中心区这样能够保证城市地理中心与 CBD 如此恰当地结合起来。第一，位于未来三大城市组团交汇的城市地理中心，区位居中，易于培养良好的城市中心意向，使市民产生认同感；第二，位于城市主要景观轴线珠江与城市新中轴线交汇的城市景观中心，易于形成良好的城市空间意向，形成有魅力、易识别的城市空间。

最后，广州 21 世纪城市中央商务区的基本结构是"以体育中心四周和新城市中轴线珠江新城段商务办公区为硬核，以大河中心区和东风路、环市东路沿线地区为核缘，以新城市中轴线南延地区为发展用地储备，以广州大道、江海大道（暂名）为内部交通轴的 CBD"。珠江新城规划定位为"广州市 21 世纪城市中央商务区硬核的一个重要组成部分，将发展成为集国际金融、贸易、商业、文娱、外事、行政和居住等城市一级功能设施区，推动国际文化交流与合作的基地"。

其实，CBD 只是一个城市研究中的概念：城市科学研究者发现，城市有这么一种类型的地区，服务业高度集中，写字楼高度集中，形成了一个办公专区，于是就命名为中央商务区。而在中国 CBD 这个概念被借过来变成一个建设概念，没想到竟然还把它做成了。

2　谨慎的策划

为尽快形成广州的 CBD，我们在《珠江新城规划检讨》中提出：在经济发展的低谷时期，广州市政府应加大珠江新城道路与市政公用设施的配套投资，抓住劳动力和原材料价格、项目财务费用和管理费用支出较低的时机为今后的商务设施发展创造条件。在写字楼市场低迷，开发没有动力的情况下，可以采用若干措施。

第一，学习上海经验，制订优惠政策，向珠江三角洲、华南地区乃至全国的大中型企业和高新技术企业打开大门，发挥广州市靠近港澳、区域经济繁荣、信息灵通、人才汇集的优势，尽可能吸纳周边地区和华南地区的企业总部迁入广州，加强中心城市作为企业管理中心的功能，促进 GCBD21 的集约开发；

第二，学习深圳经验，调整房屋政策，规定商务办公活动必须进入办公楼，为避免商务办公干扰居住生活，不得利用住宅改建商务办公用房。这将有利于消化过剩的办公楼市场，促进 GCBD21 的集约开发。

市政府必须制订整体发展战略，将珠江新城建设作为长远目标，并准备为此长期控制大片区位优越、价值极高的新城市中心区土地，不惜暂时放弃近期土地收益，认真筹划，等待发展时机，才有可能实现土地经营效益的最大化。《珠江新城规划检讨》针对珠江新城建设提出以下三个递进的开发战略：

一是以房地产开发作为主要动力，待市场需求上来以后，再加以开发；

二是仍然以房地产开发作为主要动力，但是加强全市土地供给控制，回收已经批出但开发商无力推进的商务办公用地，将未来全市的商务办公用地供应都集中放在 GCBD21 范围内，促成开发的集约和聚集效应；

三是在集约写字楼开发的前提下，将若干政府投入的公共建筑项目也集中放在GCBD21范围内，为城市的整体利益放弃一部分土地收益，形成更大范围的集约开发，而且将重心放在珠江新城范围内，力保迅速形成CBD面貌，在珠江三角洲新一轮城市发展竞争中再创新优势。

结果省、市两级政府投巨资建设了广东博物馆和广州歌剧院、图书馆、第二少年宫，通过公共财政的投入拉动了区域价值，也给了投资者信心。2003年以来，随着广州城市发展战略特别是在工业化取得巨大进展，然后是房地产高潮来临。2007年以后，又由于住宅限购等政策使写字楼成为资本保值增值的投资产品，所以珠江新城CBD商务区得以很快形成。

3 高明的规划

1993年广州市规划局启动了珠江新城规划国际竞赛，当时胜出的是美国注册城市规划师协会前主席托马斯夫人（Carol J. Thomas）领导的"美国托马斯规划服务公司（Thomas Planning Services. Inc. Boston. MA）"。其方案很明确地提出来要把商务区沿一条南北向绿化景观轴线布局、住宅区围绕珠江公园布置，结构十分清晰（见第49页图3）。

广州在此之前实际上已经建成了一条从瘦狗岭、广州火车东站、中信大厦到天河体育中心的小轴线，但是到六运住宅小区就断了。当时决定跨过住宅小区将轴线继续延到珠江边的海心沙，这应该是一个最具远见的战略性抉择，为后来的城市新中轴线继续南延打下了基础。为在视角上延续这条轴线，托马斯夫人当时把珠江新城最高达350米的东西两栋建筑放在黄埔大道边（就是现在东塔和西塔的前身），所有商务建筑自北向南逐渐降低，靠近珠江的建筑最矮，目的是让每一栋楼都有部分楼层看到江景。

1999年，我接手珠江新城规划调整就有新的发现，认为建筑从江边向黄埔大道逐渐推高的做法是不对的。为什么？因为珠江不够宽，所以按照原来的方案布局，除沿江第一栋以外其余的都只能看到前面建筑的屋顶，大家都看不见江。

后来我们在《珠江新城规划检讨》提出了一个新的方案，将原规划中的两幢350米高的超高双塔由北面靠近黄埔大道处移至南面珠江边，矗立于文化中心区之后（图2）。在珠江新城轴线和珠江的交汇处形成戏剧性的冲突点，让珠江、轴线这样一些横向的景观要素和超高层建筑的垂直线条产生碰撞，从而产生一种慑人的艺术效果。结果东塔、西塔再加上当时市政府准备建设的

图2 2003版双塔方案

广州塔就形成了目前"三塔夹江"的景观，现在看来这个调整是非常成功的（图3）。

原控规只布局了广州歌剧院、广东博物馆两个文化建筑。我们在规划展览馆做规划展示时，老百姓来参观，让大家对一个正在编制的规划提意见在广州还是首次，我们进行了市民问卷调查，很多人说青少年宫学位十分紧缺，结果意见被呈递给市政府，就开设了第

图 3　2003 版新城市中轴线鸟瞰

图 4　2003 版珠江新城四大公共建筑

二少年宫。广州图书馆新馆原来选址存在争议，我们建议移到珠江新城。现在看来，四大公共建筑形成了珠江三角洲最为重要的文化中心区（图4）。

珠江新城有个先天不足，我们2003年在规划检讨时发现，由于征地时给农民留了大量建设用地，为了平衡珠江新城的开发成本，还希望支持城市地铁建设，所以整体容积率定得非常高，毛容积率达到2.3。但我们通过优化的设计来改善，把过于零星的土地整合起来，把中轴线绿化空间尽量扩张，把公共配套设施的用地尽量扩大，提出建设高架步行系统，这一系列的措施对珠江新城的开发起到了很好的引导作用。其他的调整包括（不限于）：

汲取华南理工大学方案，将原控规中轴线128m宽中央林荫大道调整为80-230m不等的宝瓶状绿化开敞空间；并在商务区设立二层高架步行连廊系统；在兴盛路设置现代骑楼商业步行街，将二层高架步行连廊系统向东延伸到珠江公园西入口。

调整原控规"方格网道路＋小地块"的街区规划模式，将原控规约440个小开发地块整合为269块综合地块开发单元（街坊），采用建筑周边围合的布局方式，争取最大的街坊围合公共空间。

提升珠江新城建设标准和公共配套建设水平，增设幼儿园九所、小学一所，同时扩大学校用地规模，教育设施用地由原来的19.6hm²增加至32hm²。扩大市级医院用地规模，明确了市级文化中心的具体内容为广州歌剧院、广州博物馆、市图书馆和市青少年宫等。

中轴线、珠江沿岸及规划指定的建筑形成一个完整的地标性建筑系统，这些建筑必须通过举办设计竞赛才能确定方案，试图用制度保证创造出有艺术特色的城市形象。

4 无奈的妥协

4.1 东西塔的差异

1993年和2003年的东、西塔规划方案都是对称的双子塔。

广州市政府组织了东、西双塔的建筑设计国际竞赛，准备让市属国企越秀城建接手，但是当年的房地产形势没现在这么好，越秀城建总怕亏本只愿意建西塔。最后东塔只得引进了新世界集团建设"周大福中心"。

东塔最初上报的一稿方案，建筑形式就与西塔不同，但是高度只比西塔高了10米。当时的规划局领导坚持必须按照2003年的规划来，如果争取不到建筑形式和西塔一样，也要保持一样的高度，结果东塔建筑方案就一直拖到规划局换人，现在东塔比西塔高了100米。

首先表示遗憾的是当时的市政府领导人：早知道西塔这么值钱这么赚钱，当时就应该坚持让越秀城建把东塔一起盖了，就没有今天这个麻烦了。然后遗憾的是当时的规划局领导：最初坚持原则因为高了10m不批，结果现在比原来高出100m，却建成了。

既然已经做成现在这样一个格局，我们不妨放开来看一看，珠江新城东、西塔高低不同的格局很能体现广州特色，广州就是这么一个市场经济比较发育的城市，市场和资本力量比较强大，所以说正是东、西塔的这种不对称让我们知道广州就是广州，这种不整齐代表了资本在广州的肆无忌惮。可以这么讲，城市是社会经济在空间形态上的一个投影，所以广州这个城市必然是参差不齐的，这样去理解你也许就释然了。

4.2 地下空间开发

1993 年美国托马斯夫人方案奠定了珠江新城中轴线的规划基础，1999 年华南理工大学对原方案进行了完善，提出了宝瓶广场的中轴线形态。2003 年，广州城市规划勘测设计研究院和美国著名景观设计公司 SWA 对中央广场的景观方案进行细化，但当时没有提出地下空间开发的概念。

2005 年，广州再次对珠江新城核心区进行国际设计招标。珠江新城地下商业空间，是配合 CBD 核心区地下空间综合开发而建设的大型高档商业中心，总建筑面积约 41 万 m^2，主要为地下 1-3 层，总投资约 16 亿元，包括约 17 万 m^2 商铺和 3000 个地下小汽车自然停车位。当时设计竞赛有两个目的，一是寻求一个更加有特色的景观方案，二是寻求一个好的地下空间方案并解决交通问题。规划方案评选进入决策视野的方案有两个：

一个是德国欧博迈亚公司，设计方案立意是"地裂"和"火山"——地面有一条裂缝可以看到地下自动输送系统的列车，这道"地震裂缝"将地下空间的采光通风进行处理，在东西塔之间有一座玻璃构筑物，晚上就是"喷发的火山"；

另一个是广州城市规划勘测设计研究院与日本公司合作规划的"浮岛方案"——地下一层街道是上空露天的开放式商业街，第二层以下开始才是封闭的，地面形成主轴广场与若干绿岛的景观，其间以小桥相连。

最后，广州市政府选择了德国欧博迈亚公司，但是也没有用他们的景观设计方案，因为在中国这样一个求吉心理强烈的国度，激动人心的地震和火山这些科学主义景观是很难为迷信的地方官员接受的。因此最终选择德国公司，并不是因为他们的创意，而是因为他们的方案比较多的回应了通过地下空间开发解决交通问题的要求，他们在珠江大道东和珠江大道西之间建立了一些地下车行通道。如果说德国欧博迈亚公司设计的杭州钱江新城的地下空间设计有 80 分的话，珠江新城的地下空间设计只有 60 分。

最终实施方案地下空间开发和地面景观设计分离，没有做到景观和地下空间一体化。地下空间十分封闭。更糟糕的是地面景观只是在我们和 SWA 合作的景观方案上修修补补，而且还越改越小气，艺术感和审美观也达不到原来气势恢宏的效果。结果造成目前大规模广场缺乏创意和地下空间难以经营的局面。这个投入巨大、规模巨大的项目充其量只是一个巨大的工程，而难以成为一个伟大的工程。按当时国际竞赛评委、香港建筑师严迅奇的说法，目前的情况"让广州丧失了一个创造世界级景观的机会"。

4.3 海心沙看台

把亚运会开幕式放在海心沙上这个想法是高明的，因为这让刚刚建成的珠江新城迅速地成为一个国际事件的焦点，通过这个开幕式把广州城市建设 20 年的成就升华了，我认为这个决策很了不起。

但是，海心沙亚运会开幕式看台当时就是按照临时建筑来建的，在赛后应该拆除。由于亚运会有国家领导出席，为满足安保的要求所以就按永久建筑的标准花了几十个亿。于是就想把亚运看台下面做成一个酒店，通过经营来获得回报，这是不对的。

海心沙原来是空军的被服厂，市政府当时花巨额代价拿回来做绿地就是因为珠江新城开发强度太高了，根据国家的规范要配套一定比例的绿化用地。这块绿地其实还有一个作用是珠江新城的一个疏散空间，珠江新城里三十万就业人口，十几万居住人口，碰到紧急状况的时候需要这样一块逃生和避难的用地。这是不应该被占用的，即便是政府也不应该占用配套的公共绿地。这无论怎么说都是广州一个城市建设的反面例子。

4.4 建筑设计竞赛制度

除了博物馆、歌剧院等政府投入的公共建筑需要通过国际建筑设计竞赛获得以外，当时我们在规划图则中明确要求珠江新城重要的商业建筑也应该进行国际竞赛。《珠江新城规划检讨》提出所有沿中轴线、沿江的建筑方案都要通过国际建筑设计竞赛获得，所有街区转角处地块也要通过国内建筑设计竞赛确定。

目前，珠江新城在广州是建筑设计水平最高的地方，比如烟草大楼是世界上少有的几个节能建筑之一，高速公路公司大楼、广州发展大厦、西塔方案等都是国际竞赛的结果，正是因为当时规划局对设计竞赛这个条件多年的坚持，广州现在才多了几个比较高水平的建筑。但是这个行之有效的制度后来却没有能够坚持下来。

现在新建的建筑都没有举行建筑设计竞赛，所以珠江新城整体的建筑设计水准就难以保证了。城市理想的丧失，导致江边竟然也出现高度失控的现象，这就是政府向开发商妥协的结果，建筑体量不受控制，立面也不受控制。

广州要想提高建筑设计水平的话，还是要增加投入，要知道"创意有价"。当时我们要求珠江新城的建筑设计要进行国际竞赛，就是希望能够改变广州整个设计水平比较低下的局面。为什么北京、上海的建筑能够做得好，就是因为世界顶级的设计师在那里做。国外的设计成本是相当高的，设计成本一般会占建筑成本的 10%，我国的收费比例才 2%-3%，甚至连这个都舍不得付，这就是我们最大的问题。珠江新城规划 6.2km^2 历经 5 年才拨付了 50 万元的费用，在广州创意是不值钱的！

4.5 规划停车场数量过多

在 2003 年规划检讨完成后，我第一次有机会到美国考察纽约曼哈顿，这个建设于马车时代的 CBD，多年来都在限制停车数量。我当时就意识到珠江新城规划有重大的失误，就是设计了太多地下停车场，珠江新城这个地方不应该通过小汽车来解决交通问题，更应该通过轨道交通为主干的公共交通来解决。

香港中环的置地广场，一栋新翻建的 5A 级办公楼大概有六万 m^2 的建筑面积，政府只允许它盖 26 个车位。为什么不搞地下室多建几个停车位？规划署认为多建车位会吸引更多的车流，导致区域交通的混乱。

我们当时按照一般的建筑标准配建停车位，结果造成每个建筑配了大量停车位，如在 2.5 万 m^2、容积率 9.8 的地块上面配套了 1643 个车位。这种配法我现在认为是失败的，珠江新城这么多停车场配下去，会导致道路交通容量和停车位的配比失调，在交通高峰时段，车辆进不去停车场，停车场里的车也出不来。后来我们也给规划局建议削掉一半配套车位，但是市政府没接受。

因为地铁三号线和五号线在珠江新城商务区只有一个地铁站，这一个站的容量是有限的，高峰小时极限疏散能力是单向 3.5 万人，但是珠江新城有 30 万就业人口，怎么办？所以市政府后来决定修一条 APM 线，让高峰期人流可以导向天河体育中心和观光塔站，如果不加这条线珠江新城会更拥堵。

5 进一步的反思

最近十年，广州的城市规划日益变成了一种政策宣示，往往只是表达了政治家的一些短期想法和抽象概念，不再成为一种城市建设的谋略，城市规划成为炫耀权力的一种工具，很可惜！

城市规划本来应该是一个因势利导、因地制宜的专业，是向权力讲述真理的部门，结果现在规划部门讲起了政治，这样一个结果就是追随领导的短期执政目标导致城市没有了长远的方向感，没有了专业的坚守，很多行之有效的东西都消解了。

比如说，最近批准的广州城市总体规划搞什么 123，同时要建九个新城，建十一个平台，怎么可能啊？广州一年就几平方公里土地的需求量，分散到十几个平台里面去，哪个都做不成，集中起来做几个还有机会，分散那么多地方等于一个都不要做了，对不对？如果当年市政府不是听规划的意见把全市的写字楼供地停下来，集中力量建珠江新城，就不可能会有现在的珠江新城。所以说广州整个城市建设要有方向感，这就需要城市规划有远见。

（原文发表于《北京规划建设》，2014 年第 6 期）

广州环市东路城市广场设计探寻

让我看看你的城市，我就能说出这个城市的居民在文化上追求的是什么。

——E.沙里宁

1 背景

1.1 城市建设进入质量时代

近20年来，广州城市建设在高速发展，但城市规划与管理却在被动应付市场经济的挑战。目前，市场导向的高层高密度开发所产生的负面影响已逐渐明显化：城市活动日益密集，而供市民进行室外活动的公共活动场地严重匮乏；机动车迅速增长，而步行空间严重萎缩；景观建设滞后，公共空间缺少特色，致使市民可感知环境日益恶化，城市生活空间质量已明显不能满足人民群众的要求与期望，而且影响了城市的投资环境。

20世纪90年代，随着全国城市基础设施条件的普遍改进，进一步改善城市生活空间质量大势所趋：北到辽宁的沈阳市，南到广西的北海市都纷纷兴建标志性城市广场；而上海外滩沿江绿化带、人民广场等大手笔的景观建设项目在全国有深刻影响。珠江三角洲的深圳、中山、顺德、东莞……中等城市也纷纷兴建城市中心广场，而东莞市为建广场甚至不惜拆除了早年建成的全市第一栋高层建筑。

1997年以来，广州市以加强城市绿化建设、整治东风路为标志的城市美化运动，以及正在实施的"一年一小变，五年一大变"的城市形象工程，体现了本届市政府着意改善城市生活空间质量的决心。

1.2 "商城"呼唤标志性城市广场

城市广场是现代城市集中展示自身形象的景观点，反映着一个城市的建设水平；又是市民日常社会生活的"起居室"，表现着一个城市的文明水平，往往成为城市的标志性景观，对于改善市民可感知环境有明显效果。

海珠广场自20世纪30年代以来一直是广州的标志性广场，但它实际上只是一个桥头交通绿岛。近年来市政府开始重视广场体系建设的问题——天河火车站站前广场、陈氏书院绿化广场已陆续建成；英雄广场正在复建；目前又在进行市府前广场的规划设计。但火车站广场是交通性的"集散广场"，是为流动人口服务的；市府前广场应属政治性的"市政广场"；而英雄广场只是广州烈士陵园外的一个街头小公园。目前只有天河城广场是全市唯一的商业文化广场，以至于1998年八一军民联欢、国际民间艺术节等重大社会性活动都选择在此进行，涌涌人流带旺了室内商业街，但商家用建筑退缩处理，精心设置的"广场"毕竟不是城市广场，用地规模也不够，难堪重任。

广州自古便是一座商城，作为华南地区中心城市，又是远东最负盛名的贸易口岸，广州因此而长盛不衰。前述广场无论从区位、性质还是规模上都难以展现"商城"广州的城市形象，"商城"呼唤标志性城市广场。

2 环市东路城市广场

早在 20 世纪 70 年代白云宾馆建设之初，莫伯治先生就曾提出在环市东路建设城市广场的设想："基地的东面和南面比较空旷，在规划上可结合大楼（白云宾馆）形成了一个地区的中心广场"（《莫伯治集》第 183 页）。经过长期的规划控制，在花园酒店、白云宾馆地区果然形成了一个约 4.5hm² （含环市东路路面 1.4hm²）的开敞空间，其间有着大片绿化开敞地，从高层建筑上俯瞰十分优美（图 1）。

图 1 环市东路现状

2.1 城市商务中心

花园酒店、白云宾馆地段，是城市总体规划所确定的市级旅游商业服务中心之一，在全市零售商业中心体系中属二级中心。本地区有五星级的花园酒店、四星级的文化假日酒店、三星级的白云宾馆等，是广州高级宾馆最密集的地区。零售商业的核心是友谊商店，随着市民消费水平的不断提高，宾馆、酒店及写字楼裙房内都设有向市民开放的各类的"名店街"、高档商店、饮食及娱乐场所等。还有大量商务办公楼，是众多涉外大型商务机构驻地。如果说北京路、上下九路代表着广州传统的城市商业中心类型，那么环市东路花园酒店地区就展现了城市东向发展中出现的新型商务中心区模式，集中地体现着新区的面貌，被誉为"广州的中环"。

2.2 交通干道穿越

环市东路是东西向交通性干道，西连广州火车站，东达天河铁路新客站。控制红线 40-50m，采用中央分隔栏，沿路地块所有达到及出发车辆只能顺出顺进。大量过境交通要待新的内环线建成后才有可能缓解。

目前有多达 32 路公共汽车设"白云宾馆"站。远景还将有一条地下铁道穿过。

本区人流吸引中心在友谊商店及世贸中心前疏散广场，但由于机动车辆缺乏组织，导致人车混杂。大量的室外临时停车场，反而使得室内社会停车场利用率不高。

2.3 空间景观混乱

花园酒店、白云宾馆地段因建设之初就预留有较大面积前庭，空间开朗，绿化优美，四围建筑愈显壮观。白云宾馆前的小山是一片城市山林，更增添了本区绿化的层次。

但由于用地各自为政，被单位围墙分割，被临时车辆停入占用，空间零碎。疏散广场又人车混杂，大排档式的商业铺面混迹其间，环境混乱。行人被车辆挤迫，难以驻足。本地区未能形成吸引市民留驻的、有趣味的室外公共活动空间。

2.4 总结

环市东路花园酒店地区是 80 年代广场城市建设的里程碑。由于规模优势，本区各类功能聚集的趋势仍存，近年陆续建成的许多项目，不断强化着其商务中心的地位。城市建设已到了成熟期，建筑空间形态也已基本稳定，周围高层建筑又多是80年代蜚声全国的现代主义风格作品，建筑轮廓优美，尺度宜人，空间围合良好，而且具有一定规模的用地。在此建设环市东路城市广场，客观条件极佳，将会有画龙点睛的效果。

3 设计意匠

根据市规划局安排，近期拟结合广州城市形象工程建设对白云宾馆、友谊商店、世贸中心前的人流疏散广场进行整治，并要求解决好其与花园酒店前庭广场之间的步行联系。但我们认为：不对现状做大的改变，分离的南北两个广场无论在规模上还是功能上，都不可能成为体现商城广州城市形象的标志性广场，应在尽可能大的用地范围内进行整体设计。

机遇：根据规划，地铁三号线将从本区通过，本区地铁站将采用大开挖方式建设。结合地铁站建设，有可能在较小投入的前提下，通过精心的地下空间综合利用规划，解决目前在地面有限的空间内难以解决的问题，提升空间质量。

3.1 以人为本，步行者优先

（1）在高度密集的中心区，尽量利用现有空间资源，形成连续的步行体系，多样的驻留空间和宜人的环境尺度。本规划因势利导、不失时机地结合地铁建设提出商城广州标志性广场的建设目标，试图为市民提供一个有自豪感和归属感的活动场所，一个集文化、商业与休闲功能，有一定规模的城市广场（图2、图3）。

（2）为将南北两个广场连接起来，可采用行人下穿城市道路或上跨城市道路的方案，但二者在景观上都缺乏连续性：前者管理困难；而后者需建设地面构筑物，在空间尺度上难以协调。本设计以步行者优先原则，将步行与车辆交通立体分流，远景结合地铁施工，采用城市干道下穿广场的方案，在地面层形成完整步行广场，使广场规模达到4.5公顷。行人可以从广场中央下到汽车隧道乘坐公共汽车，也可以从广场四周的入口进入地铁站，从汽车隧道也可以通过自动扶梯直接进入地铁站。

（3）按现状华乐路下穿环市东路，路面高差5.32m，净空3.7m。按环市东路立交4.3m限高控制，本设计将环市东路路面降低到华乐路现状标高。为保证净空，再考虑一定的覆土层以利于绿化，本设计将干道上部广场设计标高提高约1.5m。

3.2 大气魄，干道下穿广场

（1）环市东路下沉段，隧道拟设双向各六车道。其中二条可作为公交专用车道或慢车道，直行车辆不受影响，在地面层为进入建设六马路、淘金路的右转车流设专用辅道。

（2）建设六马路左转车下沉进入环市东路隧道。华乐路因环市东路地坪下沉后，自北向南只能右转顺入，自南向北向右转顺出顺入。为保证环市路以南地区进入淘金地区，特别平行于华乐路在东面新辟了一道路，上跨环市东路，替代华乐路现有立交功能。

（3）花园酒店交通到达方式未作大的改变；而交通疏散则经地下停车场道路进入环市东路；或折回建设六马路。白云宾馆交通到达需经专用地下通道转入，再向西上环市东路。

（4）公共汽车站及出租汽车上客站设在广场地下隧道两侧，每侧各设两条泊车道，上部开采光口，有踏步及自动扶梯与广场平面相连，直达广场人流中心。汽车隧道下设地铁站点，从公共汽车站就可直接进入地铁站内。

图 2　总体鸟瞰

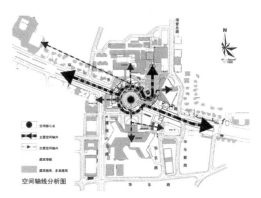

图 3　空间轴线分布图

图 4　北望白云宾馆

图 5　南望花园酒店

3.3　大手笔，以太极图案糅和轴线

（1）环市东路城市广场处在四周高层建筑围合中，从上空观看的"第五立面"至关重要，必须考虑平面图案的完整性；众多互不关联的空间要素、不同时间建造的建筑也必须精心加以组织，才有可能形成丰富而统一的空间景观。

保留小山，就形成了世界贸易中心与友谊商店前呈南北走向的矩形空间；而环市东路本身又具有强烈的东西轴向；四周高层建筑轴线各自为政、彼此冲突。

本设计采用阴阳太极图形，将两个不同高程的圆形广场切换成双核心的中心广场。较好的关照各个方向，既不强调也不压低周边各个建筑的地位。利用图案的完整性、自足性和动感，糅和相互冲突的轴线。由于太极图案是中国文化传统的心理图式，利用格式塔原理可形成联想使其形成大手笔的构图（图4、图5、图6）。

（2）中心广场的两个圆形广场之一设在花园酒店与白云宾馆轴线上。其中点与环市东路中线交汇，北面背靠白云宾馆葱郁山林，南面正对花园酒店，向西正对好世界广场。中心设大型"秦船造型雕塑"喷泉水池，与花园酒店前广场喷泉相连，喻商城广州曾为"海上丝绸之路"的起点。广场向东延伸，呈弧形逐渐收束，与北部世贸中心前另一个圆形广场相连，其间设踏步及层层跌落的台阶，该圆形广场中心设广东省地图造型的旱地喷泉，喻广州为"中心城市"之意。中心广场是供市民进行露天表演、文娱、交往、游憩、咨询及展览活动的主要场所。

（3）北广场以友谊商店为底景，西部以白云宾馆为界，处在商业建筑围合中，是以商业性咨询、展示及促销活动为主的场所。南广场相对独立，为市民提供一个有趣味的林荫场地，建议局部覆盖华乐路上空，以利于形成完整活动空间。

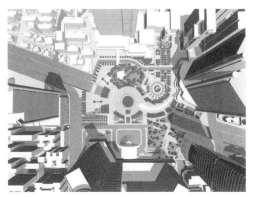

3.4 园林式，塑造岭南风格的广场

考虑广州亚热带季风气候炎热、多雨的特点，广场绿化设计继承岭南庭院自然山水与建筑景观结合的优良传统，以白云宾馆前岭南庭院山水造型的核心——小山为重点，用叠石与树木使中心广场与小山绿化融为一体。结合水系在北广场中央种四排高大冠木的树木，直入中心广场并分隔两个圆形广场，在广场中形成一条林荫绿道，形成具岭南植物特色的园林式广场绿化景观。

3.5 实施时机

由于存在大量过境交通，封闭道路进行广场施工期间，必须也只有依靠目前正在施工的内环线组织交通，因此内环线建成后广场才具备施工的可能性。而地铁三号线的建设又将进一步涉及地下空间综合利用问题，如结合地铁站点开挖同期实施广场及隧道施工，时机最为成熟，代价也会较低。本规划开创性地为该地区地上与地下空间综合开发，预先做了充足的技术储备。

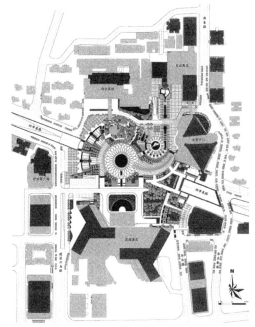

图 6 总平面

参考文献

[1] 莫伯治.《莫伯治集》[M].广州：华南理工大学出版社，1994.

[2] 袁奇峰、林木子.广州市第十甫、下九路传统骑楼商业街步行化初探[J].建筑学报，1998，（03）.

[3] 袁奇峰.广州市解放路特别意图区规划探索[J].城市规划，1997，（02）.

（本文合作作者：李少云、林木子、朱志军。原文发表于《建筑学报》，2000 年第 3 期）

广州市解放路特别意图区规划探索

1　旧城更新必须加强城市设计

广州城市建设，特别是旧城更新的高层高密度倾向在全国具有一定的代表性。广州市政府以期为高层高密度城市更新提供高效率的支持系统，改善城市功能，进行了大量工作。在城区建设了高架道路、快速干道、立交桥等，并积极筹措资金自行建设快速轨道交通系统，如果能保证持续的投入，有合理的规划指导，城市功能有望有大的改进。然而随着旧城更新工作的展开，步行难、绿地减少、活动场地匮乏等矛盾却日益恶化。

如何以人为中心，本着从市民出发、尊重市民、服务市民、方便市民的原则，切实改进城市空间构造，改善环境质量及公共设施质量，从而改进人们的生活质量，给人带来可能的、最大的便利与舒适；把城市的建设、街道、广场、绿化以及工作、居住、交通、游憩从内容上和形式上有机结合起来，并按功能合理和形式美观的要求加以编织，是城市设计的任务。

从这个意义上讲，目前城市更新确实需要加强城市设计工作，而且有必要在城市总体规划、分区规划阶段之后，在对单体建筑的实质管理之前，增加一个重要的环节——城市设计管理。在充分研究地区特点的前提下，提出城市生活空间构造模式，确定城市设计准则，建设一系列地区性公共福利设施项目，找出那些在特定地区群体设计中才有可能考虑和解决的问题，并制定一系列管理及鼓励措施，通过立法程序实施对建筑单体及群体建设的指导。在政府鼓励房地产业发展，让开发商获利的同时，也为市民提供一些相应的福利设施——广场、拱廊、天桥等。将目前房地产开发的市场力量，引导到城市设计所确立的，有利于公益，并且增加城市整体价值的轨道上来，实现规划管理从被动应付市场冲击到主动引导市场的战略转变。

2　解放路城市更新的背景

"解放路重建规划"是一个典型的高层高密度城市更新案例。

作为广州市城市总体规划确定的10条南北向城市快速干道之一，解放路承担着白云

图1　1994年扩建解放路

图2　解放路四牌楼骑楼风貌

国际机场的交通疏解任务。其中东风路至珠江段深入旧城中心区，由于沉重的拆迁安置负担，直到 1995 年 9 月才正式完成路面拓宽工程（图 1）。因为沿路用地早已被开发建设单位征用，故本次拓宽改建工程全靠各单位负责自己路段的拆迁安置工作。但由于规划用地面积是一定的，建成面积的市场销售价也是一定的，故这笔高昂的费用最终还是要从土地开发强度中补还。就目前各开发单位所提交的方案来看，基本上都是"大型商业垫层 + 高层建筑"的开发模式，沿路城市更新高层高密度的态势在所难免。

解放路旧城区段与广州市一级商业中心（中山五路——北京路零售商业中心）相连，且在道路拓宽前就是一条颇具岭南特色的骑楼式商业街。随着商品经济的发展，零售商业特别是现代化商业设施的需求量日增。本路段具有优越的区位条件，交通可达性又有大的改善，商业功能的发展是自然的趋势（图 2、图 3）。

在充分研究广州城市建设历史及现实城市结构的基础上，市政府提出"逐步恢复其原有的商业街功能，并按国际化大都市的标准和百年大计的要求"规划建设好这条新的"商业大街"的建设目标。

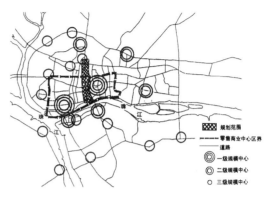

图 3　广州商业中心分布

"城市快速干道"与"商业大街"，这两个相互矛盾的功能如何在同一条道路上叠加，而又不彼此影响，是本规划要解决的一个难题。另外，在沿路土地已先行划拨、征用的情况下，如何协调各开发建设单位的利益，将相对分散的建设引导到规划所确立的、有利于公益而且又提高本地区整体价值的轨道上来，是本规划面临的另一个难题。

3　高架步行系统的提出

解放路是按快速干道（Express Way）的模式来建设的。道路断面 40m 宽，为一块板，中间完全分隔；所有重要交叉口全部立体交叉；行人及自行车跨路通过人行天桥；沿解放路不设自行车道；两侧人行道各宽 5m。

但是，出于前述政治及市场两个方面的推动，为改善交通条件而进行的道路改建，有可能形成一条商业设施集中的街道。这种"错位"可能会带来剧烈的功能冲突：繁忙的车流交通与商业设施所吸引的大量人流在空间上的混合与干扰，对两种功能的发挥都会造成负面影响。当政府决策将解放路建设成为商业大街后，技术及管理部门所能做的就是尽量减少功能叠加带来的损益，力争用工程手段来避免"人 – 车"冲突。

"人 – 车"冲突源于以下两重原因：一是购物的选择心理带有相当的随意性，大量人流往来穿越道路，与车流交叉过多；二是人行道空间容量有限，大量行人"溢"到车道上，与车辆混行。

要从技术上解决上述矛盾，关键在于提供更多的人行空间和一套有效的跨街交通系统。结合市政局规划的人行天桥，构想在建筑二层形成与天桥连通的连续的沿街高架步行体系，使"人 – 车"在立体上分流。

在资源极其丰富的欧美各国，高架步行体系、高架连廊是解决高度密集的城市中心

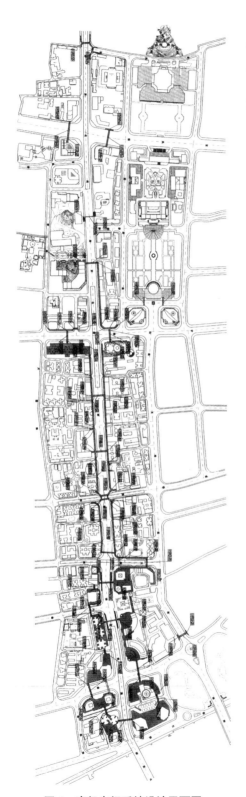

区"人-车"冲突的常用手法。其中美国明尼阿波利斯（Minneapolis）的天桥系统最为成功;"这种天桥的建造费完全由私人投资","通过楼梯与自动扶梯相互连接并通向内廊","而且到了今天,二层的租金几乎要和底层一样贵"（K. Halpren）。在建筑用地的稀缺和人口高度聚集的香港,为了解决高层高密度条件下商业环境高效利用的问题,在中环、尖东以及沙田中心区都已建设和计划建设在二层平面上相互连通的人行天桥系统。在空间上将建筑二层平面当作地面层来设计,权将车流做河流。

但是,这种构想需要财政方案的支持,需要周密的计划,还需要长时间强有力的管理措施来保证。

4　高架步行系统设计概念

高架步行系统由跨街天桥、沿街高架步行道、建筑间驳接天桥及建筑内部通道组成（图4）,因建设条件不同而形成不同组合方式:

迎宾馆以南至大德路段,因为建设地块较小,又处在广州市现状繁华商业区边缘,高架商业步行体系重点布置在此街段。规划利用建筑退后道路红线的5m,布置沿街高架步行道路,利用其上部空间建设裙房,形成"双层骑楼"的建筑样式（图5）。使步行空间拓展到沿街建

图4　高架步行系统设计平面图　　　　图5　双层骑楼街概念

筑二层平面，形成一个贯穿全街段的公共高架步行体系，与跨路天桥共同形成的连续的可循环的运动系统。这样可以有效拓宽人行道，方便行人过街，并容纳更多人流。人行道原宽5m，加上地面层建筑退缩红线距离（5m），再加上高架步道（5m），每边人行通道将达到15m。在每部跨解放路天桥两端，各建设一部公共楼梯；并要求相连的每一商业设施至少提供一部开放的公用楼梯供市民使用。这样的城市构造模式才有可能将"商业大街"与"快速干道"整合起来，为市民提供良好的购物环境。

大德路至珠江段，开发地块较大、较完整，且建设项目多为高级写字楼、宾馆。规划采用空中连廊及过街天桥将所有项目驳接，并要求连通的建筑物在二层提供连续的内廊，形成连续循环的步行通道，同样可以让顾客的建筑二层逛通所有商场。要求每一部天桥两端都提供公共楼梯，以利市民在商场关闭后仍能使用天桥过街。

考虑到解放路对城市的分隔作用，规划在沿路建筑项目中配套建设22部可以向残疾人开放的专用电梯，并且要求建筑地面层有合乎规范的残疾人专用标识、坡道和通道导向专用电梯，在建筑二层平面与高架步行系统连通。

规划结合沿解放路各段用地功能及高架步行交通组织，对街道景观的设计也采用不同的模式：

迎宾馆以南至大德路，结合沿街专用高架步行道建设街景连续的"双层骑楼"街道。要求沿柱距不少于6m，首层净高5m，二层净高不低于3.5m，骑楼柱不得超过道路控制红线，基础及地梁面低于规划路面标高2m。若开发建设单位愿意按上述条件建设，可以将上部建筑面积作为奖励而不计入地块容积率，高架步行道所占地不计入地块建筑密度。但骑楼上部只能建裙房，建筑主体必须退回到退缩线。5m人行道不变，可以种植行道树（图6、图7）。

"双层骑楼"建设，发展了广州骑楼建筑样式，为街道提供了一个连续的围合要素，在尺度上也更适合40m宽道路的景观要求。更结合过街天桥形成一种全新的高架步行街道空间概念——大量行人在高架道上通行，过街天桥将单调的长街分成若干有围合感的空间，可俯瞰地面人行活动、绿树和车流，"人-车"和谐共存，组合成繁华的商业街段，在现代感中又有传统的回归与重构。

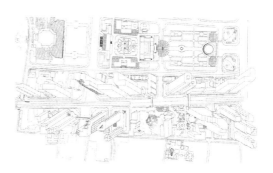

图6 解放路北段街景

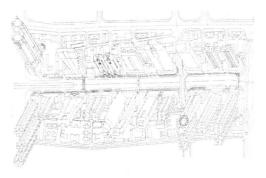

图7 解放路中段街景

图8 解放路南段街景

大德路到珠江段，配合高级写字楼及宾馆建设，突出城市广场、花园的作用，刻意营造"建筑在花园中"的气氛。由于解放大桥引桥在解放路上，故此街段的设计重心不在街景的连续感，而在于活动空间、广场的组织，建筑之间以连廊及天桥驳接，将人流吸纳在建筑设施内部（图8）。

另外，本规划还因势利导地布置了两个较大的城市广场。在解放北路，对广东迎宾馆进行建设引导，规划将其用地分为南北两个部分，北部保持园林形态，南部则有条件地允许开发——给城市提供一片公共广场，将六榕寺塔做为底景，使游人能直接通过广场到此宋代禅宗名胜，而广场以南则允许建设大型购物设施及高层写字楼。为宋代名胜提供一寺前广场，同时又将古寺塔影导入现代城市脉络中（图9）。

大新路东端，由于解放路的分隔而成为独立路段，在一德路拓宽后，其交通功能已很小，建议封闭此路段车辆交通，形成步行广场。规划将解放电影院南移至广场北部，并适当退缩，将该广场设计成解放南路社会文化及生活中心（图10）。

图9　北段六榕寺广场

图10　南段大新路广场

5 "特别意图区"的设立

当规划设计涉及提出高架步行系统这样一个层次的城市构造方式时，以往行之有效的一系列管理措施就难以适应了。因为这是属于一个城市地区的设施，不可能通过单幢建筑的管理来实现，在城市总体规划和分区规划中也还无法涉及这个层次。因此，此类设施及建设目标的选择和确立，还有待于一个相对完整的地区的城市设计来完成。

目前广州城市建设领域在这个层次的管理恰恰是最薄弱的。在此情况下，美国纽约市的城市规划及管理经验值得借鉴，即"创造性地应用了有鼓励性的区划法，以鼓励或促使建设者（Developer）按规划进行建设"。其中最为有效的措施之一便是确立"鼓励性建设区"，或者称为"特别意图区"（Special Purpose District），即通过一系列法定的优惠和鼓励措施，来促使开发商在建设过程中遵守既定的城市设计准则，并乐于参与城市公共设施的建设。如1961年纽约区划法规定，若开发商愿意为城市提供一个有一定质量的广场，他将得到20%的额外的容积率奖励。因此，才出现了像洛克菲勒中心广场（Rockfeller Center Plaza）这样有价值的城市空间（K.Halpern）。同样的管理手段有否应用到城市高架步行系统的建设上来呢？回答是肯定的。

我们在广州市解放路改建中尝试借鉴国外针对特定地区以城市设计为背景的积极的区划管理手段——设立"解放路特别意图区"，将城市设计图则化、法律化，重点控制一些公益性设施、公共空间、广场及绿地。并制定城市公共政策，形成"目标＋手段"的组合，主动引导特定城市地区发展，优化用地构成、合理组织交通、平衡开发强度、理顺空间构造、美化城市景观。

在确定了建设高架步行体系的前提下，财政方案也是必须认真研究的。过街天桥是道路拓宽工程和配套工程，理应由市政府来建设，方便市民通行。但沿街的双层高架步行道及建筑物之间驳接的天桥系统建设的得益者是开发商，故我们认为应通过管理和诱导来促成开发商承担相应的义务，将各地块红线内的高架步道分摊给各开发商建设。在此需尝试应用某些开发强度方面的奖励措施，故需要在立法上给本地区一个特殊的法律地位，以便能行使相应的管理权限及奖励机制。

特别意图区的规划由以下几个方面支持：

（1）确立一个明确的目标——通过城市设计寻求一个好的、可行的城市构造模式，一个有良好开发前景、有利于提高地区整体价值的远景蓝图；

（2）有强有力的规划建设管理——严格按城市设计方案引导和约束开发商，将零星分散的开发汇成整体的城市设计构想，表现政府的决心。

（3）给开发商一些明显的利益诱导——开发强度、建筑间距方面的奖励政策和特许权，以促成城市设计方案所确定的建设目标和总体空间效果的实现。

由于设立"解放路特别意图区"是在法律框架中针对此一地区而提出的，其适用范围限定在特定区域，故其政策无法为其他地区的零星改建所随意引用。在城市房地产开发迅速推进，而政府又不得不利用这股力量来加速旧城更新及基础设施建设的同时，在高层高密度旧城更新的前提下，如何为实现城市的整体利益，利用政策诱导为城市争取一些有利提升城市价值，有利于改善城市生态环境，有利于优化城市生活空间构造，体现地方文化传统，又具备现代化国际大都市水平的公共福利设施，是一条值得尝试的路子。

参考文献

[1] 李雄飞等 . 国外城市中心商业区与步行街［M］. 天津：天津大学出版社，1990.

[2] Kenneth Halpern. Urban Design in Nine American Cities，Downtown U.S.A.

（原文发表于《城市规划》，1997 年第 2 期）

广州市第十甫、下九路传统骑楼商业街步行化初探

1　传统骑楼商业街的保护及其困境

由于房地产业的迅速兴起，广州旧城更新的速度是空前的。但经过90年代初的大规模建设，人们发现旧城区高层密度的倾向日益显化，城市活动日益密集，传统的城市生活方式和城市风貌中那些优秀的遗产却在迅速减少。另一方面，随着生活水平的提高，市民对生活素质的要求也越来越高，对城市环境的人性化、城市文化特色的保护及减轻都市对人的压迫感方面都有着更高的要求。

广州骑楼是近代西学东渐，西方建筑形式与广东地方气候及商业模式结合的典范。由十三夷馆的"券廊式"到沿街连通的"连廊式"，亚热带气候充沛的阳光和连绵的雨季促成了广州骑楼建筑样式的形成：对商家而言，全天候、连续且遮阳避雨的骑楼街带来的是全天候的客流。骑楼所提供的灰空间给室内外一个中介过渡的区间，给街道空间增加了层次。但是随着旧城更新的展开，中山路、解放路等传统骑楼商业街都在道路拓宽工程中拆建或行将拆建，以至于再不有计划地进行保护，广州将再无一条完整的传统骑楼商业街。

本世纪20年代建成的第十甫、上下九路就是一条传统的骑楼式商业街，是广州旧城市级商业中心区；荔湾区最繁华、最具传统特色的商业大街（图1、图2）。

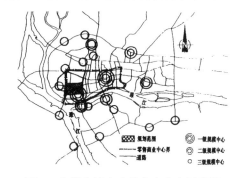

图2　广州市城市商业中心分布示意图

通过对480位市民的问卷调查，我们试图了解市民对骑楼街保护的意见。结论是50%的人认为应保留，只有15.7%的人认为没有必要。在被问及"骑楼街能否代表广州传统商业街特色"时，31.2%的人认为"完全反映"，61.2%的人认为"部分反映"。而当我们将两个旧城传统骑楼商业中心与一个大型百货购物中心并列让市民选择，对前二者喜爱程度分别为北京路42.3%、上下九路43.8%，后者仅13.9%。

正是在这种背景下，市政府提出了保护第十甫、下九路传统骑楼商业街的要求。但现实中却困难重重：

1. 就功能设定而言，《广州市中心区交通改善实施方案（最终报告）》已将本路段定为交通次干道；控制红线宽度为30m。而现状道路车行道部分宽11m，加上两侧骑楼下的

图1　下九路沿街立面

人行道也仅有18m宽。承担交通功能，沿街骑楼势必随道路扩建而拆除。

2. 广州商业模式正在从交通与购物混杂的"商业大街"模式转向"百货公司"、"室内街市"模式。第十甫、上下九路必须在新的商业格局中重新定位，否则商业功能的萎缩将会严重影响传统骑楼商业街的保护。

3. 从房地产开发的态势来看，由于本路段优越的商业区位，沿路土地已完全被各开发单位先行征用。所幸第十甫、下九路各地块尚未完全进入拆建阶段，在市政府下决心保护传统骑楼商业街后，规划管理部门已进行了控制。相连的上九路由于已有大批项目获准改建，故再难保护。

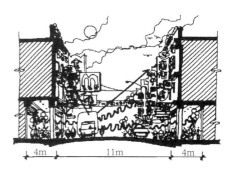

4. 再分析第十甫、下九路的现状使用状况。作为重要的商业大街，大量购物人流与车辆相互干扰，安全堪虞。又由于街道较为封闭，汽车所排出的尾气和噪音难以扩散，随着车辆的不断增长，骑楼街大气及声学环境日益恶化（图3）。

图3　现状路况图

传统骑楼商业街的保护是维系广州城市传统风貌特色，保持城市文化地方性的重要举措。但要保护，就得在发展中解决所面临的困难，理顺街道功能、改善街道环境、调整商业发展模式、控制开发强度。应致力于制造一个适合本路段长远发展、经济上活跃、环境上优美、观念上"重人"的方案，否则保护的价值就降低了。

为促进荔湾区商业经济发展，也为广大市民提供一个"行行走走，得大自在"的购物环境，荔湾区商委、广州市商委在各部门的配合下，自1995年9月30日开始在第十甫、下九路推出周末限时步行街——广州市商业步行街，取得了较好的社会经济效益（图4～图6）。

图4　商业街街景之一

图5　一夫当关——步行街就是这样开始的

图6　骑楼商业街街景之二

2 广州市商业步行街实态调查

作为汽车时代的副产品，步行街是现代城市机动车洪流中的小岛。它反映了在科技高度发达的今天，人们对自己最基本的权利——在城市中自由及安全地行走的执着。

传统骑楼商业街的保护与"步行化"构成了两个相互支持的目标系统。在现状街道交通与商业两个相互冲突的功能之间，由于保护目标的确立，而支持了建设商业步行街的构想。为进一步探讨本路段实现永久"步行化"的可能性，我们设计、组织了四个大型调查，并得出相应结论：

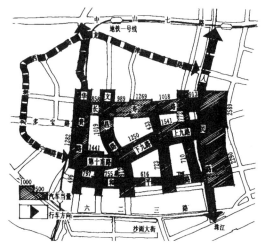

图 7　现状交通流量分布图

2.1 现状交通观测

就第十甫、下九路步行化可能影响的区域道路进行了交通流量观测。结论是在目前道路交通状态下，实现永久步行化是十分困难的。在周末车辆较少的情况下开通限时步行街虽然尚能维持一个低水平的交通方案，但也在一定程度上暴露和加剧了现状道路供给严重不足的矛盾。

第十甫、下九路是广州旧城区现状环形干道网上的一段，但由于道路狭窄，只能进行单行管制，目前实际上与两条相邻的平行道路——长寿路、和平路共同承担着一条交通性干道的功能，三条道路不可或缺。实行永久步行化方案，必须待地区道路系统发生结构性变化，道路供给状况出现根本性改进后方可考虑（图7）。

2.2 市民问卷调查

为保证调查具有普遍性和代表性，我们将 800 份调查表分散到全市各区，共计回收有效表格 480 份，回收率为 60%。

（1）对传统骑楼商业街风貌保护的意见，见本文第一部分。

（2）对商业街步行化的态度：61.07% 的人认为很好，仅有 6.1% 的人不以为然。认为步行街很热闹的占 51.7%，很吵闹的 25.8%。认为很繁华的 30.9%，太拥挤的 48.8%。

（3）交通及出行方式调查：市民们的交通方式依次为公共汽车（41.9%）、自行车（22.1%）、步行（20.4%）、摩托车（9.4%）、出租车（7.7%）、私家车（3.1%）。对本路段的停车情况，48.8% 的人认为不方便。

到第十甫、下九路的顾客多是举家前来。频率上每月来一次的占 27.8%，每 2-3 个月的占 24.1%，每周来的占 18%，每半年的占 16.7%，每一年来的占 9.8；通常逗留时间依次为 30-60 分钟（34.4%）、1-2 小时（24.6%）、2 小时以上（16.9%），30 分钟以内（16.2%）；专门在步行时间来的占 35.5%，专门车辆通行时来的占 7.5%；选择上午来的占 34.5%，平时比较均匀。

（4）商业设施调查：市民到上下九的目的依次为闲逛顺带购物（52.3%）、专程购物（34.4%）、路过（9.4%）、娱乐（6.5%）、餐饮（4.2%）、工作（2.1%）。在本路段市民经常使用的店铺依次为日用百货（27.9%）、服装（25.8%）、书店（14.8%）、冷饮店（7%）、副食店（5%）、电器（5%）、饭店（4.5%）、钟表（3.3%）、药店（2.8%）、其他（3.9%）。选择到大型百货公司的49.1%，老字号名店的33.3%，小店铺的17.6%。

据统计，在步行街市民逗留时间30分钟以上的占到总数83.8%，逛街时感觉很疲惫的24.9%，一般的51.8%，不觉累的23.3%。而疲惫时可选择的休息方式依次为返回（27.5%）、餐饮（20.8%）、随便找个地方坐（19.5%）、看电影（6.4%）、其他（3.5%）。

就街道环境设施请市民评价，服务最好的是公用电话（权值 +124），然后是提款设施（+121），照明设施（+118），报摊（+53）；服务水平最差的是公共厕所（-253），然后是导购图（-71），垃圾筒（-39）。

（5）对改建模式的选择：见本文第三部分。

结论：第十甫、下九路是广大市民喜爱的市级商业中心区，老字号、名店汇集，服装百货是其特色。骑楼象征着广州商业文化的服务精神，步行化则吸引着更多的市民。但是街道公共设施服务水平却不高，目前的周末步行街实际上只是一种应时的低水平的办法。

2.3　商户问卷调查

向商户发表200份，在步行街管委会协助下回收122份，回收率61%。

第十甫、上下九路曾在1984年被商业部评为"全国文明商业一条街"，现在800余米长的街道两侧集中了各类工商企业348户，其中服装鞋帽、日用百货占56%以上。据不完全统计，1994年全年营业总额在十亿元以上。

在实行周末限时步行街后，营业额普遍上升10%以上，经营项目保持现状的95%，商品档次提高的占38%。所以在问及上下九路未来建设模式时，赞成建设步行商业街的占61.2%；如果可以选择，57.2%愿意沿步行街经营。

对现状服务、市政、交通设施的评价，服务水平较好的依次为银行（权值＋64.5）酒楼（+59）、快餐（+40.5）、公厕（+21.4）、冲印（+18.1）、药店（+12.3）、电讯（+9.4）、电力（+4.5）、小吃（+2.7）；服务水平较差的依次为进出货（权值 -58.3）、汽车停放（-58）、摩托、自行车停放（-54.8）、邮政（-20.9）、旅店（-20.3）、垃圾站（-16.3）、排污水（-13.8）、消防设施（-12.2）、排雨水（-9.2）、煤气（-6.6）、诊所（-6.0）、自来水（-5.8）。

总结：广大商户对商业街步行化普遍持支持态度，也得到了实惠。但本街区货物进出运输、停车、垃圾收集、排水及消防等方面严重不足，亟待改进。

2.4　步行街人流调查分析

周末限时步行街开通后，自1995年9月至1996年6月份步行街管委会一直组织人流量观测。

步行时间平均每小时进入人流量为34436人／小时；高峰小时人流量为172980人／小时，次高峰为56400人／次。按人均滞留75分钟计，在实行步行化的718m长的街道上，人均步行面积仅 0.62m²/人，高峰时不足 0.37m²/人。远远低于《城市道路交通设计规范》GB 50220—95 每 m² 容纳 0.8-1.0 人的规定。

3 传统骑楼商业街的永久步行化方案

保护传统骑楼商业街是既定目标，但还须更进一步认识到该地区是城市有机体中的一部分，只有将其放在整个城市的脉络（Context）中，将它作为一个生机勃勃的商业中心区来考察，才能真正找到解决问题的基点。

当我们结合周末限时步行街，请 480 位市民选择本路段未来的建设模式时，有 64.4% 的人赞成将第十甫、下九路建设成为步行街，其中 17.5% 的人主张继续保持周末限时步行街，46.9% 的人主张更进一步建设永久性的"传统骑楼商业步行街"。

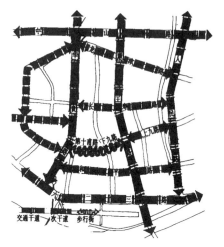

图 8 规划路网结构图

随着广州旧城更新的进展，地区结构正在发生着剧烈的变化。首先，在第十甫、下九路段东西两端，将各有一条 40m 宽的南北向规划干道建成。随着这两条路的开通，荔湾旧区的路网结构将从以往的环形干线网转变为交通量分配较为随机的方格状路网。这样，就有可能将本路段上原有的交通功能转移到相邻的平行道路上去。在这种情况下，封闭车辆交通，建设永久性的传统骑楼商业步行街将会是一个明智的选择。建议尽早按交通次干道标准控制好长寿路、和平路，在两条南北向干道建成后，即拓宽此二路，从交通组织上保证实现步行化的目标（图 8）。

将历史文化街区改建为步行街，将有利于提高城市生活环境的质量。在步行街，行人可以安然行走，自由购物；商家可以有更多的商业机会；而城市则将会有一个展示自身独特商业文化的舞台。

但仅是为保护骑楼商业街而实行步行化还是不够的，现代商业空间发展要求活动的多样性和设施的综合性，步行街还需要一系列物质系统的支持：

1. 上九路一系列大型商业设施的建设将为步行街东端创造一个有吸引力的中心。建议在步行街西头，利用地铁物业征地，再建设几个大型商业设施，这样就与步行街形成了一个哑铃型的 MALL，在结构上提升了本区的商业层次。

2. 为避免二线旧城更新对骑楼的可能的破坏，依据新"高规"设立一条 9m 宽的消防车道以分隔用地，同时可以限定"骑楼保护范围"的进深方向。

3. 为疏解二线交通，因势利导地设立一条 15m 宽道路，主要用以组织新建项目的交通及步行街的进出货问题。

4. 为确实保护广州传统骑楼商业的街的风貌，建议依据传统骑楼立面分为三个保护层次：

（1）"绝对保护"，立面有特色、建筑质量好的名店、老店。只能维修加固，不得改变外观。

（2）"立面保护"，立面有特色、建筑质量差。在沿街立面只能维修加固，不改变外观的情况下，允许更新旧屋，但建筑面积及体量不得增加。

（3）"风格保护"，建筑质量差，没特色。远期允许拆除重建骑楼，但新建筑立面应依据规划所提供的符号系统表设计，考虑新旧建筑的文脉连续，建筑体量应严格控制。

5. 第十甫、下九路段步行化后，街面除考虑紧急情况下消防车等特殊车辆进入外，原则上以绿化美化环境为主。结合绿地花坛设立休息座椅，给购物者一系列可观赏、可驻足、可休憩的设施。

6. 为丰富步行街的活动，鼓励沿街及二线建设项目开辟多种文娱设施，考虑将华林寺五百罗汉堂、沙面国家重点文物保护单位、文化公园等旅游景点在空间上联入步行网络，使步行街成为传统骑楼保护、旅游、商业功能综合的，真正具有吸引力的城市步行商业区，广州市一个有凝聚力的城市公共生活空间（图9、图10）。

图9 步行网络结构图

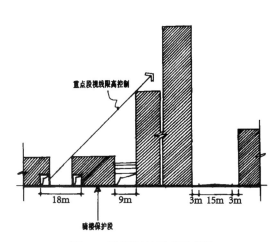

图10 骑楼保护模式示意图

参考文献

[1] 袁奇峰. 广州市解放路特别意图区规划探索［J］. 城市规划，1997，（2）.

[2] 广州地方志编纂员会. 广州市志（卷三）［M］. 广州：广州出版社，1995.

[3] 黄佛颐撰，钟文点校，广州城坊志［M］. 广州：暨南大学出版社，1994.

[4] 杨秉德. 中国近代城市与建筑［M］. 北京：中国建筑工业出版社，1993.

（本文合作作者：林木子。原文发表于《建筑学报》，1998年第3期）

广州市沙面建筑群，在使用中保护

"广州市沙面建筑群（清）"于1996年11月被国务院确定为"全国重点文物保护单位"，属首批被列为国家级保护对象的西方古典式建筑群，是广州现代化国际性城市多元文化格局中不可缺少的组成部分。

《沙面近代历史文化保护区整治规划》的目标是："广州市的近代历史文化保护区，是全国重点文物保护单位——广州沙面建筑群（清）所在地，未来发展的目标是历史文化博览区、国际性的涉外商务旅游区，适宜现代文明生活，人口密度较低的居住社区"（图1）。

图1 广州市沙面建筑群鸟瞰

图2 沙面历史：江畔绿瓦亭 　　　　图3 沙面历史：原法国公园

像沙面这样的历史文化地区，超过现有文物保护法规覆盖范围，在保护方法和思路上需要有所突破。现阶段历史文化地区的保护往往超出地方政府的财力，经济问题成为历史性建筑保护和再利用中最关键的环节，而如此大规模的保护工作也只能靠一种良性的、社会能接受、"投入-产出"正常的机制来保证。必须充分利用沙面的区位优势，通过制定政策，广泛吸纳社会资金，结合文化资产的整体开发经营，发掘和提升优秀近代建筑的使用价值，力争在保护中获得应有的效益，并将收入用于本地区的保护。

1 有效保护

沙面历史建筑始于第二次中英"鸦片战争"之后的1861年，止于第二次世界大战前的1938年，早期建筑结构多为砖木结构形式，后期有一些钢骨混凝土和钢筋混凝土结构形式。

迄今为止，最近的建筑落成期已达 64 年，远的达 140 余年，多数建筑都有近 100 年的历史（图 2、图 3）。

根据《民用建筑设计通则》JGJ 37—87，"重要的建筑和高层建筑"结构安全期要求仅为 50-100 年。沙面现有的历史建筑，包括后期的钢骨或早期钢筋混凝土建筑都是在结构技术水平极低的年代设计建造的，更不用说大量的砖木结构建筑了，其耐久年限早已过期，换句话说，这些建筑即便没有即时倒塌的危险性，其建筑结构安全的生命周期都早已完成，都属于超龄使用的不安全建筑。如果发生轻微的地震，都有可能完全坍夷为平地。

有效保护，首先必须要保护历史信息最基本的载体——建筑的物质躯壳。建筑保护分类必须从建筑的文物价值（历史、文化、艺术、科技）和结构安全性两个方面同时入手来确定。只强调文物价值是不足够的，如果建筑结构不安全，只能保护其外立面，建筑结构必须更新和加强。否则，保护的盛名之下，实质是对文物安全的冒险！

保护规划确定了保护区划，严格控制各个层次的地域环境，要求按所划定的优秀近代建筑保护分级、分类，实施控制、严格管理。只有严格保护措施，才有可能扼制优秀近代建筑被不断拆毁的趋势，避免由于维修和改建造成新的破坏。另外，从策略层面讲，也只有严格按规划控制，才有可能争取到施展调控手段的政策空间。

沙面 1949 年以前的近代建筑（1861-1949）目前尚有约 69 栋，加上原东桥、西桥共 71 项。而优秀近代建筑目前还有约 56 栋。从保护措施上可以分为四类（图 4）。

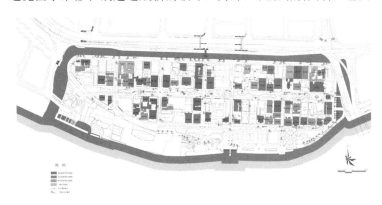

图 4　沙面近代历史文化保护区整治规划——优秀近代建筑保护分级

1.1　第一类

本来就是公共性的，建筑风格又很完整，历史价值、艺术价值很高，且建筑质量较好。未来也可以作为公共建筑得到保护和再利用，可以展示本地区建筑艺术的水平；或者具有特殊功能的建筑,如教堂等共 20 栋。原则上不得改变建筑原有的外部装饰、结构体系、

图 5　原粤海关前广场

图 6　露德堂前广场

平面布局和内部装修。如果维修时内部已经有改变，而新功能又要求对建筑空间作适当调整，建筑内部允许根据使用需要作适当的变动，但绝对不得改变建筑原有的外部装饰、基本平面布局和特别有特色的内部装修（图5、图6）。

强调保护的真实性原则。对这样的建筑，建议主要由政府投资保护，内外都要加以严格修复。修复前要进行仔细测绘，修复过程要采用"可逆性"原则，必须要采取修旧如旧的修复方法。赋予其与历史使用功能相同或相兼容的功能，使其能够重新发挥适当的作用。

1.2　第二类

建筑虽然具有较高历史价值、艺术价值，但经过多年使用与改造，建筑内部已经发生较大改变，无法修复；或建筑质量危殆，无法维修；或使用性质公共性不强，其价值可能体现在地区风貌上，更强调环境的意义而不是个体的建筑，共计26栋。不得改变建筑原有的外部装饰、基本平面布局和特别有特色的内部装修；建筑内部其他部分允许根据使用需要作适当的变动（图7、图8）。

图7　原汇丰银行前广场　　　　　　图8　原美国领事馆前广场

强调风貌的完整性原则。在保护好外立面的情况下，允许和鼓励改造内部结构，内部设施也可以进行现代化改造。但外立面修复前要进行仔细测绘，修复过程要采用"可逆性"原则，必须要采取修旧如旧的修复方法，特别强调外立面保护的原真性。对有价值也有可能保护的具有特色的空间格局和内部装修也要保护。

为鼓励业主或投资者按规划要求保护此类建筑，可按其投入的资金量，适当给予建筑面积奖励。奖励的容积率也可以转移到业主的其他物业上。赋予其新的功能，使其充分发挥作用。

1.3　第三类

建筑外表看来虽然具有一定的历史价值、艺术价值，但经过多年使用与改造，建筑内部已经发生较大改变，无法修复；或建筑质量危殆，无法维修；或使用性质公共性不强，又位于街区中间，其价值可能体现在地区风貌上，更强调街道立面的意义而不是个体建筑本身，有22栋。不得改变建筑主要立面原有的外部装饰，在原有结构安全性差、有危险的情况下，允许建筑内部根据使用需要作适当的变动（图9）。

图9　第三类：只留下主立面的建筑

强调风貌的完整性原则。

鼓励业主按规划要求保护此类建筑，在可能的情况下采用"三斗空间装五斗米"的办法适当增加建筑面积，赋予新的功能，使其能重新发挥作用。

1.4 第四类

历史和艺术价值不高，或经过长期改建已经面目全非，无法恢复，而且建筑质量一般的建筑，共 5 栋。在保持地区原有建筑整体性和风格特点的前提下，可以允许拆除、重新改建。

2 合理利用

沙面是中西文化交流在当时历史和社会条件下形成的特殊产物，是西方人在"租界"的狭小范围内完全按自己的生活需要和文化艺术品味建造的一块"飞地"。当时居住在岛上的西方人不过 2000 余人，沙面历史建筑的主要功能是外交（领事馆）、洋行（各类公司）、银行等办公建筑，只有少量居住建筑、一座工厂（制冰厂）和若干市政设施（水厂、电厂、巡捕房），许多办公建筑兼容了少量居住功能。

图 10 恢复法式公园

由于目前使用历史建筑的单位和居民已经更换，许多建筑被改变使用功能，使用方式与建筑功能不匹配，导致对建筑的使用性破坏。许多驻岛单位，千方百计通过"危房改造"之名，拆旧建新，重新建设适合自己使用的新建筑，对投入保护资金没有兴趣。

图 11 恢复绿瓦亭

据 1998 年的调查，现有居民 1418 户，常住人口 5804 人，另有空挂户 386 户，人口 912 人（即人已迁走，户口还在）。而且多数住房都是在原商务办公建筑基础上改造的，住房面积狭小，使用功能不全，设施严重缺乏，既不便于生活居住，也严重威胁历史建筑使用和保护安全。

2.1 整治环境

沙面毕竟是 19 世纪末建设的一个历史地区，设施的水准不高，有的已经老化，而且许多配套设施如停车场等还严重不足，都限制了本区的发展潜力。政府必须改善本区的市政设施，提升本地区的环境品质，以期吸引非政府投资用于本地区建筑保护。

图 12 白天鹅东侧水岸

保护规划确立了恢复沙面"水天一色、田园风光"的自然景观特征和"欧陆风情"的人文景观特征的目标（图10、图11、图12），涉及滨水空间向珠江开放的构想和环境整治、建筑保护的一系列规划设想。发展商务功能，建设低密度居住社区也需要有足够的停车泊位。规划提出在沙基涌底建设地下（水下）停车场的想法，这同时还可以保证实现地区的步行化，提高防洪能力（图13）。

图13 地下水下停车场构想示意

2.2 置换功能

沙面是国家历史文化遗产，更是广州市全体人民的财富，合理利用的前提必须恢复历史建筑的历史功能。据调查，沙面的建筑多为公产。如果结合市政府的安居房建设，为住户提供条件优惠、小区环境良好的、适当面积的住房，多数居民还是愿意搬迁的。

沙面是按西方人的生活方式建设的，目前还有教堂和许多国家的领事馆设在这里。政府只要通过认真的政策设计，改善本地区的市政设施与公共环境品质，重新恢复传统的涉外商务功能，让投资者看到地区的前景，就可以吸引大量的民间和国际资金投入本地区建筑保护。

2.2.1 明确政府投资实施保护的原则

有目的地选择若干历史及艺术价值较高的优秀近代建筑，设立博物馆，由政府文化行政部门实施保护。对于不当使用优秀近代建筑的驻岛单位，政府要强制其改变功能，并且投入资金进行建筑保护。

2.2.2 明确商务建筑功能还原的原则

除由政府制定优惠政策，鼓励住户迁出，也可通过提高租金，促使其搬离沙面。由政府或其指定的公司对回收的建筑进行维护和修复后，再通过严格的协议，转让给那些看重本地区优势，而又有能力投入保护资金的机构使用，实现功能置换。

2.2.3 有计划地实行居住地置换

由于优秀近代建筑的老化，现有旧居住建筑的居住条件并不理想，可结合安居房建设，有计划地实行居住地置换，将居民迁走，按现代文明生活标准进行重新配置，恢复原供高级商务人员居住的使用格局，再现低密度居住社区的特点。

功能置换的目的是引入社会保护资金，通过筛选进入沙面的单位和居民必须和市政府鉴定严格的合同，要投入必要的保护资金进行建筑维修改造。并严格要求按规定性质使用，违者严惩（图14、图15）。

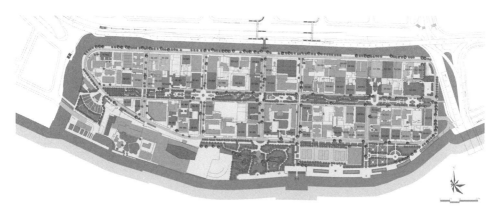

图 14　沙面近代历史文化保护区整治规划——总平面图

图 15　由珠江上空鸟瞰保护区整治后的沙面

3　实现保护资金的良性循环

沙面处于高地价区，使用者或投资者若是对保存文化资产并不关爱，或想改做他用，便很容易把房子拆掉。因此，经济问题是实现保护和再利用中最关键的环节。简单地加以控制而不积极保护，近代建筑的损毁就难以避免。必须引入新的功能，使优秀近代建筑焕发生机，使历史地区得到有效保护。

历史文化地段的保护和基础设施的改善需要大量的资金。否则只能听任优秀近代建筑不断危化、老化，甚至湮灭。由于保护资金的需求量很大，政府不可能全加包揽，这就决定了保护资金来源必然多样化。政府必须出台某些吸引投资的政策，引入非政府投资。因此除必要的涉及公共利益的环境建设外，要利用现有物业的价值广开财源来筹集，善用本地区潜在的区位优势、历史文化优势和环境优势来吸引和注入社会保护资金。

在澳门，许多机构都认识到古迹建筑的文化意义，不惜重金收购古迹建筑，配合政府部门进行改造，希望以古迹建筑的历史意义和建筑价值来提升本机构的形象，这使得古迹建筑保护与再利用有了可靠的社会基础。同时大量的古迹建筑形成了澳门所特有的"南欧城市"风貌，使得澳门能以独特的人文景观和诱人的文化气息，成为迷人的旅游胜地，其"经济效益"随"文化价值"而攀升。

要充分利用沙面的区位优势，开发优秀近代建筑的使用价值，结合文化资产的整体开发经营，加上政府的奖励措施和公共设施的配合，建筑的价值将因保护性的使用而更为提升。澳门的实例告诉人们，古迹建筑的再利用并不是完全"无利可图"。

3.1 政府投资

历史文化地区和文物保护工作及文化、旅游事业密切相关，除社会效益及环境效益外，也能带来巨大的经济效益。但是，历史建筑物的改造和维修工作往往没有直接的经济收益，因此必须由政府统筹，通过直接的资金投入和制定政策吸引社会资金来实施保护工作，为城市的整体利益谋划。

广州市人民政府自 1950 年代以来就多次投入资金进行环境和建筑的维修和保护工作，期间有三次大的整治工作，成效显著。1997 年国务院决定设立"国家历史文化名城保护专项资金"，国家财政部从中央财政一次性补助广州市 150 万元，专项用于"广州市沙面建筑群保护区近代建筑维修"。

沙面的保护整治工作中，最先用于改善环境的资金来源应该是政府财政，以后随着投资环境的改善，社会保护资金将减轻政府的资金压力，使地区获得可持续性的自我保护、发展与更新能力。

考虑到政府负担的可能性与社会公平性，建议在沙面的保护与整治中由政府固定提供下列项目的资金：重点文物建筑的日常维修；博物馆的创建；公共环境品质的改善、绿化的养护；市政及公益性基础设施的改善等。

3.2 鼓励非政府投资

作为广州市的一个特别意图区，政府必须有意图地刺激非政府机构投资于沙面的历史建筑保护。但投资者又往往通过自身利益权衡决定行动与否。必须通过政府补贴（明补）、税收减免（暗补）及其他刺激政策吸引多种方式的投资。

应建立本地区建筑的商品化机制，可以通过对建筑转让增值税的减免，调动业主提升建筑价值的积极性。例如一幢残旧的历史建筑，若有投资者将其购下，经修复后能以较原来高的价格售出。如果差价部分的收益需要交纳的税款很低，或不需缴税，则必有许多投资者或业主乐于做修复历史建筑的工作。对进驻沙面的各种机构除要签订经济合同外，还要鉴定文物保护责任状，对违反文物保护的规定要重罚。

4 加强管理

4.1 管理现状

沙面地区的管理一直存在着两个系统，一是自市政府→区政府→街道办事处的行政体系；二是各政府职能部门的直接管理。目前街道办事处是最基层的办事机构，其主要职责是社区服务，行政上主要向区政府负责，文物保护的职能不明确。

近年来，政府职能部门房产管理、城管和绿化管理权下放，提高了办事处的工作效能感，在文物建筑的保护和维修方面也取得一定成绩。

但管理中也存在一些矛盾，首先是保护资金严重不足。其次，各职能部门存在条块分割，难以形成合力。

4.2 设立专门管理机构

在市场经济下，历史文化保护的投资可有多方来源，而各投资者会试图通过改变政府的某些决策来满足自身利益的要求。如果政府的控制力不强，容易导致某些公共利益的丧失。

需要一个类似"沙面岛保护和发展管理局（处）"的机构来执行总体规划，有利于引资政策的制定及实施控制；有利于统合政府管理职能，避免政出多门，市政府要通过立法程序将给予其政府行政的权威。其职能还体现在需要帮助大大小小的发展商协调各种问题，在某些情况下，协调成功与否是投资开发、风险的主要来源之一。

政府通过管理局（处）指导非政府的投资行为，有两大好处：①优秀近代建筑的维修、保护和更新改造相当复杂，涉及多方面利益，存在公私部门利益的分配，是政策性很强的工作；②政府专门部门的介入，将使社会投入机制运作能在更高程度上按政府计划或预期进行。

建议在"沙面地区管理委员会"下设立一个专家咨询委员会，有利科学决策，避免决策失误而危及地区价值。

4.3 公众参与和监督

公众参与不是一个形式，而应该是一种规划和决策制度。公众参与的目的在于使规划获得公众认同、获得民主和获得政策支持。由于获得公众认同，使得公众参与今后可能是综合性规划中政策制定的基础。

在公众参与中，政府仍发挥着重要作用，主要体现在以下两方面：判定政策条例与项目的投资工作；规划程序中有最终决定权。

对于沙面历史地段，居民对其历史文化有最深刻的了解和接触，也是该地段保护或改造产生的影响最直接的作用者。增加政府与沙面居民的沟通，可能的情况下甚至可增加政府与沙面以外地区的广州市民的沟通，有助于取得地段保护及改造的宝贵意见和广泛支持。

参考文献

[1] 广州的洋行与租界. 广东人民出版社，1992.

[2] 许思正. 荔湾大事记［M］. 广州：广东人民出版社，1994.

[3] 汪坦. 中国近代建筑总览——广州篇［M］. 北京：中国建筑工业出版社，1992.

[4] 城市规划志，广州市志（卷三）［M］. 广州：广州出版社，1995.

[5] 近代广州口岸经济社会概况——粤海关报告汇集（1860-1949）［M］. 广州：暨南大学出版社，1996.

[6] 中国近代城市与建筑［M］. 北京：中国建筑工业出版社，1993.

[7] 列强在中国的租界［M］. 北京：中国文史出版社，1992.

[8] 张仲礼. 东南沿海城市与中国现代化［M］. 上海：上海人民出版社，1996.

[9] 袁奇峰、李萍萍. 广州市沙面历史街区保护的危机与应对［J］. 建筑学报，2001，（03）.

（本文合作作者：李萍萍。原文发表于《城市规划汇刊》，2003 年第 1 期）

青海塔尔寺地区保护规划设计

1 概况

图1 塔尔寺全景图（大、小金瓦寺控制着寺院形态）

塔尔寺（图1）是藏传佛教（喇嘛教）六大寺院之一，位于青海省湟中县境内，毗邻县城鲁沙尔镇，距西宁市24km。寺院所在处，相传是喇嘛教格鲁派（黄教）创始人宗喀巴的诞生地。寺院就是为纪念这位先师而建的。从第一座宗喀巴纪念塔始建算起，迄今已有六百年历史。寺院鼎盛期，僧众曾达到360余人，目前尚有喇嘛500余众。藏民族全民信教，信仰虔诚，每年主动将收入的一半奉献给寺院。喇嘛的社会地位很高，许多大喇嘛是活佛（活着的佛爷）。活佛的公馆称"噶哇"；一般喇嘛就住在类似民居的"阿卡"住居中。喇嘛们在寺院学习、生活，供奉神也被人们供为神。因此，寺院建筑不仅规模大，而且类型多，计有殿堂，扎仓（学院）、塔、噶哇、阿卡住居及服务性建筑等六大类。寺院以壁画、堆绣、酥油花而著称，藏版经文及藏医药也是重要文化遗产。

每年塔尔寺都要举行若干次规模盛大的法会（类似汉族的庙会），吸引着全省各地的信徒，还有从四川、甘肃、内蒙古、西藏等地专程赶来，人数多时达10万。人们不仅前来进香叩头，举行宗教及娱乐活动，还进行商品交易，十分热闹。县城鲁沙尔就是从这种集市演化而来的。

寺院建筑气魄雄浑，融汉藏建筑特色为一炉。吸取地方装饰艺术，别具风格。建筑群体以大金瓦寺为中心展开，依山就势，起伏婉转，空间形态自然而丰满。远看布局紧凑，金顶耀光，经蟠招展。近看，巨大的红墙衬在蓝天青山之间，满地黄土，建筑用红色与绿色描饰，铜饰上积淀着历史，飞扬的经蟠上布满经文，清脆的鼓声不绝于耳，到处弥漫着酥油灯散出的清香，连空气都是厚厚的，气氛十分神秘、悠扬。

和大多数历史文化地区一样，由于历史原因，寺院缺乏经常的维修，基础设施落后，周围环境也遭破坏。道路破败，林木被伐。又由于城镇与寺区内地界限不清，寺院保护范围不定，造成大面积用地功能混杂，僧俗杂居。摊贩随处设点，既破坏景观，也不利于文物保护。

近年来，寺院吸引了大量中外游客，旅游人数逐年增长。这给城镇经济带来新的活力，也造成了压力。设施、空间严重不足。新建设施缺乏考虑环境特色，在布局、选址及造型上都破坏了原有风貌。寺院及周围地区的保护规划亟待展开。

2 问题与对策

塔尔寺现存问题的核心是发展与保护之间的矛盾。

目前，寺区的保护受到地区社会经济发展的冲击，周围地区的混乱发展严重破坏了寺院的环境气氛。由于保护措施不得力，反而助长了地区的混乱发展。

针对寺院现存问题，1987年青海省政府虽然对寺院保护提出建立三级保护圈的概念，将保护范围扩及毗邻的湟中县城—鲁沙尔镇内的上十字地区，严格控制建设。但是现实中，环境及风貌的破坏已成事实。仍存在以下问题。

（1）塔尔寺至上十字地区的商业街建设，结合地利，在选线上颇具匠心，也顺应商品经济及社会发展的需要，目前尚未交付使用。另外，在寺院对面不到20m处还要建设一座小型宾馆。这两项已建及待建项目，实际上已突破了保护圈的控制范围。其结果，使如何协调寺院、商业街及待建宾馆之间的关系成为一个必须认真对待的严峻问题。

（2）随着本地区旅游业的开发，游人增加使寺区服务设施匮乏的现象日趋严重。眼下寺中商、贩云集，不仅导致环境混乱，还遮挡了游人观赏寺院建筑。要解决问题，客观上要求配以适当的设施。但如何利用旅游资源，发展地方经济是必须重视的问题。

（3）由于新修的迎宾路经过寺前，致使大量车流在寺前通过，不仅威胁游人安全，也不利于古建筑文物的保护。寺前几乎成为鲁沙尔对外交通的出入口。眼下，公共汽车索性就以八个塔（国家文物）为回车岛严重威胁塔身。由于停车场地暇乏，许多车辆在寺内乱停，更增加了混乱。

即便不考虑周围环境建设的影响，寺区容量也是一个极严重的问题。每年寺院的几次观经大法会，规模盛大，人多时可达10万余众。目前，所有重大活动几乎都只能在寺内最大的场地一讲经院中进行，人山人海，不少人无法进入，连屋顶上都站满了人，这种情形极不安全，也不利于文物保护。可见，寺院大型宗教性群众活动的组织问题比较突出，亟待解决空间问题。根据现存问题，我们提出了塔尔寺保护规划的对策。

2.1 寺院保护应放在旅游及风景开发的过程中研究

根据湟中县旅游开发的设想，把寺院对面的东山公园及附件的大南川水库开发成群众游憩活动的场所。

我们把这一设想纳入寺院保护规划，作为寺区保护的外在手段，原因如下：

（1）东山公园与塔尔寺用地相连，每年六月的观经大法会，寺院都要在东山坡上举行晒佛仪式。另外，东山还是寺院喇嘛们打坐静修的场所，从山顶俯瞰塔寺全景，别有意趣。

大南川水库与寺院以迎宾路相连，是游客必经之地，水库水面宽阔，是依自然地势在山谷中筑坝形成的，颇具自然风光，初步开发作为水上活动场所。

（2）近年来塔尔寺游览的客源不断扩大，而寺区容量十分有限。拥挤的人流不仅影响宗教活动的正常开展，也给寺院保护带来不便，出现意外的隐患很多。若将寺院周围地区的旅游资源充分开发，通过一个时期建设形成一定规模，就有可能扩大游览的周转面积，分散人流，减轻对寺院的压力。同时也有可能增加新的项目，促进地区旅游业的进一步发展。

（3）相邻地区的开发，有利于保护环境风貌，恢复林木资源，完善风土环境。

2.2 保护范围的确定

我们也提出三个控制保护圈层。最外圈，由前述两个风景游览开发区和寺院区同构成，为"塔尔寺保护及风景旅游开发范围"。第二圈，称"景观控制范围"。鉴于目前的混乱状态，在这个范围内的自然和人文景观须有一个逐渐养育、整治和完善的过程。也就是说，"控制"，不应排斥必要的修建，但必须是在保护和整治规划总体构想指导下进行修建、改进和完善。第三圈，即转各拉路（转经道）以内43公顷寺属用地，

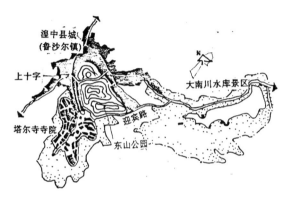

图2 寺院区域图

原则上不应再建新建筑。由于寺院发展有自身的内在机制（图2），只要不破坏文物建筑，适当地修建还是允许。但其选址，布局及形式应不损害寺区的整体形态。就目前出现的几处新建"噶哇"看，质量还不错，为环境增色不少。

2.3 寺区的保护内容

2.3.1 历史文化遗产的保存

这是寺院保护的关键，尽量防止各种可能的天灾人祸，主要通过维修及管理，维持原状。这些都是技术问题。

2.3.2 历史文化地段的保护

即保护文物建筑的环境及其气氛。这应该成为保护规划的主要内容。

塔尔寺是一个充满勃勃生机的历史文化地段。它不仅存有大量的文物性建筑，而具有很高的文化价值，还因为内中充满了人的各种活动而成为一座活的"宗教文化城"。塔尔寺寺院文化的发展，实质上伴随着新功能的不断拓展和对传统不断扬弃的过程，历史上也曾经历了居住聚落、纪念地、宗教政治中心及宗教活动中心等阶段，今天又引入了旅游这项新兴产业，而旅游业的开发，在很大程度上依赖于地方民族、宗教、文化传统特色的保护。

为使旅游业的开发与历史文化地段的保护融合起来，必须在文化发展战略的层次上指出本地区的发展方向，并通过积极的城市建设，保持和强化已形成的空间秩序、独特性和不断生成发展的规律性。在不断的发展和新陈代谢中积极协调新旧功能，保持原有的空间

特征及文化气氛。环境的空间形态是文化的物化表述，而宗教文化的存在，在天国与现世之间搭起了一个可依据的据点。建筑是既存的。因此，保护和发展地区的民族及宗教文化应成为规划中首要的问题。

2.4　保持场所精神

针对目前寺区及周围环境的混乱状况，必须采取积极组织寺院空间的手法，实现前述"在发展中保护"的战略。只讲控制的静态规划手法，只能加剧寺区环境的破坏，导致周围地区建设的混乱发展，而坐视这种破坏行为，将使寺区仅有的优良建设传统进一步丧失。因此，必须把握地区特色并在建设中加以强化。

塔尔寺建筑群是围绕宗喀巴纪念殿堂—大金瓦寺发展起来的。在布局上，重要建筑（如小金瓦寺）的人口都朝向它；在竖向轮廓上，大小金瓦寺控制着全寺建筑。寺院的另一个特色就是神秘气氛。这种气氛有建筑的因素，但更多是来自于人的活动。每天的法事，日常祈祷是喇嘛们的功课，绕寺院叩长头，以身量地是信徒们的行为，二者加在一起，烘托了场所的精神。

每年若干次的祈祷大法会，举行各种宗教仪轨，大量的人群集中在寺区，给人以佛法无边的印象。

所谓保持场所精神，就应当着重强化寺院的各种民族宗教活动，并为之提供相应的场所。传统民族与宗教文化的保存，有利于我们通过扬弃创造出新的文化。传统的价值，因为它是我们当前行为的出发点，也是对传统批判的出发点。失去这个出发点，任何的进步都将成为不可能。

3　创造积极的寺院空间——寺前地区改建

塔尔寺地区保护规划的制约因素很多，作为国家重点文物保护单位，规定了寺区环境更新只能采取维护的办法来完善但现实的情况又使我们不得不采取进一步的保护措施—城市设计来组织其环境。

寺院的发展历经了三个阶段：一是寺院初期，主要是少数僧侣修行的地方，可谓私密性较强的阶段；二是寺院发展期，作为地方政治与宗教的中心，成为信徒们朝圣的圣地，是较为封闭的阶段；三是成熟期，今天寺院的宗教功能（政治功能随"政教合一"的解体而失去），以其宗教文化价值而吸引了大量慕名而来的游人，成为国家和世界的珍贵文化遗产，逐步走向开放与成熟的阶段。

与之相应，寺院的空间形态也从居住聚落发展到宗教政治堡垒，进而又成为与城镇联为一体的宗教文化中心，旅游中心。今天的问题，正是随着新功能的引进，寺区优秀的遗产面临着被破坏的威胁。目前，已陷入混乱的状况。问题主要集中在寺院与城镇相连的寺前地区，几年来当地有关部门虽已通过强有力的措施，调整了寺内用地功能，但问题依然十分严重。不解决发展问题，就不可能避免环境风貌的破坏问题。

根据具体情况。我们将寺区保护分为寺内及寺前两个部分来进行：

寺院内部。主要是完善基础设施，修缮道路，改进防灾措施。在工程建设之外，拟通过旧房改造，利用原第四小学建筑及用地辟一个博物馆，展示当地古文化及文明。另外，对寺院拟建的酥油花展馆提出了一些具体要求。

寺前地区。主要整治混乱环境，通过整体规划，组织新的活动空间，以适应商品经济的发展。疏散一些大型群众性宗教活动，减轻其对寺院的压力，并将重点放在寺前视觉环境的整治（图3）。

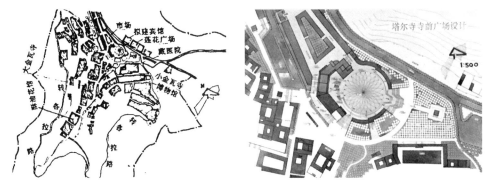

图3　塔尔寺寺院保护规划图　　　　图4　塔尔寺寺前广场总平面

3.1　小型市场

结合正在建设的步行商业街，在紧靠塔尔寺一端设置一个小型市场。将所有的摊贩集中在寺前的沟壑内，既利于管理又可腾出八塔广场作为人流集散与观赏空间。

3.2　市民广场

由于金塔路一侧冲沟中建设的步行商业街已建到四门塔前，在冲沟对面，正对八塔广场处也拟建新的小型宾馆，加之东面已建成的藏医院。寺前地段过去那种"建筑直接暴露在自然中"的景致正悄然逝去，而混乱的建设又可能导致仅有环境特色的进一步丧失。塔尔寺寺院保护规划图规划拟在三者与寺院之间的空地上建设市民广场，再塑寺前环境特色，积极组织该地段环境秩序，在城镇与寺院之间增加一个中介空间。

3.3　"步行岛"

努力将寺前建设成一个步行街区，与寺区及寺院北沟壑中建设的步行连为一个整体，形成"步行岛"。在冲沟北缘新修一条公路连接迎宾路与县城，将车流从旁引出。在迎宾路与广场交界处，在金塔路与广场交界处各设一个回车场，设置相应的停车空间，以保游人安全，也利于寺院保护。

3.4　轴线

市民广场地处塔尔寺北。在八塔广场前的冲沟内，地坪下降约8.50m。在佛教理论中，北方以"微妙声佛"为教主，称"华藏世界"（莲花藏世界）。在那里，一切现象都是佛体，一切声音都是佛法的狮子吼。莲花藏世界由无数香水海成，每一香水海中都有一朵大莲花，每一莲花中又都包含着无数层次的世界，构造依然。因此广场设计着重于"圆"这个符号，以莲花为主题，也以莲花为名。在圆形广场平面铺砌不同石料，嵌出莲瓣形象（图4、图5）。在喇嘛教六字真言中，"叭咪"二字意为"莲花部心"，表示法性的纯洁无瑕。用此设计手

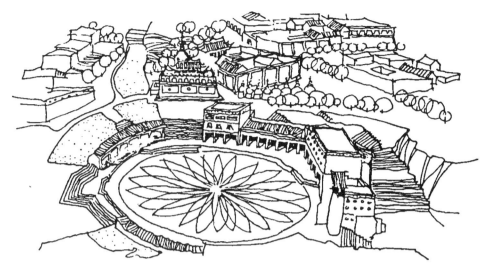

图 5 莲花广场设计概念

法，纳入寺院意义体系，使之合于该场所的精神。

莲花广场的中心正处在小金瓦寺中轴的延长线上，这条轴线向南指向整个寺院的中心——大金瓦寺。大片通向小金瓦寺的台阶强调了这条轴线，表明广场设计是塔尔寺空间布局形态的延伸，服从于寺院总体发展。广场的另一条轴线通过大片踏步向东指向新设计的"莲花塔"。在历史上要进入塔尔寺须从西面经四门塔入寺。由于修建了迎宾路，大量人流尤其是旅游者改从东面入寺，故新设一塔，可仿建四门塔，起标示作用。

由于广场处于四周已建和待建建筑之中，平面诸轴线杂乱，为形成新的空间秩序，须使之收束，而圆形广场正好起到起承转合的作用。因为圆形无明确的方向感，其趋势指向上苍。圆心的收束作用利于产生一种新的秩序感，创造出使混乱归于和谐的空间视觉感觉，也可能形成一个有标识性的虚空间。

3.5 综合性商业服务楼

广场四周围以大片的挡土墙，连续的踏步群及综合性商业服务楼围合而成。挡土墙高约 7m，为增加广场空间的丰富性依其设计了一圈壁画栏，进深约 3m，壁画主要以汉藏文化交流为题材，发扬寺院优秀的壁画传统。并且在广场西南面，规划设置了一座综合服务楼，巧妙地利用地形，既不遮挡寺院景致。又为新功能提供了活动空间。在造型上采用藏式建筑的符号：梯形窗、娥松墙、铜镜及红色墙面。体形上自南向北层层退出，两步半圆形楼梯也采用斜坡顶为装饰，以取得与山势的协调。壁画与综合楼、宗教文化与商品经济、神圣与世俗的重叠构成了市民广场独特的气氛。较好地在功能上取到了过渡与中介的作用。平时，广场可作为城镇居民、旅游者及喇嘛们活动的生活广场。当有大型宗教活动时，可将其作为宗教活动场所，缓解对寺区的压力。

为保持八塔广场的半封闭特征，拟建综合服务楼靠广场一面仅为二层，屋顶与八塔广场地面平齐，基本上不阻碍视线。八塔广场与莲花广场通过小金瓦寺前的塔尔群相连。与市场也通过踏步及堑道相接。为能较好地展示八塔风貌，其人口都尽量设在广场东西两侧（图 6、图 7）。

图 6　从莲花广场看小金瓦寺　　　　　　图 7　从广场看"八个塔"

参考文献

[1] 却西，洛桑华旦.《塔尔寺志略》, 塔尔寺寺院管理委员会材料。

[2] 陈庆英等 . 塔尔寺概况 [M]. 西宁 : 青海人民出版社，1987.

[3] 杨庆喜等 . 塔尔寺 [M]. 西宁 : 青海民族出版社，1986.

[4] 陈梅鹤 . 塔尔寺建筑 [M]. 北京 : 中国建筑工业出版社，1987.

[5] F. 吉伯德，程里尧译 . 市镇设计 [M]. 北京 : 中国建筑工业出版社，1983.

[6] E. 培根，黄富厢等译 . 城市设计 [M]. 北京 : 中国建筑工业出版社，1989.

[7] 布伦特 .C. 布罗林，翁致祥等译 . 建筑与文脉 [M]. 北京 : 中国建筑工业出版社，1988.

[8] N. 舒尔茨，尹培桐译，存在 . 空间与建筑，建筑师（22-25）.

[9] Amons. Rapoport，Human Aspect of Urban Form，1972，ProgramePr.

[10] Harry Launce Garnham，Maintaining the Spirit of Place，1985，PAD Pub，Comp.

（原文发表于《西北建筑工程学院学报》，1991 年第 2 期）

城市特色：奇奇怪怪建筑 vs 千城一面

改革开放三十多年来，中国的城市建设已经成为各个市场主体共同参与的事业。如何在城市规划管理中将政府意图、开发商方案、公众意见和专家的作用综合起来，形成关于城市形象和城市文化的社会共识，并用制度加以保障，在当今这个利益多元化的时代对城市特色的塑造至关重要。

1 奇奇怪怪——城市建筑的异化

1990 年代中期以前，全民所有计划经济体制决定了从市政基础设施、社会公共设施、商务设施到住宅建设都是"公家"的事，国家贫弱的经济能力和建筑史学家从西方舶来的大规模、低成本、工业化的所谓"现代主义建筑"的结合，不过是适者生存的政策选择，结果却风行全国。当建筑被纳入国家"技术经济"政策视野，"适用、经济、可能的条件下注意美观"就被奉为建筑创作的圭臬。

随着国家城市建设体制的市场化和房地产市场的崛起，建筑成本在房价中的比重越来越低。相较于 1980 年代的频繁的建筑理论争鸣，中国建筑理论界顺应经济民主和学术民主的大趋势，对建筑风格这样的意识形态讨论也越来越少，在实践中逐步放弃了"形式追随功能"的教条。

建筑形式日益成为具有流行时尚特征的公共艺术话语，更多反映出市场的审美品位，成为资本和权力意志的表达——有暴发户的"欧陆风格"，有小资风格的"新天地"、"现代城"，也有异域风光的"夏威夷风格"、"托斯卡纳"，更有政治强人让高层建筑戴帽子"夺回古都风貌"。专家喜欢的老百姓不一定买账，老百姓喜闻乐见的专家一般都不喜欢。反映在对新的建筑形象讨论中，阳春白雪与下里巴人、精英文化和市民文化的差异就十分明显，建筑审美从来是富裕社会人们茶余饭后的谈资，没有一定之规。

近二十年来中国城市建设的超速发展，新区规模越来越大，新建筑越来越多，新建筑的风格极大地影响着城市风貌的形成，多元、混合、复杂是我们这个时代的特色。正是由于建筑界打破了功能主义建筑风格一统天下的局面，北京的"巨蛋"（国家歌剧院）、"鸟巢"（国家体育场）、"大裤衩"（中央电视台新楼）；广州的"砾石"（广州歌剧院）、"宝盒"（广东省博物馆）；深圳的"春茧"（深圳湾体育馆）等一大批极具创新性的、在世界上都堪称先锋的建筑深刻地改变着新世纪中国城市的面貌。

建筑风格多样并存的格局使得 21 世纪初的中国城市风貌在混乱中体现着活力，就像中国高速发展的社会主义市场经济制度，虽然有很多争议，还有许多问题有待解决，但是整体上充满希望。当然，多元化的意思并不是鼓励在一个街区内各自为政，新建筑必须与自然和周边建筑环境相和谐。但是在周边环境都很平庸时，有创意的建筑方案往往给街区带来活力与特色，盖里设计的古根海姆博物馆就通过激活旅游业决定性地拯救了一个衰落的工业城市——毕尔堡市。纽约的帝国大厦、伦敦的复活节巨蛋、巴黎的埃菲尔铁塔、上海"大珠小珠落玉盘"的电视塔以及广州的观光塔都成为城市营销在国际竞争中增加显示度的名片。

其实很多媒体上讨论的"奇奇怪怪"建筑只是放大的工艺美术品"房子"，而不是建筑学意义上的"建筑"，因此应厘清专业问题和非专业问题，通过繁荣建筑创作，鼓励设计创新，推动中国建筑设计事业的大繁荣。当然，由于建筑存在于城市中，其形态和形象需要与环境相协调，不可避免地具有公共性，因此城市规划应该加以干预，城市特色的管理也要因应市场经济体制的要求对行政审批进行适当变革，更加尊重专家和公众的意见。

2 千城一面——中国式的城市风貌"现代化"

相对于奇奇怪怪建筑，中国城市风貌"千城一面"和建筑风格"千篇一律"其实是一个更加严重的问题，以至于国家领导人都出来呼吁城市要"看得见山、望得见水、留得住乡愁。"城市特色问题凸显。

现代主义建筑和城市规划理论是西方发达国家城市化过程中的艺术和学术流派之一，在巴黎、伦敦、纽约等城市都有一席之地，但在长时段的城市化进程中也仅只有一席之地。但是在发展中国家在战后开始起大规模城市化时，西方当时主流的现代主义理论就自然而然地被奉为圣经。而这些源自西方的理论一旦被内化为体制内的"规范"，再通过包豪斯传统的城市规划教育的普及，大规模的城市建设就只能按照功能分区、主次干道相间、大尺度街区、等级化公共设施配套、建筑标准化的原则建设了一大批同一个模子的"新城"或"新城区"，这是"千城一面"的根本原因。

中国城市建设大规模的规范化肇始于 1970 年代后期唐山市的灾后重建，这个城市彻底消灭了以行人为主的"街道"，只剩下按"兵营式"布局的"火柴盒"式建筑的"居住小区"，严格按等级配套的商业建筑，大小马路都以车为本。而这种中国式的城市风貌"现代化"尤以 1980 年代开始建设的深圳市为甚，这个严格按"国家规范"从一个小县城建设起来的全新超大城市，携改革开放示范区的东风以其高架桥、摩天楼、汽车为本和大尺度封闭式房地产开发小区成为全中国大中小城市的标杆。

深圳这个曾经获得国际大奖的城市规划代表着中国理性主义城市规划的极致：一个初始计划规模为 40 万人口的城市最终通过规划的弹性容纳了 1100 多万人口；宽马路、大广场、严格用绿带分割的城市组团，为保证绿带不被市场力量侵蚀而将之设计为公园和高尔夫球场；长期控制福田中心组团用地，用 20 年的时间逐渐形成功能。其实稍微对深圳有些了解，就会发现城市规划的"高楼大厦的深圳"背后还有着一个充满活力的自发的"城中村的深圳"。

世联地产的统计数据显示"深圳常住家庭平均拥有 0.4 套住房，1100 万常住人口中 70% 都没有自有住房。"这近 800 万人，就落脚在深圳特区内 173 个自然村约 10 万栋建筑面积逾 1 亿平方米的农民住房中。如果缺什么忽悠什么是一个基本规律，那么眼下开展的"趣城计划"就是当深圳的城市领导和规划师都市民化以后，开启的超越这个理性主义城市规划体系，从城市生活本体需求出发而开展的城市再生计划。

环顾深圳特区建设成就，其实最有价值的新区营造恰恰是华侨城这个很不深圳的项目，当年来自新加坡的规划师阔顾大陆规范引入了"大斑马线主义"——强调以步行道组织商业和公共空间、车道狭窄、住区没有围墙。由于华侨城集团能够自主建设和经营了整个社区，主题公园集群、酒店群、住宅区和三来一补工业区彻底的功能混合，经过近 30 年的开发建设，逐渐演化成一个类似于城中村那样具有自我演进能力的城市地区。

如果深圳这样一个新城市都已经开始寻找自己生活环境的趣味，那么绝大多数中国城市在经历过深圳式的城市风貌"现代化"以后，又如何寻找自己的城市特色呢？在全国尺度上，城市风貌千城一面和建筑风格千篇一律的现象越来越严重，很多老城市因为在历史城区大拆大建而失去了个性。城市如何能够具有个性又不失文化底蕴？这是对中国当代城市规划师、景观设计师和建筑师的重大课题。

3 价值共识——用时间培育社会认同

当代世界城市建设的实践表明，从追求理性、简单功能区划的《雅典宪章》到追求多样性和混合用地的《马丘比丘宪章》，以功能合理为目的源于建筑学的城市规划理论无法解决我们这个高速度、大规模建设时代的城市特色缺失的问题。其实世界上最有魅力的城市往往都不是建筑师规划出来的，真正的规划师是时间。

一方面，超速发展普遍带来中国城市结构的突变，快速扩张成为核心话语，30年可以建造一个1100万人口的深圳。另一方面，城市特色需要时间的孕育，是无法通过建造得来的。一个新城或新区要成为人们认同的场所和家园，需要市民在一段时间里通过生活经历积累社区认同感。而设计师除了提供功能性的空间给市民住下来外，还要设计环境促动他们去交往，推动城市社会结构的成熟。可能的路径是：规划设计追求城市功能合理，建筑设计注意形象设计的美观，景观设计师通过符合行为科学的环境设计促进人们的室外活动使社区有活力，再通过时间的累积使人与环境整合起来最终创造出有特色的社区文化，城市作为生活场所最终成为有乡愁意义的家园。

对于多数有历史传承的老城市而言，尊重和发掘原有的城市历史文化无疑是塑造城市特色最好的选择，而最理想的保护方式是将历史街区和建融入现代城市生活。这样的方案需要经过精心设计，而且需要各个部门的默契配合，往往是一项巨大而精细的工程。在上海新天地之后，瑞安集团打造的佛山"岭南天地"在保护文物单位的前提下，通过产权置换和功能置换，重构了东华里历史街区，在保持历史街区尺度和建筑手法的前提下，"借题发挥"把一个私有化的旧居住街区修复成为具有地方历史文化风情的商业区，应该是一个成功的案例。

对于城市新区和新城，应该通过城市设计创造自己独特的风格。广州珠江新城规划所采用的小街坊模式，适度增加了空间的多样性。为保证城市景观的丰富度，我们设计了一套建筑设计竞赛制度，按照地块景观价值的大小要求开发者就指定地块的建筑设计方案分别采用国内或国际竞赛的方式获取方案。从实施情况看，绝大多数通过竞赛获得的方案水平远远高于其他建筑。可惜这项制度没有坚持下来。其实，按照合同法是可以在土地出让协议中放入这个要求的，建筑风格因为其公共性，理应受到社会公众和专家的监控，在这一点上政府不应该退缩。

城市历史文化保护、城市设计和建筑设计创新是城市特色的根源，时间是城市文化认同的魔术师。

4 建立制度——让资本、权力和社会协商共治

城市规划管理不应该仅仅是一个技术性的问题。城市开发管理应该以民为本、关注广大市民的福利、以公共利益为指针、关注城市整体和长远利益，因此应该建立广泛的协商框架，确定民主、公开、公平、公正的城市建设决策程序。在利益日益多元化的情况下，

制定既规范市场也约束政府的法规体系，促进公私合作，推动城市建设的健康持续发展。

要避免投资者单方面决定建筑形态和形象。当代中国商业建筑趋向奇特和俗气，一是由于业主文艺修养的问题；二是建筑设计者本身过分追求标新立异。城市建筑形式具有公共性，不能谁出钱谁说了算。在审批过程中要充分论证、听取公众意见，通过城市规划委员会平台让专业人士和公众的意见真正得到体现，防止"资本强暴城市"。

也要限制行政权力过度干预城市规划。建筑设计过程中的非专业因素也是造成奇奇怪怪建筑物层出不穷的重要原因。要避免"设计沦为权力的奴隶"，城市规划就必须依靠科学、民主两只手，建筑形式不能谁官大谁说了算。在建筑形态和形象审批过程中要公开论证，让专业人士和公众的意见真正得到体现，防止规划设计的"家长制"。

在国家层面首先要完善《城乡规划法》，确立城市建设决策的公众参与和城市规划委员会体制，应对建设和利益主体多元化的挑战，使规划管理能够具备广泛的民意基础。通过城市规划委员会，在充分听取民意的基础上，依据既定的城市规划规则和相应规则，代表公共利益对建设项目进行审查。

一、进一步完善历史文化保护制度，认真区分城市历史文化名城格局保护、历史街区风貌保护和文物建筑严格的原真性保护；既不要以原真性要求一切，也不能破坏依据文物保护法确定的文物建筑。

二、要立法规范和推广城市设计、建筑设计竞赛制度，通过公开评审向社会传递学术标准，让城市形态、建筑形式的选择权、决策权从权力和资本的手上回归公众和专业人员。

三、在各个城市通过新闻和新媒体加强建筑设计评论和城市建设评论，把重大城市建设项目和标志性建筑设计作为城市公共话题公开讨论，逐步形成对各自城市形象、城市特色的社会共识。

（原文发表于《北京规划建设》，2015 年第 5 期）

城市生活空间建设初论

前言

为什么人们好不容易搬进新区，享受着比旧区好得多的条件，有着充裕的阳光、空气与绿化，却产生了失落、沮丧的感觉，又怀念起昔日的大杂院和小巷人家？

显然，人们在渴望一个高质量的环境，要求有一个比"兵营式"、"行列式"更富人情味的生活环境。近年来，人们又进一步认识到"企图用物质形式的多样化来体现温暖宜人的居住气氛，一定程度上也是类似的错误。所以，结论是：居住区的单调面貌不仅是建筑形式单调的产物，还有着更为广泛的社会文化以至时间积累等因素"。于是，学界日益重视"人居环境"的研究，对城市建设"人性化"的呼声日高。

这预示着我国城市建设及理论研究从重"量"到重"质"的观念转变期正在到来。

1 现代城市建设理论亟待更新

现代城市建设理论的根基是 1909 年"现代建筑国际会议（CIAM）"签署的《雅典宪章》（另译为《都市计划大纲》）。该理论以西方传统的理性主义为基础，偏重用纯物质性的功能观点来研究城市，因此它又被称为功能主义规划理论。

这个理论在运作中强调技术的决定性，它与西方理性主义传统是一脉相承的，即建立在"人与自然相互分离"这样一个哲学基础上：认为自然界是外在于人的生存资源，人们只需通过运用技术去改造、征服它，就可以使之为我所用。因此技术成了决定因素，可用以控制外部世界（当然也包括人们所居住的城市）。

然而事实证明，任何物质性技术都有其外在效应：生态平衡的破坏，核战争的阴影，业已显露的资源极限。所有这一切都给这个以技术革命为根本的文明世界以极大震撼，人类赖以征服自然的技术使人类生存自身都面临着巨大的危机。西方"内城衰败"也是这种危机的表现。

由于战争的影响，二战后的西方城市面临着严重的房荒，功能主义理论成为战后复兴的重要工具。规划建筑师们依据现代建筑运动的一系列原则和技术方法，设计了大批工业化住宅，整治了城市景观，但在使用后遭致种种批评，有人干脆把这些多层多户住宅称为"急急忙忙把人塞进去的方盒子"、"单调枯燥的兵营"、"是将缺乏人情味的、单一功能的观点强加于人"。查尔斯·詹克斯甚至公开宣称"现代建筑死亡"的观点，他认为今天大量的城市建设"是按不露面的开发者的利益、为不露面的所有者、不露面的使用者建造的"，因此是异化的、失败的。

罗马俱乐部的贝切伊（A·Peccei）在其《未来一百页》中，不无深意地指出"通过科技革命具体表现出来的人类'量'的发展不能提供解决未来问题的出路，必须致力于提高人类'质'的水平，强调基本文化的价值，即广义的伦理学准则和传统文化准则"，也就是必须兼顾物质文明与精神文明建设。

西方规划建筑师们在总结了大量性建设的经验后，将理论研究的重心从纯功能、形式问题转向使用者心理、行为及人与环境的关系上来，并在实践中对五六十年代所形成的景观进行重建、改建和整顿。城市设计的倍受重视及规划中的"公众参与"都体现着提高城市建设水平、更新理论的努力。

2 人性化的城市生活空间

要高质量地建设城市，首先要解决的是认识论的问题。这是一切理论的核心：城市的本质是什么？何谓高质量的城市环境？高质环境是怎样构造的？

2.1 城市的本质是人性化的生活空间

城市的功能是多方面、多层次的，但归根结底是人类的生活空间，城市中人与人、人与环境间的相互关系是其不变本质。

城市是人类能动地创造生存环境的产物，人们通过它与严酷的自然相对抗，也借它体现着自身的意志。城市中，人与其所处的环境完美地结合在一起：有什么样的人，就有什么样的城市；有什么样的城市环境，就有什么样的生活方式和价值观念。这样，城市已然超越其纯物质的属性进而成为一种文化范畴。

正是城市所积淀的大量文化信息使得人与人、行为与环境、生活与空间得以整合起来，形成为一个整体。这些文化信息又可分为直接信息与间接信息。前者往往以可见形态出现，包括空间的尺度、大小形态及它能满足人们活动的程度乃至活动本身；后者则只存在于特定的社会之中，是存在于该环境中的社会结构的成分之一，是人际和人与环境之间的约定俗成的习惯及文化心理联结方式，如建筑符号的意义、象征等。事实上以上两种信息又是联系在一起、共同起作用的。人要活动，就涉及人对环境的生理与物理要求；人又有思想，于是在时间的作用下，人对环境的认识逐渐加深，对环境的心理联接与依恋也就随之产生，这就是为什么我们称城市环境成为人们生活方式的一部分的原因，有人将这种情怀称之为"城市情结"。

如果这些行为活动与心理约定能为社会所共享，那么它们就与城市环境本身整合成为一套完整的城市文化信息系统。而此时的城市环境也就超越了纯物质的范畴，成为多义、连续和关联的、有人情味的、可居处的环境——城市生活空间，一种有深厚文化背景的城市空间。

2.2 文化：城市生活空间的核心

与现代城市不同，传统的城市空间结构在相当长的一个时期中是相对稳定的，它并不排斥适当的改建，但这些建设却使得历史上形成的文化传统得以延续。

城市建设史告诉我们，历来城市的发展受制于社会经济发展的规律，不能完全以市民的愿望为转移，社会集团的利益关系影响着发展计划的选择。但另一方面，我们又明确地意识到：城市一旦形成，其设施就暗示了人们活动空间的样式，影响着人们生活方式的选择。从这个意义上讲，当我们接过一个丘墼已定的城市，就决不会再有白纸做新画的轻松。城市建设与发展有其自身的规律性，城市文化有着较强的延续性。

一代人的人格结构是特定的社会文化及生活环境的产物。人类情感的需求本源于此，他期望环境的变化能维持在他可以理解的范畴之内：即新的文化与传统能有一定的承继性。但随着社会生活方式的进步，城市社会与空间系统也会产生化与老化，制约着人们生活水平的提高。在这种情况下，人们必然对之进行更新与改建。然而与高度发达的现代科技相比，社会进步——社会结构的变迁、观念性文化的发展相对要缓慢得多，"存在的问题是，新的工业技术成果能否维护既有的人和文化的价值，还是两者发生冲突而产生相互破坏的效果。"

现代城市所面临的正是这种双重压力。处在钢筋混凝土森林般巨型建筑中的许多西方发达国家城市正摒弃自以为是、过分强调工业化、标准化与制度化的做法，重新认识城市的本质。正是这种反思，导致了对现代主义建筑与城市建设理论的反动。二战以后，许多欧洲国家所进行的大规模的古城修复与重建工作也得到了很高的评价。例如著名的华沙规划："修复古迹群，在形式城市的空间特征，在形成城市和居民的情感联系方面都具有特殊意义……重建古城不只是巨大的文物保护杰作，也是把古迹群体和现代大城市的机体有机结合起来的一种有益的、完全成功的试点。"这并不是孤立的。

诺伯特·舒尔茨（Norberg Schulz）在《场所精神》一书中，将这种维系传统的内在力量称为"城市守护神（Genius of City）"，亚历山大·波普（Alexander Pope）则更进一步指出"所有设计都应向场所精神（Spirit of Place）学习"。他阐释道："当地的气候、地形和资源决定了最适合于该区域的景观。"这种说法与孟德斯鸠狭隘的地理决定论很接近。相较而言，拉普波特（Amons Raporpot）在《住屋形式与文化》一书中则较全面地比较了影响人类生活形态的诸因子，认为"信屋的形式是最广义的社会文化因子系列作用的共同结果"，认定在特定的气候、材料及技术水准限制下，最后决定传统生活空间形态、塑造其空间并赋予它们相互关联的意义的，是这一族类对生活理想的憧憬，是其传统文化使然。于是有人将城市文化归纳如下：

（1）物质形态和外形特征（Physical Features and Appearance）；

（2）可见的活动及功能特征（Observable Activities and Functions）；

（3）含义或象征（Meaning or Symbols）。

认为每一个城市都有其在历史中形成的、区别于其他城市的文化特质。

现代城市建设必须以人为出发点，研究市民与城市环境之间的关联，把握住这种维系城市生活空间稳定、持续发展的文化实质，并在分析这种文化的前后关联中，找到设计得以展开的依据。当然，城市文化也并非是一成不变的，但变化却必须考虑市民的承受力。在处理新与旧的关系问题上，我们倾向于那种渐进式的方法。

2.3 场所：城市生活空间的要索

必须认识到：作为个人，市民们是生活在一个个具体的微观或中观环境中，他们对城市的认知往往局限在其生活经验之中，与其个人的生活方式相关联，这就是为什么在"认知地图（Image Map）"调查中，常有大片盲区的原因，他只能明确标示出那些他常使用的地点。从这一点讲，城市生活空间的个人含意只是他生活所涉及的那部分城市空间，并不是整个城市。完整的城市生活空间是全体市民个人生活空间叠合的产物。

若将城市整体称为宏观生活空间，个人能认知、理解的环境可认为是中观生活空间，那么具体在某一时刻人们所处的小环境（地点）就成为构成城市生活空间的最小基元，我们称之为场所。

场所（Place）可理解为与某些特定的行为活动、社会经验、文化意识等意义体系联系在一起的空间环境与设施，是空间与人的整合概念，即有着某种文化意味的微观空间环境。

有着某些约定含义的空间是场所，而人们的活动正是在这些有约定含义的空间中展开的。场所的约定含义对人们的日常生活至关重要，这种约定的含义指示着特定空间的意义和使用方式。例如：公路——车辆通行的空间；街道——城市中人、车共用的通行空间，城市设施布置的骨架。显然前者给人的印象是川流不息的车流，后者则容易使人联想起《清明上河图》中熙熙攘攘、人欢马叫的繁荣景象。

"埏埴以为器，当其无，有器之用。"老子所谓"有"、"无"、"用"之说，道出了"有"与"无"的对立统一，统一在"用"——功能上。城市是人类生活的场所，其"用"既与"无"相关，也与"有"相联。前者指物理空间，满足人们活动的需要，是物质性功能；后者则是形成生活环境的他人及建筑，涉及人类生存于世的许多神秘情感——认同、识别、归属、定向等，赋予空间特定形象，是精神功能。这两层功能在人们的空间使用中同时呈现，微观环境形成为场所，中观环境形成个人生活空间，而宏观则成为城市生活空间。

城市生活空间是由城市物理环境和生存其中的市民构成的，二者共同作用的结果形成一系列生活场所，这些场所就是构成城市生活空间的基本形态要素。相互分离的场所通过人们的行为活动和心理约定，内化为一整套有特定含义和结构关系的概念体系。就是这种存在于人们思想意识中的意义体系，将人们日常生活中相互分离的一个个场所组合成为一个整体，一个场所系统——城市生活空间（图1）。

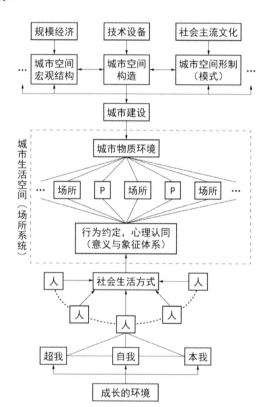

图1 城市生活空间结构——场所系统

政治的、经济的、社会文化及技术的因素只是促成城市空间形态的外在动力，最终通过建设得来的只能是物理空间。城市生活空间是生活中的人们在改造环境、认同环境、适应环境，进而再塑环境过程中形成的，是人与物理空间联结方式的具体体现，是人们在空间使用过程中，通过自身的理解力和约定俗成，将物理空间柔化、人格化、意义化，并已熔铸在生活活动中，成为自己生活方式中不可分割的组分而形成的完整的文化整合体。

意义、行为、空间环境三者共同构成了特定的城市文化的内涵。从这个意义上讲，城市生活空间就是由一系列市民生活场所所组成的大系统，是市民生活方式的空间样式，是市民生活经验的缩影。

114

3 体系化：城市生活空间建设途径

强调城市文化内涵的观点，超越了功能主义理论中关于功能、结构谁定谁的论争。

长期以来，在技术革命驱动下的学界对文化一词心存芥蒂，认为涉及文化就会陷入传统而不拔。更有人耸人听闻地宣称：传统的力量是如此强大，以致稍往后瞻就不可避免地要被吞噬。诚如尼采所言：上帝死了！

在 19 世纪末、20 世纪初，先锋派艺术家、现代建筑运动的大师们就曾打着技术革命的旗帜，致力于创造一个全新的、足以否定传统的世界。但事实证明，他们失败了！城市中人与物质环境之间微妙的行为、心理联接或许再也经不起激烈的震荡了，因为它一经破坏就很难恢复。激进的革命式的理论虽然动听，现实却已为之付出了惨痛代价。眼下，许多发达国家在重估现代建筑运动以后，认定那些较功利地建成的大量性城市环境并不理想。

高质量的城市生活空间归根结底是一个溶于市民生活之中、养育着人、又为人不断改进着的有人情味的空间。如前述，它不仅反映在空间设施的组织、利用上，还通过人们的行为、社会心理与作为主体的人联成为一个整体。显然它不是一个仅仅通过建设就可以得来的东西。"优美的景观需要在时间中成熟，随着时间的推移，历史痕迹累积起来，于是形体与文化紧密地结合起来，形成良好的环境。"

在这里，良好的环境有三层含义：一是人性化的物质环境；二是人与人之间相互结成的良好的社会网络、社会环境；三是存在于二者之上的人文环境，即存在于一定地域社会的约定俗成，它可以是与某些历史事件联系在一起的人文建筑，也可能是传于该地社会中的"口碑"。总之，一个良好的环境本身是一个富于文化气息，有着某种精神实质的人性化的城市生活空间。

如果这种观点成立，那么城市建设过程就不仅是一个建造过程，同时还应是一个具有某种目的性的培育过程。即不仅提供一个物质空间，而且还促成丰富的社会生活，建立市民与环境间的良好的约定关系。这样的建设过程就得摒弃现行的见物不见人，"自上而下"的建设方式，汲取历史上的传统建设模式，将使用者放在突出位置，为使用者而设计。

为此，我们提出城市建设的体系化模式（图2）。这个模式强调空间使用后的评价，引入了反馈机制，使生活空间的建设成建设者与使用者双向作用的过程，一种"滚动式"的建设方式。将城市规划与设计作为使空间与人们生活方式更好地契

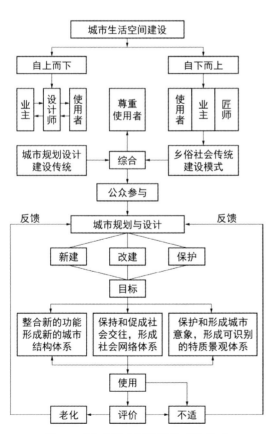

图 2　城市生活空间建设体系化模式

115

合的手段，使规划设计合于建设的目的——尊重及创造城市文化，使规划设计为使用者服务，而不是反之。

我们提出尊重城市文化及包含这种文化的"城市生活空间"概念，是试图在城市持续发展的今天，在城市空间结构狂飙式演进及人们对传统城市空间的心理认同和与之相适应的缓慢演进的生活方式之间，寻求保持一定的平衡。并为新空间的创造，提出新的指导思想与建设模式。

问题是，旧城改建是在给定的文化条件下继往开来再创一个文化整体，而新区建设的依据又何在呢？

根据前述"体系化"模式，新区建设在组合新的城市功能的前提下，应促成社会交往的形成，提供相应的空间场所，并在建筑设计中创造可识别的城市意象。但应该明确认识到：单靠建筑环境不可能产生社会交往，更不会导致社会关系的建立，因此要有一个培育过程，注意建立一系列公共活动设施及文化生活场所，形成该地区生活活动的特色并使之合于人们的生活方式。这就必须在设计之初充分研究人们的行为心理，在使用之后准备作为以后不断调整的起点。旧城改建应是一个地区特定文化传统的续写，不能彻底否定现存的城市文化，也不应无视功能地裹足不前。因此在建设中最好多考虑既存的城市文化，在尽量不破坏现存的社会网络及城市形态特征的情况下，处理好新旧关系。

参考文献

[1] 张庭伟．改善物质环境，保护社会网络 [J]．城市规划，1985，（6）．

[2] 张守仪．六七十年代西方城市多层多户住宅 [J]．世界建筑，1983，（2）．

[3] C. 詹克斯．后现代建筑语言 [M]．北京：中国建筑工业出版社，2007．

[4] 乔亚．罗马俱乐部与全球问题 [J]．国外社会科学动态，1982，（1）．

[5] 娄述渝，林夏．法国工业化住宅设计与实践 [M]．北京：中国建筑工业出版社，1986．

[6] 长岛孝一，空间概念——消灭冲突 [J]．世界建筑，1986，（5）．

[7] 汪志明．波兰华沙城市规划的发展（1945～1970），城市译文集（I）[M]．北京：中国建筑工业出版社，1998．

[8] Harry launce Garnham. Maintaining the Spirit f Place.

[9] Amons Raporort. House Form and Culture.

[10] 刘晓波．中国十年文字反思 [J]．文学报，1986（10）．

[11] 陈占祥译．近代和现代的城市设计，国外城市科学文选 [M]．贵阳：贵州科技出版社，2001．

（原文发表于《云南工学院学报》，1992 年第 3 期）

第叁篇

城市发展研究

从"云山珠水"走向"山城田海"

——生态优先的广州"山水城市"建设初探

1 广州城市空间发展回顾

1.1 "云山珠水"的传统城市生态格局

广州古称"番禺城",又称"任嚣城",是秦代大将任嚣于公元前214年据古番山、禺山面海而筑,史记《南越列传》"且番禺负山险,阻南海……"。

到明、清时,广州城从番、禺二山小尺度的山水格局发展到中尺度的"云山珠水",以白云山系的越秀山为制高点,面向珠江,形成历史上典型的"六脉皆通海,青山半入城"的山水城市格局。

城市用地随珠江岸线的南迁而不断增长,使得城市的中心一直没有多大变动,原来番山、禺山两侧的腹地和不断形成的海积平原足以满足当时作为郡县一级城市的发展需要,城市和自然山水长期保持着和谐的关系。

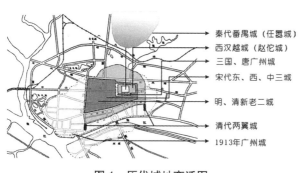

图1 历代城址变迁图

清代,"十三行"和沙面的先后建设,拉动城市向西发展。民国,拆除城墙,城市向东拓展用地。"云山珠水"的自然生态结构对城市发展的制约开始显现出来(图1)。

城市用地的增长一般趋向于投入最小的地区,因此新发展区对旧城社会、生态基础设施有相当的依赖性。由于城市始终在原址发展壮大,千年形成的传统城市结构对城市发展产生极大的制约。

1.2 城市发展向东与向北的尴尬

1954年,受东部黄埔新港开发的拉动,广州市第一次编制"城市总体规划",由于白云山和珠江的限制,城市只能沿珠江向东部呈带状布局。

回顾广州城市总体规划历程,从第一到十四轮方案,城市规划用地均向东发展。80年代,由于广州市经济技术开发区的建设拉动,东翼黄埔组团迅速发育。城市用地向东发展,在沿江狭长地域形成类似带状的组团式城市总体发展形态。

1984年国务院批复第十四轮"广州市总体规划"。这个规划在特定的历史时期里,很好地解决了80年代广州城市产业发展的问题。以工业为主导的产业发展向东拉开了阵势,使城市结构出现了向东疏解的趋势。但是由于历史的原因和人的认识局限性,当时没有痛下决心将城市中心迁出旧城区，行政、商业、居住等依然在旧城区沿用"摊大饼"的发展方式，人口和功能日益密集。

90年代初，社会、经济超速发展。城市发展需求大量土地。虽然广州市政府提出发展东南部的战略，但是东部组团已不能满足发展的需要，而南部地区受行政区划的制约难以施展。

受制于行政区划，1996年的第十五轮"广州市总体规划"提出东、北两极同时发展的方案。同时向东、北两翼发展，将城市中心移回"云山珠水"自然生态格局约束中的旧城，显化了千年古城传统城市结构的约束，重新回到"摊大饼"的城市发展形态。这个方案存在四大问题：

（1）由于白云山和珠江的限制，东、北两翼的人流、物流、车流必然通过交通业已十分困难的旧城，加剧全市的交通矛盾。

（2）强化了旧城的中心区位，非但未能起到疏解旧城的目的，反而提升了旧城土地的经济价值预期，加剧了旧城房地产开发强度，而由于旧城保护规划滞后，见缝插针的旧城改造破坏了名城保护的物质基础，降低了历史文化名城的整体价值。

（3）北翼组团方案侵入了广州市自己宝贵的水源保护区——流溪河、广花平原地下水涵养区，进入了可能会发生地质灾害的不宜建设的广花平原岩溶地质地带。

（4）北翼组团与花都区发展，大有重新包围新机场，使之重蹈白云机场覆辙之势。80年代盼发展，90年代初大发展，90年代末大治理。由于缺乏疏解旧城的整体战略，城市中心区局限在旧城"云山珠水"的狭小地域，人口和活动过密，导致旧城交通堵塞、环境恶化，且难以根治。

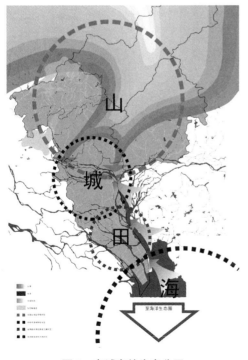

图2　市域自然生态分区

图3　生态敏感性评价图

历史文化名城保护的防线已经退到"文物保护单位"这样一个层次,"外科手术"式的旧城改造破坏了千年古城形成的历史文化物质基础。广州市"见缝插针"式的高层高密度的旧城改造加剧了危机,无法保证公共设施的规模与质量,引发基础设施在全市范围普遍的超负荷运行。

1.3 撤市改区——空间尺度的跃升

广州 2000 多年一直在秦代番禺城限定的框架上不断拓展,从古代城市变蜕变为现代大都会,当代广州在交通方式、生活方式、经济社会组织方式都面临着重大调整,祖先预设的城池再也无法容下过多的子孙。传统的城市格局使城市空间发展捉襟见肘,目前环境、交通、土地存量等方面存在的问题严重制约了城市未来的发展潜力,已经无法应对进一步发展的需要——毕竟"云山珠水"之间小山小水的郡县之城的空间架构已不合适现代化国际性都市的需要,建设国际性城市的广州需要一个更为广阔的天地。

2000 年 6 月,番禺的花都"撤市改区",行政区划的调整解决了城市向南发展的政策门槛,使广州真正成为一个滨海城市。使广州有可能从传统的"云山珠水"的小山小水式的自然格局跃升为具有"山、城、田、海"特色的大山大海自然格局,为建设生态安全的"国际性城市"提供了历史性的机遇,标志着广州城市建设空间格局将有大的改变(图2)。

广州将面临一个更高层次、更大尺度上的发展。城市将可以在更大的空间尺度中构建良好的城市空间结构和稳定的生态结构。

2 确立生态优先的城市发展战略

2.1 广州自然生态基础评价

对于广州这个复合生态系统而言,不同的地区对人类建设行为的敏感度是不同的,有的可以较容易地恢复,有的一旦破坏就难以再恢复。首先我们在生态调查基础上,通过选择在城市中特别敏感的自然生态要素,如地形地貌、基本农田保护、水系及水源保护区、植被多样性、自然景观价值、森林资源分布等分别加以评价,分别编制单项生态因子图,确定权重,并利用地理信息系统加权叠加,对叠加结果分析,进行分级,编制生态适宜度和生态敏感度评价图,得出城市发展涉及生态系统的敏感性与稳定性,了解自然资源的生态潜力和对城市发展可能产生的制约因素,相应提出规划对策(图3)。

最敏感区:在对土地资源的合理配置过程中,应该禁止城市建设用地对该类土地的占用,同时按照国家有关法规和技术规范,对在该区范围内的相关行为活动采取一定的控制措施。对于已经侵占或破坏的该类用地,应立即恢复应有的生态地位与价值,并制定有关法规以保证相关破坏的事件不再发生。

敏感区:在规划控制中应加强对该类用地的合理引导,严格控制过量建筑开发对该类用地的破坏。适宜以保护环境为主的园林绿地建设、休疗养用地等,在该区的建筑体量严加控制,建筑风格与自然协调。

低敏感区:可作为城市用地承受较大规模的建设开发,在建设过程中应与整体格局统筹考虑,对于尚未开发用地应适应未来的需要,高标准严要求制定规划控制规范,对于已经建设的高密度城市用地，应加强城市改造以及绿化建设。

不敏感区：是良好的城市建设用地，能承受高强度的开发建设，建筑工程经济，应结合居民对理想居住环境的心理，避免非人性的超高密度生活空间的出现。

2.2 构筑生态友好的城市格局

在城市发展生态适宜性分析和生态敏感性分析评价的基础上，我们将市域划分为优先发展区、次优发展区、引导发展区、控制发展区和控制保护区等五级生态分区，并针对这五类生态分区分别制定发展的目标和控制的原则、手段，力图建立一个基于生态安全格局基础上的城市发展模式——提供一个生态安全性较高，规模容量合理的城市结构。

鉴于广州有如此丰富的地形地貌，作为一种独特的自然资源，应善加利用，可为城市风貌特色的形成提供重要的基础，构建山水城市的框架。规划提出以下几个策略：

（1）保护九连山脉等区域生态调控地区与市域内广为分布的丘、岗、台等小型山体。山体具有丰富大地景观层次，揭示地域，形成城市特色风貌，并充分发挥调节地方小气候的重要作用。

市域内山体广州主要的水源涵养区和农林、旅游发展区；近郊的山体将作为楔形绿地控制，并开发成旅游度假区，形成沿二环高速公路的环城绿带（黄埔－番禺－南海－北部水源保护区）和由森林公园、林果保护区、花卉博览园和若干个风景名胜区等地区性公园组成的郊野公园带。

（2）广州市旧城中心城区位于山海之间的丘陵台地，由于用水条件、地质条件好，形成了北依白云山、南临珠江的生态型"山水"空间形态，2000多年长盛不衰，成为人口的主要聚集地域。

未来城市发展方向依据市域自然生态基础评价，以北部山地生态保护区、水网农田保护区、珠江前后航道及出海口为自然生态平台，主要向东、向南发展。

（3）保护母亲河珠江仅存的自然岸线、沿江湿地和自然泛洪区，避免过于人工化的开发，维育可以保证生物多样性的自然环境。最大限度地保护珠江水系及市域内河、湖、塘、库等自然水体，水滨自然岸线、沿江湿地和自然洪泛区，避免过于人工化的开发，从而调节气候，点缀城市景观，保证生物的多样性。

在规划的城市化地区，应缜密推敲滨水区的利用。绝对保持水系沿岸的开敞状态和连续性，公共活动、生活功能优先。

（4）构筑城市开敞空间系统。以山水为核心的自然生态廊道，其价值不完全在于其自然性，重要的是提供人们一种接近自然的活动场所，廊道设计的目的最终是为人服务，对于城市内部，一个融合多种功能的开敞空间显得尤为重要。

城市各功能区域需要提供一个融自然、休憩为一体，以步行为主要交通方式的生态网络复合系统和开敞空间体系。步行应作为生态廊道环境设计的主要实现方式。将城市中所有可用的开敞空间用步行道路串联起来，这种安静优美的和机动车隔离的林荫步径，应串通整个城市——水系、山系、广场系统、低密度发展、地区中心的连结、历史文化街区保护等。其中由市区公园和道路绿化带组成伸入市区生态廊道和镶嵌体，对改善生态环境形成优美的生活环境起着尤为重要的作用。

（5）建立生态分区，立法保护资源

从生态优先的角度，我们结合广州"山、城、田、海"的自然生态特点，依循"自然条件类似、土地利用一致、经济发展趋同、生态问题类同、区划易于操作管理"等原则，广州市域的生态分区分为北部山地生态保护区（山）、中部平原城市化地区（城）、东南部水网农田生态保护区（田）和东南部海域生态保护区（海）等四种生态区域。并针对各区的生态特色，以环境的"文化、净化、优化、美化"为原则，分别确定区域的发展目标和控制导则，充分保护和延续城市地域内的自然资源和人文资源，为市民提供一个乐于居住的家园和生态优先的城市环境，创造一个"青山、名城、良田、碧海"的自然与人文历史复合的山水城市雏形。

这里需要特别指出的是，广州在生态上不是一个"封闭系统"（Closed System）而是一个"开放系统"（Open System），其生态要素和组织结构的空间范畴远远超过广州市政府的控制辖区。广州与周边地区同属一个生态分区，拥有同一个水系，各城市之间的生态环境息息相关，规划中应统筹考虑，建立城市联合管理机构（城市联盟），协调城市间建设发展与生态复建、环境保护之间的矛盾。

3 建构广州"山水城市"雏形

3.1 生态优先的市域土地利用规划

规划将广州市域土地分为城镇建设用地、生态敏感区和开敞区三种类型。

3.1.1 城镇建设用地

包括了以下四级：

（1）都会区：都会区在进一步完善、疏解城市中心区大组团的前提下，继续完善和发展东翼大组团至新塘、永和；开辟南翼大组团将沙湾水道以北地区纳入城市规划发展区。

（2）次区域中心地和新市镇：新华，街口，荔城，南沙，太平；

（3）镇级中心地和小城镇：建制镇所在地和农村工业化地域；

（4）农村居民点。

3.1.2 生态敏感区

包括了以下二类：

（1）自然和生态保护区：指对全市生态环境起决定作用的大型生态要素和生态实体，其保护、生长、发育的状况决定了全市生态环境的整体质量，而且一理被破坏就很难有效恢复。如水源地、自然保护区、风景名胜区、大型水库、城市河流等。

（2）生态控制区：指通过规划立法控制开发的乡村农业地区、水体、丘陵、林地，其中也包括若干人口较少的农村居民点和村镇，居民点之间有明显的农业地带。区内以自然环境、绿色植被和自然村落为主，是规划用来阻隔城市无序蔓延，防止居住环境恶化的大片法定农田、果园保护区。

3.1.3 开敞区

指未开发的乡村农业地区、水体、丘陵、林地，其中也包括若干人口较少的农村居民点和村镇，居民点之间有明显的农业地带。区内以自然环境、绿色植被和自然村落为主，大部分地区交通设施相对薄弱，是城郊型农业经济的发展基地。

强调都会区北翼与花都次区域中心新华镇之间的生态隔离地带。

强调东翼大组团与南翼大组团之间的生态隔离地带。

强调南翼大组团与佛山、南海区城市规划发展区之间的生态隔离地带。

强调保护重要的流溪河水源保护区。

强调保护广州市已经公布的"流溪河水库水源林自然保护区"等7个自然保护区、"白云山风景名胜区"等10个生态保护区。

3.2 重塑都会区城市空间结构

都会区是广州市域内城市化密集和主要的发展地区，包括广州市现有城区和番禺沙湾水道以北地区，针对广州都会区而言，我们确定了以下策略：

（1）建立生态的安全格局——提供一个生态安全性较高，规模容量合理的城市结构，使人与自然共生、共存、共荣、共雅，充分发掘山水之美并引入城市复合生态系统之中。

（2）保护母亲河的策略——保护珠江仅存的自然岸线、沿江湿地和自然泛洪区，避免过于人工化的开发，维育可以保证生物多样性的自然环境。

（3）保护山体的策略——不仅要保护九连山脉等区域生态调控地区，而且要保护在都会区中广为分布的丘、岗、台等小型山体，丰富大地景观层次，为各类动物栖息提供条件，揭示地域，形成城市物色风貌，并充分发挥调节地方小气候的重要作用。

（4）保护高产农田的策略——严格控制基本农田保护区，使之成为缓解城市热岛的独特的隔离带和开敞空间。

基于以上4个策略，我们提出了两

图4　巨型绿心方案

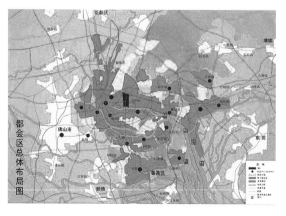

图5　一江多岸方案

124

个方案：

"巨型绿心"方案：生态优先，控制海珠区果树保护区，小谷围生态公园，番禺南村、新造、化龙基本农田约 180km² 土地，形成生态绿心，城市建设用地沿周边布局（图4）。

"一江多岸"方案：为重现母亲河风采，在保护海珠区果树保护区，小谷围生态公园的基础上，城市用地同时沿珠江前后航道发展。沿江培育大量优质土地资源。形成"一江多岸"的景观模式（图5）。

4 未来的展望——生态优先的山水城市

在倡导可持续发展思想的今天，生态思想已深入人心。回顾人类在建城活动中的生态意识，经历了生态自发、生态失落、生态觉醒和生态自觉四个阶段，在理论界，"生态城市"模式已逐渐成为寻求城市可持续发展的有效途径，是未来城市发展的必然趋势，其本质可以认为是追求人与自然的真正和谐，并以此来实现人与社会、经济和环境的共生共荣，实现人类可持续发展。

广州必须调整城市结构形态，向新的发展模式迈进：解决遏止北翼大组团的发育，将城市发展的重心真正转移到东南部来，克服"摊大饼"的发展模式，有机疏散，降低旧城人口密度，疏解旧城功能。开辟新区、拉开建设、优化结构，从而延续和发展广州历史上人与自然和谐相处的优良传统。

"云山珠水"的自然生态格局和传统的旧城城市格局是 2000 年历史给广州的礼物，发展新区的同时必须注意历史文化名城的保护。

21 世纪的广州，机遇与挑战并存。广州必须在高速发展中注意环境保护和空间质量的提高，再也不能以牺牲环境、牺牲秩序为代价来换取经济的增长，必须首先确立生态优先的"山水城市"的建设目标和战略思想。

（本文合作作者：李萍萍、赖寿华、蔡云楠。原文发表于《城市规划》,2001 年第 3 期）

在快速发展中寻求均衡的城市结构

——广州城市总体发展概念规划深化方案简析

1 城市长远发展目标探索

广州市政府于 2000 年 6 月邀请五家国内著名规划设计单位开展了"广州城市总体发展概念规划"咨询活动，并邀请全国专家分别于 9 月 1-4 日、12 月 20 日两次召开了研讨会，形成了较为清晰的发展思路：

作为华南地区的中心城市，广州还将面临持续快速增长；其发展应以区域的共享共荣为前提，加强区域分工与合作，促成区域合作的珠江三角洲"组合城市"，在区域整体协同发展中再创新优势（图 1）。产业发展上应大力发展第三产业和高新技术产业，强化教育产业的地位，实行科教兴市。城市空间结构应从单中心向多中心转变，采取"北抑、南拓、西调、东移"的发展战略。但"北抑"不是全面抑制北部地区的发展，而是要寻求适合北部地区生态特征的新的发展思路。必须加强生态环境的保护与建设，重视北部山区、南部珠江口地区的生态维护以及城市组团间绿化隔离带的建议，把广州建设成为山水型生态城市。要优先发展公共交通，重视城市轨道交通建设，强化区域道路与轨道双快交通体系。

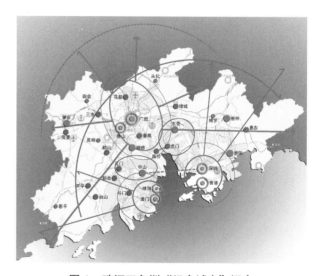

图 1 珠江三角洲"组合城市"概念

1.1 城市发展的目标

应对中国城市化快速增长的形势，适应全市国民经济快速增长的需要，引导建设项目空间布局，促进社会经济发展与环境保护、可持续发展的协调。加强政府对建设用地的控制与管理，确保城市长远发展的需要及基础建设供应，提升城市的发展潜质。

加强政府对生态用地的控制和管理，形成良好的市域生态结构，提升城市的生态环境品质。

保护历史文化名城，在发展中保持城市文化特色，提升城市的文化品质。

加强城市基础设施建设，完善各项配套设施，提升城市的生活品质。

制定一个适应市场经济发展要求的规划实施策略，强化规划的可操作性。

坚持实施可持续发展战略，实现资源开发利用和环境保护相协调，巩固、提高广州作为华南地区的中心城市和全国的经济、文化中心城市之一的地位与作用，使广州在 21 世纪发展成为：

一个繁荣的城市，

一个高效的城市，

一个舒适的城市，

一个最适宜创业发展和居住生活的国际化区域中心城市。

1.2 规划深化的原则

综合五家咨询方案和研讨会的共识，结合规划咨询以后广州市城市建设形势的发展，考虑地铁四号线、广珠高速公路定线，广州大学园区、广州新城等重大项目的决策，试图提出广州市未来较长时间内比较稳定的城市空间发展目标。

深化形成广州市长远发展政策框架，落实广州市经济社会发展政策、决策、计划和思路。从思想和方法上把可持续发展落到实处。为下一阶段规划工作提供一个基于概念规划研究的平台，为政府近期决策提供参考。

直面城市的现实发展水平和现状建设条件，为广州大部分处于工业化中期地区的产业化水平提高和经济健康增长及社会稳定提供机会与保障。从物质形态的角度为实现城市发展目标提供一个稳定的城市结构框架和可持续的生态发展模式。

我们正面临经济全球化、中国加入 WTO 以及知识经济、信息社会的发展等新的机遇与挑战。深化工作必须为广州 21 世纪成为国际化区域中心城市提供政策引导和规划控制。

作为以研究城市物质形态、控制土地利用为核心的城市规划，工作的当务之急就是研究城市总体空间布局与土地利用、城市生态环境和城市交通，本次概念规划深化工作正是以这三个专题为核心展开。

2 建立稳定的城市空间结构

2.1 城市空间结构的优化

城市的发展过程受城市内部活动需求及既定城市结构的影响，同时也受到城市所在地的自然条件及行政区划等其他因素的影响。城市空间的自然增长一般趋向于投入最小的地区，对旧城既定的社会和生态基础设施有相当的依赖性，因而其发展总是体现为非均衡的外溢增长。

城市结构演进的研究表明，以单一核心外溢增长形成的单中心城市往往拥有"主宰"城市的具影响力的核心，带有强烈的向心和聚集倾向，城市发展到一定规模，单中心城市容易受到既定城市结构容量极限的制约。单中心城市漫延式增长的问题在于周边区域各种活动对中心的绝对依赖，从而使中心既定的社会和生态基础设施出现超负荷运行，导致城市功能下降。

城市的发展过程始终是一个"打破平衡、恢复平衡、再打破平衡"的动态过程。虽然城市规模的自然增长取决于聚集经济效益，但是城市结构优化的关键却在于有意识的人为控制和引导。

不可能依赖局部和单一项目内部经济性与外部经济性的自我协调。干预城市结构发展最有力的力量来自于城市政府有意识的控制和引导。而最有力的措施其实是城市的土地供应控制，其依据就是城市规划的控制与引导。

2.2 都会区总体规划布局

广州现状以旧城为中心的发展模式已不适合城市发展的需要。要采用有机疏散、开辟新区、拉开建设的措施。力争优化结构、保护名城、形成具有岭南特色的城市形象。而这一切必须通过科学的规划引导，严格的管理来实现。

2.2.1 总体战略

北抑：北部是广州主要的水源涵养地，应抑制城市向北的发展，新白云国际机场在花都，必须贯彻"机场控制区"规划，适当发展临空港的"机场带动区"，建设物流中心；

南拓：除大石、市桥等传统增长地区仍然会继续发展外，大量新兴产业区也将布置在都会区南部的番禺地区。

西调：旧城区和白云山以西地区，重点是保护名城，促进人口和产业的疏解。

东移：拉动城市发展重心向东拓展，将旧城区的传统产业向黄埔－新塘一线集中迁移，利用港口条件，在东翼大组团形成密集的产业发展带。

2.2.2 空间结构

深化方案提出广州市未来都会区空间结构为：

两个产业拓展轴、两个传统功能转移方向、三条城市用地发展带、三个大港、四个物流中心，建设多中心、网络型、生态系统复合的城市结构（图2）。

内环线、环城高速、珠江三角洲环线和七条放射线建设形成环形加放射状的高速公路主骨架，提供的强大交通支持。沿珠江前、后航道、沙湾水道发展带，加上旧城中轴线、城市新中轴线，地铁二号线、三号线、四号线、东部国铁郊区线、环珠江后航道轻轨线等多条发展轴交汇形成多中心、网络型发展形态。

（1）两轴：两条城市产业布局轴

"东移轴"：以广深公路和东部国铁郊区线为城市结构控制线构造以传统制造业为主的"东移轴"，形成自中心城区、珠江新城、黄埔向新塘方向的传统产业布局轴。

"南拓轴"：以地铁四号线和广珠东线为城市结构控制线形成新兴产业"南拓轴"。该发展轴串联了一批基于IT和信息产业的新兴产业地区，从广州科学城、琶洲国际会展中心、广州生物岛、广州大学园区到广州新城、南沙经济技术开发区和龙穴岛深水港。

（2）两个转移方向：传统城市功能疏解方向

由于传统的商贸功能仍旧要依赖旧城发展，因此城市传统的两个增长方向仍然会有一定的发展惯性，必须加以积极引导。

白云山西侧"北部转移方向"——广州市旧城传统商贸、居住功能疏解和发展的继续，但是必须采用严格控制下的低强度开发。作为旧城功能的补充，发展全市性的商贸物流中心，开发低强度的居住区，重点发展"白云新城"。

海珠区至市桥"南部转移方向"——是旧城人口的主要疏解地区。

（3）三带：城市用地形态呈三条"发展带"

结合广州市"一江多岸"城市景观，重塑珠江"母亲河"形象，形成"江城一体"的适宜人居住的富有滨江城市特色的山水人情城市，再造美丽江城。规划提出沿珠江前航道、后航道、沙湾水道三条城市用地发展带的空间方案。

（4）三个大港

航空港：广州新白云国际机场将建设成为华南地区航空枢纽港。

信息港：琶洲国际会展中心、广州生物岛、广州大学园区将成为21世纪广州创新人才和信息汇集的核心区，将建设成为迎接IT与信息时代的"信息港"。

深水港：龙穴岛深水港的建设将提高广州市的对外辐射功能，提升广州市的中心城市和国际性城市功能。

（5）四个大型物流中心

北部结合新白云国际机场、铁路、公路等对外交通优势，发展商贸物流中心。

南部结合龙穴岛深水港、疏港铁路、疏港公路建设，发展仓储物流中心。

西部基于广佛都市圈的长远发展，考虑在芳村发展商贸物流中心。

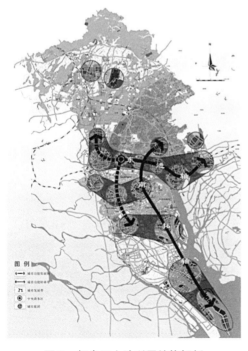

图2　都会区土地利用结构解析

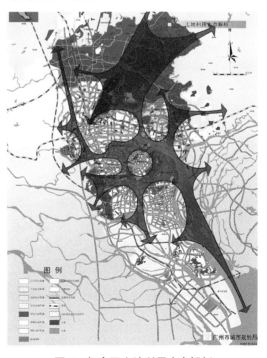

图3　都会区土地利用生态解析

东部利用黄埔港、新沙港等设施，结合产业发展布局发展生产资料物流中心。

2.3 都会区空间结构控制

未来广州的城市结构应该是一个多中心、多组团、开放式的网络结构，只有控制住组团之间的生态隔离带体系，才能够避免城市发展用地的蔓延式发展，形成人工与自然相生相荣、生态系统复合的城市山水生态格局（图3）。

白云山脉、珠江水脉、生态绿脉形成契形山体绿地、农业生态控制区、结构性生态控制区、城市园林绿地系统和水网相结合的绿心加契形嵌入式生态系统。

必须通过积极的立法和行政手段控制城市结构性绿带、绿心、楔形绿地、郊野公园和乡村地区等生态控制区与开敞区。各级政府要协作控制，强制性地调整城市组团隔离绿带内的村镇生产结构，通过一定的优惠政策鼓励发展高效益的果树、花木种植，建议将"城市生长管理"纳入地方政府管理范畴，严格控制城市开发的地点、程度和时机。

3 形成可持续发展的生态结构

可持续发展的城市结构关键在于建立城市建议系统与自然生态系统之间的平衡。必须从整个珠江三角洲的区域生态环境系统整体的高度，达成城市发展与区域生态环境的协调，创造高质量的人居环境。

概念规划深化工作立足于城市发展与区域自然生态条件相适应，通过对生态环境容量、供应能力的研究，在维持区域自然生态系统支撑能力的基础上，建构合理、稳定、均衡的城市生态结构，满足经济高速发展条件下城市快速发展对生态环境维育的需求。而不是简单套用人均指标。

3.1 生态环境规划目标

实现城乡生态良性循环，形成城乡生态安全格局，促进城市与自然的共生，保障、促进、引导城市可持续发展。

建立区域整体生态平衡，为广州市发展提供可持续的区域性生态保障。加强自然保护区建设、自然人文景观资源保护并实现生物多样性；控制城市连片发展，培育必要的城市组团间生态隔离带，改善与保护城乡发展环境；加强生态恢复，切实治理、控制和防止水、空气和噪声等环境污染；建立和完善有效的生态环境建设政策体系，实现合理的环境容量控制。

3.2 生态结构的战略选择

大广州地区自北向南形成了山、城、田、海四个层次的地域类型，呈现了"山水城市"的生态格局。

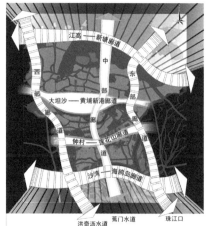

图4 市域生态结构分析图

山水中的城市 城市中的山水

图5 区域生态结构分析图

图例 ■生态保护区 生态控制区 生态协调区

图6 都市区生态政策区划图

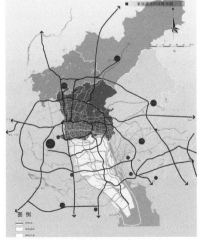

图7 远期道路网络概念图

从大区域出发，基于区域与城市生态环境自然本底及其承载能力，建设"山、城、田、海"的山水型生态城市基础构架，构筑"一环两楔"、"三纵四横"的主骨架，在此基础上打通多条"生态廊道"，与区内密布的河网水系形成网状"蓝道"系统、城市基础设施廊道等线状和点块状的生态绿地，共同构成了多层次、多功能、立体化复合型网络式生态结构体系。

一环两楔：在广佛都市圈外围通过区域合作建立区域环状绿色生态屏障——生态环廊；东北部白云山山体自东北向西南延伸至环廊内，形成"绿楔"，而接南海的珠江水系则自珠江口向西北直入环廊形成"蓝楔"，绿楔、蓝楔相互融会贯通，从总体上形成大广州地区"一环两楔"的开放式区域生态空间格局（图4）。

三纵四横："三纵"即三条南北向生态主廊道；"四横"即四条东西向生态主廊道。其中纵横市区的"一纵两横"主要作用在于隔离都会区各组团，避免城市内部组团之间的蔓延式发展，形成人工与自然相生相荣的格局。而围绕周边的"两横两纵"主要作用为隔离相邻的城市区域，避免城市之间的无限制蔓延（图5）。

3.3 生态建设政策

生态建设政策区划以生态敏感性评价为基础。在生态敏感性评价的基础上，对广州市域进行了生态环境的政策区划，共分三类地区：生态保护区、生态控制区和生态协调区（图6）。

生态保护区，为绝对保护、禁止开发建设的地区，该区涵盖了广州市的自然保护区、人文景观保护区和自北向南延伸的中、低山林地，以及属重要的水源涵养地、基本农田保护区、饮用水二级以上的保护区以及城市组团间的结构性生态隔离带。

生态控制区，是以生态自然保护为主导，可以适度地、有选择地进行建设的地区，该区属临近自然保护区或与山体、林地、河流水体毗邻以及一般耕地，所处位置地势较高或与整体生态维育紧密相关的用地以及现状建成区中生态结构不合理的地区。

生态协调区，是适于进行建设，但必须重视与生态协调的地区，该区基本涵盖了绝大部分现状建设区以及适宜开发建设的生态非敏感区或低敏感区，该区应处理好城市建设与环境承载力的协调关系。

4　建立多元的综合交通体系

综合交通体系研究的根本目的是实现客与货的时空转移，并保障其顺畅、快捷，适应、促进并引导城市的发展（图7）。

4.1　总体交通发展目标

概念规划所制定的总体交通发展目标可以概括为三个方面：

生态的交通：交通的发展必须以保护生态环境作为前提，重视行人交通的引导与满足，大力发展大众捷运工具，减少摩托车、小客车的使用，从而降低机动车交通所造成的各种污染与能源浪费。

高效的交通：通过强大、高效、快捷的交通运输体系提高空间上任何一个地方的可达性并且保证时空距离最短。规划提出由快速轨道交通线与高快速道路构成的"双快"的交通体系，适应远期客运与货运交通的需要。

综合的交通：通过重大的交通设施提供可以介入周边地区发展的服务。进一步发展海港、空港、铁路枢纽、物流中心、客流中心、轨道、公路等，并使各种方式有机结合，形成服务优质、良好的综合交通系统。

4.2　总体交通发展策略

重大交通设施：高起点、高标准地改造和建设广州空港、海港、铁路枢纽、物流客流中心，使之成为广州城市与交通运输发展的龙头（图8）。

城市"双快"交通设施：建立基于高快速道路交通系统及快速轨道线服务系统的"双快"交通运输体系，形成对城市空间拓展、区域及枢纽间联系、提高客货运输效率的重要支持。并通过缩短时空距离，将周边地区牢固凝聚在广州周围，强化中心城市的影响与地位。

公交模式：积极发展以轨道公交为骨干、多层次、高效、服务优良的城市公共交通服务设施，吸引并满足旅客运输的需要。

强调交通管理：强调通过新技术的运用（TSM——交通系统管理、ITS——智能交通系统、GPS——全球定位系统），管理并提高交通运输效率。

协调发展交通：妥善处理交通与土地利用及生态环境的关系，实现城市的可持续发展。维护并充分利用现有的道路设施与公共交通设施。重视并改善行人步行系统与步行环境，构筑绿色、

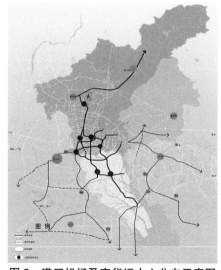

图8　港口机场及客货运中心分布示意图

休闲、人本交通空间。

4.3 区域交通发展策略

不同的区域应具有不同的交通发展政策、交通模式选择。广州未来的交通政策分区主要包含三个部分：

（1）完善改造区：包含广州老城区、天河新区、各区域中心的密集建成区。

政策要点：以公交优先作为交通发展基础，大力发展基于大运量轨道交通的城市公共交通服务系统，积极完善轨道公并与常规公交的高效衔接换乘体系，优惠使用公交，引导居民出行向公交方式转变。加强动静态交通管理，挖潜提高设施服务能力。

（2）引导控制区：包含广州东部产业带，番禺新城区（南部）等计划优先发展的新型城市功能区。

政策要点：选择公交优先模式，优先发展大运量轨道交通系统，强化区域间的高效联系。并以轨道交通站点为核心，通过适于公交优先的道路系统，建立轨道交通与周边地区常规公交的便捷换乘，导入步行系统，构筑沿轨道交通走廊发展的城市组团。

适当限制小汽车的行驶，特别是区域外来小汽车的驶入范围，通过在区域周边提供专门的汽车专用道、综合换乘枢纽，满足机动车交通需要。同时辅以绿色生态走廊，保证城市交通与环境的协调性及可持续发展。

政府通过预先控制轨道沿线土地，并以良好的基础设施带动沿线、沿站地区土地开发，通过集中有序地规划将社区建成适宜居住的城市组团，实现 TOD 发展模式。规划完善的交通体系，促使发展区的交通建设处于引导与管理监控之下，保证与土地利用的开发协调。

（3）协调管理区：包含非优先发展区、交通枢纽地区及南沙、花都周边地区、从化、增城地区与其他地区。

政策要点：建立基于各区域有机联系的快速通道，引导小汽车有序增长，构筑与地区人口、环境、土地相利用相协调的道路交通规划，保证交通成为地区发展的促进因素，保证货运及各种交通方式的协调发展。

（本文合作作者：王蒙徽、段险峰、冷瑞华、郭晟、陈勇。原文发表于《城市规划》，2001 年 3 月）

战略规划推动下的行动规划

——关于广州城市规划及其实践的思考

自从 2000 年广州市进行战略规划以来，战略规划[①]成了中国城市规划界的流行术语，不少城市纷纷编制了战略规划[②]。与此同时，战略规划也成了争论的主要话题之一（王凯，2002；张兵，2002；戴逢、段险峰，2003；李晓江，2003）。对于战略规划大致有两种看法。一种看法是战略规划因其战略性，可以从城市长远考虑，甚至是畅想。的确不少城市在这个思想指导下编制了自己的"宏伟蓝图"。这样的战略规划给政府、开发商以巨大的信心，但是如何实现这样的目标？规划没有回答。另一种看法是战略规划应是面向实施的。吴良镛、武廷海（2003）指出"为了有效地满足将来发展的需要，规划关注的重点不是去寻找'理想的终极蓝图'，提出一个详细的空间利用理想方案，而是选择若干'可能的实施途径'，力图解决具体问题；随着行动计划的滚动实施，城市空间发展逐步向'理想状态'逼近（注意，所谓'理想状态'，其本身也是动态变化的），从而真正地把理想与现实沟通起来。"这一看法从理性规划的角度重新诠释了战略规划，引人深思。规划如果不能实施，规划还有什么用呢？

笔者同意战略规划应面向实施的看法，并以广州为例阐述战略规划是如何推动一系列行动的，由此总结战略规划应有的特征和本质。

1 作为行动的战略规划

1.1 战略规划背景：挑战和机遇的应对

改革开放 20 多年来，以广州为中心的珠三角城市群的迅速崛起，成为国际社会关注的焦点。广州市充分利用和发挥自身优势，有力地推动了城市现代化建设的步伐。然而到 2000 年感受到了巨大的挑战。一方面是来自区域的挑战。随着外资在珠三角发展中的主导作用，香港迅速取代了广州在珠三角区域经济中的作用，广州在珠三角中的地位下降。1980 年时广州占珠三角工业总产值的 62.82%，1984 年下降到 51.3%，到 1990 年已经下降到 24.39%，1999 年只有 18.17%。另一方面挑战来自广州市内部。首先，由于县级市具有相对独立性，使广州长期以来的空间发展限于市区 1400 多 km² 的范围，空间布局难于优化。由于上面的原因，1996 年上报的城市总体规划急于寻找发展的空间，北翼大组团的开发强化了以旧城为中心的城市格局，必然导致旧城开发强度居高不下和交通的集聚，加剧城市问题。由此，广州旧城发展面临着危机：①旧城改造"见缝插针"，无法形成高质量公共空间，难以合理布局公共设施，基础设施超负荷运行；②建成环境恶化。现状用地界线作为征地边界，异形土地产生异形建筑。沿繁华商业区的高架道路"外科手术式"的市政

---

① 战略规划在业内也有称发展概念规划、城市空间发展战略研究等笔者认为尽管这些规划或研究的叫法不一样，但是从本质和内容是一致的。

② 据不完全统计，进行过战略规划的城市有广州、南京、哈尔滨、合肥、厦门、沈阳、深圳、杭州、宁波、成都、太原、北京等市。

建设严重影响城市环境；③高层建筑"遍地开花"，旧城改造高层高密度的失误加剧了广州原已十分拥挤的局面；④历史环境"大拆大建"，历史文化名城保护的防线退到"文物保护单位"，千年古城的历史文化物质基础、岭南城市特色即将丧失。

在挑战的同时，广州迎来了新的机遇。这一机遇来源于新的行政区划调整。2000年6月花都、番禺撤市设区，市区面积由原来的1443.6km² 增加到3718.5km²，为广州城市空间的拓展和城市的可持续发展提供了新的契机。

此时，正在上报的总体规划方案已经变得没有意义。但是广州需要及时调整发展战略以面对新的机遇和挑战。传统总体规划由于编制时间过长、缺乏弹性而无法胜任广州当前的需要，由此产生了战略规划（广州市城市规划局等，2001）。

1.2 从战略规划咨询到战略规划纲要

广州市人民政府于2000年6月邀请中国城市规划设计研究院、清华大学、同济大学、中山大学和广州市城市规划勘测设计研究院等五家国内著名规划设计单位开展了广州总体发展概念规划咨询活动。中国城市规划设计研究院认为中国正处于快速城市化时期、广州正处于经济社会高速发展时期，广州应采取跨越式发展模式，实行"北抑南拓、西调东移"的空间发展策略，在广州南部地区建设珠三角的核心区。清华大学提出了知识经济时代的打破行政区划的网络城市概念，认为广州未来的城市发展不但要在市域范围内对城市功能、人口、产业等进行有效疏解，还应与珠三角其他城市协同考虑城市的整体疏解与聚集。同济大学认为广州在近期应实行内聚式发展，通过内聚来增强城市的综合功能和实力，在基本完成内聚后再走向疏解和全市域均衡发展，即走向远期的外延式发展。中山大学提出基于现行城市规划理念及 IT 影响下的不同的城市空间结构模式方案。广州市城市规划勘测设计研究院则基于生态观念提出了广州城市总体发展模式"从'云山珠水'向'山城田海'"演变，在更大的空间尺度中寻求平衡发展，对城市的空间结构调整采取"分散的集中化战略"，提出了"巨型绿心"和"一江多岸"两个空间结构方案。

2000年9月3-4日，广州市人民政府邀请全国规划、建筑、交通、生态专业的著名专家成功地召开了"广州城市总体发展概念规划咨询研讨会"，同时结合五家规划咨询单位提出的规划概念与方案，对广州整体的发展策略、思路及方向等重大问题进行了充分探讨。概念规划咨询研讨会达成了以下六个方面的共识：

（1）广州是华南地区的中心城市，还将面临持续快速增长，广州应当建设成为现代化国际性区域中心城市；

（2）广州的发展应以区域的共生共荣为前提，加强区域分工与合作，形成区域合作的珠三角"组合城市"，在区域整体协同发展中再创新优势；

（3）广州应协调发展传统产业、高新技术产业和服务业，强化教育产业的地位，实行科教兴市；

（4）城市空间结构应从单中心向多中心转变，采取"北抑、南拓、东移、西调"的发展战略；

（5）必须加强生态环境的保护与建设，重视北部山区、南部珠江口地区的生态维护以及城市组团间绿化生态隔离带的建设，把广州建设成为山水型生态城市；

（6）要优先发展公共交通，重视城市轨道交通建设，完善高快速路与快速轨道构成的双快交通体系。

在以上共识的基础上，2000 年 10 月广州市城市规划局组建了专门的"广州城市发展战略规划深化工作组"，着手开展战略规划的综合与深化工作，并形成了《广州城市建设总体战略概念规划纲要》。《纲要》主要包括四个部分的内容：①城市发展战略目标，纲要确定为一个繁荣、高效、文明的国际性区域中心城市；一个适宜创业发展、又适宜居住生活的山水型生态城市；②城市土地利用，重点提出了东、南部为广州都会区发展的主要方向，都会区空间布局的基本取向为：南拓、北优、东进、西联；③城市生态环境，提出广州城市建设的自然格局从传统的"云山珠水"跃升为具有"山、城、田、海"特色的大山大水格局；④城市综合交通，提出了空港、港口、铁路、城市快速轨道方面的规划（见第 129 页图 2）。

1.3 战略规划实施总结

2003 年 11 月，广州市政府再次邀请原先参加战略规划咨询的五家单位进行广州市城市总体发展战略规划实施总结工作。在《广州市城市总体发展战略规划实施总结》的讨论会上，广州市市委书记林树森亲自到场与专家和设计单位交流。《总结》形成几个共识：①拉开建设、开辟新区，多中心组团式网络型城市结构框架已见雏形；②以机场、港口、铁路为龙头，以"双快"交通体系为骨干的城市综合交通体系基本构建；③"山城田海"的生态城市架构与城乡生态安全格局初步形成；④旧城改造稳步推进，人口与产业得到有效疏解（潘安等，2004；广州市城市规划局、广州市城市规划编制研究中心，2004）。

广州市政府计划于 2006 年进行新一轮战略规划总结：重点研究战略规划与交通规划的问题，并继续研究纲要对概念规划所起到的推进作用，同时补充战略规划未涉及的内容。

2 战略规划推动下的行动

广州的战略规划推动的行动包括重大项目的建设、多层次规划的编制、新的行政区划调整等三个方面。

2.1 重大项目建设

广州重大项目建设密切结合广州"南拓、北优、东进、西联"的空间发展战略。

南拓方面，广州完成和正在进行的重点项目有南沙港及南沙地区建设、大学城、会展中心、生物岛。南沙港已建成 4 个 5 万吨级深水泊位，另有 6 个 5 万吨泊位正在建设。与此同时，南沙资讯科技园首期工程已建成。2003 年 8 月广州市政府与中国船舶工业集团签署了《关于推进广州南沙造船基地建设的合作协议》。2003 年 9 月广钢集团和日本 JFE 钢铁株式会社签约，共同投资成立合资企业广州 JFE 钢板有限公司。2003 年 10 月，广州发展实业控股集团股份有限公司与英国 BP 集团签订合作协议，在南沙建立珠三角最大的油库。"丰田"汽车生产基地已选址于南沙开发区的黄阁工业园。南沙将成为汽车基地、造船基地、钢铁基地、化工基地。大学城面积 18km²，规划人口 35-40 万，有包括中山大学、华南理工大学等在内的 10 余所高校入驻，可容纳 14 万名学生，已于 2004 年 9 月开学。琶洲会展中心于 2004 年建成，已成为中国出口商品交易会（广交会）的主会场，琶洲会展中心建筑总面积70万㎡，首期占地43hm²，建筑面积39.5万㎡，已建成16个展厅，是目前亚洲最大的会展中心。作为生物高新技术产业基地的生物岛正在建设中。

东进方面，广州完成和正在进行的重点项目有珠江新城、广州科学城、广东奥林匹克体育中心。珠江新城作为广州市21世纪城市CBD的一个重要组成部分，将发展成为集国际金融、贸易、商业、会展、文娱、外事、行政和居住等城市一级功能设施，推动国际文化交流与合作的基地。目前广州正在建设珠江新城的主要四个公共建筑：广州歌剧院、广东省博物馆、广州市第二少年宫、广州图书馆新馆。广州科学城是东部产业带的重要组成部分，位于广州市中心城区东北部，规划面积37.47km²，是以高科技制造业为基础，以推进科学研究和开发、培育创新环境，促进产业结构的调整和经济发展，最终发展成科学研究综合体为目标的多功能新城区。目前广东省、广州市的重大科技项目以及一批高水平的科技项目如台湾光宝科技园、南方高科等都选址在科学城。美国光电子项目、德国通信设备研发项目、国家重点光机研究所等项目的谈判正在顺利进行。广东奥林匹克体育中心总用地面积逾1km²，是2001年第九届全运会的主场馆。中心建成包括容纳8万人的奥林匹克体育场、曲棍球场、棒垒球场、射箭场、水上运动中心、手球馆、马术场在内的九个运动项目场馆，并按国际标准配套新闻中心和运动救护科研中心。该体育中心还将成为亚运会的主赛场。

北优方面，广州完成了白云国际机场的一期工程。目前广州客货运航空已全部搬至该机场，运输能力逐年上升，是国家的三大枢纽机场之一。同时，生产日产乘用车的风神汽车有限公司也选址在花都区。

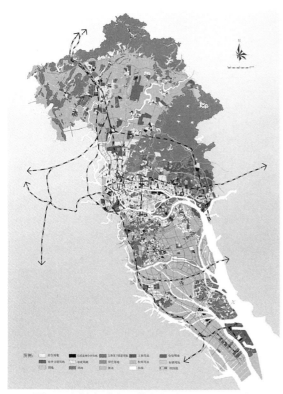

图1 广州市城市总体规划（2001–2010）
——市区土地利用规划图

2.2 多层次规划的编制

战略规划推动了多个层次规划的编制。①广州市城市总体规划。战略规划首先推动了番禺、花都两个片区发展规划的编制。随后将两个片区发展规划的成果纳入总体规划，这样就形成了《广州市城市总体规划（2001-2010）》（图1）。根据发展时序的需要，在总体规划的基础上又编制了近期建设规划；②广州老八区图则化的分区规划。战略规划并不能直接指导城市建设，因此广州市城市规划局在战略规划指导下组织编制了图则化的分区规划，并把这些分区规划进行数字化，形成了分区规划的"一张图"数字化平台。从此，规划管理可以完全通过该平台进行，大大提高了规划管理的效率；③为了使广州市的规划管理更加有法可依，广州正在推进制定《广州市控制性详细规划实施细则》。此外一些重点地区的规划正在编制中。

2.3 新的行政区划调整

2005 年 4 月 28 日国务院正式批准广州行政区划调整，撤销了东山区、芳村区，将东山区和越秀区合并为新的越秀区，将芳村和荔湾区合并成为新的荔湾区，同时新增了南沙、萝岗区。这次调整一方面有利于广州原八区的管理、资源的整合，另一方面更有利于新设两区的发展。对照广州未来的空间结构，南沙区位于广州南拓轴上，而萝岗区也位于广州东进轴上，因此行政区划调整后的广州城市布局将更契合"南拓"、"东进"战略。从这个意义上说，新设的南沙、萝岗区将是未来广州经济新的增长点。

3 重大新事件与战略规划

战略规划后广州面临了规划所未预见到的新事件。然而广州战略规划由于其战略性和框架性，这些事件并没有阻碍战略规划的实施；相反，这些事件的发生加速了战略规划目标的达成及其策略的实施。笔者以武广快速铁路线广州新客站的建设以及广州 2010 年亚运会申办成功来阐述重大新事件与战略规划的关系。

3.1 广州新客站的建设："西联"战略的新诠释

2003 年有关方面开始筹建武广快速铁路线广州新客站。新客站地区位于广州都会区与佛山中心组团之间，是两个城市相互联系并与东莞相连的必经之处，尤其是周边港澳等外向型企业较多，因此具有得天独厚发展珠三角多种产品销售、展示功能的条件，同时可发展周边地区中小企业管理总部的商务活动功能和旅游功能。这令战略规划中的"西联"战略有了更切实的落脚点，佛山和广州的联系将通过新客站而变得更加密切。因此新客站及其周边地区可以定位为区域枢纽、都市窗口、活力新城、生态城市。

3.2 2010 年亚运会：广州的新机遇

2004 年广州取得了 2010 年亚运会的举办权。这将对广州的社会、经济、文化、城市建设与形象等方面产生深远影响；广州迎来了迈向国际化、提升城市竞争力的空前机遇；未来 5 年广州城市发展将利用举办亚运会的契机，着力打造现代亚运城市。在战略规划指导下，《"亚运城市"广州——面向2010 年亚运会的广州城市规划建设纲要》提出了"两心四城"的亚运会重点发展地区空间格局，两心指天河新城市中心、广州新城中心，四城指奥体新城、大学城、白云新城、花地新城。由此确定了广东奥林匹克体育中心和天河体育中心作为市级复合型体育中心，广东奥林匹克体育中心为主赛区；在广州新城、大学城、白云新城、花地新城新建地区性的体育中心，组成专项体育功能互补、型制独立并兼容全民健身活动的多中心组合体育设施网络（图2）。

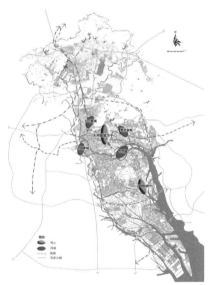

图 2   "两心四城"的亚运会重点发展
地区空间格局

4 战略规划：应对、检讨、行动

从广州战略规划的编制和实践过程，笔者总结广州战略规划具有如下几个特征：①战略规划是应对现实问题的，从方法上是"问题导向"的。广州战略规划重点解决了城市空间扩大后城市空间发展的取向问题；②战略规划的成果是战略性的，达成了广州城市发展的共识。战略性的（或者说框架性的）成果对于一个城市的作用比细致、详细的规划更为重要。在广州，一个被确定的战略规划成了城市发展讨论的共同平台；③战略规划是面向实施的，指导了广州的规划、管理、建设。广州战略规划后几年的实践很好地说明了这个问题；④战略规划是弹性的、开放的，新的事件可以不断补充和完善战略规划；⑤战略规划是滚动的，需要不断检讨、反思。这样，战略规划才能一直保持生命力，发挥指导城市发展的作用。

进而，从战略规划与行动规划的关系来看，战略规划实际上是不断循环的规划过程中的重要一环。不断循环的规划可分为三个阶段：第一阶段，战略规划是对现实问题的应对。广州战略规划当初的产生就是对广州发展中现实问题的应对。战略规划通过不断的检讨探索实现目标的可能途径；第二阶段，战略规划提出一系列"可能途径"指导现实的行动。广州战略规划所提出的一系列"途径"指导了战略规划以来一系列规划及其实施，发挥了战略规划的作用；第三阶段，新的行动又会产生新的现实问题，需要新的检讨。广州战略规划实施三年后进行了实施总结，也就是出于这样的目的。这样第三阶段又会回到第一阶段，新的一轮又开始了。

（本文为笔者在第二届中国城市规划学科发展论坛——"跨越规划"论坛上演讲内容的归纳和整理）

参考文献

[1] 戴逢，段险峰.城市总体发展战略规划的前前后后——关于广州战略规划的提出与思考 [J].城市规划，2003，（6）：24-27.

[2] 广州市城市规划局.广州城市建设总体战略概念规划纲要 [R].2000.

[3] 广州市城市规划局，广州市城市规划编制研究中心，广州城市总体建设概念规划咨询工作组.广州城市总体建设概念规划的探索与实践 [J].城市规划，2001，（5）.

[4] 广州市城市规划局，广州市城市规划编制研究中心.广州市城市总体发展战略规划实施总结研讨会综述 [J].城市规划，2004，（1）.

[5] 广州市人民政府."亚运城市"广州——面向2010年亚运会的广州城市规划建设纲要 [R].2005.

[6] 李晓江.关于城市空间发展战略研究的思考 [J].城市规划，2003，（2）：28-34.

[7] 潘安，彭高峰，陈勇等.全面实施战略规划促进广州城市新发展 [J].城市规划，2004，（2）.

[8] 王凯.从广州到杭州：战略规划浮出水面 [J].城市规划，2002，（6）：57-62.

[9] 吴良镛，武廷海.从战略规划到行动规划——中国城市规划体制初论 [J].城市规划，2003，（12）.

[10] 张兵.敢问路在何方——战略规划的产生、发展与未来 [J].城市规划，2002，（6）：63-68.

（本文合作作者：陈建华、易晓峰。原文发表于《城市规划学刊》，2006年第2期）

大事件，需要冷思考

——广州亚运会对城市建设的影响

21世纪初，中国经济的崛起集体地体现为东部沿海三大都市区域的共同发展，并因为三件国际性盛事而为世界所注目！但是与曾经激发全国人民热情的2008年北京奥运会和正在热炒的2010年上海世博相比，即将在广州举行的第16届亚运会却变成了一场"本地活动"——亚运会的火炬传递将限于广东；赞助商也以本地大型国企为主；即便在广州街头，能随口把2010年11月12日这一亚运会开幕时间说出来的广州市民也是少数。

1 广州为何要举办亚运会？

广州对第16届亚运会的申办就已经是一场没有竞争对手的比赛。本来除广州外，还有3个城市申办——马来西亚的首都吉隆坡、韩国首都首尔和约旦首都安曼。然而这3个城市经过权衡，相继以承办过于昂贵，财务上承担吃力等原因，宣布放弃申办。

亚运会式微，已非本届独有的现象。自1986年在汉城举办的第10届亚运会后，主流运动项目的比赛结果就再无悬念，因为夺冠者多以中国、日本和韩国队员为主。绝大多数运动员的终极目标是奥运会，亚运会不过是一个发现自身问题、调整状态的中间站，要激起优秀运动员的参赛热情越来越难。1998年，日本《东京新闻》就曾连篇发表文章探讨《亚运会向何处去》，称"由于缺乏奥运会那样的普遍性意义，亚运会存在的价值和地位越来越微妙……"

1.1 用大事件推动城市发展

广州曾分别于1987年、2001年成功举办了第六和第九次全国运动会，在利用大事件促进城市发展方面很有经验。

1980年代的广东挟临近港澳的优势成为转型期中国对外开放的窗口：深圳、珠海、汕头成为国家级的经济特区；而东莞、南海、番禺、顺德、中山等农业县通过积极承接香港劳动密集型产业转移，成就了令人瞩目的工业化成就。在这一轮工业化过程中，广州在劳动力、费用成本、土地供应等方面都没有竞争优势；相反，适应了计划经济体制的老大城市在新体制下负重难行，导致了经济发展相对缓慢。广州亟需一个推动城市发展的机会，一个突破严格的计划经济体制约束的理由。

1987年的"第六次全国运动会"是全国运动会第一次在北京、上海以外的地方开。1984年，广州在紧靠旧城东部的天河机场旧址启动了天河体育中心建设（图1）。此前广州市地区生产总值（GDP）每年增量不到10亿元，1985年一年就骤然增加了26亿元；财政收入增量也从以前每年不足2亿元到1985年猛增7.6亿元。

天河体育中心和火车东站的建设拉动了广州城市功能的东进，促成了城市空间结构的历史性突破。而且广州市随后即成立了城市建设总公司来经营体育中心周边的土地，这个决策直接催生了"天河新区"。由于规划了300多万m²的商务办公楼和大量商业项目，最终使天河中心区成为广州新的城市中心。

1990 年代后期，随着改革开放的持续深入，尤其是随着深圳、珠海特区的建成，广州作为全省经济中心城市的地位一度被削弱。与此同时，外地人口的大量涌入给城市的承载力提出挑战，也加剧了这个省会城市脏乱差的程度。在获得 2001 年九运会的主办权后，广州成功推动了"一年一小变、三年一中变、2010 年一大变"的行动计划。

广州在天河体育中心东侧 10km 的车陂地区再规划建设了广东省奥林匹克体育中心（图2）。虽然试图借九运会引导城市结构再次东拓的企图没有六运会那么成功。但是省、市政府凭借自身强劲的经济实力，将奥体中心设施规模确定到亚运会场馆的标准。这个有远见的决策为广州后来成功申办"亚运会"打下了物质基础。

图 1　广州天河体育中心鸟瞰

图 2　广东奥林匹克体育场鸟瞰

1.2　保障既定城市战略的落实

2000 年，行政区划调整解除了广州长期以来城市发展空间局促的困境，使市政府直接管辖的土地面积从调整前的 1443km^2 跃升至 3718.5km^2，为城市产业和空间拓展提供了巨大的平台。

土地存量的增加使广州的城市竞争力骤增，广州以"拉开结构、建设新区、保护名城"的思路确定了"南拓、北优、东进、西联"[①]的城市建设总体战略，采取了"多中心、组团式、网络化"的空间拓展策略。广州中心城市发展终于跨越了"云山珠水"的千年约束，规划中以轨道交通支撑的都市区空间北抵花都、南至南沙、东到萝岗，南北跨度达到 128km，东西跨度 43km（图 3）。

广州战略拓展开始时，国家正在应对 1998 年亚洲金融危机，推行积极财政政策以"拉动内需"，宽松的货币政策使城市基础设施建设投融资很容易获得银行信贷支持。为此广

---

① 南拓——南部地区具有广阔的发展空间，新兴产业区、会展中心、生物岛、广州大学城、广州新城、南沙新区等将布置在南部地区，使之成为完善城市功能结构，强化区域中心城市地位的重要区域。其中南沙开发区将成为集汽车、石化、钢铁、造船、临港产业等为主的产业集聚区；北优——北部是广州主要的水源涵养地和交通枢纽，应优化地区功能布局与空间结构，发展生态旅游业，并在保证新白云国际机场"机场控制区"的前提下，适当发展临港的机场带动区，建设客流中心、物流中心；东进——以广州珠江新城和天河中央商务区的建设拉动城市发展重心向东拓展，依托广州经济技术开发区和广州科学城，将旧城区的传统产业向黄埔 - 新塘一线集中迁移，利用港口条件，形成密集的产业发展带。西联——西部直接毗邻佛山等城市，应加强广州同西部周边城市的联系与协调发展，加强广佛都市区的建设，同时对旧城区进行内部结构的优化调整，保护历史文化名城，促进人口和产业的疏解。

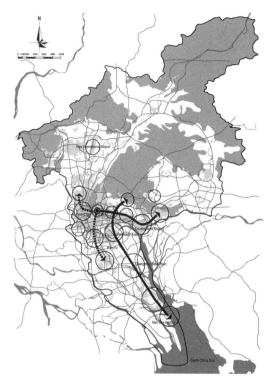

图 3　广州城市发展战略空间结构解析

州规划并着力推动了规模庞大的基础设施建设计划，轨道交通网等许多基础设施建设都计划或已经动工。但是 2003 年前后，中央政府由于连续数年放开信贷，导致全国经济过热、大量的产能过剩，又不得不紧缩银根，开始了严格的"宏观调控"。

于是广州果断地决定申办亚运会，用重大事件突破国家政策的束缚——利用亚运会这支"大杠杆"撬动国家严格的宏观调控政策，以获取更多的政策资源，加速实现城市战略扩张与产业发展之梦。由于亚运会这样的重大国际赛事（大事件）关乎国家形象，承办城市就算不能获得国家财政的直接支持，也可特事特办，获得特殊的政策支持。更重要的是按照以往的经验，可以此为大旗凝聚民心、形成共识，牺牲一些短期和局部利益，上下一致推动重大基础设施建设。

时任广州市市长林树森曾算了一笔账，认为只要申亚成功，广州只需花 20 多亿元兴建一些特殊功能场馆的、现有场馆的维修改造和支付亚组委经费，就可撬动超过 1500 亿元的投资，落实既定的城市发展战略——完成 250km 轨道交通线网，完善广州大学城，扩建新白云国际机场，建设南沙深水港区、广州新火车站，启动广州新城等。

2　从亚运会到"亚运城市"①

2.1　精打细算办赛会

为激发更多运动员的参赛兴趣，广州亚运会共设 42 项比赛，是亚运史上竞赛项目最多的一次。其中 28 项为奥运会比赛项目，另有 14 项为非奥运会项目，包括武术、板球、藤球、龙舟、象棋等亚洲国家擅长的项目，金牌总数达 473 块，超过北京奥运会金牌总数，也是历届亚运会之最。另外，亚运会对运动员参赛资格的审核并不严格，基本上"报名就可参加"。在这样的策略下，本届亚运会预计可吸引亚洲 45 个国家及地区的亚运会期间，广州将迎来 12000 名运动员、4000 多名技术官员和裁判以及 10000 多名记者和媒体人员的参加，人数之多为亚运历史之最，也超过了 2008 年北京奥运会的人数。

---

① "亚运城市"这个概念和四个发展目标"文化广州、商业广州、活力广州、绿色广州"是我在 2004 年 6 月 7 日广州市城市规划局在白云山鸿波山庄讨论迎接亚运会期间的城市规划工作计划时首先提出的。

如此规模的盛会，广州应付裕如。两次全运会为广州留下了大量体育设施——六运会的 60000 人体育场、8000 座体育馆、2000 座游泳馆；九运会的 80000 人体育场、10018 座广州新体育馆。另外，广州大学城中心共享区还有一个 40000 人体育场，加上 10 所大学各自准备配套建设的体育场、馆，又多了 20 多个赛场，早已经达到亚运会的场馆规模需求。亚运设施规划的核心是如何把这些分布在全市各个社区的体育设施在赛会期间组织起来。广州这次新建的 12 个场馆，包括许多计划中的社区体育设施、大学城配套建设的体育场、馆，而维修的场馆达到 58 个，设施建设实际使用资金约 80 亿元。

2.1.1 亚运场馆规划建设原则

分散布局，多中心、多功能原则；以场馆建设带动城市发展的原则；亚运场馆及配套设施与城市公共配套结合原则；因地制宜、勤俭节约的原则；满足市民日益丰富的生活、工作需要，提高现有设施质量，让亚运比赛场馆与赛后大众健身设施相结合的原则。

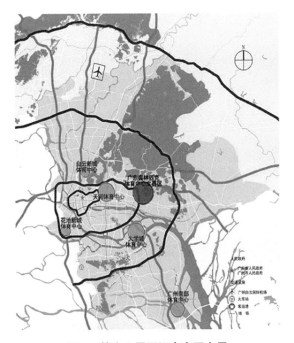

图 4　第十六届亚运会赛区布局

图 5　广州奥林匹克体育中心赛时鸟瞰

2.1.2 亚运会赛区布局

广东奥林匹克体育中心和天河体育中心作为市级复合型体育中心，前者将作为亚运会主赛区；在广州新城、大学城、白云新城、花地新城构建地区性的体育中心，形成专项体育功能互补、型制独立并兼容全民健身活动的多中心、多功能的赛区布局（图 4、图 5）。

就本届亚运会的经济账来看，广州亚组委足以自豪：通过买断市场开发权，获得的商业赞助超过了历届亚运会。目前广州亚组委已签约 47 家赞助商，现金赞助超过 13 亿元，实物赞助折价约合 17 亿元。而 2006 年多哈亚运会的市场开发收入总额仅为 8000 万美元。

广州亚组委在财务管理上亦较为务实，不讲排场，不搞攀比，场馆建设以能够满足亚运会的需求为准；注重赛后利用，如亚运城的综合体育馆赛后将成为番禺社区体育馆，海珠区体育馆最后成为海珠区全民健身中心，从化马术场在赛后将作为香港马会驯马基地；注重引入社会力量建场馆，如保龄球馆是利用私人场馆进行维修以后来使用，高尔夫球馆是利用九龙湖高尔夫球场，政府只出维修费用，马术场则是利用香港赛马会场地，仅这部分就为亚运会省了 20 亿元左右建设费用。

2.2 实实在在建城市

2.2.1 确定"亚运城市"建设目标

正是因为广州现有城市体育设施已经基本满足亚运会的比赛要求，亚运会的规划因此也就自然而然转化为"亚运城市"的规划，转化为落实既定城市发展战略的突击行动。广州市政府提出了结合原定"2010年一大变"计划,通过城市近期规划实施打造"亚运城市"的阶段性战略目标。

亚运会之于广州首先是一个重大的机遇，"体育搭台，城市唱戏"，最为重要的是能够让广州的区域中心城市建设上一个台阶。其次，亚运会也应该是一个重大的城市公共关系行动，所谓"让世界了解广州，让广州走向世界"。"亚运城市"这个概念的提出基于这样一个前提，即广州城市建设与20年前相比确实已经有了很大的成绩，但是离开举办亚运会的要求其实还有一定距离。"亚运城市"应该是一个经济繁荣、社会文明、生态安全的城市，一个堪以成功举办国际盛会的中国城市。这涉及我们为什么要举办世界性的重大活动。很显然，亚运会对广州而言是一个可以借机提高城市文明程度的重大事件，亚运城市也应该是一个有着高度文明的国际性城市。

"亚运城市"建设的四个目标为:文化广州，岭南古郡;商贸广州，国际都会;活力广州,体育强市;生态广州，山水名城。也就是要进一步增强城市经济活力、提升城市文明、保障城市生态安全、推进国际性城市建设。

2.2.2 经济建设获重大进展

在"再工业化、重型化"的经济发展战略指导下,广州重点发展装备制造和重化工业,已经稳步进入现代重化工业、汽车制造为主导的工业发展阶段。2004年，重工业比重首先超过轻工业，城市经济结构明显获得优化。在工业经济快速增长的同时，第三产业仍然保持着相对大的增长规模，仍然是广州城市经济的主体，产业结构持续提升。

广州经济总量每增长1000亿元所用的时间越来越短。1986-1995年，全市生产总值从100亿元到1000亿元，用了10年;1996-1999年，从1000亿元到2000亿元，用了4年;从2000亿元到3000亿元，用了3年,（2000-2002年）;而由3000亿元跃到4000亿元，又用了2年时间（2003-2004年）;2004年以后，基本上每年每增长1000亿（图6）。

2009年广州市GDP达到9112.76亿元人民币，全市常住人口数1033.45万人，人均GDP达到8.8万元/人，稳居中国经济总量第三大城市。三次产业增加值占GDP的比重为1.89：37.25：60.86，第三产业比重上升1.84个百分点，对全市经济增长的贡献率为70.1%，对经济增长的拉动作用增强。

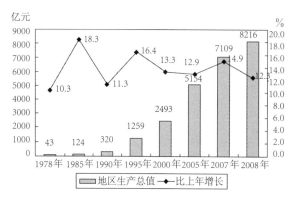

图6　广州市1978-2008年地区生产总值及增长速度

2.2.3　城市结构基本成型

由于 2000 年后的广州城市空间外拓的战略为产业空间拓展和升级提供了大量土地储备,这对提高广州城市竞争力十分关键,为经济的长远发展打下了基础。2005 年再次进行了行政区划调整,在东部设立萝岗区、在南部设立南沙区,更从行政区划上肯定了广州战略拓展所形成的新的城市空间结构。

广州 21 世纪中央商务区(GCBD21)沿城市新中轴线,以天河体育中心四周和珠江新城商务办公区为硬核(Hard Core),以天河中心区和东风路、环市东路沿线地区为核缘(Core Fringe),以城市新中轴线南延地区为发展用地储备,以广州大道、天河东路(江海大道)为内部交通轴。珠江新城规划写字楼面积高达 760 万 m²,加上环天河体育中心 400 多万 m² 写字楼,这个地区集中了广州约 1200 万 m² 商务办公建筑,是当之无愧的 CBD 硬核地区。随着观光塔、西塔、歌剧院、省博物馆、青少年宫、市图书馆和中轴线地下工程的完工,酝酿了近 20 年的广州 CBD 基本成型,目前土地已经出让完成,建设量也完成了 70%(图 7)。

广州新城规划范围 228km²,城市建设用地面积约 148km²。“亚运村”建设其实并非必建项目,其主要目标是启动整个广州新城的开发,提升这一边缘区域的地价,借亚运获得土地指标和相关收益,使之成为广州经济的另一大发动机。“亚运村”的每一个产品都充分考虑了赛后利用问题,其中记者村、运动员村、技术官员村均以 90m² 的小套间为主,赛后即可直接出售供商住。2009 年底,耗资约 130 亿元(含对农民的拆迁补偿)的亚运城尚未建成,即以 255 亿元的高价拍出,为广州迎亚运工程财政解困。广州新城将与先期启动的南沙港新区开发、大学城一同使广州城市南拓战略渐入高潮(图 8)。

图 7　广州市 CBD 核心区远眺　　　　图 8　广州新城“亚运村”鸟瞰

2005 年至 2010 年,广州在基础设施建设的资金来源方面,超过五成由土地出让金偿付,小部分由财政预算内资金支付;另有约四成为银行贷款,仅河涌治理一项即达到 486.15 亿元。2010 年的广州基本上实现了城市空间拓展和经济发展的双重跨越:城市空间从“云山珠水”跨越到“山城田海”;产业结构从“商贸轻工”提升到“重化工业”。

3　大事件,挑战城市治理

广州市政府在举办亚运会这件事上,一直是比较理性低调的。加之 2008 年金融危机带来了更为宽松的财政和信贷政策,在经济刺激政策下,政府项目成为银行放贷的优先对象,亚运会的杠杆作用自然就有些微妙了。但是 2006 年以后大量以亚运配套为名的公共项目和工程却引起了社会的普遍争论,成为城市的公共性话题。

3.1 "中调"何为？

一方面,广州城市战略拓展取得重大进展;另一方面,老城区空间缺乏公共财政的阳光。

在占建成区 21% 的广州旧城区土地上,集中了全市大部分的经济和社会活动,城市功能的聚集,使得旧城区始终保持着较高的开发价值,优越的商业、教育、医疗等公共资源对开发商与居民都产生了极大的吸引力,加上地铁这种便捷交通的介入之后,旧城再次成为开发热点,由广州近年各区房地产开发强度可以看到,作为旧城区的越秀、荔湾和海珠区在房地产开发强度上一直保持在全市各区的前列位置,而且数值与较低的行政区差距也比较大。高强度的房地产开发加剧了旧城区的"三高问题",即人口密度高、建筑密度高、交通密度高,生活环境进一步恶化,直接导致了生活空间质量的下降。

在旧城更新改造的过程中忽视传统城市空间肌理,缺乏对空间形态的有力控制,使得体量尺度与旧城原有建筑环境极不符合的建筑物混杂、零散地分布在旧城范围,旧城的一些传统轴线、空间节点被大量现代建筑破坏,城市传统空间被刻意地改变。对比分析广州传统中轴线的现状与规划设计可以发现,规划设计没有很好起到对现代建筑建设的控制,城市肌理没有按照规划的形式延续,旧城改造也突破了原有规划的建筑体量。究其根源,在于旧城更新和保护之间存在矛盾,存在重开发轻保护的现象。

同时,广州现行的旧城更新改造模式仍然是市场占主导,政府对改造开发的控制不力造成了旧城改造的建设呈现某程度上的失控,容积率和建筑体量高度等指标不断被突破,历史文化名城的整体建筑环境受到破坏。旧城传统社会人文发展受困于两个"侵入":

（1）在旧城更新改造过程中,大量小地块、单独的高层建筑侵入成片的街区,造成单调的居住模式侵入原有多样化的街区生活模式。这样单一的改造更新在很大程度上忽视了传统地区空间的多样性特征,影响了街区内原有公共生活模式的延续和发展。

（2）大型商业设施对旧城区的"侵入",同样造成了对传统生活方式的破坏。对传统街区多数采取拆除重建的方式或者是局限于沿街改造,在功能置换上也往往局限于传统居住功能和商业功能的置换,造成原有的社区小商业渐渐地被大型商业、批发市场代替,破坏了传统街区多样化的生活方式,促使了人口的向外迁移。

2006 年末,广州市政府提出了针对老城区发展"调优、调高、调强、调活"的"中调战略"。但是"中调"到了具体项目就直接变为"中拆"——恩宁路传统历史街区改造竟然先拆迁后出改造方案,由于缺乏对城市历史文化的关照,改造动机备受怀疑,以至于社会舆论哗然,使整个"中调"战略掉入陷阱,至今难以推动。

3.2 "城中村"改造的危局

亚运会开幕前广州确定要拆掉 9 条城中村!

2010 年广东全面启动的"三旧"改造（旧城镇、旧村庄、旧厂房）,让广州停滞数年的"中调"有了兑现的可能,广州市纳入"三旧"改造的土地规模达到 370km²。与最早启动"三旧"改造的佛山追求 GDP 增长的目标不同,广州的城中村改造有着不同的诉求：

第一,城中村是在广东 30 年"要地不要人"的低成本快速城市化过程中,由于没有统筹好城乡关系形成的。相较上海、北京,广州城中村的存在损害了地方政府的公共治理形象,因此其改造是省市两级政府的集体意志,这已经是一个政治性的话题。

第二，由于近年来房地产的高涨，使得城中村改造在经济上成为可能。政府长期以来一直不动城中村改造的念头，是因为政府如果要主动，就要有大量财政资金投入。目前几个已经推动的村子，动辄几十个亿投入。这样高强度的投入，城市公共财政是没有能力支持的，必须依靠引入市场，因此只有在地价达到相当高的水平的时候，这种改造在成本上才是可行的。

城中村是政府在城市化的过程中留给村民唯一的少数赖以生存的资源，村民已经将其作为持续收入的保障，农民已经退无可退，所以只能在承认农民既得利益的前提下进行改造，因此这个成本比一般的旧城改造要昂贵。也正因为如此，广州城中村改造只能做到"帕罗托最优"，即必须实现各方利益的最大化，而且不损害任何一方的利益。

目前普遍采用的"卖地筹资"模式就是划出一块土地拍卖给开发商，再用拍地所得资金进行城中村改造。政府看起来不出资，但实际上把巨额土地收益又返还给了开发商和村民，城市损失了大量公共收入。政府还要为极高的容积率进行大量的基础设施建设，支出大笔财政。即便如此，也要到市场地价能够足够高覆盖几个方面的成本的时候，才能够同时满足政府、开发商、农民三方利益最大化的要求。而地价又是由房价决定的，正是隐形的广大购房者把房价抬到目前这么高以后，开发商才肯出价钱参与城中村改造。

2005 年以来国务院历次调控都把重点放在打击房价上，政治性很强，但治标不治本。中央政府为加强中央集权，拿走了太多地方税收，但是又拿不出新办法去改变导致"土地财政"的分税制。没有土地收入，就连广州这样全国第三大城市都无法维持基本的财政平衡，何谈发展？

城中村改造对于房价的敏感度很高。目前国家以压低房价为目标的宏观调控的政策如果有效，就会增加市场的不确定性，而开发商资金无法到位，现在的城中村改造就可能制造出一批烂尾村。为避免社会风险，政府一定要在启动改造时，帮助农民拿回开发商的全额土地款。如果开发商不能接受的话，政府就不应该急于推动城中村的拆除，也没有必要强行在亚运会前拆除九条村，拿社会稳定去冒险。

3.3 "新社区"公共住房之困

2007 年 11 月 28 日，广州市 3148 户的贫困居民一次性地解决了住房问题。以广州市的经济实力，在二次分配时可以更多关注弱势群体，这确是城市政府的应有之举。金沙洲新社区是广州目前在建的最大的新社区，住宅总建筑面积约 48 万 m^2，共 6000 多套，户型 60-80m^2。因为市政府重视，所以在设计和设备的配置上都是最好的。环境优美、配套完善、设施齐备、交通便利，这个新社区的规划水平绝对不亚于任何一个商品房社区。主要提供给"双特困户"——居住的困难户和收入的困难户，即城市里最穷的人居住。

问题是，为什么要把这么多的贫困人口集中、大规模地放在一个小区里？这涉及一个很大的社会学问题——居住分异。在完全市场化的住房市场上，居住分异是一个自然的过程，因为收入不同导致支付能力不同，市场的价格自然把人筛选了一遍，有钱人住在一起，穷人住在一起。市场导致的"居住分异"在社会学家看来是反"和谐社会"的居住模式，会在更大的空间层次上成为社会排斥和社会问题的温床，有可能会从空间的隔离演化为社会的对抗。从维护社会安全的角度而言，打破低收入阶层聚居格局对社会的稳定价值将大大降低社会整体的运行成本。从社会安全的角度来说，一个聪明的政府恰恰应该是在自然的市场选择居住分异的趋势下干预它，减少社会分异，强调社会的混合居住。

混合居住有很多好处,低收入阶层可以通过与高收入基层的近距离交流习得如何致富,获取更多的工作机会;高收入基层通过与低收入基层的接触可以了解社会底层的生活、面貌和精神;不同阶层的混居可以增强他们的相互理解、提升低收入阶层的生存能力、化解阶层隔阂。理想的做法应该是把 6000 户穷人分成 10 组,每 500-600 户一个住宅组团分布到城市各个不同的地区,与其他社会阶层一起无差别地体面地享用城市公共设施和服务。

把新社区搞到要设"新社区"学校这样一个规模更是很大的失误,这会让孩子从小学就贴上"新社区"德政的标签,会在"城乡差别"之外再人为制造一个"贫富差别"。金沙洲新社区项目属于典型的"好心办坏事"的案例,政府在为穷人办事的时候缺少研究论证,没有社会学家的参与,结果市政府的行为进一步加剧了居住的"社会分异",亲自制造了一个大规模、环境优美、设施先进的大型贫民居住区。

3.4　广州不限制小汽车?

因为广州要成为中国的底特律,所以广州市政府一再表态不限制小汽车!而且市政府还计划要拿出 10 个亿,在城市中心区建 15 万个停车位。

其实目前车位缺乏是因为政府的政策导致的。广州规定停车场的收费要限价,使停车场建设成为没有利润回报的项目,表面看起来对老百姓有利,实际上却抑制了市场对于停车场建设的投入。投入少了,停车场自然就稀缺了,结果只有政府自己动用公共财政来建设停车场。

但是无论是政府还是市场在中心区增加停车位都要小心!

1980 年代,我国就明确提出了优先发展公共交通的"公交优先"的城市交通政策。但由于汽车制造成为"支柱产业",更由于私人交通的机动性,我国城市实际上没能够控制住私人小汽车的发展。同污染控制一样,在小汽车问题上我们也没有"后发优势",在重新走别人走过的路,可能这是很难逾越的,因为人心都是一样的,大家都希望自己方便和机动,结果大家都不机动和方便。

近年来学界更提出"公交制胜"的呼吁,冀望扶持公交以解决当下城市交通面临的严峻挑战。从教科书里的"公交优先"的价值选择到升级版的"公交制胜"的对策性的政策建议,是以一种与严酷现实"博弈"的姿态出现的。

随着经济发展,家庭买车的能力增强了;而小汽车的产量增加,价格下降了,小汽车成为比较便宜的物品,城市道路建设的量永远跟不上汽车的增长。旧城交通困境本来就应该通过"交通需求管理",限制和减少车辆进入;但是广州"旧城区 3 年建设 15 万个车位"的计划就像在旧城打了一个"死结",增加停车场必然诱导更多汽车进入量,结果会进一步加速旧城道路容量超载,交通阻塞。这也是一个有违常识的决策,看起来在短期内可以讨好老百姓,长期却经不起推敲。

3.5　关于广州 BRT 的争议

在迎亚运的大旗下,继昆明、杭州、重庆、北京等地之后,投入高达 13 亿元的广州中山大道 BRT(快速公交系统)2010 年 2 月 10 日终于在争议声中开通了。

广州 BRT 从宣布开始施工,批评和质疑就不断。好在 BRT 不但没变成开通前市民媒体担心的"不让通",还交出了很好的成绩单:三个月后单日客流达到 100 万人次;通道内公交平均运行速度约 23km/h，比开通前沿线公交车速提高 84%；沿线社会车辆的平均速度从 13.9km/h 提高到 17.8km/h，比开通前提速 28%。31 条 BRT 公交线路覆盖全市 750 对公交站点，BRT 成为全市公交换乘枢纽通道。

国际城市规划界有两个基础性的文件，1979 年的《马丘比丘宪章》，很明确的提出城市公共交通是城市发展规划和城市增长的基本要素，"公共交通是城市发展规划和城市增长的基本要素。城市必须规划并维护好公共运输系统，在城市建筑要求与能源衰竭之间取得平衡。"它批评了 1933 年的《雅典宪章》。"雅典宪章很显然把交通看成为城市基本功能之一，而这意味着交通首先是利用汽车作为个人运输工具。"但是"44 年来的经验证明：道路分类、增加车行道和设计各种交叉口方案等方面根本不存在最理想的解决方法。所以将来城区交通的政策显然应当是使私人汽车从属于公共运输系统的发展。"公交优先的选择是西方国家从经历小汽车时代到后汽车时代总结出来的规律。

是否选择 BRT 这样的交通模式已经不是一个技术问题，而是一个重要的政治决策。政府必须决定，有限的交通空间资源，究竟优先分配给小汽车，还是分配给公交车？城市交通要把资源更多地为交通弱者——经济收入的弱势群体、身体残弱的弱势群体服务，为基层民众提供便捷、快速、廉价的交通系统是一个文明的城市政府应有之义。2010 年 5 月 30 日-6 月 1 日期间，公众力 & 参客咨询机构成立了专门的调查小组，在 BRT 沿线的 18 个车站进行"广州市 BRT 运行情况及公众评价意见征询"独立调查，结果"超过大半（75.5%）的受访者支持，只有小数（3.6%）的受访者持反对态度，有 20.4% 的受访者持无所谓的态度，有 0.5% 受访者不作回应。总的来讲大多数市民是支持 BRT 建设的。"[1]

广州 BRT 建了 9 个月，却被媒体骂了 10 个月。一方面，固然表达出沿线可能的利益受损者的担忧和愤怒。另一方面，从城市治理的角度来说，媒体诸多对广州 BRT 技术细节的追问，表达出民意对重大公共事务的关切。作为一个投资庞大、影响广泛的重大的公共项目，广州市政府在宣布计划后一个月内即迅速动工，竟然回避公开的论证及听证程序，明显欠缺必需的程序正义，民众对政府单方制定城市政策的焦虑也就无法化解。如果政府在重大规划决策中能够纳入更多的公众参与，注意倾听底层群众的声音，决策就能获得更多的群众支持。

4 小结：精英治理的终结？

从以上几个在广州比较受关注的城市公共话题隐约可以看出，为什么亚运会这样的大事件竟然也难以凝聚人心、形成社会合力？

1978 年以后由于实用主义和新自由主义思想的滥觞，在"发展是硬道理"、"不管白猫黑猫抓到老鼠就是好猫"、"让一部分人先富起来"等口号下，中国人在初尝改革开放红利的 1980 年代以后，即陷入那只"看不见的手"导致的社会分化加剧的陷阱。

2000 年以后，反对进一步推动政治体制改革的国粹主义、反对市场经济的民粹主义盛行。知识分子社会价值被贬，社会非理性情绪泛滥，社会治理失衡，民心难以凝聚。今天的中国城市在快速扩张中陷入重重矛盾：中央政府极力扩张财政资源，城市政府以地为

① 深圳市公众力商务咨询公司广州分公司、广州市参客市场调研有限公司，广州 BRT 通车 100 天公众评价调查报告，http：//news.dichan.sina.com.cn 新浪房产 2010-6-2.

生，为维系竞争力而无力公共产品和服务的供给，引发城市弱势群体困难加剧；国进民退，逼出大量产业资本进入投机领域，住房价格飞涨超过普通居民承受能力，引发社会的普遍不满；住房的过分市场化显化了居住的社会贫富阶层分异，加大了城乡流动和社会阶层流动的成本；发达地区的城市扩张在二元土地制度下不断征用农田，引发城乡对立和对粮食安全的担忧；旧城改造为名的房地产开发，以拆迁获取土地资源，加剧了政府与市民的冲突；工业和汽车污染的加剧，引发严重的环境问题；城市交通被迅速发展的小汽车主导陷入拥堵，引发交通弱势群体出行日益困难；大量进城务工的廉价"农民工"无法获得城市居民的待遇，引发社会冲突的隐忧……计划经济时代相对均质的社会结构已经断裂。

与政府重视 GDP 增长，注重城市发展的长远与整体利益不同；普通百姓更多以此时此地的自身感受出发去判断一件事情的是非曲直，即便亚运会这样的"大事件"也无法确立"政治正确"的大旗，以凝结社会共识。由于长期以来广州城市建设领域普遍缺乏公众参与，排斥有独立见解的专家，不注重制度建设，导致政府和民间的分歧越来越大。

各级政府应该更加注意在决策过程中的制度建设，学会科学决策、民主决策，因为决策失误可能造成不可逆转的社会矛盾。但是现实中政治精英的自大，导致政府理性不足；经济精英的贪婪，导致市场理性混乱；文化精英被矮化，导致公众理性缺失。长期以来政府所形成的行政方式的惯性非常之大，以至出现了"民主党派做领导不讲民主，专家做了领导也不讲科学"的局面，更何谈城市规划"向权力讲述真理"。

广州"大事件"下所发生这一切都彰显着这个时代精英治理的式微和公民社会建设滞后、法治精神缺失的悲哀。如何构筑理性社会，建设法治国家？现行城市建设制度要有大的突破还得寄望于国家层面政治体制改革的进展。

参考文献

[1] 袁奇峰，广州：一个善用体育事件的大城市 [J]. 北京规划建设，2009，（2）：77-79.

[2] 魏成，袁奇峰. 广东城市社会 30 年的变迁与挑战 [J]. 北京规划建设，2009，（1）：87-91.

[3] 袁奇峰等. 改革开放的空间响应——广东城市发展 30 年（第一版）[M]. 广州：广东人民出版社，2008.

[4] 袁奇峰. 广州城市发展的挑战与方向 [D]. 回到常识——公众论坛演讲集. 广州：花城出版社，2008.

[5] 袁奇峰，马小亚. 住房新政推动城镇住房制度改革——对"国六条"引发的中国城镇住房制度建设大讨论的评述 [J]. 城市规划，2007（11）：ISSN1002-1329CN11-2378（人大复印资料收录）.

[6] 袁奇峰. 和谐社会背景下的城市开发之困 [D]. 中国城市规划学术研究进展年度报告 2006. 北京：中国建筑工业出版社，2007.

[7] 袁奇峰. 亚运城市，2010 年的广州 [J]. 风景园林，2006，（1）：34-41.

[8] 王蒙徽，段险峰，袁奇峰等. 从"云山珠水"走向"山城田海"[J]. 城市规划，2001，（3）：33-37.

[9] 李萍萍，袁奇峰，赖寿华等. 在快速发展中寻求均衡的城市结构 [J]. 城市规划，2001，（3）：28-31.

（原文发表于《南方建筑》，2010 年第 4 期）

"大盘"到"新城"

——广州"华南板块"重构思考

在"计划经济"时代,城市建设是中国各级政府和部门的事务,包括从住房建设到各类公共服务设施以及基础设施的投资、施工与管理,体现了高度的"政府性"。1990年代初,随着社会主义市场经济体制的确立,以及城市土地使用权转让制度的运行,城市建设开始由纯粹的政府事务转变为由"市场运作、企业参与"的新格局。而加速致使城市建设由企业和市场主导的"推手"则是1990年代中后期的财政分权和住房制度改革。城市住房建设在此影响下,几乎完全走向"市场化",成为1990年代后期以来城市空间拓展与城市建设的"主力军",以至于对城市空间结构产生深刻影响。特别是与城市空间发展和城市"公共性"等议题密切联系的有关住宅区的规模、选址、公共服务配置等,成为政府、企业博弈的"前台"。而广州"华南板块"早期的居住"大盘"开发则提供了一个由于县(区)级政府和市级政府利益博弈与空间管制转型期间,任由开发商"运营"楼盘建设,政府缺位和不作为而导致城市公共性丧失的分析样本。近年来,随着人口的大规模集聚,轨道交通建设和城市重大项目引发的广州城市南拓,促使该地区出现了积极的变化。而新一轮广州城市发展战略研究所提出的番禺"北部新城"理念,有望重构"华南板块",以弥补城市公共性的缺失。

1 "华南板块"的形成及其后果

1.1 "大盘"和"华南板块"的形成

2000年以来,广州"华南板块"房地产以"大盘"开发闻名全国,成为新世纪广州城市建设领域的第一个"热点"。而新型的公寓式住宅、大量的廉价优质别墅、令人动心的园林设计和珠江三角洲超强的购买力也成为当时中国房地产界的一大"亮点"。作为当时全中国房地产开发的"实验田"和"样板间",这个地区为正在全面市场化的中国房地产行业贡献了两个对未来中国社会有着重大而深刻影响的概念——"大盘"和"板块"。

在房地产界,"大盘"是指开发面积较大的开发项目,一般是指占地50hm^{2}以上,大的占地甚至超过3-4km^2;而"板块"实指较多房地产"大盘"开发项目在一定的地理范围内扎堆开发所组成的"块状片区"。

1990年代初,祁福新村(1991年)和丽江花园(1992年)的开盘,并未立即引起地产界的广泛关注。但随着1998年广地花园的开盘,番禺"撤市设区"的酝酿,华南快速干线的建设和通车,以及广州概念规划拟定的"南拓"方案,致使这片介于广州和原番禺市北部之间的未开发区域,迅速为市场"嗅觉"敏锐的房地产开发商相中,"两万多亩地一下子瓜分完了"[①]。

---

① 柴晓燕:"透视'大盘时代'",http://www.wzg.net.cn,2002年9月16日。

序号	名称	用地规模（hm²）	容积率	绿地率(%)	建筑面积（万 m²）
1	祁福新村	403.8	1.42	40.40	554.1
2	广州雅居乐花园	314.9	1.43	38.60	433.7
3	华南新城	202.5	1.39	35.97	268.3
4	华南碧桂园	118.6	1.70	35.44	161.9
5	锦绣香江花园	87.6	1.40	35.45	115.1
6	星河湾	80.1	1.80	38.40	118.2
7	丽江花园	77.1	1.79	31.56	138.3
8	置业金海岸花园	63.0	1.575	35.00	72.9
9	富豪山庄	56.0	1.322	39.549	71.1
10	万博花园	56.0	1.30	30.14	57.9
11	东湖洲花园	51.8	2.14	36.53	104.4
12	南国奥林匹克花园	51.0	1.40	33.40	71.40
	合计	1563.2			2167.3

  2001 年 4 月 28 日，华南快速干线桥南的星河湾正式开盘，以一句颇具影响力的广告语"华南板块掀起你的盖头来"，宣告了"华南板块"浮出水面[①]，并在广州地产和中国地产界刮起一阵旋风。随后，南国奥林匹克花园、华南碧桂园、锦绣香江和华南新城以及雅居乐也"粉墨登场"。由于这些"大盘"主要沿着华南快速干线周边开发，故名"华南板块"（图1）。"华南板块"仅 12 个最大的楼盘就占地 15.63km²，平均占地面积约 1.3km²（表1）。

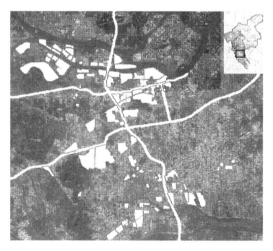

图 1   "华南板块"的"大盘"

  2000 年前，原番禺市用于房地产开发的大规模土地出让主要通过两种方式获得土地指标。①广东省是全国建设用地指标统筹市场试点，可到省内经济相对落后地区如湛江、云浮等地，通过支付荒地开垦费等购买建设用地指标。因此，番禺本来准备作为产业用地的这些指标基本全数集中投放在北部地区，作为房地产开发地。②通过省国土厅以建设经济适用房名义，直接向国土资源部申请划拨用地指标，虽然实际开发的并不是经济适用房（图2、图3）。

---

① 翟晓清："早熟的华南板块"，《房地产导刊》，2004 年第 18 期。

图 2　洛溪大桥北岸就是广州海珠区　　　　图 3　祈福新村规模庞大的别墅区

　　因此，原番禺市政府所精心储备的建设用地，本想为产业发展腾挪更多空间，但在行政区划"突然"即将变更的情形下，为争取自身利益最大化而主导的"突击"卖地，可以说是一种"情绪化反抗"。而广州市政府无法预计和及时控制这种"透支"卖地的局面，反映了在行政区划调整过渡期间，县级市政府与广州市政府之间的利益博弈关系。这是"华南板块"得以快速浮现的真正原因。

1.2　"华南板块"的后果：城市公共性的缺失

　　"华南板块"开发之前，这块处于广州市和番禺市桥之间还未开发的区域还没有整体的城市规划和市政设施建设计划，而崛起于"农田"之中的房地产开发，为了面向市场和客户，也只有采用"大盘"开发模式才能生存下去。正如王志纲所言，"在郊区开发的楼盘必须是大盘化，小盘由于没有城市公用设施的依托和配套，无法独立生存。而大盘的开发者就意味着它必须要扮演很多政府应该扮演的角色，包括负责公共设施如学校、商业等的配套和建设。"[①]以至于马来西亚的杨经文建筑师在为占地近 $2km^2$ 的华南新城"大盘"做规划方案时，竟难以把握其空间尺度，提出用轻轨来连接各个组团的"新城"式建设方案，让精于算计、投资精明的开发商避之不及。

　　尽管"华南板块"的土地出让金按照规定应包含地块及周边市政、公共服务设施配套建设的费用，但当时由于原番禺区政府为急于"出手"，大部分土地出让都是通过协议方式以很低的价格出让，如华南新城地价为 8 万元 / 亩，雅居乐为 6 万元 / 亩，而早期开发的大盘价格更低至 4 万 -5 万元 / 亩[②]。较低的土地协议出让收入自然无法涵盖居住配套建设资金，这可以说是"华南板块"配套建设的先天不足。

　　于是在这片"特殊的地区"出现了公共设施建设的真空地带，也几乎由开发商来填充（以迎合市场需求）。商业资本的特点在于对利润的追逐，道路和市政基础设施、办教育、建医院都需要较高资本投入，并需经过长期运作才可能产生利润，开发商可以为"卖楼"做一时之力，却难以持续下去。比如楼巴[③]，在楼盘销售初期开发商宁愿贴钱补贴，一旦房子卖完，楼巴经营就需要足够的乘客规模，才能得以支付和维系下去。在实践中，楼巴的每次试图提价都几乎遭遇业主的强烈反对。

①　柴晓燕："透视'大盘时代'"，http：//www.wzg.net.cn，2002 年 9 月 16 日。

②　何海鹰："华南板块再审视"，《南方都市报》，2003 年 11 月 7 日。

③　一种由开发商提供的准公共汽车。

楼盘名称	配套学校	规模	性质
洛溪新城	洛溪新城小学	小学 50 班, 2500 多名学生	公立
	洛溪新城中学	初中	公立
丽江花园	莱恩中英文学校	小学 1-6 年级, 初中 1-3 年级	民办
星河湾	番禺执信中学	小学至初中 48 个班, 2000 多学生	民办
南国奥林匹克花园	北师大南奥实验学校	小学至初中 24 个班	民办
广地花园	番禺广地培正实验学校		民办
祁福新村	祁福英语实验学校	小学至高中	民办
	祁福新村学校	小学至高中, 2000 多名学生	民办
华南新城	华师附中番禺学校	规划 60 个班, 可容纳 2400 名学校	民办
华南碧桂园	碧桂园小学	4 个班	民办

在政府缺位下, 开发商主导城市开发, 许多社会事务也要由开发商包办, 留下了大量社会问题。如公共交通、污水处理、垃圾处理等市政基础设施缺乏统筹; 学校、医院等社会公益公共设施严重缺乏。同时, 有限的公共设施和服务大多以各"大盘"的"画地为牢"及垄断经营为特征, 从而导致读书难、乘车难、看病难等问题。例如, 开发商承建的教育设施产权状况很复杂, 多数教育设施属于经营性的"民营贵族学校"(表2), 平均一年学费都在 1.8 万 -2.5 万元间, 其中祁福英语实验学校的小学收费每学年为 3.5 万元, 初中高达 3.7 万元, 是普通公办学校的几十倍。

2007 年, 对番禺洛溪岛居民的问卷调查[①] 分析显示: 洛溪岛房地产楼盘中的居民多是从广州市区和外地迁入为主, 番禺的原住民很少。而迁入从 1990 年代开始, 集中在 2000 年以后, 被调查人员中在广州市区工作的超过 30%。绝大部分公共服务仍只能从广州市区获取, 且居民认为洛溪岛最突出的问题是缺乏公共服务设施、公园及游憩场所 (图4、图5)。

公共设施建设的滞后, 导致大量的公共服务需求回到中心城区, 进一步抑制了本地服

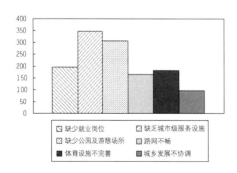

图 4　洛溪岛居民认为最突出的问题(人)

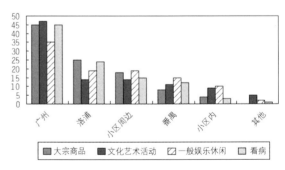

图 5　洛溪岛居民获取各类服务的地区分布（％）

---

① 回收 660 份, 有效问卷 571 份。

154

务设施和公共中心的发育，"华南板块"成了真正意义上的"卧城"。而要求政府能够提供更好的配套设施和公共服务的呼声越来越高。2004年，《南方都市报》推出了"番禺新移民之困"系列报道，并发表社论批评原番禺市政府面对城市发展已丧失责任，将公共设施与服务之困转移给社会。

2 广州南拓与"华南板块"的挑战及机会

2.1 广州城市发展的跨越

2000年，行政区划调整解除了广州长期以来城市发展空间局促的困境，使市政府直接管辖的面积从调整前的 1443km² 跃升至 3718.5km²，为城市产业和空间拓展提供了巨大的平台。顺应行政区划调整，广州迅即组织编制了城市发展战略规划，实施了"拉开结构、建设新区、保护名城"的城市空间发展战略，按照"南拓、北优、东进、西联"的八字方针，使广州从"云山珠水"走向"山城田海"，引导城市重点向南、向东拓展（见第129页图2）。

2000年后，广州城市空间外拓的战略为产业空间拓展和升级提供了大量土地储备，对于提高城市竞争力十分关键。在"再工业化、重型化"的经济发展战略指导下，广州重点发展装备制造和重化工业，经济实力得以迅速提升。2004年，重工业比重首先超过轻工业；2008年地区生产总值（GDP）增长到8216亿元人民币（图6）。三大日系汽车城的落户、南沙新港区①和广州大学城②的建设，以及借力亚运会而启动的广州新城③等重大项目建设，从而使广州基本上实现了城市空间拓展和经济发展的双重跨越：城市空间从"云山珠水"跨越到"山城田海"；产业结构从"商贸轻工"提升到"重化工业"。

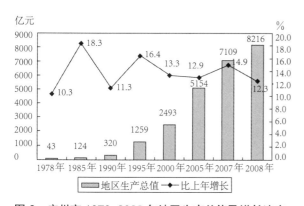

图6 广州市 1978-2008 年地区生产总值及增长速度

---

① 南沙新港区——支撑广州21世纪发展的"生态产业新城"。南沙处于广州-香港-澳门"A"字形空间结构中心位置，是联结珠江口两岸城市群的枢纽性节点。距广州市中心50km，距香港38海里，距澳门41海里。新港区总面积527.65km²，其中陆域面积339.5km²。轨道交通4号线使南沙到广州中心城区的时空距离大大缩短。以南沙为中心，在60km半径范围内有14个大中城市，由这些城市组成的珠江三角洲城市群，已成为世界制造业中心和经济增长最快的区域之一。2005年，国务院正式批准设立广州市南沙区。随着国家产业政策的调整和对环境保护的重视，2009年，南沙不再被允许发展钢铁冶炼和石化工业。未来的发展方向将是支撑广州21世纪经济持续发展的"生态产业新城"。

② 广州大学城——广州保持"国家高等教育基地"地位的支撑项目。大学城是广州基于知识经济的城市竞争力的价值重构点。广州市云集了华南地区最好的大学，但原有的大学校园面积普遍狭小，远不能满足扩建要求。大学城选址于新造镇和化龙镇，规划面积43.3km²，可建设用地面积为30.4km²，规划总人口35万-40万人。首期位于小谷围岛18km²范围内的10个校区已于2004年建成。

③ 广州新城——通过"亚运村"启动开发。广州新城位于番禺区沙湾水道东侧，西临市桥，北距广州中心区约30km，距大学城约12km。规划控制面积约228km²，其中城市建设用地面积148km²，规划居住100万人口。广州亚运会占地面积约2.73km²的亚运村选址于广州新城。亚运会期间亚运村需要容纳14000名运动员和随队官员(运动员村)、10000名媒体人员（媒体村）、2800名技术官员和其他工作人员18000人进驻，赛后还需要满足亚残会4000名参赛人员使用。亚运会后，亚运城将转换为商品房住宅小区，成为娱乐、购物、餐饮、医疗、中小学等各项公共设施一应俱全的高品质生活社区，进一步推进广州"南拓"。

2.2 区划调整带来的空间开发管治权限变化

原番禺是广州传统的郊区县市——南（海）番（禺）顺（德）之一，经济发展呈现典型的大城市郊区农村社区工业化特征，是自下而上、以村镇经济发展为主体的发展模式。这种发展模式在 20 世纪八九十年代曾极大地促进了番禺社会经济的高速发展，有效地调动了地方发展经济的积极性；但在工业化进程进入资金密集、技术密集型的中期阶段，已不能适应形势发展和广州城市空间南拓的要求。

"撤市设区"前，番禺不仅享有县级市的外经贸权限，还享有其余广州 8 区 3 市所没有的出口退税审批权和外商投资企业营业执照审批权（包括 3000 万美元以下投资的审批权）；在规划审批方面，番禺具有县级市的城市规划管理审批及核发辖区内建设用地规划许可证的权力；在土地审批与收益方面，番禺具有土地使用、变更、发证等权力，而且土地出让与使用的有关费用绝大部分由番禺自主安排使用。

广州市在"撤市设区"时曾提出过构建"两级政府、三级管理"的设想，承诺在 3 年过渡期内各区基本保留原有的管理权限。由于 1999 年番禺 GDP 仅占广州全市的 13.13%，而广州城市战略南拓的大量市级财政项目都落在原番禺境内——大学城、南沙新港区、亚运村，为整体统筹与推动大项目建设，广州市政府在行政区划调整过渡期还未结束时，就将原番禺市的审批权（如土地审批、建设项目审批）、决策权、财政权等上收了。更因为"华南板块"的历史原因，对番禺建设用地审批实行特别严格的控制。在组织架构方面，市政府对区政府的部分职能部门还实行了垂直管理（李开宇，2007）。

2005 年，广州再次进行了行政区划调整，在番禺行政区内通过"切块"方式，在番禺区南部新设南沙区，新的番禺区尚有 786.15km² 的土地。与 2000 年"撤市设区"不同的是，此次行政区划调整是内部整合，目的是对处于不同发展时期和阶段的城市地区进行分类指导和管理。至此，广州行政区划调整和空间开发管治权限基本上得以理顺并在一定时期内稳固下来。

2.3 南拓轴的东移与"华南板块"的挑战及机会

2000 年行政区划调整后，无论是从区位价值还是基础设施建设的条件来看，广州城市空间南拓最佳的选择应是从天河中心区和珠江新城（CBD），经由既有的城市交通主轴——广州大道、华南快线、新光快速路延伸到海珠区，再到"华南板块"、番禺中心城区——市桥。但番禺北部（"华南板块"）的战略性土地资源大部分已被开发商所控制。

在目前中国城市政府的财政体制下，可经营与调配的土地就是城市政府的"存款"。而广州市政府对行政区划调整的理想主要是，期望通过控制城市发展的战略性资源，为城市 21 世纪经济的持续发展提供强大的空间支持，以提升城市竞争力。而被开发商所控制的战略性土地资源、以房地产开发为主的"华南板块"显然无法承担如此重任，番禺北部地区成为了广州城市南拓发展的"鸡肋"。

为完善城市功能结构，广州战略规划不得不跳过这个地区，另辟蹊径，重新选择新的南拓轴：在番禺的东部地区以市级财政建设轨道交通 4 号线、南沙港快线、广珠高速东线等客货运交通干线，重新构筑一条将广州科学城、奥体中心、琶洲会展中心、广州生物岛、广州大学城、广州新城、南沙深水港区等串联起来，重点布局新兴产业和港口工业用地的新南拓轴。

图7 番禺片区规划结构

同时为保证不再重蹈番禺北部地区"华南板块"土地投放失控的覆辙,广州市政府明确通过《番禺片区规划》,将原番禺行政区域空间开发管治划分为由市政府主导开发的城市"重点发展区"和由区政府主导的"调整完善区"及"农业产业区"。将新南拓轴上的广州大学城、广州新城、南沙经济技术开发区、龙穴岛深水港区全部土地划为"重点发展区",置于市政府的直接管制之下(图7)。

由于南拓轴的东移,番禺片区从"华南板块"到市桥这个地带被定义为"南部转移轴",被广州城市发展、公共治理和财政"边缘化"了,即被"南拓"战略"跨越"了。由于广州市政府在城市跨越发展时,将大部分精力放在战略资源的拓展上,自然没有多少余力去做修补"华南板块"这样比较精密的社会工程。

虽然广州战略拓展的目标是南沙新港区,尽管"华南板块"被南拓主轴跨越而过,但由于番禺处在中心城区到南沙的主通道上,从市场的需求来看,"华南板块"还是从城市的南拓中得到不少"红利"。一方面,轨道交通3、4号线、新光快速路、西部干线、南沙港快速等客货运交通干线的建设,都极大地改善了该地区的交通条件,并大大提高了地区的可达性,分享了由市政府公共财政投入的外部效益;另一方面,2010年开通的广州新客运站(位于"华南板块"地面的石壁)交通枢纽则是"华南板块"面临的最大"区位"利好,新火车客运站及其周边地区将是番禺北部地区和更大区域范围内的交通枢纽中心。同时,由于居住在"华南板块"内的人口超50万人,仅以前述12个最大的楼盘计算,以平均每户100m² 建筑面积,每户3.5人计算,可以容纳76万多人。这些人口多为城市"白领阶层",消费能力较强。正因为有着如此众多的优质消费人群,已有众多商业和服务商开始聚集此地,包括沃尔玛、麦德龙、海印又一城、天河城百货、吉盛伟邦等大量商家涌入"华南板块",给"华南板块"的重构带来了较大的契机。

3 城市发展战略视野下的"华南板块"重构

3.1 广州战略拓展检讨:城市空间拓展后"外溢回波"效应加剧

广州2000年行政区划调整后,中心城市发展的巨大动力得以释放出来,城市发展的区域化倾向日益明显。城市拓展的特点是以产业拓展为主,城市在南、东以及北向的外拓,制造了大量单一功能的新区——广州经济技术开发区、南沙经济技术开发区、大学城、汽车城等。

以城市战略拓展为名的单一功能"外溢"，进一步加剧了对中心城区的综合功能的"回波"。而市域交通网络格局，继续沿着以往中心放射形结构发展，其结果是单一功能的城市组团在市域的广域分布和放射形交通网络的结合，使得各组团（新区）对中心城区的依赖日益加剧。这种大尺度的"外溢回波"加剧了城市中心区的困境。

对照 2000 年"多中心、组团式、网络化"的城市结构设想，2007 年的广州已经完成了单一功能的"多组团"拓展，但是"多中心"城市空间体系建设却远未形成，由于放射形交通网络的格局使得"网络化"的目标无法达成。

再对照 2000 年"拉开结构、建设新区、保护名城"的城市建设总体战略，"拉开结构"基本完成，"建设新区"正在推进，但是由于"外溢回波"加剧了城市中心区的困境，"保护名城"面临巨大挑战。经过 7 年的发展，不但中心城区内部的"外溢回波"没有得到减缓，而且还增加了中心城区与外围地区产业新区之间的"外溢回波"，从而形成"双重"的"外溢回波"效应（图 8、图 9）。

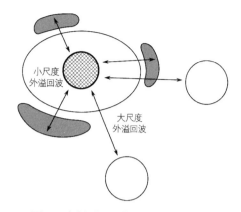

图 8　广州"双重"的"外溢回波"

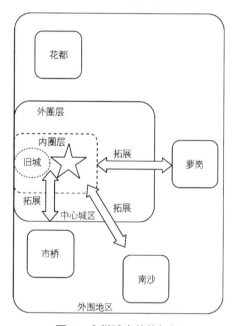

图 9　广州城市结构解析

3.2 应对"外溢回波"效应的"多中心"建构

在城市化快速发展期，广州作为华南中心城市，必将承担更大的区域责任。广州市空间战略性拓展基本完成的前提下，在巨尺度的"外溢回波"的被动局面下，新时期广州城市发展战略应从"积极构筑空间据点"转向"全面提升优化空间结构"。从"拉开结构、建设新区"转向"多极提升、内调外优"。

"外溢回波"加剧的原因主要在于：一是由于以城市单一功能区的形式外拓，导致大量的"钟摆式"交通，对城市交通带来很大的压力。因此，需要通过完善外拓地区的综合功能，强化其本地居住功能，构筑强有力的"反磁力"中心来解决。实际上，在 2000 年版广州战略规划中已经提出，现阶段应该继续下大力气把"反磁力"中心做好。二是城市中心体系不完善，表现为广州城市单中心结构的加剧。由于服务功能未同步疏解，依靠老城区的消费、教育和相关服务，加剧了中心城区的压力。因而在中心城区外围构筑能够截流"外溢回波"的城市副中心就显得尤为必要，进而完善中心城区的内部结构，疏导过于集中的城市功能。三是放射性的交通网络。目前，广州的道路网络和地铁网络都是基于中心城区呈放射状，这种放射结构会导致形成一个更为聚集的市中心，因此完善交通网络规划也是"多中心"建构的一个重要内容（图 10）。

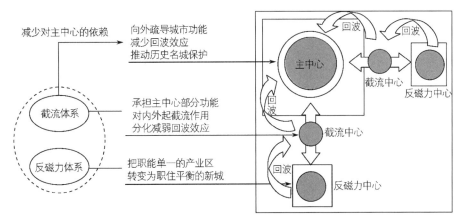

图 10　多中心的城市结构

由于城市空间的拓展与市场"合成谬误"不会自然推动城市结构的优化，这需要城市规划进行主动干预：可通过空间结构的调整和重构，建设"截流中心"和"反磁力中心"，推动多中心网络化城市结构的形成，进而疏导中心城区功能、缓解"外溢回波"效应，从而达到提升城市品质和城市竞争力的总体发展目标。即在市域层面积极培育远郊新城"反磁力中心"，在城市中心区外围建设市级副中心，构筑"多极提升"的反磁力体系。而广州南部"截流中心"较好的选址即是聚居大量城市人口的"华南板块"所在地的番禺北部地区。

3.3　从"卧城"到"新城"的"华南板块"重构

针对"华南板块"这一相对单一的居住功能及其"大盘割据"所衍生的公建配套及服务设施问题，随着城市空间的不断发展已逐步引起从政府到学界的普遍关注。而随着轨道交通的开通、新光快速路的建设以及客运火车站的建设与投入使用，已逐步促进"华南板块"的转型。在市场推力下，"华南板块"大盘周边逐步涌现了针对区域消费市场的各类大型商贸与购物中心，据不完全统计，目前"华南板块"上已建和在建的商业物业面积已突破400 万 m²（各类商贸中心规模见表 3）。这些综合性的城市级商业服务中心的出现，为"华南板块"的重构带来转机。

与此同时，先后出台的各类规划相继涌现，包括从《广州市番禺分区发展规划》、《广州市现代服务业功能区发展规划纲要》、《广州市番禺汉溪－长隆－万博地区发展策划及概念性城市设计》、《长隆片区控制性详细规划》等对"华南板块"的重构有所回应。并基本上形成这样的共识，即强化对轨道周边地区尚有空间拓展余地的汉溪－长隆－万博地区的商业服务设施的发展与布局。在《广州市番禺分区发展规划》中，沙湾水道以北的空间被划分为新客站发展区、汉溪－长隆－万博发展区、大学城发展区、东部创新发展区、广州新城发展区以及市桥调整完善区。"华南板块"的主要分布地区主要集中在汉溪－长隆－万博发展区，沿"迎宾路－汉溪长隆万博地区－市桥中心区"构成城市生活服务发展轴。

在番禺区政府 2008 年所提出的建设"番禺新城"的设想中，将"华南板块"定位于"商贸区 +CBD 区 + 公共服务配套区"，区域空间从原来的万博－长隆－汉溪，扩展到大石－洛溪－南浦－钟村－南村等地，将其重构为集"总部经济 CBD、商贸区、休闲度假区、交通中心、现代居住区"于一体的新城功能区。对此，番禺新城的功能区划与空间重构可进一步深化为：

159

序号	项目	建设情况	规模与业态概况	所在地
1	万博商业中心	已建开业	20万m²，含吉盛伟邦、天河城百货、四海一家等家具用品、百货、餐饮等	南村镇迎宾路段
2	小罗商业中心城	已建开业	首期建筑面积6万m²	市广路
3	国惠百货（番禺）购物中心	已建开业	2万m²，百货	市广路
4	大石家私城	已建开业	4万m²，家具家私	大石街105国道段
5	广州祺瑞国际家具博览中心	已建开业	5万m²，中高档时尚家居	大石街106国道段
6	广州五洲国际建材中心	已建开业	28万m²，集家装设计、家具、建材、装饰材料、商场、家电、餐饮、娱乐等多种业态为一体的大型家居建材购物中心	洛浦街迎宾路段
7	广州沙溪国际酒店用品城	已建开业	原广州沙溪商业城，占地面积12万m²，现有商铺1000余间，专注于酒店用品，数十万种产品，包含金融、餐饮、物流等配套服务	洛浦街
8	五湖四海国际水产交易中心	已建开业	25万m²，集水产、海味、冻品、展贸馆和美食城五大版块为一体的新型水产专业市场	洛浦街
9	长隆购物中心	在建	超100万m²，高端旅游休闲区，集旅游景点、酒店餐饮、娱乐、休闲及购物与一体	钟村街汉溪大道
10	汉溪商业购物中心	在建	69万m²，包括百货批发广场，大型零售商业、主题超市、酒店、电影院、会展服务中心、写字楼、物流配送中心、公园、休闲度假村等	钟村街汉溪大道
11	万博商业中心新一期	在建	100万m²，集商务办公、大型商场、星级酒店、会展中心、商业公寓、风情购物街、休闲娱乐于一体	南村镇迎宾路段
12	美嘉国际服装城		前身为雄峰国际商业城，建筑面积32万m²，具备电子商务、现代物流、会展博览和跨国采购功能	钟村街105国道段
13	祈福超级MALL	在建	30万m²，集购物、休闲、娱乐于一体的综合性商业中心	市广路
14	海印又一城	在建	25.1万m²，包括大型购物中心、五星级酒店、写字楼、商务公寓、包括沃尔玛。由沃尔玛山姆会员店、购物中心、酒店式公寓和五星级酒店等业态构成	南村镇迎宾路段
15	广州番禺万达广场	拟选址	超大规模，综合性大型商业商务中心	南村镇迎宾路段

（1）在城市空间结构上，强调两个发展轴统筹"华南板块"空间重构。"新客站－长隆－万博"为城市商贸发展轴，结合新客站、地铁、快速路等重大基础设施建设，整合现有旅游、商贸等多个功能组团，建成商贸中心区、动感旅游区、时尚精品区和现代购物中心区；"洛浦－大石－汉溪－市桥"为城市生活服务轴，配合地铁3号线、2号线延长线开通的契机，完善社区配套功能，强化生活服务。而万博商贸办公中心、汉溪商贸中心和长隆旅游商贸中心则构成"万博－长隆－汉溪"商贸区（图11）。

（2）在城市产业结构上，强调商贸办公等第三产业发展，并强调就业中心的塑造，同时加强促进对周边零星工业的控制和整合，逐步搬迁混杂于居住区的零星工业用地，并利用"三旧改造"相关优惠政策进行旧厂区的更新改造，提升公共服务及配套功能。

（3）在城市交通发展层面，积极利用轨道交通进行 TOD 紧凑发展，同时整合和梳理"大盘"割据造成的隔离空间，强化城市支路与步行系统建设，"还街巷空间"于城市，改变华南板块"只有景观，没有街道"的困境，从而塑造富有活力与高品质的城市人居环境。

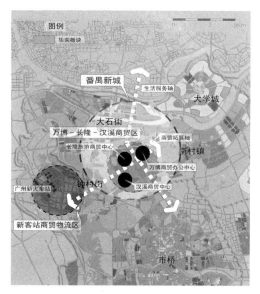

图 11　番禺新城空间结构

4　结语

改革开放 30 多年以来，中国的城市化速度惊人，特别是东南沿海城市的高速发展超出了所有人的想象，面对如此高速且持续的发展，很难有精确的估计。另外，要求城市政府在高速发展中要同时改革自身的观念、体制，又要不断供给新的政策以适应变革的需要，确实不是一件容易的事。本文所述的广州番禺"华南板块"的故事，既有房地产开发初期的"汹涌之势"，市级政府与县（区）级政府之间的博弈，也有城市政府土地财政的短期利益和长期责任，更关注到广州城市发展战略的构筑及其对城市公共性缺失的修正。

"计划经济"时代的城市规划就是落实国民经济计划，公私分明；城市建设市场化后，市场主体多元化、利益多元化，城市规划面临如何协调多个利益主体的挑战，公与私、私与私都需要协调。在各种利益日渐成为塑造当今中国城市的最主要动力的情况下，城市规划理所当然地成为利益分配的重要机制，成为城市建设中用以维护公共利益的第一道"栅栏"。市场经济条件下，城市规划与房地产开发是双向互动的关系，城市规划既需要从城市战略角度引导城市开发，也需要运用政策、管理、技术手段对房地产开发进行干预（马晓亚、袁奇峰，2009）。而采取什么样的机制和手段才能维护和平衡公共利益，甚至辨别哪些是公共利益都成为当今城市规划的重大课题（袁奇峰，2006）。

目前城市建设中公共利益被侵蚀的案例随处可见，迫切需要精致的制度设计和良好的法律体系来保护。可是在目前利益格局错综复杂，许多城市还冀望靠房地产拉动 GDP 的增长，城市各级政府还要依赖"土地财政"以获得土地收益的情况下，城市规划在维护公权上无疑面临巨大的压力。对于番禺北部地区的"华南板块"而言，可能的途径就是重建公共性，用城市政府主导的"新城"去重构房地产商主导的"板块"。

参考文献

[1] 陈建华、袁奇峰、易晓峰．"战略规划推动下的行动规划——关于广州城市规划实践的思考"[J] 城市规划学刊，2006，（2）．

[2] 李开宇．番禺行政区划调整与城市空间拓展 [D]．中山大学，2007．

轨道交通与城市协调发展的探索

改革开放以来，在经济发展取得了高度成就的同时，广州城市中心区的密集建设、新区的快速发展致使机动车迅猛增长，城市道路设施难以跟上交通需求的急剧增长，这种状况严重制约着城市的可持续发展。市政府坚持优先发展公共交通的政策，而轨道交通以其运量大、准时、快捷、舒适的特点，成为公共交通发展的首选项目。

同北京、上海、天津等城市一样，广州地铁一、二号线通车后的事实证明：轨道交通确实能够缓解城市交通的紧张状况；发展轨道交通是引导和实现城市可持续发展的重要手段。但同时广州地铁也存在着轨道交通运营费用严重收不抵支的情况，在没有多种经营收益支持的情况下，轨道交通往往成为城市公共财政的巨大负担。作为中国第一个拥有较完善的轨道交通网的北京市，政府每年的财政补贴为6-7亿元。

绝不能将轨道交通作为需要财政补贴的改善城市交通的公益性设施，更重要的是要将其作为政府引导城市发展的工具和手段。而轨道交通建设机构在协助政府优化城市结构、引导人口疏散、改善土地使用的同时，可以通过物业开发在沿线土地升值中获取最大利益，以减少城市公共财政的负担。

轨道交通必须与城市发展互动、与物业开发联动，通过"交通导向开发"（Transportation Orient Development，简称TOD）、"联合开发"（Joint Development）、设置"综合发展区"（Comprehensive Development Area，简称CDA）等手段，在支持城市发展的同时，减轻对财政的压力、实现资金良性循环。

1 相关经验简析

自1890年世界上第一条电力轨道交通线路在伦敦出现后，各地的轨道交通与城市协调发展积累了诸多成功经验，可供借鉴。

（下接第163页）

（上接第161页）

[3] 李萍萍、袁奇峰、赖寿华等. "在快速发展中寻求均衡的城市结构" [J]. 城市规划，2001，（3）.

[4] 马晓亚、袁奇峰. "基于城市发展理念的城市规划与房地产开发关系探讨" [J]. 规划师，2009，（5）.

[5] 王蒙徽、段险峰、袁奇峰等. "从'云山珠水'走向'山城田海'" [J]. 城市规划，2001，（3）.

[6] 袁奇峰. "和谐社会背景下城市开发之困"，载中国城市规划学会学术工作委员会编：中国城市规划学术研究进展年度报告2006[M]. 北京：中国建筑工业出版社，2006.

（本文合作作者：魏成。原文发表于《城市与区域规划研究》，2011年第2期）

香港轨道交通于 1979 年开通，几年后就开始赢利，进而成功发行上市股票，成为世界公认的轨道交通事业发展最为成功的地区（图 1）。研究表明，香港轨道交通主要的财政来源是沿线物业发展收益，而其物业发展的成功则得益于体制、技术及发展策略三个方面的支持。

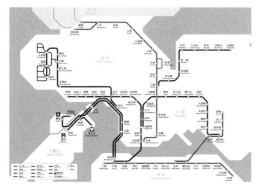

图 1 香港地铁线网

图 2 香港沙田新市镇（地铁卫星城）

1.1 体制设定

1.1.1 立法确保轨道交通与城市发展的互动

香港政府通过法规、政策的设定，在体制上成功设定了轨道交通与城市建设、物业发展的联动，通过优化资源的配置，促使轨道交通建设从纯粹的公益性事业，转化为有商业经营、房地产开发支持的良性发展实体，建立了轨道交通的良性发展机制，并最终实现拉动城市人口外移，优化城市结构的作用。

台湾省也制定了《台湾地区大众捷运系统土地联合开发办法》，该法例从联合开发的计划、规划；土地取得与开发方式；开发项目管制；申请及审查程序；监督、管理及处罚、奖励等几方面规定了参与联合开发的政府、地铁公司、其他参与实体的责权利。

1.1.2 城市规划促进轨道交通的发展

港府为适应人口高速增长，缓解住房紧张，拓展城市发展空间，自 1950 年代就开始规划发展新市镇（卫星城），开辟了一批远离港九建成区，位于乡郊的功能性组团，在交通上确立了以轨道交通联系新市镇发展的基本原则。结果轨道交通成功引导了人口的重新分布，支持了一系列新市镇的快速发展，这验证了交通导向开发（TOD）的发展策略是卓有成效的（图 2）。

这种城市发展模式造就了一个大规模的网络、节点型的城市结构，形成了一种对轨道交通依赖的城市形态和市民生活方式，因此也为轨道交通发展提供了强大的客流支持。事实上，建立以轨道交通为依托的网络型城市，通过 TOD 模式引导城市的发展在诸多城市中都获得了公认的成功。

加拿大多伦多房地产研究部与 A. E. Lepage 的研究表明：1954-1984 年间，一半左右的新居住区建于快轨系统的步行范围内，90% 左右的新办公楼建于轨道交通站附近。据估计，大多伦多地区现在约有 836 万 m² 的办公面积，其中超过一半是 1974-1984 年间建于 Yonge 轨道交通线附近的。

1.2 技术协调

1.2.1 强化市民生活方式对轨道交通的依赖

香港的轨道交通在结合新市镇发展的大前提下，进一步强调与站点周边地区土地利用的协调，对土地使用进行优化，在靠近站点的周边地区、出入口方便可达的地区优先布置一些综合性的、易于吸引人流的商贸、购物、居住等设施，从而强化其对人流的吸引，改善对地区的服务（图3）。

日本东京著名山手环线包围着东京中心高密度中心发展地区。东京的新老CBD几乎全部集中在山手环线和中央线的车站附近。以1970年代开发的新宿副中心为例，商业娱乐中心及其周围的办公建筑集中在距轨道交通车站不足1km的范围内，有空中、地下步行通道保护行人免遭汽车和恶劣气候的侵扰。由于大量活动直接在车站附近完成，乘用火车是人们出入该区最方便与最常用的交通方式。显然，这种用地布局在吸引远距离出行使用轨道交通的同时，还有效降低了社区内部的机动车交通量。

图3　香港九龙交通城设计方案

瑞典首都斯德哥尔摩的卫星城（或称卫星社区）也全部位于放射型轨道交通的车站处，本身的尺度和布局非常有利于步行交通：轨道交通站口结合公共广场布局，周围是超市、各类商店、日托中心和其他服务设施，还有配备了座椅、报亭、路边咖啡座、盖顶有的步行连廊以及花坛等设施的步行道与周围的住宅区连接。从中心向外建筑密度逐步降低，建筑档次逐步提高，特别有利于低收入的居民使用公共交通。

1.2.2 设置综合发展区（CDA），给地铁物业予发展弹性

在香港城市规划体系——土地分区计划大纲图、法定图则中，对于轨道交通沿线土地利用均结合轨道交通车站及其附属设施用地在规划上设置CDA，为轨道交通周边土地的混合、高密度使用创造条件，为地铁物业整合沿线地区发展提供便利（图4）。

图4　香港东涌新市镇（地铁主导的CDA）

事实上，CDA最初是港府为鼓励发展商参与旧城市区重建而提出的一种具鼓励和优惠性的政策区划，将这个政策移植到地铁物业开发上，也就表明港府认识到地铁建设为己任，应有尽可能特别的政策支持。港府在保证整个地区协调发展的基础上，可以在城市规划体制上充分为地铁物业发展提供支持，使得地铁公司能够通过主导站点周边地区规划，统筹商业、居住、办公等的高强度土地混合使用以吸引、集聚客流，同时为更多市民提供交通便利，引导城市人口疏解，进而提升轨道交通建设和运营的整体效益。

1.2.3 建立发达的综合交通换乘体系

发达、便捷的换乘设施是香港轨道交通成功的又一重要经验。

通常，轨道交通发展部门在其上盖物业内均充分考虑各种换乘的需要与便捷，在车站上建立综合交通换乘设施，包括社会停车场、公交总站等，充分提高轨道交通的可达性，提升了地铁物业及周边地区的吸引力，对于强化轨道交通周边中远距离地区与轨道交通车站的联系作用巨大，并且进一步促使周边地区居民产生对轨道交通的依赖（图5、图6）。

图 5 香港地铁与公交车的换乘　　　　图 6 香港地铁与自行车的换乘（大围站）

1.3 策略谨慎

1.3.1 坚守谨慎的商业原则

地铁是公益设施，但不应成为城市政府长期的财政负担。港府睿智地利用和发挥市场作用，坚守谨慎的商业原则，让地铁公司通过参与沿线城市土地开发经营，尽先分享因地铁建设而带来的巨大土地增值效益，这是香港地铁成功的重要经验。

长期以来，土地资源的紧缺性迫使港府对全港包括轨道交通沿线在内的土地供应进行了强有力的控制，对土地批租采取严格的计划投放。这一土地供应政策使香港的地价一直处于居高不下的状态，为地铁物业发展提供了必要的政策保障，正是这种整体、宏观上的控制、保证了地铁公司在沿线土地开发中的效益。

香港地铁是在考虑商业原则而非纯粹社会福利形式的基础上进行论证的，这一原则的确定使香港地铁的一切投资及营运活动均考虑成本与收益相匹配，避免项目建成后出现经营困难的局面，同时也为政府经营城市带来可靠的利益保障。

1.3.2 最小的风险换取最大的回报

通常的情况下，港府按照无地铁情况下的最低地价将地铁物业发展用地出让给地铁公司，然后由地铁公司担当土地经营商的角色，按照有地铁情况下的市场地价进行操作，通过公开招标的形式寻求房地产开发商合作。

地铁公司在取得地契时即由选定的合作者——房地产开发商支付地价，并开始根据地铁公司的发展要求，以自负盈亏形式，参与轨道交通 CDA 的发展，兴建相关物业。

地铁物业建成后，地铁公司可以选择现金、实物、现金与实物兼顾的形式分得物业发展收益。作为实物的商业物业分成对于地铁公司是一笔有诱惑力的买卖，因为在地铁建设初期，特别是郊区线的商业物业对希望即刻回本的房地产开发商是巨大的压力，但对于地铁公司就是一笔可以近期低价购进而远期高价出租的优质物业。

地铁公司通过以上这一系列的操作实现了最小投入、最大回报的目标。当然，时机的掌握以及政策的配合也是其中极为复杂与关键的因素。

1.4 结论

轨道交通建设绝非一项简单的公益性市政投资，在城市发展策略层面上，轨道交通必须与城市发展互动，形成沿线土地利用与协调的模式，成为政府引导城市发展，拉动城市结构改善治理分布城市人口的重要手段。在地铁物业发展策略层面上，只要有适当的政策支持，完善的经营机制，就有可能为轨道交通建设和经营提供充足的财政资源。

2 广州轨道交通发展回顾

1993 年广州地铁一号线动工兴建，1999 年 6 月建成通车；地铁二号线首段在 2003 年 6 月正式运营；三号线于 2002 年 12 月破土动工，预计 2006 年试运营。四号线预计 2003 年开始建设试运营段（图 7）。

2.1 概述

广州市自 1960-1970 年代开始准备发展轨道交通，迄今 30 余年，其间经历了三个阶段：

（1）1960-1970 年代，广州经济社会发展处于起步阶段，交通问题不甚突出，当时提出建设地下"九号工程"的主要目的是为了战备需要，功能是"防空洞"兼"地铁"。

（2）1980 年代改革开放后，经济飞速发展，旧城高密度的发展导致交通日益恶化，为改善地面交通状况而提出发展轨道交通，此时的线网规划属于典型的客流追随型，即强调沿市区现状客运交通走廊布设线路。如地铁一、二号线。

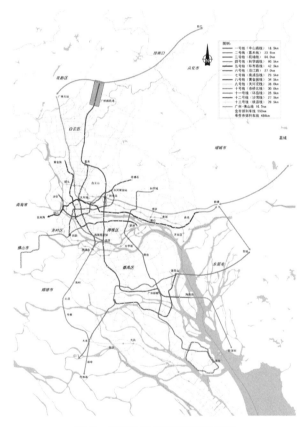

图 7 广州市轨道交通线网规划

（3）2000 年，在经历了旧城环境、交通、土地存量等出现的严重危机后，通过行政区划调整，市政府选择了"坚决拉开城市布局，通过新区建设，带动旧城改造"的方针，采取了"北优南拓、东进西联"的城市建设策略，在城市总体发展战略中就明确提出依靠轨道交通这一重大交通设施引导新区发展的 TOD 概念，成为轨道交通发展的一个全新指导思想。城市向番禺方向"南拓"，为这一理念的实践提供了机会，三号线、四号线就是基于这一全新指导思想。

随着城市的发展，广州市轨道交通发展观念发生了深刻变化，轨道交通已不仅仅是一种交通解决方案，更是一种城市发展的策略和手段。

2.2 地铁一号线

一号线完全沿城市客运走廊布设线站，运营长度 18.5km，总投资为 122.616 亿元人民币。与城市规划密切配合，加快了旧城改造，促成了天河城、中华广场等地区大型商业综合体的发展，对优化土地配置、改善城市结构起到积极的推动作用，同时一也为轨道交通吸引客流提供了良好支持。

当时提出的地铁物业开发计划借鉴香港经验，为轨道交通建设和发展筹集了大量资金，到 2001 年多种经营年收入已经达到 5000 余万，基本可以冲抵运营亏损并开始支付部分设备折旧，这对刚刚起步的广州轨道交通未来的良性发展非常有利，但期间也有若干经验值得总结：

2.2.1 线路简单追随客流导致不确定性

地铁一号线沿市区现状客运交通走廊布设，决定了它只能分担部分地面交通，而不能促成围绕地铁车站的高强度发展，无法利用地铁重新组织城市空间模式。因而，地铁一号线最多只是一路容量较大的城市公交。

地铁不能片面的追随、等待、吸引客流，要结合城市规划从多方面采取措施，甚至主动创造客流。芳村区花地湾居住区原是广州十大居住区之一，规划人口约 30 万人，本应成为一号线上客流的重要源头，但由于开发企业受广东国际信托投资公司破产影响，导致其开发未能与地铁建设同步，直接影响了一号线芳村段运营客流。

2.2.2 土地供应失控，地铁物业不如地铁旁物业

虽然地铁一号线沿线联合开发的思路是对的，一部分项目也取得了成功，但是大部分项目不尽人意，关键原因是城市宏观土地政策的失误。

1998 年以前，几乎所有能拿出土地的单位都可以搞开发。有水快流，导致房地产开发遍地开花，旧城区见缝插针的旧城改建既破坏了名城风貌，又分散了有限市场需求。正因为市场供过于求，土地供应量失控，导致通过正式土地拍卖的"地铁物业"由于土地成本较高，远不如低成本的"地铁旁物业"开发得快。

城市土地供应制度的缺失使地铁联合开发难以推行，不仅削弱了地铁一号线对城市发展的助益、也直接影响了地铁周边地区发展成效与地铁客流，政府更损失了理应从地铁巨大的建设投入中取得的最大效益。

2.3 地铁二号线

正在建设之中的地铁二号线正线长 23.2km，总投资约为人民币 113 亿元；二号线延

伸江夏－小谷围段长 7.9km，投资按 4.5 亿元 /km 估算，总投资约为人民币 35.6 亿元。

由于当时地铁一号线物业开发情况不理想，线站规划时虽然也进行了沿线土地利用规划研究，对地铁影响范围、土地利用现状、土地存量进行了摸查，但市政府没有再行划拨沿线土地进行联合开发。

3 建立轨道交通与城市协调发展的机制

轨道交通与城市协调发展关键是要建立轨道交通与城市发展的互动以及轨道交通及其物业发展的联动，并具体在模式上、策略上等多方面形成良好的配合。

3.1 基本模式

3.1.1 依托轨道交通系统构建网络城市

快速城市化过程中，城市发展模式必然经由外延发展走向网络城市格局，从而得到更大的发展空间和更为多样的选择，市民因此可以享受到更少的交通堵塞、更好的自然环境和更多的区位自由。

网络城市的建立为形成轨道交通依赖型城市提供了基本前提，在运输模式上，使得选择以大运量、快速、安全的轨道交通作为沟通各空间发展节点的骨干成为可能。

广州在战略规划中确定了未来建立网络型生态城市的目标，也明确了依托轨道交通发展城市组团的原则。在城市战略规划、总体规划和分区规划中，必须充分考虑轨道交通线、站因素，建立依托轨道交通的分散式的集中发展模式，实现轨道交通与城市的协调发展。

3.1.2 建设公交（轨道交通）社区

在土地使用性质与强度方面，轨道站点合理的土地使用一般宜采用高密度、高强度的方式，用地混合使用为主，特别是在靠近站点的地方尽可能布置一些强度较高的商贸办公、商业居住等用地，充分发挥轨道交通区位可达性优势，扩大轨道交通直接服务对象的范围。在稍远一点地方可综合布置居住等用地，进行中高强度发展。在非轨道交通走廊内的用地，宜采用较低的开发强度。

因应不同的区位环境，在旧中心区，强调依靠轨道交通线、站，支持城市传统的生活方式，优化城市结构，将人流集散量较大的重大设施向车站周边聚集，利用轨道交通大规模集散能力，实现轨道交通客流的汇集，充分发挥轨道交通效益；在新发展区，强调拉动、引导城市的发展，按照公交社区的模式，积极发展新区，实现 TOD 模式。

3.1.3 融合车站出人口与周边设施

轨道交通车站出人口与周边设施、建筑的协调是轨道交通微观上需要协调的重要内容。在达致宏观、协调中观基础上，微观上的协调将直接决定轨道交通对乘客的服务能否最终达致最优。

出入口的设置应充分考虑与人行、公交、机动车等的良好换乘衔接，营造舒适、方便的人行环境。

3.2 基本策略

3.2.1 TOD、SOD——实现轨道交通与城市发展的互动

在城市发展策略上，采取 TOD、SOD 的方式，选择位于轨道交通走廊与节点周边地区作为城市的发展空间，从而在根本上确保轨道交通能成为城市发展的结构控制线。

城市宏观土地使用布局应结合轨道交通综合考虑，在中心的选择、产业布置、功能配置、用地分布、开发强度等方面充分考虑轨道交通走廊及站点影响区范围，应在轨道交通影响服务范围内大致取得平衡。

轨道交通线路、车站的设置也应充分结合城市空间与土地利用发展的构想，符合城市发展的整体利益，最终形成城市与轨道交通的有机融合。

3.2.2 联合开发——实现轨道交通及其物业发展的联动

联合开发（Jiont Develpment）是轨道交通与周边用地协调发展的一种形式，它较好的解决了公共服务设施与土地、不动产之间的关系，是公共与私人资源有效结合的最佳方式，联合开发不仅能提供更高品质的活动，较完善的公共设施，而且能开辟轨道交通发展的财源。

联合开发其实质上是市场经济下的谨慎商业原则的一个充分体现。首先由地铁公司根据轨道交通设施建设的需要，由政府按照无轨道交通时的地价取得发展用地，后选择业绩、信誉良好的企业，作为联合开发伙伴共同发展轨道交通上盖物业，进而实现政府、地铁公司、联合开发伙伴的多赢。

联合开发成功的五个关键因素：地区的禀赋、良好的规划、谨慎的项目发展策划、计划、合作发展商的选择、最初的动机。

3.2.3 CDA——在更大空间内的协调发展

结合轨道交通站点及周边土地使用情况，在较大的范围内划定轨道交通的 CDA，给予土地使用较大自由，包括土地混合使用、容积率等方面。

最终使地铁公司能够主导该地区的发展，能够根据市场经济规律，在谨慎的商业原则指导下，一方面通过发展多种设施形成具有强大吸引力的社区，建立为周边地区提供服务的商业中心，另一方面为轨道交通保证巨大客流。

3.2.4 商业经营模式——实现公众的最大利益

在城市基础设施建设中引入商业模式应成为城市发展的重要策略，其中轨道交通是最具可能且最有必要的项目之一。

商业模式的引入必须在政府为公众牟取最大利益的前提下进行，可以充分调动各方面力量共同参与到轨道交通发展的事业中来，在市场经济条件下最终实现多赢。

4 广州轨道交通与城市协调发展几点建议

轨道交通发展中，政府扶持、联合开发、商业运作的模式对于降低政府财政负担、支持城市发展、减少发展风险、增加轨道交通客流具有非常重大的意义。

根据广州市城市轨道交通近期发展规划，在现有一号线 18.5km 运营线路的基础上，在 2006 年之前，再将新建 73km（包括二号线 23.2km，三号线 35.75km，二号线延伸段江夏－小谷围 7.9km，以及三号线延伸段番禺广场－科学城 6.15km），总投资约人民币 335 亿元（二、三号线按投资概算数计，分别为 113 亿元和 159 亿元；二号线延伸段和三号线延伸段，投资按 4.5 亿元/km 估算，分别为 35.6 亿元和 27.7 亿元）。

轨道交通沿线土地的联合开发借鉴香港的经验，建立政府、地铁公司、发展商三方的有机联合开发机制，实现市场经济条件下公益设施建设的多赢格局。

轨道交通是资金密集型和技术密集型的建设项目，投资额巨大，建设周期长，投资回报慢。广州地铁的建设必须充分体现行业个性，突出地方特色，遵循"政府主导，企业运作，建设与经营结合"的原则。计划、交通、规划、国土、税务等职能部门互相密切配合，进一步制定支持轨道交通发展的合理政策、措施。

4.1 合理供应沿线土地

作为城市发展的管理者与土地资源供应者的市政府，必须建立有效机制，协调城市发展与土地利用计划，严格控制土地供给的数量，保证土地价值的市场实现。

在城市发展明确选择以"城市空间分散式的集中发展""网络组合城市""以轨道交通为核心的 TOD 模式相结合"等目标的情况下，市政府应尽快严格控制轨道沿线土地供给，尤其是站点周边地区，保证城市空向发展战略的实现。

城市的协调发展是关系到轨道交通能否成功，涉及政府在重大项目发展中土地投放与轨道交通

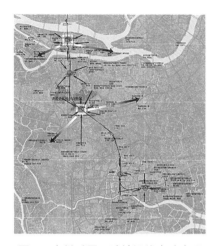

图 8　广州番周区地铁沿线房地产项目分布图

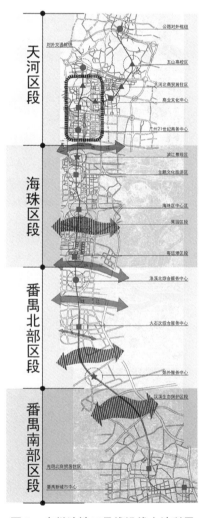

图 9　广州地铁三号线沿线土地利用结构分析

的协调；沿线市政、交通等设施配套以及管理方面的衔接。

轨道交通三号线经过的番禺地区，因土地资源充裕，地价低廉，既往的发展由于缺乏长远战略眼光，追求短期利益，导致大量用地流失到市场上。必须加强土地供应控制，调整土地供应程序，明确土地供给方式，为轨道交通三号线沿线土地开发和物业发展营造一个有利环境（图8）。

4.2 设置 CDA

在市场经济环境下，轨道交通不能简单的作为一种城市的公益性设施，其巨大的投入理应符合一定的商业原则，政府应给予一定的政策倾斜，包括规划支持。

在总体、分区和控规等各层次的规划上均应建立通过轨道交通建设带动新区开发的城市规划理念，就轨道交通线网、线路、站点的宏观、中观、微观各个层面的规划确立以轨道交通为依托的城市客运规划基本原则、设定轨道交通 CDA 等。

建议在轨道交通沿线，现有的主要土地存量地区划定轨道交通 CDA，地铁公司作为公益性的、经营性的非营利机构，其经营的目的是为最大限度的减少财政的负担，在市政府财政的框架下，通过经营活动纵向一体化，实现效益最大化（图9）。

沿线地铁站周边可用于商业开发的地块，属集体所有的土地，先征用转为国有土地，再由政府组织评估机构，分别确定地铁规划前、后该地块的基准地价。政府在两基准地价之间选择适当优惠的价格，将沿线地块交由地铁公司负责开发。给予地铁公司沿线 CDA 的土地发展主导权。

4.3 建立规范的法规体系

轨道交通投资巨大，涉及面广，对城建的影响重大。联合开发涉及政府与企业的法律关系，急需有关法规、政策进一步规范。

建议尽早制定《广州市轨道交通沿线土地利用联合开发条例（办法）》，明确联合开发中市政府、各政府机构与地铁公司在土地使用管理、规划管理、开发建设中的职责与权力等。

（1）政府将地铁沿线地铁站周边可用于商业开发的地块土地使用权出让金作为对地铁总公司的资本金投入，从而减少政府对项目建设和运营补亏的现金投入。地铁公司在收购 CDA 用地，进行土地综合开发后，获取土地收益增值部分，收到的土地收益专门用于支持地铁的建设和营运。

（2）地铁总公司在获得政府授予将沿线地块的开发权后，在服从国家土地管理的有关法规的前提下进入土地一级市场，成为代表市政府的一级土地开发商。在土地经营过程中，地铁公司控制的土地必须按规定进入土地有形市场，服从全市土地供应计划，通过土地拍卖和挂牌经营等方式公开招募有实力、有经验的开发商为合作伙伴，利用其在房地产开发方面的经验和优势，共同努力开发适应市场需求、深受广大置业者和消费者欢迎的物业，使地铁沿线物业土地资源获得尽可能大的收益。

（3）地铁公司与土地开发中心在开发中的不同之处在于土地收益方式的多样化。地铁公司除通过与开发商合作获得现金收益外，还可以通过实物、现金与实物兼顾的形式分得物业发展收益，通过控制地铁沿线优质商业物业，获取地铁发展的超额利润回报。

4.4 统筹规划，协调发展

由于可能获得沿线多处、较大片土地的发展权，甚至于 CDA 内的规划权，地铁公司应充分研究市场需求情况，根据轨道交通沿线土地、人口整体分布情况，协调开展 CDA 内的规划，优化沿线功能上的配置，实现客流产生与吸引的有机平衡。

按照城市总体发展目标，允许轨道交通发展部门按照市场经济规律主导轨道交通 CDA 控制性详细规划，指导地铁物业综合发展。

广州轨道交通的发展应根据市场原则，对沿线物业开发进行充分的商业策划、整体规划、协调发展、分步实施，通过不断的成功，逐步形成地铁物业有忠诚度的市场人群，建立长远的市场信心。

4.5 谨守商业原则，达至多赢

地铁公司必须协调与政府、发展商的关系，在获取政府充分的支持情况下，充分秉承谨慎的商业原则，自主的进行开发操作，包括轨道交通沿线 CDA 内项目发展研究、规划研究、发展运作等。

地铁公司的利益与城市发展的利益在本质上是一致的，按照市场经济规律运作，最终既可以支持城市理想的实现，同时又可以减轻财政负担，成为政府的优质资产、优质物业。

发展商方面作为地铁相关物业发展的实际承作部门，通过与地铁公司的良好合作与互动参与轨道交通沿线物业的发展，依靠良好的商业信誉、品质保证，建立轨道交通生活新概念，在获取利益的同时对公益性项目建设做出贡献。

香港经验中一个很关键的成功因素，那就是地铁物业 = 优质物业、最好的物业，是一种品牌、信心的保障，从而能够在更广泛的人群中建立轨道交通生活概念、模式，能够形成大量的对轨道交通具有相当忠诚度的客流，从而建立客流保障。

参考文献

[1]（苏）K. 亚历山大 H.A. 鲁德涅娃，城市快速轨道交通 .

[2] U L I Research Division 著 . 彭甫宁译，联合开发——不动产开发与交通的结合 .

[3] 章云泉 . 快速轨道交通与城市发展 [D]. 中山大学博士学位论文，2001.

[4] 周干峙等 . 发展我国大城市交通的研究 [M]. 北京：中国建筑工业出版社，1997.

[5] 潘海啸、惠英 . 轨道交通建设与都市发展 [J]. 城市规划汇刊，1999，（2）.

[6] 田莉、庄海波 . 城市快速轨道交通建设和房地产联合开发的机制研究 [J]. 城市规划汇刊，1998，（2）.

[7] 毛宝华等编著 . 城市轨道交通 [M]. 北京：科学出版社，2001.

（本文合作作者：郭晟、邹天赐。原文发表于《城市规划汇刊》，2003 年第 6 期）

再论广州城市发展战略

广州的城市特性是"商都"，一般官员普遍崇尚"搞掂"，市民在城市发展建设等重大战略上既缺乏价值判断力也没有表达渠道，只能让肉食者谋之。近20年来，除了黎子流和林树森两位相互不喜欢的市长外，多数上级任命的外来官员既缺少"桑梓情怀"，也缺乏"战略担当"，每换一届官员都喜欢另起炉灶，热衷任期政绩项目，直至最近1239这样的奇谈怪论的出台，终于合成谬误。

1 城市战略误判，新城遍地

2012年广州新一轮城市总体规划提出"1个都会区、2个新城区（南沙滨海新城、萝岗山水新城）、3个副中心（花都副中心、增城副中心、从化副中心）"的"1+2+3"城市结构。这是一个为收回从化、增城而做的短视的机会主义方案，就是参与规划的机构和技术人员也不认同。

这个规划混淆了"行政城市"与"实体城市"的概念，其实在"行政"上的广州是一个城市群，三个独立的县城被作为副中心掩盖了"实体"城市（都会区）亟待建设多中心城市结构的问题。增城、从化、花都都是历史上形成的独立城镇，这些从前的县城的生产、生活社区对广州中心城区的依赖性很小，他们是行政上的次中心而不是城市结构上的副中心。但是他们霸占了副中心的定位，就剥夺了真正可能发展副中心的地区的公共财政投入机会，掩盖了广州都会区亟待多中心化的现实。

而战略误判导致一系列行动上的失误，真正的城市副中心——番禺北部新城（南部副中心）一直得不到市级财政和项目的实质性支持、白云新城（北部副中心）几个重大公共设施项目被釜底抽薪放到新中轴线南段，白鹅潭（西部副中心）规划议而不决，与佛山城市中心体系一体化的问题、东部副中心还未提上议事日程。

2013年市政府提出建设9个新城（广州国际金融城、海珠生态城、天河智慧城、广州国际健康产业城、广州空港经济区、广州南站商务区、广州国际创新城、花地生态城、黄埔临港商务区），形成了建设"2+3+9"一共14个战略平台，让全市各区城市建设全面开花的所谓"战略"。实际上由各区大力推进的重大发展平台多达16个，至2020年前新增规划建设用地308.32km²。其公布的规划人口总约为240万人，相当于广州2013年年末常住人口1292.68万人的18.57%。据不完全统计，这16个平台中的10个平台包含的12个具体新城建设项目已经启动，各个项目公布的规划面积相加起来，约为182.96km²，这相当于28个珠江新城的大小，其中最大的是去年启动拆迁的花都中轴线项目，其建设用地达35km²，最小的是黄埔临港商务区首期核心区，仅为0.8061km²。

广州所谓的"新城"，指的是：专门划出来按园区开发模式搞经营性用地经营的一片街区，或者说是一个有产业主题的"巨型城市建设项目"。搞"项目"、造"新城"的目的万变不离其宗，政府财政是决定其行为的主要因素。搞产业主题培育税源本无可厚非，但是同时推出这么多新城，搞出一副大干快上的架势确是有问题的。营造新城平台需要公共财政引导，广州CBD珠江新城6.4km²用了20年时间培育，投入了大量公共财政项目，才把市场力凝聚起来，搞16个"新城"那要多少年呀？城市的商务需求是随着经济发展一点点攒起来的。同时上九个平台就是没有重点、没有战略，就是眉毛胡子一把抓，结果就是什么也干不成！除非仅仅是以产业主题作为噱头搞房地产开发，如果是这样又何必挂羊头卖狗肉呢？城市政府追求土地财政是国家财政体制安排的结果，根本没必要偷梁换柱。

把从化定位为广州的副中心、吸引30万人过去的规划将严重危害城市整体利益。从化流溪河是广州唯一能够全流域控制的水源，因此生态极其敏感。广州现在从西江引水，如果西江出问题，流溪河的水源将是救命水，所以流溪河水源是广州最重要的战略资源。生态的破坏是不可修复的，西江、北江最近几年不是没有出过问题。另一方面，开发从化带来的经济价值很低，目前的可开发土地存量和地价都比广州东部和南部地区都要低。从化没有那么多就业机会，也没有完善的生活配套服务。如果要进行各方面的大规模建设，其生态和流溪河水源地必将遭到破坏。应该将从化的生态资源看做是公共产品，严格控制从化的人口，通过下游地区向上游购买这一公共产品，完成转移支付。完全没有必要去扰动那么敏感、经济效益又低、风险代价又高的从化。她的温泉资源和旅游资源是省级甚至国家级的，因此从化应该成为广州一个单独的特色中心，而不是副中心。

流溪河备用水源保护区本来可作为城市北部增长边界——白云区山水城田俱全，山体保护易，流溪河水源保护难。区政府却带头突破"北优"战略在流溪河保护区内大搞白海面政务区建设——城市建设平台，为推动经济发展回避艰难的存量更新，大搞增量开发。2000年战略我们先提"北抑"的目的就是为了在白云区保护流溪河水源区，控制新机场不再被城市包围，后来在花都、从化压力下改"北优"时仍然强调了对白云区发展的控制，给了一个口子就是白云新城，可以之推动周边旧改……流溪河沿线大量基本农田，一部分被政府改为发展用地，很大一部分被农民自己违规转用，再无手段新机场又要步老机场被城市包围的后尘了！协调发展本来就应该在分工的前提下，就会有重点发展区和控制发展区，目前搞新城的发展思路堪忧！

2 广州城市结构不能单中心化

天河区是六运会的"儿子"，因为亚运会而成年。天河体育中心周边建设了近400万平方米写字楼，因为建设新城市中心区珠江新城有800万㎡写字楼，所以天河新区已经成为"广州CBD的核心区"，金融区、总部经济、楼宇经济让天河财税得尽风光。"轴线＋公园"是天河新区规划先导的结果，大学汇聚则是历史的礼物。如何避免已经出现的广州城市结构以天河为核心的单中心化趋势，给城市副中心建设留下机会是重大挑战。

新中轴线南段、"广州国际金融城"意把珠江新城开发的成功扩大化，这在短期可能会带来一些土地开发利益，但是这样做会在城市结构上导致很严重的问题，存在把广州重新变成一个单中心城市的危险——从长远和总体上来看会进一步强化天河新城市中心区的能级，过分集中的城市功能会带来就业人口的高度集聚，加剧钟摆交通，极大降低城市运行效率。与其继续放大珠江新城商务区的成功，不如把有限的新增商务需求放在白云新城、番禺北部新城、规划中的白鹅潭这样一些城市副中心。广州又到了城市结构抉择的关键时刻：是继续把天河中心区搞大，把交通搞死，还是……目前的决策在战略上是糊涂的！

2000年以来广州城市战略拓展的特点是以产业拓殖为主，城市在各个方向的外拓，产生了大量功能单一的新区，城市发展的多组团实现了，但是多中心遥遥无期。由于新拓展区城市生活服务功能的缺失，进一步加剧了钟摆交通。

2007 年第二次广州城市发展战略咨询，我在中山大学做的方案中明确提出：要在两个尺度上优化广州城市结构的方案，其一在市域层面从公共服务能力和设施建设方面加强萝岗、南沙这样的远郊新城，追求职住平衡以减少对中心城区的依赖；其二在都市区层面从商业服务和生产服务业方面加强白云新城、番禺北部新城、白鹅潭中心、东部副中心这样一些地区培育城市副中心，增加就业空间和商业空间，截流和分流指向传统城市中心的钟摆式就业和消费交通。

广州早就是中国重要的国内和国际贸易中心，其国家中心城市地位并不取决于经济总量的多少。更何况 2000 年确定的再工业化战略和空间拓展规划，已经取得成功。我从来不反对广州建设新城，但是应该有战略有策略有重点地建设。规划部门如果真的屈服于行政权力主动"以项目定（土地）指标，以指标定（空间）规划"，放任一区搞一个新城，无法集聚有限的资源和市场推动城市的结构性优化，就是失职。

3　广州旧城区的提升任重道远

广州上世纪 50 年代为治水整治流花湖、荔湾湖、东湖形成一系列新公园，加上越秀山、人民公园、麓湖公园、黄花岗、烈士陵园、沙面等形成完美公园系统，在中国城市建设界有"七十年代看公园、八十年代看宾馆"之说。后者指白云、花园、中国、白天鹅几个开放裙房经营的港资背景星级酒店。然后"九十年代看天河（体育中心）、世纪初看大学城、10 年后看花城广场"，游客对城市公共空间的推崇容易理解，市民则因为休闲时代的来临也开始对城市空间的公共性有了极大的热情。

由于城市公共空间的供给总是落后于需求，所以尽可能增加公园、广场、绿道等公共产品与鼓励私人产权设施增加开放度和公共性是重要的两手。关于新增公共空间，我曾经主持了一个环市东路花园酒店广场规划，目前，隧道已经结合地铁修好了，只差两边坡道，但是由于领导更替无人关心，地铁公司准备将隧道改做地下商场了；另外一个成功案例是我主持的两条二层骑楼街——解放南路和珠江新城兴盛路规划，虽然是私人物业，但是由于有奖励政策，仍然提供了具有公共性的骑楼和二层连续通道。公共性是广州城市现代化的方向，开始于民国"模范城市"建设，值得认真探索。

广州民间名城保护意识高涨，历史建筑保护因为恩宁路以开发为诉求的改造被民间杯葛后成为媒体关注焦点。2000 年战略"拉开结构、建设新区、保护名城"，被通俗演绎为"南拓北优东进西联"；2007 年提"中调"就出了个失败的恩宁路项目，最后落子在城中村改造。

广州旧城区由于公地多，积聚了省市政府办公区、公共设施和大量国企总部，成为广州市财税最集中的区域。如果能够适度抽疏，应该尽量增加公共绿地、广场和公共设施。越秀区设想的北京路地区步行、花园酒店广场等，都是为了避免新城区发展把财税资源吸走而采取的应对措施。

广州历史街区保护的关键在疏解功能、人口的前提下梳理产权，通过规划稳定保护预期，改善公共停车和绿化环境，鼓励产权交易让愿意也有能力使用、维修历史建筑的使用者进来，我在沙面规划时就用了这个思路。我们在上下九步行街规划时意外保护了这条骑楼街，但是却没有实现改善骑楼建筑质量的机制。

现在老城已经被低端批发市场侵蚀得无法居住，小商业也被高租金的批发档口赶走，大批经济条件好的西关居民外迁，老城区日益贫民化！广州旧城的批发市场化严重损害了历史城区的生活环境，前些年提出学习义乌市场发展的经验，让广百股份在番禺化龙搞大规模批发市场以控制商铺租金，然后逼迁内城市场。但是由于选址偏远，加之后来政府没有整体战略部署更缺乏坚持，所以这个努力失败了，目前广百自己新搞了个不死不活的新批发市场，不得已用土地发展权引入海印公司。这是一个难题，沈阳彻底失败，北京不得已在力推，昆明在仇和治下也仅仅成功了60%……

广州历史保护有两个突破点：一是拆除人民路高架！恢复广州最重要最美骑楼街，共识是流花湖隧道通车；二是沙面如何活化？我曾有一个方案，除文化局有保留外基本已有共识。而最有价值的是老城骑楼系统的保护和修复、广州现代骑楼街（我在珠江新城兴盛路做了整条街）应可以同时推动，就像青岛的红屋顶成为城市的Identity——保护和创新是避免千城一面的两只手，也是新区建设对城市历史性主题的Neo……

4 避免城市轨道交通成为"财政陷阱"

同北京、上海等城市一样，广州轨道交通切实能够缓解城市交通的紧张状况。但同时广州地铁也存在着轨道交通运营费用严重收不抵支的情况，在没有多种经营收益支持的情况下，轨道交通往往成为城市公共财政的巨大负担。作为中国一个拥有较完善的轨道交通网的城市，广州市政府每年要为运营付出8亿元的财政补贴。

绝不能将轨道交通仅仅作为一种需要财政补贴的改善城市交通的公益性设施，更重要的是要将其作为政府引导城市发展的工具和手段。而轨道交通建设机构在协助政府优化城市结构、引导人口疏散、改善土地使用的同时，可以通过物业开发在沿线土地升值中获取最大利益，以减少城市公共财政的负担。

轨道交通必须与城市发展互动、与物业开发联动，通过"交通导向开发"（TOD，Transportation Orient Development的简称）、"联合开发"（Joint Development）、设置"综合发展区"（CDA，Comprehensive Development Area 的简称）等手段，在支持城市发展的同时，减轻对财政的压力、实现资金良性循环。

现在广州的轨道交通建设已经成为巨大的公共财政陷阱，由于其建设决策完全由政府掌控，因此往往成为昂贵的政策宣示工具而违背了公共财政决策应有的审慎原则。城区线是追随客流的公共福利型；郊区线应该是创造客流的土地开发导向型。从化、增城线如果要搞也应该放在城际铁路系统中做大站快线。目前线路规划肆无忌惮，公共财政的巨大陷阱必将成为未来城市发展的障碍！

以正在推进建设的广州到从化的轨道交通14号线为例，这条线路被认为是从化撤市设区的报酬。如前述，从化本不应该成为广州的副中心。广州可能有人会去从化，但不是天天都有很多人去；也有从化人需要到广州来，但是没有通勤交通。从化不是不可以修轨道交通，只是不应该作为城内的轨道交通线来考虑，应该作为珠三角城际轨道网中的一部分来考虑。城内地铁线沿途设置了很多站点，地铁沿线的土地就会升值，就会有土地开发，那么整个流溪河谷可能全部被破坏掉。如果作为城际轨道交通，可能只在从化设置一个站，沿线的土地开发就可以得到控制。

广州城市空间"公共性"的建构

2011年7月15日我在新浪发表微博"广州亚运会开幕式会场本是临时建筑,由于建设时用力过猛、投资过巨,会后就舍不得拆了,可过时不拆就成为广州最显著的违章建筑了,难道还要修改规划让其合法?乱哄哄的广州啊!!?"与相关帖子一起引发了上千次转发,几百个评论。而同城网络、报纸和电视的广泛报道与讨论使真相逐步暴露在阳光下:

某国有企业为亚运会开幕式在珠江新城海心沙公园搭建了一个看台,会后却谋求通过"亚运遗产保护"将这个临时建筑永久化经营,将城市公园私有化、商业化。这使得广州市政府处于尴尬境地:首先,前期该国有企业按"70年建筑标准"盲目投资,拆了损失惨重;但是不拆日后的昂贵维持费用仍然要公共财政来背。再者,作为"临时建筑"过时不拆即为非法,改城市规划让它合法则有损政府公信力!

在这个事件中,广州市城市规划局一方面承认这是个临时建筑,但另一方面却又把自己作为上级决策执行部门:"如果决定不拆就改规划"。长期以来中国政府"命令式"的行政惯性非常之大,以至在改革开放前沿的广州也出现了"民主党派做领导不讲民主,专家做了领导也不讲科学"的局面,更何谈城市规划"向权力讲述真理"。

(下接第178页)

(上接第176页)

5 改善城市规划决策机制

广州市城市规划委员会是一个架设在政府、媒体和城市建设专家(广州作为省会城市政治生态比较重要的一个专业界别)之间比较有特色的决策咨询机构,是广州城市政体或者市政体制值得关注和使用的一个平台,很多难以处理的利益冲突可以通过技术和集体决策来平衡,可以把许多"准"政治问题技术化。

开始时广州设计了一个比较精巧的两层结构,市长主持大规委研究大事,副市长或委托规划局长主持常设的"发展策略"委员会议讨论有争议的项目;后来为控制会议结果,把常设会议废了,每次临时按需要召集专家以保证通过率;现在则改为单一大规委,有效率但是矛盾也聚焦于市长。

在当下中国城市政府高度权威主义的背景下,一个任期一两个人民主集中决定辖区一切,技术部门作为权力手足难以避免。但是有责任心的专业部门领导应该明白,政治官员的五年任期对于城市发展而言只是瞬间,必不能犯破坏整体结构的蠢事,更不能让近期所为成为未来的成本。因此,改善城市规划决策机制,刻不容缓!

(原文发表于《北京规划建设》,2014年第4期)

当前的中国城市规划一方面要在快速城市化的背景下协调经济发展对空间的需求；另一方面还要应对市民社会的崛起，因此不得不逐渐从建设工具转向公共政策。就广州而言，城市现代化的过程就是一个城市公共性逐步形成的过程，因此保卫广州的城市公共空间，保卫城市的公共性，就是保卫广州这个城市现代化的方向。

1 城、市分设的清代广州

清代广州城是在秦代任嚣城的基础上发展起来的，"青山半入城，六脉皆通海"，无论是城址选择还是市政安排都是比较高明的，但是建设城墙的目的就是军事防卫，城墙内由番禺、南海两个县分管。

城门每天定时开闭，设岗盘查，城内不过是一个集合了各种衙门的大围子——城墙内有一个巡抚院、一个布政司、一个州府、两个县政府（南海、番禺）、两个学宫、贡院、大量的书院、驻军等国家机器……各自又都是一个个的小围子（图1）。

从唐代的"番坊"、宋代的"市舶司"、明代的"怀远驿"到清代的"十三行"，广州的外贸口岸一直因港而设，在西城墙外的白鹅潭畔，由于城西处在广州与陶瓷工业中心佛山镇的联系方向——南海县境内的"西关"地区成为广州真正的商业区（图2）。

一方面，西关地区因为位于城墙外，商业经营活动不受城门开闭的影响而繁荣；另一方面，由于缺乏整体规划和市政设施，地区呈现出自发发展的状态，为保证每家都能有店面，住宅被建设"竹筒屋"的形式，街面狭窄进深很大；一家一户在住宅加和在一起就形成了整个街区——道路狭窄、缺乏公共设施、绿化匮乏。许多城市贫民甚至就住在珠江的棚船里，被称为"疍家"。

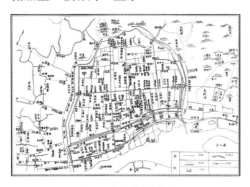

图1 清代广州城图

图2 西关同文街景（19世纪）

2 市政建设推动城市现代化

乾隆二十二年（1757年）后广州"一口通商"，成为中国唯一开放对外贸易的口岸城市。各国商人在"十三行"租地建造了大量洋行，出现了广场等现代城市要素，这是继澳门之后城市建设"西风东渐"的新的起点（图3）。

沙面的建设始于1861年，是二次鸦片战争后英、法两国为租界而修建的人工岛，这是广州第一个按照西方近代城市规划理论建设起来的城市社区。因为建设之初就按规划预留了大量公园绿地和公共设施用地，沙面像一艘停泊在清代广州这个前工业化城市旁的工业化巨舰，是近现代西方城市文明在"西关"的一块飞地，是广州城市现代化的先声（图4）。

1923 年广州设"市",即着手拆除城墙,进行了一系列城市基础设施建设,广州的"城"与"市"才开始统一起来。随后,在孙科、陈济棠等一批受西方文化影响较深的市长经营下,广州作为民国"黄金十年"的"模范城市"再次繁荣——广州开始大规模的城市道路建设,出现了大量的骑楼街。被称为"南洋风"建筑形式的骑楼适合岭南多雨、日照强烈等气候特征得到迅速推广。但是换一个角度看,骑楼恰恰是私人与城市公共空间博弈的一种极端状态——个人利益的最大化(图5)!

1927-1937 年被称为民国黄金十年。但是由于地处国民革命的中心,广州的黄金时代其实开始得更早。随着民族工业的崛起,广州城市经济有了大的发展。在抗日战争全面爆发前,建成了规模庞大的国立中山大学、岭南大学、黄花岗七十二烈士陵园等。

广州城区在这个时期基本上完成了"云山珠水"格局的重建,传统中轴线上海珠路拓宽改造和中山纪念碑、纪念堂、市政府、中央公园、海珠桥等一系列公共设施的建造,标志着广州开始向现代城市转型。其中留美建筑师吕彦直设计的中山纪念堂是中国建筑史上划时代的纪念性建筑,除了名称和总理遗嘱碑,纪念堂就是一个大的公共会堂而不是庙宇,真的反映了中山先生"天下为公"的理想(图6、图7)。而期间填河造地干掉了海珠公园,是最没有远见的行动。

图 3　广州商馆早期风貌
(1805-1806)

图 4　沙面鸟瞰——旧明信片

图 5　广州的老骑楼

图 6　广州近代城市中轴线

图 7　旧城改造破坏了近代城市轴线

3　城市公共性建构的困境

20 世纪 50-70 年代,广州最大的亮点是结合治涝工程建设了荔湾湖公园、流花湖公园、麓湖公园、烈士陵园、东湖公园等一系列的市政公园,城市公共空间开始扩张(图8、图9)。80 年代,在北京、上海还不允许普通市民进入星级宾馆的时候,广州引进了多家港资五星级酒店,港式宾馆裙房商业模式带来了商业空间的公共性,使得普通中国人也能够堂而皇之地进出五星级宾馆(图10)。所以国内城建系统有在广州"七十年代看公园、八十年代看宾馆"的美誉。

但是计划经济下的"单位制"在本质上是排斥"公共性"的。在政治运动多发的上世纪60、70年代，广州城市建设多在"挖潜改造"。截至2000年房改，住房建设多以单位为主体，"企业办社会"——大院式的建设把大量公共空间和设施内部化，城市的公共性反而不断受到侵蚀。

市场经济也不会自然产生"公共性"。2000年房改后大量涌现的郊外大盘、封闭社区(Gated Community)，一方面，加剧了居住的社会分异；另一方面是"公共性"的内部化：社会事务由开发商包办，留下了大量社会问题：道路、公共交通、供水、污水处理、垃圾处理等市政基础设施缺乏统筹；公立学校、医院等社会基础设施严重缺乏。广州"华南板块"，花了十年在农田中建设了大量各自独立的居住区却看不到城市的影子，造就了一个由村庄、工厂、农田和无数封闭社区围子构成的奇怪的"只见树木，不见森林"的城乡混杂景观（图11）。

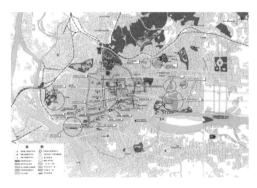

图8　广州城市公园分布图

图9　广州东湖公园

图10　白天鹅宾馆中庭——广州人的"故乡水"

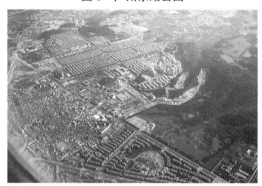

图11　华南板块村庄、农田与封闭社区的混合体

4　通过城市规划建构空间公共性

1987年的"第六次全国运动会"是全国运动会第一次在北京、上海以外的地方开。1984年，广州在紧靠旧城东部的天河机场旧址启动了天河体育中心建设。体育中心和广州火车东站的建设拉动了城市功能的东进，促成了城市空间结构的历史性突破。这个决策直接催生了"天河新区"——由于300多万平方米的商务办公楼和大量商业项目围绕体育中心这个"中央公园"建设，最终使天河中心区成为广州承接改革开放以来新增城市功能的主要场所。在十多年的时间里，天河体育中心其实成了广州的城市中心广场，从美食嘉年华到公判大会，无数的城市公共活动、政治活动都在这里发生（图12）。

图12 天河体育中心鸟瞰（2005 年拍摄）

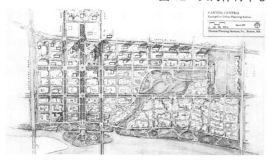

图13 1992 年美国公司提供的珠江新城规划方案

图14 2010 年珠江新城中轴广场

1999 年我做《珠江新城规划检讨》时发现，1993 年来自美国波士顿的规划师 Thomas 夫人为广州新城市中心珠江新城提出了一个非常"美国"的方案，把公共空间集中设置，用中央公园组织东部住宅区，延续天河体育中心轴线用绿化中轴线组织西部商务区，把公共绿地集中设置，采用小地块高强度开发。这是一个非常有水平的规划方案，再仔细研究就会发现，这个方案与当年沙面的规划手法又何其相似（图 13）！

2010 年广州亚运会开幕式令珠江新城一举成名，但是开幕式会场这个临时建筑的去留又在考验城市领导的法制精神和美育修养（图 14）！这个巨大的看台后面就是珠江新城四大公共建筑，这里作为珠三角文化中心已经堪比伦敦大本钟对面的南岸文化中心，这是改革开放以来粤穗两级政府在文化设施建设上最大手笔的公共财政投入，其中哈迪德设计的广州歌剧院可能是广东省域唯一可能写入世界建筑史的杰作，结果一个尺度失真的巨构"禾秆掩珍珠"。

这涉及"什么是城市"这样一个问题，城市应该是集聚经济效益、社会效益的场所。由于设施和空间的集约，重新构造一个更加相互依赖，更加紧凑的市民社会。也就是一个更加依赖公共空间、公共设施、公共决策、公共治理的社会。这种基于"共享"的"公共性"，才是现代城市、现代社会的最重要的特点。而城市规划师、建筑师在进行城市规划、城市设计、建筑设计时也应该把增加公共福利、扩张城市的公共性作为职业的追求。

广州亚运会"大事件"下所发生的这个故事彰显着这个时代精英治理的式微和公民社会建设滞后、法治精神缺失的悲哀。如何构筑理性社会，建设法治国家？现行城市建设制度要有大的突破还得寄望于国家层面政治体制改革的进展。

（原文发表于《北京规划建设》，2015 年第 3 期）

分权化与都市区整合
——"广佛同城化"的机遇与挑战

1 分权、竞争促发展

改革开放 30 年，国家放弃计划经济，重新定位中央政府和地方政府的关系，将经济发展的主动权逐级下放，鼓励地方政府之间的发展竞赛，以启动经济发展。分权改革最为重要的一个制度安排，就是1994 年开始推行的分税制改革，其本来目的是增强中央政府的财政统筹能力、加强中央权威，但是由于界定了中央政府和地方政府的财政边界，使得地方政府成为"经营自己辖区各类资源以获取剩余的公司"，激发了地方政府发展经济的热情。

图 1　广佛都市区建设用地连绵

广东率先以行政分权促进市场改革，通过增加发展主体、鼓励竞争，构筑了一个颇具活力的发展环境。上世纪 80 年代开始，通过地（区行政公署）改（地级）市、新设（地级）市、县改（地级）市逐渐将全省划为 21 个地级市管辖区域，全面实行了"市带县"体制；根据区域开发"点轴"理论和"增长极"理论，通过培育中心城市带动区域整体繁荣。广州市下辖番禺、增城、从化、花县等四个农业县。1993 年，国家"放权搞活，加大开放"。广东更进一步推动了县改（县级）市的改革，赋予工业经济相对发达的县以城市管理权限，以适应工业化的需要。2000 年广东全省已经有 33 个县级市，区域管治进一步趋向分权，结果广州市、佛山市各带了四个县级市。

广东前 30 年的发展有两条主线：一是小珠江三角洲地区市、县政府赋予广大村庄经济发展权，廉价投入了大量集体建设用地，发展乡镇企业和"三来一补"，推动了"自下而上"的农村社区工业化；二是以深圳为代表的经济特区建设，靠的是国家税收政策的优惠，通过降低成本招商引资迅速扩张经济规模。"分权以促竞争、竞争以促改革、改革以促发展"，各行政主体之间背对背的发展竞争为招商引资而竞相让利，在国家加大对外开放的背景下构筑了珠江三角洲在国际上的"低成本"竞争优势，推动了"世界工厂"的形成。

一方面是分权竞争推动了全省经济超速发展：1978 年，广东在全国省级行政区的 GDP排名第 23 位；经过十年的改革开放、先行先试，终于在 1989 年把这个排名挪到了全国第一的位置并且保持至今。在成为中国大陆第一大经济体后，广东省又开始追赶亚洲"四小龙"：1998 年，超过新加坡；2003 年，超过香港；2007 年，超过台湾。2013 年，广东省 GDP 达到 62163.97 亿元，按平均汇率折算为 1 万亿美元，逼近韩国（1.3045 万亿美元）经济总量；占全国 GDP 总量（568845 亿元）的 10.93%；人均达到 58540 元，约 9453 美元。

另一方面，分权竞争与城市经营的结果导致了严重的行政区经济——国家把基本公共服务交给地方政府——市、县成为一级财政单元，通过改善基础设施和公共服务竞赛招商引资，争夺经济要素。财政资源的有限性决定了地方政府提供的公共服务必然限于行政边界内！

以 2003 年的佛山地级市为例，中心城区（原南海县城）仅仅 78km²，带南海、顺德、高明、三水四个县级市。由于地级市与下辖各县级市长期以来实行"财政分权、分灶吃饭"的制度，各县级市充分运用行政权力经营辖区土地扩张"行政区经济"，结果南海、顺德经济总量分别是中心城区的两倍，使得"地级市"作为中心城市有名无实。各县级市独立自主地发展导致产业结构雷同、恶性竞争，佛山市石湾镇与属下的南海区南庄镇仅一水之隔，国营企业为主的石湾陶瓷也在市场竞争中输给了偷师的南庄乡镇企业。"诸侯割据"导致行政管理壁垒繁多：佛山市与下辖的顺德区通电话竟然要以长途计费；市属各辖区之间共有 43 个公路收费站，最近的相距不到两公里，是全国收费站密度最高的地区之一。

过度的竞争、恶性竞争使得"行政区经济"的负外部性也日益显著：基础设施割裂，不惜以邻为壑；市场区域分割，导致诸侯经济。

2 扩大中心城市行政区

2000 年后适逢国际产业转移出现新的变化，中国也开始进入产业重型化的阶段。国家适时提出"大中小城市协调发展"的方针，使得大城市发展获得了前所未有的新机遇，但是也使得中心城市局促的空间资源和巨大的发展机会之间的矛盾激化。如何趋利避害，打破行政区划壁垒，整合市域内部各种资源要素，优化配置？"撤（县级）市设（地级市辖）区"成为广东省的政策选择，这种做法近年又被称为"扩容提质"。

2000 年，广州为优化产业空间布局率先将代管的番禺、花都两个县级市改为市辖区。为打造广东"第三大城市"，2003 年一次性将南海、顺德、高明、三水等四个县级市"撤市设区"，变为地级佛山市的辖区。但是广州和佛山在市域行政区划调整后，各自走了一条完全不同的道路。

广州是广东省会，作为全省的中心城市拥有强大的经济基础，1999 年市中心老八区的 GDP 占全市的 70%，番禺市和花都区分别只占 13.13% 和 6.83%。2000 年，为适应城市行政区划调整，广州确定了"拉开结构、建设新区、保护名城"的城市发展战略，采取了"南拓北优，东进西联"的空间方案，极大地扩张了城市经营的范围。以最重要的"南拓"战略为例，实质上就是广州地级市对原番禺县级市行政区空间资源的"劫夺"：分割，2005 年开始在原番禺市行政区划出一部分土地设立南沙区以建设港口和发展临港工业；控制，直接经营番禺区的战略性增量空间资源，将大学城、广州新城（亚运城）、广州（高铁）南站等地区的土地开发权直接划给广州市土地开发中心收储。

广州"撤市设区"大大缓解了城市发展的空间压力，也改变了两个县级市农村社区工业化的道路。十多年来中心城市功能区急剧外拓，采取了典型的"自上而下"配置空间资源的方式，南北跨度达到 128km，东西跨度达到 43km，为城市产业发展提供了大量土地储备。2013 年广州实现 GDP1.54 万亿元（已经非常接近香港 1.69 万亿元人民币的经济总量），是 2000 年的 5 倍多。2013 年广州又进一步将增城市、从化市改区，中心城市行政区（城市的财政边界）从 1443.6km² 扩张到 7473.4km²。

而佛山的情况与广州的不尽相同：1985 年佛山市区（原城区、石湾区、市直部门）的城市综合实力远高于顺德、南海、三水和高明；1994 年，南海和顺德的村镇集体企业、民营企业和合资企业发展强劲,城市综合实力已经超过佛山市区(李凡,2004)。2002 年底,佛山市区的 GDP 仅占市域的 11%,原南海、顺德两市的 GDP 分别占全市的 38% 和 37%。中心城区弱,郊区县市强,行政区划调整完成后就面临着"小马拉大车"的格局。南海、顺德对"撤市设区"普遍有抵触情感,对"大佛山"认同感不足,整合较难。而佛山行政区划调整后采用的"2+5"组团空间战略则进一步强化了五个区的"县域经济",譬如顺德区至今仍然没有摆脱专业镇为主体的分散的城镇群格局。

2012 年,佛山战略升级为"1+2+5+X",刻意打造 1 个强中心。但是在其"一老(城区)三新(城)"城市中心体系的战略中,市政府投入最大的"佛山新城"因为远离广州中心城区,恰恰是市场认同最差的一个;而南海区凭一区之力在广佛交界处打造的千灯湖"广东省金融高新服务区"却获得了市场的积极认同。

广州市通过扩大行政区范围劫夺周边城市资源推动统筹发展;佛山市也通过调整行政区划完成内部一体化,但是仍然无法保证实现统筹发展。简单的扩大行政区划不能解决协调发展的问题,"扩容提质"在现实中遭遇尴尬。

3 跨行政区"同城化"

1923 年,广州设立"城市"市政体制,番禺、南海两个县级政府才陆续从广州市区搬离。其中,南海县城搬到佛山镇,但是由于 1984 年佛山地区"地改市",再次迁移到佛山市区边缘的桂城镇。事实上番禺、花都、增城、从化、南海、顺德、高明、三水等"县域经济体"从来都是省会城市广州的传统郊县。

广佛关系历来紧密。农业时代,由于广州的存在且由于其具有巨大的吸引力,使得佛山市区一直以区域副中心城市的定位存在。和东莞依赖香港转移的"三来一补"加工贸易企业不同,上世纪 80 年代小珠江三角洲南(海)、番(禺)、顺(德)乡镇企业的发展得益于广州强大的国营工业基础、规模巨大的市场和"星期天工程师"的帮助。广佛在空间上的联动发展从 20 世纪 90 年代开始,广佛公路沿线的黄岐、盐步镇开始承接来自广州的居住、商贸功能外溢,号称中山九路(中山一至八路都在广州市中心区)。

广州是一个没有西部郊区的城市、佛山是一个没有中心的城市,佛山与广州在一起才构成一个完整的"核心 - 边缘"结构,成为一个完整的"经济地理单元",佛山从来是广佛大都市区的一个部分。所以佛山并不是一个真正意义上的城市,只是行政区划调整的产物,是人为划定的城市,至今在市域一直没有形成"核心 - 边缘"空间模式,缺乏真正意义上的中心城市,一直都是"多点开花,多中心发展",内部各区的关系是扁平化的,真正的中心城市其实是广州。

2003 年,学界提出建设"广佛都市圈",呼应广州 2000 年的"西联"战略,佛山也提出"东承"战略,但是一直没有成效。2008 年位于两市之间的佛山市南海区主动提出单边向广州开放边境道路收费站、开放自来水和电讯经营市场的"小三通"行动,使得佛山市政府介入,最终在省政府的协调下广佛两市同意放弃边境道路收费,当年 10 月 1 日广佛在全省率先实现了机动车年票互认机制,"广佛同城化"终于获得实质性推动。

2008 年 12 月,国务院出台的《珠江三角洲地区改革发展规划纲要》提出:"强化广州佛山同城效应,携领珠江三角洲地区打造布局合理、功能完善、联系紧密的城市群。以广州佛山同城化为示范,以交通基础设施一体化为切入点,积极稳妥地构建城市规划统筹协调、基础设施共建共享、产业发展合作共赢、公共事务协作管理的一体化发展格局，提升整体竞争力。到2012年实现基础设施一体化，初步实现区域经济一体化。到2020年，实现区域经济一体化和基本公共服务均等化。"

2009年3月，广州、佛山两市市长签署《广州市佛山市同城化建设合作协议》及两市城市规划、交通基础设施、产业协作、环境保护4个合作协议，标志着广佛同城的全面推开。2010年11月，广佛地铁（佛山魁奇路-广州西塱）正式开通，极大地促进了两市间日常通勤。广佛、广三、广肇、广佛外环（珠二环）、华快二期、广和大桥等主要高快速路和桥梁成为连接两市的重要通道。道路连通推进了城际公交服务不断对接完善，广佛快巴，广州羊城通和佛山交通卡互融，以及年票等机制都推动了交通一体化和同城化。随着两市交通的一体化和网络化，广佛两市之间的联系已经由过去通过公路系统"两两轴向联系"向城市道路系统"网络联通"转变，结果推动了资本的自由迅速流动，重构了都市区的区位和产业分工。

经历了90年代珠江三角洲普遍繁荣带来的相对地位下降，2000年后广州开始了"再工业化"的努力。通过对广佛两市各行业相对全国平均水平在2001-2012年间的变动做相关分析，可以得知，广佛两市工业行业的相关性较高（R2=0.423）。此外，广州2012年第三产业占GDP的比重达到65%，而佛山第二产业比重达到了65%。广州在金融保险、商务会展、中介服务、文化教育等现代服务业上发达，汽车、石化、电子信息和机械制造等重化工业方面优势突出。而佛山重工业与轻工业相差无几，并以电子信息、家电家具、陶瓷

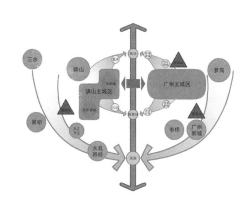

图2 广佛都市区，航空港、高铁站和深水港把两市紧紧拉在一起

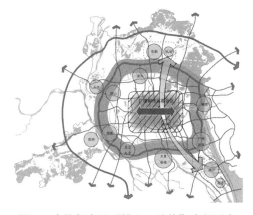

图3 广佛都市区"核心-边缘"空间形态

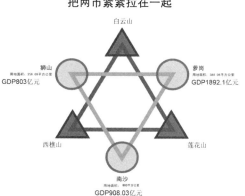

图4 广佛都市区产业、生态双三角

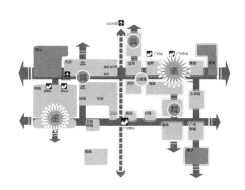

图5 广佛都市区城市中心体系

建材、纺织服装等工业为主。

目前，两市之间的产业协作已经展开非常成熟，佛山积极承接广州商贸服务的外溢，形成了南海大沥的"商贸黄金走廊"；"广州金融前端、佛山金融后台"的协作格局已经形成；工业协作上以汽车制造最为典型，形成了"广州整车，佛山汽配"的格局；佛山的家电、家具和家居产品与广州有着千丝万缕的协作关系；顺德大量的专业镇沿105国道分布，南海狮山、三水乐平工业园都强调与广州机场、高铁站联系的方便。

广州作为省会城市所建设的航空港、高铁站和深水港沿着广佛边界布局，对两市水陆空区域性交通给予了整合，进一步将广州和佛山两个城市紧紧地拉在一起。广佛两市逐步形成了完整的"核心－边缘"的圈层式空间形态，两市建成区已经基本上连为一体化的大都会区；产业区沿着珠江三角洲二环高速公路布局，形成了萝岗、南沙和狮山三个巨型工业园区；而西樵山、白云山和莲花山三个风景名胜区镶嵌在西、北、东三面。近年来，随着广佛年票互认、地铁互通，设施开始进一步对接，产业错位发展，广佛同城化由"设施同城""经济同城"逐步走向了"生活同城"。

2013年，广州、佛山两市地区生产总值（GDP）分别达到15420.14亿元和7010.17亿元，合在一起第一次超过上海市（21602.12亿元）。和非常重要但是深受国际形势影响的"（香）港－深（圳）同城化"相比，"广佛同城化"两市同属广东省辖市是极大的优势，理所当然应该成为推动广东发展的一个非常重要的战略抓手，但是如何进一步发挥同城效应还有很长的路要走。

目前，广州城市发展战略在"西联"上没有主动行为，反而提出机动车"限外"方案；佛山城市发展战略强调做强中心，把大笔财政投入远离广佛交界的佛山新城和禅西新城；两市政府各自不搭界，仍然憋足劲与市场要素自由流动、市民生活自由选择的大趋势对抗。回头看"广佛同城"的历程可以发现，割裂的行政区经济是区域一体化的最大障碍。

广东省政府的治理方式如何从长期形成的强调城市间行政区经济的"竞争"，转变到推动各城市在竞争中有合作的"竞合"，进而演化到区域协调发展的"协同"，确实需要一个学习的过程。而如何进一步通过推动一体化获取区域协调发展的红利，是珠江三角洲目前转型升级中一个无法回避的课题。

（原文发表于《北京规划建设》，2015年第2期）

珠三角一体化与大都市区治理

珠江三角洲一体化正在改变区域各自为政的格局、在交通网络改善、区域政策协同的背景下各个城市、城镇面临价值重估，如何在区域结构网络化的过程中把握机会、抢占高地是各级城市政府关心的大事，也是投资者需要关注的，借鉴国际大都市区管治经验，可以更好地预测未来，把握战略机遇。

1 中国三大城市群的发展

应该说，珠江三角洲在中国三十年大发展中是一个举足轻重的地区，改革开放第一波就是从珠江三角洲开始。现在中国进入了一个城市群大发展的格局，三大城市群包括以上海为核心的长三角、京津冀和珠三角。

长江三角洲和珠江三角洲有很大的不同，虽然长江三角洲涉及三省一市，但是大家很清楚谁是老大，就是上海。而且国家对上海的扶持也是非常非常的大，比如说要把上海打造成为国际金融中心和航运中心，这不仅仅是上海自己在争取，也是国家赋予她的责任。国内两大资本市场，深圳的股市在中小板、创业板上来之前，国家新股发行都集中在上海。我们知道上海打造国际航运中心的核心点竟然是原来浙江的大、小洋山岛，从上海修了一座 32m 宽、32km 长的大桥上岛，就把上海的河口港和杭州湾港群整合在一起了。上海发展得到国家的大力支持，因为迅速崛起的人民币币值区需要一个国际金融中心，一个快速发展的世界工厂需要一个航运中心。

中国政府高度中央集权，很多的项目审批都在国家发改委。所以许多跨国公司就把在中国的分部放在北京，首都的经济发展当然不用愁税收，北京产业结构调整的主要方向是要把生产企业迁出来以腾出空间发展第三产业和总部经济。

如果说改革开放之初邓小平在珠三角画了一个圈；江泽民在上世纪 90 年代大力扶持上海的发展；那么 2003 年以后天津则成为上一届政府的扶持重心。随着大量国企扎堆在天津投资，其 GDP 已经超过深圳、苏州，紧紧跟在广州的后面，广州有点急了，但是也只有认命。中国的经济现在处在一个非常奇妙的阶段，国有大型企业在哪里投资取决于领导的政治意志。

最近大家都在读傅高义写的《邓小平时代》。其实老先生还写过两本关于广东的书，其中之一是《共产主义下的广州，一个省会城市的规划与政治》，可以看到计划经济、阶级斗争时代的广东人有多惨；另一本《先行一步，改革中的广东》，写了广东改革开放最初十年的历史，揭示了珠江三角洲自下而上的改革开放是由东莞、顺德、南海、番禺这些地方来推动的。为什么改革开放会围绕这些地方起步？原因是这些一穷二白的农业县，充分利用了山高皇帝远的优势，通过分权改革给了民间经济发展空间。关于广东的城市化，我写一本书《广东城市发展 30 年——改革开放的空间响应》，后面讲的很大一部分内容和这本书有关系。

2 珠江三角洲的发展

广东土地面积 17.98 万 km²，约占国土面积的 1.7%。在 2010 年的时候大概是 1 亿多人、5.3 亿 GDP，是中国人口、经济第一大省份。广东的 GDP 早就超过了新加坡和香港，近年又超过了台湾，距离韩国已经很近了，全面超过亚洲四小龙只是个时间问题。2000 年，珠江三角洲大概占到全省 GDP 的 75.2%，2011 年提高到 83.47%，所以广东经济就是珠三角的经济。

广东城市改革开放的起点不是广州、佛山、湛江、汕头这样的老大城市。因为这些老大城市当时是计划经济的堡垒、意识形态的堡垒，政府官员的比重很大，所以在改革开放初期大城市意识形态上很左。广东的改革开放发生在小珠江三角洲，其中东岸是以东莞模式为代表，是香港的工业郊区，是外源型发展的典型；而西岸的顺德、南海、中山等则是一个更加具有创新创业活力的内生型发展地区。

珠江三角洲是一个叠加了多个空间层次的概念：第一个层次是大珠江三角洲，包含了香港、澳门。应该说一国两制很好地解决了香港、澳门回归的问题，但是港、澳毕竟是各自独立的关税区，自外于珠三角。随着上海的崛起，在某种程度上已经替代了上世纪 80 年代香港的很多作用。香港如果要找一条出路，就必须要回归到珠江三角洲。上海在长江三角洲是当仁不让的老大，但是香港在珠江三角洲的龙头地位面临很大的问题，主要是因为一国两制导致它不能和国内体系很好的对接、融合。广州、深圳的经济总量也差不多逼近香港了，珠三角日益成为一个多中心、多头的格局。

虽然说香港的优势在减弱，但是作为珠江三角洲乃至中国面向世界的窗口这个角色，它不但没有减弱，还在扩大。香港的枢纽港在全球的地位是不可撼动的，更重要的是香港资本市场在全球的作用。现在珠江三角洲出现一个很有意思的现象，经济总量上香港的核心地位在不断的流失，但是另一方面，珠三角城市网络服务业的核心节点都指向香港，其服务中心城市的地位并没有被削弱。

更大的一个空间层次是 2003 年时任广东省委书记张德江提出来的"泛珠江三角洲"这个概念，"9+2"即 9 个内陆省份加上香港、澳门的一体化与协同发展，由于得不到中央实质性的支持，几乎不具备可操作性。

汪洋主政广东提出珠江三角洲转型升级，产业、人口"双转移"到粤东、西、北。这里是指传统的"小珠江三角洲"概念。至于产业转移政策，没有做双转移之前已经做起来的河源、清远势头仍然很好，但是后来重点扶持的几个城市还是没有得到市场认同。因为非国企的产业转移不是政府想怎么做就能怎么做的。经过 30 多年的改革开放，广州一枝独秀的局面已经改变了。小珠江三角洲出现了普遍繁荣的格局，各城市经济比重已经完全转变。深圳从无到有，经济总量直逼广州；佛山、东莞经济发展得很快；中山、珠海、肇庆、惠州也有了长足的进步。广州 GDP 占珠三角的比重从上世纪 80 年代的 45% 左右下降到现在的 20% 左右的水平。区域的空间格局也确实是大有不同。

广东改革开放 30 年，不断调整行政区划"撤地设市、撤县设市"，就是为了发展而分权，为了增长而竞争。我们不断的设立新的城市、新的发展主体，把公务员派下去，把招商引资的队伍搞起来，这样发展竞赛就开始了。竞争性的发展治理在经济初起时非常有效，各个局部增长的集合就是整体。但是这种发展到 21 世纪以后，特别是城市发展同质化、城市化地区发展毗连后，竞争带来的负面影响在日益凸显。珠三角城市间的竞争日益残酷，比如当年珠海招商引资曾经有两个重大项目：一个是 320 飞机的组装，后来被中央硬生生调整到天津去了；另一个就是科威特炼油项目，被广州从珠海抢来然后又被省领导调整到了湛江，城市间的这种竞争非常激烈。又比如 2003 年前佛山市和下属南海区两边连道路都刻意不接通，唯恐生产要素流失。

在这种背景下广东做过两轮珠江三角洲协调规划，上世纪 90 年代就开始关注区域交通等设施网络协调、保护区域绿地。2000 年以来又提出了若干发展轴、带，几乎将珠三角当做一个城市来规划。但是，因为在现行财政体制下省政府是协调性区域政府的而市政府才是经济发展主体，这些省级政府制订的规划放给若干竞争性的城市政府去执行，几乎是不可能操作的。

3　珠三角三大都市区的发展

为解决区域协调发展问题，2009 年通过国务院发布的"珠三角发展规划纲要"又进一步提出建设广佛肇、深莞惠、珠中江三个都市圈的设想，提出区域轨道交通、绿道系统建设计划。其实三个都市圈中真正可能推动的只有"广佛肇"中的"广佛同城化"，广州和佛山这两个城市经济的互补性很强，就像深圳和香港的互补性很强是一样的。因为深圳是因香港而生的，而香港要靠深圳这个城市把它带到珠三角，"港深莞惠"其实才是一个完整的经济地理单元，但是由于行政区划约束广东的规划无法涉及香港。"珠中江"则由于没有龙头城市，澳门的城市经济体量又不够，所以多少有些勉强。

省政府主导的珠三角绿道网、轨道网建设确实推动了区域的格局的变化，由于交通设施建设一体化的推进，特别是快速轨道网络急剧压缩了珠三角内部时间距离，从而开始改变改革开放 30 年来强调城市间竞争的格局，各个城市开始在走向竞争中有合作的"竞合"格局。区域经济发展到目前这个局面，分工、合作的红利开始出现。只有逐渐从竞合开始，最终才有可能走向一条真正协调发展的道路。

3.1　港深大都市区的发展

现在港深大都市融合是必然的。两地有强烈的区域一体化合作愿景。香港在上世纪 80 年代几乎是中国对外经济交流的唯一通道，是国际资本进入中国的最主要孔道。但是随着 90 年代以来中国进一步的改革开放，香港的优势地位受到很大的影响。为什么现在香港民间对大陆有这么多的意见？因为改革开放初期的所有的对外交流、运输的机会都给了香港，而现在比重慢慢减少了，但是这个过程是必然的。

在这个过程中深圳和香港的关系是很值得研究的，因为没有香港就不会有深圳今天的发展成就，当年的特区就是大陆面向香港的全部边境控制区。深圳应该说是因为香港而生的一个城市，它从一个小的县城，变成一个现代化的特大城市。现在深圳的人口有 1 千多万，其实户籍人口大概就 200 多万，大概有七八百万的外来人口，深圳不仅仅是中国的城市奇迹，也是世界城市发展的奇迹。正因为如此，深圳对港深的合作是很积极的，在城市发展战略层面强调和香港共建国际大都市。深圳从经济联系上来说它不是一个珠三角城市，只是一个在珠三角的"业务城市"，它和香港一样是全中国的开放窗口，它有很多功能是全国性的，比如说它的金融、股票市场、航运功能等更多的是承担全国性业务。深圳说自己是先锋城市，说明就是它自己也不甘于仅仅做珠三角的城市。

3.2 珠澳都市区的发展

在珠江三角洲西岸，城市都差不多大，没有一个龙头。珠海也是因为澳门而生的城市，但是由于澳门经济体量太小、产业结构过于单一，对珠海的带动作用远远不如香港之于深圳。澳门是一个博彩业为中心的城市，这个城市人口不多，是一个微小经济体。它现在已经成为了全球最大的赌场，早就超过了拉斯维加斯，但是在会展、旅游这方面差距却仍然很大。

珠海目前最大的机会就是港珠澳大桥的建设，可以打通西岸和香港的道路联系，将港珠澳三者联系在一起，成为交通枢纽。我们 2006 年做珠海战略时一个很重要的判断就是：香港和澳门两个关税区的一体化会快于澳门和珠海，香港和澳门"同城化"的速度会很快，而澳门的"拉斯维加斯化"会非常快，即发展会展旅游。现在珠海机场的运营是由香港机管局来运营的，高栏港也是由港商投资的，由此你可以想象资本对港珠澳大桥建成以后变化会有很大的期待。随着澳门和香港一体化的加快，西岸的改变会很大。所以珠海能不能抓住这个机会，是一个很值得思考的话题。当然港珠澳大桥原来是"四条腿"，联系着香港、深圳、澳门、珠海，后来东岸变成"一条腿"接着香港。深圳为了寻求和西岸的连接，极力推动中深大桥的建设。如果这样的话，港珠澳大桥的经济价值要打一个大的折扣。

珠海自身的发展也面临着一个很尴尬的局面，现在中山的三乡、坦洲就像楔子将东西两区拦腰切断。我们提出来珠海西部要大发展就必须要解决和中山的关系，其实可以借鉴"香（山县的土）地（在）顺（德缴）税"的历史做法，将三乡、坦洲纳入珠海经济特区。因为古代的珠三角有一个规矩，就是谁填的海这块地就属于谁。中国古代也有很多体制值得我们在创新中学习。珠海近年做的比较漂亮的一件事情就是大学城的建设，为珠海提升人气储备人力资源。最近在建设十字门商务区，我认为在澳门、横琴、大陆三个独立关税区交汇的地方建设中央商务区风险是非常大的，因为可能没有周边社区消费的支持。

3.3 广佛大都市区的发展

在珠江三角洲的三个大都市区的一体化中，比较容易操作的是广佛都市区，因为他们都在广东省政府的管辖之下。在《珠三角改革发展规划纲要》中也把广佛同城化作为一个很重要的事情来提。

早在 2003 年，我们在佛山城市发展战略咨询时做了一个方案，提出广佛共同打造一条东西向的横跨西、北、东江的城市发展主轴，但是当年佛山市政府不理解我们的这个方案。其实经过多年发展这两个城市在空间上基本上连在一起了，而且在广佛之间的空港、海港和高速铁路站这些设施也在进一步的拉动两个城市的连接。最精彩的是两个城市的产业结构高度的互补，广州的第三产业超过 65%，而佛山的第二产业超过 65%。两个城市加在一起比上海的经济规模还要大，所以这个战略对于广东省来说是个非常好的战略。2007 年，在省政府的干预下，两个城市实现了交通年票互认，两市随后也做了很多的基础设施和空间协同规划。

我们最近帮佛山做战略的时候提出的一个"广佛主城区的中心体系"，即两市将形成两个主中心（珠江新城、佛山新城）、三个副中心（白云新城、番禺北部新城、千灯湖金融区）的结构。我们刚刚在佛山新城北园区国际竞赛中胜出，提出培育佛山 CBD 的战略。我们在 2007 年的时候为南海提出了千灯湖北延战略，去年我们又完成了金融 C 区的发展规划，今年完成了沥桂新城城市轴的城市设计。这个地区一步步从阡陌中崛起，成为广东省金融高新技术服务区，我们积极推动的广佛同城已经为市场所认同。珠江三角洲一体化需要从两个城市之间的同城化开始实验、学习和积累制度资本。

肇庆为了加入广佛肇，就把自己的产业转移园区放到这边。珠江三角洲这么多城镇都在说转型，真正完成转型的就是佛山市南海区，推动南海转型的就是狮山。狮山抓到了全球第二大 LED 制造厂家——奇美。它抓住了几乎所有日系汽车的配件，本田汽车的所有配件几乎都在那里。又引进了大众汽车南方工厂，如果现在它的工厂开工的话，狮山的经济地位就相当于广州的萝岗。

在佛山三水区城市发展战略研究中，我们发现城际轨道交通对广佛肇一体化有非常大的促进作用，发现在三水周边地区有大规模的产业集聚，其实三水在农业时代就是这个地区很重要的服务中心地，我们在规划初期提出了"产业新城、南国水都、广佛肇绿芯"的发展战略定位。即应周边产业的高度化发展，迎接这个地区大量高级蓝领工人的出现。结果改变了既定的城市发展方向，在三水老城的北部打造一个"南国水都、水秀荷香"的新城。

4 它山之石可以攻玉

简单的回顾了一下珠江三角洲的发展，我认为珠江三角洲的一体化还有一个相当漫长的过程，有很多的国际案例可以借鉴。如美国城市间合作有三种主要模式：

一是区域规划委员会（民间委员会）通过影响选民和政治家影响区域决策，城市郊区化推动跨区域合作，均衡公共服务设施提供（如明尼阿波利斯－圣保罗规划委员会）。

二是授权专营机构——选民选议员，议会任命权力机构领导人。募集免税基金，建设和经营跨区域设施（如纽约－新泽西州港务局）。

三十城市联合会（Concil of Cities 城市间议会，每个城市指定一个代表）——协调环境、交通、供水等区域性问题，共同争取联邦拨款建设公共设施（如亚特兰大都市区联合会）。

我们知道美国的城市和我们不一样，我们的城市是自上而下设立的，而美国的是自下而上组合的，即一个社区的居民如果愿意设立一个管辖的机构在这里交税，然后缴纳的税收足以维持一个公共服务设施系统，经过议会审批就能够成立城市。很多美国的城市小到没有足够的财政给市长支付工资。但是美国的经验证明，设置城市多不意味着难以一体化，而恰恰相反。

亚特兰大只有42.6万人口，仅占大都市区人口的14％左右。但是现在亚特兰大区域委员会代表10个县，300多万人口。它通过区域规划委员会把它整合成一个大都市区。政府联合会很大程度上是由联邦政府对交通、城市开发、环境改善和社会服务的区域规划的拨款法案的要求导致的。我们广佛能不能成立一个类似的广佛都市区域规划委员会的机构？这是很值得研究的事情。

另外一个很有意思的案例是明尼阿波利斯－圣保罗双子城，明尼阿波利斯是明尼苏达州最大城市，圣保罗是明尼苏达州州府，两城边界相连，中心城区被密西西比河相隔，刚开始圣保罗市很反感明尼阿波利斯分流了大量税收。后来有一个人竞选圣保罗的市长，说如果让我当市长，我就打通圣保罗和明尼阿波利斯之间的通道，两市一体化发展，然后这个人就当了市长。最后两个城市达成了一系列合作协议，这两个城市实现了协同发展，已经被投资者、居民看做一个区域。

还有一个比较值得研究的案例是纽约和新泽西的关系，我们知道新泽西州在纽约的西边，这两个城市之间有很多的跨江交通线，跨越两个城市的基础设施由谁来经营呢？1921 年 4 月，经立法机关批准，纽约和新泽西两州组建跨洲联合管理机构——纽约港务局（1972 年更名为纽约－新泽西州港务局），其主要职能是以公共利益为目标建设区域基础设施。港务局拥有独立法人资格，它不需要政府财政支持，但在港区有权购买、建造、出租或经营任何站点或交通设施，可以向这些设施者的使用者收费，还可以为拥有、保持、出租和经营动产和不动产的目的而借款、发行债券；有权为该地区的发展制定规划，当这些规划得到两州的立法机关批准后，便对两州具有约束力。纽约－新泽西州港务局修建航空港、隧道、桥梁、汽车站、跨约哈得逊河的交通通道等，这种把营利与非营利项目"组合"的经营性的非营利机构，对推动纽约大都市区区域一体化的发展起到重要作用。

5　结语

改革开放 30 年来，广东治理就用了两个关键词，一个叫做"分权"，另一个叫"竞争"，"分权＋竞争＝发展"就是广东发展模式。

1978 年以前的广东省政府扮演的是穷父母的角色，带着一群苦孩子讨生活，可谓高度一体化。现在各个孩子（城市）都长大了并变富了，组建了很多个新家庭，都有了自己的小算盘。因此省政府已经不再是爸爸妈妈，而成了爷爷奶奶，而角色的改变就意味着行政方式的改变。

区域一体化最大的挑战是城市政府的治理方式如何从自己擅长和习惯的强调竞争的"行政区经济"，转化到通过竞合进而协调的"区域一体化"，这是一个严峻挑战。

通过调整行政区划的一体化，在资源有限前提下，如何能在公共设施均等化、基础设施建设、生态保护等方面做到令各辖区满意仍然是一个大问题，现实对于习惯于行政主导的地级市及其辖区政府来说难免有些尴尬。

真正的一体化应该是对等城市行政主体、财政主体通过谈判、协商的一体化。对于我们这样一个习惯自上而下行政的政府来说，想要学会通过谈判实现一体化的"治理"确实需要时间。

（原文发表于《北京规划建设》，2014 年第 3 期）

从制造业、房地产到创新经济

——从"三次循环"看新型城镇化

新型城镇化是近年的主流经济话题，也必将是未来珠江三角洲经济发展的主轴之一，众多经济现象的变化，都可以从珠三角城镇化的轨迹中找到踪迹。

在过去 30 多年中，珠三角大多数城市一样以低成本的优势完成了工业化，成就了城市和经济双双高速发展的奇迹，但是大量使用低成本的劳动力和低效的土地利用也累积形成了众多问题。

今天的珠三角正站在城镇化的历史拐角上，很多经济现象让大家充满困惑：为什么制造业的扩张速度难以持续？为什么很多成功的制造企业纷纷转向房地产？房地产还会继续过去的高增长吗？资本最终应该转向何方？

回到发达国家的经验和一般经济规律中，我们隐约可以看到珠三角城市化的未来。

1 "土地财政"还能玩多久？

我们通过 30 多年的改革开放，特别是在最近 20 年的发展中承担了世界工厂的角色，这是世界产业转移给中国带来的重大机遇。中国工业化得益于国家在 30 多年前开启改革以追求经济发展和人民生活改善为诉求，得益于我们在 50 年前鼓励生育的政策积累了大量剩余劳动力，以及我们较低的经济发展水平所具有的强大内驱动力，大量剩余劳动力、低效的土地能够和世界产业转移相匹配。

低成本的劳动力靠"农民工"制度保证。低成本的工业用地有两种获得方式：一是珠三角为代表的"农村社区工业化"，由农村在农地上建设乡镇企业或租地给外来企业；二是各地政府推动的"园区工业化"，以极低的低成本从农民手上征地，然后直接以土地换取工业税收。而为了补贴前期产业发展用地的投入，就通过土地储备机制低成本征用农地和旧城居住用地，高价进入房地产市场。土地财政成为补贴产业发展的财政工具。

在分税制背景下，产业税收的大部分为中央政府所获取。为补贴公共服务，地方政府也不得不进一步依靠土地财政，结果必然推高了房价，目前城市处于快速发展时期对土地的需求有着极高的刚性；另一方面由于投资渠道的约束，房地产成为投资增值的产品，其投资价值远远超出了房地产的实用价值。一方面是低成本的工业化，另一方面就是低成本的城镇化。但是土地财政只是中国特殊的政体和土地制度下在快速城市化过程中的一个阶段性工具！

按照美国地理学家诺森姆 1979 年对多国城市化历程的回归分析，一个国家城镇化率最终将呈现一个"S"型的逻辑斯蒂曲线：城镇化率在 30% 以下的阶段，其城市发展比较缓慢；达到 30% 后，城市在工业化快速推动下加速发展；但是达到 70% 左右的时候，速度又开始放慢，国家城市化进程接近结束。

从 1979 年的 19.8% 到 2012 年的 52.6%，近 30 年来中国的城镇化率每年平均增长一个百分点。按这个速度，2030 年中国的城镇化率就要达到 70%，进入低速发展期。当下的

"土地财政"是快速城镇化过程中出现的,也必将随着城市化率接近高位而趋于平缓时消失。问题是这最后20年土地增值能否保证中国城市基础设施的现代化。

土地财政最多还有20年可以玩,如果保持目前发展态势城乡统筹20年后很容易做到。个人投资房地产作为保值增值,但超出房地产实用的价值便会形成泡沫,泡沫到底有多大?根据东京、汉城、台北、香港等大城市在亚洲金融危机中的经验,房价会跌到1/3,意味着2/3都是泡沫。

2 廉价劳动力时代正在逝去

由于长期执行"一孩化"生育政策,中国人口的老龄化日益严重。以往似乎可以大量无限供给的廉价的农村剩余劳动力——"农民工"也开始出现短缺。

按照刘易斯的发展经济学理论:如果存在农村中以农业生产为主的传统经济部门和城市以制造业为中心的现代经济部门,农村就会不断提供廉价劳动力到城市,维持制造业的低成本的发展。但始终这件事情将会终止,因为制造业的市场是全球的,而农村会有一天再也没有剩余劳动力提供出来。

另一方面,在大量农村人口转移到城市后,农村的人口不断减少,减少到人均资源足够大的时候,这个时候城市廉价劳动力就不可以维持。农村的人口足够的少,每个农业劳动力可以经营的资源足够大的时候,向城市流动的愿望就将下降了,因为农业的收入跟进城的收入是一样的,人口流动停止了,城乡统筹就实现了。

两个刘易斯拐点中的第一个拐点已经来临,劳动力开始紧缺了;而第二个拐点应该在中国城市化率达到70%左右到来。土地、城市化和城乡统筹的问题,在未来的20年基本上都可以解决。但前提是中国已经完成了国家的现代化。

随着中国人口红利拐点的到来,哪里对劳工服务好劳工就去哪里。佛山目前的城市化率虽然很高,但是存在太多的半城市化的人口,他们流动性很强。佛山的工业园区能否促进城镇化?这里面是一个互为因果的关系,如果没有这些产业,没有这些产业工人留下来,如何形成城市,这是一个比较有意思的话题。

在劳工短缺大的宏观背景下,将来的产业如何健康持续发展,必须重视工人进城,工人家庭进城,让他们分享到城市化的红利;工人,不应当仅仅被当作劳动力来看待,必须将其当作一个人、一个有家庭的人,不仅仅提供就业,还要提供家庭居住与教育等配套服务,这是一个必然的趋势。

从装配制造业到技术含量高的先进制造业,这个阶段来临,高级蓝领越来越多,技工培训体系佛山做得不错,技校与工业区配合紧密,源源不断生产出先进制造业的产业工人。

根据我们的观察,佛山的产业发展已经发生了转变,早期都是装配制造业,对工人技术要求很低。现在一汽大众汽车进来,情况完全变了,由于对技工有较高的技术要求,他们基本不在社会上招工,工人都要通过大专院校培养,这些人能否留下来就决定了佛山先进制造业的前途。能否用好保障性住房政策,给企业配套一些廉租、公租房指标,搞一套面向产业工人的社会住房体系,让更多技术工人愿意来这里,形成竞争优势。怎么样去服务好产业工人,这对地方发展是一个挑战。

3　物业投资是二次资本循环

人们都在抱怨，很多制造业企业纷纷将资金投入到房地产中，是因为房地产的利润太高了！但是为什么十年前大家都愿意专心做工业呢？戴维哈维的资本三次循环理论似乎能够很好解释这些问题。

中国经济不仅仅是一国的经济，而是镶嵌在全球经济中的一部分。由于世界产业分工，现在全世界绝大多数消费品都是中国生产的，许多大型制造业企业发现，投入更多的再生产资金也只会增加存货。资本一次循环的问题是全球市场也是有限的，发展到一定程度后制造业发展的边际效应也会出现，即不断投入实业的结果反而会出现生产过剩的危机——经济危机。

近几年，珠三角很多实业家都开始涉足房地产，虽然自己原来的产业还在继续，原因就是因为生产过剩，资本要找新的出口——个人资本选择就是买房，企业资本则投资物业建设，保值增值。这就进入了戴维哈维所说的资本第二次循环——空间生产。

以前，佛山是佛山，广州是广州，南海、顺德的专业镇都是各玩各的。随着经济高速发展，所有的基础设施、道路交通系统都实现了重构，向外寻找服务的时、空距离缩短了、成本下降了。原来专业镇什么要素都要自己玩都是全能选手，突然发现产业服务的网络化迅速形成，经济要素自由流动的时代来临了，城市空间也因此发生了转变。

比如说，南海东部地区一直就是"村村点火、户户冒烟"的农村社区工业化地区，而现在变成广佛交界处迅速崛起的明星。2003 年，南海实施了东西板块战略在西部打造工业园区，经济发展从"农村社区工业化"转向"园区工业化"。我们基于广佛同城提出南海东部战略——从农村城市化走向更高质量的真正的城市化。虽然在同城的过程中，两市政府在这里面投入并不多，但市场力量很强。2005 年，我们提出东部南海建设"广佛RBD"——即广佛副中心的概念引起非常大的市场反响，所有开发商都敏锐地发现这个区位机会以此作为营销的概念把千灯湖做了起来。2007 年，我们更向南海区政府提出适时推动"工业南海"向"城市南海"转变。南海东部地区已经从两个城市交界的价值洼地，变成新的广佛高地。

近年来，很多搞实业的老板热衷于做企业总部，做写字楼载体，产业也开始多元化。但是资本二次循环的问题是剩余资本固化在土地上，物业是固定的，不但固定了房屋，还固定了社会流动，将社会的阶层固定下来，机会的不平等会导致第二个危机——社会危机。西方发达国家打破社会锁定的办法就是高税收，进行社会二次分配。

发达国家已经出现了第三次循环，就是将更多的资本投入到创新领域。佛山的家电企业创新能力已经很强劲。近年佛山也提出了建设国家创新型城市、发展创新经济，这是符合资本循环规律的做法。

南海金融高新服务区原来主打金融产业后台，后来又发现"产业金融"这一条路，金融与产业结合，这是一个大市场，天地就是这样拓展出来。许多工厂开始演变成企业，这种转变使得对法律事务、销售事务、生产服务业外包越来越多，也带来区域生产服务业的深刻变化。

4 三次循环推动新型城镇化

中国工业化的成功来自于冷战结束以后全球产业分工这样一个大背景。在这样的地域分工里面，因为自己大量的廉价劳动力和比较稳定的政局，我们获得了国际制造业产业分工这样一个角色。在过去30年里，中国的城镇化是完成了一个和工业化同步的以城市人口数量增长为特色的城镇化，但是这个阶段的城镇化是在急剧的社会转型期中实现的，虽然取得了很大的成就，但是也积累了大量的社会矛盾。

一是经济发展以后，在人民生活水平普遍得以改善的情况下出现的贫富差异；二是由于工业化与城市化同步，城市型产业的大发展使得原来的城乡的差异没得到很好的解决还扩大了；三是由于这种外源式的工业化导致的产业布局倾向于沿海和大城市，所以区域的差距也不断扩大。

一方面是工业化快速推动人口向第二、第三产业大量转移，另一方面是低成本的工业化、城市化。正因为外源式的工业化看重的是我们极低的劳动力成本，因此发展的结果必然会积累大量的社会矛盾和环境问题。今天的中国在享受发展红利的同时，也已经承受了发展的负面性。问题是，当年如果我们的成本不低的话，何以能够承受世界产业的转移？既然是低成本的城市化，你就要去承担低成本的因果累积。

城镇化有两个阶段：一个是数量阶段，一个是质量阶段。现阶段我国数量阶段的城市化还要继续，工业化也还在进一步推动数量的增长，当然我们希望未来的增长是高质量的，我们也会日益重视质量的提升，在发展中解决存在的问题。从这意义上来说，城镇化是一个持续的过程，我们正在从数量阶段到质量阶段转化的门槛上。因此"新型城镇化"不是一个学术词语，而是一个政治词语。在中国目前背景下意味着党和政府要加强对城镇化的领导和引导，更加关注城镇化质量的提升，因为城市化本质上是国家现代化的重大转型过程。

新型城镇化强调发展质量，就意味着要支付更多的发展成本，即从原来完全以生产增长为中心，要转变到更关注分配，从更多的获取转变到更多的投入。但是中国工业化的成功正是因为参与了国际产业分工，中国以自己的低成本优势成就了世界工厂奇迹，才有了中国工业这20年的快速发展。大规模增加社会福利受到中国产业发展现状的极大约束，这个约束就是中国能够在全球产业分工中能够争取的地位。

一台ipod（媒体播放器）在美国售价为299美元，分销和零售成本为75美元，苹果公司的收入为80美元，所有成本为144美元。在这144美元的成本中，仅硬盘和显示屏两项，日本企业的附加值就达到93.39美元，其中东芝占主要部分。其他成本还包括美国、日本和韩国一些企业生产的零部件和技术专利费等。但组装这台ipod的中国，所赚取的不过是3.7美元的加工费（2010年8月4日《经济参考报》，作者明金维）。生产ipod的富士康屈居于苹果全球产业链的末端。而从富士康到苹果的跃迁，将是一个艰难而漫长的过程。从前些年的"13连跳"，到近年时常出现的工人骚乱，背后的经济学原理，是中国产业的利润率太低，在全球产业链中缺乏谈判力。

如果中国不能保持低成本优势，那么是否能发现新的产业优势来替代？比如说我们能不能用10-20年的时间，把中国制造转变到中国创造？能不能把资本的积累转化到人力资本的积累和创新资本的积累？只有实现了这种替代，有质量的新型城镇化才有保障。

所以，中国今天首要的还是发展问题，即如何用现有的发展成果造就我们新的竞争优势是关键的问题。所谓新型城市化的关键其实不在于怎么分配，也不在于拉动内需，而在于我们能不能找到新的产业基石和支柱，替代低成本制造的优势，使我们新的产业支柱能在世界产业分工中得到一席之地，能支付得起我们城市化的成本，能够支付有更多民生和社会公平的成本。

对于佛山这样的制造业基地，必须摆脱从制造业的"资本的一次循环"转入依赖房地产开发的空间生产的"资本的二次循环"之路，要及早布局指向创新的"资本的三次循环"战略。美的空调近年企业创新发展转型之路，似乎正暗示着全市转型的方向：由于长期大规模低成本制造和供给空调机而成为世界行业霸主，产业扩张的间隙已经被填满；为寻求新的蓝海，美的同时开始进入房地产开发和小家电领域；在一个已经饱和的小家电市场上，美的通过产品创新不断扩张市场，通过技术创新取得很大成功，尝到了资本三次循环的甜头。

政府如何帮助企业创新？深圳成功的经验是创新投入以企业为中心，政府通过投资大学和技术研究院为企业创造一个人才的蓄水库，为科研院所和人才提供"协同创新"的平台，构造了根植于地方的创新网络。

佛山新城是集全市之力打造的城市中心，但是其区位虽然处于市域的地理中心，却处在城市中心城区的边缘，在广州服务业的阴影下建设 CBD 面临着诸多困难，需要重新去认识这个区域的区位。现在佛山政府清晰地将其定位为全市的市民中心、体育中心、文化中心，产业定位选择中德工业服务区，更加精准和专业化。能否进一步聚全市之力，用工业化和房地产开发的收益投入创新网络的打造，将中德工业服务区打造成为推动佛山走向资本三次循环的平台？这会是一个挑战！

（原文发表于《北京规划建设》，2014 年第 5 期）

广东城市社会 30 年之变迁与挑战

　　"东西南北中、发财到广东"这句流行于 20 世纪 80 年代的口头禅为改革开放后大量"淘金者"奔向广东作了很好的注脚。改革开放 30 年来，数以千万计的港商、台商、各行业专业人才，以及各省外来务工人员潮水般涌入广东各类城镇，不仅对原属"蛮荒之地"的广东城市经济起了巨大的推动作用，同时也对广东城市社会发展带来深远影响。一方面，大量各层次外来人口的集聚引发广东城市人口结构的巨大变化，并促进了城市社会组织结构与社会观念的急剧变迁，广东城市社会发展一度在全国起着"引领"的"吹手"；另一方面，在促使城市社会空间发生快速演变的同时，也给城市社会管理与服务带来巨大冲击，在中国传统政经体制"坚冰"约束下，快速城市化使得广东城市社会治理调节机制面临"先行"的考验，并时刻面临挑战。

1　人口增长与空间分布

　　自 1958 年开始实行严格的户籍管理始，我国人口迁移与城市化发展缓慢。而改革开放则为广东带来人口的急剧增长，成为中国流动人口最多的省份。1978 年改革开放后，深圳、珠海、汕头经济特区以及珠江三角洲经济开放区的相继设立，使得珠江三角洲得以先行一步。利用比国内其他地域"优先"的外部力量进行工业化的机遇，依托便利的区位优势、低价的土地、廉价的劳动力和宽松的政策环境等"比较优势"，广东，特别是珠三角地区逐渐吸引了港商、华侨、台商、东南亚国家以及西方一些国家企业纷纷来此投资办厂，1980-1991 年，珠三角利用外资以每年 30.8% 的速度递增，上世纪 90 年代初，珠江三角洲地区已有与港澳合资企业 2.3 万家，"三来一补"企业 6 万余家。

1.1　总人口快速增长

　　广东，特别是珠江三角洲经济的迅猛发展，吸引了大量迁移人口，广东人口增速居全国各省市首位。1982 年的第三次人口普查显示，广东总人口为 5363 万人，到 1990 年的第四次人口普查时已为 6381 万人，8 年增长 1018 万。2000 年，第五次人口普查，广东总人口达 8642 万人，比"四普"增长 2261 万，年增长 226 万。2005 年，1% 人口抽样调查显示，广东省总人口已经达到 9185 万人，比"五普"人口增加了 543 万人，占全国人口比重的 7.03%，成为全国人口第三大省区（2006 年末广东全省常住人口 9304 万人）。

1.2　暂住人口是人口增长的主体

　　广东省是接纳外来工人口最多、影响最大的省区，而暂住人口是人口增长的主体。"五普"资料显示，2000 年，广东省流动人口规模达到 2530.4 万人，占全省普查总人口的29.3%，占当年全国普查流动人口总数的 17.5%；其中，省外流入广东的流动人口为 1506万人，占全省普查总人口的 17.7%，约占全国省际流动人口的 1/3。也就是说，每 3 个在国内省际流动的人中就有一个是流入广东省的。珠江三角洲地区的广州、深圳、珠海、佛山、江门、惠州、东莞、中山等 8 市的流动人口为 1929.3 万人，占全省流动人口比重高达91.6%。其中，深圳、东莞与广州等城市则聚集了大量的外来暂住人口。自 1990 年第四次人口普查到 2000 年第五次人口普查，深圳人口从 166.7 万人猛增到 700.8 万人，十年增长 534.1 万人，增幅高达 320%。2005 年的 1% 人口抽样显示珠三角外来人口约有 2000 万。其中深圳市户籍人口为 182 万人，外来人口达 645 万人；东莞户籍人口 165 万，外来人口约 491 万，广州市暂住人口为 386 万。

1.3　迁移增长构成户籍人口增长的重要组成部分

2006 年末，广东省常住人口为 9304 万人，比上年增加 110 万人，增长人口中省际迁移最多。如珠江三角洲"五普"户籍人口为 2312 万，比"四普"增长了 20.04%，增长人口中，迁移增长约占 40%。如在有分市人口迁移资料的 1993-1999 年，珠江三角洲 8 市户籍人口增长中，迁移增长占 46.52%，其中省际迁移占 30.62%，占同期广东省际人口迁移增长量的 46.98%。

广东迁移人口主要分布在珠江三角洲地区。大量的劳动人口迁入广州、深圳、东莞、佛山等城市，而这些劳动人口中有一部分条件允许的在珠江三角洲地区买房并入户，造成该地区户籍人口也迅速增加。1979 年，广州市流动人口才 23.5 万，即使到 1984 年，也不过 50 万人，1989 年后却增加到 170 万，其中，100 多万已变成常住人口，成为广州的"事实居民"。

1.4　人口空间分布发生巨大变化

根据普查资料，2000 年广东省的流动人口总量占全省人口总量的 29.3%，占了大约三分之一，人口比重大幅度提升。其中珠三角地区更是人口迁入地，人口占全省比重由 1982 年提升近一倍到达 37.94%，与珠三角的人口集中趋势形成明显对比的是山区人口比重的大幅下降。与"四普"相比，2000 年人口普查中，山区的五个城市中，除了云浮的人口总数略有增长外，梅州、河源、清远以及韶关 4 个城市大量人口外出导致总人口减少。广东人口增长最快的地区集中于珠江三角洲及粤东，粤西的沿海地区，其中以珠江三角洲地区的人口增长速度最快。随着社会经济的飞速发展，珠三角成为了我国对劳动力迁移流动最具吸引力的地区。

随着人口总量的增加，广东省人口密度不断上升，由于人口自然增长和机械增长的差异性，使得全省人口的地区分布格局发生了较大的变化，广东省内部各城市间人口密度的差距日益扩大，广东北部山区由于自然、经济等原因的约束，人口分布稀疏，人口增长缓慢，清远市、韶关市、河源市等山区的人口密度一直都较低。根据第五次人口普查资料，计算出广东省各城市的人口密度，其中以深圳市为最高，达到 3476 人 /km²，而人口密度最低的韶关市则只有 145 人 /km²。2005 年 1% 抽样调查显示，珠三角整体人口密度继续增长，但是各城市的增幅出现差异，除深圳增长幅度比较大之外，佛山、东莞和中山的增幅减缓。

2　人口职业结构与城市社会阶层分化

作为中国从计划经济向市场经济、从农业社会向工业社会、从乡村社会向城镇社会等转型的"先行官"，改革开放 30 年来，广东城市社会从业人员与职业结构发生了巨大的变化的同时，社会阶层的分化也日益细化。

2.1 迁移人口年龄与职业结构

改革开放后，尽管户籍制度对人口迁移起着巨大的阻滞作用，但广东经济的快速发展对迁移人口有着"磁石"般的吸引力。在开放早期，迁移广东的人口外来人口主要包括务工、经商（港商、台商），以及包含大学毕业分配的各类专业技术人才。户籍迁移以毕业分配为主，暂住人口以务工和经商为主。上世纪 80 年代中后期，指向经济特区、毕业分配和工作调动不仅是户籍迁入大中城市的主要原因，入户也逐渐成为吸引高层次人才、吸引投资的政策工具之一。

随着市场经济的逐步开放以及社会经济发展水平逐渐提高，到 90 年代中后期，以户籍为载体产生的阻滞作用正在逐渐淡化，户籍迁移占迁移人口的比重虽迅速下降，以务工经商为主的自发迁移已成为迁移人口的主体。1999 年起，有的大城市已开始对大学本科以上学历、城市经济发展所需专业，并有企业接收人员的迁入可以不加限制地入户。从 2000 年起，有合法住房和稳定收入的人员可以申请在小城镇入户。2001 年，广东省实行按实际居住地登记居民户口的原则，人口迁移取消计划指标限制，改为准入制。但目前户籍制度对人口迁移仍有限制作用，在大量暂住人口中，真正能通过购房、投资、经商而获得合法住房和稳定收入、达到入户准入条件的人毕竟是少数，对于跨行政区域、特别是跨省迁移者来说，入户仍有"智力移民"、"投资移民"的准入限制。

在这些外来迁移人口中，以经商和谋求职业为主，并以省外人口居多，主要包含了三类群体：一线普通外来务工人员（蓝领民工）、专业技术人才与高校毕业生（白领、公务员等）、投资设厂的"老板"（尤以港商、台商为最多）。与传统的计划迁移（主要是高文化程度的专门人才和国家干部）、婚姻迁移不同，当前以市场、资源为主导的人口迁移，人口的流动大多是受到市场就业生活水平等等的影响，选择经济发达地区，且青年人有着明显的迁移倾向，人口迁移改变了广东的人口结构。

在流动人口的年龄结构中，绝大多数属于劳动年龄。调研资料显示，绝大多数外来工年龄介于 20-40 岁之间，其中 52.6% 年龄介于 20-30 岁，29.7% 介于 30-40 岁，低于 20 岁和高于 40 岁的都比较少，均不到 10%。以深圳为例，目前全市人口平均年龄不足 29 岁。同时，大专及以上文化程度的人口占 16 岁以上流动人口的比重为 3.2%，初中文化程度人口比重为 61.4%，小学文化程度人口比重为 16.7%，近 80% 的流动人口的教育程度在初中文化及以下，人口素质较低。

同时，广东本地人与上述三大类外来群体所从事的职业、经济待遇与工作生活环境，也存在较大的差异。本地人除去做公务员与负责管理外，大部分自己做"老板"，或做报关之类轻松而收入高的工作，甚至相当一部分成为"食利者"（收厂租与房租）。而外来迁移人口中，除去少部分的经商、公务员与技术人员外，绝大部分"外来工"涌入生产与服务的第一线，几乎所有的重活、脏活、累活都由这些外来工"承包"。

在广东省第二、三产业的许多传统部门中，外来工占了生产者的绝大部分，如在制衣、制鞋、家具、玩具、电子装配以及建筑业、低端服务业（如保安、餐厅服务员、家政服务）等劳动密集型的企业中，第一线的普通工人几乎清一色全是"外来工"。在珠江三角洲地区，95% 以上的外来工从事体力和一般装配操作的工作。外来工成为推动地区经济高速增长的生力军，在一些城镇，外来工在数量上远远超过本地人口，以东莞、深圳等城市最为突出。

2.2 城市社会阶层的分化与农民工阶层的形成

改革开放很快将过去的社会"阶级"结构击得粉碎。20世纪80年代中期开始的城市改革打破了一直受到国家保护的公有制企业工人阶级的"铁饭碗"，中国工人阶级昔日的特权地位被淡化甚至否定，国家与资本的主导论述稀释了阶级话语的力量。商人阶层不仅资本雄厚，而且社会地位如"火箭发射"般上升，早已超越于农、工之上成为与"士"相提并论的阶层。

广东城市社会分层结构逐渐分化为五大类特征：一是政治、经济与文化精英群体（公务员、商人与知识分子精英）的"强强结盟"，社会地位急剧蹿升，并主导了城市社会经济的"话语权"；二是企业普通白领与机关事业工薪阶层；三是原有城市普通工人阶层地位下降、相对经济收入递减；四是城中村的原住民，利用村落宗族与地方传统网络，成为特殊的"食租阶层"；五是庞大的"身在广东为异客"的外来"打工阶层"，社会地位沦落到社会下层，成为被"压榨"的边缘与弱势群体。

由此，整体城市社会分层结构呈"两端大、中间小"的"葫芦型"：葫芦的上端是掌握着垄断、或行使着权力、或拥有资本、或拥有着丰富知识与技术的阶层，如各级行政机关事业单位工作人员、国有垄断企业的工作人员、商人、大学教师和科研人员、外资企业中上层管理和技术人员。而"葫芦"的下端则是城市里未能成功进入稳定单位的再就业的工薪阶层和农民工，类别较少、数量庞大，且与"葫芦"的上端存在着明显的断层。

改革开放以来，从农村涌入城市的外来工们迅速地构成新的劳动大军，城镇中不断涌现的工业区或开发区，为全球资本利用中国丰富而廉价的劳动力资源提供了条件。庞大的广东农民工已构成广东社会一个独立单元，普遍存在的超时间工作、超强度劳动以及严厉的厂规厂纪，以及较低的薪酬、近乎无的社会福利等使得农民工整体上处于广东城市社会的底层，在城市社会中受到社会发展的先天性制度的排斥。户籍制度作为一种"社会屏蔽"（Social Closure）作用，将外来工屏蔽在分享城市的社会资源之外。

农民工作为非城市居民，无法享受与城市居民一样的居住、就医、子女入托入学等社会保障，并在社会心理、生活方式、消费模式等各方面与城市居民有很大差异，不仅使城市社会文化日趋多元化，也逐渐成为城市贫困群体的重要组成部分。在职业选择方面，农民工还受到城市管理部门"换笼腾鸟"政策的制约，只能从事城市居民不愿从事的"脏、累、苦、险"等职业。大部分外来工奋战在生产第一线，长期承担着企业的苦、脏、累、险工作，每天工作10-14个小时，甚至没有休息日，却享受着"最低工资标准"，外来民工已经成了广东城镇贫困人口的代名词。

3 城市社会发展的挑战

随着改革开放的日益深化，新旧体制的转变和利益格局的调整，社会经济成分、利益关系和分配方式的日益多样化，广东城市社会矛盾明显增多。这些矛盾和问题，就其与城市空间结合而言，主要表现为社会隔离区与社会歧视、外来人口公共服务供给面临挑战，多元化治理的潜力远未发挥，城中村治理赤字，等等。这些矛盾和问题带有复杂性、多发性、群体性，甚至在一定范围内还带有一定的对抗性。

3.1 社会隔离与歧视下的"三元"城市社会

随着广东改革开放的不断深入，所有制结构和产业结构发生了变动和调整，加剧了职业流动和分化，贫富差距逐渐拉大。外来低收入与城市贫困人口继续增长，中间阶层所占比重增长缓慢，高收入阶层成为城市社会发展的强势"代言人"，外来人员特别是数量庞大的农民工，成为被歧视与隔离的弱势群体，基本上游离于广东社会交往与阶层流动之外。广东城市社会在总体上呈现高收入、中等收入与外来低收入群体之间紧张、排斥、隔膜相互隔离的新"三元"。

城市开始变得"分化"、"碎化"甚至"双城化"，在居住空间形态上形成防卫型社区和城市下层、低收入人群集聚的城市中心衰败区并存的状况：一极是精英阶层在舒适豪华的典雅社区居住，这些社区通过围墙、保安等杜绝外人的自由接触，形成所谓"防卫型社区"；另一极是城市下层、低收入人群在城市边缘区密集居住，其边缘化地位甚至导致了一个"下层阶级"。以户籍制度为核心的城乡隔离体制使数量巨大的外来工无法有效地融入城市，只好在家乡和工作地之间来回奔波。受落后的教育水平、贫困的经济实力等先天性因素的制约，外来工遭受广东城市其经济性接纳和社会性排斥的矛盾。同时，城市空间的分离进一步恶化了贫困人口的生存空间，社会的整体消费和投资日益向中上阶层聚集，同时也进一步减少了贫困人口的就业机会，有限的社会资源使贫困人口根本无法找到其他的谋生手段。空间的隔离也极大地影响社会稳定，物质的匮乏之势必造成精神的贫困，于是，暴力、色情、赌博、毒品在这样的地区滋生蔓延，渐渐它也离主流社会越来越远，最终会成为城市的禁地。

3.2 外来人口持续增加，公共服务供给面临挑战

广东作为率先发展的地区，经济社会转型较早，各类城市社会矛盾凸显得更早、更多、更复杂。来自全国各地大量新移民潮水般涌入，意味着任何一种相对静态的计划管理模式都无法适应。广东特别是珠江三角洲快速工业化与城市化进程相伴随的是大量外来人口的涌入，据"五普"人口统计显示，广东全省流动人口总量已突破3000万，其中70%以上集中在珠三角地区，使得该地区成为全国流动人口最密集的地区；珠江三角洲外来人口已达1807万，占地区总人口的43.54%，许多城镇外来人口已经超过本地户籍人口，甚至超过十几倍。如此庞大的外来人口给城市社会管理、公共服务和社会治安带来沉重的治理压力。

首先，财政经费的"硬约束"。外来人口的持续增加，社会管理与社区公共服务供给出现了财政经费支付和资源动员的难题。在中央与省财政拨付缺失，广东地方政府财政补给捉襟见肘，以及企业和社区管理出现分离的情境下，街道和居委会的负载量越来越重。庞大的经费支出与管理人员的安排使得很多街道与居委会不得不面临发展经济与社会管理的双重任务。街道与居委在有限的财力、物力与编制下，承担了大量的治安、垃圾处理、环境卫生、计划生育等社会管理工作工作，"小马拉大车"和任务繁重，使得变项乱收费往往成为社区管理的突出问题，"孙志刚事件"反映了广东城市突出性社会事件的"冰山一角"。在一些转制城中村，政府没有负担起城中村管理中应有的责任，而推托给城中村各股份公司，为城中村治理带来很大难度。例如，本来旧城改造应该由政府负责的市政项目，比如路灯、道路维修、下水道疏通等全要由城中村股份公司自己负担，给很多经济条件较差的城郊结合部城中村治理带来较大的压力。

其次，行政编制的"刚性约束"。尽管庞大的外来人口需要切实增加社会管理人员，而珠江三角洲地区城市的一个现实是：外向型经济的迅猛发展带来大量劳动力与企业的超常规增长，导致外来务工暂住人口极大地超过本地户籍人口。大量的外来工也给广东的社会生活带来了巨大压力，"双抢"事件时有发生，社会治安方面问题面临挑战，同时，大量的企业也对地方政府的税务、海关服务提出了新的要求。但改革开放十年来，中央仍根据当地常住人口来设定审批管理部门的人员编制，在此刚性约束下，广东城市政府管理部门人员无法满足日益增长的公共服务需求。

第三，流动人口管理与人口控制。相对于主流的户籍人口而言，流动人口在管理内容与方式上，被置于"另类"管理中。对户籍人口，户籍地政府提供具有多重制度保障性质的管理和公共服务，但对非户籍人口，则提供以治安管理防范型管理。非户籍流动人口被当成了潜在犯罪群体进行管治，管理不过是户籍人口管理的一种"拾遗补缺"。以治安管理为主的流动人口管理，虽强调相关职能部门的共同参与，但在运作中，各职能部门往往以自己管理领域为重的同时，附带性地把涉及的流动人口问题纳入其中。这在流动人口数量巨大，相关社会问题日益严重情况下，效果显得捉襟见肘。"补缺型"流动人口管理实质上一种"社会歧视"制度，把流动人口置主流社会之外，在制度与体制上割裂了流动人口与流入地社会的有机联系。

3.3 高密集城中村治理赤字

随着珠三角高密集城中村的崛起，以及由此带来的一系列诸如犯罪治安防范、流动人口管理、消防安全隐患、环境卫生恶劣、城市景观无序，以及"食利阶层"涌现等问题逐渐引起部分城市政府的重视，如何治理与改造城中村成为不少城市政府的心疾。尽管,珠海、广州、深圳等城市先后出台了一系列相关政策与改造策略，并积累了一些实际经验，但至今治理结果并不彰显。

综观珠三角几个城市的城中村治理改造的模式与历程，不难看出，2000年始拉开序幕的珠三角城中村治理改造除了珠海完成数十个规模不大的改造新村外，广州和深圳主要还处于改造前期阶段，其他城市如东莞、佛山和中山等城市还处于酝酿或观望之中，总体上大规模的改造城中村还未有实质性的进展，出台改造城中村的城市都有不同程度的改造延后趋势，显示了对珠三角高密集、高聚居外来人口以及较多集体资产的城中村改造远比预期的目标与期望要困难与复杂。

由于受到国家宏观制度供给结构、不完全市场机制以及现代城市治理的约束，近年来，珠三角的城中村治理改造不可避免地具有"适应性效率"不足的难题，并化约为治理改造的困境与新问题的重构（在新的空间或以新的形式）：

城中村改造主体虽有多元化的趋势，但对居住在高密集城中村的外来与短期租赁人口考量不够周全。目前，珠三角城中村治理改造主要围绕与针对"政府、开发商以及村民"三方面的利益,进行自上而下的政策制定与供给，还未有给居住在高密集城中村的主体——外来与短期租赁人口对治理改造的态度和发表意见的机会，如在居住条件与租金方面，在国家还未出台相关针对外来人口的廉价住房问题时（《住宅法》还在拟订之中),狭隘的"城市主义"与狭隘的"社区（城中村）主义"的治理改造忽视了对低收入人群与弱势群体基本生活权利的关注，一味的改造与"杀死"城中村，将可能使城中村问题以新的形式重构，比如密集的"房中房""床上床""新七十二家房客"的"群租现象"的出现。

村集体资产的股份制改造虽是城中村最终都市化的大势所趋，但要摒弃"一股就灵"的简单与线型，防止在建立现代企业法人治理过程中，出现由"机会主义"带来集体资产的流失以及对村集体资产的"家族"式控制。

综上，珠三角大都市地区城中村治理（公共干预）中的挫折与困境客观上也反映了国家宏观制度供给结构与先行发达地区制度需求的历史落差。珠三角大都市地区城中村的终结，必将是一个长期而艰难的过程。此外，"城市不是无菌的实验室"，那种期望通过改造城市物质环境，尽快消灭城中村"毒瘤"就能实现理想城市与理想空间秩序的设想无疑仍未脱离"物质环境决定论"的窠臼。

4 小结

改革开放 30 年，广东城市社会的发展演变，从某种意义上说既是一场历史性实验的窗口与开始，同时又是一场丰富与生动记录中国城市社会经济演变的"活化石"。

改革开放以前，在掌管人民一切生活的全能型政府体制下，社会成为其权力的附庸与延伸，此一阶段体现了"有主义、无社会"的悖论：在旧有的计划体制下，经济组织与社会单位的各种经营活动与分配都受命于政府，并只与其上级主管部门发生垂直的单向关系，不同的封闭的经济组织与社会群体之间缺乏横向联系，公民的合法权利往往只能通过单位证明才能获得。

改革开放以来，广东城市社会在广度与深度上发生了脱胎换骨的变化，不同利益组织与社团的群体逐渐解构了传统"两个阶级、一个阶层"的社会结构，城市社会空间从先前的"单位城市"向"社区城市"、从"封闭城市"向"开放城市"迈进。随着区域竞争的日益加剧、价值取向的日益多元、民众权益的普遍觉醒，城市社会治理的关键已不是抽象的"理论命题"，而更在于使相关利益主体在城市空间上能得到实实在在的平衡。

作为中国改革开放最前沿与全国最大、最活跃的劳动力市场，30 年来，"敢为天下先"的广东在城市社会发展上一度扮演了全国"策源地"与"先行官"的特殊"窗口"角色，上演了一幕幕"春天的故事"。与诸多"广货北伐"类似，"老板"、"开发区"（蛇口，1979）、"楼花（楼盘）"、"物业管理"、"业主委员会"（深圳天景花园业主委员会，1991）等城市社会空间概念也大举北上，并一直保持着"生猛鲜活"的旺盛影响力。

同时，SARS（非典型肺炎）、孙志刚事件、城中村、广州火车站、"双抢"（抢劫、抢夺）等突发事件与典型社会空间也一度使广东成为全国舆论所关注的焦点，并争议不断。在传统城乡二元制度结构背景下"实验催生"的快速工业化和城市化所导致的诸多地方事件与城市社会经济演变，生动地明示着改革开放 30 年以来广东城市社会发展"并不是轻松欢快的旅行"，它不仅充满（地方）经济利益的摩擦和（国家）统治文化的碰撞，而且伴随着巨变时期大国的治理迟滞和地方的超越艰难。

参考文献

[1] Logan，J.R.The New Chinese City：Globalization and Market Reform[M].Oxford：Blackwell Publishers，2001.

[2] 富永建一 . 社会结构与社会变迁 [M]. 昆明：云南人民出版社，1988.

[3] 李文波、蔡禾，等.改革开放下广州社会结构变迁 [J]，中山大学学报论丛，1997，（6）：51-64.

[4] 王健民.关于广州社会结构的若干问题 [J]，探求，2002，（1）：24-28.

[5] 潘毅.打工者：阶级的归来或重生 [J]，南风窗，2007，（5）.

[6] 赵毅等.16-17世纪中国社会结构问题笔谈 [J]，东北师大学报（哲学社会科学版），1999，（1）：1-5.

[7] 龚浔泽.中国社会结构变迁：鸡蛋型理想与葫芦型现状 [J]，董事会，2006，（12）：36-38.

[8] 陆学艺.当代中国社会阶层研究报告 [M].北京：社会科学文献出版社，2002：10.

[9] 李强.户籍分层和农民工的社会地位 [J].中国党政干部论坛，2002：8-13.

[10] 夏建中.城市社区基层社会管理组织的变革及其主要原因——建造新的城市社会管理和控制的模式 [J]，江苏社会科学，2002，（1）：165-171.

[11] 郝彦辉.制度变迁与社区公共物品生产——从"单位制"到"社区制" [J]，城市发展研究，2006，（5）：64-70.

[12] 王怡.居委会选举与"社区自治" [EB/OL]，中国城市社区网，2004年9月4日。

[13] 王琳.城市基层民主建设的新形式——对广东"业主委员会"的调查引发的思考 [J]，理论月刊，2006，（8）：110-113.

[14] 张岸，等.深圳市城市内部人口与社会空间结构研究 [J].南方人口，2006，（3）：52-57.

[15] 艾大宾、王力.我国城市社会空间结构特征及其演变趋势 [J].人文地理，2001，（2）.

[16] 魏立华，等.20世纪90年代广州市从业人员的社会空间分异 [J].2007，62（4）：407-417.

[17] 魏立华、闫小培.1949-1987年（重）工业优先发展战略下的中国城市社会空间研究：以广州市为例 [J].城市发展研究，2006，（2）：13-19.

[18] 从屹.城市土地有偿使用制度的改革与实践 [D].东北财经大学博士学位论文.2001：8。

[19] 赵永革、王亚男.百年城市变迁 [M].北京：中国经济出版社，2000：130。

[20] 李志刚、吴缚龙.转型期上海社会空间分异研究 [J].地理学报，2006，61（2）：199-211.

[21] 吴启焰、崔功豪.南京市居住空间分异特征及其形成机制 [J].城市规划，1999，（12）.

[22] 刘玉亭，等.转型期城市低收入邻里的类型、特征和产生机制：以南京市为例 [J].地理研究，2006，25（6）：1073-1081.

[23] 何树青.一个没有中心的城市成了明星城市 [J].新周刊，2004.

[24] 王兴中.中国城市社会空间结构研究 [M].北京：科学出版社，2000：15.

[25] 姚华松、薛德升、许学强.城市社会空间研究进展 [J].现代城市研究，2007，（9）：74-79.

[26] 刘筱等.社会分裂——转型中的中国城市面临的挑战 [J].城市规划汇刊 2002，（02）：65-68.

[27] 蓝宇蕴.关于城市流动人口管理的反思——以广州市为例的研究 [J].思想战线，2007，（4）：100-106.

[28] 孙立平.转型与断裂——改革以来中国社会结构的变迁 [M].北京：清华大学出版社，2004.

（本文合作作者：魏成。原文发表于《北京规划建设》，2009年第1期）

融入核心区

——长三角一体化背景下南京战略思考

1 前言：跨江还是南拓？

南京位于长江下游，襟江带河，依山傍水。优越的地理条件给南京市带来水运、用水、塑造滨水城市景观的便利，也深刻地影响着南京城市空间结构。事实上，南京在近代以来就一直有跨江发展的构想，并相应推进了一系列开发：

（1）民国时期：《首都计划》引导工业跨江发展。1929 年南京民国政府公布的《首都计划》提出"浦口位于津浦铁路之终点，将来复有火车渡船……且现地广人稀，未臻繁盛，倘能及时利用，辟为重大而含有滋扰性质之工业区，以辅助南京之发展"，规划把长江以北尚未大规模开发的浦口地区作为南京工业发展片区，以免对旧城造成影响。至新中国成立以前，在《首都计划》的引导下，浦口实际上已经发展为一个功能相对完善的工业区（图 1、图 2）。

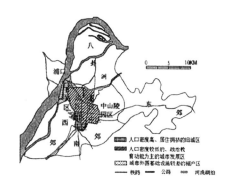

图 1 1929 年南京城市社会区类型

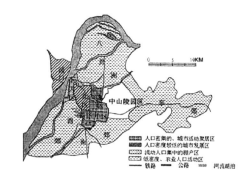

图 2 1947 年南京城市社会区类型

（2）1949 至 2000 年左右：产业组团、功能组团跨江分布。新中国成立以后，南京江北地区延续了作为工业功能片区发展的思路，承接了很大一部分新增工业以及老城区外迁的工业。1958 年至 1965 年，南京钢铁厂、南京热电厂、南化磷肥厂等布局在江北，1966年至 1978 年，南京城区内一部分扰民工业外迁至江北的大厂镇，使大厂成为当时南京三个沿江工业区之一；1988 年至 2000 年前后，江北浦口至大厂沿宁六公路一线，分布了纺织、机械、冶金、电力、石油化工等工业；在这一时期，南京部分高校也开始在江北设置分校区。至 2000 年左右，南京江北地区浦口主要作为南京工业片区发展，没有形成具一定规模的服务中心（图 3）。

（3）2000 年以后：发展江北副中心。2002 年国务院批准新修编的《南京城市总体规划（1991-2010）》，提出南京中心城区发展战略为"一城三区"：建设河西新城区，仙林新市区、江宁新市区和江北新市区。2006 年，南京市政府进一步做出了"以江为轴，跨江发展"的战略部署，开始了由"秦淮河时代"向"扬子江时代"迈进。南京 2007

版总规提出"一主三副"的空间格局，"一主"是指"新街口、河西、南站地区"共同构成的城市中心，"三副"包括江北（浦口）、东山和仙林三个城市副中心[①]，其中江北副城具有相对独立的区域综合城市功能，以服务江北地区，辐射中西部地区，发挥对主城和过江通道的疏解作用。在规模上，到2020年，江北副城人口规模突破100万人，成为特大城市[②]（图4）。

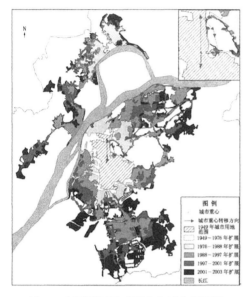

图3 建国后不同时期南京城市拓展图

图4 中心城区"一主三副"示意图

2000年前后南京跨江发展有一个明显的转向：长期以来江北一直是城市工业发展功能片区；2000以后才提出将江北建设为城市副中心、区域服务次中心，以疏解主城区的人口，辐射安徽与苏北。事实上，南京向北跨江发展至今未取得实质进展，江北地区城市发展滞后于工业化发展，城市建设处于比较落后的水平，难以形成具一定规模的城市服务中心。

随着长三角地区高速公路、高速铁路网络建设，长三角区域一体化趋势日益明显，面对新的区域发展条件和重大基础设施的布局，南京有必要对城市空间发展战略进行检讨，以明确空间发展取向，引导市场资源有效配置。

南京市空间拓展方向的抉择应该置于区域发展宏观背景下考量。长三角目前最为重要的发展趋势是区域一体化，南京空间发展也应该在既定的辐射安徽、苏北战略与融入区域一体化趋势中做出。由于高速铁路站场、机场等大型基础设施的布局，江宁南部地区已经成为南京融入长三角核心区的"机会空间"，战略地位显著，因此，沿沪宁、宁杭轴线向南拓展是南京空间发展的必然选择。

① 南京市城市总体规划（2007-2030）。

② 江北将在2020年打造成特大城市，http://www.njnews.cn/news/2011-08/26/content_6808709.htm

2 南京与上海分割的空间格局

改革开放以后，长江三角洲城镇群形成了以上海为龙头，上海、南京、杭州为中心，沪宁、沪杭、杭甬为廊道的"之"形空间结构：在苏南模式下发展起来的一批小城镇密集地分布在上海至常州沪宁交通走廊两侧，形成了连绵的城市化地区，城镇密度为每百平方公里 2.46 个；在镇江至南京一线，由于乡镇企业发展较慢，南京地区和镇江地区城镇区域分布的密度 1995 年分别只有每百平方公里 1-1.2 个和 1.5 个。

在当时交通基础设施发展条件下，三大中心城市的区域空间分割较为明显。中心城市的经济发展水平（表现为人口规模及经济总量）及其对外联系的便捷性（交通设施）决定其腹地范围，按此划分的三大中心城市影响腹地范围各不相同，南京大城市地区的影响区域中直接腹地大致为半径 100km，大约在芜湖、镇江 - 常州、扬州 - 泰州之间、全椒 - 合肥之间。上海对沪宁发展走廊影响较大的地区为苏锡常地区，这也是 1995 年左右乡镇企业改革后，这些地区仍然保持了快速发展的重要原因之一。杭州的直接腹地则包括湖州地区、绍兴地区。由于区域高快速交通系统并不十分发达，上海对南京、杭州经济的带动作用有限（图 5）。

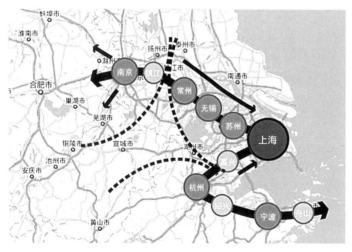

图 5　长三角三大中心城市区域空间分割示意图

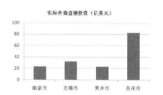

图 6　2009 年南京与苏锡常地区 FDI 总量

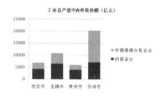

图 7　2009 年南京与苏锡常地区工业总产值构成

南京的直接腹地是安徽、苏北等欠发达地区，在相对分割的区域空间下，南京的区域作用主要是为这些地区提供较高等级的中心服务，因此形成相对较弱的区域中心。作为计划经济体制下发展起来的省会重工业城市，南京保留有较多计划经济时期延续下来的大中型国有企业，它们在工业生产中所占的比重较高，而地区乡镇企业发展却非常薄弱，经济成分中外资比例相对有限，南京经济对外开放程度远不如上海、苏南地区。2009 年，南京 FDI 为 22.8 亿美元，仅仅达到无锡水平，不及苏州市的 1/3，同年工业总产值 6800 亿元，约为苏州的 1/3，其中外资企业所占比重仅为 38.1%[①]（图 6、图 7）。

----

① 数据来自《中国城市统计年鉴》。

3 长江三角洲区域一体化的趋势

伴随长三角沪宁高铁、宁杭高铁、沪杭高铁等高速铁路的建设，高速公路网络的完善，以及长三角地区机场群的发展，长三角高快速交通网络加快形成，推动着长三角区域一体化发展。具体表现为区域交通设施一体化、区域经济一体化、空间格局多中心化与城市职能服务化等。

3.1 长江三角洲区域交通设施一体化

区域基础设施一体化是区域一体化的基本架构，其中交通基础设施一体化更是区域一体化的重要基础。网络化与高速化是区域交通基础设施一体化的具体表现。区域交通基础设施的网络化与高速化，能够大大降低区域内资本、人才、货物等生产要素的流动成本，促进其自由流动，推动区域资源合理配置，深化区域分工，实现区域经济一体化发展。

3.1.1 高速公路网络化

进入 21 世纪后，长三角的区域性交通设施发生了巨大变化。2000 年长三角区域高速公路里程约 2000km，仅有宁通、京沪、沪杭、杭甬、合宁 5 条高速公路，宁杭之间缺少快速联系通道。到 2009 年，长三角新增高速公路 26 条，区域高速公路里程增长约 8000km，苏南地区与浙北地区基本形成网络型的高速公路体系（图8）。

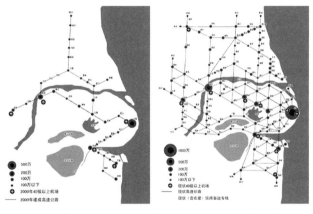

图 8 沪、苏、浙、皖 2000 年（左）2010 年（右）高速交通格局示意图

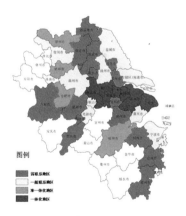

图 9 2010 年南京与周边地区交通联系一体化程度

3.1.2 客运交通的高速化

除高速公路网络外，长三角高铁网络也在快速发展。2007 年 4 月，全国铁路第六次大面积提速，34 对动车组在上海、南京、无锡、苏州、杭州等长三角城市之间投入运营。随着沪宁、沪杭、宁杭高铁于 2010 年相继通车，杭州和南京正式进入上海两小时都市圈范围内，长三角地区主要城市已基本形成一小时交通圈。目前，每天从南京发往上海的动车组达 20 趟，高铁列车达 65 趟，而每天从南京发往苏州、无锡、常州与杭州动车组达 10 趟以上，高铁列车达 30 趟以上，长三角地区形成了 30.5 亿人次的区域客流量。

利用南京与周边地区城际客车、客运铁路专线发班班次和列车数量数据，通过 GIS 进行分析，得到南京与周边地区联系强度情况（图9），按照联系强度从高到低分为四个级别，可以看出南京、镇江、常州、苏州、无锡、上海已经形成一体化的地区。

未来长三角地区将继续完善沪宁、沪杭、沿长江、沿海、宁湖杭、杭甬、东陇海、浙西南等8大交通通道，交通设施的一体化将进一步发展，深刻影响区域经济一体化进程，引起区域空间格局的变化。

3.2 区域经济一体化

区域经济一体化是指建立在区域分工与协作基础上，通过生产要素的区域流动，推动区域经济整体协调发展的过程。区域内要素自由流动的程度以及区域内各主体的分工协调程度均是区域经济一体化的重要表现。外商直接投资作为长三角最为主要的生产要素之一，对长江三角洲经济发展和产业升级起到了巨大的促进作用，其资本结构的高端化与空间布局的分散化表明长三角区域经济一体化程度已经大大加强。

3.2.1 外资从集中到分散，资本流动更为便捷

空间分布上，虽然上海一直以来都是长三角外资最为集中的地区，但外商直接投资在近20多年来呈现由上海高度集中向区域分散的趋势。

1990年代初期，上海几乎集中了长三角接近一半的外商直接投资。1990年，上海实际利用外资77970万美元，甚至超过了江苏省（43861万美元）与浙江省（16235万美元）直接利用外资额的总和。

进入1990年代中后期，由于沪宁高速的建设，以及上海的生产要素价格不断上升，苏南地区的区位优势与成本优势逐渐凸显。在市场配置作用下，外资沿着沪宁走廊向苏南地区扩散和转移，紧靠上海的昆山、苏州工业园区成为外商直接投资的热土，南京、镇江也在这一波外资分散化浪潮中受益（图10、图11）。

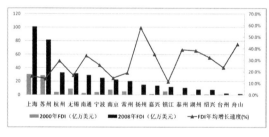

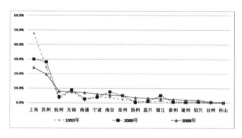

图10　长三角2000年与2008年各城市外商直接　　　图11　长三角1992年、2000年与2008年
　　　投资份额增长情况　　　　　　　　　　　　各城市外商直接投资占总体比例变化情况

进入2000年以后，随着中国加入世界贸易组织，外资涌入长三角的速度与规模进一步扩大，2000年至2008年，长三角各地外商直接投资额有较大幅度的增长，总额上由2000年的101亿美元增长到415亿美元，平均年增长率达19.3%。在总量增长的同时，区域交通设施的改善与政策作用使得外资流动更为便捷，外商投资向江浙两地扩散。

扬州、泰州、湖州、绍兴等地外商直接投资近8年年均增长率高达30%以上，其占长三角总体数量的份额得到较大的提高，而上海、苏州、南京等地的份额则有明显的相对下滑，南京地位更被宁波、南通、杭州等地超过，由原来的第4位下降到第7位。

3.2.2 外资结构呈现高端化趋势

在投资结构上，区域内主要城市利用外资的重点领域从一般制造业向技术密集型、资本密集型产业、现代服务业转变。

1990 年代初期，长三角外资企业多为两头在外型的加工贸易企业，区域加工贸易进出口活动的大量增加，制成品占外资企业出口的比重基本在 90% 以上。

进入 1990 年代后期，跨国公司和国际电子代工业大规模进入长三角，使得长江三角洲地区的出口结构向高新技术（电子、信息）产品转化。至 2001 年，制造业中电子及通信设备制造业居长三角外商投资行业的首位，占外商投资制造业总量的 15.4%，化学原料及制品制造业、交通运输设备制造业、电气机械及器材制造业、普通机械制造业等行业投资量之和所占份额为 35.5%。

进入 2000 年后，服务业领域外商直接投资额快速增长。2007 年长三角实际利用外资 372.58 亿美元，其中服务业利用外资 126.95 亿美元，占实际利用外资的比重为 34.1%。2009 年，苏州服务业注册外资、实际利用外资规模分别从 14.5 亿美元和 3.83 亿美元增长至 37.7 亿美元和 16.9 亿美元，分别增长了 160% 和 341%；无锡服务业领域实际到位外资 11.6 亿美元，同比增长 86.6%；杭州市服务业合同利用外资和实际利用外资分别比 2008 年同期增长 116.7% 和 11.0%。对南京而言，虽然在利用外资的总体规模上增长相对滞后，但其在直接利用外资的结构上仍然存在较为明显的优势。南京第三产业直接利用外资额占总额的 48%，低于杭州的 55% 和上海的 72%，但这一比例高于长三角的其他城市（图12）。

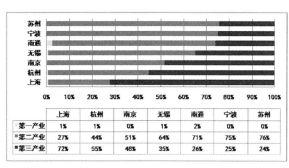

	上海	杭州	南京	无锡	南通	宁波	苏州
第一产业	1%	1%	0%	1%	2%	0%	0%
第二产业	27%	44%	51%	64%	71%	75%	76%
第三产业	72%	55%	48%	35%	26%	25%	24%

图12 长三角主要城市 2009 年直接利用外资结构对比

区域外资的分散化与投资的高端化表明，长三角区域经济一体化进程正在不断地深化。在这一过程中，苏州、昆山、南通等城市成功把握区域一体化与全球化趋势，吸引外资实现快速崛起。南京吸引外资的总量相对较低，且增速不快，南京需要进一步融入到长三角区域一体化过程中去，吸引全球资本。

3.3 区域多中心趋势

随着区域一体化发展，交通的网络化使得区域内的外围次级中心城市绕开中心城市而发生功能关系成为可能，使得这些区域表现出更为明显的多中心特征。在这个日益多中心的结构里，出现了越来越多的专业化趋势。

后台管理、物流管理、新型总部综合体、传媒中心以及大规模娱乐和运动等。新出现的功能依托快速轨道交通在新的空间集中，形成区域中心节点，区域内出现一种全新的空间现象——多中心巨型城市区域（MCR：mega-cityregion）。这是一种新的地域空间，由形态上分离但功能上相互联系的 10-50 个城市（城镇），集聚在一个或多个较大的中心城市周围，通过新的劳动分工形成紧密联系的城市网络，如英格兰东南部地区、德国莱茵-

鲁尔地区、荷兰兰斯塔德地区等（图13），我国长江三角洲地区也正在出现这种区域多中心的发展趋势。

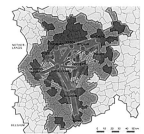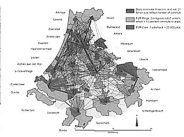

图13 莱茵–鲁尔地区（左）兰斯塔德地区（右）区域结构示意图

空间结构上，长三角逐步由原来沪、宁、杭三个特大城市主导的簇群结构，逐步发展为由上海、南京、杭州、苏州、宁波等城市为中心，联系相应次级城镇群的多中心网络结构。

1990年代前期，长三角地区仅有沪、宁、杭三个特大城市，当时区域基础设施一体化程度较低，它们之间联系并不紧密，区域空间格局为由三个特大城市与大量小城镇组成的簇群结构。1990年代中后期，随着沪宁、沪杭等高速公路相继通车，以及国际产业资本进一步向内地转移，长三角形成了宁–沪–杭–甬"Z"型的发展走廊。2000年后随着长三角基础设施一体化的加快，长三角地区多中心网络化城镇格局初步形成（图14）。

从区域城镇数量来看，整个1990年代，特大城市数目与人口规模相对稳定，大量中小城市随着农村工业化和外商制造业资本进入而快速成长。中、小城市在数目上与城市人口规模上均有成倍的增长，尤其是中等城市，城市数目增长了3倍，总人口规模增长了近4.6倍，由原来162万人增至748万人，小城市人口则翻了一倍多（表1）。

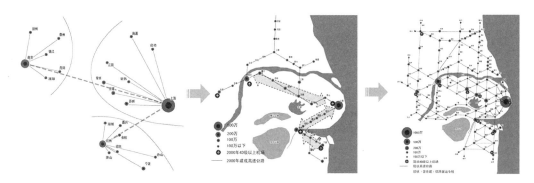

图14 长三角空间格局演变：簇群分割—点轴—多中心网络

近20年长三角城市结构演变　　　　　　　　　　　表1

年份	>100万			50-100万			20-50万			12-20万			总计
	城市/个	占总城市人口比重	人口（万人）	城市/个	占总城市人口比重	人口（万人）	城市/个	占总城市人口比重	人口（万人）	城市/个	占总城市人口比重	人口（万人）	城市/个
1990	3	69%	1180	4	15%	255	6	9%	162	8	7%	122	21
2000	3	47%	1386	6	15%	453	25	25%	748	25	13%	380	60
2009	7	66%	2658	4	7%	303	26	18%	723	22	9%	370	59

数据来源：本表数据来自《浙江省统计年鉴1990、2000、2010》、《中国县（市）社会经济统计年鉴2010》、《上海统计年鉴2000、2010》、《江苏省统计年鉴1990、2000》，其中城市人口规模为非农业人口规模，地级市人口为其市辖区人口。

2000 年后随着长三角基础设施一体化的加快，商务通勤成本的降低和中心城市腹地的扩大，区域中心城市的集聚效应得到了强化。长三角区域内特大城市均得到较大的发展，特大城市人口占区域内总城市人口的比重由原来 47% 快速上升为 66%。

3.4　城市职能服务化

随着各地发展路径的转型、产业的升级与区域一体化的推进，区域内部不同服务职能类型、空间与结构将进行更深刻的重组。高端的生产服务（APS：Advanced Producer Services）职能向更高级别的城市中心集聚，形成强烈的极化效应，其他不同层次的生产服务职能则与城市网络内部相关产业紧密结合，在合适的空间集聚，形成不同层级的服务中心网络。

服务职能网络表现在空间上就是形成了以服务业层次为基础的城市等级结构，即在区域一体化下，核心城市的区域服务主中心地位将得到加强，同时区域内出现多个次级服务中心。原有中心职能由于扩散效应向中心边缘地区转移，也可能是外围地区区域条件的变化与交通区位的改善而出现新的中心服务职能，这一生产服务职能的空间重组与层级重构在区域尺度上持续地进行着，在已有的区域中心内部则出现服务功能的分化，产生新的更高级的服务职能。

改革开放 30 年来，工业化一直是推动长三角各大城市发展的主要动力，但粗放的工业扩张同样带来了环境恶化、资源枯竭等一系列问题，因此区域内各城市均开始转变经济发展方式。

图 15　2000-2004（左）2004-2008 年（右）长三角及周边地区第三产业比重变化

2000 年后伴随长三角区域一体化进程的加快和区域内各城市经济发展方式的转变，近年长三角城市职能呈现出服务化趋势。但区域从生产到服务这一趋势并非完全均质化地推进，而是向上海、苏州、南京、杭州、温州等区域中心城市集中。分析长三角及周边城市 2000 年、2004 年、2008 年三个年份第三产业产值变化情况（图 15），可以看出 2004 年以后，南京、上海、杭州、苏州等城市服务业增长较快。

4　区域一体化下南京战略空间的选择

4.1　区域一体化的理论

区域一体化可以促进地区的经济增长。从生产角度来看，区域一体化过程通过加强竞争、扩大市场规模和重构区域贸易模式影响产业布局，产业越来越倾向于集中到某一个特定的地区，增加企业间有效的经济联系，消除政策干预和减少市场分割，带来经济上成本降低和收益增加；从福利角度来看，区域一体化发展中，由于国家或地区之间日益增长的贸易导致人均收入的趋同，各地区人均 GDP 趋于一致。

4.2 区域一体化下南京战略选择

区域一体化正成为长三角地区的发展趋势，相伴的是各种服务功能节点与产业高地的涌现，区域内各个城市均面临重要选择——要么塑造产业发展高地，积极融入长三角区域各城市的职能分工；要么孤立于区域一体化过程，放弃对全球资本的吸引。在这个趋势下，长三角各级政府都提出了促进区域一体化的策略，以促进城市经济的发展，这些策略包括引导区域高快速交通网络建设、通过政策培育本地优势产业发展、与区域城市进行分工、对接上海等。

区域一体化过程为南京转型发展带来新的机遇。南京应该积极融入长三角核心区中去，打破区域分割的态势，主动对接上海、苏南地区，实现与上海的一体化发展，以获得更大的腹地范围。从区域空间格局来看，加入区域一体化过程后，南京成为长三角地区与我国中西部地区联系的枢纽，向东沿沪宁走廊联系上海、苏南地区，向南沿沪杭线联系杭州、宁波地区，向西向北辐射安徽、苏北地区，南京不仅成为辐射中西部地区的中心，而且是长三角地区的区域中心之一，腹地范围更为广阔，枢纽地位凸显（图16）。

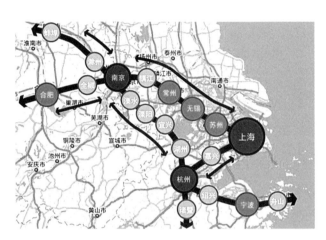

图16 区域一体化下南京战略格局

4.3 南京参与区域一体化的战略机会空间

高速铁路、机场等区域大型基础设施是城市参与区域一体化发展的媒介，从市域尺度来看，临近区域大型交通基础设施有利于南京与区域之间功能上紧密联系，它们的分布将深刻影响城市空间的发展方向。在区域一体化发展格局下，对南京城市空间拓展方向的讨论应该综合考虑高铁站、机场等区域交通基础设施的影响。

从南京市域空间格局来看，江宁区处于南京市域空间拓展战略轴线上。《南京市城市总体规划（2007-2030）》提出构建"两带一轴"的城镇空间布局结构，其中"一轴"是指沿宁连－宁高高速公路走廊形成的南北向城镇发展轴线（"金轴"），是南京辐射苏北、对接宁杭城镇群的主要载体，未来南京将引导土地投放和产业发展向发展轴上的城镇集中。沿南北城镇发展轴线上分布有南京南站、南京禄口国际机场，南京南站是南京对外联系的高铁门户，主要运营京沪高铁、沪汉蓉高铁、宁杭高铁、宁安高铁、宁通高铁等，禄口国际机场是长三角四大国际机场之一，它们都是南京参与区域一体化发展的依托，将提升周边地区的交通可达性，为服务型产业、高新技术产业发展创造条件。

随着南京市空间拓展战略的实施，南京重要大型基础设施逐步向江宁东山－禄口方向布局，江宁将成为南京吸引全球资本，参与区域一体化发展的战略空间。江宁将形成由南京南站、地铁一、三、五号线、禄口国际机场构成的"哑铃状"交通基础设施空间结构，形成一个"高铁-地铁-机场"联运的枢纽，催生一种全新的商务客运模式：发展知识经济所需的高级人力资源从全球、区域，经两种方式——高铁与机场会集到江宁，并通过地铁聚集在新型产业高地，从事商务、研发活动、商贸活动等，推动江宁高端产业的发展。

因此，南京市应该沿宁宣、宁杭高速向南发展，江宁南部地区是南京参与区域一体化发展的战略机会空间。

4.4 江宁——更具活力的经济

江宁工业化、城市化的道路与南京其他地区较为不同，而更类似于苏锡常地区发展模式，江宁经济凭借良好的基础和更好的活力，最有可能带动南京融入区域一体化发展。

改革开放开始至1992年县（当时作为南京郊区代管县）开发区设立，这一时期江宁县的发展动力主要来自农村体制改革和城市体制改革，乡镇企业蓬勃发展，在1987年前后，江宁全县约有1800家乡镇企业。1992年以后，随着市场经济体制的逐步确立，各地出现了开发区建设热潮。同年6月，江宁县自筹资金成立县开发区，通过承接南京市因城市更新而外迁的产业、招商引资，江宁开发区逐步发展为国家级经济技术开发区，成为带动江宁以及南京市发展的增长极：从2002年以来，江宁区一直是南京市经济总量最大的市辖区，2009年地区生产总值达到503.4亿元，占南京市经济总量的11.9%，当年江宁全社会固定资产投资额为520.05亿元，占南京比重为19.5%，实际利用外资6亿美元，占南京实际利用外资总额的25%。

5 江宁战略行动

5.1 优二进三，实现产业升级

区域一体化背景下，南京要积极培育优势产业集群，利用自身优势条件积极寻求产业的区域分工。根据南京产业发展基础以及产业发展趋势，确定江宁重点培育的产业门类包括：汽车及零部件制造业、通用装备制造业、电力自动化与智能电网、新能源产业、新一代电子信息产业、航空装备制造业等。

区域一体化过程将推动城市服务型经济发展。从欧洲大都市区的发展经验来看，区域一体化过程伴随了不同类型的服务行业向区域节点集中的趋势，包括区域高速铁路站点、国际机场等交通节点。目前长三角地区也出现了服务行业向区域城市空间集聚的趋势，南京应该把握这一发展机遇，实现服务型经济的升级。江宁拥有高铁站点与国际空港，承担着南京服务型经济发展的责任，航空物流业、高端生产性服务业和软件服务外包业是其需要重点培养的服务型产业。

5.2 构筑优质产业空间，"锁定"全球化

资本区域一体化表现为资金、劳动力等生产要素在地区之间的自由流动，南京要实现制造业的产业升级，发展服务型经济，就需要塑造优质的空间作为载体吸引资金及人力资本。

江宁处于区域交通节点，腹地范围内有大量技术密集型制造企业，江宁有条件构建区

域现代产业服务平台，培育区域生产性服务中心。通过利用江宁上秦淮河两侧湿地景观，营造具有高品质环境的生产性服务产业园区，发展产业孵化平台、产业基金中心、休闲会议中心、高端生产性服务中心、科技研发中心等，推进南京产业转型升级。

6 总结

对于南京发展方向的讨论仍在继续，本文回顾了南京跨江发展的历程，提出应该在长三角区域一体化的宏观背景下讨论南京发展方向。改革开放以后南京在长三角的地位逐渐下降，与苏锡常地区的发展相比，南京经济发展相对封闭，参与区域一体化发展程度不够。当前长三角地区一体化发展趋势非常明显，融入区域核心区是南京城市发展的必然选择。江宁南部地区凭借高铁站场、国际机场等大型交通基础设施，以及较好的经济发展基础，是南京融入区域一体化发展的战略空间。

参考文献

[1] 徐昀，朱喜钢.近代南京城市社会空间结构变迁——基于1929、1947年南京城市人口数据的分析[J].人文地理，2008，（6）：17-22.

[2] 邵永昌.南京工业布局研究[J].南京社会科学，1990，（1）：54-57.

[3] 中国城市规划设计研究院.战略规划[M].北京：中国建筑工业出版社，2006：156-198.

[4] 李飞雪，李满春，刘永学，梁健，陈振杰.新中国成立以来南京城市扩展研究[J].自然资源学报，2007，（4）：524-535.

[5] 吴良镛，等.发达地区城市化进程中建筑环境的保护与发展[M].北京：中国建筑工业出版社，1999：99-101.

[6] 张京祥.城镇群体空间组合[M].南京：东南大学出版社，2000.

[7] 宁越敏，施倩，查志强.长江三角洲都市连绵区形成机制与跨区域规划研究[J].城市规划，1998，（1）：16-20.

[8] 彼得·霍尔，凯西·佩恩.多中心大都市——来自欧洲巨型城市区域的经验[M].北京：中国建筑工业出版社，2010.1-15.

[9] 李郇，徐现祥.城市化、区域一体化与经济增长[M].北京：科学出版社，2011：1-7.

（本文合作作者：郭友良、杨廉、李郇。原文发表于《现代城市研究》，2012年第5期）

以中心体系构建推动大城市边缘区空间融合

——以南京市江宁区东山新市区中心体系规划为例

1 引言

城市边缘区指的是城乡渗透、过渡的地带。在城市化进程加快的时期，城市边缘区正处在空间利用的快速变更区间中。弗里德曼将城市边缘区描述为 Peripheral Region，重在强调其"边缘"的区位特征；罗斯乌姆则将城市边缘区描述为 Urban Fringe，强调其具有部分"城市化"的状态特征。在西方大城市郊区化到后郊区化的发展历程中，城市边缘区在形态和功能两方面的多样性使其成为社会经济的多面体，其空间特征和规划策略也发生着转变。20世纪80年代，国内开始城市边缘区的研究，早期的研究重点关注城市边缘区的界定、总体特征、空间结构；自20世纪90年代以来，研究更多以土地利用、社会问题、规划编制与管理等多元化视角作为切入点，讨论城市边缘区存在的问题及形成机制。在近二十年的时间里，城市边缘区的研究一直是热点。

在中国大城市快速城市化背景下，城市边缘区已成为城市"自上而下"进行空间拓展的前沿空间，如大城市在郊区化进程中建设的各级、各类开发区，高校文教区，物流仓储区及文化旅游保护区等；撤市（县）设区后，"自下而上"式的城镇发展和本地城市化过程也进行得如火如荼。在这两种发展力量的推动下，城市边缘区地域、社会、经济方面逐渐趋于多元化，城市边缘区呈现出"破碎化"的特征。同时，孤立建设的各级、各类功能区要实现公共设施配套化发展，才能真正提升城市边缘区的环境品质。虽然已有研究从城乡统筹的角度对城市边缘区的城乡融合度现状进行了评价，但是鲜有研究对如何通过规划手段有效融合城市边缘区的各类地域和社会空间，有效实现不同功能区的公共服务配套化发展进行探讨。

本文以南京市江宁区东山新市区为例，探讨在上述两种发展力量作用下大城市边缘区存在的地域空间分隔、人口构成和社会空间差异、城市景观和肌理分隔等特征，并对江宁区东山新市区中心体系规划进行研究，探讨各类地域的空间融合手段，以及对各类功能区的有效配套。本研究综合运用定性和定量的研究方法，以理论借鉴、历史分析、比较研究、归纳总结、典型案例分析等为主要手段。通过对城镇用地拓展、人口构成、设施布局进行分析，研究城市边缘区空间分割的问题；采用发展预测，把握未来城市各类服务业发展的趋势；根据国内外案例对比分析，确定中心体系的结构、职能和区位，为主要公共中心建设规模、内容、培育策略提供参考。

2 大城市边缘区的空间分割问题

2.1 地域空间的分割："自下而上"和"自上而下"两种力量的发展

江宁区位于长江下游南岸，地处南京市10-30km的空间拓展区内（图1），从东部、南部、西南部三面环抱南京主城，是南京都市区南部最主要的发展腹地。江宁区是南京市域的一个近郊行政区，也是南京沿江发展主轴向南延伸的枢纽，具有"承北接南、内联外引"的特征，其各项社会经济指标均位列南京各区（县）之首。东山新市区位于江宁区北部，紧接南京主城区10-20km的空间拓展区使其成为南京都市区南拓的必经之地，多条南向交通要道经过此地。

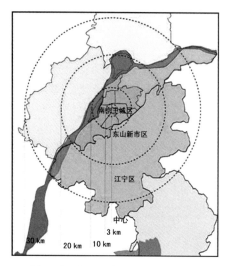

图1 江宁区和南京主城的关系图

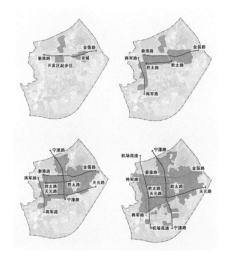

图2 东山新市区空间拓展演变示意图

（1）"自下而上"的发展。在20世纪90年代之前，江宁县东山镇是县域的中心城镇。南京圈层式的城镇群空间规划结构有"市－郊－城－乡－镇"五个空间等级圈层，江宁县作为独立发展的郊县位于第三圈层，有很强的自主性。自2000年江宁县"撤县设区"后，东山新市区本地城市化进程步入加速期，随着县城周边的居住用地迅速拓展，区内的行政、办公、商业用地配套也得以不断完善（图2）。

（2）"自上而下"的发展。20世纪90年代，南京主城实施"退二进三"战略，第二产业向郊区拓展，紧邻南京主城的东山镇开始成为承接南京主城功能外溢和人口外迁之地。江宁县政府先后在东山老镇西面（百家湖片区）和南面开发了两大工业园区，即江宁经济技术开发区和江宁科学园，江宁县的城镇空间向西跨过秦淮河拓展到将军山地区，向南拓展到天元路。

自2000年以来，江宁区开始进入一个城市化与工业化互动的全新阶段。《南京市域城镇体系规划》将东山新市区确定为城镇发展轴上的重要节点；《南京总体规划调整》则将东山新市区确定为区域副中心、综合交通枢纽、重要的科研和知识创新基地、高新技术产业基地和花园式市区。一方面，随着南京旧城改造力度的加强，东山新市区对居住人口的吸引力不断增强，其中以依托牛首山、秦淮河、百家湖等优越自然景观建设的住宅小区发展较快，在南京房地产市场上构成独特的"江宁板块"；另一方面，江宁经济技术开发区和江宁科学园基本完成了一期用地的土地开发，用地继续向南和向东拓展，将建设重点分别转移到九龙湖地区和高等教育功能区，以及以南汽集团新厂区为首的淳化、上坊交界地区。

总之，东山新市区一直是江宁区的经济、行政和文化中心。从县域经济开始至今，在发展历程中，在不同主体主导下的"自下而上"和"自上而下"的双轨城市化路径构成了两种发展动力，包括区划调整前后以江宁县为核心的"自下而上"的本地工业化和城

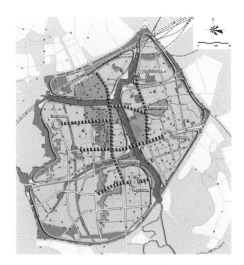

图3 总体规划调整结构图

市化，以及开发区主导的、以南京主城为中心向外延伸的"城市外扩"，因居住和工业的外溢而形成的"自上而下"式发展。城镇空间已经由秦淮河和天元路划分为四个组团的空间结构，包括东山老镇及岔路口片区、百家湖片区、九龙湖片区和江宁科学园片区。其中，位于东部的东山老镇及岔路口片区包含原有县城的建成区和本地城市化地区；位于西部的百家湖片区、九龙湖片区和江宁科学园片区既是承接南京都市区人口疏散、居住郊区化的地区，也是各时期工业开发区的所在地。各组团均形成较大规模的空间结构，初步显现了由单片结构向组团式结构的发展趋势（图3）。但是，由于各组团的独立性和分异性较强，空间结构的整合度低、体系感较弱，不利于形成《南京总体规划调整》中定位的南京都市区副中心。

2.2 社会空间的分割：户籍的属地差别

导致新"双城记"上演东山新市区作为本地城市化和功能外延的老城区及周边地区，以及承接南京主城郊区化和功能外溢的西部新城区，是在两种不同动力机制下发展的地域。其与南京主城区在人口构成和社会空间上存在明显差异，在快速城市化的舞台上演绎着"双城记"的故事。本研究抽取了东山新市区的6个楼盘（3个位于东部老城区，3个位于西部新城区）作为调查范围，对购买人群的户籍属地进行了调查。老城区居住人口的户籍以江宁区本地户籍为主；西部新城区居住人口的户籍以南京市户籍为主；除了个别楼盘，新老城区其他城市户籍人口比例较小。

2.3 公共设施的空间分割：各自为政，不成体系

在长期分片区差异化发展背景下，城市各个片区发展不平衡，各自独立建设，片区间缺乏功能协作。公共设施集中建设在老城区（指东山老镇及岔路口片区），配套类型较为齐全，且各项比例较为合理；尚有县域经济时期形成的各级中心的雏形，行政、体育中心服务整个江宁区，商业和文化设施以服务老城区为主。

新城区（指百家湖片区、九龙湖片区和江宁科学园片区）未培育出层次清晰的中心体系，片区级和基层社区级服务设施建设严重滞后，房地产业充满"景气"，却缺乏"人气"。公共设施配套类型不全，偏重于教育科研等设施类型，其他设施类型匮乏。新城区中江宁科学园公共设施用地类型最为单一，没有文化体育、医疗卫生和教育科研用地；其次百家湖片区公共设施用地类型也较单一，没有医疗卫生及文化体育用地（图4）。

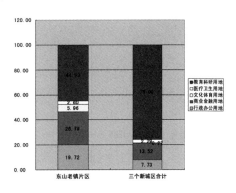

图4 新老城区公共设施用地比例示意图

2.4 职住的空间分离：联系度低，急需配套

单一的开发区和房地产开发模式虽然给东山新市区带来了繁荣发展的契机，但是常住者和区内就业者的重合度较低，通勤的交通压力造成了资源的浪费。一方面，房地产商利用江宁区的优越区位及东山新市区的景观资源，在东山新市区开发了众多高档别墅区和居住区，吸引了大量的主城区居民前来购买，但是东山新市区的居住和服务功能脱离，居住于此却明显依赖主城的公共服务；另一方面，开发区功能构架明显，2002-2007 年东山新市区的工业用地较 5 年前增长了近一倍，2007 年城镇建设用地中工业用地为居住用地的 2 倍多。开发区内很多职工居住在主城区，每天往返于居住地和工作地之间，对主城的依赖也很明显。归根到底，这些现象都是由于东山新市区的功能单一、与主城缺乏联系，公共体系不全、设施配套不足造成的。

3 空间融合的必然性

3.1 外部条件变化的现实性

在本规划研究之前，外部条件变化给东山新市区带来两个重大基础设施建设的新机遇，即南京铁路南站（以下简称"南站"）建设和地铁 1 号线南延。

《东山新市区总体规划》确定南站选址于岔路口，配套建设长途客运站。南站作为南京的重要交通门户及华东地区的重要交通枢纽之一，主要运营京沪高铁、沪汉蓉高铁、宁杭高铁等高速铁路。大型火车站地区综合发展的趋势都是商业化、商贸化、商务化、物流化，这一发展趋势成为城市空间重构和产业升级的重大契机。现有南京和东山新市区的相关规划也确定岔路口地区将以南站为依托，建设市级商贸副中心，大力发展物流业。南站的建设既改善了区域交通条件，为东山新市区带来大量人流、物流和信息流，同时又为城市空间重构、现代服务业重塑提供了难得的机遇。

地铁 1 号线南延是东山新市区发展的机遇也是挑战，此前，东山新市区与新街口的公交时距为 30-40 分钟，这已经在大多数市民可以接受的时间范围内。地铁 1 号线南延将进一步缩短东山新市区与南京主城区的时间距离，与其他新市区相比，东山新市区的交通优势突现。同时，与南京主城区之间的便捷交通也可能加剧东山新市区对南京主城区的服务依赖，致使东山新市区已经不断减小的市场区域更加萎缩，老城区边缘化的危险凸显。

3.2 内部发展需求的紧迫性

随着东山新市区的经济增长和发展规模迅速扩大，城市地域空间分割、公共设施建设滞后和分散、社会空间分异、职住错位等问题，成为制约生活质量提升的关键因素。

（1）城市功能需由单一的生产、居住功能转向多元化综合性功能。改变单一的生产、居住功能，推进城市功能的多元化，是实现新市区功能定位、长期稳定发展的内部要求。

从分割的各个片区看，代表"自下而上"本地城市化的东山老镇及周边地区，除了要进一步完善为本地居民提供居住服务的职能外，还要为主城区外迁于此的居民提供商业、文化、休闲和教育等公共服务，才能真正摆脱对主城的依赖。

从开发区角度来讲，为了支撑大规模的产业发展，完善投资环境、增强竞争力，需要不断补充其他城市功能，如金融、商贸、文体和科研教育等，走"产、居、学、研"一体化的发展道路，逐步摆脱单纯工业生产区的局限，建立起生产、生活平衡的功能结构。只有实现城市功能的转换和多元化，才能满足居民的各种生活服务需要，从而有效消除地域空间和社会空间的分割问题。

从整个新市区看，重点发展主城区和周边地区所欠缺的辐射范围大、服务等级高的功能，既可以促进自身功能的综合化，增强新市区自身的竞争力，也可以加强新市区与主城区及周边地区的联系。因此，应完善这些功能的设施配套。

（2）城市空间结构需要由分片区、分散发展向组团式、网络化的结构转型。避免单纯居住功能和对主城的服务依赖的强化，配合产业升级和功能提升的内部空间优化势在必行。城市空间结构由业已形成的分片区、分散发展向组团式、网络化结构转型；通过优化各类用地内部结构，提高公共服务设施的用地比例，以保证新市区整体的良性运转；建立一种灵活开放的中心体系结构，以适应城市功能的多元化和综合化发展。

东山新市区的城市功能亟待转型，空间结构需要优化，各类地域需要融合，以应对外部发展挑战，满足内部发展需求。这些最终都落实到培育合理、有序的中心体系，打造强有力的公共中心上来，中心体系构筑、定位、选址和建设迫在眉睫。

4 中心体系构建推动空间融合

4.1 新市区规划目标和功能定位

（1）目标一：打造都市型经济，构筑服务业高地。城市功能的综合化发展，必须具有相应的都市型服务经济的强有力支撑。利用重大交通基础设施——南站建设，实现城市空间重构和构筑服务业高地。

（2）目标二：培育反磁力中心，构建职住平衡的新市区。南京规划提出，除主城外，三个新市区要培育次区域中心，各个新市区将是接受主城功能扩散和新增城市功能的先行区，将逐步建设成为与主城共同承担区域中心职能的区域副中心，成为都市区内的反磁力中心。而东山新市区日益优越的区位交通条件、长期坚实的发展基础、日益无缝对接的软硬环境，都使其摆脱了传统大都市边缘、功能单一的卫星城的角色，正快速、全面地朝向南京主城的反磁力中心方向成长，成为集居住、就业、服务为一体的新市区。

（3）功能定位：南京都市区RBD（图5）。新市区是南京都市区副中心的主要构成部分。RBD概念的提出是为了打造定位明确、特色明显的副中心，功能包括商业服务与旅游购物功能、管理功能、观赏游憩与休闲功能，以服务于当地居民的日常休闲和短期旅游。

发展战略——差异化：RBD作为新市区发展的一个策略，其与同级或上级中心的差异化发展体现在两个方面。①与南京主城区RBD的差别在服务对象上，夫子庙RBD服务对象以外地的旅游者为主，东山RBD以都市上班族为服务对象，提供休闲商务活动的场所，提供工作之余放松、生活的休闲商务区，将休闲娱乐、科普博览、主题旅游和自然风光旅游，以及精品购物等各类项目加以整合，形成与商务相结合的休闲产业，从而创造现代都市新亮点。②与南京主城区CBD具有的RBD功能的差别在内容设置、环境构建上，新街口CBD

区也带有部分 RBD 的功能,且精品购物、休闲娱乐氛围浓厚,但是缺乏良好的自然风光游赏、科普博览、文化休闲功能,这也是未来东山新市区 RBD 功能与新街口 CBD 区最大的差异。

发展路径:通过发展高档住宅业和高端工业,集聚高收入、高素质的人群(以下简称"'两高'人群"),为高档、大型的商业发展创造条件,在有了"两高"人群和良好的商业配套后,商务服务业(总部经济)的发展也就有了必要的条件;在大量企业总部入驻的同时,也会带动大量从事社会服务业的企业如广告、会计、审计、法律、公正、市场调查和信息服务等企业的入驻,使得城市更加繁荣,政府的税基更加宽阔。

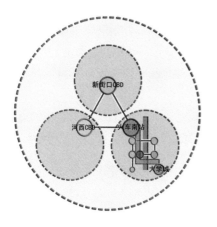

图 5　南京都市区的 RBD 示意图　　　　图 6　新市区空间结构优化示意图

4.2　新市区空间结构优化:"金带"、绿廊、纽结中心、RBD 网络

新市区的空间优化重点体现在分片区、分散发展向网络化发展转型。通过"金带"、绿廊把现有的各级各类中心、各种公共设施集中的用地串联织补起来,形成 RBD 网络;通过强有力的纽结中心,在空间上缝合主城区与东山新市区,在发展上增强东山新市区的竞争力(图 6)。

(1)"金带":地铁 1 号线南延线推动服务业发展轴线的贯通,成为联系东西片区发展的"金带"。

(2)绿廊:秦淮河及其蓝线范围,是游憩观光、休闲娱乐的功能轴线,也是联系各个片区的绿色景观轴线。

(3)纽结中心:将南站及周边地区形成的北核打造成集交通枢纽、物流中心、公共集散中心、休闲娱乐中心、商贸服务中心为一体的都市区级中心,使其成为缝合主城区和东山新市区的纽结中心。跨秦淮河两岸的多个公共中心形成的强核由功能和特征明显的四个中心构成,包括服务整个江宁区的行政中心、百家湖北侧的低成本商务中心、杨家圩文化中心和百家湖东侧的绿化休闲中心。北核和强核的发展关系具有弹性,未来在有效引导下可以实现空间对接和融合。

(4)RBD 网络:交通枢纽、物流、文化休闲、商业、商务、商贸、行政事务管理等功能的各个中心组成网络化的都市区 RBD。

4.3 中心体系规划的融合手段

4.3.1 目标定位：完善多样化和多层次的中心体系，塑造强有力的公共中心

（1）完善多样化的中心体系以满足都市型经济和服务业高地的要求。作为副中心和RBD的东山新市区需要提供行政、商业、文化等多样化的公共设施，更需要未来发展生产、消费、社会等多种服务业类型，而多样化公共设施和服务业类型需要多样化的中心体系支撑。

（2）完善多层次的中心体系以适应区域空间和居住主体多元化的需要。东山新市区是主城郊区化和东山本地城市化交互作用的产物，前文所述的两种力量在空间上的投影就是东山新市区的"双城"结构。居住主体属地的差别，预示着对公共设施需求存在差别，以及未来出行方式存在差别，从而对多样化中心体系的构建和公共设施的建设提出了必然要求。

（3）塑造强有力的公共中心以支撑反磁力中心的培育。强有力的公共中心应该具备充足的发展空间、包含多元化功能、具有良好的通达性和相互之间便捷的联系，为新市区及周边地区提供完善、便利的生活配套和生产服务。

4.3.2 等级关系：构建四等级体系，完善社区级公共中心

根据服务的范围及对象不同，大、中城市或大城市分区公共中心一般可分为四级：①一级（城市级）公共中心，主要为整个都市区范围服务的公共中心。②二级（区级）公共中心，主要为行政区（江宁区）或地区（新市区和周边组团）范围服务的公共活动中心。③三级（片区级）公共中心，主要为各片区或者功能组团自身服务的公共活动中心。④四级（社区级）公共中心，主要为社区范围服务的公共活动中心（图7）。一方面，东山新市区的规划人口和用地规模达到四级规模，应完善基层社区级公共中心，满足居民生活需求；另一方面，传统居住区－居住小区－居住组团的城市内部三级构成单元模式过于强调居住功能的独立性。考虑规划需要打造职住平衡的新市区，构建都市区的副中心，必然要构建承载城市级服务的公共中心，而这个公共中心主要是以南站及周边地区构成的北核。

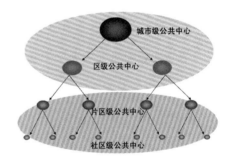

图7 城市公共中心等级关系示意图

4.3.3 空间模式：选择多核的空间模式，组织现有公共设施与中心

一般城市中心体系分为单核结构、多核结构、组团结构和网络结构。由于东山新市区现状部分中心已经有良好规模基础，很难在新市区找到满

图8 中部强核区的构成

223

足单核中心的大规模储备用地，因此选择多核结构——这也是适合大、中城市的中心体系空间结构。不同功能、不同服务范围的公共中心组成两个核：北核——火车南站及周边地区，强核——秦淮河两岸中部地区。地铁1号线南延线作为"金带"串联起北核、强核和体育中心，秦淮河绿廊串联起北核、强核及强核内的各个中心。主要公共中心在道路、轨道、河流等要素引导下形成网络（图8）。

4.3.4　基本区位：选择区位中心型，打造强有力的公共中心区

城市公共中心区位具有四种模式，包括：区位中心型－团块型城市与星型城市，偏心型－扇型城市与指型城市，双中心型－带型城市，多中心型－带型／组团型城市。本研究综合考虑东山新市区的现状结构、已有的规划结构，并结合其景观资源、交通条件，将其确定为区位中心型。

图9　现状城市结构中心　　图10　规划城市结构中心　　图11　整合的城市公共中心区位

现状城市的分片区、分散的发展模式，老镇区在县域经济时期形成的、为本地人口服务的公共中心雏形均体现着正在建设的行政中心将强化东山老城传统区位优势和中心地位。《东山新市区总体规划》确定了以南站及周边地区为都市区级中心，并在秦淮河西岸规划百家湖－九龙湖的城市主轴线，但是对业已形成的老镇区中心考虑不足。同时，规划中的杨家圩文化中心由于位于秦淮河东岸，也未被纳入到规划的结构中。规划强化城市中部的强核区。由老镇行政中心、百家

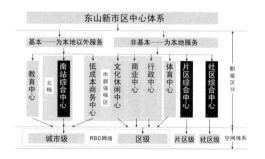

图12　东山新市区中心体系构成分析图

湖中心商业中心、低成本商务中心和杨家圩文化中心组成的公共中心（图9-图11），区位优越、服务半径合理、新老城区兼顾，可以有效融合秦淮河两岸地域（图12）。

从景观资源角度看，强核区范围内依托秦淮河与百家湖两大水体资源，创造优越的自然生态景观，提供了构筑RBD的必备条件，提升了东山新市区生态型都市公共中心的区域竞争力。在百家湖东侧与北侧打造绿地通道，一方面，绿地通道将自然景观连接起来形成景观系统；另一方面，绿地通道与交通体系复合形成公共中心之间的网络联系结构。从交通条件看，强核区是整个东山新市区范围内交通最为便捷的地区，被城市主要干道所围合，北侧为秦淮路－上元大街－金箔路、南侧为天元路、东侧为竹山路、西侧为双龙大道，如

此的道路骨架将强核区内的四个公共中心有机地联系为一体，强化了中心区位优势。即将开通的地铁1号线南延线增强了该区的可达性及与南京主城区的联系。

4.3.5 职能类型：明确对内、对外的职能

关系，重点打造服务主城区和周边地区的对外职能城市中心体系按照职能关系分为"基本－为本地以外服务"和"非基本－为本地服务"，按照职能类型分为综合型和专业型。东山新市区的副中心和都市区RBD的定位，明确了东山新市区作为服务于南京都市区的北核、南站及站南综合中心，以及低成本商务中心的重要区域，将重点打造服务主城区和周边地区的对外职能。为本地服务的各级中心包括：区级——为江宁区服务的文化休闲中心、商业中心、行政中心等；片区级——为新市区的片区和周边独立组团服务的片区综合中心；社区级——为本社区服务的社区综合中心（图13）。

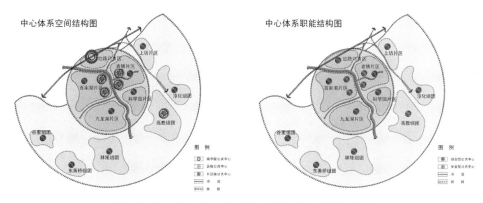

图13 东山新市区中心体系空间结构与职能结构图

5 结语

在中国大城市快速城市化背景下，边缘区已成为大城市发展的核心空间，实质上承担了大都市"自上而下"的空间外拓和"自下而上"的本地城市化过程，也带来地域空间分隔、人口构成和社会空间差异、公共设施分隔等问题。

本研究以南京市江宁区东山新市区为例，强调要通过规划手段实现地域空间的融合，必须先从边缘区本身的功能定位提升、空间结构优化入手，从根本上改变边缘区功能单一、分散发展、职住分离的情况。从中心体系构建出发，选择多核的空间模式，通过轴线的贯通、交通条件的改善串联现有公共设施和中心；规划选择区位中心型，打造强有力的公共中心节点；完善多层次的空间体系和基层社区配套，打破单一的居住功能为主的公共体系；明确对外和对内职能，重点打造服务主城区和周边地区的对外职能。最后通过各级各类中心的建设，实现多元化的综合性城市功能，完善各类功能区的有效配套，以有效促进边缘区各类地域的空间融合。

参考文献

[1] 张晓军. 国外城市边缘区研究发展的回顾及启示 [J]. 国外城市规划，2005，（4）：72-75.

[2] 李祎,吴缚龙,尼克·费尔普斯.中国特色的"边缘城市"发展:解析上海与北京城市区域向多中心结构的转型 [J]. 国际城市规划,2008,（4）:2-6.

[3] 顾朝林,陈田.中国大城市边缘区特性研究 [J].地理学报,1993,（4）:317-328.

[4] 崔功豪,武进.中国城市边缘区空间结构特征及其发展——以南京等城市为例 [J].地理学报,1990,（4）:399-411.

[5] 班茂盛,方创琳.国内城市边缘区研究进展及未来研究方向 [J].城市规划学刊,2007,（3）:49-54.

[6] 钱紫华,孟强,陈晓键.国内大城市边缘区发展模式 [J].城市问题,2005,（6）:11-15.

[7] 范凌云,雷诚.大城市边缘区演化发展中的矛盾及对策——基于广州市案例的探讨 [J].城市发展研究,2009,（12）:22-28.

[8] 魏立华,闫小培.大城市郊区化中社会空间的"非均衡破碎" [J].城市规划,2006,（5）:55-60.

[9] 谢晖,胡畔,王兴平.大都市边缘区城乡统筹发展水平评估——以南京市江宁区为例 [J].城市发展研究,2010,（1）:66-71.

[10] 周扬.对开发区发展的几个核心问题的思考——以南京市江宁区为例 [J].现代城市研究,2009,（2）:66-72.

[11] 赵虎.职住平衡角度下的城乡空间结构统筹研究——以南京市江宁区为例 [J].城市发展研究,2009,（9）:104-109.

（本文合作作者：袁媛、杨廉、马晓亚。原文发表于《规划师》，2012年第2期）

第肆篇

大都市区
生态空间研究

城乡统筹视角下都市边缘区的农民、农地与村庄

中国处于快速城市化阶段，既为农民带来大量非农就业机会（刘耀森，2011），也带来了土地价值的急剧提升（丁成日，2002）。由于土地二元制度的约束，城乡围绕土地增值分配的现实冲突及学术争论不断（朱一中，2014；马学广，2011）。农民自发寻求农地转用（张磊，2013），将城市化的外部效益内部化，这与城市整体格局优化之间形成矛盾，已成为都市边缘区城乡统筹发展的一个难点。

图 1 研究区域

资料来源：根据广州市行政边界描绘

本研究区域为广州市白云区（图1），是典型的都市边缘区，面积约665km²，2010年常住人口220万人。重点研究区域为北部四个农业镇，面积为488.29km²，其中基本农田约86.67km²。共118条行政村，2013年农业户籍人口约36.90万，其中劳动力约24.06万人。在快速城市化背景下，本地农业人口迅速非农化，外来人口大量集聚，土地利用急剧变迁。

2013年，本研究对118村中的97村进行了大规模的问卷调查，每村发放村民问卷100份，获得有效问卷3535份；每个经济社发放经济社问卷一份，有效问卷446份。

1 农民、农地与村庄发展变迁

1.1 从生计导向走向收益导向的农民

1.1.1 农民收入及职业非农化

按官方统计口径，农民的收入由4部分构成（图2）：①工资性收入，指进入工厂打工的收入或进入农业园区打工收入，主要以进厂打工的收入为主；②家庭经营收入，虽包括农户的经商收入，但更多还是指从事农耕所得收入；③财产性收入，大多是农地或物业

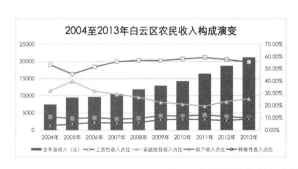

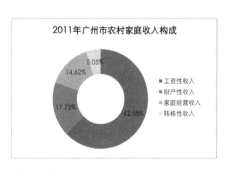

图 2 白云区及广州市农民家庭收入构成

资料来源：根据《白云区农村住户调查》（2004-2012）及《广州市统计年鉴》（2012）进行整理编绘

出租所得收入；④转移性收入，指农民的收入中来源于国家补贴部分。

广州的实际情况是工资性收入：财产性收入：家庭经营性收入：转移性收入 =62.58：17.75：14.62：5.05，数据反映广州都市边缘区农民基本已实现收入非农化。农地已经不再是农民的主要生活来源，农民对农地的依赖程度已经下降。财产性收入反而比家庭经营性收入更高，说明农地或物业出租的收入比从事耕种获得的收入更高；转移性收入仅为 5%，说明政府对农业的补贴相对较低。白云区相应的比例为 55.68：25.53：9.85：8.94，由于白云区是广州传统水源保护区，存在大量的农保地，所以工资性收入水平低于广州整体水平，但转移性收入略高于广州整体水平。

1.1.2 农民工作及居住本地化

与中西部及自上而下城市化地区不同，珠三角都市边缘区农民主要在本地（镇街或县市）打工，即"就地城市化"模式（许学强，2009）。

从农村劳动力在各行业的分布来看，工业行业的劳动力比例逐年上升（图3），2013年在所有行业中已占第一位，接近 30%；农业劳动力比重逐渐下降，仅为 11.80%，说明快速城市化为农民带来了农业以外的机会，带动了农户人口就业的非农化。所以广州都市边缘区的一大特征是农民的"去农化"，即大部分农业户籍人口实际上就业已经非农化。农地对农民的生活及就业保障功能也渐趋弱化，在此背景下农民与农地的关系必然会出现新的变化。

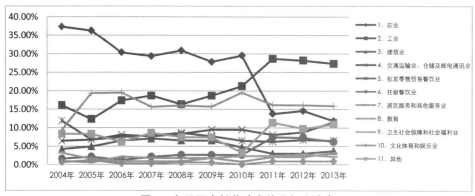

图3 白云区农村劳动力就业行业演变

资料来源：根据《白云区农村住户调查》（2004-2013）进行整理编绘

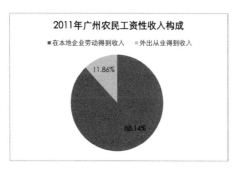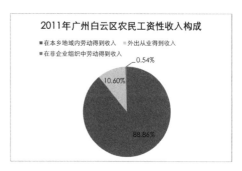

图4 广州市及白云区农民工资性收入获得的地域分布

资料来源：根据《广州市统计年鉴（2012）》及《白云区统计年鉴（2012）》整理

从劳动力空间转移特征来看，又呈现就地转移的特征（图4）。2011年，在白云区农民的工资性收入中，89%的工资性收入为"在本乡地域内劳动得到收入"，略高于广州市88%的水平。11%为"外出从业得到收入"，略低于广州市12%的水平。另据白云区农村人口就业地域分布统计数据显示，72%的农村劳动力分布于乡（镇）内，都市边缘区以各镇街为主体的快速城市化为本地农民提供了较多的就业机会，劳动力在产业间的转移集中发生在本镇街内。

珠三角地区农村城市化得益于较为发达的乡镇企业（田莉，2014），城市边缘区存在大量的非正规就业机会，在农民收入结构转变而不发生劳动力空间转移的背景下，农民对集体土地及物业可能带来的财产性收入的期望加大。

1.2 制度导向下的农地

1.2.1 农地产权逐渐清晰化

1949年至今，中国的农地制度几经变迁，经历了私有化、集体化和家庭联产经营责任制等阶段。家庭联产经营责任制阶段又分为两个时期：

前期为"两权分离"，即所有权属于集体、承包经营权归农民所有。中国农业长期停留在小农自我低效经营的状态，农业的内卷化（郭寄强，2007）现象突出。实地调研发现广州都市边缘区由于农村人口的增长，农地产权边界调整频繁，目前户均农地不足2亩，人均不足1亩（图5），导致农地在空间上和持有产权上的细碎化，规模效率难以发挥。

近年来，随着国家工业化和城市化的发展，越来越多的农民脱离了农地走向城市。在国家增加农民的财产性权利的政策背景下，农村"农地确权"工作使得农地逐渐走向了"三权分立"，即所有权归集体、承包权归农民、而经营权可以流转。在保证土地公有制的前提下，完成了农地的"永佃制"（李翔，2011）转向，清晰的产权关系有利于土地的规模化流转，为农业的规模化和现代化提供了保障。

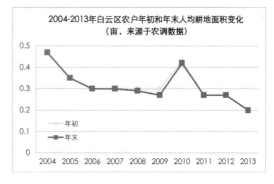

图5 2004–2012年白云区人均农地数量

资料来源：根据《白云区农村住户调查》（2004-2013）进行整理编绘

1.2.2 非农转用规模庞大

空间快速城市化需要大量农地非农化。1997-2012年，白云区有100.42km²的农地转为建设用地，约占总面积15.10%，也就是说最近15年，每年约有6.5km²的农地转为建设用地。其中，北部四镇农地转用总量达到了64.23km²，占白云区总转用量的63.96%。由于各镇区位差别，四镇中又以太和镇的农地转

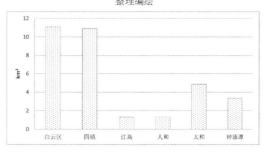

图6 1997–2012年白云区及北部四镇农地转用量

资料来源：根据1997及2012年白云区土地利用数据库叠加分析提取

用量最大，达到了 21.36km² ；其次为钟落潭镇，达到了 17.24km² ；人和镇与江高镇排在第三和第四（图6）。

在公共服务成本节约律作用下，产业链的不同端和企业的不同部分各自按照付租能力大小寻找合适的区位，导致了城市空间重构并呈现圈层扩张的形态；在交通成本节约律的作用下，不同产业按照付租能力大小逐渐趋近交通便利的区位布局，导致了城市空间呈现指状扩张的形态。总体而言，都市边缘区的空间扩张过程总体上呈现圈层扩张为主，指状蔓延为辅的空间形态（图7）。

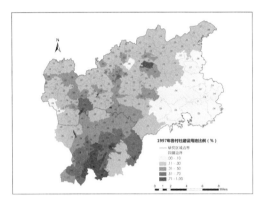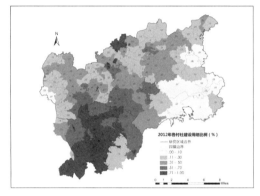

图7　1997年（左）-2012年（右）白云区各村社建设用地比例

资料来源：根据1997及2012年白云区土地利用数据库叠加村社边界后提取

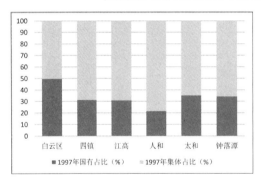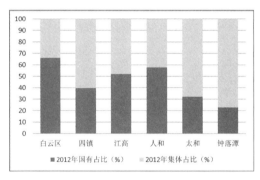

图8　1997年及2012年白云区及北部四镇国有与集体建设用地构成

资料来源：根据1997及2012年白云区土地利用数据库叠加分析提取

（1）农地的国有转用及集体转用

农地产权模糊化的产权既支持了城市国有建设用地的快速扩张（田莉，2013），也诱导了农村集体建设用地的大规模扩张。1997年，整个白云区国有和集体建设用地比例为49.61∶50.39，集体略高于国有（图8）。北部四镇集体建设用地比例达到了68.92%，是国有的2.22倍。各镇的集体建设用地比例均高于60%，其中，人和镇最高，达到了78.55%。

从1997-2012年，白云区的农地非农转用中，转为国有的达63.14%，主要位于白云区南部城市化程度较高的14个行政街道。而北部四镇的农地的61.08%转为集体建设用地，集体建设用地的扩张明显快于国有建设用地。

2012年，白云区国有和集体建设用地比例为66.03∶33.97，国有是集体的1.94倍。

北部四镇国有与集体建设用地的比例为 39.62：60.36，其中，江高、人和两镇的国有用地比例大为提升，已经超过 50%，说明镇与镇之间的发展模式及动力出现了较大的差异，在城市国有建设用地加速扩张的同时，农村集体建设用地也在扩张。

（2）集体转用的内部结构

根据 2009 年白云区的二调地籍数据：北部四镇农地 60.29% 转为集体工业用地，21.96% 转为集体居住用地，两者合计达到了 82.25%，其余为设施性用地和商业用地（图 9）。尽管农民私自将农地转为集体建设用地属于违法行为，但都市边缘区农民对于发展集体工业和出租经济，分享城市化红利的渴望热烈。

集体工业和集体居住用地的转用主要分布在：①太和镇和钟落潭镇，沿广从公路延伸；②围绕帽峰山西部呈环状分布。证明离广州建成区越近、越靠近交通干道，农地的转为集体工业用地和居住用地的动力越强（图 10）。

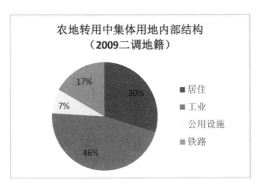
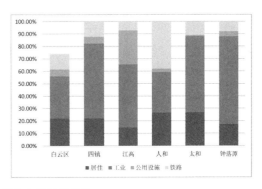

图 9　农地集体转用中内部地类结构

资料来源：根据 1997 年白云区土地利用现状及 2009 年二调地籍数据分析提取

图 10　农地集体转用中的集体居住和集体工业用地分布

资料来源：根据 1997 年农地及 2012 年建设用地叠加分析并提取

1.3　区位及管制导向下的村庄

1.3.1　村庄的区位差异

在城市空间快速拓展的背景下，村庄因区位差异而出现不同类别。①城中村，是因城市扩张而存在的政策性斑块，农民已经市民化，物质景观与城市无异，但存在形态上的差异。②都市边缘区的村庄，因受到城市扩张的牵引，存在大量农地非农转用，部分村庄还可能兼有农业景观，农民也基本非农化和或部分兼业化。③远郊村，基本保留传统农村风貌，以农业生产为主，但本地农民已经不从事农业，收入以外出打工为主。

在都市边缘区的村庄中，还可细分为城边村和近郊村：城边村往往因为城市的扩张首先波及，存在大量的农地非农转用，或者因征地而返回的留用地，大量的外来人口工作和生活在这类村庄之中，非正规经济发达。而近郊的村，农民对发展集体非农经济参与城市化具有较高的期望。

城市空间扩张导致地租曲线延伸并覆盖都市边缘区，提升了土地价值，但由于二元土地使用制度的制约，集体土地难以达到国有土地的租金水平，但村民普遍存在将城市化外部效益内部化的冲动，具体的表现就是大量的农地被转为集体建设用地以分享城市化的红利。

1.3.2 村庄的政策差异

由于都市边缘区存在大量的耕地，部分村庄的农地转用受到基本农田保护制度的制约，如本研究区域还受到水源保护区的刚性限制（图11）。由于政策约束导致的发展机会的差异反映在土地价值上，就形成了村庄管制租金的差异（因管制政策而产生的租金差异）。

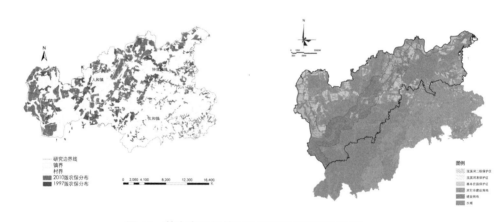

图 11　基本农田保护区及河流保护区空间分布

资料来源：基本农田分布来源于 1997 及 2010 年白云区土地利用规划数据库；河流保护区根据《广州城市总体规划（2011-2020）》提取

不同的村庄因管制政策差异又可以可分为管制面积较多或较少的村庄。管制意味着非农发展机会的丧失，反映在多年农用地转用比例的大小，结果导致相同区位的村庄土地利用和集体经济发展水平出现结构性的差异。

快速城市化背景下的都市边缘区在城乡交互作用剧烈，传统的农民、农地与村庄均出现了较大的变异。城乡统筹发展及乡村规划均要求除了从空间关系上研究城市与农地及村庄的关系，还必须从社会变迁上研究农民与农地及村庄的关系。同时，都市边缘区也是都市核心区重要的生态屏障地区，维护集体农地的生态功能成为协调城乡关系重要内容。

2 农民视角下的农地与村庄

2.1 农业不再是农民生计来源

根据研究区域农调数据，农村非农户占比持续快速上升，无论按总收入还是按劳动力口径计算，非农化水均大于 75% 左右，兼业户共计 20% 左右，纯农户不超过 4.5%，大部分农户已经脱农（图 12）。因此，对大部分都市边缘区的农户而言，农地的生活及就业保障功能已经弱化。

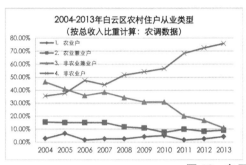
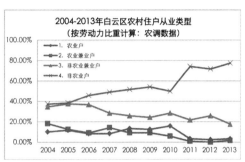

图 12 白云区农户类型演变

资料来源：根据《白云区农户住户调查》（2004-2013）分析所得

图 13 2013 年各村农地大规模流转分布　　　　**图 14 农地集体转用空间分布**

资料来源：大规模数据来源于《白云区农经统计数据（2013）》，农地转用数据根据 1997 及 2012 年白云区土地利用现状数据库进行叠加分析提取

2.2 农地成为农民财产性收入来源

2013 年，研究区域农地流转规模约 4000 亩，占耕地总量的 30.76%（图 14）。农地的租金水平在 1000-2000 元 / 亩 / 年之间。假设农户每户有 2 亩农地，以 2000 元每亩的水平出租，每年收入不过 4000 元左右，与农地转用出租物业的收入水平相比（图 13、图 14），显然相去甚远。

在人口非农化背景下，农地的小规模出租，熟人间转让非常普遍，但大规模的流转则需要村集体协调。根据笔者 2013 年的抽样调查（图 15），白云区农地流转多流向一般农户中的外地大户，在钟落潭、人和与江高三镇的比例分别达到了 52%、62% 和 45%;钟落潭、

235

图 15　白云区各镇的农地流转问卷调查

资料来源：根据调查问卷整理编绘

江高两镇流向农业合作社的比例较高，而人和、江高两镇流向本地种植大户的比例较高。可见都市边缘区农地耕种处于"去本地化"状态,农地成为农民的财产性收入来源的一部分。

2.3　土地资本积累的城乡差异及镇村发展动力分化

在政府鼓励乡镇企业发展的年代，珠三角的核心区就已经形成了以村为主体的发展模式，农民实现了农地的资本化（杨廉，2012）。当前严格控制农村建设用地审批，农村违规的农地非法转用依然此起彼伏，难以遏制，并经常发生农民集体抵抗政府拆除违建的事件。从公平的角度看，农民的发展权应当尊重，但违法的手段应得到遏制。

但由于区位差异，各个村庄的集体建设用地规模差距很大，导致了经济发展的差异。根据北部四镇从 1997-2012 年的 118 个村农地转用的权属差异表征发展模式差异，可分为以下几种类型（图 16）。

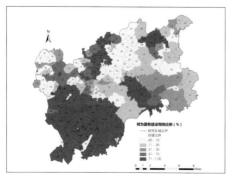

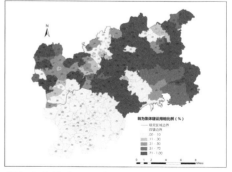

图 16　农地转用国有建设用地（国有资本积累）和集体建设用地（集体资本积累）

资料来源：根据 1997 年及 2012 年白云区土地利用现状进行叠加分析，提取不同权属转用比例

2.3.1 自上而下的发展模式

人和镇——由1997年自下而上转向目前的自上而下。江高镇——由1997年的自下而上逐渐转向自上而下与自下而上并行并重的模式。江高镇的自上而下发展原因是铁路及大型设施征地所致，但农村的集体经济依然强大，两者并重。

2.3.2 自下而上的发展模式

太和镇——袭以往自下而上发展模式，由于靠近广州中心城区而存在农地大量非农转用，物业出租发达，存在大量土地违法行为。钟落潭镇——由于与广州城区并不直接接壤，但距离不远，因而存在大量的农地非农转用，模式与太和基本类似。

对土地非农收益的追求体现了农民对于土地产权意识的觉醒。排他性产权是农民获益的保障（陈竹，2012），因此农民抵抗征地。但是自下而上发展模式给城市整体的环境带来了极大的压力。广州2005-2008年农地转用中，集体建设用地占了非常大的分量，而其中转为集体工业用地的力度远远大于转为农村居民点用地，导致建设用地空间分布散乱，又加剧了农村局部利益和城市公共利益之间的矛盾。都市边缘区空间生产主体的差异及土地资本化模式的差异，导致了城镇发展动力及格局的差异。

3 快速城市化下的农地与村庄

3.1 村庄的半城市化

都市边缘区由一个个村庄构成。从空间上看，都市边缘区是都市核心区的物质空间的延伸，但是从体制上看，集体性空间，由农民集体生产，一个个集体性的空间构成了都市边缘区的整体空间，作为一个异质性的斑块，它与城市核心区遥相呼应，非正规经济与城市正规经济共同繁荣，中下层务工阶层与城市里的市民阶层泾渭分明。因此，都市边缘区就是"异质性的城市"（杨浩，2014），由农民生产的异质性城市。每个村庄都是一个独立的空间生产单元。

边缘区的村庄发展模式是"自发展"模式。每个村庄都是一个自组织的小社会，土地租金是这一模式的"粘合剂"。

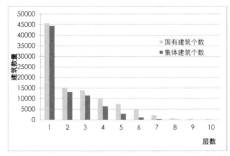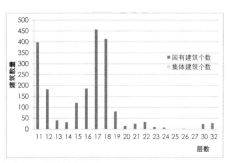

图17 白云区国有及集体房屋层数数量分布

资料来源：根据白云区土地利用第二次调查数据库提取

正是得益于自我发展的模式，农民个体总是试图突破政策限制，以获取城市化红利的最大化。大量的违法建筑正是这一现象的集中体现，难以有效监管（图17）。小产权房在白云区的大量存在正是村庄借助区位优势，乘机分享外来人口大量涌入带来住房刚性需求红利的结果，也是都市边缘区农民对国家地权垄断的一种反抗。

3.2 村庄成为"三旧改造"的储水池

随着空间及政策的紧约束，城市逐渐由外延式扩张转向内部挖潜。城乡规划范式也将出现改变，增量型规划逐渐走向挖潜型协调式规划，重在协调城乡国有及集体权属利益格局；协调不同社会关系的空间生产模式；协调个体福利最大化与城市整体福利最优化的矛盾。

随着空间增量受控，边缘区的大面积的村庄将成为三旧改造政策和城市挖潜的容器。三旧改造政策，本质上提高土地的资本化程度，利用区位和功能改造提升土地价值，在增值部分平衡相关参与主体的利益，推动土地节约、集约利用。利益平衡的焦点是改造后的建设量。政府希望有基础设施、公共服务设施；村集体希望复建量最大化；市场参与主体希望有获得的开发空间。三旧改造过程中，规划作为协调性工具，搭建各方利益博弈的平台、划定利益边界，重置利益格局。因此，利用三旧改造政策，村庄将获得进一步的财产性收入。

4 结论与讨论

4.1 提高农民保护生态农地的积极性

农地具有经济产出、社会及生态功能。从都市及市民角度看，对农地生态及社会功能需求巨大。从农民角度看，在大部分农民的收入及职业已经非农化背景下，农地的经济产出对农民生活及就业保障功能已经弱化。在家庭联产承包责任制下，低效的小农经营模式，使农地已经成为农民的负担，农民要么将农地撂荒，要么用以出租，提高财产性收入。

农地的生态及社会功能属于其正外部性，具有公共产品的属性，由全社会无偿分享。但农民无法获取农地生态产出的收入，加上现行政策对基本农田补偿数额度不高，因而不足以提升农民对农地保护的激励。

从为全社会提供公共产品角度讲，国有产权是最好的安排。因而对少量生态功能极其重要的地区，可以探讨集体农地的国有化，对于量大但生态功能也较重要地区，为减轻政府财政负担，在明确生态农地保护边界后，可以加大财政转移支付力度，以"补偿到地"的方式提升农地生态保护的激励。

从提高农地经济产出效率角度看，私有产权最优，集体产权其次，国有产权较差。经确权赋能后，确立的"三权分立"产权模式，为引进社会资本，提升农地经济产出效率和业态做了较好的安排。但还需构建相应机制，促进农地从小规模出租变成的大规模长期化流转，实现"农民财产性收入提高－农地经济效益提升－社会资本获利－农地生态功能得到保护"的帕累托改进。

4.2 严控农地转用，划定城乡利益边界

对于农地保护而言，大量集体非农转用是其主要破坏因素，但农民分享城市化红利的愿望也应得到尊重。2000年以来，面对国家严格的指标控制，地方政府主导的园区工业化与集体经济组织主导的乡村"租地"工业化在土地利用上开始"短兵相接"。发达地区"统筹城乡发展"的焦点日益集中在土地政策上。

对农地的生态功能的保护是为了提升城市整体的社会福利，因而需要严格的治理框架。中央政府须进一步强化农地转用的纪律，综合国家土地用途管制制度及各类功能区保护政策，划定城市增长边界。考虑到珠三角都市边缘区以镇村为主体的集体发展模式，也需进一步划定村庄增长边界，但为了弥补集体产权对城市整体福利的让渡，应对其进行发展权补偿。

4.3 赋权集体建设用地，提升城市化质量

城镇空间资源紧约束形式迫切需要盘活集体建设用地。对于存量合法集体建设用地，应赋予完整权利，使其可以"同地同市，同地同价"自由进入土地市场，实现土地从低效的可出租资产到可流通的资本的转换（陈嘉平，2013），以提升城市化质量。

随着1988年以来，土地有偿使用及市场化制度的建立，土地价值逐渐回归市场理性，但是，土地二元制度的存在导致城乡土地存在价值量的差异。国有用地通过划拨成为公共资产，通过土地使用权交易成为资本，而国有土地使用权的交易和抵押使其成为资本。但集体用地无法通过金融市场融资，仅仅成为获取土地租金的资产。未来的土地改革的应赋予集体建设用地的完整的权利，由资产功能走向资本功能。

地方政府可以采用"不求所有，但求所在"的政策，在土地资本化过程中，通过市地重划，在支付市政基础设施、公共设施分摊成本的前提下，引入社会资本，让农民以集体建设用地置换与市场价值相当甚至略高的物业，在保障土地使用效率的同时让集体经济可以持续发展，为政府培养税基，而不管税基是在集体土地上，还是国有土地上，从土地增值收益分配分享机制中，实现"城市功能和形态更新 – 农民收入提高 – 社会资本获利 – 政府税收增加"的帕累托改进。

参考文献

[1] 陈嘉平. 新马克思主义视角下中国新城空间演变研究 [J]. 城市规划学刊，2013，（7）：18-26.

[2] 陈竹，张安录. 土地用途管制下农地城市流转的公众福利动态研究 [J]. 中国土地科学，2012，（5）：57-63.

[3] 丁成日. 土地价值与城市增长 [J]. 城市发展研究，2002，（6）：48-53.

[4] 刘耀森. 基于灰色关联理论的农业投资和农民收入变迁研究 [J]. 广东农业科学，2011，（10）：183-186.

[5] 马学广. 城市边缘区社会——空间转型中的征地冲突研究 [J]. 规划师，2011，（3）：61-65.

[6] 郭继强. "内卷化"概念新理解 [J]. 社会学研究，2007，（3）：194-246.

[7] 李翔，王雨霏. 对在现行农地制度下实行国有永佃制的思考 [J]. 山西农业大学学报，2011，（1）：40-42.

[8] 田莉. 工业化与土地资本化驱动下的土地利用变迁——以2001-2010年江阴和顺德半城市化地区土地利用变化为例 [J]. 城市规划，2014，（9）：15-21.

[9] 田莉. 城乡统筹规划实施的二元土地困境：基于产权创新的破解之道 [J]. 城市规划学刊，2013，（1）：18-22.

都市边缘区农村社会经济变迁及农地规模化经营

问卷调查总结

集体土地产权变迁及农地利用状况理应成为乡村规划关注的焦点之一,农地产权的"三权分立"改革为解决农地细碎化和都市边缘区农地规模化经营带来机遇。现有研究认为农地持有产权的细碎化主要由四个因素引起,一是家庭联产承包责任制下的土地分配过程;二是人口变动导致土地调整;三是空间分散城市化及政府发起的土地整理;四是农户之间的土地租赁活动。中国目前的土地细碎化主要受供给面因素影响,人口压力减小了农民持有农地平均地块的大小。此外,地貌特征也对土地细碎化也有影响。需求面因素是农地市场化的区位差异,由于目前农村土地市场程度不高,已有的土地交易多出现在亲戚朋友间而非相邻的地块间,租期较短,减少了土地合并的可能。同时,农户对土地市场的参与度对土地细碎化程度有显著影响。

中国的大部分农地属于集体所有,村小组是最小的集体单位。目前,研究区域实行村组两级经济,集体土地所有权基本掌握在村小组手中。1990年代的农村经济改革推行了股份合作制,实现了政社分离,行政村成立经联社,村小组则相应成立经济社,且村小组与经济社对应。村小组掌握着农地所有权,并负责对承包经营权分配,在涉及征地、农地出租和农业生产组织安排时,村组是参与谈判不可或缺的主体,因此,村组(经济社)是农户与村委乃至政府之间的桥梁。本文试图从村组(经济社)的视角,研究快速城市化对农村社会经济的影响及农地规模经营情况,以期对城乡统筹及广州乃至珠三角的新型城镇化发展有所助益。

(下接第 241 页)

(上接第 239 页)

[10] 许学强,李郇.改革开放 30 年珠江三角洲城镇化的回顾与展望 [J].经济地理,2009,(1):13-18.

[11] 杨廉,袁奇峰.基于村庄集体土地开发的农村城市化模式研究——佛山市南海区为例 [J].城市规划学刊,2012,(6):34-41.

[12] 杨浩,罗震东,张京祥.从二元到三元:城乡统筹视角下的都市区空间重构 [J].国际城市规划,2014,(4):21-26.

[13] 朱一中,王哲.土地增值收益管理研究综述 [J].华南理工大学学报(社会科学版),2014,(2):48-53.

[14] 张磊,张延吉.城乡结合部农村居民违法建设与拆迁意愿分析以北京市朝阳区为例 [J].城市发展研究,2013,(3):35-39.

[15] 朱介鸣.西方规划理论与中国规划实践之间的隔阂——以公众参与和社区规划为例 [J].城市规划学刊,2012,(1):9-16.

(本文合作作者:陈世栋。原文发表于《城市规划学刊》,2015 年第 3 期)

1 材料与方法

1.1 研究区域概况

研究区域位于广州市白云区北部三镇，从西往东分别为江高镇、人和镇和钟落潭镇，面积共 334.99km² （图 1）。研究区域处于广州市核心建成区与北部花都组团的过渡地带，流溪河贯穿三镇。流溪河流域是广州重要的水源保护区，保留着约 13 万亩基本农田。另外，在快速城市化下，本地农民面临较大的外部发展机会，因此，研究该区域农民和农地之间关系的变迁，对于促进农地规模化经营具有重要借鉴意义。

图 1 研究区域在白云区及广州市域区位

1.2 数据采集及研究方法

采用调研问卷及访谈法，收集相关信息。钟落潭镇、人和镇及江高镇分别有行政村 37 条，25 条和 35 条。本研究采取全覆盖的方式，每个村组（经济社）发放问卷一份，共 1088 份，共回收问卷约 634 份，有效问卷 546 份，有效率约为 86.12%。其中，钟落潭有效问卷 52 份，占 11.7%，人和 156 份，江高 238 份，占 53.4%。本研究主要通过总体特征及三镇差异性分析把握都市边缘区农民与农地关系变迁的普遍性及特殊性，通过经济社的收入与支出情况、农民持有农地产权份额、农地流转情况等管窥农民与农地的关系变迁。

2 都市边缘区农村经济社非农化及农地经营现状调查

2.1 收入结构差异与农民与农地关系的变迁

调查数据反映村组经济已经实现非农化。三镇总体收入以"厂房出租收入"为主，达到了 58%，农村经济收入主要依靠传统的农村社区工业化路径下的厂房收租模式，但是，三镇有所差别，人和镇与总体情况相似，收入主要来源于"厂房出租收入"，但江高主要来源于"农业经营"，钟落潭主要是"工业用地出租"（图 2）。

收入来源构成上的差异说明各镇农村集体经济发展的差异。人和镇及钟落潭镇农村分别通过自建厂房出租及以工业用地出租获取收入，而江高经济社的收入主要来源于农业经营（占 53%），第二为工业用地出租（25%），第三才是厂房出租，说明人和镇及钟落潭镇农民收入主要依赖农地财产性收入；江高镇农业经营可能比其他两镇更为发达，原因是江高镇拥有较多的连片农保地，严格的管制制度迫使农民主动提升农地的利用效益，农地提供的收入基本满足农民的基本生活及发展需求，无需依托于大规模的农地非农化来获取收入。

集体经济模式的差异反映了都市边缘区农民与农地关系的差异。生计导向下，农民通过农事劳动获取家庭所需；在面临较大外部性时，这对关系有两个转向，一是农民依然依赖农地，但农业经营模式已经由生计导向型转向收益导向型，二是农民实现了非农化，但依赖农地出租甚至农地非农化获取财产性收入。通过农地获取财产性收入是三镇农民与农地关系的共性。

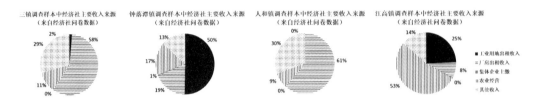

图2 经济社收入主要来源

2.2 支出结构与生产方式的镇镇差别

支出结构的差异是集体经济结构差异的另一因素。三镇总体以行政性的支出为主；人和镇与总体情况相似，江高主要是农业生产支出，钟落潭主要是工资性支出（图3）。

江高的农业生产支出占多数，达到了65%，反映了江高农户与村组集体的关系比较紧密。村组参与到农业生产经营之中，因而该镇的农业生产组织化程度可能更高些，经济社收入大部分用于投资农业生产，保障了农业经营收入。钟落潭镇的工资性支出占比超过了90%，其经济社的收入本来就不高，集体收入仅仅能维持一般的工资性开支，二是经济社对农业生产投入也不像江高那么高，与江高镇相比，由于资本积累的差异，钟落潭镇的农业生产方式还相对落后，可能依然是传统的生计导向型模式，而江高镇可能已逐步走向劳动力替代的资本密集型生产模式。人和的行政性工资占比达90%，经济社行政运行成本较高，可能是用于协调农村关系或者市场关系的成本较高，由于人和镇的经济社收入主要来源于厂房收租，收入非农化后，无需对农业生产进行投资，也无需支付因农忙时雇工工资等。

总之，从收入及支出情况的来判别，调研区经济社大部分已经实现了非农化，但从三镇的差异来推断，人和镇的农户脱离农地的程度比较高，因为其已经无需支付因农业生产所需的相关费用。钟落潭镇的还有部分农户需要依靠农业生产来获取生计，其农业生产可能部分是生计导向型的，江高镇的农业生产并非仅仅是为了维持生计，而是为了获取更高的收入的收益导向型发展模式。

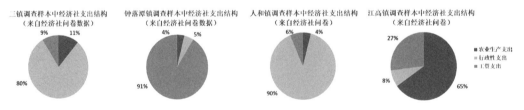

图3 经济社支出结构差异化

2.3 农户的农地持有产权细碎化

人口过密化下农地产权细碎化是中国自宋以来就存在的问题，是农地效益提高的主要障碍。在无外部机会情况下，人口过密化带来农业的内卷化并催生了明清以来珠三角的农业商品化的发展,改革开放后特别是2000年以来,快速城市化带来了极大的非农发展机会,大量农业劳动力脱离了农地，如上所述，研究区域内的大部分经济社已经实现了非农化或者向收益导向型农业模式的转变。但是大部分农户耕种农地的面积都是在2亩以下，户均农地规模较小，农地产权还是处于细碎化的状态。

从全区水平看，调查样本中有 4818 户农户的农地面积小于 2 亩，占 61.98%。从三个镇的情况看，钟落潭镇种植面积在 2 亩以下的农户达到 51.68%；人和镇为 69.24%，江高镇为 62.02%，均超过一半，但人和江高两镇的比例高于钟落潭。在 2 至 5 亩这一档次中，钟落潭达到 35.05%，人和江高分别为 20.37% 和 30.32%，数据反映钟落潭镇的户均农地面积高于江高和人和，而人和最少（图 4）。

结合人和镇农户的脱农水平较高判别，推断其原因是户均农地规模较小。较小规模的农地难以满足农户生计要求，迫使农户离开农地，寻求非农收益机会。事实上，根据调研访谈证实，人和镇拥有大量的华侨，原因就是户均农地规模小，迫使农民外出谋生，这与明清以来，珠三角大量的农业人口被迫囊转海外谋生具有相似性，即农业内卷化所致，但改革开放后，人和镇农村非农经济发展迅速，建立了大量的厂房发展"三来一补"经济，本地农业户籍人口已经实现了非农发展，甚至于许多村组在第一次承包期满后（1999 年左右），应农民要求，主动将农地交回集体（村组）手中，可能在大规模非农化后，农民迫于农业税费负担而抛弃农地。

广州都市边缘区农地持有产权细碎化的现状反映了中国人多地少和农地细碎化并存的国情。土地细碎化，其成因既受到供给面的影响又受到需求面影响。前者主要源于家庭联产承包责任制的实行；后者主要因为采用了根据土地质量和地块远近按人口均分土地的形式。家庭承包责任制在实行之初激发了农村活力，30 多年后的今天，虽然制度的优点（如激发农户的劳动热情）在许多贫困地区继续发挥作用，但它在都市边缘区所引发的弊端也日渐暴露，最为明显的是导致了土地地权的分散，农地效率低下，从而使农村陷入贫困。

这些弊端自 20 世纪 80 年代以来就引起了政府部门的重视，从沿海开始发起了规模经营及土地整理运动，然而效果不甚明显。跟土地整理之前相比，土地细碎化状况没有得到明显改观。许多村庄为适应人口变动，每隔 3-5 年调整一次土地（有些地方甚至一年一调），调研区域的许多经济社存在 6 年一调的情况（根据对白云区农林局及部分村庄的访谈），加剧了土地的细碎化及农地大规模社会流转的难度。农村地区自发的土地租赁活动在一定程度上缓解了细碎化状况，但难以形成大规模的流转，农地资本化经营困难。

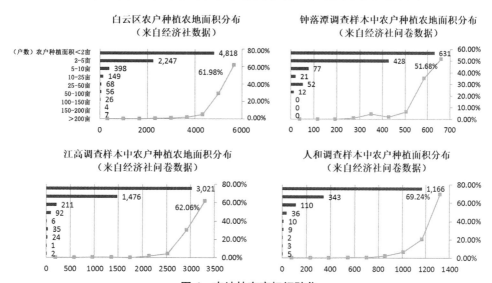

图 4　农地持有产权细碎化

243

3 农地市场发育程度调查

3.1 农地大流转与制度障碍

从逻辑上讲，实现了收入非农化的村庄，农地规模化流转市场应更发达。在本调查中，农地流转以流向外来大户为主，达到了53%，即实现了农地经营主体的"非本地化"；流向本地种植大户为26%，流向专业合作社和农业龙头企业的仅为少数，分别为15% 和 6%，农业专业合作社和龙头企业是比农民先进的生产组织单位，两者合计占比仅为21%，说明存在规模化经营的可能性，但还需加以引导。地权的细碎化和频繁调整，阻碍了农地向更先进的生产单位流转，且农业是弱质性产业，农地流转最低年限难以满足企业最低的盈利周期，加上分散的主体也增加了谈判成本。

从各镇来看，流向外来大户最多的是人和镇。由于人和镇非农经济发展较好，农户脱农程度较高，外来农户更易于在人和镇租到农地。人和镇部分农民已经将承包经营权交回村小组或者村委手中，从而减少了外来农民租地的信息搜索成本和交易成本，第三个原因是得益于广州新白云区机场的建设，带动了高速公路及地铁等设施的发展，快速城市化增加了农产品需求及流通速度。

流向本地农户和流向专业合作社最多的是江高镇，进一步证实了江高镇的农业经营已经转向收益导向型。专业合作社基本以本行政村农户为主体，是基于某一产品或技术的农户间的横向联合，有利于提高农业经营的专业化和农业生产组织化程度，另一好处是将农业生产利润留在集体内部，能使农户较快致富。城郊地区农民对于市场信息反映较快，抵御风险能力较强，农业专业合作社值得推行。

流向农业龙头企业最多的是钟落潭，企业具有资金和技术的优势，能够承担的风险远比农户大。农户与企业的联合减少了农户风险，增加了农户的财产性收入，但农地经营的部分利润自然流向企业，农户获得的好处是增加了财产性收入及外出务工收入，因此，与江高镇比较而言，钟落潭的农户专业化和组织化程度较低，其农业生产也可能是生计维持型（图5）。

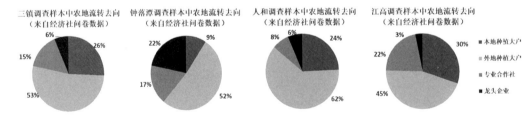

图 5 农地流转去向

以上数据说明，人和镇因外来农户可进入程度高，是三镇之中农地流转市场最发达的镇，这与各镇的脱农程度相关，同时，也与各镇的土地制度相关。可能的原因是江高镇和钟落潭镇的农地大部分还集中的农户手上，而人和镇部分村庄的农地集中在村组（根据对钟落潭镇竹二村、人和镇黄榜岭等的访谈）。

农地流转市场大体分为两种，一是农民自发形成的农地流转市场，另外一种是大规模的农地流转市场，大规模流转往往需要政府引导。农民自发形成的农地流转市场规模较小，多数发生在熟人之间，所以，农村自发的农地流转市场是本地（村）市场，而政府主导的市场则是大规模的市场。

已有研究认为农地的所有权及承包经营权相分离造成农地无法大规模向企业流转。而目前推行的三权分立改革能够促进农地向社会资本流转。

在中国特殊的农地产权制度下，农户只拥有农地的承包经营权，村集体拥有农地的所有权。如果农地流转是本村或周边村庄的熟人之间进行，往往不需要书面合同，只需要口头协定即可，而且流转年限也不受限制。大规模向企业流转则需稳定的地权，因为农地所有权归村集体，跨村之间的大规模流转往往需要所有权主体（村集体）出面向村民收地及签订合约。

现阶段农地还是部分农民的生活及就业保障，即便大部分农民已经非农化，但也未必愿意将农地长时间流转出去。第一代农民工由于受到工作技能的限制，往往担心在城市之中的难以立足，一旦不稳定还可回归农地，这也是阻碍大规模的流转的原因。

同时，快速城市化也带来农民较大的农地征用的预期。农民对农地市场价值的期望较高，比较注重农地的财产性收益，因而主动追求农地非农转用，一定程度上影响了农户及农业企业等对农地的长时间的投入。白云区2013年大规模流转的耕地达到49932亩，占13万亩耕地的38.41%，发生在三镇的大规模流转为39466亩，占三镇耕地的35.01%，得到政府登记确认的15312.58亩，占三镇耕地的14%，说明由政府推动的大规模流转所占比例还仅仅处于14%至35.01%之间(图6)。

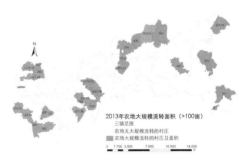

图6 2013年三镇农地大规模流转空间分布

目前，中国的第二轮农地承包期为30年不变。这一政策部从1999左右开始实行，到2013年，已经实行了14年，以30年承包期计，还有16年的承包期，即便农业企业向农户大规模租赁农地，其年限最多也在16年左右。事实上，据调研，白云区的大规模的农地流转的年限也在10年以下，也侧面说明农地难以有效地大规模向企业流转。

3.2 龙头企业及专业合作社发展发展比较

农业龙头企业及农业专业合作社能够实现资本及技术对劳动力的替代，有利于提高农业生产经营专业化及组织化的经营程度，促进农业经营效益的提高。截至2013年，白云区农业专业合作社共有110家，涉及种植业、渔业、农家乐等多个行业。合作社共有成员3200个，成员出资额8820万元，基地面积超过2万亩，带动农户2万多户。从类型上看，蔬菜种植数量最多，这是城郊型农业的主要特征，但农产品的批发类也较多，说明了从事农产品流通环节的服务业也是本地农业专业合作社的一大特征。从调研区域参加合作社人数占比来看，钟落潭最多，产值最高，但是，播种面积人和却最高，这可能与专业合作社的经营业务及科技水平相关。人和的入社人数尽管不高，但是其产值和播种面积却最高，同时销售产值与第一名的钟落潭仅差三个百分点，原因是人和的脱农程度较高，从事农业的农户较少，入社农户不多，但是，由于人和的生产组织化程度、技术及资本投入较高，市场发展较好以及所生产的产品更加高值（表1）。

白云区排名前 10 的合作社类型 表 1

合作社数量前十行业	合作社熟料	社员数量	占比
蔬菜种植	21	891	23.69%
谷物、豆及薯类批发	7	95	2.53%
其他农牧产品批发	7	402	10.69%
水果、坚果的种植	7	300	7.89%
果品、蔬菜批发	6	701	18.64%
其他农业	5	45	1.20%
谷物、豆及薯类批发	4	31	0.82%
其他农畜产品批发	3	99	2.63%
内陆养殖	3	233	5.93%
其他水果种植	3	20	0.53%

专业合作社的资金主要来源于入社农民或者民间借贷（图7）。来自政府金融机构的贷款微乎其微，农地还不具有融资功能。由于钟落潭的数据质量不高，在此仅仅对人和江高进行比较，人和镇专业合作社的资金主要来源于农户，达到77%，而民间借贷仅为23%，江高则与此相反，入社资金主要来源于民间借贷，达到了61%，而来自于入社农户的仅为37%，原因是人和的脱农程度较高，农户家庭来源于非农的收入也更高，更能支付入社后的生产所需费用（图8）。

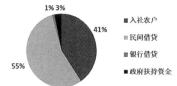

三镇调查样本中专业合作社资金来源构成
（单位：%；来自经济社问卷数据）

1% 3%
41%
55%

■ 入社农户
□ 民间借贷
▨ 银行借贷
■ 政府扶持资金

人和镇调查样本中专业合作社资金来源构成
（单位：%；来自经济社问卷数据）

23%
0%
0%
77%

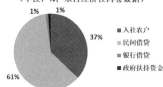

江高镇调查样本中专业合作社资金来源构成
（单位：%；来自经济社问卷数据）

1% 1%
37%
61%

■ 入社农户
□ 民间借贷
▨ 银行借贷
■ 政府扶持资金

图 7　农业专业合作社资金来源　　**图 8　人和镇及江高镇农业专业合作社资金来源构成差异**

从专业合作社的成本构成上看，调查样本中排在第一位的是"付给劳动报酬成本"，达到了35%。第二为"化肥成本"，第三为"农业机械成本"。说明在专业合作社的运作之中，人力成本的付出是最高的，人力成本中包括了入社村民的分红，说明农民因入社获得收入的提高，而资本投入（化肥和机械）排在第二位，证明了合作社的成立是基于技术联合或者资本的联合，第三才是服务性成本（行政成本）。

各镇之间有差异。钟落潭镇与人和镇"化肥成本"排在第一位，但人和镇比钟落潭镇相差较大，钟落潭排在第二位的是"种子成本"，人和是"农业机械成本"，第三是"劳动力报酬成本"。而江高排在第一位的是"付给劳动报酬成本"，第二是"农业机械成本"，第三是"投入化肥成本"，与三镇整体的情况相似。从上述分析可以推断，三镇农业专业合作社已经实现了资本与技术对劳动的替代，但江高镇的农民可能获益程度更高（图9）。

三镇的差异说明，钟落潭由于脱农程度不高，尚有大量的农业劳动力投入农业生产，并且人均农地更多，在农业还仅仅是其生计来源的前提下，农民生产以满足家庭效用为主，此时，农民并非理性经济人，在没有农业以外的机会下，会不计成本的投入劳动，以满足生计。而人和的专业合作社的投入成本结构更趋现代化，资本投入第一（化肥和机械），劳动力第二，说明人和的农业生产与资本的结合度更高些，理论上其效率也较高。

从龙头企业对农户带动较大的是江高镇，其江村综合农批市场带动农户就业达两万多，分布于钟落潭的农业企业对农户的带动较少。另外，农地流转与合作社、龙头企业在空间上具有一致性，龙头企业与合作社分布有一定的相互依赖性。有合作社的村庄要么有龙头企业，要么邻近村庄有龙头企业。而农地流转规模又与合作社、龙头企业数量之间存在正相关关系。由于农业的资本化是农地效益提升的关键因素，所以，推行"资本（龙头企业）＋技术（合作社）＋土地（农户）"的"三合一"的模式，将产生放大效益，其中龙头企业是值得扶持的关键（图10、图11）。

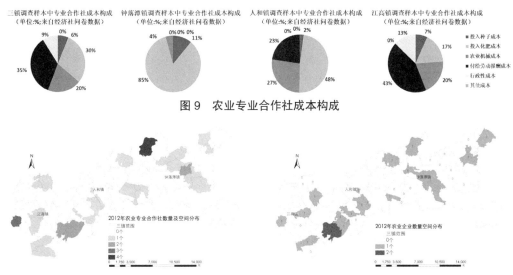

图 9　农业专业合作社成本构成

图 10　2012 年农业专业合作社（左）及农业龙头企业（右）空间分布

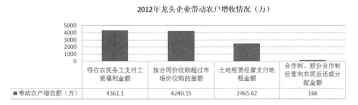

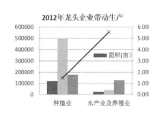

图 11　龙头企业农户带动状况

4　结论与讨论

本文从农村最小的集体生产组织单元——经济社（村小组）的角度，调查都市边缘区在快速城市化下农村的非农化变迁及农地市场化发展状况，为城乡统筹发展乃至与新一轮的土地改革提供借鉴。

本次问卷调研发现：（1）都市边缘区村组基本已经实现了经济收入"非农化"，农业生产主体"非本地化"、农民脱农程度较高。（2）农地主要流转到外来农业大户手中为主，同时，以流向专业合作社和企业为表征的农地经营组织化和专业化程度不高。（3）农地流转期限以短期为主，普遍在 10 年以下，农地流转用途则以种植蔬菜为主。（4）农地大规模连片流转与农业专业合作社及龙头企业空间分布具有相似性，证明了农业生产组织方式的创新具有一定的地理集聚性。

目前，全国而言，涉及农地流转主要存在四大模式，分别是土地股份合作制、增减挂钩、两分两换和农村集体建设用地直接入市。但并不是所有模式都值得在珠三角推行，珠三角农村实现了收入非农化走的是就地城市化的道路，自下而上的模式已通过财产性收入把农民和农地相捆绑，农民的产权意识较强，所以，增减挂钩及两分两换模式难以在珠三角推行。土地股份合作制是本村组织利用土地参与城市化和分享城市化的有力武器，1990年代初已经在南海得以推行，从长远来看，值得进一步推广，而集体建设用地入市将大为提升农民的财产性收入，已经在深圳得到初步推行，但这些模式的推行均应进一步了解农村社会经济的变迁。

参考文献

[1] 吕晓，黄贤金，钟太洋，赵雲泰．中国农地细碎化问题研究进展 [J]．自然资源学报．2011，（03）：530-540.

[2] 叶春辉，许庆，徐志刚．农地细碎化的缘由与效应历史视角下的经济学解释 [J]．农业经济问题，2008，（9）:9-15.

[3] 谭淑豪，曲福田，NicoHeerin．土地细碎化的成因及其影响因素分析 [J]．中国农村观察，2003，（6）：24-30.

[4] 许庆，田士超，邵挺．土地细碎化与农民收入：来自中国的实证研究 [J]．农业技术经济，2007，（6）：67-72.

[5] 王兴稳，钟甫宁．土地细碎化与农用地流转市场 [J]．中国农村观察，2008，（4）：29-35.

[6] 周应堂，王思明．中国土地零碎化问题研究 [J]．中国土地科学，2008，（11）：50-54.

[7] 李建林，陈瑜琦，江清霞，等．中国耕地破碎化的原因及其对策研究 ［J］．农业经济，2006，（6）：21-23.

[8] 易远芝．论转型时期农村土地承包经营权流转市场的构建及农民职业化探索 [J]．特区经济．2013，（09）：115-118.

[9] 邵书龙．中国农村社会管理体制的由来发展及变迁逻辑 [J]．江汉论坛，2010，（09）：5-10.

[10] 郁建兴，高翔．农业农村发展中的政府与市场、社会：一个分析框架 [J]．中国社会科学，2010，（3）：27-49.

[11] 程佳，孔祥斌，李靖，张雪靓．农地社会保障功能替代程度与农地流转关系研究——基于京冀平原区 330 个农户调查 [J]．资源科学．2014，（01）：17-25.

[12] 杨廉，袁奇峰．基于村庄集体土地开发的农村城市化模式研究——佛山市南海区为例 [J]．城市规划学刊，2012，（06）：34-41.

[13] 张晋石．荷兰土地整理与乡村景观规划 [J]．中国园林，2006，（05）：66-71.

[14] 马彦丽，林坚．集体行动的逻辑与农民专业合作社的发展．经济学家，2006，（02）：40-45.

[15] 孙天琦，魏建．农业产业化过程中"市场、准企业（准市场）和企业"的比较研究——从农业产业组织演进视角的分析 [J]．中国农村观察，2000，（02）：49-54.

[16] 邵景安，魏朝富，谢德体．家庭承包制下土地流转的农户解释：对重庆不同经济类型区七个村的调查分析 [J]．地理研究．2007，（02）：275-286.

[17] 陶然，童菊儿，汪晖，黄璐．二轮承包后的中国农村土地行政性调整——典型事实、农民反应与政策含义 [J]．中国农村经济，2009，（10）：12-20.

（本文合作作者：陈世栋、邱加盛）

都市边缘区空间管制效果的产权差异及其影响因素
——基于基本农田保护区政策视角

快速城市化下，基本农田保护区已经成为都市区主要的生态空间之一，但面临着各行为主体的侵蚀。1997 年以来中国的基本农田保护制度是全世界最严格的农田保护制度，但大多数研究认为现行农保政策是失效的。原因是在分税制后，地方政府的土地财政冲动，加上以 GDP 增长率为官员政绩考核标准，虽激活了地方经济发展活力，但也造成了农地的过度性损失。即便土地管理部门实行了垂直管理，但其财政由地方政府划拨，难以对地方政府的过度农地转用行为形成有效监管，再加上大部分是事后监管而非事前预警，导致了监管及执行成本过巨，农地违规转用难以遏制。部分研究还证明了地方政府（包括村集体）是农地转用的主要主体，其占比达到了 47.6%，企业及私人占比为 47% 左右。同时，也有研究认为由于集体土地产权的模糊性，农村集体土地也产生了大量转用，但对于集体转用数量、效果及内部机制的研究，尚属于"黑匣"。农村集体大规模转用涉及大量土地违法行为，现有研究有所关注，但不成系统，对于其成因解析也仅仅停留在土地二元制下违法收益大于违法成本的结论。本文的实证研究则证明，农保政策对各行为主体的农地转用行为起到了一定的抑制作用，对约束政府转用行为有效，对约束集体转用行为则失效。

1 研究区域、方法与数据

1.1 研究区域

本文以广州市白云区北部 4 镇为研究区域。4 个镇面积共 488.29km^2，占白云区的 73.43%，共 118 条行政村，2013 年农业户籍人口约 36.90 万人，基本农田约 86.67km^2。北部 4 镇地区是典型的都市边缘区，在快速城市化背景下，土地利用变化迅速，外来人口大量集聚，本地农业人口迅速非农化。同时又存在大量的农业及生态性用地，是研究城市、乡村、农民与农地相互关系的典型区域。本文以 4 镇 118 村为样本，以各村的基本农田保护区（简称农保）占比、农地转用量等数据为基础进行实证分析。分别以镇和村为统计单元，研究 1997 年以来大都市边缘区的农保政策实施效果，镇村农保转用的产权主体行为的差异及其形成机制。

1.2 研究方法与数据

空间数据来源于国土部门的 1997 年及 2012 年土地利用现状数据，社会经济数据来源于《白云区农经统计数据（2013）》。以 ArcGIS10.0 平台为分析工具，首先，通过叠加分析，计算出每个村庄 1997 年农地转化为 2012 年的建设用地量以及年均转用的规模和速度。第二，计算出 1997 年每个村庄的基本农田面积占村域面积的比例。假设农保面积占村域面积比例越高，该村农地越难以被转用，即农保比例与农保政策管制效果成正比。第三，计算农保转为 2012 年不同权属（国有与集体）建设用地的量及比例，表征农保政策对不同权属行为主体的管制效果。第四，通过假设并设定相关指标，求证农保管制效果的镇村差异的影响因素。

2 基本农田的空间分布及演变

2.1 基本农田转用总体特征

1997 年，白云区农保面积 112.43km²，占农地的 24.66%；4 镇农保面积共 112.31km²，占白云区比例接近 100%，占 4 镇农地总面积的 29.79%，占 4 镇总面积的 23.03%。1997-2012 年，白云区农保转用总量为 11.09km²，农保转用量占 1997 年农保总量的 9.90%。2012 年，4 镇农保转用量为 10.88km²，占白云区总转用量的 98.11%（图 1a），即农保转用量几乎全在北部 4 镇地区。4 镇的农保转用量各有差异。太和镇的转用量最多，达到了 4.87km²，钟落潭镇 3.35km²，人和镇 1.34km²，江高镇 1.31km²。4 镇农保转用量分别占 2012 年各镇建设用地的 10.77%、8.63%、4.18% 和 3.94%；农保的转用程度（农保转用量 /1997 年农保面积）分别为 14.70%、8.72%、6.08% 和 7.42%（图 1b）。

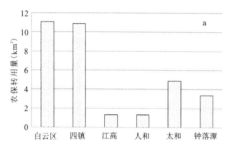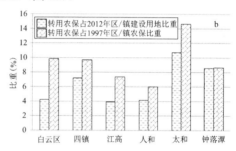

图 1　1997 年至 2012 年农保转用量（a）及其占 2012 年建设用地和 1997 年农保比重（b）

从空间上看，无论是 1997 年还是 2012 年，基本农田分布都呈现一定的空间集聚性（图 2）。总体上块状连片分布于江高镇西部、钟落潭镇中北部及西部。在人和镇及太和镇的分布比较破碎，且从 1997 年至 2012 年的变化来看，太和镇农保损失最多，钟落潭镇及人和镇的中南部损失较多，而江高镇虽然有所减少，但基本保持原有块状分布状态。

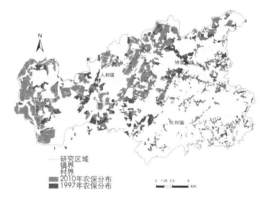

图 2　1997 年和 2010 年基本农田分布

2.2 基本农田转用权属分布

城市与乡村对农地转用均产生需求，两者分别对应国有及集体产权。从白云区层面看，农保转为集体建设用地达到 8.36km²，占 75.38%，转为国有仅 2.73km²，占 24.61%。4 镇农保转用情况与白云区整体相似，集体和国有比例分别为 78.42% 和 21.58%。但内部差异较大，太和镇和钟落潭镇集体转用的比例分别为 84.95% 和 90.08%；江高镇集体转用也占大部分，达到了 58.67%，但人和镇集体转用仅为 44.86%。

总体来看，集体转用是农保规模缩小的主要原因。城市化必然需要大量的农地转为建设用地，但现行的土地管理法律法规明确规定农村除了必要的宅基地转外，实现空间非农化需通过政府的征地程序，研究区域大量农保集体转用与相关政策相冲突。在严格的土地用途管制之下，依然存在大规模的农村集体及农民个体的转用行为，原因值得深入剖析。

3 基本农田转用的原因分析

3.1 基本假设与模型构建

假设农保政策对土地用途管制是有效的,即每个村的农保面积占村域面积越大,农地越难以被转用。按照假设,求取各村农保面积比例,定义为农保管制因子;求取各村农保转用量占各村 2012 年建设用地比例,定义为农保转用因子,求取两者的数量关系;求取各村农保转用中集体转用和国有转用的比例,分别定义为集体转用因子和国有转用因子,求取 2 种权属转用与农保管制因子的关系,表征农保政策对不同产权主体的管制效果。

3.2 不同空间及权属主体农保转用模型

3.2.1 整体及产权差异模型

从农保管制因子与农保转用因子关系看,两者呈现明显的负相关关系,即农保管制因子数值越大,农地转用量越小。两者的函数关系:$Y=-0.248X+0.487$,初步证明农保政策对农地的转用行为具有约束作用,但农保政策对不同权属农地转用行为约束有何差异?有待进一步实证。

同理,构建农保管制因子与国有及集体转用因子的函数,均呈对数函数关系(以幂函数、对数函数、指数函数、多项式等函数为拟合模型,经检验,对数函数模型的所得相关系数最高)。农保管制因子与国有转用的函数关系为:$Y=-0.136\ln(X)+0.092$,两者为负相关关系,即各村农保占比越大,国有转用量越小,说明农保政策对国有转用存在较好的制约作用。农保管制因子与集体转用的函数关系为:$Y=0.127\ln(X)+0.863$,两者呈正相关关系,即农保占比越大,农地转为集体建设用地也越多,说明了农保政策对农地集体转用管制无效。

3.2.2 模型的 4 镇差异程度解释

对比发现 4 镇农保管制效果存在差异。各镇农保管制因子与农地转用因子关系中,唯有太和镇呈现正相关,其他 3 镇均为负相关,即农保政策对太和镇管制整体无效,对其他 3 镇有效,用 R^2(相关性程度)来表征管制效果,则 3 镇 R^2 大小排序:钟落潭镇 > 江高镇 > 人和镇。

农保政策对各镇不同产权主体的管制效果也不一样。从农保对国有转用的管制效果来看,由于 4 镇农保管制因子与国有转用因子均为负相关,即接受原假设,表明农保政策对 4 镇国有转用管制皆有效,以各函数方程自变量系数(拟合模型的斜率)的绝对值代表管制效应程度,4 镇国有转用管制效应系数 A 的排序是:$At > Az > Ar > A$(jAt、Az、Ar、Aj 为太和镇、钟落潭镇、人和镇及江高镇)。表明对太和镇国有转用管制效果最佳,而江高镇的效果最差。江高镇和人和镇国有转用管制效果不相上下,分别为 -0.558 和 -0.587,而钟落潭镇和太和镇则分别为 -0.893 和 -1.600,钟落潭及太和对国有转用的管制效果是江高和人和的 1.600 倍到 2.867 倍之间,而太和对国有转用的效果是钟落潭的 1.792 倍。说明国有转用行为发生在江高镇及人和镇要易于太和镇及钟落潭镇。

从农保政策对集体转用管制效果来看,4 镇均呈正相关关系,即拒绝原假设,说明农保政策对各镇的集体转用管制均无效。或者说农保面积越多的村庄，农地转用反而越多。同样，用各拟合模型的斜率来说明无效的程度，江高镇、人和镇、太和镇及钟落潭镇的系数分别为0.560、0.591、1.598和0.890。对于集体管制无效的程度，太和镇最大，钟落潭镇次之，人和镇和江高镇分别为第三和第四，农地集体转用的强度，太和镇最大。

3.3 原因分析

为研究农保政策对不同镇街及权属转用效果的差异，需要进一步分析各镇各村的区位、社会及经济变迁对农保政策的影响。由于农保管制效果与农地转用量之间具有等价关系，即管制效果越好，则农地转用量越小，反之亦然，因此，以各村农地转用量替代农保政策效果因子。对于农地的非农转用的原因解析，选择以下几大因子进行实证（表1）。

因子一：区位因素。在城镇扩张波及效应下，越接近城镇中心，农地转用规模越大、

因子及指标描述　　　　　　　　　　　　　　　表1

因子	指标	均值	标准差	样本量(个)
因变量	1. 农保转用面积（m²）	98420.93	1.50	110
	2. 农保国有转用（m²）	28551.77	49076.19	87
	3. 农保集体转用（m²）	82597.01	1.49	101
区位因子	1. 村庄距镇区距离（m）	8352.33	4102.86	110
	2. 各村到区政府距离（m）	19516.01	4235.43	110
	3. 距交通线距离（m）	459.56	437.77	110
经济收入因子	1. 农村经济总收入（万元）	11589.45	12681.76	110
	2. 人均收入水平（元/人）	36652.05	32187.21	110
	3. 地均收入水平（万/hm²）	33.75	32.7	110
	4. 村办企业收入占村组集体经营收入比重(%)	25.65	38.53	110
	5. 村办企业收入占农村经济总收入比重（%）	12.42	22.26	110
	6. 人均村组收入水平（元）	12116.27	29671.66	110
	7. 劳均非农产业收入（元/人）	66168.18	1.01	109
	8. 地均非农业收入（万/hm²）	76.10	133.67	107
	9. 非农收入/农业收入	20.92	158.87	109
	10. 地均非农收入/地均农林牧渔业收入	9.88	18.91	109
社会变迁因子	11. 抚养人口占比（%）	38.83	18.45	110
	12. 外出务工劳动力占比（%）	24.40	23.65	110
	13. 乡外县内占比（%）	55.32	32.23	85
	14. 县外省内占比（%）	22.06	25.46	88

速度越快。假设距城市中心区、镇区和主要交通干线越近，农地越容易被转用。

因子二：非农收入因素。由于研究区域是自下而上发展地区，农村自发寻求农地非农转用以获取土地租金的发展模式已经形成惯性，因此，假设村庄集体的收入越高，且集体收入中村组经济比重越高，农地越容易被转用。

因子三：社会因素。假设村庄外出务工人口越多，农地越容易被转用。外出务工者越多，农地就业及生活保障功能就越低，农民对农地的依赖就越少，农民就会倾向于将农地出租或者转用。

3.3.1 总体权属特征及解释模型

以"农保转用"、"农保国有转用"、"农保集体转用"为因变量，自变量分为上述三大因子17个指标，分别求3个因变量与自变量的相关关系。从中筛选出显著性水平小于0.05的4个指标，分别为"村庄距镇区距离"、"村庄到区政府距离"、"农村经济总收入"和"村办企业收入占村组集体经营收入比重"，指标涵盖了"区位因子"和"经济收入因子"，但"社会变迁因子"影响不显著，被排除。说明都市边缘区的农保转用主要受到区位和经济收入的影响。

分别用各类型曲线估计因变量与自变量之间的拟合程度，发现线性函数在因变量与自变量之间的拟合程度最高，所以选择线性方程进行建模，获得了农保转用及不同权属转用之间的函数。

"农保转用"函数：$Y=9.15X_1-8.42X_2+3.18X_3-957.96X_4+174124.87$ （1）

式（1）中，Y指农保转用量，X1指村庄距镇区距离，X2是各村到区政府距离，X3指农村经济总收入，X4指村办企业收入占村组集体经营收入比重。各村距镇区距离和各村经济总收入与农保转用量成正相关，各村到区政府距离和村办企业收入占村组集体经营收入比重指标与农保转用量呈负相关，说明各村离镇区越远，农村经济总收入越高，农保越容易被转用。距镇区越远，镇级政府监管力度越弱，转用的成本越低；离区政府越近，其农保转用量越大，由于农保主要分布在远离区政府的边缘地区，所以，离区政府越近而离镇区越远的村庄，在接受广州市核心区辐射同时又可避免镇级政府的监管，农保也越容易被转用。同时，农村经济总收入越高，但村办企业收入占村组集体经济收入比重越低的村庄，其农保转用量越大，说明，经济收入提高的期望是造成农保转用的主要原因，但农保转用中，并非用于村办企业的发展。

"农保国有转用"函数：$Y=-2.40X_1+49682.23$ （2）

式（2）中，Y指农保国有转用，X1指村庄距镇区距离。17个指标均通不过显著性水平小于0.05的检测，唯一接近的是村庄距镇区距离指标，其显著性为0.059，略大于95%的置信水平，故本文采用此指标构建两变量的回归方程，两者呈负相关关系，即距镇区越近，农保国有转用量越大，国有转用受到镇区扩张影响，且国有转用是政府行为，在空间上安排于公共设施较好的镇区周边。

"农保集体转用"函数：$Y=10.15X_1-8.50X_2+5.48X_3-994.74X_4+128183.66$ （3）

式（3）中，Y指农保集体转用，X1指村庄距镇区距离，X2是各村到区政府距离，X3指农村经济总收入，X4指村办企业收入占村组集体经营收入比重。农保集体转用与4个指标的关系与农保总体转用趋同，即"村庄距镇区距离"、"农村经济总收入"指标与"农保集体转用"成正相关，另外 2 个指标呈负相关。证明了距镇区越近的村庄，农保集体转用量越小，原因一是靠近镇区中心的村庄，其农保分布本来不多，二是镇区的监管力度较大，农保转用成本较大。另一指标说明了对经济收入增长的追求，是导致农保集体转用的主要原因，较好地解释了本地区农保的转用主要是农民的行为，而非政府行为。

另外，区位因子中"距交通线距离"指标对农保转用的影响并不显著，说明各村交通区位并不是主要影响因素。在交通区位日渐均质化的情况下，都市边缘区各村农地转用主要受到镇区发展牵引。而社会变迁因子的各个指标与农保转用关系均不显著，说明在都市边缘区，农村人口结构、就业结构和就业地域类别总体上并未起到重要影响。

3.3.2 各镇模型及影响因素差异

农保 2 种权属转用的差异说明了各镇村发展动力的差异。按照上述步骤，分别求取各镇的"农保转用""农保国有转用""农保集体转用"等因变量与 17 个指标之间的相关性，并根据显著性水平筛选主要指标，选择 R^2 值最大的线性函数构建 4 镇不同产权主体农保转用量与主要指标之间的函数关系（表 2）。

对于江高镇，农保转用量只与各村到区政府距离成负相关，与其他指标相关性显著水平不高。说明江高镇农保转用是靠近区政府的村庄的行为。对于国有转用，显著性水平较高的是"距交通线距离"指标，成反比，说明国有转用并不考虑交通因素。对于集体转用，有"劳均非农产业收入"及"村庄距镇区距离" 2 个指标在小于 0.001 和 0.05 显著性水平下正相关，说明对于江高镇各村中，越远离镇区，非农经济越发达的村庄，农保转用量也越多。

人和镇农保转用量主要与"农村经济总收入"成正相关。国有转用也主要与该指标呈正相关。但对于农保集体转用，与"各村到区政府距离"、"人均村组收入水平"及"抚养人口占比"显著正相关，与"地均非农业收入"显著负相关。说明了人和镇远离白云区政府的村庄和村组收入越高的村庄，集体转用越多；同时，需要抚养的人口越多的村庄，也越倾向于集体转用，由于人和镇外出务工人口的占比在 4 镇中最少，农民立足于本地发展，对外界信息掌握度较高，降低其农保集体转用的成本。另一方面，集体转用越多的村庄其地均非农收入水平却并非越高，说明人和镇农村非农经济沿袭了传统低效的农村工业化路径。

对于太和镇而言，农保转用与"农村经济总收入"指标成正比，与"外出务工劳动力占比"指标成反比。即农保转用是农村追求经济总收入提高的结果，但外出务工劳动力越多，其农保的转用越低，说明部分村庄发展机会较多，农民倾向于留在本村就业，事实上，太和镇是 4 镇中农保转用量最大的镇，与其他镇不同，太和镇同时受到白云区和天河区的辐射带动，大量的外来人口集聚，导致了其南部与天河区接壤、西部与白云区均和街接壤村庄，如大源村、和龙村、石湖村大量的转用，村庄非农经济发达。但各指标均与太和的国有转用相关性不显著，原因是太和镇并非城市扩张的主要方向。但太和镇的集体转用趋势与总体的转用相似，都受到上述两个主要指标的影响，充分证明了太和镇的农保转用以集体转用为主。

钟落潭镇的农保转用影响因素主要为"农村经济总收入"、"外出务工劳动力占比"及"县外省内务工占比"，三者与因变量均为正相关关系。说明钟落潭镇与太和镇相类似，不同的是，钟落潭镇各村外出务工人口中，去"白云区之外广东省之内"务工劳动力越

分类	镇区	模型函数表达	变量解释及其显著性水平
总体转用	1. 江高镇	$Y=4.266X-35098.970$	X：各村到区政府距离（P：0.037）
	2. 人和镇	$Y=-48939.449+9.471X$	X：农村经济总收入（P：0.006）
	3. 太和镇	$Y=13.155X_1-4781.871X_2$	X_1：农村经济总收入（P：0.009）
			X_2：外出务工劳动力占比（P：0.037）
	4. 钟落潭镇	$Y=6.71X_1+827.27X_2+1548.03X_3+4920.91$	X_1：农村经济总收入（P：0.001）
			X_2：外出务工劳动力占比（P：0.055）
			$X_3=$县外省内务工占比（P：0.004）
国有转用	1. 江高镇	$Y=-2.783X+42361.31$	X：距交通线距离（P：0.026）
	2. 人和镇	$Y=8.205X-52620.60$	X：农村经济总收入（P：0.019）
集体转用	1. 江高镇	$Y=-6771.655+0.084X_1+3.687X_2$	X_1：劳均非农产业收入（P：0.001）
			X_2：村庄距镇区距离（P：0.005）
	2. 人和镇	$Y=0.27X_1+2.4X_2-0.37X_3+681.99X_4-8717.97$	X_1：各村到区政府距离（P：0.035）
			X_2：人均村组收入水平（P：0.045）
			X_3：地均非农业收入（P：0.026）
			X_4：抚养人口占比（P：0.010）
	3. 太和镇	$Y=12.57X_1-5020.07X_2+187037.91$	X_1：农村经济总收入（P：0.016）
			X_2：外出务工劳动力占比（P：0.050）
	4. 钟落潭镇	$Y=-11.76X_1+8.12X_2+1436.48X_3+283335.12$	X_1：各村到区政府距离（P：0.050）
			X_2：农村经济总收入（P：0.000）
			X_3：县外省内务工占比（P：0.008）

多的村庄，其转用量也越高，原因是钟落潭的集体非农经济相对落后，难以提供足够的就业机会，劳动力常年在外务工，倾向于将农地出租或者交予村集体发展非农经济如开发小产权房等。钟落潭的国有转用同样也与各个指标相关性不大，但集体转用中，与"各村到区政府距离"成反比，即各村距离白云区政府距离越近，农保集体转用越多，说明受到了广州扩张波及效应影响；与"农村经济总收入"及"县外省内务工占比"指标成正相关，分析与前面趋同。

3.3.3　农保政策管制效果评价

综合上述分析，各镇农保转用产权差异的原因均不同。从各镇1997年及2010年两轮农保面积损失率来看，太和镇农保面积损失过半，其次是钟落潭镇，损失达20.42%，两镇主要是集体转用所致，国有转用导致的损失率不大。江高镇的农保损失率最小，管制效果最好，人和镇次之，但两镇均以国有转用为主（表3）。由于两镇是广州功能外拓的主要方向，农保损失可视为快速城市化不可避免的代价性损失，虽然农保政策对政府行为约束无效，但对集体行为约束总体有效。4镇农保政策管制效果可分为以下几个类型。一是集体转用失效型，太和镇和钟落潭镇大规模集体转用是农村追求经济发展的结果，刚性的政策由于无法协调农村集体利益诉求而导致失效。二是国有转用失效型，主要是人和镇和江高镇，是城市扩张所致。三是管制有效型，江高镇的农保损失率最小，而且是国有转用为主，是满足城市化发展的必要代价性损失，较好地管制了农地集体转用行为，农保政策基本有效。

基本农田制度实施效果产权主体差异 表3

镇街	农保损失率	转用类型	管制效果	原因及评价
江高镇	7.33%	农保转用	管制有效	严格管制
		国有转用	国有转用失效	广州城市核心区扩张所致：量少
		集体转用	管制有效	四镇中集体转用量最少
人和镇	11.55%	农保转用	国有转用失效	政府行为（征地城市化）
		国有转用	国有转用失效	广州城市核心区扩张所致：量多
		集体转用	管制有效	集体转用较少
太和镇	52.52%	农保转用	集体转用失效	集体转用，农村主动城市化
		国有转用	管制有效	国有转用少
		集体转用	集体转用失效	主要为农村及集体转用
钟落潭镇	20.42%	农保转用	集体转用失效	农民行为
		国有转用	管制有效	国有转用少
		集体转用	集体转用失效	主要为农村及集体转用

4 结论

本文通过研究1997年以来基本农田保护区的空间演变，探讨农保政策对不同产权主体的实施效果，揭示了快速城市化背景下，都市边缘区不同产权主体的空间相互作用过程。

研究发现，研究区农保政策对农地国有转用行为的管制是成功的，即农保政策在一定程度上抑制城市扩张对基本农田的侵蚀，相对有效遏制了政府的农地转用行为。农保政策对农地集体转用行为的管制是失效的，无法抑制农民及集体的农地转用行为。都市边缘区的农民利用集体产权模糊性，主动追求农地的非农转用，以获取快速城市化带来的土地级差地租。说明刚性的土地用途管制政策，由于缺乏相应的补偿机制，难以有效抑制都市边缘区的农地集体转用行为。

值得深入研究的现象是，同处于都市边缘区的4镇，区位比较相似，但农保政策实施的效果却大相径庭。由于基本农田产权主体在于集体，深入剖析大都市边缘区的农村社会经济变迁及其对农民行为方式的影响，是了解镇村农保集体转用差异性的探索方向。

参考文献

[1] 丁庆龙，门明新. 基于生态导向的基本农田空间配置研究——以河北省卢龙县为例 [J]. 中国生态农业学报，2014，22（3）：342-348.

[2] 苏珍，吴克宁，吕巧灵. 城市化进程中对耕地保护的再思考 [J]. 中国农学通报，2007，23（5）：563-565.

[3] 张凤荣，张晋科，张琳，等. 大都市区土地利用总体规划应将基本农田作为城市绿化隔离带 [J]. 广东土地科学，2005，4（3）：4-6.

[4] 梁若冰. 财政分权下的晋升激励、部门利益与土地违法 [J]. 经济学（季刊），2009，9（1）：283-304.

[5] 周京奎，王岳龙. 大中城市周边农地非农化进程驱动机制分析——基于中国130个城市面板数据的检验 [J]. 经济评论，2010，（2）：24-34.

[6] 龙开胜，陈利根. 中国土地违法现象的影响因素分析——基于1999-2008年省际面板数据 [J]. 资源科学，2011，33（6）：1171-1177.

[7] Cai H，Treisman D，Did government decentralization cause China's economic miracle？[J]. World Politics，2006，58（4）：505-535.

[8] Feltenstein A，Iwata S，Decentralization and macro economic performance in China：Regional autonomy hasitscosts'[J]. Journal of Development Economics，2005，76（2）：481-501.

[9] 钟太洋，黄贤金，陈逸. 基本农田保护政策的耕地保护效果评价 [J]. 中国人口·资源与环境，2012，22（1）：90-95.

[10] 翟文侠，黄贤金. 我国耕地保护政策运行效果分析 [J]. 中国土地科学，2003，17（2）：8-12.

[11] 臧俊梅，王万茂，李边疆. 我国基本农田保护政策演变的制度经济学分析 [J]. 经济体制改革，2006，（6）：84-88.

[12] 张全景，欧名豪，王万茂. 中国土地用途管制制度的耕地保护绩效及其区域差异研究 [J]. 中国土地科学，2008，22（9）：8-13.

[13] 谭荣，曲福田. 中国农地非农化与农地资源保护：从两难到双赢 [J]. 管理世界，2006，（12）：50-66.

[14] 李永乐，吴群. 经济增长与耕地非农化的Kuznets曲线验证——来自中国省际面板数据的证据 [J]. 资源科学，2008，30（5）：667-672.

[15] 张磊，张延吉. 城乡结合部农村居民违法建设与拆迁意愿分析以北京市朝阳区为例 [J]. 城市发展研究，2013，20（3）：35-39.

[16] 徐红新，高国忠，王楚. 农村土地违法行为：现状、原因与对策 [J]. 河北大学学报（哲学社会科学版），2012，37（4）：127-131.

[17] 唐燕，许average权. 建立城乡统一的建设用地市场的困境分析与思路突围——集体土地"农转非"的是是非非 [J]. 城市发展研究，2014，21（5）：55-60.

[18] 司瑞石，王有强. 制度诱导与生态驱动：集体土地内部违法使用对策探析——基于新制度经济学的视角 [J]. 资源科学，2013，35（8）：1542-1548.

[19] 王世忠，刘卫东，张恒义. 土地监察博弈与策略抉择 [J]. 经济地理，2008，28（6）：978-981.

[20] 王海鹰，张新长. 广州市城市边缘区时空演变特征分析 [J]. 中山大学学报（自然科学版），2012，51（4）：134-143.

[21] 田莉. 城乡统筹规划实施的二元土地困境：基于产权创新的破解之道 [J]. 城市规划学刊，2013，（1）：18-22.

[22] 吴晓洁，黄贤金，张晓玲，等. 征地制度运行成本分析——以通启高速公路征地案例为例 [J]. 中国农村经济，2006，（2）：55-62.

[23] 陈竹，张安录. 土地用途管制下农地城市流转的公众福利动态研究 [J]. 中国土地科学，2012，26（5）：57-63.

（本文合作作者：陈世栋。原文发表于《地理科学》，2015年第4期）

快速城市化背景下
农业型战略性生态空间资源保护研究
——以广州为例

1 快速城市化与都市生态保护之困

城乡建设用地快速扩张导致的城市生态安全问题引起了各界的普遍关注。对于如何协调城市与生态环境的关系，理论界先后提出了花园城市、有机疏散、生态城市和新城市主义等理念，对农地生态价值的研究也涌现出生态服务价值论、能值理论、生态足迹、城市生态代谢、生态基础设施和生态伦理学等一系列的研究成果。

格迪斯强调将城市纳入自然，他提倡的生态规划方法引发了城市美化运动；麦克哈格提出了城市与区域生态规划方法的基本思路，即保护生态敏感地区，使之和城市化地区并置。西方在规划实践中也出现了 1880 年奥姆斯特德的波士顿"翡翠项圈"方案、霍华德的"田园都市"和"绿带"等思想指导下的大伦敦绿环等，关注点都是优化城市的生态结构。

我国东部发达地区城市区域化与区域城市化快速发展，都市区农地对城市生态保护的重要性日益凸显。广州就是一个城市区域化的典型例子，城乡建设用地快速扩张，生态安全指数变化趋势表现出波动的不平稳特征。城市代谢过程中的各项物质流与能量流由自然和农业地区向城市地区集中，代谢强度增大给代谢过程带来压力，广州城市代谢效率呈现出下降趋势。城市公园绿地的规模效率对环境的贡献大于纯技术效率，生态用地规模缩减造成的生态恶化不可能通过技术效率的提升来改善，即优化城市结构需要适度的生态空间。

同时，广州边缘区生态空间治理出现了由单一的权力驱动向权力、利益和社会资源等多元驱动平衡的趋势，生态保护不能仅仅从技术角度出发，还需考虑用地权属及所有者利益平衡等更为复杂的社会经济问题。事实上，广州的城市规划早已从生态安全战略角度划定了各类型保护区，但往往出现政策失效的结果。学界认为主要原因是现行政策未能使农地提供生态功能的正外部性内部化，对产权持有者未能形成有效激励。因此，在土地二元制度背景下，如何协调城市生态保护与对产权持有者的利益成为不得不面对的问题。

2 农业型战略性生态空间资源的概念、内涵与意义

综合以上分析，农业型战略性生态空间资源是指现状为农业发展用途的，但从城市整体生态环境安全战略视角出发需要加以保护的空间资源。其内涵包括以下 3 个方面：①从空间上看，农业型战略性生态空间资源位于城市建成区内部或者边缘区，远离城市建成区的大田农地。②从功能上看，农业型战略性生态空间资源主要起着城市生态维护的功能，即其生态功能价值远远大于其生产功能，具有公共产品属性。③从产权上看，农业型战略性生态空间资源主要为集体所有，部分承担着农民的生活保障和就业保障功能。

对农业型战略性生态空间资源进行研究的主要意义在于：①关注城市形态背后的社会

经济变迁、产权等复杂的现象。要求规划师从公共产品的视角出发，审视为城市整体环境优化而提供生态产品的集体产权或私有产权人的激励措施，重点解决政策管制失效与市场失效下的生态产品的有效供给问题。从权属上看，山林型及河流型生态空间资源多为国有用地，而农业型生态空间资源则为集体用地。后者存在产权细碎和不明晰的问题，并导致了大量土地寻租案件发生，增加了生态保护的制度成本，并陷入了"政策管制－农地农用－寻租－被建设用地侵蚀－生态被破坏"的恶性循环。②在城市区域化背景下，探索如何从生态安全角度对大都市地区的城乡关系进行协调。事实上，广州市政府对农业型战略性生态空间资源保护进行了多轮有益的探索，广州海珠区的果树保护区就是典型的例子。

3 广州城市生态保护历程及主要模式检讨

3.1 广州生态保护历程回顾

广州"云山珠水"的生态本底非常优良，但1978年以来建成区的快速扩张对生态环境造成了极大压力。为回应社会对生态保护的关注，2000年《广州市城市总体发展战略规划》（以下简称为"2000年《战略规划》"）制定了广州市域的"三纵四横"生态廊道。2004年7月，广州还编制了《番禺片区生态廊道控制性规划》，以应对广州"南拓"背景下，大量大型项目建设对原有生态风貌的破坏，试图划定番禺区城市发展的生态底线。之后，广州较为密集地出台了多部与生态保护相关的规划①。

但是建设用地的快速扩张对生态用地的冲击很大。武广高铁广州新客站地区就是在2000年《战略规划》和《番禺片区生态廊道控制性规划》确定的生态廊道中建设起来的（图1），其被赋予珠三角交通枢纽的地位，现已成为广州经济的新增长点和广佛一体化的重要载体，其用地性质也由生态用地突变为城市发展用地。

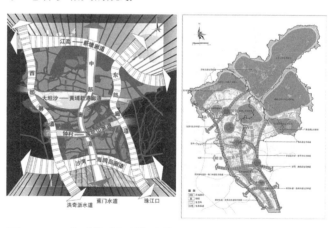

图1　2000年《战略规划》中的"三纵四横"生态廊道（左）
2007年广州发展战略规划"三纵五横"生态廊道（右）

3.2 广州战略性生态空间资源类型

从2000年《战略规划》提出"三纵四横"生态廊道至今，广州的生态保护与建设已经过了十多年，市域生态格局初步形成。但城市发展对生态廊道的侵蚀从来没有停止过。因为不同类型的战略性生态空间资源特点并不相同，其保护措施也应有所区别。

① 《广州市城市绿地系统规划（2001-2020）》、《广州市城市生态规划纲要（2001-2020）》、《广州市林业发展概念规划》、《广州市林业发展中长期规划（2005-2020）》，以及2007年编制的《城市绿地系统规划研究》、《广州2020：广州总体发展战略规划咨询》和新近一轮的《广州市城市总体规划（2010-2020）》均是以2000年《战略规划》确定的"三纵四横"生态廊道为依据进行规划的。

从战略性生态空间资源类型看,可以划分为以下几类:①山林型,边界清晰,土地可开发性差,保护压力不大;②河流型,市域河涌水系事关城市洪涝灾害,政府严格控制水利用地,广州对水环境治理投入逐年增加,保护压力也不大;③农业型,在基本农田保护制度下维系着农业的用途,既承担城市生态保育功能,又是产权所有者——农民的生计来源。各类型战略性生态空间资源均面临建设用地侵蚀的问题,需要明确划定保护的边界。此外,农业型战略性生态空间资源还面临着村庄内部"主动性城市化"的压力,是城市生态保护的难点。

3.3 海珠区"万亩果园"保护回顾

果树保护区位于广州中心城区东南部,有广州"南肺"之誉,与白云山共同构成广州主城区的南北两大生态屏障,是典型的农业型战略性生态空间资源。

20世纪90年代后期,随着交通设施的改善,果树保护区周边的房地产及镇村工业用地逐年增多[1],对果树保护区形成极大的威胁。在城市扩张和农村建设用地无序建设的冲击下,果林面积已从20世纪80年代的5万-6万亩(折合3333.33-4000hm²)下降到目前的1.8万亩(折合1200hm²),呈现明显的"城进绿退"空间特征。

1999年,广州编制了《广州市海珠区果树保护区总体规划》,政府基于城市生态安全的考虑,划定6个行政村的全部土地及另外6个行政村的部分土地,共28.37km²为果树保护区,并将果林划为基本农田保护区,进行严格管控,但对农民并无相应的经济补偿,因此虽划定了保护边界,但也难以保护。因为农民为分享城市化红利,主动将农地转用为非农建设用地,以致于违规用地逐年增多,难以控制。为改善这一现象,政府不断探索适合的管理方式:

(1)租地公园化模式。1998年开始,果树保护区内的小洲村开始探索生态公园模式,按照"权属不变、管理不变、收益不变"的原则,村委会每年以每亩地5000元(折合每公顷75000元)的租金返租果农农用地,用于设立公园(租约到2013年),用于探索公园和果林规模化经营的模式,结果难以维持。

2006年,海珠区政府出面选定龙潭经济联社1200亩(折合80hm²)的果林试点,区政府出资,按每亩每年1500元向果农租地建设果树公园,首期租赁期为10年,并由政府拨出专项经费进行果树成片改造和基础设施建设,经济联社参与经营和管理,收益的65%归果农,35%归政府用于果树改造和其他相关项目,结果成了区政府的财政负担。

(2)"腾笼换鸟"模式。2004年《海珠区城市总体发展战略规划》提出了"腾笼换鸟"模式,将生产空间、生活空间与生态空间相互隔离。在果树保护区外围划定各村社的经济发展用地,居民也全部外迁安置,旧村改造成文化创意产业园区,部分愿意务农的村民可以转变为农业工人,但由于成本过大没有推行。

(3)只征不转模式。2012年,国土资源部批准了广州提出的果树保护区"只征不转"模式,即对城市规划范围内成片用于生态、农业用途的非建设用地,根据法定权限收为国有,但不改变其原有用途,不占用城市建设用地规模和年度土地利用计划指标。由广州市、海珠区两级财政投入约60亿元对果林地进行国有化,并将转用面积10%的建设用地

---

[1] 根据《广州市海珠区果树保护区总体规划》,1990年以来果树保护区批出的工业开发地块面积共计51.816hm²,市政道路建设用地面积为158.837hm²。

指标返还农村集体作为经济发展留用地，这一模式在全国尚属首次。这一模式实施后被认为有利于城市生态维护，彻底杜绝屡禁不绝的违建问题，但财政代价高昂：征地土地补偿费为24.5万元（折合367.5万元/hm²），青苗补偿费为6.25万元/亩（折合93.75万元/hm²），鱼塘鱼苗补偿费为0.8万元/亩（折合12万元/hm²），农田水利设施补偿费为1.1万元/亩（折合16.5万元/hm²）。这使果林补偿费达到了32.65万元/亩（折合489.75万元/hm²）。

从果园保护区的保护历程看，对农业型战略性生态空间资源进行保护的重点在于农地发展权补偿。在建设用地快速扩张的都市区中，农地的生态功能已经大大超越了经济产出功能，农地的正外部性成为公共产品，根据公共产品理论，产权不清晰容易产生"搭便车"行为，导致市场失效，因而需要政府实行价格管制，争取将外部效益内部化，以形成有效的激励机制。但从目前过于依赖土地用途管制的政策看，把都市区农地保护的责任交给农民却不对其经济发展权进行补偿，是难以为继的，因为不能有效激励农民坚持"农地农用"的积极性，将产生租值消散，乃至管制失效。

目前在代价高昂的果林国有化模式下，昂贵的征地补偿费用反映了农业型战略性生态空间资源的区位价值。从地租理论角度看，60亿元的国有化成本可以看成是果树保护区正外部性所产出的生态地租。政府以公共财政购买的形式将农地的正外部效益内部化给产权所有者，是对农地发展权的补偿。

4　农业型战略性生态空间资源保护思路与方案

对果树保护区的探索对其他农业型战略性生态空间资源的保护具有积极意义。本文从发展权的视角，以广州流溪河水源保护区为例，阐述农业型战略性生态空间资源保护的思路。流溪河是广州境内的一条中小河流，在广州实现西江取水之前，其供水量曾经占广州自来水水源的75%，目前也还是城市水源保护区。白云区境内河段长55km，其流经的白云区北部四镇的13万亩（折合8666.67hm²）农用地被划为了基本农田，这些基本农田是在国家严格的城市水源保护和耕地保护政策下得以存续的战略性空间，因而是典型的农业型战略性生态空间资源（图2）。

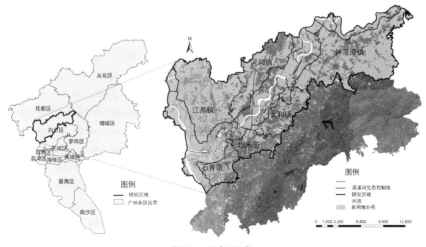

图2　研究区域

261

广州于 1998 年开始实行《广州市流溪河管理条例》（以下简称《条例》），对流溪河加强了流域管理。但从现状情况看，大规模的城乡建设用地扩张早已突破了相关规定，出现了政策管制失效的局面。据白云区城管执法分局的数据，白云区 2013 年第二季度查控违法建设专项行动共清拆违法建设 303 宗，面积达 248271m²。其中，流溪河流经的太和镇、钟落潭镇及人和镇的清拆违法建设宗数位居前三位，分别是 104 宗、128 宗和 30 宗。流溪河沿岸的农业型战略性生态空间资源面临着果树保护区在国有化之前的问题：农村违法建设屡禁不止，城市生态受到极大的压力（图 3）。

图 3　从农用地转为农村居民点用地及集体工业用地示意图

4.1　划定农业型战略性生态空间资源

外部边界如何协调农业型战略性生态空间资源面对的内外压力？通过上层次城市规划明确划定城市增长边界（建设用地）和生态保护界线（农用地），是很多城市共同的做法。许多大都市地区从 20 世纪 30 年代开始将绿化隔离带规划作为城市增长管理的重要手段，如莫斯科（1935）、伦敦（1938）、东京（1955）、北京（1958）和首尔（1971）等。尽管快速城市化导致绿化隔离带无法成功协调城市形态，但划定其外部边界则受到赞扬。以流溪河流域为例，以上层次规划《白云区三规合一规划》为基底，以"基本农田"为刚性控制边界，"一般农田"为弹性控制边界，以限制现状"城镇建设用地"的扩张。

广州增城区（2014 年撤市设区）从 2000 年以来，通过"政府主导、规划先行、生态补偿、城乡协调"形成差别化的南、中、北三大主体功能区，在发展经济的同时维护了城市生态环境（图 4）。其北部规划为都市农业与生态旅游圈，形成限制工业发展的都市农业与生态旅游区。中部是都市生活圈，形成文化产业区。南部发展先进制造业产业，形成重点开发的新型工业化区。同时，以实施财政转移支付制度及改变政绩考核方式来弥补北部地区发展效率损失的做法值得借鉴。①财政转移支付。从 2002 年起，每年从南部工业镇税收超收返还额中提取 10% 给北部山区镇，每个镇每年补贴不少于 300 万元，2006 年增加到 1000 万元，以此保障北部山区政府的正常运作和当地干部收入不低于全市的整体水平。②设立北部山区专项发展资金。从 2006 年起，市财政每年拿出 3000 万元

图 4　广州增城区的三大主体功能区划分图

用于反哺北部三镇，主要用于转移农民及各项社会事业建设，并且拨出专项资金，支持北部发展都市农业和建设生态旅游业的基础设施。③建立对生态公益林的补偿机制。逐年提高补贴标准，以提高农民保护和建设生态的积极性。④北部三镇税收市级留成部分全额返还，用于当地社会事业发展。⑤创新绩效评估和政绩考核机制。北部山区主要考核现代农业和现代服务业的产值，不考核工业产值，南部城镇重点考核工业产值，中部城镇重点考核现代服务业和工业产值。增城区的成功在于发展权补偿。

4.2 明确村庄发展用地和农地边界

在土地二元制度背景下，生态界线内农村的张力如何缓解？笔者认为，划定刚性的保护边界不能漠视农民的发展权。保护城市生态是政府的目标，但不构成农民的义务。如何通过落实发展权或者经济补偿对生态产品的提供者产生激励，需要探索。海珠区果树保护区"征而不转"的昂贵政策显然难以应用，以其标准对流溪河沿岸的 13 万亩（折合 8666.67hm²）基本农田进行补偿，公共财政需负担约 424 亿元，高昂的代价将使政府不堪重负。

或许广东省正在推行的"三旧"改造政策能为本地区生态保护带来突破，即在承认历史及现状的前提下，将土地利用第二次调查的用地现状作为依据，划定农村建设用地与农用地边界，在旧改中划出一定比例的集体经济发展用地，通过低效用地的集约、节约利用提高效益，解决农村经济持续发展的问题，适度补偿农地发展权的损失。以农村比较稳定的经济收入作为激励，换取农民对农地农用的积极性。

4.3 创新农业生产组织模式

在处理好城市建设用地、村庄建设用地及集体经济发展用地内外边界的前提下，农地的经营方式和农业生产组织模式也应得到更新。目前，家庭联产承包责任制下的农地细碎化是农地规模经营和效益提升的障碍，通过对白云区北部三镇 97 个行政村村民和 1100 个经济联社的问卷调查，61.98%的农户的种植面积小于 2 亩（折合 0.13hm²），可见土地细碎化非常严重。但是，本地的农户已基本不从事农业，从 2005-2011 年农户的收入结构看，农户来自打工的工资性收入逐年升高，2011 年达到了 59.34%，从事农业生产的家庭经营收入逐年下降，2011 年仅占 19.63%。大部分农户已不再依靠农业经营获得收入，即农民已经"脱农"，说明农地通过流转实现规模化经营存在可能。另外，54.98%的农户愿意将农地与其他农户的农地联合出租，但并不关心农地出租的对象，在问到"愿意将农地出租给谁"时，40.87%的农户选择"无所谓"，说明在农地对农户的生存保障功能大为减弱的背景下，大部分农户愿意将农地出租，都市区农地具有规模化经营的基础。

在都市边缘地区，农民自发推行农地出租的现象很普遍，但尚不能形成大规模流转，因而需要引导。可在农地产权股份化和给农民支付租金的前提下，探索以行政村或小组为单位，建立和完善土地股份合作制。同时，政府设立和完善各级农地流转平台，鼓励多种形式的土地流转制度（如入股、出租等形式），形成规模化的基础后，引入社会资本进行产业化经营。

首先，可以鼓励发展行业协会和合作组织，如通过完善农业专业合作社制度，提高农民的组织化程度，让农民具有对收益进行分配的自主权，提升农民收入。让组织起来的农民或投入资本的农业经营者也成为都市区农地保护的积极力量。其次，大都市区农地的生态功能和生活功能已大于其生产功能，都市中产阶级不断发展壮大，扩大了对休闲农业的需求，使农业功能的横向延伸成为可能。农业的业态出现新的变化，农业教育、农业创意、农业生产过程体验和乡村休闲度假旅游等将是都市区农业发展的方向，农民的工资性及财产性收入因而提高。

4.4 基于农地发展权的保护方案

首先，以"三规合一"中①的基本农田边界作为农业型战略性生态空间资源的刚性边界。一般农田为城乡建设用地扩张的缓冲地区，但考虑到快速城市化时期，城市扩张还需要一定的空间，一般农田地区是承载城乡建设用地扩张的主要空间，因此对于其建设规模和力度、项目类型和质量要严控，需进行年度计划和审批。其次，村庄发展用地需以集体工业用地和农村居民点用地为基础，但这两者中存在大量的违法用地，监督及执法成本过高，且难以恢复土地的原有面貌。违法原因复杂，既有农民对土地租金的主动追求，又有政府征地许诺的留用地难以落地，导致农民的主动转用。

作为激励机制，村庄发展用地的划定也宜结合违法用地的治理来进行。对位于农业型战略性生态空间资源以外，具有违法用地又持有未落实留用地的村庄，宜以还没落地的留用地换取相应的违法用地规模，使违法用地合法化，多余部分则收税；对于位于农业型战略性生态空间资源以内，具有大量违法用地的村庄，承认其部分违法用地，以作为其保留农业型战略性生态空间资源的补偿，换取其不再扩张的承诺；对于无留用地但有大量违法用地的村庄，承认其保有的违法用地合法化，但严令不准扩张，并出台措施，使其违法成本大于违法收益，且每年需从其违法用地收益中收取一部分收益返还位于农业型战略性生态空间资源内部无违法用地的村庄，作为对其农地发展权的补偿。

将部分违法用地合法化以解决留用地问题和换取违法用地不再扩张的承诺，或许是遏制违法用地持续扩张的有效方法。同时，构建不同性质村庄之间的利益共享机制，以补偿农业型战略性生态空间资源内部村庄农地发展权的损失（图5）。

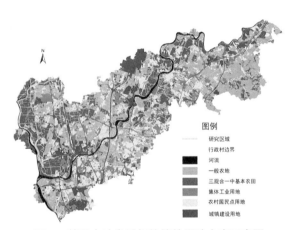

图例
————— 研究区域
　　　　行政村边界
河流
一般农地
三规合一中基本农田
集体工业用地
农村居民点用地
城镇建设用地

图5　基于农地发展权补偿的用地方案示意图

5　结语

本文通过回顾广州的城市生态保护历程及检讨主要模式的得失，认为农业型战略性生态空间资源除了和山林、水体一样被城市建设用地侵蚀，需要明确划定城市用地边界之外，还面临着村庄内部"主动性城市化"的张力，是城市生态保护的难点。

在土地二元制度背景下，保护城市生态需要考虑对农地的产权主体进行发展权补偿。基于此，本文提出了保护农业型战略性生态空间资源的一系列策略：为保护水源和基本农

---

① "三规"指城市总体规划、土地利用总体规划及国民经济和社会发展规划。

田，划定城市增长与生态农地保护的边界；为缓解农村主动城市化的张力，划定一定的农村发展用地作为补偿，以遏制农地的非法转用，以边缘区农地的发展权的协调来实现农业型战略性生态空间资源农地保护的帕累托最优，并通过农业生产组织方式和经营创新让农地经营者成为生态农地保护的主动力量。

参考文献

[1] 吴永娇，马海州，董锁成，等.城市化进程中生态环境响应模型研究——以西安为例 [J].地理科学，2009，(1)：64-70.

[2] 俞孔坚，王思思，李迪华，等.北京城市扩张的生态底线——基本生态系统服务及其安全格局 [J].城市规划，2010，(2)：19-24.

[3] 张俊凤，徐梦洁，郑华伟，等.城市扩张用地社会经济效益与生态环境效益动态关系研究——以南京市为例 [J].水土保持通报，2013，(3)：306-311.

[4] 张林波，李伟涛，王维，等.基于 GIS 的城市最小生态用地空间分析模型研究——以深圳市为例 [J].自然资源学报，2008，(1)：69-78.

[5] 张泉，叶兴平.城市生态规划研究动态与展望 [J].城市规划，2009，(7)：51-58.

[6] Study of Critical Environment Problem.Man's Impact on the Global Environment[M].Berlin：Spring-Verlag，1970.

[7] Rees W.Ecological Foot Prints and Appropriated Carrying Capacity：What Urban Economics Leaves out[J]. Environmental Urban，1992，(4)：121-130.

[8] 成升魁，谢高地，曹淑艳，等.中国生态足迹报告 [R].北京：中国环境与发展国际合作委员会，世界自然基金会，2008.

[9] Odum H T.Systems Ecology[M].New York：John Wiley & Sons，1983.

[10] 刘海龙，李迪华，韩西丽.生态基础设施概念及其研究进展综述 [J].城市规划，2005，(9)：70-75.

[11] 朱晓华，张贵祥.生态伦理的建构及其与可持续发展关系的探讨 [J].人文地理，2001，(3)：62-65.

[12] Geddes P.Citiesin Evolution[M].London：Harper & Row，1968.

[13] Mc HargI.Design with Nature[M].New York：John Wiley & SonsInc，1969.

[14] 刘东云，周波.景观规划的杰作——从"翡翠项圈"到新英格兰地区的绿色通道规划 [J].中国园林，2001，(3)：59-61.

[15] 李志刚，李郇.新时期珠三角城镇空间拓展的模式与动力机制分析 [J].规划师，2008，(12)：44-48.

[16] 方创琳.中国城市群形成发育的新格局及新趋向 [J].地理科学，2011，(9)：1025-1034.

[17] 顾朝林.城市群研究进展与展望 [J].地理研究，2011，(5)：771-784.

[18] 龚建周.快速城市化进程中广州城市生态安全的动态特征 [J].广州大学学报：自然科学版，2009，(1)：75-81.

[19] 吴玉琴，严茂超.广州城市代谢与土地利用变化指标评价 [J].地理研究，2011，(8)：1380-1390.

[20] 陈忠暖，刘燕婷，王滔滔，等.广州城市公园绿地投入与环境效益产出的分析——基于数据包络（DEA）方法的评价 [J].地理研究，2011，(5)：893-901.

[21] 马学广.大都市边缘区制度性生态空间的多元治理——政策网络的视角 [J].地理研究，2011，(7)：1215-1226.

[22] 李燕，司徒尚纪.从生态环境历史变迁看广州城市可持续发展 [J].城市开发，2000，(9)：21-31.

[23] 尔惟，周方杰，孟伟庆.生态保护与经济发展的"共赢"策略——以广州新客站地区为例 [C]// 规划创新：2010 中国城市规划年会论文集，2010.

[24] 马学广，王爱民，闫小培.城市空间重构进程中的土地利用冲突研究——以广州市为例 [J].人文地理，2010，(3)：72-77.

[25] 藏俊梅，王万茂.农地发展权的设定及其在中国农地保护中的运用——基于现行土地产权体系的制度创新 [J].中国土地科学，2007，(3)：44-50.

都市生态农地空间分布特征、类型及保护模式研究

——以广州市为例

1 快速城市化与农地生态功能显化

2000 年以来，中国的大城市特别是沿海大城市建设用地和人口规模迅速扩大，给生态保护带来压力，农用地逐渐成为城市生态保护的主要载体。长期以来，应如何将农村及农地有机融入城市系统，从城市整体功能上科学规划城市农用地，是学术界面临的新课题。

对城市农用地的布局研究，缘起霍华德的田园城市理论。其主张按一定比例将农用地配置于中心城区周边。杜能的农业区位论则揭示了农业不同行业因付租能力差异而形成的空间关系，这两个理论对探讨城市农用地合理布局产生深远影响。国内的部分规划实践，如南京的万亩良田计划、成都 198 规划、北京绿隔规划、深圳的基本生态控制线规划、广东的区域绿地规划等均为有益的探索。但是，无论是理论探讨还是国内外的规划实践，都偏重从形态上协调城市与区域间关系，并未解决形态背后的社会经济矛盾。在大都市地区，尽管农地还承担着部分农民生活和就业保障功能，但农地的生态功能已大大超越其经济功能，在"土地二元制度"背景下，如何协调都市生态农地保护与集体产权之间的矛盾，尚需研究。因此，有必要探讨"都市生态农地"的概念、特征、类型和保护模式，以期形成对都市生态农地规划的系统研究。

2 生态功能载体比较研究：都市地区农地生态功能并未引起学科重视

为科学界定"都市生态农地"概念，需对相关研究进行梳理。在中国知网数据库的"区域规划、城乡规划"领域内，分别以"绿化隔离带"、"区域绿地"、"都市农业"、"生态控制线"及"生态基础设施"等主题词进行检索，获得文献量如下："生态基础设施"292

（下接第 267 页）

（上接第 265 页）

[26] 杨小鹏. 北京市区绿化隔离地区政策回顾与实施问题 [J]. 城市与区域规划研究，2009，（1）：171-183.

[27] 谢欣梅，丁成日. 伦敦绿化带政策实施评价及其对北京的启示和建议 [J]. 城市发展研究，2012，（6）：46-53.

[28] 陈彩霞，蔡人群，陈升忠. 广州都市农业发展现状与对策 [J]. 广东农业科学，2012，（7）：184-187.

（本文合作作者：陈世栋。原文发表于《规划师》，2015 年第 1 期）

篇，"绿化隔离带" 232 篇，"都市农业" 122 篇，"区域绿地" 94 篇，"生态控制线" 38 篇。从文献特征看，中国空间规划界对于生态载体的关注始于对 "绿化隔离带" 的研究。方仁林在 1985 年发表于《城市规划》杂志一文《略论广州带形城市结构的规划》是为改革开放后中国生态空间载体研究的肇始。2000 年以前的研究不多，呈现断续和零星分布状态。2000 年以后，相关文献逐年增多。特别是对 "生态基础设施" 的研究，呈现逐级快速递增的趋势。"都市农业" 的研究始于 1990 年代末，尽管成果不多，但呈快速增长趋势，反映了学界对农业和城乡关系的思考逐渐增多。"区域绿地" 和 "生态控制线" 由于出现时间较短，发源地主要为广州和深圳，实践案例还不多，处于数量比较稳定，总体增长的状态（图 1）。

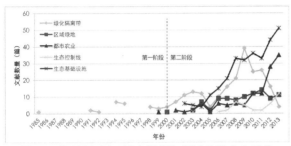

图 1　"区域规划、城乡规划" 领域几种生态载体的研究成果

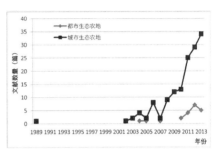

图 2　"区域规划、城乡规划" 领域的 "都市生态农地" 及 "城市生态农地" 研究成果

　　进一步地，以"都市生态农地"为主题词进行中英文扩展检索，获得的文献量为零，以"生态农地"加"都市"或"城市"为主题词进行检索，文献量也为零。考虑到"都市生态农地"并未成为学术界专有名词，但都市中农地的生态功能的研究，已有大量成果，为此，本文继续以 "农地" 和 "生态" 为主题进行检索，再以 "都市" 和 "城市" 主题词进行 "结果中检索"。从获得的文献看，对 "城市生态农地" 的研究早于 "都市生态农地"，这与城市化阶段相关，第一篇文献见 1989 年发表于《上海农学院学报》的文章《用生态与经济统一的观点指导 "城乡一体化" 建设》。整个 1990 年代并无相关文章发表，反映了该时期中国正处于快速城市化时期，城市大规模建设是主要任务，建设用地扩张并未导致城市生态紧张。进入 2000 年后，相关研究开始增多，表明快速城市化引起的生态问题逐渐得到关注，2007 年以来，成果逐年增多，基本与中国的大城市的空间重构同步。总之，国内相关学科对都市地区农地生态功能的研究重视不足，并未从生态功能深入研究农地作为都市生态保护载体的科学意义（图 2）。

3　都市生态农地的概念界定、内涵及意义

3.1　都市生态农地概念及内涵

　　本文所谓 "都市生态农地" 是指在都市系统中由农用地构成的生态性空间，一般仅限于都市区内，以较大规模和连片的空间形态融入都市功能组团。都市生态农地现状为农业用途并主要用于都市生态维护。其内涵包括以下几个部分，从区位上看，位于都市区内；从功能上看，主要起着生态维护的功能；从用地现状上看，主要是农业用途。

都市生态农地直接服务都市，是都市不可或缺的功能区。与乡村农地不同，都市生态农地主要以提供开敞空间和都市生态维护为主。长期以来，建成区周边农地不是被规划为城市发展备用地，就是规划缺失。农地是受到政策管制而存在的农业空间，面临城市过度扩张的蚕食，其存在的合理性并未引起足够重视，即便将其划为永久性生态用地，但因为并未对其社会经济等深层次问题配套足够政策，出现了即便划定边界，也难以保得住的现象。

3.2 都市生态农地特征

3.2.1 农业用途及集体产权特征

都市区中农地或者农保区受到国家严格的土地用途管制，维持着农地农用的现状。中国的《土地管理法》明确规定，城市土地为国家所有，农村土地为集体所有，因而大部分农用地是集体用地。空间快速城市化的代价是农地的快速减少，但在"双重二元"的土地使用制度下，城乡建设用地同步扩张，加上集体产权的模糊性造成的土地寻租是农地过度损失和生态紧张的主要原因。

3.2.2 外部性及公共产品特征

农地的社会及生态服务价值属于其正外部性，都市生态农地因而具有"公共产品"属性。由于国有产权在保护公共产品上具有最大的优势，而集体产权具有半私有产权特征，在产权的二元管制之下，导致了生态租值消散，需要加以保护。也正因外部性得不到市场反应，不能激励以效益最大化为目的的农户（理性经济人）保护农地的积极性，且农业比较利益低下，也进一步抑制了农民进行保护农地的积极性。

3.2.3 区位与功能差异特征

都市生态农地主要位于都市系统内部，并因区位差异而导致功能的差异。从区位来看，存在三种类别：一是位于核心建成区内的农地，被建成区包围或与之交错分布，这类都市生态农地尽管还是集体所有，但事实上已经承担着市政公园的功能，其农业形态也是都市性的，为维持生态公共产品的有效供给，极有可能从私有或半私有产权转化为国有产权；二是处于城乡结合部地区的农地，往往承担着郊野公园或者是城市菜篮子工程的功能，农业形态呈现郊区农业的特征，但面临着城乡建设用地同步扩张的侵蚀；三是处于城市中心区和外围组团之间的农地，其农业是大田农业或者郊区农业混合的模式，主要起生态隔离的作用。

3.3 研究意义：政府与市场双失效下农地的生态与经济功能协调

由于共有产权及外部性的存在，传统经济学理论已经不能很好的解释生态破坏或资源枯竭问题。特别是在中国特殊的产权管制之下，土地持有者基于不同功能价值差异而进行的土地利用安排对都市生态的影响还没建立完善的解释框架。

传统地租理论认为，在完全市场条件下，土地的经济地租与到城市中心区距离成反比，即从城市中心往外存在一条斜率向下的地租曲线 F（图 3a）。而在中国二元土地制度背景下，经济地租曲线存在分异，即存在国有建设用地的经济地租曲线 Fg（图 3b）和集体建

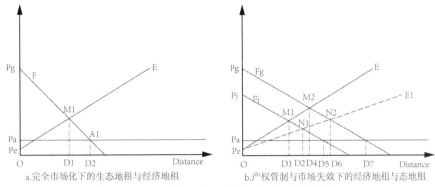

a.完全市场化下的生态地租与经济地租　　　　b.产权管制与市场失效下的经济地租与态地租

图3　市场、管制差异下土地的经济和生态地租

设用地的经济地租曲线FJ，由于国有产权的市场垄断性，其经济地租远远高于集体建设用地（Fg>F>FJ），即存在由产权管制而产生的租金（Fg-FJ），集体出于对管制租值的争夺，往往突破政策管制谋求农地转用。

　　土地的生态价值就是生态地租。每一地类均有生态产出，价值量各异，建设用地的生态价值量最低，森林、湿地、水体等相对较高，因而从城市中心往外土地生态价值量逐渐升高，即存在与城市中心成正比的生态地租曲线E。当城市生态需求弹性较低时，经济地租曲线F与农业地租曲线pa的交点就是城市建成区的最外部边界（图3a的D2）；当城市生态需求弹性较大时，经济地租曲线F与生态地租曲线E的交点为城市建成区的最外部边界（D1）。D1D2即为不考虑生态成本时的城市建设用地增量。但建设用地扩张的生态成本尚未纳入考核，导致不同主体通过侵占生态用地而获得经济租值，导致生态地租曲线E向右移动变成E1，即生态租值消散，使城市建设用地的边界扩张至D6，即不考虑生态成本情况下城市建设用地过度扩张，理论上，D1D6是国有和集体产权主体共同的寻租范围。学界认为政府的寻租是农地过度损失主因，但也认为农地过度性损失也支撑了中国的城市化奇迹，因而具有一定的合理性，但并未充分考虑集体及农民非法的农地转用行为导致的生态破坏。事实上，在都市区内，农村主动追求农地非农转用所导致的农地损失普遍存在，但学术并未进行系统研究。

　　寻租空间的存在一方面是因为政府对自己和集体或者农民的监督成本过大，另一方面是因为"市场失效"，刺激了不同产权主体非农转用，使得建设用地蔓延。政府与市场的双失效是土地的经济和生态功能难以协调的主要原因。因而，无论采取何种保护模式，均需对都市生态农地的产权、功能、区位、形态等要素结构进行研究，以利用不同的政策强度，构建保护的政策体系。

4　广州的实证

4.1　都市生态农地空间分布假设

　　资源的价格由资源的供需关系及稀缺程度决定，其在地理空间上的投影形成一定的空间分布关系。区位差异导致地租差异，也体现需求的差异。都市生态农地的空间类型由不同区位的生态需求及其供给能力决定。由于沿海大城市普遍进入了城市区域化阶段。因而，农地与建设用地关系也存在以下假设：从城市中心到外围，建设用地需求逐渐递减，生态用地需求也逐渐递减；城市中心区的生态压力大于外围地区。该假设有以下推论：城市核心建成区的生态需求最大；过渡区次之，但土地利用复杂，变化迅速；外围是城市中心区和外围组团之间的生态屏障，即为避免城市建成区扩大带来的规模不经济而必须存在的生态屏障。据此推测都市生态农地在空间上可能存在着圈层结构。

为证实以上假设，本文以2009年广州市土地利用二调数据库为依据，以镇街为基本空间单元，基于GIS平台提取广州市域农地，求取每个镇街的农地丰度（反映不同区位的生态需求）。以珠江新城（CBD，地价最高，生态需求最大）为广州的城市中心珠江新城到连片建成区的最大距离（白云区均禾街道）为半径（R=15000m）标准，分别进行圈层缓冲分析，发现中心往外三个圈层基本代表了广州的城市区域化范围，结果如图4、图5所示。

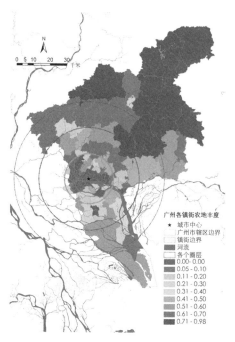

图4　广州都市生态农地空间分布

4.2　广州都市生态农地空间分布特征及类型

4.2.1　总体特征及类型

从广州农地分布与建成区的关系及各镇街农地丰度来看，主要特征如下：①农地空间分布与广州城市结构一致，也即从城市中心往外围，各镇街农地比例逐渐增高；②从全域的角度看，呈现"中心城区－过渡区－外围组团"这样的格局。根据各镇街农地到城市中心的距离，将广州都市生态农地划分为三大圈层，每个圈层的功能、价值与作用程度有所差别。

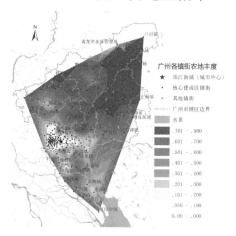

图5　广州都市生态农地空间分布

核心圈层：传统老城区越秀和荔湾已全部是建成区，并无农地分布，而靠近传统老城区的天河区东部、海珠区西北部、白云区西南部和黄浦区东部部分镇街也已无农地。这些区域构成了广州连片建成区的核心。农地处于被建成区包围或临近，受到城市扩张强烈影响，农地因基本农田保护政策、水源保护区政策及生态敏感区政策等刚性政策而存在，才免于被城市建成区完全侵蚀，如广州市海珠区东南部的万亩果园、白云区的白云山、天河区北部的基本农田。这些农地对于城市生态而言，具有重要意义，这些农地已经基本属于城市一部分，其功能相当于城市市政公园。这一圈层基本与广州老城区的范围一致。

过渡圈层：这一圈层基本与广州的都会区的空间范围相当，北至白云区北部边界，南至沙湾水道，基本把广州白云机场空港组团、黄埔区、番禺区纳入，从农地丰度看，北部大于南部。过渡圈层位于城市建成区过渡地带，受核心圈层建成区扩张影响，在广州功能外拓作用下，原来各自独立发展的组团如花都、番禺、黄埔东部、增城西部等逐渐出现相连的趋势，内部物质流动加快，逐渐形成一个整体。但在这个圈层内，尚存在大量过渡性的农地，也受到侵蚀，从长远来，这些农地在约束城市蔓延，塑造城市形态、提供开敞空间上具有直接的作用。

外围圈层：这一圈层基本把花都区北部、南沙区（沙湾水道以南横沥镇以北部分）及增城（中部及南部板块）纳入。是都会区与外围组团之间绿隔，主要起着优化市域空间结构的作用，是城市郊野公园、市民短途旅游的去处。

外围圈层以外的农地如从化和增城东部，是都市生态农地向乡村农地过渡的地带，从生态价值上判别，不属于都市生态农地的范围。以上都市农地空间分布关系较好的验证了假设。

区位是体现空间供求关系的因子，而农地丰度是体现稀缺程度的因子，可以不同空间单元区位及丰度对农地生态价值进行测度。从空间上看，核心建成区内农地的生态价值无疑最高，城市过渡区次之，外围区域最小。据此，参考诺瑟姆的城市化水平的测度，将都市生态农地按其价值分为三大类共十二级（表1）。

广州市都市生态农地分类及分级　　　　　　　　　　　　表1

类别	级别	功能	农地丰度	主要镇街	面积（km²）	占比（%）
第一类（核心圈层）	一级	市政公园	<30%	南洲街道、华州街道、官洲街道、长洲街道、金沙街、京溪街、元岗街道、长兴街道、大沙街道（西部）、黄埔街道、均禾街、洛浦街、大石街、石井街	43.18	1.13
	二级		30%-50%	中南街道、海龙街道、龙洞街道、南村镇、钟村街道、永平街道	38.67	1.01
	三级		50%-70%	同和街、石壁街、联和街道、新造镇、华州街道、化龙镇、凤凰街道	118.02	3.09
	四级		>70%	太和镇（南部）	172.06	4.51
第二类（过渡圈层）	一级	郊野公园、菜篮子基地	<30%	桥南街道、大龙街道、南岗街道、大沙街道(东部)、文冲街道、穗东街道、红山街道、东区街、雅瑶镇、石井街、均禾街	73.80	1.93
	二级		30%-50%	钟村街道、沙头街道、沙湾街道、南村街道（南部）、石楼街、新塘（西部）、永和街道、人和镇、海龙街道（西部）、中南街道（西部）	279.87	7.34
	三级		50%-70%	石壁街道、石基镇、化龙镇、新造镇、联合街道（东部）、钟落潭镇、江高镇	400.56	10.50
	四级		>70%	萝岗镇、永和街道、太和镇（北部）、刘龙镇（西部）	577.06	15.13
第三类（外围圈层）	一级	生态隔离带	<30%	新华镇、雅瑶镇、南沙街道、黄阁镇	63.90	1.68
	二级		30%-50%	人和镇、新塘镇（东部）、石楼镇	210.90	5.53
	三级		50%-70%	荔城街（西部）、榄核镇、石滩镇（西部）、东涌镇、大岗镇、横沥镇、江高镇、钟落潭镇	562.37	14.74
	四级		>70%	梯面镇、中新镇、朱村街道、九龙街道、太平街道、花东镇、赤坭镇、炭步镇、花山镇、狮岭镇	1274.19	33.40

4.2.2 都市生态农地的空间分布曲线

（1）东西向（珠江前航道），都市生态农地价值核心区

珠江前航道东西方向是广州建成区核心地带。主要范围为西起大坦沙,东至黄埔文冲,跨度为20km,基本上都是建设用地。这一圈层对建设用地需求大,生态紧张,农地丰度基本为零,供给不足,农地生态价值最高。东部的黄埔文冲和增城新塘之间为过渡圈层（都市区圈层）的农地,比例小于20.00%,这一圈层是城市建成区的过渡地带,主要作用是预防建成区的蔓延作用。增城新塘往东为外围圈层,农地较多,丰度大致为20%至40%,这一圈层农地主要起着都市区与外围组团之间的生态屏障作用（图6）。

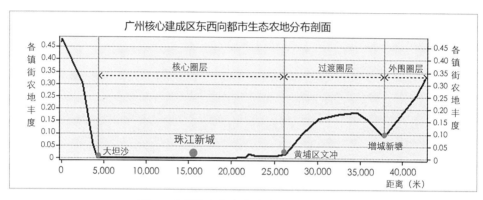

图6　广州都市生态农地（西–东）剖面

（2）北南向（花都至南沙）,中心城区和南北组团

三大圈层南北跨度约100km。呈现"花都–广州都会区–南沙"这样的"中心城区+外围组团"的空间结构。从南北向剖面来看,都市生态农地与城市建成区及外围组团之间呈现多个波峰与波谷交错分布状态（图7）。以珠江新城为城市中心,往北分别存在白云山、流溪河沿岸及花都北部等都市生态农地的峰值点。往南则分别是万亩果园、番禺区东部、沙湾水道以南传统桑基鱼塘地区,分别位于核心圈层、过渡圈层及外围圈层,而万顷沙地区则不属于都市生态农地范围。

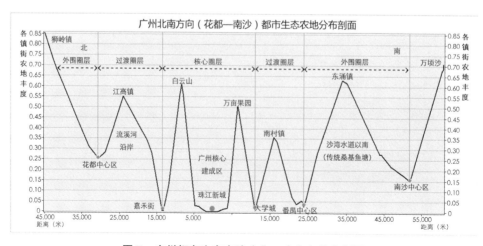

图7　广州都市生态农地（北–南）向分布剖面

4.3 不同圈层已有保护模式探讨

不同区位的都市生态农地因面临的保护压力不同，其保护模式也不同。广州对于核心圈层及外围圈层都市生态农地保护已经有比较成功的经验，而过度圈层由于处于城乡交互作用较为剧烈的地带，除用途管制政策外，还未有成功的措施。

4.3.1 核心圈层：万亩果园的国有化模式

广州核心圈层面积共 371.83km²，其中，一级都市生态农地，也即农地丰度小于 30% 的部分，面积为 43.18km²，占 1.1%，是生态价值最高的部分。主要集中成片的是广州海珠区果树保护区，位于中心城区东南部，有广州"南肺"之誉，与白云山共同构成广州主城区的南北两大生态屏障。

20 世纪 90 年代后期，果树保护区持续受到房地产及镇村工业用地扩张的侵蚀。面积从 1980 年代的 5 至 6 万亩下降到目前的 1.8 万亩，呈现明显的"城进绿退"特征。1999 年，政府基于城市生态安全的考虑，划定 28.37km² 为果树保护区，并将果林划为基本农田保护区，进行严格管控，但缺乏对农民的经济补偿，虽划定了保护边界，但也难以保护。为此，政府不断探索适合的管理方式：

从 1998 年开始，政府推出租地公园化模式，但因财政负担大而失败；2004 年的"腾笼换鸟"模式，将生产空间、生活空间、生态空间相互隔离，在果树保护区外围划定村社经济发展用地，居民也全部外迁安置，旧村改造成文化创意产业园区，部分愿意务农村民可以转变为农业工人，但由于成本过大没有推行。

2012 年，国土资源部批准了广州市提出的果树保护区"只征不转"模式，即对城市规划区内成片用于生态和农业用途的非建设用地根据法定权限收为国有，但不改变其原有用途，不占用城市建设用地规模和年度土地利用计划指标。广州市区两级财政以 60 亿元对果林地进行国有化，并将 10% 的建设用地指标返还给村集体作为经济发展留用地，这一模式在全国尚属首次。目的是彻底杜绝屡禁不绝的违建问题，但财政代价高昂：征地的土地补偿费为 24.5 万/亩，青苗补偿费为 6.25 万/亩，鱼塘鱼苗补偿费为 0.8 万/亩，农田水利设施补偿费为 1.1 万/亩，总计达 32.65 万元/亩。代价高昂国有化模式体现了都市生态农地的区位价值。从地租理论角度看，60 亿人民币的国有化成本是果树保护区生态产出租值。政府以公共财政的形式将农地的正外部效益内部化给产权所有者，是对农地发展权的补偿。对于核心圈层的都市生态农地而言，由于其规模较小、生态区位价值高，通过较大代价国有化的方式来清晰产权是可行的方式之一。

4.3.2 外围圈层：增城的片区协调

外围圈层都市生态农地主要位于广州都会区与外围组团之间，广州增城部分农地处于外围圈层，其保护的措施值得借鉴。自 2000 年以来，广州增城区（2014 年撤市设区）通过"政府主导、规划先行、生态补偿、城乡协调"形成南中北"三大主体功能区"，发展经济的同时维护了城市生态。其北部规划为都市农业与生态旅游圈，形成限制工业发展的都市农业与生态旅游区。中部是都市生活圈，形成文化产业。南部发展先进制造业，是重点开发的新型工业化区。同时，以南部向北部财政转移支付及改变政绩考核方式来弥补北部发展效率的损失。

（1）从 2002 年起，每年从南部工业镇税收超收返还额中提取 10% 给北部山区镇，每个镇每年补贴不少于 300 万元，2006 年增加到 1000 万元，保障北部山区政府正常运作和当地干部收入不低于全市的整体水平。

（2）设立北部山区专项发展资金。从 2006 年起，市财政每年拿出 3000 万元用于反哺北部三镇，主要用于农民及各项社会事业建设，并且拨出专项资金，支持北部发展都市农业和生态旅游业的基础设施。

（3）建立对生态公益林的补偿机制。逐年提高标准，以提高农民积极性。

（4）北部三镇税收市级留成全额还返，用于当地社会事业发展。

（5）创新绩效评估和政绩考核机制。北部山区主要考核现代农业现代服务业的产值，不考核工业产值，南部城镇重点考核工业产值，中部城镇重点考核现代服务业和工业产值。增城的成功在于发展权的区域协调，是外围圈层可探讨的模式之一。

4.3.3 过渡圈层：可设置农地发展权

过渡圈层处于都市过渡地带，是城乡交互作用最剧烈的地区，农村集体具有较大的自我发展冲动，农村集体的违规转用对农地保护构成巨大挑战。过渡圈层都市生态农地面积较大，不能像核心圈层那样通过国有化进行保护，因为公共财政负担巨大。也不能像外围圈层那样，仅仅通过区域协调模式进行，因为面临大规模农地转用的局面，其保护模式比较复杂。

典型如广州市白云区的流溪河地区，该地区是广州传统的水源保护区，2013 年，基本农田达到 13 万亩，如以万亩果园"只征不转"模式进行保护，需要公共财政负担 424 亿元，成本过巨。如果只以区域协调模式进行保护，又难以平抑乡村的发展冲动。

发达国家比较成熟的农地发展权制度值得尝试。一方面，参考世界上许多大都市地区的做法，通过上层次规划明确划定城市增长边界（建设用地）和生态保护界线（农用地）；其次，将土地利用第二次调查的用地现状作为依据，划定城市建设用地与农用地边界，在旧改中划出一定比例的集体经济发展用地，通过低效用地集约节约利用提高效益，解决农村经济持续的发展问题，适度补偿农地发展权的损失。以农村比较稳定的经济收入作为激励，换取其对农地农用的积极性。

5 结论与讨论

将农地及农村纳入城市是统筹城乡发展的新使命，都市生态农地是都市不可或缺的功能区，应有明确的地位。本文在城乡二元走向城乡一体背景下，在相关学科中引入都市生态农地概念，丰富了学科内涵。

通过对广州的实证，本文验证了在快速城市化地区，都市生态农地空间上存在典型的圈层分布模式。进一步根据农地丰度和区位表征的供求关系性将都市生态农地划分为三类，每类四个级别，共十二个级别，以求为不同区域都市生态农地保护政策的制定提供借鉴。不同圈层都市生态农地的资源禀赋、功能需求及生态价值不同，其保护模式也应有所区别，以激励产权持有者对生态保护的积极性，在划定刚性的边界后，激励措施必不可少，但应存在程度上的差别，对于核心圈层，农地规模不大，面临的侵蚀强度最大，因此可通过国有化明晰产权边界，并对农民实施较高程度的补偿；对于外围圈层，由于农地规模大，面临的保护压力较小，可通过区域协调机制完成对农地的保护；但对于过渡圈层，由于面临城乡建设用地同步侵蚀的困境，特别是防止来自农村集体的侵蚀至为重要，从长远来看，农地发展权是可以尝试的方向。

参考文献

[1] 冯健，周一星．中国城市内部空间结构研究进展与展望 [J]．地理科学进展，2003，（03）：204-215．

[2] 邢兰芹，王慧，曹明明．1990 年代以来西安城市居住空间重构与分异 [J]．城市规划，2004，（06）：68-73．

[3] 郑国，邱士可．转型期开发区发展与城市空间重构——以北京市为例 [J]．地域研究与开发，2005，（06）：39-42．

[4] 刘艳军，李诚固，孙迪．城市区域空间结构：系统演化及驱动机制 [J]．城市规划学刊，2006，（06）：73-78．

[5] 冯健，刘玉．转型期中国城市内部空间重构：特征、模式与机制 [J]．地理科学进展，2007，（04）：93-106．

[6] 张京祥，吴缚龙，马润潮．体制转型与中国城市空间重构——建立一种空间演化的制度分析框架 [J]．城市规划，2008，（06）：55-60．

[7] 吕卫国，陈雯．制造业企业区位选择与南京城市空间重构 [J]．地理学报，2009，（02）：142-152．

[8] 柴彦威，张艳，刘志林．职住分离的空间差异性及其影响因素研究 [J]．地理学报，2011，（02）：157-166．

[9] 郑文晖．转型期中国城市区域化发展特点与机制探析 [J]．特区经济，2011，（12）：16-18．

[10] 叶林．将近郊农用地纳入城市规划安排的思考 [J]．西部人居环境学刊，2013，（03）：56-61．

[11] 孙艺冰，张玉坤；国外城市与农业关系的演变及发展历程研究 [J]．城市规划学刊，2013，（05）：15-21．

[12] 高宁，华晨．城市与农业关系问题研究——规划学科新的理论增长点 [J]．城市发展研究，2013，（12）：39-44．

[13] 埃比尼泽·霍华德．金经元译．明日的田园城市 [M]．北京：商务印书馆，2000．

[14] 罗长海．都市农业及其空间结构 [J]．安徽农业科学，2009，37，（34）：17102-17103．

[15] 刘洁，吴仁海．城市生态规划的回顾与展望 [J]．生态学杂志，2003，22（5）：118-122．

[16] 赵继龙，陈有川，牟武昌．城市农业研究回顾与展望 [J]．城市发展研究，2011，18（10）：57-63．

[17] 赵小凤，黄贤金．基于城乡统筹的农村土地综合整治研究——以南京市靖安街道"万顷良田建设"为例 [J]．长江流域资源与环境，2013，（2）：158-163．

[18] 段瑜，王珏．多样性湿地景观的成都实践——以成都 198 环城湿地公园案例区景观规划为例 [J]．城市道桥与防洪，2012，（12）：186-188．

[19] 吴纳维．北京绿隔产业用地规划实施现状问题与对策——以朝阳区为例 [J]．城市规划，2014，（2）：76-84．

[20] 盛鸣．从规划编制到政策设计：深圳市基本生态控制线的实证研究与思考 [J]．城市规划学刊，2010，（12）：48-53．

[21] 彭青，潘峰．区域绿地的空间管理体制研究——以珠江三角洲为例 [J]．规划师，2011，（7）：76-83．

[22] 彭开丽，彭可茂，席利卿．中国各省份农地资源价值量估算——基于对农地功能和价值分类的分析 [J]．资源科学，2012，34，（12）：2224-2233．

[23] 曲福田，冯淑怡，诸培新．制度安排——价格机制与农地非农化研究 [J]．经济学（季刊），2004，（01）：229-247．

[24] 郭贯成，吴群．农地资源不同价值属性的产权结构设计实证 [J]．中国人口·资源与环境，2010，20，（4）：144-147．

[25] 王军，严慎纯，白中科，余莉，郭义强．土地整理的景观格局与生态效应研究综述 [J]．中国土地科学，2012，26（9）：87-94．

[26] 方仁林．略论广州带形城市结构的规划 [J]．城市规划，1985，（02）：29-32．

[27] 黄烈佳．城乡生态经济交错区农地城市流转决策博弈研究 [J]．长江流域资源与环境，2006，（06）：718-722．

[28] 李晓云，张安录．城乡生态经济交错区农地城市流转 PSR 机理与政府决策探讨 [J]．中国土地科学，2003，（05）：9-13．

[29] 闫捷，张安录．大连市农地利用中的生态问题探讨 [J]．水土保持研究，2006，（03）：60-62.

[30] 张安录．城乡生态经济交错区农地城市流转机制与制度创新 [J]．中国农村经济，1999，（07）：43-49.

[31] 姚振贤．用生态与经济统一的观点指导"城乡一体化"建设 [J]．上海农学院学报，1989，（02）：113-114.

[32] 谢欣梅，丁成日．伦敦绿化带政策实施评价及其对北京的启示和建议 [J]．城市发展研究，2012，（06）：46-53.

[33] 陈忠暖，刘燕婷，王滔滔，吕逸宏．广州城市公园绿地投入与环境效益产出的分析——基于数据包络（DEA）方法的评价 [J]．地理研究，2011，（5）：893-901.

[34] 龚建周．快速城市化进程中广州城市生态安全的动态特征 [J]．广州大学学报自然科学版，2009，（1）：75-81.

[35] 马学广，王爱民，闫小培．城市空间重构进程中的土地利用冲突研究——以广州市为例 [J]．人文地理，2010，（3）：72-77.

[36] 黄国桢，刘春燕，徐浩，王航，周培．城市功能区视角下的都市农区研究 [J]．中国农学通报，2013，（05）：103-108.

[37] 达良俊，李丽娜，李万莲，等．城市生态敏感区定义、类型与应用实例 [J]．华东师范大学学报：自然科学版，2004，（2）：97-103.

[38] 句荣辉，赵晨霞．关于发展都市农业的思考 [J]．中国农学通报，2007，23（7）：630-634.

[39] 章浩，王全辉．日本都市农业发展研究综述 [J]．中国农学通报，2009，25（23）：523-527.

[40] 洪世键，张京祥．土地使用制度改革背景下中国城市空间扩展：一个理论分析框架 [J]．城市规划学刊，2009，（03）：89-94.

[41] 李裕瑞，刘彦随，龙花楼．中国农村人口与农村居民点用地的时空变化 [J]．自然资源学报，2010，（25 10）：1629-1638.

[42] 张俊凤徐，郑华伟，刘友兆．城市扩张用地社会经济效益与生态环境效益动态关系研究——以南京市为例 [J]．水土保持通报，2013，（03）：306-311.

[43] 孙海兵，张安录．农地外部效益保护研究 [J]．中国土地科学．2006，（3）：9-13.

[44] 张卫东，童睿．租值消散理论述评 [J]．江西师范大学学报（哲学社会科学版）．2005，（5）：44-48.

[45] 聂鑫，汪晗，张安录．基本农田开发管制农户损益估算及影响因子分析——以武汉市江夏区五里界镇 161 户农户调查为例 [J]．资源科学．2013，35（2）：396-404.

[46] 钱忠好．农地保护：市场失灵与政策失灵 [J]．农业经济问题．2003，（10）：14-19.

[47] 谭荣，曲福田．中国农地非农化与农地资源保护：从两难到双赢 [J]．管理世界，2006，（12）：50-60.

[48] 曲福田，吴丽梅．经济增长与耕地非农化的库兹涅茨曲线假说及验证 [J]．资源科学．2004，（5）：61-67.

[49] 田洁，刘晓虹，贾进．崔毅．都市农业与城市绿色空间的有机契合——城乡空间统筹的规划探索 [J]．城市规划，2006，（10）：32-35.

[50] 陈明星，陆大道，张华．中国城市化水平的综合测度及其动力因子分析 [J]．地理学报，2009，（04）：387-398.

（本文合作作者：陈世栋。原文发表于《自然资源学报》，2015 年第 10 期）

生态足迹视角下的区域生态规划研究

——以九江市为例

1 生态足迹理论与区域生态规划

生态足迹理论是由加拿大生态经济学家 William Rees 于 1992 年提出，并于 1996 年在他的学生 Wackernagel M 的协助下发展和量化了生态足迹模型。生态足迹概念和模型一经提出，由于其作为测度发展可持续状态的定量评估方法，受到学术界的广泛关注。生态足迹方法于 1999 年引入我国，部分学者系统地介绍了生态足迹分析方法的理论框架、指标体系和计算模型，并采用生态足迹的理论与方法对我国西部地区进行了大量实证研究。

区域生态规划是针对近些年日益严重的区域生态环境问题，提出的生态安全格局、资源合理开发利用、环境保护和生态建设策略。其遵循系统整体优化原理，综合考虑规划区域内城乡生态系统和自然生态系统的相互作用和动态过程，既是城市规划与环境规划之间的紧密联系桥梁，也是促进区域经济与环境协调发展的战略决策的一种重要实现手段。

改革开放以来，我国经济持续高速增长，城市化水平大幅提高，但区域生态安全却面临着越来越严峻的挑战。生态足迹理论为我们提供了衡量和评价区域可持续发展能力的理论和方法，区域生态规划则提供了分析和解决生态环境问题的手段和途径。生态足迹方法有着科学的理论基础和评价体系，可以从定量的角度对研究区域生态现状在不同尺度上进行分析和比较，将生态足迹理论应用于区域生态规划，对区域生态规划方法的完善提供了新的视角和有益的补充。

1.1 生态足迹理论

1.1.1 生态足迹的计算

生态足迹的定义为：在一定的技术和经济条件下，能够持续地向一定人口提供他们所消耗的所有资源和消纳他们所产生的所有废物的土地和水体的总面积。

生态足迹是生产一定区域内人口所消费的所有资源和吸纳这些人口所产生的所有废弃物所需要的生物生产总面积（包括陆地和水域）。其计算公式为：

$$EF=N \times ef=N \times r_j \times \Sigma(aa_i)=N \times r_j \times \Sigma(c_i/p_i) \tag{1}$$

（1）式中，EF 为总的生态足迹；N 为人口数；ef 为人均生态足迹；c_i 为 i 种商品的人均消费量；p_i 为 i 种消费商品的平均生产能力；aa_i 为人均 i 种交易商品折算的生物生产面积；i 为消费商品和投入的类型；r_j 为均衡因子；j 为生物生产性土地类型。根据生产力大小的差异，生态足迹分析法将地球表面的生物生产性土地分为 6 大类进行核算：化石能源用地、耕地、牧草地、林地、建筑用地、水域。

1.1.2　生态承载力计算

生态足迹供给（生态承载力）计算公式：

$$EF=N\times ef=N\times \Sigma a_j\times r_j\times y_j；j=1, 2, 3, \cdots, 6 \qquad (2)$$

（2）式中，EC 为区域总生态承载力；N 为人口数；ec 为人均生态承载力（hm²/人）；a_j 为人均生物生产面积；r_j 为均衡因子；y_j 为产量因子。

$y_j=\dfrac{y_{1j}}{y_{wj}}$，$y_{1j}$ 指某国家或区域的 j 类土地的平均生产力，y_{wj} 指 j 类土地的世界平均生产力。

生态足迹理论从需求面计算生态足迹的大小，从供给面计算生态承载力的大小，通过对二者的比较来评价对象的可持续发展状况。

1.2　生态足迹在区域生态规划中的应用

生态足迹理论有统一的评价指标体系，可以在不同空间尺度上进行横向比较，如区域、全国乃至全球范围。通过对研究区域历年生态足迹的比较，可以对该区域时间尺度上进行纵向比较，把握生态的动态变化。生态足迹理论为区域生态规划提供了研究的新视角，通过和生态规划原有内容的结合，可以识别和衡量研究区域的可持续发展状态、建构区域的生态空间体系以及制定区域生态规划导则和建设策略。（图1）

图 1　生态足迹理论在区域生态规划的应用

1.2.1　生态足迹理论在生态评价中的应用

生态足迹理论中生态承载力的计算可以对研究区域的生态基底有所认识和了解，为生态现状评价提供了前提和基础。生态足迹理论中耕地、牧草地、林地、水域 4 类生物生产性土地类型，是生态适宜性评价、生态系统敏感性评价以及生态系统服务功能重要性评价的重要考虑因子；化石能源用地、建筑用地则是产业结构评价的重要方面。

1.2.2　生态足迹理论在过程分析中的应用

通过历年生态足迹的计算，可以把握研究区域的生态的动态变化情况，为生态过程分析提供了定量的分析指标体系。生态承载力盈余（赤字）的上升／下降趋势，可以和区域内重要生态敏感区的生态过程分析相结合，成为区域生态动态变化的重要指标。

1.2.3 生态足迹理论在生态规划中的应用

生态足迹的计算结果是判断生态发展阶段和可持续发展能力的重要依据，同时又为生态规划的方向和目标（生态功能区划、生态安全格局规划）提供了控制依据；为规划方案的生态效果预测与比较分析（不同生态保护等级的控制规划）提供了评判依据；为生态安全措施研究（生态安全体系建立、生态建设策略）提供了制定依据。

生态足迹理论不仅可以分析可持续发展进程、明确可持续发展状态，还可以明确区域一定人口的消费对环境产生的后果以及与可持续发展相关的重要资源问题。结合生态足迹理论中的一系列指标，可以在生态规划中提出相对应的建设策略，减少生态足迹，增强可持续发展能力。

2 研究区域的生态足迹计算

2.1 区域研究背景

九江市位于江西省北部，京九铁路中段，长江南岸，地处赣、鄂、湘、皖四省交界，市域地理坐标为北纬28°47′-30°06′，东经113°57′-116°53′，全境东西长270km，南北宽140km，总面积1.88万km²，占江西省国土总面积的11.3%。2005年，九江市户籍人口466.2万人，其中城市人口122.83万人，农村人口343.37万人。九江是长江黄金水道沿岸十大港口城市之一，是江西省唯一的沿江对外开放和外贸港口城市，是重要的工业、商贸和旅游城市。

2.2 生态足迹计算

人类的生产、生活消费由两部分组成：生物资源及能源的消费。生物资源可分为农产品、动物产品、水果和木材等几类。能源消费主要涉及如下几种：煤、焦炭、燃料油、原油、汽油、柴油和电力。能源消费量转化为化石燃料生产土地面积时，采用世界上单位化石燃料生产土地面积的平均发热量为标准，将当地能源消费所消耗的热量折算成一定的化石燃料土地面积。

根据生态足迹的计算公式将生物资源和能源消费转化为提供这类消费所需的生物生产性土地面积，结果见表1、表2。

2005年九江市生态足迹的需求及供给的计算结果见表3。生态足迹的需求部分来自于表1和表2的计算汇总，其中均衡因子的选取来自世界平均产量资料的研究报告。而生态足迹的供给则反映九江本地的资源供给能力，本研究采用的产量因子，考虑到九江市的自然基础特征，取Wackernagel文献中计算中国生态足迹时的产出因子取值的2倍，在计算九江生态足迹的供给时扣除了12%的生物多样性保护面积。

通过上面计算，九江市2005年的人均生态足迹为2.15hm²，而当地人均生态承载力为0.52hm²，人均生态赤字达1.63hm²。

九江市 2005 年生物资源消费生态足迹　　　　　表 1

生物资源	全球平均产量（kg/hm²）	城市居民消费量（t）	农村居民消费量（t）	总消费量（t）	总生态足迹（hm²/capita）	人均生态足迹（hm²）
粮食	2744	103066653	676988292	780054945	284276.58	0.0610
油脂类	431	18547330	14799247	33346577	77370.25	0.0166
鲜菜	18000	116749915	361911980	478661895	26592.33	0.0057
猪肉	74	28938748	51780196	80718944	1090796.54	0.2340
牛羊肉	33	1498526	377707	1876233	56855.55	0.0122
鲜蛋	400	8205044	9717371	17922415	44806.04	0.0096
肉禽类	764	7959384	3880081	11839465	15496.68	0.0033
水产品	29	14923845	19228720	34152565	1177674.66	0.2526
食糖	4997	2579430	3605385	6184815	1237.71	0.0003
鲜瓜果	18000	32169177	26714186	58883363	3271.30	0.0007
鲜乳品	502	14985260	2128894	17114154	34091.94	0.0073
木材	1.99	—	—	191400	96180.90	0.0206

资料来源：九江市 2005 年统计年鉴。

九江市 2005 年能源消费生态足迹　　　　　表 2

能源类型	消费量（t 标准煤）	折算系数（GJ/T）	人均消费量（GJ）	全球平均能源足迹（GJ/hm²）	人均生态足迹（hm²/capita）	生物生产性土地类型
原煤	3826078.66	20.93	17.1804	55	0.312371	化石燃料土地
焦炭	34526.47	28.47	0.2108	55	0.003834	化石燃料土地
原油	5257445.15	41.87	47.2155	93	0.507694	化石燃料土地
汽油	3213.54	43.12	0.0297	93	0.000320	化石燃料土地
煤油	57.38	43.12	0.0005	93	0.000006	化石燃料土地
柴油	55001.15	42.71	0.5038	93	0.005417	化石燃料土地
燃料油	102372.05	50.20	1.1023	71	02015526	化石燃料土地
液化石油气	3557.17	50.20	0.0383	71	0.000539	化石燃料土地
天然气	841092.00	38.98	7.0322	93	0.075615	化石燃料土地
其他石油制品	455643.37	41.87	4.0920	93	0.044000	化石燃料土地
电力	378182.21	11.84	0.9605	1000	0.000960	建筑用地
其他能源	38.00	36.19	0.0003	71	0.000004	化石燃料土地

资料来源：九江市 2005 年统计年鉴。

表3のタイトル

	生态足迹的需求				生态足迹的供给		
土地类型	人均面积 （hm²）	人均因子	均衡面积 （hm²）	土地类型	人均面积 （hm²）	人均因子	均衡面积 （hm²）
耕地	0.3182	2.8	0.8910	耕地	0.0635	2.24	0.1422
草地	0.2446	0.5	0.1223	草地	0.0234	3.29	0.0770
林地	0.0206	1.1	0.0227	林地	0.2066	1.2	0.2479
建筑面积	0.0010	2.8	0.0027	建筑面积	0.0263	2.24	0.0589
水域	0.2526	0.2	0.0505	水域	0.0672	1	0.0672
化石燃料	0.9653	1.1	1.0619	CO_2吸收	0	0	0
总生态足迹			2.1511	总供给面积			0.5932
				生物多样性保护			0.0712
				总生态承载力			0.5221

九江市 2005 年生态足迹的需求与供给　　　　表 3

土地利用现状来源：九江市 2005 年遥感影像解释。

生态适宜性评价因子的选取　　　　表 4

目标层	准则层	指标层
生态适宜性	生态服务功能	水源地、湿地、湖泊水面、自然保护区、风景名胜区、历史文化遗迹
	生态易损性	高程、坡度、水网密度、基本农田保护区、洪涝灾害、地质灾害

3　生态足迹在九江市域生态规划中的应用

3.1　生态现状评价

九江市土地构成呈"六山二水分半田，半分道路和庄园"分布，山丘大于平原，水面大于耕地，冲积平原较多。我们可以从上面生态足迹计算的结果看出，人均耕地生态赤字为 0.75hm²，人均草地生态赤字为 0.05hm²，两者占到整个生态赤字的 50% 左右。耕地资源是城市建设用地的主要后备资源之一，九江土地资源总量和人均资源占有量相对较少，已经成为制约今后城市发展的最为重要的因素之一。

通过生态足迹的分析，为九江市生态适宜性评价因子的选取和评价等级与标准的制定提供了依据。应用图层叠加分析法，将不同的评价因子图层进行叠加分析（评价因子的选取，见表 4），得到土地评价的基本单元，视每个因素在评价中的重要性，通过赋权重值，得出综合适宜性的评价图，见图 2。

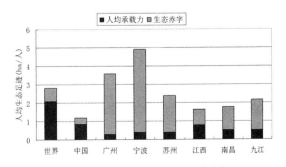

图 2　九江市土地生态适宜性分析

九江市的适宜建设用地主要分布在修水河下游、博阳河下游、沿江环赤湖赛湖区域，以及湖口彭泽沿江区域等区域，总量较少。庐山风景区、彭泽湖口南部山区、修河上游河谷地区等区域生态敏感性强，系统稳定性较差，对外来的干扰抵抗力弱，是重点保护区域。

3.2　敏感地区生态过程分析

　　九江市 2005 年的人均生态足迹为 2.15hm²，和国内其他城市的生态足迹水平相比，目前九江市的人均生态足迹比世界平均生态足迹水平（2.8hm²/ 人）略低，远高于中国平均水平（1.2hm²/ 人），比广州、宁波、苏州等发达城市要低，但高于江西省的平均水平。不难看出，发达城市的生态足迹普遍比欠发达城市的生态足迹要高。这说明，生态足迹水平一般与经济发展水平有关，经济越发达的地区所占用的生态足迹面积也越大（图 3）。

　　九江市的人均生态足迹从 2004 年 1.93hm²/ 人上升到 2005 年 2.15hm²/ 人，生态赤字从 2004 年 1.20hm²/ 人上升到 1.63hm²/ 人。近年来，九江实施"工业兴市"的发展战略，随着工业化和城市化进程的不断加快，有多处具有重要的生态战略意义的生态敏感区，如长江九江段生态廊道、鄱阳湖湿地、庐山风景名胜区、修河生态廊道等受到不同程度的破坏。长江九江段自然岸线被大量的小码头、小港口切割，沿江的水质和水流发生了较大变化，降低了水陆交错带的生物多样性，同时也增加了洪水灾害的突发性；鄱阳湖由于淤积和围垦造田，缩小了湖面面积和改变了湖泊形态，湖岸线由 2409km 减小到 1200km。沿湖的森林资源过度采伐，涵养水土能力下降，水土流失严重，湿地生态系统面临严重威胁。

3.3　生态空间体系的构建

　　通过分析对比和分析九江市的生态足迹，可以发现目前九江市可持续发展能力不强，耕地资源缺乏，消耗了大量的化石燃料。为了维护九江市域空间格局的整体性，强化自然过程的连续性，实现区域生态安全，建立九江生态空间体系就显得非常迫切。九江市生态空间体系，应以重要山体、水体为板块，干流、主干道为廊道，构建一个网络化、高连通性的生态基础框架，使得生物多样性维护、水源涵养、水土保持等重要生态功能得到正常发挥。

　　根据九江市自然资源及生态环境的空间分异特征、社会经济发展现状及顺应未来的环境和经济协调发展需求，提出九江市生态规划的空间体系——"一心、两环、三廊、四道、五片"

图 3　九江市及其他城市的生态足迹比较

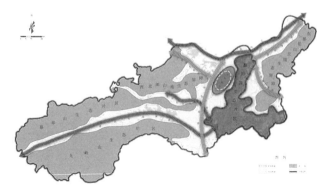

图 4　九江市生态空间体系

的主体结构。其中"一心"是指庐山风景名胜区;"两环"是指环庐山生态廊道和环鄱阳湖生态廊道;"三廊"是指修河生态廊道、长江生态廊道、博阳河生态廊道;"四道"是指昌九高速绿道、九景高速绿道、澎湖高速绿道、九瑞高速绿道;"五片"包括幕阜山生态片区、九岭山生态片区、中部生态屏障片区、东部生态屏障片区、鄱阳湖生态片区(图4)。

4 生态建设的策略

从表3可以看出,九江市能够自给的只有林地、建筑用地和水域,出现赤字的土地类型有耕地、草地和化石燃料用地。九江市森林、水域所占比重较大,生物丰富度指数较高,但由于河网调蓄能力较差,同时水资源需求量的日益增加影响了水域生态系统。在经济较发达、人口较密集的城镇地区,污染物的大量排放造成土地资源和水资源的污染,其单位面积承载的环境压力依旧较大,引发了诸多生态环境问题。在九江生态建设的策略中,应将减少生态足迹、增强可持续发展能力作为主要途径之一。

4.1 减少耕地和草地生态赤字

应严格执行《基本农田保护法》,划定基本农田保护区,切实保护耕地资源。同时应通过农业科学技术的投入,增加单位面积耕地的生产率。调整农业结构,根据九江市自身特点发展"精品农业"、"观光农业"和"绿色农业"等。严格控制生态敏感区,特别是对水土流失严重地区和湿地的保护。

4.2 减少化石燃料用地生态赤字

4.2.1 尽快优化工业结构

目前九江以石化、冶金、电力、建材等为主导的重化工业在工业结构中一直占有很大比重,其能耗大、水耗大、污染物排放量大,给环境和生态造成了很大压力。产业生态转型严重滞后,已经成为九江市生态建设的瓶颈制约因素之一。结合九江市的自身资源、能源、环境条件,未来九江建设和发展,必须走经济建设与环境保护协调发展的可持续发展道路。尽快进行工业结构优化,确定符合环保和节约资源的支柱产业。结合"节能减排",加大对电力、石化、冶金等行业的整治。建议通过土地政策、税收政策等积极引导污染少、效益好的生态型工业的发展,同时设定土地使用的经济门槛,控制污染工业布局扩大或新增。

4.2.2 构建城市节能体系

应大力发展高效、便捷和低成本的公共交通体系,建设以安全步行和非机动交通为主的,并具有高效、便捷和低成本的公共交通体系。提倡使用太阳能、风能、核能等新型能源和可再生材料。积极倡导新生产和生活消费方式,全面提高现有资源的利用效率,减少资源消耗和废弃物的生产。

4.3 尽快建立生态补偿机制

尽快建立区域内生态补偿机制,根据生态系统服务价值、生态保护成本、发展机会成本，综合运用行政和市场手段，调整生态环境保护和建设相关各方之间利益关系的环境经济政策，促进区域经济、环境和社会的协调发展。

参考文献

[1] Rees W E. Ecological Footprints and Appropriated Carrying Capacity : What Urban Economics Leaves Out[J]. Environment and Urbanization，1992，4（2）：121-130.

[2] Rees W，Wackemagel M. Urban Ecological Footprints : Why Cites Can not be Sustainable and Why They are a Key to ustainability[J]. Environmental Impact Assessment Review，1996，16（4-6）：223-248.

[3] Wackemagel M，Rees W. Our Ecological Footprint : Reducing Human Impact on the Earth[M]. Canada : New Society Publishers，1996.

[4] 杨开忠. 生态足迹分析理论与方法 [J]. 地球科学进展，2000，15（6）：630-636.

[5] 徐中民，张志强，程国栋. 甘肃省1998年生态足迹计算与分析 [J]. 地理学报，2000，55（5）：607-616.

[6] 张志强，徐中民，程国栋，等. 中国西部12省（区市）的生态足迹 [J]. 地理学报，2001，56（5）：599-610.

[7] 王祥荣. 生态与环境：城市可持续发展与生态环境调控新论 [M]. 南京：东南大学出版社，2000.

[8] 程莉. 生态足迹与城市可持续发展 [J]. 现代城市研究，2004，（3）：39-42.

[9] 徐中民，程国栋，张志强. 生态足迹方法的理论解析 [J]. 中国人口·资源与环境，2006，16（6）：69-78.

[10] 杜斌，张坤民，温宗国，等. 城市生态足迹计算方法的设计与案例 [J]. 清华大学学报(自然科学版),2004,44(9)：1171-1175.

[11] 叶长盛，刘平辉，陈荣清，等. 江西省2004年生态足迹及区域差异分析 [J]. 江西农业大学学报（社会科学版），2006，5（2）：79-82.

[12] 刘春燕，张林霞，孙国栋. 鄱阳湖湿地环境开发初探 [J]. 环境与开发，2001，16（4）：49-50.

（本文合作作者：肖华斌、陈军。原文发表于《现代城市研究》，2008 年第 11 期）

广东绿道的发展阶段特征及运行机制探讨

1 引言

随着我国城市化的发展，环境问题日益突出。为保护生态环境，部分城市于 20 世纪 90 年代开始针对绿道进行了一系列的探索，建立了一些绿地、带状公园等。2010 年，广东率先开展珠三角区域绿道网络建设，迈出了我国绿道建设的第一步，拉开了我国大规模绿道建设的序幕。随后，浙江、武汉、天津、北京及福建等地也相继展开绿道规划和建设，至此绿道建设在全国范围内迅速展开，掀起了"中国绿道运动"。

广东是我国最早进行绿道实践探索的省份，也是我国绿道发展的典型代表，自 2010 年以来，珠三角乃至全省各市均制定了一系列的绿道建设政策，现今已基本形成联通全省的绿道网络体系。这契合了广东"快节奏、慢生活"的发展理念，使其在推进轨道交通一体化的同时逐步形成了慢生活交通及休闲系统，为城市居民提供了良好的休闲空间。然而，随着绿道网建设的普遍完成，绿道进入运营管理阶段，却出现了路面被破坏、道路被占用和沿线市场秩序混乱等各类管理问题，严重影响了绿道的长期有效运行。为此，许多城市开始探索绿道运行机制，但从总体上看，维持绿道有效运行的机制尚未真正形成。本文通过梳理广东绿道发展历程及其阶段特征，初步探讨绿道的运行机制。

2 广东绿道的发展历程及发展特征

早在 20 世纪 90 年代广东就提出"生态敏感区"的概念，直到 2010 年《珠江三角洲绿道网总体规划》的确立，广东绿道迎来了快速发展的时期，再到 2013 年底，广东基本实现了绿道网络的全省覆盖和联通，绿道开始全面进入运营管理阶段。为此，本文在借鉴金利霞等人提出的绿道"规划－建设－运营" 3 个阶段划分的基础上，将广东绿道的发展历程划分为 3 个阶段：自发主动探索阶段、政策推动建设阶段和完善运营管理阶段（图 1）。

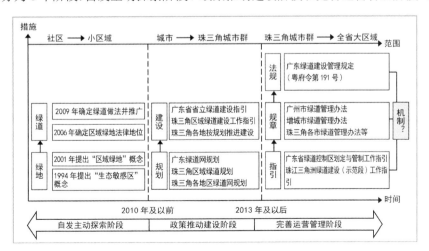

图 1 广东绿道发展阶段示意图

2.1 自发主动探索阶段的发展历程及其特征

改革开放以来，珠三角地区创造了经济发展的奇迹，成为我国城镇化水平最高、开发强度最大的地区之一，但也伴随着生态破坏、环境污染及城乡建设无序等一系列问题。为此，广东自1994年开始进行生态敏感区和区域绿地、绿道的探索，寻找一条从单纯的注重生态环境保护到保护与利用并重的道路（图2）。

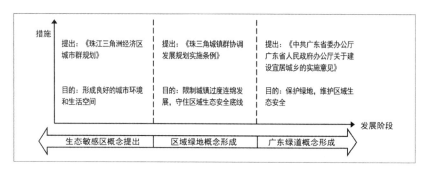

图2　自发主动探索阶段广东绿道发展示意图

2.1.1　生态敏感区概念提出

为防止城市建设的无序蔓延，形成良好的城市环境和生活空间，引导不同地域的城乡规划、建设与管理，1994年广东省建设委员会组织编制的《珠江三角洲经济区城市群规划》按照城乡一体化和可持续发展理念，开创性地提出由"都会区、市镇密集区、开敞区、生态敏感区"4种用地模式构成的区域管治理念。但由于没有有效的管治体系和强制性的推行手段，城镇连绵发展的趋势、部分生态敏感区被蚕食现象并未得到有效遏制。

2.1.2　区域绿地概念形成

为遏制区域生态环境的恶化、限制城镇过度连绵发展，广东借鉴大伦敦"环城绿带"、巴黎（大区）区域绿色规划等经验，提出全省区域绿地总体布局框架，希望在区域层面划定永久保护的绿地，并对具有重大生态、人文价值和区域性影响的绿色开敞地区进行严格保护，以守住区域的生态安全底线，同时以省立法规（《珠三角城镇群协调发展规划实施条例》）的形式明确了"区域绿地"的法律地位，以此强化对绿色空间的管治，坚守珠三角生态底线。

2.1.3　广东绿道概念形成

为落实和推进转型发展及宜居城乡的建设，2009年，区域绿地划定工作专家座谈会提出"区域绿地是控制绿地还是利用绿地""区域绿地与城乡宜居环境改善关系"等具有方向性思考的问题，由此产生了"在绿廊中修建慢行道，使生态廊道成为绿道，实现使用中保护绿地"的思路。2009年7月出台的《中共广东省委办公厅广东省人民政府办公厅关于建设宜居城乡的实施意见》则进一步明确提出"要开展区域绿地划定工作，编制省立公园——珠江三角洲绿道建设规划，以维护区域生态安全"。

2.2 政策推动建设阶段的发展历程及其特征

为推动区域生态环境保护，实现生活休闲一体化，促进宜居城乡建设和增强可持续发展能力，广东出台了一系列的政策措施（图3）。

图3 政策推动建设阶段广东绿道发展示意图

2.2.1 珠三角绿道网建设

2010年，珠三角率先编制《珠江三角洲绿道网总体规划纲要》，提出以珠三角地区的城乡空间布局为基础，注重保护和发扬地域景观特色，协同开发区域内的自然生态资源和历史人文资源。2013年，珠三角地区总长2372km的省立绿道已基本建成，受到了社会各界的普遍认同。珠三角绿道网建设也因此荣获全国人居环境建设领域的最高荣誉奖项——"2011年度中国人居环境范例奖"，以及联合国人居署"2012年迪拜国际改善居住环境最佳范例奖"全球百佳范例称号。

2.2.2 广东省绿道网建设

为推动珠三角绿道网向粤东西北地区延伸，逐步构建全省互联互通的绿道网，至2015年，广东将建成总长8770km的省立绿道，完善覆盖全省的"省立－城市"绿道网络系统，并与城市公共交通系统实现无缝衔接，成为城市慢行系统的重要组成部分。自此，绿道的各项管理开始规范化，综合利用开始常态化和品牌化。

2.2.3 多层绿道网络体系形成

为统一和规范绿道建设，广东对不同层次的绿道及其相关配套设施制定了详细的标准，

广东绿道网层次及特点   表1

层次	尺度	特点
社区级绿道	1km² 内	为日常生活提供服务的范围，为社区公共活动设施（如社区公园、小游园和街旁绿地等开放空间）提供相互连接的线状绿地空间
城市级绿道	1km²-1万 km²	城市建成区或城市组团内，连通了城市内部功能组团，连通了城市中心区与近郊区，在考虑生态功能的同时重视游憩功能与慢性系统功能
都市群级绿道	1万-10万 km²	由若干个城市或若干个城市组团构成的城市圈，注重生态功能，但也同样包含人工建设的自行车和步行游径，并具备其他相关功能
大区域级绿道	大于10万 km²	跨越多个城乡区域，涵盖了大的自然地形水系或文化线路，组成了大的生态网络，包括了丰富的自然景观和文化景观类型

如根据住房与城乡建设厅出台的《广东省城市绿道规划设计指引》《广东省省立绿道建设指引》等文件做出的相关规定。这促使广东绿道在经过几年的建设后逐步形成了4个层级网络：社区级绿道、城市级绿道、城市群级绿道和大区域级绿道（表1）。

此外，根据绿道的城乡空间布局、地域景色特征、人文资源和自然生态景观的特点，广东将绿道分为都市型绿道、郊野型绿道和生态型绿道3类（表2）。

	广东绿道类型	表2

类型	内涵
都市型绿道	主要集中在城镇建成区内，依托人文景区、公园广场和城镇道路两侧的绿地而建立，为人们慢跑、散步等活动提供场所，对珠三角区域绿道网起到全线贯通的作用
郊野型绿道	主要依托城镇建成区周边的开敞绿地、水体、海岸和田野，通过登山道、栈道及慢行休闲道等形式，为人们提供亲近大自然、感受大自然的绿色休闲空间，实现人与自然的和谐共处
生态型绿道	主要沿城镇外围的自然河流、溪谷、海岸及山脊线建设，通过对动植物栖息地的保护、创建、连接和管理，维护和培育珠三角生态环境，保障生物多样性，可供自然科考及野外徒步旅行

2.3 完善运营管理阶段的发展及其特征

绿道是一项由政府主导建设的民生公益性工程，具有较好的外部效益，但建成后如何持续发挥其综合功能，则需要探索一整套合适的运营管理办法。目前广东各地和省级单位已有了一些探索，但总体上的运行机制尚未形成（图4）。

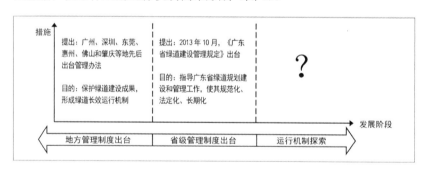

图4　完善运营管理阶段广东绿道发展示意图

2.3.1　地方管理制度出台

随着广东绿道建设热潮的消退，后绿道时代的可持续发展问题急需解决。为此，广东各地结合本地情况制定了绿道管理、保护及经营等相关管理规定，初步形成以属地管理为基础的管理与维护模式，探索建立多元化的管理模式。

2.3.2　省级管理制度出台

2013年10月1日，广东省人民政府施行的《广东省绿道建设管理规定》成为全国首个关于绿道的省级政府规章，并确定了广东绿道规划建设与管理运营的总体框架及具体方法，将绿道规划建设工作由"政策推动"变为法定化、长期化建设过程，是指导广东绿道规划建设和管理工作的基础性法律文件。

2.3.3　运行机制探索

广东各城市从实际出发，积极探索多元化的管理模式，完善绿道网管护和运行机制，且省住房与城乡建设厅也出台省级绿道管理规定，但在目前绿道的经营管理中还存在许多运行方面的问题。例如，胡卫华指出珠三角绿道存在重速度、轻质量，重建设、轻管理，重游道、轻配套，重形式、轻内涵等问题；南方日报也深度探讨了绿道的管护问题。总体而言，广东各城市还未能摆脱绿道在运营管理上的困境，城市政府正致力于探索各种有效的管理办法，虽然也取得了一定成果，但尚未形成完善的运行机制。

3　广东绿道运行机制探讨

我国普遍将绿道分为都市型绿道、郊野型绿道和生态型绿道。这三类绿道在地域布局、使用群体、人文资源和生态景观上具有明显区别，本文在对广东绿道发展历程的梳理过程中发现，其运行机制在运行动力和机制安排上亦有所区别。

3.1　都市型绿道运行机制

3.1.1　动力分析

随着城市经济和社会的发展，以及人们收入水平的提高，休闲需求已普遍成为人们的一项基本需求；同时，以人为本的城市发展理念要求城市政府重视市民的基本休闲需求，并创造条件满足市民的这类需求。在此背景下，为城市居民提供城市休闲空间的都市型绿道便应运而生。

都市型绿道运行机制应以市民的绿道休闲需求为动力，以提供绿道休闲服务为主。首先，因为绿道具有的公共属性，其运行过程中容易出现"搭便车"的现象，仅由市场或者社会对其进行供给，容易发生供给量不足的状况，使得人们的绿道休闲需求无法得到充分满足。其次，良好的绿道休闲公共空间可以使城市市民都受益，但单个市场主体很难承担起这一高昂的运行成本。因此，都市型绿道应以城市政府为主导，协调和沟通休闲主体及相关部门，如商业、文化、交通、建设、环境和治安等部门之间的责任及利益等，使城市市民的绿道休闲需求得到满足。

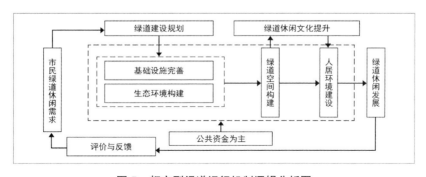

图 5　都市型绿道运行机制逻辑分析图

3.1.2　逻辑分析

通过对都市型绿道运行动力的分析可知，其运行机制应是以满足本地市民的日常绿道休闲需求为核心，在城市绿道建设规划的指导下，依托城市自身的基础设施和生态环境，创建优美的绿道休闲空间，提升绿道休闲文化，打造良好的城市人居环境，推动城市绿道休闲发展，从而最终实现满足城市市民的绿道休闲需求的目标（图5）。

3.1.3　机制总结

都市型绿道的休闲者主要由本地市民构成，其要求城市公共部门提供相应的公共服务，形成了以政府为主要供给主体，以市场和社会为补充供给主体的供给机制。这一机制的运行需要相应的公共管理机制，在资金方面以财政资金为主；由于是以市民的绿道休闲需求为主导动力，其供给机制和公共管理机制具有明显的公共供给及公共服务特征，因而需以社会效益评价为导向，兼顾环境效益，经济效益则处于次要地位。

3.2　郊野型绿道运行机制

3.2.1　动力分析

随着经济收入水平的提高及休闲制度的完善，工作一周后的城市居民在周末往往有休闲的需求。位于城市郊区的郊野型绿道正好能满足城市居民"周末游"的需要。此外，城市郊区的经济社会发展相对落后，郊野型绿道的发展能够在一定程度上推动当地公共基础设施的建设和经济社会的发展，改善人们的生活水平。因此，在郊野型绿道中，不仅需要满足本地居民的需求，还需要满足外来游客的需求。这两者的需求共同推动了郊野型绿道的发展。

3.2.2　逻辑分析

通过对郊野型绿道运行动力的分析可知，其运行机制应是同时考虑本地居民和外来游客的需求，在现有环境资源的基础上，设计具有吸引力的绿道休闲产品，将居住区所在地打造成具有吸引力的绿道休闲目的地，同时通过发展绿道休闲经济，促进绿道休闲功能的发展，最终实现满足本地居民和外来游客的绿道需求的目标（图6）。

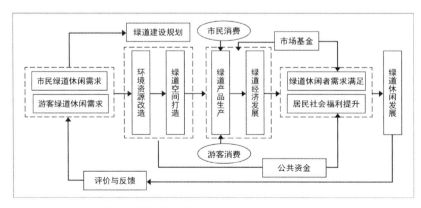

图 6　郊野型绿道运行机制逻辑分析示意图

3.2.3 机制总结

郊野型绿道的休闲者包括本地市民和外来游客,因而既要求城市公共部门提供相应的公共服务,又对市场供给有一定的需求,这就形成了由政府和市场共同担任供给主体、社会进行必要补充的供给机制。为保障这一供给机制的有效运行,需要相应的公共管理机制,在资金方面是财政资金和市场资金并重;由于是以本地居民和外来游客的休闲需求为动力,其供给机制和公共管理机制既需要政府进行相关的秩序与平台建设,又需要市场机制来提高供给效率,因而在评价导向上以社会效益和经济效益为主,同时兼顾环境效益。

3.3 生态型绿道运行机制

3.3.1 动力分析

人们的绿道休闲需求既可能是公共休闲需求,又可能是私人休闲需求。位于城区的都市型绿道以满足人们的公共休闲需求为主,但依托于景区的生态型绿道则以满足人们的私人休闲需求为主,这类需求需要通过市场生产来满足。

一般来说,生态型绿道位于经济较为落后但具有较好的休闲资源的城市远郊地区。其作为生态景区的休闲项目,通过绿道建设,开发当地休闲资源,提升游客的旅游休闲体验,发展休闲经济,从而推动地方经济、社会的发展。因此,生态型绿道应以游客私人休闲需求为运行的主要动力。

3.3.2 逻辑分析

通过对生态型绿道运行动力的分析可知,其运行机制应是以外来游客的绿道休闲需求为中心。因此,生态景区可根据自身的资源禀赋和特色,打造特色鲜明、品质高和吸引力强的绿道休闲产品,丰富游客的休闲活动,提升其休闲体验,从而推动景区休闲功能的发展,满足游客的休闲需求(图7)。

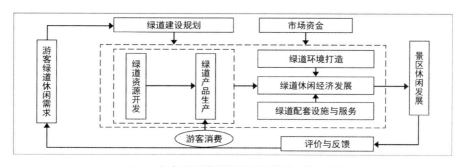

图7 生态型绿道运行机制逻辑分析示意图

3.3.3 机制总结

生态型绿道的休闲者主要为外来游客。随着社会经济的发展,人们的旅游需求日益广泛,进而有相应的市场经营主体开始开发旅游资源,以满足游客的需求,这就形成了由旅游资源的所有者代表(政府)与市场进行合作开发旅游资源,同时社会进行必要补充的供给机制。其中,政府主要是进行供给监督和协调,市场才是主要的供给者。为保障这一供给机制的有效运行,需要相应的公共管理机制,在资金方面以市场资金为主;由于是以游客的休闲需求为主导动力,该供给机制遵循市场运行规则,由市场经营主体主导供给,公共管理机制则主要是维护良好的市场秩序,因而游客需求主导型绿道要以经济效益为导向,兼顾环境效益,社会效益则处于次要地位。

4 结语

　　广东绿道自 20 世纪 90 年代出现以来已经历了从自发主动探索到政策推动建设和完善运营管理 3 个阶段,目前已基本形成了覆盖并联通全省的多层绿道网络体系,可以说在建设方面已取得了成功。此外,随着绿道后建设时期的到来,许多城市以及广东省绿道办正在探索一整套的绿道长效运行机制,并已取得一定的成果,如相继出台了地方和省级的绿道管理办法(规定)。但总的来说,广东绿道网络体系尚未形成完善的运营机制,绿道管理还存在各种问题。对此,本文在总结广东绿道发展历程和实践探索经验的过程中,认为广东要探索一套适合地方实际的绿道运行机制,即按照都市型绿道、郊野型绿道和生态型绿道的各自特征,以绿道使用者需求为导向,充分利用绿道所在地区的自然、人文资源,在满足使用者需求过程中,从供给主体、管理资金和评价导向等方面推动不同类型绿道形成良性运转的运行机制。

参考文献

[1] 金利霞,江璐明.珠三角绿道经营管理模式与区域协调机制探究——美国绿道之借鉴 [J].规划师,2012,(2):75-80.

[2] 马向明,程红宁.广东绿道体系的构建:构思与创新 [J].城市规划,2013,(2):38-44.

[3] 李建平.管治理念与珠三角空间模式演进——兼论珠三角绿道规划思想的形成 [J].城市发展研究,2012,(11):1-4.

[4] 卢轶.珠三角绿道网获全国人居范例奖 [N].南方日报,2012-04-28.

[5] 广东省人民政府.广东省绿道建设管理规定 [Z].2013.

[6] 胡卫华.绿道旅游存在的问题及开发对策——以珠三角绿道网为例 [J].热带地理,2013,(4):504-510.

[7] 南方日报.珠三角绿道网,建好还需管好用好 [N].2011-05-05.

(本文合作作者:吴志才。原文发表于《规划师》,2015 年第 4 期)

第 伍 篇

房地产与
住房制度研究

住房新政推动城镇住房体制改革

——对"国六条"引发的中国城镇住房体制建设大讨论的评述

1 前言

中国的城镇住房体制至今尚未发育成熟。一方面政府和学界普遍认为目前以住宅投资为主的房地产投资过热,另一方面却表现为商品房价格的快速飙升。如果说供求两旺是市场繁荣的表现,那么"过热"论就无法成立。但是大城市住宅除作为生活资料外还是一笔因为可以流通而可能保值的资产,因此在目前中国投资渠道极其有限的情况下异化为富裕市民投资保值的金融产品,加上开发商控制市场价格,投资者炒房投机牟取暴利引起房价泡沫,有可能因此危及国家金融安全。而过快增长的房价导致广大中低收入阶层"买不起房",引发了严重的社会不满。

目前过度市场化的住房供给体制,加上畸形的需求推力,使城市住房问题日益突现。(1)城市建设和住宅建设有其公共政策的属性,房价的不断飙升严重影响着普通市民的生活质量,公平缺失,威胁到广大城镇中低收入居民生存,长此以往必然会危及社会的稳定和国家的政治安全,引发政府失效。(2)不合理的市场价格体系导致的过分投资不动产,还会危及国民经济的安全,1997 年金融危机引发的东京、中国香港等亚洲地区大城市房地产市场崩溃的前车之鉴凸现市场失效。正因为房地产市场是不完善的,因而需要政府的干预和调控。

2006 年 5 月 17 日推出的"国六条 ①"是 2005 年宏观调控被证实未达到预期而适时推出的。仍然针对房价上涨过快、房价过高、住房供应结构矛盾突出、市场管理混乱、投资增长过快等五大问题,围绕稳定房价,采取抑制需求、增加供给的双向调控思路,从土地、税收、信贷、主体行为等环节进行政策约束和管治约束。这一系列措施被称为"住房新政"。

本文试图从住房新政引发的争论入手,将其纳入到构筑中国城镇住房体制建设的大背景下,探讨住房新政在制度建设上重构市场结构的必要性,重建住房供应体制的工具性和体现国家现实国情的现实性。

2 中国城镇住房体制的建设

中国城镇住房体制改革从 1980 年代开始,经历了由国家计划的福利制向市场主导的商品化改革。其间大致可以分为两个阶段:1998 年之前重在改革,即新制度的抉择;1998 年至今则处于调控阶段,即"新制度的修补"。

---

① "国六条",即切实调整住房供应结构,重点发展中低价位、中小套型普通商品住房、经济适用住房和廉租住房;进一步发挥税收、信贷、土地政策的调节作用;合理控制城市房屋拆迁规模和进度,减缓被动性住房需求过快增长;进一步整顿和规范房地产市场秩序;加快城镇廉租住房体制建设,规范发展经济适用住房;完善房地产统计和信息披露制度。

在全民所有计划经济体制下，个人住房分配以身份为标准，户口、单位、职位级别都决定着住房的分配。在这种情况下，不仅住房资源不能有效配置，而且导致分配的严重不公。这正是启动住房体制改革的根本原因。

1980 年代城镇住房的商品化改革①，围绕提高租金②和出售公房③，以"补售"、"提补"、"优售"、"增改"④等方式起步。同期开始探讨权属体制和分配体制改革，确立了以自有为基础，自有、集体所有和公有相结合的货币化体制的方向，并准备逐步放活市场，转变投资供给模式，由依赖国家向国家、集体、个人三方合理分担投资过渡；到 1980 年代末，随着国有土地使用权有偿使用制度确立，房地产的市场化才真正开始起步。

1990 年代初，房地产市场开始起步，住房的商品化改革也开始有了实质性推进⑤。与此同时，考虑到居民购买力的差异，城镇居民住房保障制度的建设也在同步推进，1995 年"安居工程"正式启动；1998 年北京推出经济适用房。市场化为主导的城镇住房分类供应制度框架基本成型。

但是 1997 年的亚洲金融危机却改变了近 20 年的制度改革积累。为摆脱金融危机对出口加工造成的重大负面影响，国家确立了"扩大内需、拉动经济"的积极的财政政策。1998-2000 年全国全面推开住房体制改革，在大规模出售公房，城镇住房的商品化、社会化得以全面推进的同时，"经济适用房"也成为"只售不租"的另类"商品房"。

2000 年后彻底截断了住房的实物分配，对公务人员全面实施货币化补贴。鉴于城镇住房供应的绝对短缺和资金短缺，建立了住房公积金制度⑥；为激活居民的有效购买需求，开放了银行个人购房贷款业务⑦，并启动已购公房的出售和转租二级市场。

新的城镇住房体制凸现房地产市场的效率，住房建设加速，供应绝对短缺得以解决，城镇居民平均居住条件大大改善。但市场机制的缺陷也逐渐暴露：一是过分强调了市场化，政府应当承担的"住房保障"功能弱化，"经济适用房"则沦为旧城改建的"拆迁工具"。二是对于住房消费缺乏财税政策引导，超前消费造成房子越盖越大、投机性消费导致房地产市场价格过高，结果是绝大多数中低收入民众没有能力进入市场。

2005 年国家从和谐社会建设的角度开始对房地产市场进行频繁的干预和管治，城镇住房体制的建设进入了以调控为主的新制度修补阶段。而 2006 年的住房新政则引发了中国城镇住房建设制度的全社会大讨论，我们认为这是推动制度建设的重大机会，对中国城镇住房体制建设的历史进程和未来导向具有重要意义。

---

① 1980 年 6 月，国务院批准了《全国基本建设工作会议汇报提纲》，正式宣布将实行住宅商品化政策。

② 1986 年 2 月，成立"国务院住房体制改革领导小组"，针对传统住房体制的核心——低租金，提出了大幅度提租为基本环节的改革思路。

③ 1988 年，国务院住房体制改革领导小组《关于鼓励职工购买公有旧住房的意见》、建设部、国务院住房体制改革领导小组《关于加强出售公有住房价格管理的通知》。

④ 补售："三三三"制补贴出售公有住宅。提补：提高租金发放补贴，是住房改革的"空转"。优售：优惠售房启动改革。增改：新增量改革先行。

⑤ 1997 年 4 月 28 日，中国人民银行颁布实施《个人住房担保贷款管理试行办法》，对个人住房担保贷款的对象、条件、程序等进行了详细的规定，并逐步允许商业银行在所在城市办理个人贷款担保业务。

⑥ 1991 年 6 月，国务院发出了《关于继续积极稳妥地推进城镇住房体制改革的通知》，提出了分步提租、建立住房公积金制度、交纳租赁保证金、集资合作建房、出售公房等多种形式推进房改的思路。

⑦ 截止 1993 年底，全国地级以上城市中有 131 个城市建立了住房公积金制度，占地级以上城市总数的 60%，归集住房公积金近 110 亿元，使住房体制改革和住房发展有了一个稳定的资金来源。

3 "国六条"住房新政起争论

"国六条"住房新政引起了学术界、地产界等的广泛关注。他们从经济学、社会学、财政学、金融学、规划学等多种不同的学科视角对新政给予深入的剖析。本文通过梳理中国房地产报、地产专栏、21世纪经济报道、学术文章等相关资源，归纳出住房新政的争论热点主要表现在住房供应结构的调整、保障性住房的建设、住房价格等方面。

3.1 住房供应结构的调整——面向节约型社会的政策

住房新政里最引人注目的莫过于住房供应结构的调整了。"90m²、70%"意味着住房政策向中低收入阶层倾斜，预示着中低价位的中小户型住宅将成为市场的主流。问题是，当住房新政遭遇伴随生活质量的提升而来的奢华的住房消费观念及豪华型、大户型的高利润导致的偏向富有群体的住房供应结构时，其推行遇到了巨大的阻力，"生活越好，房子越小"？住房新政并没有受到开发商和高消费者的欢迎。

但更多理性的观点将城镇住房视为民生问题对住房供应结构调整的政策指向给予了充分肯定，包宗华指出推行低造价小户型住宅符合我国经济发展水平和人多地少的现实国情，更是国民经济可持续发展之必需；宋春华则强调住房供应结构调整有利于扭转当前贪大、超前的住房消费观念和树立以人为本的消费新模式；也有专家通过分析市场的固有缺陷导致的住房结构性过剩，提出住房供应结构的理性回归需政府入市的观点；还有观点从市场供求角度阐释了住房供应结构调整对有效抑制房价的作用。

其实新一轮住房新政对城市住房供应结构做出如此之严的刚性规定，是充分尊重中国国情的体现，更是新时期建设节约社会的需要。中国目前正处于城市化快速推进期，2006年城市化水平为43.9%，按国家城镇体系规划，到2020年将会达到58%。要用日益稀缺的城市土地资源解决占较大比重的中低收入阶层的住房问题，必须减少大户型住房对土地资源的消耗，通过增加小户型建设提高住房供应总量，它充分显现了国家保障城市土地资源公平占用的理性的价值取向。

3.2 保障性住房的建设——面向和谐社会的政策

目前中国房地产已经进入引导商品房市场稳健运行和健全住房保障体系并举的阶段，此次宏观调控更将保障性住房的建设放在十分重要的位置。综合看来，争论的焦点集中在经济适用房的"租"与"售"和保障性住房的供应模式两个方面。

3.2.1 经济适用房制度需要改良

经济适用房到底"经济"了谁？千人等号、高价卖号、"假穷人"骗购、难以照顾弱势群体、经济适用房腐败等为人诟病。经济适用房不"经济"的质疑凸现制度缺陷。

著名经济学家徐滇庆认为经济适用房从生产到销售都陷入"不经济、不适用"的理论困境，走入死胡同，应该"寿终正寝"；中国房地产协会会长杨慎指出市场化的住房体制应该同房同价，经济适用房已成"怪胎"，建议取消经济适用房用地；广州番禺祁福新村房地产有限公司总经理彭磷基在2007年3月份的两会上指出廉租房更适宜贫困人群及所有城市，更具操作性，应取代经济适用房。

更多的观点倾向于改革。旅美作家薛涌认为经济适用房是城市系统和城市规划中不可或缺的组成部分，治理的关键在于分配合理；沈晓杰分析了房改的初衷，指出建立经济适用房是废除福利房、推行住房商品化的"政策底线"，没有经济适用房，房改就无立身之本。也有观点认为经济适用房担负的扩大内需、拉动经济增长的重任使其在政策房和商品房之间摇摆，应回归经济适用房的社会保障功能，着重解决居住问题。包宗华抛出经济适用房不但不应取消，还应加大规模的观点，指出廉租房与经济适用房面向不同收入层面的家庭，并考虑国民现行住房消费观念，它们不具有相互替代性。

日前公示的《北京住房建设规划（2006-2010）》明确提出要"探索建立经济适用房实行'内循环'的流转模式，由政府回购，不得直接上市"的改革迈出了经济适用房以租代售、租售并举的关键第一步。该不该回购暂且不论，关键在于此次改革使经济房不再停留于"租"或"售"的争论阶段，而是进入到明确改革方向的实质环节。

3.2.2 中国住房供应是"单轨制"还是"双轨制"？

保障性住房供应的缺失一直是困扰中国城镇住房体制建设的大难题，学者及业界人士从不同的角度对此类住房供应缺失的原因给予了解释。有学者将之归结为中国单一的市场化供应模式；某经济学家分析了我国城市增长模式，指出政府单一的增长导向带来的公共导向和公平导向的缺失使政府在保障性住房供应问题上较为被动；袁奇峰分析了中国城市财政体系存在的制度缺陷，认为偏重于中央政府的分税制度很大程度地限制了地方政府的财政实力，使得城市政府无力承担起市民住房问题。

中国城市住房市场化供应模式和北京经济适用房暴露出的种种弊端引起了社会各界及政府对中国住房保障体系建设的深刻反思。普遍认为住房分类供应制度的健全是城市居民住房得以保障的前提。包宗华基于城市低收入阶层占绝对主体的现实国情，肯定了"国六条"中加强保障性住房建设的社会价值，并通过借鉴美国、新加坡等发达国家保障性住房建设的经验，认为大比重建设中小户型、中低价位住房是解决住房领域诸多问题的关键。

更多的观点则是立足于保障性住房的供应途径。针对目前各界对经济适用房的质疑和"叫停"的呼声越来越高，有学者分析了保障性住房的最佳实现形式，认为廉租房将对保障性住房建设起决定性作用；从住房补贴角度，董藩在剖析"国六条"住房新政时指出保障性住房补贴机制应采取货币补贴；王石分析了市民购买力弱的客观现实，指出要让市民住得起房的观点，认为出租型物业的发展和开发商租售并举是解决住房问题的一大途径；葛云分析了廉租房的供应途径，强调存量房和二手房将是廉租房供给的主要途径。

3.3 住房价格——令人困扰的调控目标

住房价格一直是社会各界最关注的焦点，其降落起伏是评价宏观调控成效的主要标准。政府围绕稳定房价的核心要务推出了一系列的政策措施，其中地产界和学术界最为关注的热点主要集中在以下三个方面：

3.3.1 抑制投机性需求

三年来的宏观调控中，抑制需求一直都是调控的重要思路。不同的是，这次宏观调控中抑制需求的落点有所变化。除放慢旧房屋拆迁以抑制被动性需求成为一大亮点外，税收政策和信贷政策的严格落实也显示了政府抑制投机性需求的前所未有的决心，其政策干预效果再次被推到了争论的前沿。而事实上，宏观调控中增加住房供给的效果显现之前，抑制需求对缓解住房需求起着较大作用。

围绕抑制投机性需求的评论主要集中在信贷政策和税收政策上，普遍认为前者仅是短期内的权宜之计，而后者的效果较为持续，观点争锋集中在交易税和物业税的效果辩论上。李稻葵认为征收增值税是抑制房地产过度投资需求和房价上涨的最好办法，而董藩指出在需求旺盛的情况下，增加交易环节的税收容易转化为交易的成本从而进一步推升房价，抑制作用不会很明显，应考虑在持有环节增加税种。也有观点对物业税是否能够抑制房价提出质疑，认为税制结构转向保有环节会使开发商获益从而降低其成本，但供不应求的市场不一定会降低房价，其结果可能是买房者"养房和买房"负担的双重增加。

3.3.2 "三限两竞"政策

2006 年八月底广州科学城的两块二类住宅用地在全国率先采用了"三限两竞"（限户型、限房价、限销售对象，竞地价、竞房价）的土地出让方式，引发了强烈的争论。赵卓文分析了"双限房"政策的实质：在保证开发商所要求的回报水平的基础上，"贡献"出卖地的部分预期收益，以求达到降低房价的目的。

徐滇庆教授对"限房价"给予了批评。认为"限房价"是"头痛医头，脚痛医脚"的表现，是损害市场机制的表现，抑制房价暴涨的要害在于通过土地政策、财税政策和金融信贷政策等市场竞争规则的建设，依靠市场机制稳定房价；并肯定了"限户型"，认为它是实现社会公平和构建和谐社会的重要体现。易宪容也对"限房价"给予了否定，认为行政限价可能性小，政府无法限定最合适的房价，"限房价"是在重复经济适用房的老路，容易形成灰色区域，并提倡用货币补偿来代替行政定价。还有学者担忧限房价将会导致房屋建筑质量下降，认为限房价不如限利润，将开发商的利润控制在合理的区间内有利于房价的降低。也有观点对限价房给予了肯定，认为在"六二二"的住房分类供应制度框架内推行限价房政策对解决住房作为民生问题具有重要社会意义。

实际上，采用"三限两竞"方式建设的限价房是政府控制、开发商建设的带有福利色彩的保障性住房，它并不是广州政府的首创，而是在借鉴美国、加拿大等公共住房建设经验的基础上进行的新尝试；它是一项市民政策，将具有优先购买权的销售对象限定在广州市居民、中低收入家庭和区域内拆迁安置户，突显的是国民和市民的身份差异，使户籍制度改革中渐失"含金量"的城市户口重拾昔日价值。

3.3.3 公开商品房成本

房地产开发成本是否应该"阳光化"引起了强烈的议论。首先受到了开发商的强烈反对，任志强以商品房不属于公共产品的属性为由，认为公布各企业的详细成本是一种违反现行法律对经营者权利的保护的要求。市场定价原则应该用市场的调节手段来控制，与公开商品成本无关。董藩认为强制公布商品房成本不可取，这不但侵犯了企业的自主定价权，也无益于商品房价降低，政府应该从政务公开的角度公布相关成本信息以缓解房地产信息不透明、信息不对称的情况。丁宏也认为公布房价成本是知情权的过度膨胀，房价的降低不能寄希望于公开房价成本。

然而徐滇庆却持有相左的观点，认为房价是否应该公开取决于房地产的市场属性，将中国房地产业的寡头垄断市场特性作为房价应该公开的重要依据，并指出公开房价的障碍在于地方政府和开发商的弱制衡机制；更有观点称地产商开发思路与地方政府建设思路的有效对接而形成的利益共同体迫使地方政府成为开发商的代言人；还有观点认为公布住房成本具有合法合理性，但并不能解决降低和稳定房价的问题。

4 住房新政评述

4.1 房价不是好的博弈点

新一轮宏观调控中，无论是在社会还是地产界，房价依然是评价宏观调控成效的首选指标，且住房新政也将其调控目标明确直接指向房价。

事实上，房价并不是好的博弈点。半年多的宏观调控并没有实现稳定房价的预期目标，多数一线城市的房价涨幅仍然偏高，广州 2006 年 11 月份均价 7000 元 /㎡ 失守，北京 10 月份的二手房涨幅超过 10%，南京 10 月份的房价涨幅也高达 4.3%，这表明将房价作为调控目标具有一定的偏颇性，原因在于城市住房的市场化供应模式下供求决定价格，在住房供应结构的调整改变供求关系之前，政府介入市场的目的应是对市场中导致房价失控、偏离供求曲线的非理性因素进行修正，而不是直接降低房价。例如，政府对市场中的大量投资性购房的抑制在于挤掉由此导致的市场泡沫，从而使房价回归，反映市场供求。

从构建完整的城市住房供应体系看，房地产市场供应的商品化住宅和城市政府提供的保障性住房都是不可或缺的。在市场失效，政府缺位的情况下，"国六条"关注的应该是保障性公共住房的供应。

实现"居者有其屋"是政府的天职，其重点应该放在保障性公共住房上，即建设小户型的经济适用房和廉租房，重点解决的是弱势群体"有房住"的问题，而不是"买得起房"群体的支付价格问题。其实高房价与大比例的保障性公共住房供应是可以并行不悖的。无论是香港的"公屋"制度，还是新加坡的"组屋"制度，和高企的房地产市场价格都是并存的，而且高地价往往还是保障性公共住房的重要财源。

降低大城市房价的行动看起来像是一个民心工程，但是过低的城市进入门槛，又会导致大城市人口的过度膨胀。就像城市道路"塞车－拓宽－塞车"的经验一样，"头痛医头，脚痛医脚"的结果可以想象。原本是一个复杂的制度性问题，却在"人人想买房"的愿望驱使下，被政治家和舆论最终归咎于房价问题，结论是否过于简单？令人堪忧！

中国目前正处于城市化快速推进期，城市化水平从 1978 年的 17.9% 攀升到 2006 年的 43.9%，按国家城镇体系规划，到 2020 年将会有 58% 的中国人生活在城市中。极度旺盛的住房需求对中国城市的规划与发展提出了严峻的挑战。首先，在人口自由流动的前提下，这许多人口会怎样分布？其次，我们用什么手段引导人口的分布？其实由市场形成的"特大型城市房价贵、大城市房价较高、中等城市价格合理、小城市房价较低"的房价格局可能恰恰是一剂苦口良药。

在国家城市化起码还要持续高速发展 20 年的今天，人为打破市场平衡，打破市场规律，其结果必将是十分严重的。多数城市不会再有大规模的行政区划调整的机会来增加土地储备，城市的土地是有限的，为降低房价而增加土地供应量会影响城市长远发展的竞争力。合理的策略恰恰应该是严格控制土地供应，增加土地收益，而将大部分增量土地用以建设保障性公共住房以保障户籍市民的"居者有其屋"。

"国六条"本来的目标是通过保障性公共住房体制的恢复推进和谐社会建设，通过增加小户型住宅推进节约型社会建设，是国家理性的显现。但是选择"房价"作为宏观调控指标本身并不是一个好的博弈点，或许"让市场的归市场，政治的归政治"会是一个聪明的办法。

4.2 住房新政是国家理性的显现

"国六条"住房新政在房价失控、市场混乱的情况下推出是适时的，其调控手段也是有效的。但将注意力过多地集中于房价并不能充分体现住房新政的理性价值：不仅仅在于其对市场的理性干预，更在于其对中国城市住房体制建设的理性引导。主要体现在三个层面：

4.2.1 重构市场结构的必要性

有数据显示，北京最近待售的商品住宅的平均面积为 143.9m^2，而另一组统计数据显示 16 个城市的 120m^2 以上的大户型超过 50%，而 80m^2 以下的小户型不到 10%，这表明，自 1998 年实行城市住房货币化分配制度以来，单一的市场化供应模式在有效解决住房绝对短缺的同时，也带来了住房供需结构矛盾突出的问题，一方面是大户型的相对滞销，一方面是中小户型的绝对短缺。另一组数据也显示，城市居民中最穷的 20% 的人只拥有城市居民全部收入的 2.75%，而最富有的 20% 的人几乎占了全部收入的 60%；这样的住房供应结构与居民购买力结构的严重错位对市场供应结构的重构提出了客观要求。

"国六条"住房新政必须顺应社会和谐之发展趋势，通过国家干预强制房地产市场转型、重构市场结构。其核心在于通过调整市场供应结构、增加供应总量，适度平抑房价。同时，市场的转型和结构重塑需要地方政府的快速响应，及时跟进市场转型，顺利推进结构调整。

而"国六条"对重构市场结构的价值在于对住房供应结构"70%，90m^2"的刚性规定及强行落实，它不仅体现了向中低收入阶层倾斜的政策动向，更体现了顶住重压、重塑市场供应结构的政府意志。市场反应表明，目前仍处于政策传导过程的滞后期，住房供应结构调整之效仍未显现。但只要矢志不渝，持续推行，市场结构必定能够得以重塑。

4.2.2 重建住房供应体制的工具性

1980 年代国家推行城市住房的商品化改革时就将城市住房视为非纯商品属性，实行城市住房分类供应制度，但至今尚未真正建立。城市住房的供应主要靠"市场"单条腿走路，地方政府在解决占绝大多数的中低收入群体住房的问题上一直缺位，未能与市场同步，按照国际经验，60%-70% 的城市住房由城市政府提供，而我国政府所采取的实物配租、租赁住房补贴、经济适用房等公共住房保障政策只是杯水车薪，2003 年我国用于经济适用房建设的总投资为 600 亿元，只占当年房地产的 6%；同时，住房市场化对以经济增长为核心要务的地方经济的较强带动促使的地方"对策"和中央政策的博弈也加深了住房分类供应体制的"市场化"趋势；即使是政府推出的经济适用房等保障性住房也由于制度设计的缺陷而"不经济"。据有关数据显示，48% 的经济适用房在出租，这显然违背了政府的初衷。城市住房供应体制中"非市场化模式"和"市场化模式"的本末倒置使房地产市场处于和谐与分化的"十字路口"。

住房新政应该彰显其重建城市住房分类供应体制的工具理性。它首先要求政府必须入市以克服商品房的市场缺陷，强化新政执行力度以改变地方对策和中央政策的博弈格局，着实建立起"为中高收入阶层提供商品房、为中等收入阶层提供经济适用房、为最低收入阶层提供廉租房"的城市住房分类供应体制。其次，必须改变保障性住房供应模式。数据显示，多数西方发达国家的自有住房率跨度为41%-60%之间，即使是最发达的美国其2003年的自有住房率也只有69%，而我国2005年的自有住房率已接近80%。这种过度强调"自有"的住房消费观念显然不符合房价收入比过高①的现实国情，因此必须改变经济适用房"只售不租"、"租售并举"等保障性住房的供应模式，切实转变居民消费观念，减轻购房压力。

4.2.3 体现国家现实国情的现实性

住房新政将房价作为直接的调控目标的背后蕴含着社会和谐和资源节约的价值取向。

巨大的贫富差距反映出的少数富有阶层追求居住质量的大户型、豪华型住宅与多数中低收入阶层难以充分保障的小户型、福利性住宅形成的鲜明对比已经成为社会不和谐的一大隐患；当居民住房问题不再仅仅是经济问题时，这种巨大落差必然要求得到修正，"社会公平"的价值观需要得到强化，中低收入阶层利益需要得到照顾。因此，偏向中低收入阶层的"国六条"住房新政明显体现了现阶段国家"构筑和谐社会"的发展主题。

同时，住房新政的调控对象直接指向城市高档消费住房的土地利用。国家土地资源紧缺的现实国情决定了国家实施在尽量满足生产领域的工商用地的同时适度控制消费领域的住宅用地的用地方针。然而，相对紧缺的城市住宅用地却表现出偏向少数富有阶层的高档消费型用地而忽视多数中低收入阶层的基本保障型用地的不充分利用特征。因此，偏向中小户型的住房新政一定程度上体现了国家"建设节约型社会"的发展理念。

5 构筑和谐、节约型住房体系刍议

回到城镇住房体制建设的历史进程中，不难看出，"国六条"住房新政实际上是住房体制的理性回归，是由计划经济时的完全福利性回归到市场化机制下的部分福利性；在城镇住房由经济问题上升为民生问题时，这种回归便成了新时期构建和谐社会和节约型社会的客观要求。而讨论如何从城镇住房环节构筑和谐节约型社会将具有一定的指导意义。

5.1 推行财政体制改革，使政府财政从开发转向税收环节

开发环节向税收环节转变中国现行财政体制具有"中央富、地方穷"的特征，1994年开始的分税制改革使中央和地方财政发生了颠倒性转变。"财权在中央、事权在地方"的偏向中央的现行财政制度设计存在的缺陷在严格的政绩考核制度下逐渐暴露，快速的城市化和经济的高速发展必然要求地方政府具备一定的财政实力以推动地方软硬环境的建设，巨大的财政压力在城市的快速扩张中迅速得到释放，"卖地"收入很快成为地方政府的第二大财政来源，在住房市场上表现为由城市住房的严重短缺引起的开发商对住宅用地的强烈需求。

---

① 有数据显示，广州等4地城市的房价收入比均超过10。

这种城市政府从城市开发环节获取财政收入的方式在实际的运行过程中带来了很大的社会成本，制度漏洞最终损害的必然是广大民众的利益。

目前城市政府在城市建设中扮演着市场参与者和市场管理者的双重角色（2006，吴立范），而现行的财政体制使得城市政府职能本末倒置，在面对双重身份的利益冲突时往往偏向前者。从这一点上讲，现行财政制度的缺陷在于缺乏中央和地方政府之间的制衡机制。

因此，推行现行财政体制改革，建立起地方和中央政府之间合理的制衡机制，使城市政府的财政从开发环节重点向税收环节转变，弱化地方政府作为市场参与者的职能，真正担负起代表公众利益的重任，为构建和谐社会奠定良好的制度基础。

5.2　由效率优先向兼顾效率和公平转变

自 1998 年全面实施城市住房货币化分配以及住房分类供应制度以来，城市住房进入市场化供应模式为主导的商品房时期。这种高效率的市场供给模式对改善城市住房条件做出了极大的贡献，城市住房已从严重短缺时代逐渐过渡到追求居住质量的阶段。然而市场的缺陷在于它往往不能效率和公平兼顾。随着贫富收入差距的拉大以及市场对高效率的追逐，房地产市场逐步走向极端化，造成住房供应结构和需求结构严重错位，少数富有阶层占有大量的社会资源，从而导致社会财富分配的不公。

"住房供应体系"＝"房地产市场"＋"政府提供的保障性公共住房体系"。仅仅靠"唯利是图"的房地产商保障"居者有其屋"是不可能的。住房供应体系因为涉及民生问题越来越社会化和政治化，而保障性公共住房缺位才是问题的关键。中国城市住房供应体系中政府职责的缺位导致的社会公平的丧失已经成为构建和谐社会中极不和谐的一环，这必然要求今后城市住房建设中在尽量不损失市场效率的同时，引入更多的公平元素，以此来引导社会资源的合理利用。另一方面，公平不仅仅指向和谐，也意味着节约，用公平原则约束社会资源的不充分利用以构建节约型社会符合我国土地等社会资源紧缺的现实国情。

5.3　提供指向城市居民的保障性住房

城市住房问题作为民生问题要得到解决，必然要求政府入市提供保障性住房。然而鉴于中国较弱的整体经济实力及城市财政的有限性，保障性住房的供应对象目前可能只能首先着眼于城市居民，而无法顾及全体国民，即目前应采取国民住房和市民住房相分离的住房供应机制。虽然户籍制度改革取消了城乡户籍差别，但进城门槛尤其是高福利大城市的准入门槛仍然需要设立，而公安部欲将"合法固定住所"作为基本落户条件的户口迁移政策使城市保障性住房的供应具有了合理的规模限度，不失为一种良策。

另外，针对城镇居民的保障性住房建设仍需体现公平原则。最近广州市推出的"允许单位合作建房"政策被指"少数人的派对"、"计划经济世代福利房的复辟"等引起的广泛质疑实际上突显的是普通居民和特殊群体的身份差异，让少数群体花费低廉的代价享受与普通居民无差别的社会资源和城市福利是不公的体现。因此，保障性住房的供应需要避免政策不当引起的社会不公。

参考文献

[1] 建设部城镇研究所. 住房改革研究 [Z]. 房地产业.

[2] 包宗华. 解决好我国住房问题的核心与关键 [Z/OL]. 房产_中国江苏网，2005-8-26.

[3] 宋春华. 应建立新住房消费模式 [N]. 中国证券报，2006-11-3；

[4] 住房结构性过剩，破解之道在于政府应该归位 [Z/OL]. 中国新闻网，2006-2-23.

[5] 徐滇庆. 经济适用房的理论困境 [Z/OL]. 搜房网，2005-07-14.

[6] 杨慎. 经济适用房已变成"一个怪胎"应该取消 [Z/OL]. 搜房网，2005-08-06.

[7] 张宏强. 廉租房取代经济适用房是不是最佳途径 [N]？新京报，2003-3-17.

[8] 薛涌. 经济适用房不宜取消，治理关键在于分配合理 [Z/OL]. 搜房网，2005-03-14.

[9] 沈晓杰. 没有经济适用房，房改还有立身之本吗 [Z/OL]？新浪财经网，2006-03-24.

[10] 经适房回归平民本色 [N]. 北京青年报，2005-06-14.

[11] 包宗华. 经济适用房不应叫停，而应加大规模 [Z/OL]. 焦点房地产网，2005-11-03.

[12] 廉租房取代经济适用房之争：经济适用房、廉租房都不可或缺 [Z/OL]. 焦点房地产网，2006-02-13.

[13] 赵晓. 真正需要反思的是住房发展模式 [N].21世纪经济报道，2006-5-22.

[14] 赵晓. 对"人人有住房"和"人人有房住"的反思 [J]. 中国不动产杂志，2006-6-17.

[15] 袁奇峰. 城市模式与地产模式 [Z/OL]. 新浪广州房产，2006-06-24.

[16] 包宗华. 共同构建2006年的房地产春天 [Z/OL]. 包宗华观点，2006-1-15.

[17] 曲向东. 跛足的市场和政府的责任 [N]. 中国房地产报，2006-10-16.

[18] 董潘. 承接中体现转变，完善中留遗憾 [Z/OL]. 新浪房产，2006-5-18.

[19] 王石. 如何实现居者有其屋（在分化与和谐的十字路口）[Z/OL]. 王石博客，2006-8-15.

[20] 王子鹏. 当心房价对"反腐"的过高期望 [N]. 中国房地产报，2006-9-18.

[21] 李稻葵. 建议开征交易增值税 [N]. 中国财经报，2006-9-7.

[22] 邓锋. 物业税改革真能抑制房价吗 [N]. 中国房地产报，2006-6-19.

[23] 赵卓文. 广州楼市观察 [Z/OL].2006.

[24] 徐滇庆. 限房价错在哪里 [N]. 中国房地产报，2006-9-4.

[25] 易宪容. 可能导致灰色区域，我反对"限价房" [Z/OL]. 中国广播网，2006-10-20.

[26] 左农. 限房价不如限利润 [N]. 中国房地产报，2006-8-21.

[27] 华国强. "六二二原则"下再议限价商品房 [N]. 中国房地产报，2006-7-3.

[28] 任志强. 关于成本公布——一个不应该讨论的问题 [Z/OL]. 任志强的博客，2006-10-20.

[29] 董潘. 强制公布商品房成本不可取 [Z]. 中国房地产报，2006-10-23.

[30] 丁宏. 公布房价成本是知情权的过度膨胀 [N]. 中国房地产报，2006-5-30.

[31] 徐滇庆. 公开房价成本有其理论依据 [N]. 中国房地产报，2006-11-20.

[32] 高点. 是谁在害怕商品房"成本公开" [N]. 燕赵都市报，2005-11-16.

[33] 包宗华. 形势、制度与"公布住房成本". 包宗华观点 [Z/OL]. 地产博客.

（本文合作作者：马晓亚。原文发表于《城市规划》，2007年第11期）

保障性住房制度与城市空间的研究进展

中国的城市空间正处于剧烈的解体、冲突和重构之中。各种社会经济力量的成长、组合和嬗变从根本上改变着城市发展的动力基础；尤其是城市土地使用制度、城市住房制度等一系列重大制度改革，深刻影响着城市空间的发展，并塑造着新的空间形态。中国城镇保障性住房制度也正开始塑造并重构着中国的城市空间，特别是进入21世纪后，该股力量日益强大，影响越发明显且深刻。

20世纪90年代以来，随着城镇保障性住房制度实施行动的逐步大规模开展，国内保障性住房制度与城市空间的关系研究日益受到地理学、规划学和社会学等学科的重视，但由于制度演进进程中的波折，成果仍较有限；而在二战后就开始大规模实施公共住房制度的发达国家和地区，该议题的研究则硕果累累。为了更深刻而全面地把握保障性住房制度与城市空间关系的进展及动态，本文将结合国内外的研究，从"住房制度与城市空间"和"保障房制度与城市空间"两个层面，对该议题的相关文献进行梳理。

1 住房制度与城市空间

相关研究的逻辑主要是将住房制度视为城市空间的影响因素，研究内容涉及住房制度与城市空间本身、住房制度与城市空间相关议题等两个层面。

1.1 住房制度被视为城市空间的影响要素

相关文献中，住房制度被视为城市空间的研究背景、城市空间发展机制的解释和影响因素。具体内容囊括住房制度与居住流动、住房制度与社会分异、住房制度与城市结构等。

在探讨转型期居住流动的相关文献中，住房制度被视为反映居住选择相关要素（如收入、家庭结构、年龄等）对交通、户型、价格、邻里关系等偏好的研究背景。

城市空间分异的相关研究中，住房制度被视为影响居住分异的因素之一，被视为引起居住分异的制度因素；刘望保等分析了住房制度对居住分异的作用机制，认为住房制度改革导致住房选择自由化、房地产自主开发和政府宏观调控转向，从而影响了城市社会空间分异。

关于住房制度与城市结构，张兵分析了住房制度对城市空间结构的影响逻辑，即住房制度是通过具体制定的住房开发行为落实在空间上，从而对城市空间结构产生影响的；重点探讨了住房制度改革导致的开发机制、分配机制和开发过程的变化而形成的城市住宅空间的特征，强调住房制度改革导致的城市空间特征的形成过程。

1.2 住房制度被视为与城市空间相关议题的影响因素

这一观点多来自规划学者，即住房制度通过影响城市空间进而影响其他议题，内容主要包括住房制度对城市规划的影响。张兵将住房制度改革视为城市规划从供给导向向需求导向发展的重要契机；认为在直接诱发城市空间变革的前提下，住房制度改革所要建立的住房社会分配机制为规划的转变提供了有利的环境条件和强大的外部推力；并探讨了住房制度引发的市场价值规律对规划实践中居住用地布局趋势、居住空间社会组织趋势的影响。戴宗辉分析了城市规划制度如何响应住房制度改革带来的城市空间结构及微观居住区设计的变化。张庭伟分析城市蔓延和政府角色的关系时建议，住房政策应成为政府控制城市蔓延的主要手段之一。住房建设规划作为住房制度的实施行动，王佳文探讨了住房建设规划与城市规划的衔接问题，认为住房建设规划与城市规划存在政策目标和技术手段的关联。

2　保障性住房制度与城市空间

相关文献中，保障性住房制度，主要包含分配制度与空间选址安排策略，普遍认为是塑造城市微观社会空间的政策工具。目前的思路多是从研究保障性住区入手，进而对保障性住房制度进行研讨；从保障房制度的角度对保障性住区进行的相关研究中，研究的空间层面包括微观空间和宏观空间。

2.1　微观空间层面的研究——对保障性住区这一微观空间实体的研究

微观空间实体特征是西方学术界研究的传统领域。目前国外的研究已相当充实，核心内容包括社区犯罪、住区贫困、居住满意度等。

2.1.1　社区犯罪

关于社区犯罪，西方保障性住区通常被视为滋生犯罪和其他社会病态的温床，其自身所衍生的社会问题广为诟病，犯罪学家将美国公共住区视为大量不愉快行为发生的平台。

加拿大公共住区犯罪率的研究表明，妇女遭受性暴力的犯罪率很高，安大略湖东部的公共住区邻里生活质量调查显示，已婚和同居妇女中一年内有 19.3 的曾是性暴力的受害者，高于其他北美国家考察的同类女性在同等时间内所遭受的身体侵犯的比例。英国1998 年的犯罪调查数据表明居住在地方政府所属公共住区的居民可能被盗的几率是那些拥有住宅的家庭的两倍。加拿大社会学家拉斐尔（Ralphael）分析了暴力犯罪及其他社会病态的影响因素，认为公共住区的设计、地方警察机构的布局和公共住区的区位都影响居民身体受伤害的发生几率。

美国和加拿大学者还专注于公共住区群体的"集体效能"（Collective Efficacy），即研究邻里居民为达到某种共同利益（具体到照顾孩子和维持公共秩序的共同愿望）而形成的相互之间的信任程度；美国学者桑普森（Sampson）等对芝加哥公共住区的研究发现，贫困集中度高的地方，集体效能较低，这是解释公共住区具有犯罪等较严重社会病态的主要原因之一。

2.1.2　公共住区贫困

公共住区贫困问题一直受到学界的重视。1990 年代美国城市社区贫困的研究表明，由于联邦住房政策的直接作用，经济最衰退的城市邻里 90% 是公共住区。美国公房研究者劳伦斯·弗里德曼（Lawrence Friedman）追溯了美国公共住区如何过渡到最穷城市住区的过程，指出公共住区由"1950 年代中期前仅作为社会地位有上升趋势的具有工资性收入的流动性双亲低收入家庭的临时站点"，变为"1950 年代后期到 1990 年代中期，容纳城市拆迁改造导致的贫民、无家可归者及出院的精神病患者的住区”，并将这种转变归结为联邦住房法规对家庭收入的硬性限制。美国学者威尔（Vale）分析了美国 1980 年代后公共住区聚集的低于地方平均收入 10% 的贫困群体的规模比重，结果显示公共住区聚集的贫困群体占全国的比重从 1981 年的 2.5% 增长到 1991 年的 20% 左右；他还分析了美国大城市公共住区居民的收入来源，结果显示居住在此的非老龄居民中只有 1/5 的居民的收入主要来源于工资，而且依靠政府救济作为主要收入的居民并非仅仅来自少数最有名的严重衰退的公共住区，全国范围内的整个系统都遭遇着集聚性贫困。

公共住区“贫困”衍生的社会病态也受到学界的重视；其集聚的贫困恶化了居住者的生存状况和找工作的能力，加剧了空间贫困，增加了居住者的厌倦感和无所事事，提高了他们从事犯罪、消费大量非法药品和酒精以及在街道边上进行诱奸的风险。而且该类住区贫困群体的个人习性普遍具有“慵懒和得过且过”的特征。

2.1.3 居住满意度

目前，公共住区居民居住满意度的研究成果较为丰富。从研究的内容层次上，西方发达国家经历了两个阶段：首先是针对公共住区居民的总体居住满意度；美国学者弗兰切斯卡托（Francescato）等研究了全美范围内的公共住区居民的居住满意度，显示 66% 的被调查对象表示满意，且该满意度未受住房项目类型的影响，同时居民差异的影响也不显著。其次是专注于公共住区居民对住区事务参与度所直接影响的居住满意度；美国社会学家托布（Taube）等将参与度作为居民被社区整合（如亲朋往来、邻里居民的认知度等）的指标，对公共住区居民的满意度进行实证，结论是低收入居民社会活动的参与次数与个体满意度直接相关。美国学者鄗里翰（Hourihan）着重研究了亲朋好友的地域分布对居住满意度的作用，即公共住房居民距离其亲朋好友越近，其对居住环境越满意。

居住满意度相关研究的切入点也较多。在西方国家的公共住房建设模式转型之际和转型后，小规模分散布局的公共住区居民的居住满意度成为热点。由美国住房和城市发展局主持的研究评估了芝加哥第八区分散布局的住房项目对被重置到远离市中心的中产社区的公共住房居住者的影响，表明约近一半的被重置对象感到满意，还有近 1/3 的渴望返回城内，另有 18% 渴望离开。意大利学者胡特曼（Huttman）对意大利锡拉库扎市（Syracuse）公共住区的研究表明，与被安置到中产阶级住区的相比，被安置到接近贫民窟的公房租赁者的居住满意度更高。居住保有权（tenure status）也是公共住区居住满意度的关键点，多数研究表明公房所有者的居住满意度远远高于租赁者。同时，单因素或单类因素对居住满意度的影响也受到关注，马来西亚研究者哈里马赫（Halimah）等比较了雪兰莪（Selangor）低成本公共住房的马来族和华裔家庭主妇对居住追求的感知，发现她们的差异极其明显。其他国家公共住区居住满意度的研究也结出硕果，此处不再详述。

国内直接对保障性住区微观实体的研究尚不多见且不全面，目前多停留在对微观实体特征的描述性研究上，实证研究屈指可数。其中李培分析的北京经济适用房住区居民居住满意度是较早的实证研究，马晓亚对广州保障性住区发展特征的研究在微观层面上较为深入和全面，内容包含社会生态结构、住区管理模式、人文居住生态和设施供给的物质空间特征等。周素红等以广州典型保障性住房社区为例分析的社区居民居住、就业选择与空间匹配性是该微观空间实体的最新研究课题。竺雅莉等以新疆喀什老城区改造为例所探讨的中国保障性住房的街区式发展模式是该微观实体的又一最新实证。

2.2 宏观空间层面的研究——保障性住区在城市空间中的镶嵌特征及影响

2.2.1 空间镶嵌特征

相关研究中，保障性住区的空间区位是重要内容，也是城市空间研究的常热议题。早在 1920 年代，芝加哥社会学派就开始利用住房过滤理论研究城市住宅的经济宏观格局，美国该学派的代表人物伯吉斯（E. W. Burgess）利用该理论解释性地描述了芝加哥"同心圆式的城市增长过程"中不同收入阶层住宅之间的区位过滤模式和以此形成的住宅区位格局。类似的研究还包括美国土地经济学家霍伊特（Hoyt）的"扇形"模式、美国地理学者哈里斯和乌尔曼（Harris & Ullman）的"多核心"模式。这些研究中，保障性住宅未被单独作为一种住房形态进行构筑，但被包含在低收入住宅中。

二战后直接以具有福利性的保障性住区的空间布局为议题的研究很快成为热点。有美国学者研究了公共住区空间选址的特点，认为大量公共住房工程布局在已有的城市贫民区内部或边缘，其边界往往通过高速公路或其他空间障碍物变得视而可见，导致先前存在的种族隔离模式得以维持。有中国研究者借助 GIS 工具研究了新加坡大规模公共住房在城市中的空间组织和分布，得出的结论是，新加坡公共住房既在大范围内实现了国民基本住房保障，也让绝大多数居民能找到合适的空间位置。

国内的研究中，张祚等通过分析武汉市经济适用房的区级空间分布，得出"2007 年在建的经济适用房呈现集中化和边缘化"的结论。张高攀以北京为例，认为经济适用房的空间选址过于强调赢利的市场规律。张永波等的研究表明北京等大城市的保障性住房均呈现出远离中低收入人群就业密集区、远离经济型公共交通设施、远离公益型服务设施的特征。马晓亚研究了广州自 1986 年以来建设的保障性住区的空间布局，认为孤立的空间选址模式导致整体空间布局呈现远离城市中心的特征；动态过程的布点呈圈层向外分布，且各阶段的项目始终远离城市中心及发展成熟的局部区域。李智等基于南京市规定年限内毕业的工作时间不超过 3 年的各学历人员居住现状的调查，对该类群体的保障性住房空间选址进行了探讨，认为其布局不可能距离交通枢纽和城市中心太近，但可以在直通工作地点的交通要道周边。郑思齐等以居住分异理论为理论基础，探讨了保障性住房空间选址的国际经验和中国的选址现实。总体上讲，国内的此类研究成果较为丰富。

2.2.2 外部影响

关于保障性住区的外部影响，国内的研究相对不多，研究结果相对笼统，实证研究不够深入细致；国外的实证则相当充分。基于此，本小节将主要综述国外的相关成果，主要集中在两个层面。

（1）行政干预导致的居住隔离对城市社会的影响

随着 1980 年代后西方国家普遍推行社会、经济和种族融合的政策，反居住隔离下公共住宅项目的影响成为研究热点。美国许多居住流动项目将种族性和社会性居民视为"具有最低正面身份"的群体，被认为是双重边缘化的典型措施；且公共住宅项目的空间选址也趋向固化种族性的"空间集聚"，成为承载贫困群体尤其是非裔妇女、儿童的容器。韩国社会学家河晟圭（Seong-KyuHa）分析了韩国首尔反居住隔离政策下与商品住宅区仅一路之隔且无栅栏等障碍物的永久性租赁住宅区被隔离的特征，认为物质形态上的隔离虽得以避免，但社会空间上的被隔离仍存在；该租赁住宅区的居民被认为给邻里带来负面影响。新加坡学者黄玉玲（Ooi，G，L.）研究了新加坡 1964 年实施的公房分配政策导致的街区和邻里社区居住面貌的变化，得出到 1980 年代某些新镇和公共住房具有形成种族飞地的明显趋势的结论。新加坡华裔学者卢利婵（Loo，L，S.）等分析了新加坡 1989 年的邻里种族限制政策对遏制种族隔离的影响，认为"种族空间分布比率基本实现了该政策的控制目标"。

（2）政府干预下公共住区的小规模分散布局对城市社区的影响

自 1950 年代，公共住区对邻里的影响成为研究热点。公共住区对周边资产价值的影响一度引起学者们的关注。研究者利用非常地理性的细目数据比较包括新发展公共住宅项目在内的小区域范围内和城市范围内的资产价格变化；有学者利用该方法证实纽约扬克斯市 7 个分散布局的公共住房项目对它们周边的影响甚微；美国学者埃伦（Ellen）等采取海多尼克（HEDONIC）回归模型研究纽约市的邻近被补贴项目的新私有住房的资产价格变化差异和同一邻里内与被补贴项目距离不同的资产增值差异，发现被补贴项目对周边地区的资产增值带来意想不到的重要的积极影响。

公共住区对周边住区带来的社会影响也是另一重要热点。美国学者麦克唐纳（MacDonald）研究了美国公共住房重置措施给郊区资产阶级住区带来的社会影响及其受到的质疑；认为将公共住房重置在社会和种族特征异质的邻里社区是公众极力反对公共住房布局的基础。针对混居引起的社区变化如何通过决策而被最小化，研究者认为在中产阶级社区中配建的低收入住房所占比重必须足够低（至少低于 50%），才能阻止令原居住者不悦行为的出现和社区邻里信仰的流失；美国社会学者雅各布斯（Jakubs）则证实，不管公共住区的类型如何，中产阶层对邻里社区的这种改变表现出强烈的负面反应。

3 研究展望

就国内外学者对西方发达国家和地区及部分发展中国家的研究看来，保障性住房制度与城市空间的研究已相当充实和成熟，并已成为常规的城市议题之一。研究的学科领域跨及城市社会学、地理学、规划学、公共管理学等多学科；研究内容丰富，覆盖保障性住区的方方面面，涉及空间区位、布局模式、种族隔离、社区贫困、行为模式、社区犯罪、管理组织模式、设施运营等；制度、空间视角下的研究切入点细腻，既有宏观空间视角的研究，也有微观视角的剖析；研究方法偏重于典型案例解剖，技术手段上侧重于描述性分析、定量判断性研究和定性逻辑性推理等，研究结论深入、具体、富有说服力。

就国内外学者对我国的研究进展看来，该议题的研究仍相当缺乏，但目前已成为学术界的最热议题。根据当前的成果，相关研究仍主要停留在宏观空间视角下的空间布局及其导致的城市问题上；微观空间视角下的实体研究仍屈指可数；研究内容亟待进一步扩展。研究方法侧重于面上感知性描述，技术手段则以描述性剖析和认知性判断为主，研究结论相对笼统。基于此，微观空间下保障性住区的实体研究在今后需要进一步加强。

参考文献

[1] 张京祥，罗震东 . 体制转型与中国城市空间重构 [M]. 南京：东南大学出版社，2007.

[2] Wu F L.China's changing urban governance in the transitiontowards a more market-oriented economy[J].Urban Studies，2002，39（7）.

[3] 魏立华，卢鸣. 社会转型期中国"转型城市"的含义、界定及其研究框架 [J]. 现代城市研究，2006（9）：36-44.

[4] Huang, Y., &Clark, W.A.V..Housing tenure choice in transitional urban China : A multilevel analysis[J].Urban Studies, 2002, 39（1）: 7-32.

[5] Ho, M. H. C., Kwong, T.-M. Housing reform and home ownership behaviour in China : A case study in Guangzhou[J]. Urban Studies, 2002, 17（2）: 229-244.

[6] Li, S.-M., Siu, Y.-M..Commodity housing construction andintra-urban migration in Beijing : An analysis of survey data[J]. Third World Planning Review, 2001a, 23,（1）: 39-60.

[7] 徐菊芬，张京祥. 中国城市居住分异的制度成因及其调控——基于住房供给的角度 [J]. 城市问题，2007，（4）：95-99.

[8] 刘望保，翁计传. 住房制度改革对中国城市居住分异的影响 [J]. 人文地理，2007，（1）：49-51.

[9] 张兵. 我国城市住房空间分布重构 [J]. 城市规划汇刊，1995，（2）：37-40.

[10] 张兵. 城市住房制度改革——我国城市规划发展的契机 [J]. 城市规划汇刊，1992，（4）：16-23.

[11] 张兵. 关于城市住房制度改革对我国城市规划若干影响的研究 [J]. 城市规划，1993，（4）：11-15.

[12] 戴宗辉. 住房制度改革与城市规划对策探析 [J]. 规划师，1991，（1）：93-95.

[13] 张庭伟. 1990 年代中国城市空间结构的变化及其动力机制 [J]. 城市规划，2001，（7）：7-14.

[14] 王佳文. 住房建设规划与城市规划的衔接机制初探 [J]. 城市发展研究，2006，（6）：92-95.

[15] Weatherburn, D., Lind, B., Ku, S.. Hotbeds of crime? Crime and public housing in urban Sydney[J]. Crime and Delinquency, 1999, 45 : 256-271.

[16] Holzman, H.R..Criminological research on public housing : Toward a better understanding of people, places, and spaces[J]. Crime and Delinquency, 1996, 42 : 361-378.

[17] Raphael, J.. Public housing and domestic violence[J]. Violence Against Women, 2001, 7 : 699-706.

[18] DeKeseredy, W. S., Alvi, S., Schwartz, M. D., Perry, B.. Violence against and the harassment of women in Canadian public housing[J].Canadian Review of Sociology and Anthropology, 1999, 36 : 499-516.

[19] DeFrances, C.J., Smith, S.K.. Perceptions of neighborhood crime, 1995（Special report）[M]. Washington, DC : Department of Justice, Bureau of Justice Statistics, 1998.

[20] Sampson, R. J., Raudenbush, S. W., Earls, F.. Neighborhoods and violence crime : A multi-level study of collective efficacy[J]. Science, 1997, 277 : 918-924.

[21] Sampson, R. J., Raudenbush, S. W., Earls, F. Neighborhood collective efficacy:Does it help reduce violence? [M]. Washington, DC : U.S.Department of Justice, 1998.

[22] McRoberts, F., T.Wilson.. "CHA has 9 of 10 poorest areas in U.S., study says" [J]. Chicago Tribune, 1995, January24 : 1-6.

[23] Lawrence Friedman. Government and Slum Housing, Chicago : Rand Mcnally, 1968.

[24] Schill, M.H.. "Distressed public housing : where do we go from here?" [J].University of Chicago Law Review, 1993, 60 : 497-554.

[25] Vale, L.J.. "Occupancy issues in distressed public housing : an outline of impacts on design, management, and service delivery", in Working Papers on Identifying and Addressing Severely Distressed Public Housing, National Commission on Severely Distressed Public Housing[M].Washington, D.C : U.S.Department of Housing and Urban Development, 1992 : A1-A60.

[26] Vale, L.J..Beyond the problem projects paradigm : defining and revitalizing 'severely distressed' public housing[J]. Housing Policy Debate, 1993, 4（2）: 147-174.

[27] Wilson, W.J..When work disappears : The world of the new urban poor[M].New York : Knopf, 1996.

[28] Murie, A..Linking housing changes to crime[J]. Social Policy and Administration, 1997, 31 : 22-36.

[29] Anderson, E..Code of the street : Decency, violence, and the moral life of the inner city[M]. New York : Norton, 1999.

[30] Jencks, C..Rethinking social policy : race, poverty, and the underclass[M]. Harvard University Press, Cambridge, MA, 1992.

[31] Francescato, G., Wiederman, S., Anderson, J.R. Chenoweth, R.. Residents' Satisfaction in HUD-Assisted Housing : Design and Management Factors[M]. Washington, DC : U.S.A. government Printing Office, 1978.

[32] Taube, G., Levin, J..Public Housing as Neighborhood : The effects of Local and Non-Local Participation[J]. Social Science Quarterly , 1971, 52（12）: 534-542.

[33] Hourihan, K..Residential Satisfaction, Neighborhood Attibutes, and Personal Characteri stics[J]. Environment and Planning, 1984, A15 : 425-436.

[34] Muth, M.J..An Examination of Public Housing in U.S. After 40 Years[J] .Sociology and Social Welfare, 1981, 8（9）: 471-488.

[35] Huttman, E..The Pathology of Public Housing[J]. Cities, 1971, 5（9）: 32-34.

[36] Lu, M..Determinants of residential satisfaction : ordered logit vs regression models[J]. Growth and Change, 1999, 30, 264-287.

[37] Halimah, A., Lau, Y.C.. Concept of housing satisfaction perceived by housewives living in low-cost housing[J]. Malaysia Journal of Consumer and Family Economics, 1998, 1 : 145-156.

[38] Ukoha, O.M., Beamish, J.O.. Assessment of residents' satisfaction with public housing in Abuja, Nigeria[J]. Habitat International, 1997, 21（4）: 445-460.

[39] Nurizan, Y..Space deficit in low-cost household of Peninsular Malaysia[J].Kajian Malaysia, 1993, 11（1）: 56-75.

[40] Djebuarni, R., Al-Abed, A.. Satisfaction level with neighbourhood in low-income public housing in Yemen[J]. Property Management, 2000, 18（4）: 230-242.

[41] 李培 . 北京经济适用房住区居民的居住满意度研究 [D]. 中国人民大学博士论文，2008.

[42] 马晓亚 . 广州保障性住区的发展特征及其影响机制研究 [D]. 中山大学人文地理学博士论文，2010.

[43] 周素红，程璐萍 . 广州市保障性住房社区居民的居住——就业选择与空间匹配性 [J]. 地理研究，2010，（10）: 1735-1745.

[44] 竺雅莉，王晓鸣 . 中国保障性住房的街区式住区发展模式研究——以新疆喀什老城区改造为例 [J]. 城市规划，2010，（11）: 20-24.

[45] Vale, L.J.. The imaging of the city : public housing and communication[J].Communication Research, 1995, 22（6）: 646-63.

[46] Zukin, S..How 'bad' is it? : Institutions and intentions in the study of the American ghetto[J]. International Journal of Urban and Regional Research, 1998, 22, 511-520.

[47] 张祚，朱介鸣等 . 新加坡大规模公共住房在城市中的空间组织和分布 [J]. 城市规划学刊，2010，（1）: 91-103.

[48] 张祚，李江风 . 经济适用房空间分布对居住空间分异的影响——以武汉市为例 [J]. 城市问题，2007，（7）: 96-101.

[49] 张高攀 . 基于旧城改造背景下的经济适用房模式选择——以北京市为例 [J]. 城市规划，2007，（11）: 71-78.

[50] 张永波，翟健 . 北京市保障性住房空间布局探讨 [C]// 和谐城市规划——2007 年中国城市规划年会论文集 .2007.

[51] 李智，林炳耀 . 特殊群体的保障性住房建设规划应对研究——基于南京市新就业人员居住现状的调查 [J]. 城市规划，2010，（11）: 25-30.

[52] 郑思齐，张英杰 . 保障性住房的空间选址——理论基础——国际经验与中国现实 [J]. 现代城市研究，2010，（9）: 18-22.

[53] Goering, J.M..Opening housing opportunities : Changing Federal Housing Policy in the United States[M].In F.Boal（Ed.）, Ethnicity and housing : Accommodating the differences.England : Ashgate, 2000.

[54] Goering, J.M..Housing Desegregation and Federal Policy[J]. Chapel Hill : University of North Carolina Press, 1996.

[55] Leavitt, J..Defining cultural differences in Space : Public housing as a microcosm[J]. Urban Studies and Planning Program, University of Maryland, 1994 : 75

[56] Seong-KyuHa.. Social housing estates and sustainable community development in South Korea[J]. Habitat International, 2008, 32 : 349-363.

[57] Ooi, G.L...The housing and development board's Ethnic integration policy. In G.L. Ooi, S. Siddique, K. C. Soh, The management of ethnic relations in public housing estates[M]. Singapore : Times Academic Press for the Institute of Policy Studies, 1994 : 4-24.

[58] Loo, L.S., Shi, M.Y., Sun, S.H.. Public housing and ethnic integration in Singapore[J]. Habitat International, 2003, 27 : 293-307.

保障性住区的公共服务设施供给

——以广州市为例

城市社区公共服务设施的配置可从两个空间层面进行解析：一是城市层面，体现为城市中呈点状分布并服务于社会大众的教育、医疗、文体、商业等社会性设施的配置区位，充分的可达性是保障社区居民生活质量的重要前提（王松涛，2007）；二是居住区层面，体现为社区内规划配建的各类设施的供给情况，必要的供给是保障居民生活需求的根本基础。两个层面的设施配置构成城市社区的整体配置格局。整体上，无论何种层面，除商业服务等经营性设施外，绝大多数公共设施的配置目标都体现为社会效益；其理论基础来自于福利经济理论，即配置的公平和福利最大化——城市层面上追求空间布局的均衡；居住区层面上争取数量和种类供给的均衡。

保障性住区内的居民是对公共服务设施依赖性最强的社会群体类型。理论上，城市层面的公共设施某种程度上应该稍偏向于该类群体，其空间布局在可达性上应更接近于该类社区；居住区层面的公共设施至少能够满足该类群体的最基本服务需求。而现实中，城市政府作为保障性住区的投资建设主体，却并未在公共资源的分配上认真考虑该类群体的需求。相反，在空间上往往将保障性住房建设在城市边缘，公共资源配置严重不足。本文通过广州保障性住区的实证研究，从城市和居住区两层面讨论政府保障性住区建设中，公共设施配置偏离的趋向。

（下接第 313 页）

（上接第 311 页）

[59] Amy Ellen Schwartz，Ingrid Gould Ellen..The external effects of place-based subsidized housing[J]. Regional Science and Urban Economics，2006，36：679-707.

[60] Briggs，X.，Darden，J.T.，Aidala，A.. In the wake of desegregation：early impacts of scattered-site public housing on neighborhhods in Yonkers，New York[J]. Journal of the American Planning Association，1999，65（1）：27-49.

[61] Ellen，I.G.，Schill，M.H.，Susin，S.，Schwartz，A.E.. Building homes，reviving neighborhoods：spillovers from subsidized construction of owner-occupied housing in New York City[J]. Journal of Housing research，2002，12（2）：185-216.

[62] MacDonald，H..Comment on Sandra J.Newman and Ann B.Schnare's '…And a suitable living environment'：the failure of housing programs to deliver on neighborhood quality[J]. Housing Policy Debate，1997，8（4）：755-762.

[63] Dennis Lord，George S. Rent. Residential Satisfaction in scattered-Site Public Housing Projects[J]. The Social Science Journal，1987，24（3）：287-302.

[64] Downs，A..Openning Up the Suburbs：An Urban Strategy for America[M].New Haven，Conn.：Yale University Press，1973.

[65] Gruen，N.J.，and C..Gruen.Low and Moderate-Income Housing in the Suburbs：An Analysis for the Dayton，Ohio Region[M]. New York：Praeger，1972.

[66] Jakubs，J.F.. Low-Cost Housing：Spatial Deconcentration and Community Change[J]. The Professional Geographer，1982，34（5）：156-166.

（本文合作作者：马晓亚。原文发表于《建筑学报》，2011 年第 8 期）

1 城市层面上公共服务设施的布局

传统公共服务设施的研究主要着眼于那些类似于福利经济学中公共产品的设施。实际上随着供给主体的多元化，公共服务设施的概念内涵早已出现分化。不但私人产品性设施被包含在内，西方传统福利经济学语境下的公共设施也脱离原有属性发生异化。但是，从公共设施的自身属性反映的其对普通民众生活的影响程度，并结合相应的利用成本，被依赖性强和被选择度高的仍然是传统概念下的那些设施，诸如公立学校、医院、交通、文化体育、社会福利与保障等。因此，本节探讨的城市层面上公共设施即指该类。

1.1 城市公共服务设施布局的趋势

公共服务设施的投资、管理主要由政府及相关公共管理机构承担，政府为之提供财政支撑，因此其区位选择由政府决定（宋正娜，2010）。根据泰兹的公共设施区位理论，如何在政府有限的财政预算框架内突破效率优先的束缚，站在福利公平兼顾效率的立场，实现公共设施的最优布局是根本原则（Teitz，1968）。但是，公共设施的成本和收益如何在社会空间上进行分配，在市场经济条件下往往受租金支付能力较强的城市中产阶级和富裕阶层主导；"基本公共服务均等化"的布局为此受到牵制，过于集中、邻避主义等成为最常见的空间表征。

城市快速拓展和调整时期，政府对城市富裕阶层动态抢占社会公共资源无力干预，根本原因在于静态的公共设施布局与住房市场化背景下居住流动引起的社会分异的动态组合，市场对区位的争夺背后是付租能力。我国城市在计划经济时期，城市社会空间结构相对均衡，公共服务设施布局的主导因素是服务范围最大化；随着住房市场化，设施配套优等地区的房价的飙升，促使有经济能力的群体竞相通过二手房交易和旧城改造进入设施富裕地区，无经济能力的群体则日益边缘化，被迫迁移而失去对城市公共设施的充分享用权。而追求经济发展的政府对于这种动态的社会组合的过程或者视而不见，或者缺乏干预手段。转型期中国城市设施布局空间公平性缺失成为普遍的社会表征。

高军波等（2010）对广州7类18种城市公共服务设施供给的空间格局和社会分异进行了分析，得出的结论是空间聚集水平差异显著，与人口分布不相协调；医疗和交通站点设施在高收入地区聚集，教育、市政等在此类地区的供给密度高，可达优势突出。林康等（2009）通过可达性视角论证了如何使江苏仪征市大型医院的布局实现空间公平性，披露了政府对公共服务设施区位选择难以兼顾公平和效率的决策行为。张文新（2004）在论证北京市人口分布与服务设施的协调性时，也表达了服务设施空间公平性欠缺的观点。

1.2 广州保障性住区公共设施的可达性

市场经济"自下而上"的区位争夺和城市政府"自上而下"的保障性住区选址，导致城市公共设施的布局与保障性住区空间上的偏离，中低收入居民空间可达性极差。广州中心边缘格局的设施空间组织与保障群体分布外移的格局将进一步加剧未来两者之间空间分离的趋势。这一点可从保障性住区整体空间布局及其与市级公共设施的区位关系等得到证明。

1.2.1 保障性住区在城市中的空间布局

根据相关研究，中低收入居民在选择居住地时，受"中心地引力"的影响远高于受"郊区地引力"的影响（张永波，2006），即该属性的群体更在乎中心地方便易得的工作机会、

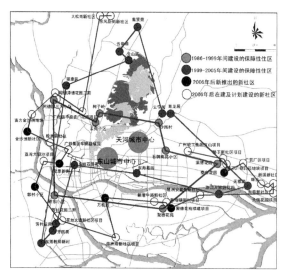

良好的公共服务设施、便利的交通条件，而非郊区地良好的生态环境和住宅质量（王益洋，1996）。广州保障性住区的空间布局则恰恰背离了该属性群体的客观居住选址诉求（图1）。

除"东峻荔景苑"、"东海嘉园"、"石牌南苑小区"等区位优越外，其他均与就业岗位集中、公共服务设施齐全、公交便利的天河城市中心和东山城市中心相距甚远。

从选址的动态看来，各阶段保障性住区逐步外移，呈圈层向外分布：1999-2005年期间建设的选点位于1986-1998年期间的外圈层，又位于2006年后的内圈层。各阶段的住区还

图1 广州自1986年的保障性住区的空间分布

始终表现出远离城市中心及发展成熟的局部区域的特征。例如，1986-1998年建设的棠德花园、聚德花苑等被选址在非城市化的农村地区；1999-2005年建设的教师新村布局在非城市化的远郊地区，而2006年后的诸如广氮厂项目、大田花园项目、珠吉等多被安置在城郊结合部的半城市化地区和城乡结合部的半工业化地区。

1.2.2 保障性住区与市级公服设施的空间关系

广州保障性住区基本上均位于轨道交通所影响的500-800m的距离之外（图2）。这样的区位关系对低收入群体在城市公共设施的利用上产生双重影响。一方面，直接影响了该类群体对城市地铁的利用，很大程度上剥夺了对公共交通依赖性强的中低收入者对轨道交通的使用权。另一方面，直接影响保障性住区周边区域的发展，进而影响了该局部地域的设施供给。

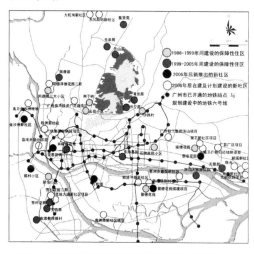

图2 广州地铁站点与保障性住区的区位关系

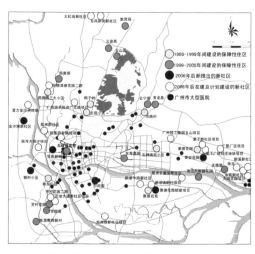

图3 广州大型医院与保障性住区的空间关系

另外，广州保障性住区与大型医院具有更明显的空间背离关系（图3）。一方面，保障性住区"远离城市中心、整体分散布局"；另一方面，大型医疗设施则表现出集中于"老城中心"的整体布局特征。这种相背离的空间关系直接导致大型医疗设施对保障性住区的服务支持程度不足，极不利于绝大多数保障房居住者，尤其是老弱病残群体等较多的廉租户对该类设施的充分利用。

2　居住区层面上公共服务设施供给

2.1　保障性住区公共服务设施的供应机制

公共服务设施的配置体现在两方面，一是配建或预留配建，二是供应。前者属于规划的内容，直接决定着公共设施的有无问题；后者属于运作问题，关系到公共设施的获得。

2.1.1　广州保障性住区公共设施的配建规定

《广州市居住小区配套设施建设的暂行规定》（1988年2月）和《广州市房地产开发项目配套公共服务设施建设移交管理规定》（2010年2月）两个文件前后出台，前者已于后者颁布实施之日即时废止。

1988年的暂行规定对于广州市2010年前建设的保障性住区的设施配建起着指导作用："规划的配套公建由设施所在地块的开发商建设"，即"谁开发、谁配套、谁建设"的配置方式，由于市政府是保障性住区的规划建设主体，市政府即为保障性住区的开发者，该类住区所需配建的各类设施应由市政府来完成。追根溯源，广州保障性住区公共设施配建的有无状况，市政府（住房保障办公室，以下简称"市住保办"）起着决定作用。

2.1.2　公共设施的供应模式

需要说明的是，本文的"供应"特指配套公建由开发商移交给相关部门的过程，这决定了公共设施的供给特征。公共设施的供应极为复杂，与其经济属性密切相关；如果居住区配建的各类设施按照其经济属性采取相应的供应模式，那么各类设施将呈现有效供给的特征。

按照1988年的暂行规定，除商业服务设施外，其他各类的供应模式基本上仍为"谁开发、谁配套、谁负责移交"。毋庸置疑，保障性住区内除商业设施外，其他各类应由"市住保办"负责供应。因此，商业服务类外的其他各类的供应实况与政府在实际的供应中是否作为及其特征直接相关。依据暂行规定的第三条：商业服务等经营性的设施，按商品房价格出售，即商业类设施采取市场化的供应模式。

2.2　保障性住区公共设施的供应状况

2.2.1　设施类型和分析案例的选择

居住区内牵涉的设施复杂多样，本文着重关注那些对"社区生活空间质量"较为重要的设施；以实用功能为分类标准，居住区的公共服务设施在《城市居住区规划设计规范》

（GB50180-93）中共分为教育、医疗、文化体育、商业服务、金融邮电、市政公用、行政管理和其他八类。而国外有研究认为，购物与商业服务、医疗卫生、体育娱乐、公共交通与通信、教育、社会与文化服务设施6个类型的要素是构成社区生活空间质量的基础设施主体（Howden chapman & Tobias，2000）。

经过对保障性住区内的设施进行筛选，对筛选出的设施按照经济属性进行类型划分，以探讨现行供应机制下各类设施的供应效率与理想供应模式下的供应有效性的差距。综合杨震（2002）、晋瑶（2007）根据公共产品理论对居住区公共服务设施经济属性的理解，按照其在居住区的规划配建原则和标准，将配置在居住区的公共设施划分为4类，即"社会公共产品"、"社区公共产品与共有资源"、"专营行业产品"和"私人产品"（表1）。

广州的聚德花苑、棠德花园和金沙洲新社区是3个典型代表不同历史时期建设的保障性住区：

本文提出的居住区公共服务设施项目分类　　表1

经济属性	类别	设施名称	设置区位			经济属性	类别	设施名称	设置区位		
			居住区级	居住小区	居住组团				居住区级	居住小区	居住组团
社会公共产品	教育	幼儿园		√	√	社区公共产品与共有资源	医疗	卫生站		√	
		小学		√			文化体育	小区文化活动中心		√	
		普通中学	√					文化站			√
	医疗	综合医院	√					球类产地		√	√
		社区医疗服务中心	√				公用设施	小区社会车辆停放场		√	√
		综合小门诊		√				公共厕所			√
	社区服务	社区服务/受理中心	√			私人产品	社会福利	托儿所			√
		老人院（敬老院）	√					托老所		√	√
		残疾人康复中心	√	√				老人公寓	√		
	文化体育	社区文化活动中心	√				商业服务业	各类商业、金融设施	√		
		科普和教育培训中心	√					书店	√		
		运动场、游泳馆	√					储蓄所	√		
	市政	社会车辆停放场（库）	√					一般商业服务		√	
	商业	肉菜农贸市场	√					粮油店及副食品店		√	
专营行业产品	邮电	邮政所、电信营业所		√				饮食店		√	
	市政	公交站场	√			文化		电影院	√		

聚德花苑采取了分期开发、持续推进的模式，始建于 1980 年代末，分 3 期，持续建设到 2007 年，其建设经历了广州所有的保障性政策阶段；在 2000 年前建成的住宅就多达 5000 套，入住人口接近 2 万，目前居住人口超过 2 万，至今已有 15 年的发展历程。

棠德花园 1990 年代中期建设，是以国有企事业单位住房困难家庭为保障对象的安居住区，共有 98 栋楼宇，近万套住宅，常住人口规模达 24375 人，是 2010 年前最大的保障性住区。

金沙洲新社区是 2006 年广州启动新一轮的保障房实物供给政策后新建的首个大型住区，规划共建 62 栋楼宇，6116 套住宅；一期保障房已于 2007 年 11 月底面向社会推出；至 2010 年 4 月，入住的家庭超过 3150 户。至今已经历了 3 年多的发展，设施供给呈现出一定变化。

2.2.2 配建环节的供给特征

根据广州 1988 年的政策文件,开发商建设的居住小区规模为 1-1.5 万人时,文化教育、行政管理、商业服务、医疗卫生等全部公建项目均须配置；人口规模为 1.5-3 万时,除配套居住小区的全部公共建筑外,增设药店、服装店、副食品店、日杂店、储蓄邮政所共计 28 项。由于三大住区的规模或规划规模都超过 1.5 万,按照表 1 所列的各项设施均需给予配套。同时,鉴于三大保障性住区所具有的社会属性,"市住保办"作为建设单位,在公共设施的配建或规划预留时,理应给予充分保障。但表 2 所示的供给特征并非完全如此。

按照公共设施的物质空间属性和经济属性,其配建可分为 3 种情况:

(1)物质空间规模大而独立的设施,诸如中小学、幼儿园、社区医院、停车场、运动场馆、公交站场等,需要开发单位即时配建物质场所或规划预留用地。三大保障性住区在迥异的建设背景下表现出不同的配建特征。建设时期较早的聚德花苑和棠德花园的该类设施均存在配建滞后或规划预留用地不足的情况,前者主要突出在运动场馆、球类场地规划缺失上,后者除此之外,还存在小学预留用地不足、社区医院配建滞后、停车场地预留缺失等问题；金沙洲新社区作为"市住保办" 2006 年后新建的住区,设施的即时配建和规划预留用地等都较为充分,并初步显示出规划超前的配建特征。

(2)物质空间规模小而不需要独立用地的设施、诸如超市、商店、书店等商业设施、小型的社服设施、邮政所、电信营业所、文化站、卫生站、老人院等,只要在住宅楼一层预留空间,即可进行配置。三大住区的规划配置模式迥异:

聚德花苑通过单独规划用地并建设两栋商住楼进行配建,形成一处社区生活广场,一处包括中型超市和服装商铺的小型商业集点。

棠德花园预留住宅楼一层为架空的空间,临街的住宅楼一层被开辟为商铺,这些设施均通过此种方式获得空间场地,在规划层面保障了设施的供给。

金沙洲新社区无特定的规划预留空间,除邮政所、银行等政府专门配建场所外,其他商业设施、文化培训点、托儿托老等均无规划预留空间。

(3)保障性住区是政府针对特殊群体专门建设的居住区,教育设施、医疗设施、社保设施、公交站场、邮政储蓄金融、肉菜农贸等是必配的设施类型。但是实际上,这 3 个区均出现配建缺失、时滞、不足的特征,问题很严重。

聚德花苑、棠德花园、金沙洲新社区公共设施配套环节的供给特征　　表 2

经济属性	类别	设施名称	聚德花苑			棠德花园			金沙洲新社区		
			规划	现状	情况说明	规划	现状	情况说明	规划	现状	情况说明
社会公共产品	教育	幼儿园	有	2处	1所公立	有	3所	1所公办	有	1处	公立
		小学	有	2处	区一级	有	1所	公办	有	1处	公立
		普通中学	有	1处	市一级中学	有	无	被易质为职业技校	有	1处	公立
	医疗	综合医院	无	无		无	无		无	无	
		社区医服中心、综合门诊	有	1处	被易质为肿瘤医院	有	未开业	公立医院	无	无	
	社区服务	社区服务/受理中心	有	4处	居委、劳保和社区服务站	有	2处	居委	有	2处	居委
		老人院（敬老院）	有	1处	老人娱乐中心	有	1处	星光老人之家	有	1处	社区卫生站兼职
		残疾人康复中心	有	1处	残康室	无	无		无	无	
	文化体育	文化、科普和教育培训点	有		远程教育终端室	有	1所	社会办	无	无	
		运动场、游泳馆	无	无		无	无		有	1处	羽毛球馆
	市政	社会车辆停放场（库）	有	2处		无	无		有	4处	
	商业	肉菜农贸市场			超市	有	3个	1999年底建成	有	1处	经营暗淡
社区公共产品与共有资源	医疗	卫生站	有	1处	老人协会社会化经营	有	1处		有	1处	2009年10月供应
	文化体育	小区文化中心、文化站	有	1处	社区书屋	无	无		无	无	
		球类场地	无	无	无	无	无		无	无	
	公用设施	小区社会车辆停放场	有	1处	自行车保管站	有	1处	很小	无	无	
		公共厕所	有	1处		无	无		有	2处	
私人产品	福利	托儿托老所、老人公寓	无	无		有	1处	托儿所	无	无	
	商业服务	各类金融、书店、储蓄所	有	有	齐备	有	数处		有	1处	
		粮油副食品、饮食店等	有	有	社区商业广场	有	齐备		有	1处	
	文化	电影院	无	无	无	无	无		无	无	
专营行业产品	邮电	邮政所、电信营业所	有	2处	邮政	有	1处	邮政所	有	1处	未经营
	市政	公交站场	有	1处		有	1处		无	无	

注：数据截止到 2010 年 1 月。

318

政府作为保障性住区的建设单位，其应具有的社会保障属性并未向住房困难及收入困难的群体显著倾斜，在针对该类群体所应提供的各类公建配套设施上，却与"逐利"的开发商一样，同样存在着"不作为"的现象。

2.2.3　供应环节的特征

根据 1988 年的暂行规定，由广州市政府投资的保障性住区各项配套公建应均需由"市住保办"负责移交给相关部门，以保障各项设施的供应。在实施过程中，"市住保办"也确实是这么做的。

但是，保障性住区作为城市政府面向住房困难和收入困难的群体建设的特殊类型住区，诸多设施尤其是教育、医疗、邮政储蓄等社会公共产品和专营产品，政府应尽量选择公益性强的公立机构进行移交，以保证保障对象能够用较低的价格享受到相应的服务；但是现实中由"市住保办"移交导致的设施供应环节出现供给易质、供给时滞的现象较为突出：

（1）聚德花苑——社区医院变复大肿瘤医院

根据广州市规划局城建批字（1993）326 号《关于大塘解困小区总平面规划方案》，位于聚德花苑中心的配套项目卫生院在开发建设该住区时就已被定性为"社区性医院"并预计在 2002 年移交供应。

社区医院规划占地 1000m²、建筑面积 2000m²、高 5 层；但到 2005 年却被建成 9 层高、建筑面积超过 1 万平方米的综合医院楼，并被"海珠区卫生局"移交给民营性的复大肿瘤医院。社区卫生医院被易质，不但使保障对象难以享受应有的社区医疗服务，还会给住区环境和居民的身心健康带来极大危害，并滋生业主与诸多部门难以调解的矛盾。

由于治疗辐射、医疗垃圾等问题，聚德花苑的业主先后自发组织与"广州市卫生局"、"规划局"、"城管综合执法支队"等行政部门分别进行谈判和斡旋，并上告越秀区人民法院，但都被这些互通一气的利益集团轻松化解。但业主的维权将仍继续[1]。

（2）棠德花园——中学用地被移交给"天河电大和职业高中"

根据针对社区居委会的访谈，"市住保办"在棠德花园规划配套预留的中学用地被移交并被改为天河电大和天河职业高级中学，导致区内初级中学配套的供应缺失，已成为影响"生活空间质量"的重要因素；"区内学位稀缺、孩子入学难"的问题严重。

小区里上学难的现象很普遍，已引起业委会的重视，目前业委会正在对区内初中学位进行挨家逐户调查。虽然棠德花园周边 1km 半径范围内有公立泰安中学，但学位短缺的问题仍很严重，学校质量也不好，而且也不方便[2]。

棠德花园规划预留的社区医院"棠德花园人民医院"至调研日尚未开业，配置时滞。

（3）金沙洲新社区——2010 年 1 月仅移交给一家金融机构，供应严重滞后和不足

金沙洲新社区作为承载廉租户和经适房住户的大型保障性社区，"市住保办"负责引进并移交给多家金融机构的速度缓慢，从 2007 年底有中低收入家庭入住到 2009 年底，两年内"市住保办"仅负责引入"工商银行"在新社区内设置"自动柜员机"外，尚未移交任何其他

---

①　数据来源：住区居民访谈，2010 年 1 月。

②　数据来源：棠德花园居民访谈，2009 年 12 月。

金融设施。"存取钱"作为日常基本生活服务需求，银行机构的缺失已严重影响居民生活。

"这周边其他银行机构极其缺乏，要取钱必须坐车去，那个工商银行自动柜员机我也用不上，我们大多数低保户的低保金存折不是那个银行（办）的，（这附近不是有农村信用社？不用坐车就可到啊），那个信用社也没用"[①]。

金沙洲新社区公交路线仍然较少、邮政储蓄所至调研日尚未设立，存在严重的配建缺失和不足的问题。

在商业服务等经营性设施方面，"市住保办"采取了市场化的移交模式，即通过市场化的机制将经营性设施空间移交给私人经营者。在这种模式下，经营性服务设施的供给规模、供应质量等则主要取决于保障性住区内部及周边群体的社会经济特征所代表的消费能力。聚德花苑和棠德花园保障性住区内部及其周边以中低收入群体为主的社会结构导致的经营类设施的服务供给呈现出"设施类别单调、服务档次不高、单体规模较小"等特征；但基本能满足社区内绝大多数群体的日常生活需要（表3）。

聚德花苑、棠德花园内"私人产品性设施"的供给特征　　　　　　　　表3

类别	详细类别	聚德花苑		棠德花苑	
		设施数	备注	设施数	备注
社会福利	托儿所、托老所、老人公寓	无		1 处	1 处托儿所
	劳动服务中介	1 处	提供保姆服务	2 处	提供保姆钟点工服务
商业服务业	金融设施	2 处	交通银行广州聚德支行、中信 ATM	1 处	由政府引入配套
	五金、汽配、水站	10 处	包括 3 处矿泉水运送站	无	
	美容理发店	12 处		17 处	
	小卖部、小百货超市	16 处	包括 3 处茶烟酒行	32 处	酒店经营部、牛奶批发处等
	服装店	3 处	家纺店	7 处	包含两处妇婴用品店
	书店、文具店	4 处	没有书店	1 处	1 处文具店
	电脑、家电维修	13 处	包括维修安装等服务	7 处	包含 1 处家具装饰店
	小吃、饮料店	28 处	包括 3 处水果店	9 处	
	房产中介	9 处		18 处	
	棋牌、娱乐	4 处	"娱乐"特指推拿中心		
	其他各类	6 处	药店、车队、宠物店、配匙店、渔具等	7 处	药店、照相器材、矿泉水供点、学车点、买车咨询服务点
文化	儿童、家教培训班	1 处	儿童培训班	5 处	
	电脑培训班	1 处	"广轻电脑培训"	5 处	

注：聚德花苑的调研数据来自 2009 年 12 月，棠德花园的来自 2010 年 1 月；均不包括权属于保障性住区的临街店铺。

---

① 数据来源：对新社区的一位 50 多岁的享受低保的居民的访谈，2010 年 1 月。

金沙洲新社区内部公共设施空间缺失，导致经营类服务呈现出供给缺失的特征。同时，由于周边服务类设施距离该住区较远，也不便于残弱多病的廉租户居多的该住区群体。因此，至 2009 年底，该住区居民所需的基本经营类服务设施仍不能满足日常生活需求。

3 结语

保障性住区是城市政府面向中低收入弱势群体投建的政策性住区，与之相配套的公共服务设施的供给应体现民生关怀。显然当前该类社区配套设施的供给相去甚远；这就要求城市政府在日后的投资建设中着重关注与该特殊政策群体日常生活需求密切相关的公共服务设施。

城市政府在保障性住区空间选址的决策过程中，应尽量考虑该类群体对依赖性强的公共交通、公立医院、公立学校等市级公共设施的强烈需求，在保证弱势群体能够公平地享受城市建设成果的同时，降低他们的生活成本。

另一方面，城市政府在配建和移交公共服务设施的过程中，应强调社会责任感，在配建的环节以"公益"为目的，根据相关政策文件指引，规划并及时投资配套所需的各项公共设施建筑；在移交供应环节，应以减轻弱势群体的生活成本为原则，在移交社会公共产品类设施尤其是学校、医院等大型设施上，应充分尊重该类群体的权益，移交给相关公立机构，以保证设施供应的公益性。

参考文献

[1] Howden-Chapman P, Tobias M.Social Inequalities in Health：NewZealand[M].Wellington：Ministry of Health，2000.

[2] Teitz M B.Toward a Theory of Urban Public Facility Location[J].Papers in Regional Science，1968，21（1）：35-51.

[3] 高军波，周春山.广州城市公共服务设施供给空间分异研究 [J].人文地理，2010，（3）：78-83.

[4] 晋瑶.城市居住区公共服务设施有效供给机制研究——以北京市为例 [J].城市发展研究，2007，14（6）：95-100.

[5] 林康，陆玉麒.基于可达性角度的公共产品空间公平性的定量评价方法——以江苏省仪征市为例 [J].地理研究，2009，28（1）：215-225.

[6] 宋正娜，陈雯.公共设施区位理论及其相关研究述评 [J].地理科学进展，2010，29（12）：1499-1508.

[7] 王松涛，郑思齐.公共服务设施可达性及其对新建住房价格的影响——以北京市中心城为例 [J].地理科学进展，2007，26（7）：78-87.

[8] 王益洋.城市居民住宅需求与区位选择 [J].现代城市研究.1996，（4）：15-20.

[9] 杨震，赵民.论市场经济下居住区公共服务设施的建设方式 [J].城市规划，2002，26（5）：14-19.

[10] 张文新.北京市人口分布与服务设施分布的协调性分析 [J].北京社会科学，2004（1）：78-84.

[11] 张永波.城市中低收入阶层居住空间布局研究－基于可承受成本居住的北京实证研究 [D].北京：中国城市规划设计研究院硕士论文，2006.

（本文合作作者：马晓亚。原文发表于《城市规划》，2012 年第 2 期）

广州保障性住区的社会空间特征

1 引言

中国城市的社会空间正不断走向复杂化，计划经济时期单一而均质的单位制社区几乎被置换殆尽，改革开放背景下多种社会空间形态出现。住房市场化在城市住房政策侧重于"正式的高端商品房"的推动下催生出"封闭社区"、豪华别墅区、内城绅士化社区等阶层型社会空间；经济全球化使城市社会空间不断细化，中国部分城市出现"跨国社会空间"；城市化在户籍制度改革的驱使下塑造出"浙江村"、"新疆村"、"河南村"等新的非"国家化"社会空间；城市化在城市拓展政策的引导下塑造出"城中村"等"村社共同体"式社会空间，等等；1978 年后中国城市的社会空间正是在这些力量的交织下不断重构，目前仍未稳定，新兴力量仍在注入，重构过程仍在持续；城市政府直接打造的"保障性住区"正成为其中的新一员，按照政府积极的反贫困趋势，这一"国家化"空间将是中国城市社会空间的重要一翼。

在西方社会，保障性住区的概念内涵与保障性住房制度体系特征密切。从国家福利属性角度（图 1），Esping-Anderson 等将西北欧 18 个国家的住房保障制度分成民主福利、自由福利、协作福利和基本福利等类，保障性住区的概念内涵则相应体现为 Donnison 等从政府干预程度划分的全面负责型"社会居住区"、社会型"公共住区"、介于两类型之间的住区、雏生型"非正规居住区"。

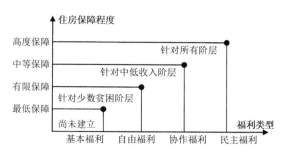

图 1　国家福利体制对保障性住房制度类型的解析图

诸多类型中，西方的研究较侧重于社会型"公共住区"。尤其在美国、加拿大、奥地利、新西兰和英国等为基于"安全网"式经济状况调查的低收入家庭、个别阶层等国家依赖者提供公共住房的自由福利国家，社会型"公共住区"作为政府塑造的城市空间，一直是地理、社会学界评估公共住房政策实施效果的重要对象。相关研究成果集中在城市整体社会空间表征和局部空间表征上；在城市整体社会空间层面，公共住区表现出"地盘烙印化"、"种族隔离"、"在已有的城市贫民区内部或边缘选址并迥异于城市肌理的设计"等特征，导致公共住区成为"承装贫困群体尤其是非裔美国妇女 - 孩子的容器"、其空间选址固化种族性空间集聚、反居住隔离政策使种族飞地（ethnicenclaves）发展成种族性和社会性群体集聚区、空间融合而社会隔离等不良影响产生；但也有正面影响，例如，新加坡 1989 年的邻里种族限制政策使得先前公共住区形成种族飞地的趋势得到遏制，并使种族分布比率基本达到政策控制目标。局部空间上，研究内容则涵盖公共住区内部的社会犯罪、集体效能、贫困极化、集聚性贫困衍生出的各种社会病态等。

国内城市地理学与保障性住区相关的研究较广泛，包括贫困邻里、非正规住房、棚户区等；以保障性住区为对象的研究集中在 20 世纪末以后，随着 2006 年后我国城镇保障性住房制度的重建，保障性住区成为新兴的研究热点；但目前，学术成果仍较少，涉及经济适用房的空间选址及其对住居分异的影响、解困住区的设施运营、保障性住区居民的行为空间等层面。无论是涵盖层面还是研究深度，相关研究都还不够；尤其是首要的社会空间特征，应尽快得到深入透彻的解析。

同时，纵观城市社会空间研究的视角转向，近年来宏观社会空间研究渐趋成熟，"微观空间"目前正成为城市地理学的新兴视角。除既往的对商品房住区、边缘社区等常规型社会空间的探讨较充分外，基于问卷调查和半结构访谈的特例型或新型微观空间的研究正受到重视，冯健等对中关村高校周边居住区社会空间的剖析、李志刚等分别对广州黑人聚居区、广州日本移民生活空间的实证研究是微观视角下关于该类社会空间的较新成果。本文选择保障性住区，有利于拓展城市地理学关于社会空间的研究内容。

目前，学术界对我国保障性住区社会空间特征的理解，以及非学界的认识，"贫困性"、"贫民区"似乎是其固有的标签；实际上并非如此。那么，我国城镇的保障性住区社会空间表现出哪些特征？与西方社会型公共住区相比，有哪些不同？本文通过对广州的研究，采用典型案例、问卷调查、半结构访谈、实地踏勘等方法，系统解答上述问题。

2 广州保障性住区的基本概况

我国保障性住区的社会空间特征难以用 Esping-Anderson 等总结的任何某种类型予以归纳，其与保障性住房制度体系的整体建设历程密切相关。一方面，我国"渐进式"的城镇住房制度改革导致保障性住房制度携带太多的历史痕迹，全民福利公房制度遗留的住房短缺很长时期内都是保障性住房制度所要解决的主要问题，这是导致广州等地的保障性住区独具特色的制度性诱因。另一方面，保障性住区是否分期开发、开发过程跨越的政策阶段，是决定其社会空间特征的又一重要因素。因此，在对上述问题展开分析之前，需要梳理保障性住房制度的演变、在广州的实施以及广州的建设行动。

2.1 城镇保障性住房制度的演变及其在广州的实施

关于我国城镇"保障性住房"的概念，被保障对象的社会经济属性是核心内涵之一，它是影响保障性住区社会空间特征的决定性因素。按照最早出台于 1994 年的政策文件和 1998 年的定性政策，"住房困难的中低收入家庭"是界定被保障对象的标准，且被细分为租赁政府或单位廉租房的"最低收入家庭"和购买经济适用房的"中低收入家庭"。但由于我国特有的"渐进性"住房改革模式，被保障性对象并不仅限于此，来自国有企事业单位的"住房困难职工"在很长的时期都是首要的被保障群体，20 世纪 90 年代建设的具有保障性质的单位集资建房、安居房、解困房等均以该类群体为主要安置对象。根据被保障群体及对应的保障房类型，城镇保障性住房制度出现四个阶段性的演化特征（图2）。

1978-1994 年，是应急型政策阶段，为解决城镇住房短缺，多途径供应的临时性政策出台，包含个人集资建房、个人合作建房、单位集资建房等政策，被保障对象泛化，该时期的制度建设仅是保障房制度的雏形。1994-1998 年，是面向国有企事业单位内住房困难家庭的阶段，致力于解决福利房制度遗留的短缺问题，体制外的群体被排斥在保障框架外；重要措施是 1995 年的安居工程以及 1998 年单位集资建房政策缩限在教育医疗系统。1999-2007，是被保障对象指向"社会中低收入家庭"且双轨保障机制试行的时期；经济适用房制度得到重点实施，廉租房制度的推进十分缓慢。2007 至今，双轨保障制度平行运行，中央政府加强推动廉租房供应，廉租制度与经济适用房制度并行。

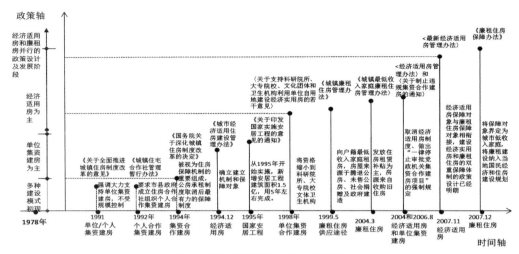

图 2　城镇保障性住房制度的演化

相对于保障房制度的制定，制度在地方上的执行往往滞后。尽管全国范围内，保障性住房制度在广州的实施最早且成效相对显著，但仍具有滞后性。

广州的实施行动最早在 1986 年（图 3），致力于解决人均居住面积低于 $2m^2$ 的党政机关和教育系统内住房困难家庭的住房。在保障房制度在广州实施的三阶段内，滞后性体现在，1986-1998 年，保障单位体制内的住房困难家庭，解困房、安居房建设是标志性的实施行动；1999-2005 年，被保障群体开始向"中低收入、住房困难"的社会分散群体过渡，但仍以单位体制内住房困难家庭为主，标志性的实施行动是安居工程的持续建设；2006 年后，被保障对象才重点转向"中低收入、住房困难"的社会分散群体。

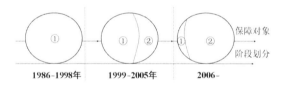

图 3　以保障对象为依据的保障性住房制度在广州实施的阶段性划分

2.2　广州保障性住区的建设情况

自 1986 年起，广州保障性住房建设已历经了 25 年。伴随着政策的不断调整和实施行动的相继开展，广州已积淀了多元化的保障房类型，诸如解困房、安居房、经济适用房、廉租房、限价房等。但从建设规模看，建设成效并不显著。

保障性住房的建设时断时续，供应一直不足；在 1995-2005 年的 10 年间，仅 1998 年、2000 年、2002 年、2003 年有经济适用房竣工量；且该四年的竣工面积占相应年份全市住宅竣工总面积的比重最高未突破 0.7%；廉租房的供应也很有限，广州市政府仅投资 2.345 亿元建成 1000 多套廉租房，到 2003 年，仅解决双特困家庭住房 1041 户，与该年市政府登记在册的 2914 户"人均月收入低于 390 元、人均居住面积 $7m^2$ 以下"的双特困户数相比，存在巨大缺口；而且双特困户与日俱增，到 2005 年，登记在册的该类家庭增加到 5643 户；供应缺口直到 2007 年底广州推出金沙洲新社区后才得以弥合。

2006 年，广州重启保障性住房的实物配给，相继新建了多处保障性住区。但是，保障性住房的实物配给却一定程度上寄希望于单位自建房，2006 年《住房建设计划（2006-

2010〉》确立的供应框架中，单位自建经济适用房需解决的家庭规模，占广州市于 2008 年公布的普查报告所包含的 77177 户"双困家庭"的比重达 48.72%；而且，由于政府建的多数大型保障性住区选址在城市边缘，以及限价房等因质量问题，保障房遭受弃购或弃租的现象时有发生，广州市 2009 年底曾宣布暂停建设保障性住房。

整体来看，2006 年后广州保障性住区的建设明显加快，新推出和在建的项目远超过前 20 年的总和。但已建成的保障性住区却较有限，共约 30 个，其中的 23 个是在 2006 年之前推出。截至 2010 年上半年，广州市已推出、在建和计划建的保障性住区如图 4 所示。

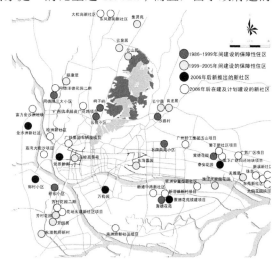

图 4　按类型绘制的广州保障性住区空间分布图

3　研究设计

3.1　保障性住区的类型划分和典型案例的选择

制度因素尤其是分配制度，是影响保障性住区发展的关键因素；保障性住区所经历的制度阶段，对其生态群体特征影响重大。区位选址、建设模式等也是重要的影响因素。广州保障性住区的发展呈现显著的差异。为揭示这种差异，首先需要综合考虑保障性住区所承接的受保障对象和建设历程所跨越的制度阶段，对已建保障性住区进行类型划分。另外，基于数据的获取难度，需选取典型案例展开研究，即从每类中各选取一个典型住区进行分析，揭示每类住区的社区空间特征。选取的原则是，首先要体现类型特征，其次规模够大，有代表性，另外还需综合区位选址等因素。住区的类型划分和典型案例的选取如下（图 5）：

（1）以单位体制内住房困难家庭为保障对象的住区，这些住区在 1986-1998 年，即保障性住房制度在广州实施的第一阶段，完成其全部建设，包含棠德花园、桥东小区、天河石牌的南苑小区、沙路村、柯子岭等解困安居住区。其中，棠德花园被选为典型案例，其建设规模大，最具代表性。

（2）以党政机关和教医系统住房困难家庭为保障对象的住区，该类社区在 1999-2005 年建成，原则上允许利用剩余房源安置政府规定的住房困难的社会低收入家庭，但因为位居远郊或特定内城区，实际上未有安置，包括云泉居、育龙居、集贤苑等教师新村以及云山居、芳村花园等党政机关安居住区。其中，教师新村是该类型的主要形态，应作为研究案例；教

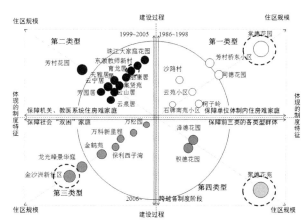

图 5　广州保障性住区的类型划分及案例选择

师新村的规模相对均匀；除珠江大家庭花园外，多位居远郊；它们的典型性差别不大，基于此，入住率高的育龙居被选为代表案例。

（3）主要以社会双困群体为保障对象的住区，该类在 2006 年后新建，存在三种形态，即新社区、限价房住区和单位自建经济适用房住区；但新社区是主导形态，包括金沙洲新社区、万松园、泰安花园、郭村小区等。其中，金沙洲新社区的发展时期长、规模大，也最受关注。

（4）保障多类政策性群体的住区，该类住区采取分期建设的模式，跨越多个制度阶段，与前三类相比，更具综合性和复杂性，包含聚德花苑、积德花园、泽德花园等。其中聚德花苑被选为典型案例，其所保障的各类型群体规模相对均匀，更具综合性和复杂性。

3.2 研究方法

问卷调查和半结构访谈是本文的基本研究方法。本文分别于 2008 年 12 月和 2009 年 11 月通过偶遇抽样和入户调查多次进行问卷调研，调查时间均选在周末。棠德花园、聚德花苑、金沙洲新社区由于规模巨大，情况复杂，发放和获取的有效问卷较多；育龙居规模相对较小，经过多次实地踏勘和居民访谈，内部群体结构相对单一，发放问卷数量较少，有效问卷为 66 份，但结合居民访谈等第一手数据，研究结论仍具说服力（表 1）。

问卷设计包括衡量社会空间特征的主要指标，诸如年龄、职业、家庭成员的在职人数、文化程度、在此居住的家庭规模、家庭人均年收入等。基于篇幅所限，本文仅论证居住群体的社会经济性，以此反映各类保障性住区的社会空间特征。

"半结构访谈"在实地调研中得到充分运用，为揭示各类住区社会空间特征的演变提供数据支撑。基于保障性住区的制度特性，在问卷调研开展前通过"半结构访谈"对各典型住区的建设历程、初始居住群体、各类保障房在各住区内所占的比重、现状居住群体的大致类型等进行了深入的访谈，以确定各典型住区的初始群体特征。

各典型保障性住区的调查问卷情况表　　　　　　　　　　　表 1

被调查住区	居住规模 / 户	调研时间	实调数量 / 份	有效数量 / 份	问卷有效率 /%
棠德花园	约 10000	2008.12	274	227	82.85
育龙居	约 1500	2009.11	68	66	97.06
金沙洲新社区	约 3150	2009.11	176	156	88.64
聚德花苑	约 6000	2008.12	247	167	73.57

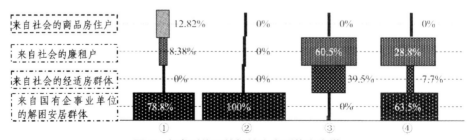

图 6　各类型住区的初始生态群体金字塔

4 研究过程

4.1 初始社会空间特征

保障性住区的初始生态群体主要由保障性住房分配制度所决定的被保障对象组成（图6），其初始社会空间则主要体现为他们的社会身份属性，即他们的单位身份特征。初始生态群体的经济属性除在以保障社会双困家庭的住区类型中得到体现外，在其他各类型中未能显示出来。因此，各类保障性住区内部住房类型所属制度阶段的分配政策是导致住区表现出特定初始特征的唯一因素。随着社会经济转型背景下城镇住房改革推动的居住流动加速导致社会结构向"经济等级分化"转化以及保障性住房政策调整等内外因素的叠加影响，除保障社会双困家庭的住区类型外，其他各类的初始特征都有不同程度的演化；同时由于建设历程和空间区位等的差异，演化轨迹也不尽相同。

4.2 社会空间特征的演化

4.2.1 演化机制

总的来说，保障性住区社会空间特征的演化受到政策、市场、区位、自身物质空间特征等多种因素的叠加影响。各种因素的影响次序和影响侧重各不相同。

其中，最重要的因素是保障性住房政策，尤其是保障房的流转政策，它对保障性住区社会空间的演化起决定性作用，也决定着其他因素是否产生影响。广州市政府曾出台允许保障房流转和加速流转的政策，使得市场、区位、自身物质空间特征等因素对保障性住区社会空间的演化产生作用。首先是1999年2月市房管局颁布的《广州市已购公有住房上市规定》，使具有房改房性质的安居房和解困房被允许上市；其次是2004年市政府实施的"缩短经济适用房上市年限"的政策，允许买主在获取经适房所有权证两年后，可按市场价出售，比原定规定缩短三年，无疑使居住群体的异化加速。

保障房流转政策的实行期与住房的市场化转型期相吻合，广州放开保障房流转的1999-2006年间，正是该市单位社区彻底瓦解、居住流动加速的阶段，为保障性住区内居住群体的置换提供了宏观的市场背景。

保障性住区的区位是影响社会空间演化程度的最直接因素，交通的便利程度，距离城市中心的远近，与大型医院、学校等城市公共设施的区位关系，所在片区开发程度和规划指引等，都直接影响着市场对保障性住区的青睐程度。

自身物质空间特征，诸如户型结构、房龄、房屋质量、区内设施配置、住区规划情况等，决定着保障性住区的演化方向，影响着置换进住区的社会群体的特征。户型好、房龄短、设施齐全、规划合理的保障性住区能吸引收入相对较高的社会群体；反之则相反。

4.2.2 演化过程

由于在建设历程、区位、建设模式等方面存在差异，各类保障性住区受到的因素的影响迥异，从而它们社会空间的演化过程也各具特征（图7）。

以棠德花园为代表案例的保障单位体制内住房困难家庭的住区类型，保障房流转政策、

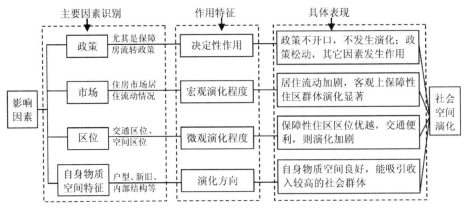

图7　保障性住区社会空间特征演化的一般机制

市场化力量、日趋优化的区位、作为市政府倾力打造的示范性公共住区内部所具有的相对齐全的公共设施和较好的内部空间环境等各种因素都对居住群体的流动产生明显的推动作用，促使社会空间特征发生深刻的变化。棠德花园位居天河区东圃镇棠下街；于20世纪90年代中期竣工；解困房和安居房是两大保障房类型，初始群体主要是来自海关、邮局、煤气公司、旅游公司、公安局等广州党政机关和国有企事业单位的住房困难户，还包含8.38%的来自社会的户籍双特困廉租户和12%的商品房住户。2008年底的调研数据发现，各种因素诱发和推动的住房过滤效应明显，出售型保障房流转率高达77%，初始群体被解构，取而代之的是份额较少的单位身份弱化的原住群体、大量被置换进的商品房居住群体和因受政策严控未发生迁移的廉租户。

以育龙居为典型住区的保障党政机关和教医系统住房困难群体的住区类型，社会空间的演化受到保障房流转政策的诱发作用和市场力量的推动作用，但由于远离就业岗位集中的城市中心，其初始群体并未显著分化。育龙居位于天河区沙河镇天源路华南植物园对面，是广州市政府于1999年底主要面向教育系统职工建设的教师新村，共约1500套住房。该住区起初表现出单位体制内"职业类型趋于同质"的特征；至2009年11月，根据调研，该区保障房的流转率仅为1/3，"教职工"这一"职业单质性"得到很大程度的保留。同时，住区内部20%的空置房依照2006年的分配政策被作为经适房面向符合新政策申购条件的社会分散群体出售，新进入的被保障群体的社会属性迥异于初始群体，也使该住区的社会空间特征得到微调。

以金沙洲新社区为典型案例的保障社会双困群体的住区类型，受到2006年后严禁新建经适房和廉租房流转的政策控制，初始群体并发生分化。金沙洲新社区位居白云区金沙街，2007年9月底竣工，2010年初已超过3150户入住；目前，该社区内的群体仍保持着政策规定的"经济收入困难"和"住房困难"等双重社会属性。

以聚德花苑为典型住区的保障多类群体的住区类型，受到1999-2006年间保障房流转政策、市场力量、区位优越等的显著影响，初始群体发生一定程度的重构。但由于保障房"一梯八户"的小户型设计、房屋老旧、过渡拥挤的区内环境等自身条件的限制，初始群体的流转仍较有限，且呈现极其复杂的重构特征。聚德花苑位于海珠区赤岗街聚德路，是广州市始建于20世纪80年代末的解困小区，当前竣工并已入住的住宅楼有86栋，住房6170套。该住区采取分期开发的模式，一期建设于1998年底完成，集聚了解困房、安居房、经适房和廉租房等类型；因此入住的初始群体就较为混杂，包括占63.5%的单位体制内住房困难家庭和共占 36.5% 的经适房住户和廉租户；各种因素使得初始群体中单位体制内住房困难家庭和 2006 年前入住的经适房群体发生相对低度的流动，导致居住群体构成混杂化；2006 年后建设的经适房和廉租房，也增大了社会上"收入、住房双困"家庭的比重，拉低了住区整体的收入水平，使得住区的社会空间呈现出贫困化趋势。

4.3 现状社会空间特征

广州的保障性住区是一种非典型社会空间，各类的现状社会空间具有较明显的差异（图8）。

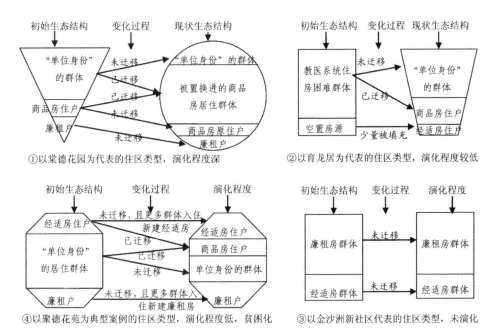

图 8 广州各类保障性住区社会空间特征的演化过程

（1）棠德花园为典型案例的以单位体制内住房困难家庭为保障对象的住区类型

棠德花园的现状社会空间具有"单体异质性"。保障房的流转打破了原先以"单位体制内住房困难家庭"为主、其他群体为辅的格局；居住群体的异质性体现在职业、收入和受教育程度等层面。

对不包含廉租户（廉租户所占比重很低，故忽略其对社会空间特征的影响）的居住群体的问卷调研显示，职业结构未表现出商品房住区职业类型趋于同质的特征，相反却表现出异质性和多元化；企事业管理人员和专业技术人员共占37%，具有稳定收入的教师科研人员、医生、公务员等职业类型群体仅占 8.1%，还有 9% 的为失业者，收入水平较低的工人和个体商贩共占 17.6%。受教育程度同样"显著异质"，除"小学及以下"外，其他文化层次的受访群体所占比重较均匀，未出现某种文化层次特别突出的现象。收入水平具有一定的"异质性"，处于任何收入区间的家庭所占比重都未超过 50%；人均月收入在 1525-3350 元的家庭所占比重达 42.7%，表明这种异质性并不显著。

其他显著特征是"非贫困"和"年轻化"。以广州市规定的人均月收入 1524 元的贫困标准，区内有 81% 的受访群体收入水平高出贫困线。年龄结构上，88.9% 的受访群体属于年轻阶层，在 20-40 岁之间；而且，该类年轻群体多数受过良好教育、家庭经济收入超过广州市的贫困标准。该住区整体上呈现出迥异于西方传统公共住区的健康化特征。

（2）育龙居为典型案例的以党政机关和教医系统住房困难户为保障对象的住区类型

育龙居的现状社会空间具有类商品房住区的"单体均质性"。在职人员中有 52.99% 是教育和医疗系统员工；受访群体中受过大学本科及以上教育的占 56.1%；家庭人均月收入在 3350-8335 元的占 53.6%，这三项衡量社会是否分层的指标很大程度上均表现出单质性。

同时，与西方公共住区"失业集聚"、"贫困集聚"、"老龄化"和中国城市普遍存在的"老城衰退邻里"、"退化的工人居住区"和"外来人口集聚区"等三类贫困住区相比，育龙居的失业率仅为 6.17%；双职工家庭占 69.2%，没有"所有成员都不工作"的家庭，且失业人员主要是照看孩子的暂待业妇女和与成年子女一起生活的老人；家庭组织"年轻家庭为主、中老年家庭为辅"；整体收入水平上，低于目前广州市收入贫困标准的家庭仅占 3.6%。该住区体现出"充分就业"、"年龄结构均质"、"非贫困"的特征。

（3）金沙洲新社区为典型案例的保障社会双困群体的住区类型

金沙洲新社区具有西方传统公共住区的"贫困集聚性"，突出表现为"极高的失业率"、"极度的收入贫困"、"文化水平普遍偏低"和"高度老龄化"。

"极高的失业率"起因于占该住区家庭总数 2/3 的廉租户，在 110 位廉租户中，有 76.2% 的受访者失业，"没有人工作的家庭"比重达 55.2%。"极度的收入贫困"体现在收入水平和收入来源上；人均月收入低于 640 元的家庭高达 63.7%，完全依靠政府扶贫补助度日的家庭达 35.9%；单廉租户而言，人均月收入低于 365 元（市政府规定的低保线）的接近一半，占 48.6%，完全自力更生的仅占 24.5%。"文化水平普遍偏低"不仅表现为"大专或技术院校以上"学历的群体仅占 20.1%，而且这 20.1% 的份额中相当一部分还是那些 22-30 岁的刚踏入社会、未来将可能迁出的年轻群体。"高度的老龄化"则着重体现为青壮年群体的严重缺失，作为生产力中坚的 22-40 岁的青壮年群体仅占 32.5%，50 岁以上的中老年群体则高达 25.4%。

其他方面，该住区还呈现出西方传统公共住区所具有的"单亲家庭"、"身残病弱"等社会病态。廉租户中"单身"、"单亲"、"无子女"等鳏寡孤独者和结构不健全的家庭超过三成，达 31.5%；包括经适房住户在内，整体上该类家庭仍达 24.4%。廉租户中身残病弱的群体占 34.9%，住区整体的该比重则达 25.6%，"无劳动能力"的社会病态凸显。

而且，该住区居民还表现出西方传统公共住区居民的"慵懒和得过且过"的个人习性，尤其是廉租户，普遍具有较强的"工作惰性"，那些即使具有劳动能力的人也在政府低保政策的庇护下过着懒散的无所事事的生活，这点通过居民访谈得到了证实。

被访谈的具有工作能力的某位廉租户成员：没有去工作，也不想去工作，因为一旦工作了，就有可能被政府赶出去；即使去工作，挣得的钱也很少，在外面根本租不起房。而政府给予的廉租补贴能够满足吃饭、缴纳房租等基本需要。

（4）聚德花苑为典型案例的保障多种政策性群体的住区类型

聚德花苑的社会空间可概括为"区内阶层混杂化"，它迥异于西方混合社区的"混合性"。"混合性"在学术理念上特指低收入群体和中高收入群体的融合和相互补益，在建设实践中则是将规模尽可能小的低收入者住宅组团分散整合到中产阶级邻里，使住区内保持着阶层组织的层次性和结构的稳定性，例如美国的"迷你邻里"。聚德花苑由于内部比重较高的解困房和安居房的物质环境同质且房屋质量均较差，无法形成阶层结构的空间层次性，而是显得杂乱，即收入水平普遍不高但存在差异的解困安居房住户与廉租户、经适房群体的混杂。

2008 年 12 月针对居住在解困安居房的群体进行问卷调查的数据表明，该类群体的职业结构、文化水平、收入层次上均呈现混杂性。职业分化不明显，主体职业类型缺乏，除"企事业单位职工"外，"工人"、"个体职业者"、"教师或科研人员"所占份额相当且都较低，"公务员"、"医生"等零星分布。各文化层次混合集聚，除"小学及以下"外，其他各文化程度所占比重，较为接近。收入水平则表现出"低"、"中低""中等"收入的混杂；具有"极低"和"极高"收入的群体均未超过 10%。在此基础上，考虑所有廉租户和 2008 年入住的经适房住户的影响，区内阶层的职业、文化、收入混杂性将更显著。

另一显著的社会空间特征则是"贫困性"。职业结构中，"企事业单位职工"、"个体职业者"和"工人"等具有中低、不稳和低稳收入的类型所占比重共超过 50%；"待业人员"、"离退休者"也大量存在，共超过 15%；廉租户群体的更高待业率则进一步加剧了住区贫困。居住群体的收入水平直接传递了"经济贫困性"，居住解困安居房的群体中，收入水平低于贫困标准的群体超过 1/4，考虑大量廉租户和经适房住户的影响，"经济贫困性"将更显著。

第三个社会空间特征则是明显的"老龄化"，居住解困安居房的群体虽以"22-40 岁"的青壮年为主，但 51 岁以上的中老年群体却达 23%；而大量廉租户和新迁经适房住户则进一步加剧了该住区的"老龄化"特征。

5 结论

本文主要以保障性住区居民的职业、年龄、收入、受教育程度等反映的社会阶层性作为该类微观空间的社会空间表征，结论如下：

（1）与西方实行自由福利制度国家的"社会型"公共住区共有的"贫困集聚"、"种族隔离"等相比，广州的保障性住区不能以统一的社会空间属性来表征；由于保障性住房制度、建成历程及其他内外因素的作用，就现状社会空间特征来看，该类聚居区被分为四类。

（2）由于所属或所跨越的保障性住房制度阶段不同，四类保障性住区的初始社会空间虽都体现着特定政策性群体就保障性住房的集体消费，但却表现出较大差异。

（3）四类保障性住区社会空间的演化路径不尽相同。总体来看，保障性住房流转政策、市场力量、空间区位、自身物质空间特征是影响保障性住区社会空间特征演化的关键要素，但它们对各类住区的影响程度迥异。以棠德花园为典型案例的住区类型其演化路径可归纳为居住流动活跃的背景下由 20 世纪 90 年代后期和 21 世纪初保障房流转政策引发的、优越的区位和良好的自身物质空间环境直接作用的显著演化；以育龙居为代表案例的住区类型因远离城市中心的空间区位而未发生显著异化；以金沙洲新社区为典型案例的住区类型因受 2006 年严格限制廉租房和新建经适房流转的政策控制，未发生异化；以聚德花苑为典型案例的住区类型因流转政策、空间区位、自身物质空间环境和分期建设模式的综合作用而向贫困化的方向演化。

（4）现状社会空间特征仍表现出明显的差异。如果用西方"社会型"公共住区、中国城市的三类贫困集聚区、混合住区和商品房住区做成比较区间，那么广州四类保障性住区的特征所处的位置如图9示，即表现出类西方自有

图9 广州保障性住区的社会空间类型及其特征

福利制度下"社会型"公共住区（除种族隔离外）的极度贫困性均质空间、类商品房住区的均质空间、介于中国城市普遍存在的三大贫困集聚区和混合住区之间缺乏有序混合性而显示出一定贫困度的混杂性空间、介于两者之间且混杂程度较低的略显有序的异质性空间。

参考文献

[1] 魏立华，李志刚. 中国城市低收入阶层的住房困境及其改善模式 [J]. 城市规划学刊，2006，（2）：53-58.

[2] 李志刚，薛德升，MichaelLyons，等. 广州小北路黑人聚居区社会空间分析 [J]. 地理学报，2008，63（2）：207-218.

[3] Ma L J C, Xiang B. Native place, migration and the emergence of peasant enclaves in Beijing[J]. The China Quarterly, 1998, 155：546-581.

[4] 李培林. 村落的终结：羊城村的故事 [M]. 北京：商务印书馆，2004.

[5] 周锐波，阎小培. 集体经济:村落终结前的再组织纽带——以深圳"城中村"为例. 经济地理，2009，29（4）：628-634.

[6] Esping-AndersonG. The Three World of Welfare Capitalism[M]. Cambridge：Polity Press，1990.

[7] Barlow J, Duncan S. Success and Failure in Housing Provision：European Systems Compared[M]. Oxford：Pergamon，1994.

[8] Donnison D V, Clare U. Housing Policy：Hamond sworth[M]. Penguin Books Ltd，1982.

[9] Vale L J. The imaging of the city：Public housing and communication[J]. Communication Research, 1995, 22（6）：646-663.

[10] ZukinS. How 'bad' is it? Institutions and intentions in the study of the American ghetto[J]. International Journal of Urban and Regional Research, 1998, 22：511-520.

[11] Leavitt J. Defining cultural differences in Space：Public housing as a microcosm[J]. Urban Studies and Planning Program, University of Maryland, 1994, 15（3）：75.

[12] Goering J M. Housing Desegregation and Federal Policy[M]. Chapel Hill：University of North Carolina Press，1996.

[13] Checkoway B. Revitalizing an urban neighborhood：A St. Louis case study. In：Checkoway B, Patton C V. The Metropolitan Midwest：Policy Problems and Prospects for Change. Urbana：University of Illinois Press，1985. 229-243.

[14] Goering J M. Opening housing opportunities：Changing federal housing policy in the United States. In：Boal F. Ethnicity and housing：Accommodating the differences[M]. England：Ashgate，2000.

[15] Seong-KyuHa. Social housing estates and sustainable community development in South Korea[J]. Habitat International, 2008, 32：349-363.

[16] Loo L S, Shi M Y, Sun S H. Public housing and ethnic integration in Singapore[J]. Habitat International, 2003, 27：293-307.

[17] Weatherburn D, Lind B, Ku S. Hotbeds of crime? Crime and public housing in urban Sydney[J]. Crime and Delinquency, 1999, 45：256-271.

[18] Holzman H R, Hyatt R A, Dempster J M. Patterns of aggravated assault in public housing : Mapping the nexus of offense, place, genderandrace[J]. Violence Against Women, 2001, 7 : 662-684.

[19] DeKeseredy W S, Alvi S, Schwartz M D, etal. Violence against and the harassment of women in Canadian public housing[J]. Canadian Review of Sociology and Anthropology, 1999, 36 : 499-516.

[20] DeKeseredy W S, Schwartz M D, Alvi S, etal. Perceived collective efficacy and women's victimization in public housing[J]. Crimina lJustice : An International Journal of Policy and Practice, 2003, 3 : 5-27.

[21] Sampson R J, Raudenbush S W, Earls F. Neighborhoods and violence crime : A multilevel study of collective efficacy[J]. Science, 1997, 277 : 918-924.

[22] Vale L J. Beyond the problem projects paradigm : Defining and revitalizing severely distressed public housing[J]. Housing Policy Debate, 1993, 4（2）: 147-174.

[23] Wilson W J. When Work Disappears : The World of the New Urban Poor[M]. New York : Knopf, 1996.

[24] Murie A. Linking housing changes to crime[J]. Social Policy and Administration, 1997, 31 : 22-36.

[25] Anderson P W. Complexity theory and organization science[J]. Orgnanization Science, 1999, 10 : 216-232.

[26] 袁媛, 许学强, 薛德升. 转型时期广州城市户籍人口新贫困的地域类型和分异机制 [J]. 地理研究, 2008, 27（3）: 672-682.

[27] 刘玉亭, 吴缚龙, 何深静, 等. 转型期城市低收入邻里的类型、特征和产生机制 : 以南京为例 [J]. 地理研究, 2006, 25（6）: 1073-1082.

[28] 马清裕, 陈田, 牛亚菲, 等. 北京城市贫困人口特征、成因及其解困对策 [J]. 地理研究, 1999, 18（4）: 400-406.

[29] 赵静. 深圳市非正规住房的发展演变与供给模式研究 [D]. 广州 : 中山大学博士学位论文, 2009.

[30] 余颖, 唐劲峰. 路已断梦已醒?——关于"小产权房"现象的深层次思考 [J]. 城市规划, 2009, 33（1）: 41-45.

[31] 郑文升, 丁四保, 王晓芳, 等. 中国东北地区资源型城市棚户区改造与反贫困研究 [J]. 地理科学, 2008, 28（2）: 156-161.

[32] 赵晔琴. 外来者的进入与棚户区本地居民日常生活的重构 [D]. 上海 : 华东师范大学硕士学位论文, 2005.

[33] 杨靖, 张嵩, 汪冬宁. 保障性住房的选址策略研究 [J]. 城市规划, 2009, 33（12）: 53-59.

[34] 张永波, 翟健. 北京市保障性住房空间布局探讨. 和谐城市规划——2007 年中国城市规划年会论文集 [M]. 哈尔滨 : 黑龙江科学技术出版社, 2007.

[35] 张祚, 李江风, 刘艳中, 等. 经济适用房空间分布对居住空间分异的影响——以武汉市为例 [J]. 城市问题, 2007,（7）: 96-101.

[36] 李玲, 王钰, 李郇, 等. 解析安居解困居住区公建设施规划建设和运营——以广州三大安居解困居住区调研为例 [J]. 城市规划, 2008, 32（5）: 51-55.

[37] 周素红, 程璐萍, 吴志东. 广州市保障性住房社区居民的居住——就业选择与空间匹配性 [J]. 地理研究, 2010, 29（10）: 1735-1745.

[38] 徐晓军. 我国城市社区走向阶层化的实证分析——以武汉市两典型住宅区为例 [J]. 城市发展研究, 2000,（4）: 32-36.

[39] 吴晓. "边缘社区"探察——我国流动人口聚居区的现状特征透析 [J]. 城市规划, 2003, 27（7）: 40-45.

[40] 郑文升, 金玉霞, 王晓芳, 等. 城市低收入住区治理与克服城市贫困——基于对深圳"城中村"和老工业基地城市"棚户区"的分析 [J]. 城市规划, 2007, 31（5）: 52-57.

[41] 冯健, 王永海. 中关村高校周边居住区社会空间特征及其形成机制 [J]. 地理研究, 2008, 27（5）: 1003-1016.

[42] 刘云刚, 谭宇文, 周雯婷. 广州日本移民的生活活动与生活空间 [J]. 地理学报, 2010, 65（10）: 1173-1186.

[43] 陆学艺. 当代中国十大阶层分析 [J]. 学习与实践, 2002,（3）: 55-63.

[44] 单文慧. 不同收入阶层混合居住模式——价值评判与实施策略 [J]. 城市规划, 2001, 25（2）: 26-29（39）.

（本文合作作者：马晓亚、赵静。原文发表于《地理研究》，2011 年第 12 期）

广州保障性住房社区建设两例

保障性住房区别于房地产商开发的商品房，是指政府以划拨方式提供土地为城市中低收入住房困难家庭提供的限定标准、限定价格或租金的政策性住房，一般由经济适用住房、廉租住房和公共租赁住房构成。

用中国最大的搜索引擎"百度"一下"保障性住房"词条，所搜到的信息网页多达4990万篇；倘若搜索一下"经济适用房"、"廉租房"和"公共租赁房"，那么将可分别搜到3910万篇、3400万篇和329万篇。2006年中央政府重启保障性住房建设，但是也从此成为社会各界最为纠结的城市议题之一。

1 应该集中建设廉租房社区吗？

廉租房是政府拥有、以核定的低租金出租给收入低于最低生活保障标准且住房困难家庭的住房。政府廉租房政策的主要对象是城镇贫困居民家庭，主要的做法是对困难家庭房屋租赁给予一定的租金补贴，而实物配租和租金减免为辅助手段。

2007年11月28日，广州市在金沙洲新社区为3148户"双特困户"——收入低于最低生活保障标准且住房困难家庭的贫困居民进行了实物配租，以每月租金1元/m²为他们一次性地解决了住房问题。这个广州目前最大的廉租房社区，住宅总建筑面积约48万m²，共6000多套，户型60-80m²。因为市政府把这个当时全国规模最大的廉租房社区作为城市形象工程，所以小桥流水的园林环境，完善的公共配套设施，有中小学、幼儿园、肉菜市场、社区医院……，公共交通也比较便利，在规划设计和设施配置上绝对不输给任何一个商品房小区（图1～图3）。

图1　广州金沙洲廉租房社区规划图　图2　广州金沙洲廉租房社区儿童游戏设施　图3　广州金沙洲廉租房社区环境

问题是，为什么要把本来分散在全市的这么多的贫困人口集中放在一个小区里？

第二次世界大战之后欧洲进行"废墟重建"，美国也为了安置退役士兵大兴土木，伦敦、曼彻斯特、巴黎、纽约、芝加哥……都建设了大量公共住宅小区，其建设标准和我们现在建设的经济适用房不相上下。但是到了1960年代后期发达国家政府就发现，把大量穷人聚居在一起反而加剧了种族冲突、暴力和毒品犯罪，这些环境优美、设施完善的公共住房社区往往成为"问题社区"。1972年7月15日，美国圣路易市为减少犯罪一次性炸毁了普鲁依－艾格居住区（Pruitt-Igoe housing complex）33栋11层高共2870套公共住宅。随后包括法国在内的很多国家都有大规模拆除公共住房社区的新闻，其中伦敦在哈科尼（Hackney）一次就爆破了19栋高层社会住宅。1980年代，詹科斯甚至借此宣布了现代主义试图通过城市建设推动改造社会的实验的彻底失败，呼唤复杂多样和矛盾多义的后现代主义时代的来临。

这涉及一个很大的社会学问题，就是"居住分异"——在完全市场化的住房市场上，居住分异是市场选择的结果，因为不同社会阶层付租能力不同，就会导致有钱人、穷人居住在城市的不同社区。这种市场导致的"居住分异"会在更大的空间层次上成为社会排斥和社会问题的温床，有可能会从空间的隔离演化为社会的对抗。

广州住房商品化改革已经导致了严重的居住分异，现在政府又通过经济适用房建设制造了一个更大规模的最穷的穷人的聚居区。从建设和谐社会的角度来说，一个聪明的政府恰恰应该是在市场选择居住分异的自然趋势下去干预它，强调社会的混合居住而不是加剧这种分异。

由于不少双特困户往往是因病致贫或因残致贫，用于安置贫困人口的廉租房往往从客观上造成了低保、低收入和残疾人群的聚集。截至2009年10月金沙洲新社区登记入住的2691户共7324人中近九成是低收入人群，其中享受最低生活保障家庭1552户4146人，低收入困难家庭806户2375人。

金沙洲新社区共有残疾人800名，其中精神病患及康复者达到177人，占到社区总人口的2%，是广州其他城区街道的3倍多。2011年6月入户调查又发现15名，使得精神病人总数上升到192人，如此规模"特殊人群"的聚集让一般居民成天心惊胆战。

而把廉租社区搞到要单独配套中小学校这样一个规模更是很大的失误，这会让小孩子从小就贴上一个标签，被打上"新社区"德政的烙印，说他是从某某穷人社区学校出来的，会在"城乡差别"之外再人为制造一个"贫富差别"。

金沙洲新社区项目属于典型的"好心办坏事"的案例，这是一个新政，也一个德政，政府确实想为穷人办事，但是由于缺少研究论证，没有社会学家的参与，结果市政府建设大规模廉租房社区的行为进一步加剧了居住的"社会分异"，亲自制造了一个大规模、环境优美、设施先进的大型贫民居住区。

2 应该在封闭式小区配建公共租赁住房吗？

公共租赁住房是指由地方政府通过新建或者其他方式筹集房源、专门面向中低收入群体、用低于市场价或者承租者承受起的价格出租的保障性住房，是国家住房保障体系的重要组成部分。从2014年起，各地公共租赁住房和廉租住房并轨运行，并轨后统称为公共租赁住房。

鉴于金沙洲新社区建设的失败、新闻媒体对现行做法的剧烈批评以及学术界对城市居住分异的讨论，广州市政府积极调整政策思路，但是却走向了另外一个极端：利用国有土地招拍挂制度，强行在土地出让合同中要求开发商在新建商品住宅小区中配建保障性住房。

自2011年开始，广州市政府在土地出让时，采用"限地价，竞配建"的方式在商品房项目中配建保障性住房，一厢情愿地要求在同一小区内让商品房、保障房住户"混居"，试图让贫、富人群同住一个封闭小区。个别政府官员甚至在房地产论坛上想当然地宣称，就是在一栋豪宅中也可以配建保障性住房。这样真的可行吗？2014年12月24日《南方都市报》以《小区建"柏林墙"隔离贫富区，贫区人进不了富人区》为题报道了这种拍脑袋的任性做法的诸多问题：

广州白云同德围的翠悦湾小区与金德苑西区属同一个开发项目，小区西侧商品房共有170多户，售价2.1万元/m²，物管费约2.7元/m²；小区东侧是土地出让时捆绑上的广州市住房保障办公室的3幢保障性住宅楼共253套公共租赁房。而较早建成的金德苑西区住户约有170户，物业管理费仅0.7元/m²还长期欠收。（图4）

为了防止东侧居民"搭便车"，2014年6月"富人区"物业管理机构在业主要求下单方面修了一道铁丝网围墙，不让"贫民区"业主使用小区公共配套设施，就连小区内唯一的儿童游乐设施也被圈在了富人区范围内，被隔断的还有小区消防通道。（图5）

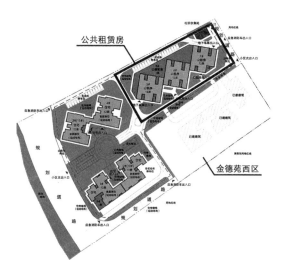

图4 翠悦湾小区配建了保障性住房

这堵"柏林墙"建成后，铁丝网两边住户矛盾瞬间激化，其中反对声音最大的，是铁丝网以东的翠悦湾东区解困房及金德苑西区住户。"柏林墙"西侧业主认为，东区解困房及金德苑业主管理费较低，如果要拆除铁丝网的话，双方应交同样的管理费。而铁丝网东侧不少住户则不同意交纳同样管理费，原因是两边楼宇条件及属性不同，但公共配套应是大家共享的。白云区同德街道办事处认定铁丝网围墙是违法设施，但是在调解、强拆遭遇阻碍的情况下，为了避免矛盾升级、发生更加激烈的冲突，估计只有通过法律途径才能解决。

图5 商品房与保障性住房之间的"柏林墙"

无独有偶，将于2015年交付使用的荔湾区芳村高尔夫球场地块开发项目，是广州市首批商品房配建保障房地块，小区内也有一道防护栏将其中三栋保障性住房和商品房间隔开来。售楼人员宣称商品房与保障房因为物业管理费不同，当然会分设出入口、分开管理，居民活动范围也会分开来。商品房区域内物管费用为2.8元/m²，修建有健身场地、游泳池等配套设备，绿化空间相比保障房区域也要大很多。另外，2011年万科"新里程"就在别墅区、限价房之间人为修建障碍物。2012年海珠区光大花园小区也出现了"柏林墙"，贫富双方业主甚至互投掷玻璃瓶，邻里关系被撕裂。

3 "大分散，小集中"，让穷人有尊严

为创造政绩工程，广州市政府不惜搞全国最大的廉租房社区，制造出巨型贫困社区，加剧社会居住分异。为避免贫困社区，却又剑走偏锋硬要把穷人富人塞进同一个封闭小区搞出一个冲突社区。如果说"金沙洲式的贫困社区"从长远角度会导致社会冲突，那么"翠悦湾式的冲突社区"却即刻激化了社会矛盾。改革开放三十年，得益于全球化产业分工和中央的分权化改革，地方政府在推动经济发展方面取得了的巨大建设成就，因此政府官员普遍认为权力无所不能。广州的这两个政府官员拍脑袋决策的保障性社区案例说明，在涉及社会建设这样敏感而微妙的问题上，要知道社会科学也是有其自身的科学规律的，应该求助于社会学家和公共政策专家的专业意见。

从尊重穷人的立场出发，为避免加剧社会分异，在全市尺度上保障性住房应该分散布局。如果把金沙洲新社区的 6000 户穷人分成 10 组，每 500-600 户一个住宅组团分布到城市各个不同的地区，就能让享受政府福利补贴的城市贫民能够与其他社会阶层一起无差别地共同分享城市公共设施和服务，让下一代人可以不分贫富地在一个教室中接受义务教育，增加社会阶层的流动性，有尊严地享用优质学区房、社区公园、社区商业服务设施。

从尊重穷人的立场出发，为避免激发贫富对立，在街区尺度上保障性住房应该相对完整地集中布局。如果把翠悦湾东区适当扩大规模，相对独立地形成一个可以拥有小花园、儿童游戏设施、托儿所、自行车保管站的独立居住组团，选址可以尽量靠近他们容易就业的农贸市场、美食街，甚至在其楼下专门开辟一些可以提供其就业岗位的公益性平民商场、慈善商店、能够帮助其创业的低租金小店铺，就能真正帮到他们有尊严地融入这个城市经济的主流。

保障性住房应该采用"大分散、小集中"的模式，既要避免金沙洲上万穷人大规模聚集形成"贫困社区"，也要避免翠悦湾硬把穷人与富人塞进同一个封闭小区制造"冲突社区"的做法。目前，广州市政府竟然在楼面地价过万元的豪宅地块配建保障性住房，过犹不及！

（原文发表于《北京规划建设》，2015 年第 4 期）

广州农村集资房建设历史的重新检视

自住房与城乡建设部于 2007 年 6 月 18 日发布购房风险提示后,各地方政府再次接连出台对"小产权房"①的禁令。学者们普遍认为小产权房是政策产物,其本质是二元土地制度下相关利益主体对土地增值收益的争夺,小产权房市场形成的根本原因是农民对低廉征地补偿进行的抗争,是农民主动分享城市化红利的表现。从博弈的视角看,政府禁止或叫停小产权房,并不能长期促进各方经济收益的增加,小产权房问题的本质是农地能否直接入市。

20 世纪 80 年代后期,广州曾经探索过类似于小产权房的农村集资房②的建设问题,到 1997 年,其被全面叫停。这种以镇级政府主导的城镇化制度创新终于在与城市政府主导的土地财政的"短兵相接"中败下阵来。2000 年,仅白云区的农村集资房用地就有 5.77km²,已建成房屋面积达 765 万 m²。同样是农地开发,同时期的乡镇企业用地逐渐被法律认可,而农村集资房则被叫停。在土地财政逐渐式微、城市规划转向城乡规划及国家日益重视小城镇发展的今天,重新检视广州农村集资房建设的历史,从中总结当年小城镇建设政策的得失,对探寻新型城镇化背景下的小城镇发展、小产权房治理等有重要借鉴意义。

1 农地开发的是与非

1.1 乡镇企业靠的就是低成本的农地开发

1978 年十一届三中全会后,以家庭联产承包责任制为核心的农村土地制度改革拉开了农村体制改革的帷幕,"分田到户"成为中央政策。农村农用土地从单纯"集体所有、集体经营"走向"集体所有、家庭经营"的两权分离模式。家庭联产承包责任制极大地激发了农民的生产积极性,解决了困扰了我国 20 多年的温饱问题,但也使原来人民公社体制下大量的"隐蔽性"剩余劳动力问题显化。

20 世纪 80 年代初,费孝通先生建议:"中国可以通过发展乡镇企业调整农村产业结构,吸纳农村剩余劳动力;通过'离土不离乡、进厂不进城'的乡村工业化,建设小城镇,推动中国城镇化发展。"1984 年中央"一号文件"提出"允许农民和集体的资金自由地或有组织地流动,不受地区限制。鼓励农民向各种企业投资入股;鼓励集体和农民本着自愿互利的原则,将资金集中起来,联合兴办各种企业"。同年十月发布的《国务院关于农民进

---

① "小产权"一词"发明"于北京,仅是一种俗称,并未在我国的法律法规中出现,也没有明确的限定。目前学术界较为认可的定义是:建设在未办理土地征用手续的农村集体土地上,未交纳土地出让金和各种税费,自行开发并对外销售的商品性住房。

② "农村集资房"是特定术语,最早出现在广州市人民政府穗府 [1997]48 号文件中,是对特定时期特定形态住房的一种称谓。该文件的第一条对"农村集资房"进行了限定:"于 1996 年 12 月以前,在广州市白云、天河、珠海、黄埔、芳村五个行政区范围内,未办理《建设用地规划许可证》、《建设用地批准书》、《建设工程规划许可证》和《建设工程施工许可证》,在农村集体土地上(含农村征地留用地上)进行集资而修建的房屋。"粤府 [2009]78 号文规定:"用地行为发生在 1987 年 1 月 1 日之后,2007 年 6 月 30 日之前的,已与农村集体经济组织或农户签订征地协议并进行补偿,且未因征地补偿安置等问题引发纠纷、迄今被征地农民无不同意见的,在按照用地发生时的土地管理法律政策落实处理(罚款)后,按土地现状办理征收手续。而此后发生在农村集体土地上的房地产开发一律视为违法的行为,相关部门一律不得认可。"

入集镇落户问题的通知》，允许农民办理"自理口粮户口簿"，在集镇落户。

在国家经济体制改革的背景下，乡镇政府、村社集体与农民个体利用国家大力发展乡镇企业的契机，通过在农村集体土地上兴办乡镇企业尝到了农地"非农化"的甜头，其实质是开启了以集体为主导的低成本的"农地开发"。同时，"农村社区工业化"促进了人口向小城镇集聚，并推动了城镇化，也引发了城镇住房供应不足的问题。

20 世纪 80 年代，始于小珠江三角洲乡村地区的发展乡镇企业和引进"三来一补"企业推动了"农村社区工业化"，低成本的农地"非农化"成为推动广大小城镇发展的动力：一方面是产业结构调整带来的本地农村产业的"非农化"和就地城镇化；另一方面是因产业集聚带来了大量低成本的农民工和外来人口的"打工城镇化"。由于政府财政短缺，加之缺乏制度准备，数以千万计的农民工住房需求只能通过两个途径解决：一是企业自建工人宿舍；二是通过"城中村"提供非正规住宅。目前仍然有两亿多农民工无法"融入城市"，其极大的流动性成就了世界城镇化历史上最大规模的"双栖城镇化"。

1.2 农村集资房建设也是农地开发

为应对工业化带来的人口集聚，广州在 20 世纪 80 年代曾经结合小城镇发展探索过外来人口落脚城市的问题。

1982 年《广州市基本建设委员会关于小城镇规划、建设、管理工作若干问题的请示报告》提出"自力更生，解决小城镇建设经费"的思路。1984 年 10 月，广州市政府印发的《广州市小城镇建设座谈会会议纪要》要求各区、县"要以改革的精神，变通那些同发展小城镇不相适应的政策"。1987 年 11 月 18 日，在由城乡建设环境保护部、国务院农村发展研究中心、农牧渔业部和国家科学技术委员会联合发布的《关于进一步加强集镇建设工作的意见》中，更明确以乡镇政府为主推进小城镇建设，可以成立房地产开发公司，对规划区内的建设用地实行商品化经营。随后，广州市发布《关于进一步加强集镇建设工作的意见》（粤建村字［1987］406 号文），进一步明确了小城镇的开发模式：在镇人民政府领导下，统一规划，综合开发，配套建设，逐步实施。

广州白云区政府当时提出要"敢闯红灯，善摸盲区"，成立了白云区城镇建设开发总公司，并在各镇成立分公司。其中，最有名的是太和镇政府创造的"太和模式"——镇政府成立开发公司统筹规划，引进社会资金在农村集体土地上进行以农村集资房为名的房地产开发，给城乡购房者配套城镇户口，推动小城镇大发展。

这在改革初期是乡镇基层政府为推动经济发展而采取的推动小城镇发展的制度创新。这种房地产开发行为在当年和发展乡镇企业一样，其本质也是低成本的农地开发。但是1997 年后，乡镇企业用地逐渐被法律认可，而农村集资房则被叫停，成为被治理的违法用地和违法建设。

1.3 农地开发的城市财政逻辑

改革开放以来，国家将经济发展权逐级下放，鼓励地方政府之间的发展竞赛以推动经济发展。其中，两项制度改革塑造了我国今天的政府行为：一是 1987 年宪法的修改开启了土地使用权转让制度，让城市土地经济规律得以"回归"，开启了土地的"资本"属性；二是 1994 年开始推行的分税制改革，其目的本来是增强中央政府的财政统筹能力以提升中央权威，但是由于其界定了中央和地方的财政边界，激发了地方实施改革的积极性。这两项制度改革叠加的结果是地方政府成为经营辖区各类资源以获取更多剩余的"公司"，财政成为地方政府行为的"指挥棒"，发展业绩成为官员考核的"标准"。

1987年的土地使用权制度改革在当时的影响并不明显，但是到了1994年分税制改革、地方政府大部分的产业财税增量被中央"拿走"后，各地财政普遍出现赤字，国有土地使用权转让收入才逐渐成为地方政府的第二财政——土地财政。中央政府将国有土地的经营权下放给地方政府本来就是应对产业税收上缴比例过高、地方财政枯竭的一种制度安排，因而土地开始作为城市政府主要的政策工具，在城市发展中起到关键作用。

在这样的背景下，市、县级地方政府纷纷开始上收改革初期下放给乡镇政府的土地审批权。而中央政府为了保护城市政府的土地财政，也于1998年通过修订《中华人民共和国土地管理法》，建立起"一个渠道进水，一个池子蓄水，一个龙头放水"的土地供给制度，集体土地开发只有通过征地拆迁成为国有土地，房地产开发只有在国有土地上才是合法的。

通过主导工业用地和经营性用地的开发，开拓地方预算内（产业税收）和预算外（土地出让金）财政收入来源，进而推动二、三产业发展，是城市政府发展经济的主要手段。由于招商引资市场的竞争激烈，地方政府往往廉价甚至贴钱供给产业用地，土地的价值则通过产业税收弥补。1997年的城镇住房商品化改革进一步向房地产市场释放了大量的建设需求，房地产业成为帮助地方政府实现土地财政最重要的渠道，住房和商业等经营性用地开发成为地方政府土地财政的主要来源。

这就解释了为什么同样是农地开发，乡镇企业用地因可以带来持续的产业税收而可以作为合法的集体建设用地得到法律保护；而同样是基于集体建设用地上开发的农村集资房，则因为与市县政府的土地财政争利而被叫停。农地开发的起落决定于地方政府的财政逻辑，资源配置的方式必然服从于资源配置的权力，这就是公共政策选择的内在逻辑。

在路径依赖下，农民和农村集体自然会尽力抵抗政府的管制，尽其所能地追求土地转用红利，结果造成了珠江三角洲农村集体在经营性建设用地上的开发的小产权房屡禁不绝，农民个体则通过"一户多宅"极力增加经济收入。

2 "太和模式"：以地兴镇的试验

1990年，太和镇政府对镇域进行详细规划并成立太和镇城镇开发公司，按照广州"统一规划、合理布局、综合开发、配套建设"的城市开发思路，提出了以"外引内联"的方式进行农村集资房建设，并采用"统一征地、统一规划、统一管理"的手段，这种开发模式被称为"太和模式"（图1）。

太和镇城镇开发公司成为城镇土地开发和经营的主体，其既是农村集资房开发行为中的管理者，又是参与者。

作为管理者，它制定城镇建设开发总体规划，统一征收土地和开发土地，负责集资房建

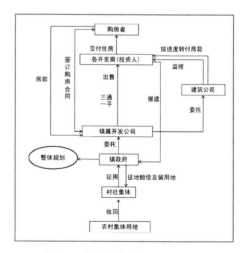

图1　"太和模式"运作分析图

设工程质量监理、制定相关规则维护购房者的合法权益。

作为参与者，镇政府通过其获得了房屋销售利润的提成，并通过它实施了市政设施和公共设施的建设，推动了小城镇发展。在这个过程中，农村经济合作社获得了征地收入，开发商（投资人）获得了销售收入，购房者获得了镇区住房及相关的户籍及学籍福利。

2.1 推动了城镇空间快速扩张

通过农村集资房建设，太和镇镇区从1990年的1.5km² 迅速扩展到1997年的5.3km²（图2）。1997年禁止农村集资房开发以后，镇区扩张速度明显减弱。

在农村集资房开发的七年中，镇级政府获取了2.4亿的土地转让资金及集资房销售利润提成（表1），极大地改善了城镇基础设施和配套公建建设，进一步改善了城镇发展条件。

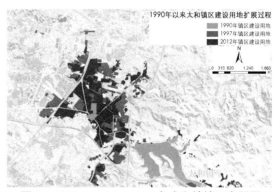

图2 1990、1997、2012年太和镇镇区发展图

资料来源：白云区规划局

1991-1997年镇农村集资房开发规模及收入情况　　表1

项目	建设年份	已建			已售		镇属开发公司收入（万元）
		占地（亩）	套数	建筑面积（m²）	套数	建筑面积（m²）	
丰太小区	1991-1997	296	3183	238703	1683	114703	9164
珊景新村	1993-1997	186	2373	177980	1870	140284	4809
商贸新村	1992-1997	147	630	44670	313	22223	3187
龙溪新村	1991-1997	89	132	9960	92	6968	907
如意新村	1991-1992	43	767	57564	620	46500	1684
碧泉新村	1991-1997	48	768	57630	614	46050	2081
大源山庄	1993	62	1100	82566	520	39066	1734
荔苑公寓	1994	14.7	179	18426	81	8120	387
合计	——	885.7	9132	687499	5793	423914	23953

注：镇属开发公司收入包括土地转让收入、公共设施配套费及销售利润8%的提成。镇属开发公司收入估算涉及的土地销售价格、房屋销售价格计划开发成本等数据资料为时任太和镇镇属开发公司总经理提供。

资料来源：白云区太和镇集资房协调小组办公室。

2.2 改善了城镇基础设施

除了道路建设，太和镇政府在1991-1996年投资将近2000万元修建、扩建学校，投资500万元修建自来水厂，投资550万元修建11万伏输变电站，并改善了镇区的交通、邮电、医疗和环境卫生等设施（表2）。

年份	投资	备注
1987	570	修建太和中学
1991	85	修建太和第二中学、打深井建水塔
1992	300	修建自来水厂
1993	27	修建下水道
1994	1741	修建下水道、太和第一中心小学、太和中心幼儿园、11 万伏变电站
1995	988	工业区三通一平、修建下水道、两座标准厕所、开设 246 路专线车
1996	440	自来水厂扩容、修建成人文化技术学校、联升学社维护、改造医院门诊部
1988-1995	500	改造广州市第 115 中学
1991-1994	18443	太和镇区规划区的三通一平及道路、街道建设估算
合计	23094	

说明：1. 集资房用地的平整成本没有估算在内；2. 太和镇墟道路建设与街巷建设参照道路建设标准进行估算；3. 一览表中下水道、道路及街巷的建造成本为时任太和镇镇属开发公司总经理提供。

资料来源：广州白云区太和镇志

　　在当时小城镇发展资金缺乏的情况下，以宅基地房的名义修建的"集资房"解决了小城镇建设资金的问题，客观上加快了城市边缘区的小城镇发展，在当时被认为是值得推广的政策试验。

2.3　满足了快速增长的住房需求

　　1990-1998 年，太和镇先后建成了包括在镇区内的丰太小区、珊景新村、商贸新村、龙溪新村、如意新村、碧泉新村和朝辅区（原镇区用地上建设起来的农村集资房）等农村集资房小区以及在镇区外的大源山庄及荔苑公寓，提供了超过 9100 套的住房（表 1，图 3）。

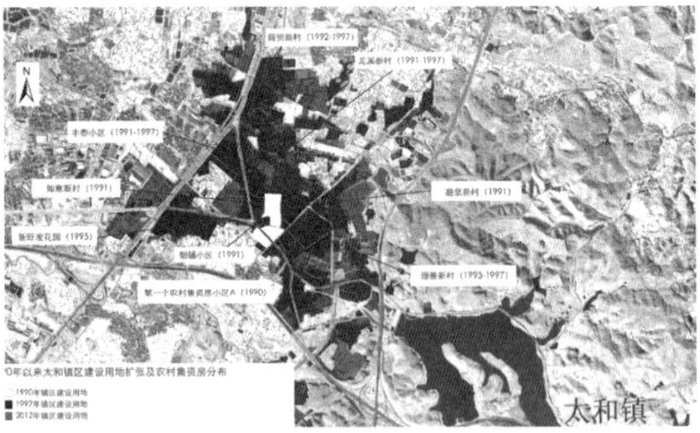

图 3　太和镇农村集资房空间分布

　　20 世纪 90 年代，广州农村集资房支撑了周边小城镇快速而粗放的城镇化发展，缓解了财政匮乏导致的社会结构性矛盾，特别是缓解了因住房制度改革滞后带来的城镇住房问题。

3　"太和模式"的失控及治理

　　由于"太和模式"在激活农村发展动力及利用社会资本建设小城镇的成功，广州市政府作为典型模式进行推广。1992 年开始，随着房地产市场的升温，更多的社会资本注入农村集资房市场，开发项目由镇区转战到公路沿线靠近城市中心区的农村区域。开发主体也由镇政府主导转向市场主导，导致了土地开发失控、空间的无序蔓延：

（1）在缺乏镇域城镇规划的情况下，乡镇政府为增加收入而默许开发商直接与城镇规划区之外的村社集体签订买地协议，并进行开发，再由村社集体以"宅基地房"名义向乡镇政府报建，以镇属开发公司的名义进行销售（图4-a）；

（2）村社集体完全绕开镇属开发公司的监管，私自引进开发商，在村社自有的集体土地上，以"宅基地房"的名义报建，进行农村集资房建设（图4-b）；

（3）农民向村社集体申请宅基地或购买自有宅基地附近空闲的宅基地，私自引进开发商，以"宅基地房"的名义报建，进行农村集资房建设（图4-c）。

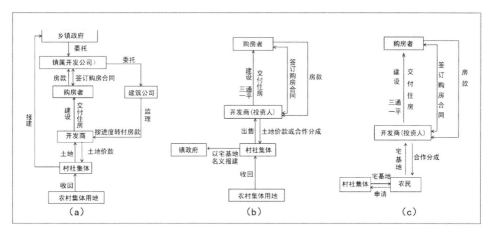

图4　太和模式异化后的运作分析图

这个时期农村集资房开发主体包括镇属开发公司、村集体、农民个人与外来开发商。1994年，广州市政府将农村集资房用地审批权从镇政府上收后，很多开发商在利益的驱动下，根本不顾城镇规划，不履行报建手续，绕开镇属开发公司的监管，私下与农村集体组织协商合作开发。农村集资房开发如脱缰野马，脱离了乡镇政府的统一管理。

虽然广州农村集资房的出现有一定的积极意义，但是开发管制失控的负面影响逐渐显现。由于缺乏合理的整体规划及合理的收益分配体制，带来了一系列的"后遗症"。

3.1　权益复杂，经济纠纷不断

农村集资房与城市单位集资房及商品房最大的不同在于其经济关系的复杂性。无论是"太和模式"，还是村社集体主导的开发模式，农村集资房的土地都是以"基底面积"计价的形式分别出售给不同的开发商，而开发商的资金又由不同的投资者以协议或合同的形式进行集资。在实际开发过程中，由于操作的不规范及监管不力，出现了种种的经济纠纷：一是土地征用费用的交付滞后。镇属开发公司或外来开发商在土地征用后往往没有及时把土地征用费用交付给村社集体，项目出现"烂尾"时，造成村社集体与开发商之间的经济纠纷。二是购房者无法维护自己的权益。由于政府监管机制缺乏，投资者股权变换频繁，项目出现"烂尾"时，购房者无法维护自己的权益。此外，购买农村集资房的外来人员不能"购房入户"，带了大量产权纠纷问题，上访事件频发，影响了社会的和谐发展。

3.2　随意开发，城乡规划失效

农村集资房的存在使得原先编制好的城市规划中的市政配套设施和基础设施无法落

实，而要保证农村集资房购买者的正常生活，又必须对该地区的规划条件进行修改，增加了周边市政配套设施和基础设施的压力。

当前，随着城市更新、土地整备等一系列工作的开展，广州的城市发展集中在"城中村"的改造和二次利用上。然而，现实中大量没有经过任何规划的，由村社集体及农民主导的农村集资房的存在，使得近郊及城乡结合部居住用地、商业用地及工业用地相互交织，给城市规划和土地利用规划的编制和实施造成了重大影响。

3.3 政府财政收入大量流失

广州农村集资房与区域基础设施建设有密切的关联，其建设有着明显的交通指向性。这就导致增值潜力大、商业价值高的地块被低效使用。

而农村集资房是基层政府自发的城镇化行为，基本未办理任何的用地及报建手续，逃避相关税费，致使地方政府财政收入大量流失。例如，1990-2000 年间，太和镇建成的农村集资房正常入市，可获得将近 8000 万元的交易税费收入；假如这些用地于 2000 年全部入市，按基准地价算，可获得的土地出让金超过 4 亿元。

土地的发展权是一个涉及国家土地制度的政治问题，但是在土地使用权改革的背景下，土地开发所需要基础设施和公共服务设施都需要公共财政的投入。而所需公共财政的来源应该就是土地本身开发的收益，如放任市场而缺乏"涨价归公"的制度设计，结果就只能制造纠纷，"生产"贫民窟。

3.4 对农村集资房的治理

在城市政府土地财政兴起的背景下，针对广州农村集资房的乱象，1997 年 7 月广州市政府发布了《关于处理我市农村集资房问题的决定》（穗府 [1997]48 号文），提出了治理办法：

（1）在 1996 年 12 月 31 日前建设的农村集资房、不符合规划和安全要求的"集资房"一律予以拆除；对影响城市规划，但尚可采取补救措施的项目，由规划部门责令其整改，以开发商为责任主体补办有关手续及补交土地出让金、税费后保留使用；对不影响城市规划的项目，由规划部门责令其限期补办有关手续及补交土地出让金、税费后确权。

（2）凡经清理并确权的"集资房"，五年内一律不准解冻进入二级交易市场，五年后如要进入二级交易市场，应先按有关规定补交税费。

（3）1996 年 12 月 31 日以后发生违法用地、违法建设的"集资房"行为应进行制止。

（4）对发生违法用地、违法建设"集资房"行为的行政责任人做出不同情况的行政处分；对参与"集资房"建设的设计单位、施工单位等取消其在广州的设计、施工资格，并不准再进入广州建筑市场。

广州市政府的文件尊重历史、严肃法纪，采用了"疏－堵"结合的方式，当时在全市层面确实起到了遏制农村集资房建设的效果。但是，按目前的土地管理制度，土地（征）转用必须按土地利用规划征收，土地征收则需在完善征收补偿、社保等事项后，用地指标才能报省政府批准。而且 2004 年 8 月 31 日以后，规定所有经营性用地（包括历史用地补办手续）一律需通过招、拍、挂方式出让，因此就难以按"穗府 [1997]48 号文"的规定直接把集体土地转为国有土地并完善土地手续。这一结果引发了大量社会矛盾，阻碍了城市建设及地方经济的发展。

对于太和镇这样存在大规模农村集资房的地区，许多项目存在责任主体复杂、开发建设手续不齐全及房屋质量无保证等情况，补办手续的工作一直很难开展。农村集资房清理工作进展缓慢，而大量产权手续不全的集资房在常态化的使用和交易中，暗示着政府治理能力的尴尬，因而又鼓励了新的一批违章建设。在广州房地产市场升温后，农民与政府的空间发展权抗争让自下而上的农村集资房建设死灰复燃，成为违反现行法律的小产权房，严重影响了广州城市建设。

4　结论与讨论

农村集资房开发是改革开放初期，在缺乏城镇建设资金的背景下，在基层政府鼓励下，"摸着石头过河"的一种尝试。其本质是通过农地的"非农化"开发，"以地兴镇"，是特定时期推动小城镇发展的制度创新行为。从鼓励到抛弃，从认可到禁止，这种制度创新在与城市政府主导的土地开发市场的"短兵相接"中败下阵来。

4.1　价值困境

在现行财政制度下，城市建设被演绎为城市经营，发展占用的资源远远超出"公平"的支出，空间生产中的交换价值成为政府财政的来源，空间的使用价值被决策层所忽略。小城镇工业用地因为在产业财政上的贡献而获得了用地的合法化，小城镇集资建房因为与房地产开发的竞争危及地方政府土地财政而被叫停，就是必然的政策选择。

经历了投入集体土地发展乡镇企业的这一时期，珠江三角洲一大批小城镇发展了起来。而更多后发的小城镇在1997年亚洲金融危机以后，由于乡镇企业逐渐退出历史舞台而陷入发展瓶颈，小城镇发展普遍失去动力。2000年以后，大规模的乡镇合并一方面是为了降低公共服务成本，另一方面就是给有发展潜质的城镇提供更多的空间资源。然而，大城市周边的小城镇更多被当作城市发展的储备用地而被控制起来，连宅基地供给也被叫停。如何保障农民的发展权是一个无法回避的价值判断问题。

从表面上看，广州农村集资房的兴起、变异以及小产权房的层出不穷是土地市场管理不到位所致，但本质上却是权力、资本及土地所有者围绕农村集体土地开发增值收益分配所展开的博弈。

4.2　路径选择

城乡二元土地制度以及"农地农有、农地农用"在相当长的时间里都还将是国家的基本政策，因此在没有制订出配套的法规、政策的情况下，像20世纪90年代广州这样"放手"让基层政府甚至农民自己进行土地管理是行不通的。对集体土地转建设用地无论是"堵"还是"疏"，都应该从顶层设计出发，制定完善的制度，平衡地方政府土地财政和农村集体的土地发展权。

在土地管制方面，政府应遵守"规划先行"的原则，严格按照《中华人民共和国城乡规划法》，要求乡镇村必须依照土地利用总体规划编制其行政区域内的土地利用规划，并严格按规划执行；在土地产权方面，应该考虑农民的土地发展权，建立公平、高效率的土地增值分享机制，允许被征地农民分享部分土地增值收益。政府可在不改变土地所有权的基础上，以城乡规划为手段，允许赋予土地相关利益者一定的土地发展权。其中，地方市（区）级政府、乡镇政府采用税费的形式以一定的比例分享土地增值收益，而村社集体及农民则以征地留用地及可长期持有物业的形式参与土地发展权的利益分配。珠江三角洲一直以来实行的征地返还 10%～15% 的政策，有利于农民失地后仍然可长期持有土地或物业参与土地增值收益的分配。对于城乡规划的编制与执行，应借鉴香港的做法，做到公开、透明、民主，让相关利益者参与到规划的编制与执行过程中。同时，政府应建立有效的奖励机制，鼓励乡镇政府积极完成相关区域的城乡规划工作。

4.3　制度设计

在现行土地制度中，土地市场与要素市场被地方政府所垄断，土地的增值在地方政府、开发商之间分配。而由于土地制度安排中的农地征用及流转制度的不合理，导致了集体组织和农民在土地增值的利益分配格局中缺位，最终引发集体土地所有人在空间上的抗争。解决这种城乡冲突最终要归结到如何界定土地发展权的归属上。

对于地方政府而言，由于城市化的阶段性和土地资源的有限性，土地财政之路并不能长久，只有利用土地创造出稳定的产业税源，才是城市财政可持续发展之路。对开发商而言，无序的交易市场只会加大经营风险及增加交易费用，只有建立完善的市场管理制度，才能更好的实现追求最大利润的目标。对于集体土地所有者而言，小产权房和农村集资房这种游离在法制之外的房地产开发无法保障其合法权益，因而必须依赖合理的制度，才能实现与城市土地"同地同价"。

因此，应该在国家层面明确"农地转用"的基本国策，并制定相应的城乡建设用地流转管理法规，赋予农村建设用地与城市建设用地相同的土地使用权。在地方政策方面，地方政府根据实际情况制定科学的城市发展战略，让土地管理部门、城市规划部门据此制定科学的土地利用总体规划及城市规划。与此同时，中央政府与地方政府应借鉴城市土地税收制度经验，制定农村建设用地流转税收制度，并建立合理的城乡土地地价体系，最终建立公平、合理及统一的城乡房地产交易市场。

参考文献

[1] 王天逸. 小产权房问题研究及相关制度构建 [D]. 华南理工大学硕士学位论文，2012.

[2] 李志明，段进. 空间抗争视角下小产权房的形成机制研究 [J]，规划师，2013（5）：102-106.

[3] 魏雅华. 小产权房剿灭还是招安？——十问小产权房 [J]. 中国房地产业，2012（4）：22-23.

[4] 钟凯. 再辩"小产权房"合法化——兼论我国农村土地制度的改革方向 [J]. 经济体制改革，2012，3：69-73.

[5] 孔祥智，徐珍源. 改革开放 30 年来农村宅基地制度变迁 [J]. 价格月刊，2009，（8）：3-5.

[6] 陶然，陆曦，苏福兵，汪晖. 地区竞争格局演变下的中国转轨：财政激励和发展模式反思 [J]. 经济研究，2009，（7）：21-33.

[7] 陶然，汪晖. 中国尚未完成之转型中的土地制度改革：挑战与出路 [J]. 国际经济评论，2010，（2）：93-123.

[8] 曾俊华. 香港的城市规划及土地发展制度 [J]. 城市规划，2002，26（6）：12-13.

（本文合作作者：吕凤琴、陈世栋。原文发表于《规划师》，2015 年 7 月）

合作建房、更新旧城

——旧城更新途径浅探

1 旧城住区亟待更新

我国大多数城市是在旧城基础上发展起来的，因此旧城问题是一个普遍存在的难题：一方面，旧城在城市社会经济生活中占有不容忽视的地位；另一方面，旧城的环境质量每况愈下，已到了非改建不可的地步。

旧城的困境是由于长期以来城市建设在"先生产，后生活"的方针指导下，忽视生活环境的改善，一味挖潜而投入不够造成的。具体表现在以下几个方面：

（1）点，即旧城中一系列因功能布局不合理而导致相互干扰的节点。它往往是旧城问题的显示器，容易成为重点改建的对象。

（2）线，指旧城中落后的基础设施。道路狭窄、路网结构不合理，导致交通拥塞混乱；水、电、气等设施不敷使用，使生活质量下降，是旧城问题的关键。

（3）面，也就是旧城中大量性的老旧居住区。房屋破旧，设施匮乏，环境恶化，社会老化等现象严重，直接影响着千家万户的生活，是旧城问题的核心。

旧城住区多是在城市无计划发展时期形成的。就现代城市文明的许多基本要求来说，如私密性、方便性、卫生条件等都不能满足需要。据昆明市 1987 年调查表明：旧城住区物质环境严重老化，设施不足，36.16% 的住宅属超龄使用的土木结构民房，建筑密度高达 65%，人均用地仅 26.01m²，人均绿地 1.04m²。另外，旧区的社会老化现象也十分严重，人口密度高达 3.84 万人 /km²。最高的街坊达 1440 人 /hm²，居住拥挤，往往几代人共用一套设施匮乏的老宅。这在一定程度上加剧了城市社会的病理现象，导致犯罪、离婚、邻里不和等问题，矛盾十分突出。

为缓解旧城矛盾，近十年来，各地政府都投入了大量资金开辟新的住宅区。这在一定程度上改善了市民生活条件。

但是，旧城中长期形成的大量社会基础设施，及与之相应的城市区位格局，对社会经济生活仍有很大吸引力。根据我国节约用地的国策，未来也不可能避开旧区，单纯开发新区。因此，旧城改建与更新仍将是一个十分重要而又迫切的社会工程。

2 更新旧城的困境

旧城亟待更新，但却迟迟难以展开，这是由于旧城问题是长期以来，各种矛盾未获解决而累积形成的。它涉及面宽，协调难度大。根本问题还在于改建的经济效益不高。

有调查表明：虽然旧城区住宅土建造价比新区要低 13.18 元 /m²，但每平方米综合造价仍比新区高出 9.46 元。因此，旧城改建每公顷投入比新区要高出二分之一（表 1）。

表 1

项目	单位	新区平均值（32 个样本）	旧区平均值（28 个样本）	对比（旧区多为"+"少为—）
建设总用地	公顷	13.99	3.19	—
建设总投资	万元	3157.89	1068.39	—
单位土地面积投入	万元/公顷	225	335	110
住宅土建造价	元/m²	169.75	155.94	-13.81
住宅综合造价	元/m²	253.04	262.50	+9.46

资料来源：《城市新旧区住宅建设经济效益研究》课题报告，1985 年。

对住房开发者而言，余房率是一个重要指标。统计表明：旧城改建的余房率一般在 188.99% 左右。即同样建 $1.0m^2$ 住宅，在新区净得 $1.0m^2$，在老区却只能得到 $0.7m^2$。

旧城改建的资金来源目前共有四类：一是国家投资（含国家专项投资、城市建设税、维护费等）；二是房屋开发公司投资（经营商品房）；三是单位建房基金；四是个人基金。

随国家政治和经济体制改革的进一步深化，福利型的住房体制逐渐向商品化转型。国家投资将主要集中在公益性的基础设施开发中，旧城住区的改建工作应该交由开发公司来经营。即逐步应用经济杠杆来调节旧城住房改建，形成建设资金的良性循环，开辟住宅市场、改变以往资金一次性投入的弊端。

但由于旧城改建中住宅开发的成本较高，相应商品房的售价也要较新区为高。因而，目前在住房市场尚未形成，群众购买力又严重不足的情况下，经由房屋开发公司在旧区开发商品房来带动旧区全面更新是很困难的。

可见，经济因素是旧城改建的瓶颈。要调动国家、地方、企业和个人的建房积极性，筹措建设基金，需采取更为妥帖的方案。

3 在旧城改建中应引进合作建房机制

近年来，在全国范围内掀起的合作建房热为我们提供了又一个全新的视域。它为个人集资建房提供了一种有效途径。

合作建房，就是城市居民为解决自生的住房问题，自愿组织起来，在地方政府及单位的帮助和扶持下，通过住房合作社进行的非营利性的，群众性集资建房活动。由于集资方式灵活多样，个人可一次付足，也可通过住房储蓄来获得居住权，因此很好地起到了吸收社会资金，促进住房建设的作用。作为一种极富魅力的尝试，住房合作社吸引了广大"分房无份，购房无力，建房无法"的城镇居民。

昆明市自 1988 年组织马洒营住宅合作社至今，已先后组建了七个住宅合作社。其中有房管局出面组织，面对广大市民的社会型住宅合作社，也有企业出头，面对单位内部职工的企业型住宅合作社。先后吸引了千余万元资金，近八百户人家。目前，有许多人家还在排队，准备参加新的住宅合作社。

由于合作建房是以吸收社会资金的方式筹集建房经费，因此它可能是现阶段向住宅市场过渡的重要途径之一：第一，通过住宅合作社，可以积累相当额度的建房基金，建立储备银行，促成资金的投入产业，形成良性循环；第二，它在宏观上，还能起到调节社会消费结构的作用。据昆明市实践，通过合作建房获得一平方米住房，比购买商品房要便宜60-100元。就个人而言，合作建房较之购买商品房要经济得多。

正是考虑到合作建房的这些优越性，我认为应将它引入旧城改建中来。

旧城在城市社会经济生活中占有重要地位，旧城居住环境的恶化影响着千家万户生活水平的提高，其改建刻不容缓。另一方面，由于资金匮乏，政府无力承担所有的改建任务，而在旧城区中开发商品房又不经济。因此，在改建中如何吸收单位和个人的建房资金，就成为旧城改建的关键问题。

在旧城中组织非营利性的合作建房或许正是吸收社会资金的好办法。即通过在旧城中组织以改建特定街区为目标的居民住宅合作社，吸引个人基金，并可考虑利用旧区优越的区位条件及经营效益，吸收单位建房资金，在国家和地方政府扶持下，做到："国家搞大配套、企业搞小配套、个人投资建房"。共同改善居住条件。

4 以城市再开发带动旧城住区更新

城市土地是有价值的，而这种潜在的价值又反映在城市土地的区位差异之中。根据昆明市土地收益统计分析：城市每平方米用地的利税额，在中心与边缘之间相差近五倍，而区位较好的地段又多分布在旧城中（表2）。

表2

区位	样本数（个）	年利税额（元 /m²）	比值
一	40	1651	4.95
二	81	454	1.35
三	73	335	1

资料来源：《昆明旧城区改造规划》（讨论稿），1989 年。

旧城的土地价值较高，而沿街建筑的价值更高，因此在城市中最先得到更新的往往是沿街商业建筑。所谓"一层皮"、"一条街"的规划建设，就是这种功利主义建设思想的反映。如昆明市南屏街道路拓宽工程，因为要拓路，解决交通问题，就只拆建了沿街建筑。其结果是："一层皮"后的大量旧宅与破街陋巷的环境不但未获改善，反而因为缺乏规划控制而处在沿街高层建筑的影响下。

因此，旧城住区的成片改造必须有总体的构想，做出改建规划，并就改建的经济性做出方案。我认为现阶段我国城市有以下两个特点，可作为改建构思的基础：

一是住房市场尚未形成，人们尚无能力在城市中选择生活较方便的区位，无法在旧住区中开发商品房，并以此带动旧区更新。

二是蓬勃发展的第三产业，如商业服务等经营性行业却格外倚重城市中的区位因素。

设想在旧城中进行再开发，建设大量依赖区位因素的设施，吸引单位资金的投入，以此带动并补足旧城住区的成片更新。充分利用旧城土地的区位价值，实行"以地养地"的改建策略，或许是可行的。

由于城市多由中心逐渐向外发展，因而城市中心的衰落也往往最厉害。如昆明市中心区的宝善街，在历史上曾是繁华的城厢地带。目前，在东段仍汇集着四、五家影剧院。沿街满布商店，有旧时遗风。但混乱的交通、破败的建筑，前店后居式的传统商业格局，难以满足现代购物的需要，使其经济收益与优越的区位条件相去甚远。

若在此类街区组织住宅合作社，在个人集资的同时，吸收企业的建设资金，建设沿街商业服务设施，并用后者补贴前者，通过统一规划，统一建设，带动旧区成片改建的构思就有可能实现。虽然后者建设时要付出比一般情况更高的建设费用，但由于区位优势而带来的经营效益也远比其他地区高，其吸引力仍将是很大的。分析昆明市正义路北段改建工程的资金构成，就会发现：在总投资 2429.18 万元中，单位投资就达 1982.18 万元，占 81.60% 强。商业经营部门的投资潜力是非常大的。

今天，解决旧城问题已有一定条件。首先，近年来大规模的住宅建设，使旧区人口密度极高的情况有所缓解；其次，多年的旧城改建工作已积累了相当的经验。

如果这种"以地养地"，以旧城再开发带动旧区成片改造的策略是成功的。那么由此而致的社会效益、经济效益以及环境效益都将十分巨大，会直接地改变旧城的面貌，并在"点、线、面"诸方面，全面缓解旧城的问题与危机。

（原文发表于《云南城市研究》，1991 年 1 月）

和谐社会背景下的城市开发之困

虽然 2005 年底全国城市化水平刚刚达到 42.99%[①]；但是由于国家宣布从 2006 年开始取消农业税，从此以后国家财政将全部来自城市或城市型的产业，中国城市已经决定性地成为新世纪国家的社会经济中心所在，将承载起新世纪中国和平崛起所有的光荣与梦想，也将成为所有一切社会政策及其结果的主要载体。如果以国家财政来源的变化来断代的话，中国的城市时代在 2006 年已经提前到来了！

近代以来，工业化和现代化一直被作为国家富强的象征，而城市在中国也一直代表着先进的文化和生产力。可能正是因为城市时代在制度建设还不完善的情况下就提前到来，所以当城市在国民经济和社会生活中承担着越来越重要的作用的同时，中国的城市政府却从来没有像今天这样承受过这么多的责难。

早在 2003 年国家就针对炽热的旧城开发发出"关于认真做好城镇房屋拆迁工作维护社会稳定的紧急通知"；而 2005 年的"合作建房运动"、2006 年的"不买房运动"，矛盾直指开发商为"奸商"；城市政府被指责在住房政策上不作为，被指在城市开发中与开发商勾结以增加城市财政收入，现行城市开发体制开始导致城市政府、开发商与市民的对立。自从房价从 2005 年被列为国家宏观调控目标以后，城市开发就越发成为一个政治化的全国性话题，加剧了这种对立。

随着国家向市场经济整体转型，法律对私有产权的廓清和保护必然导致社会冲突增多，这需要精心的制度设计来协调；但是另一方面城市政府还不能完全超脱于利益纠缠，而目前在路径依赖下粗放的计划经济时代的制度框架则进一步放大了城市开发过程中各类冲突的社会成本。目前无论是城市政府、开发商还是市民，在制度设计、价值体系和思维方式等方面都还没有能够适应这种社会变革。

1 城市社区管理之困

1.1 社区之争

广州市是中国市场经济改革的前沿城市，房地产发育比较早，目前民营房地产企业已经成为城市建设的主力军之一，但是由于我国目前仍然沿用计划经济时代的物业管理制度，结果是粗放的制度框架放大了各类冲突的社会成本，因此城市开发中的社区管理遇到的矛盾和问题比较突出。

1.1.1 冲突 1：祈福新村居民反对规划道路穿越大型居住区。

祈福新村是早期的郊外的大盘，原来规划已经预留好市政道路通道，2005 年广州实施城市南拓战略，为配合高速铁路车站建设，政府准备按规划修建市政道路，结果周边居民举行大规模游行示威，抗议政府修路的决定，迫使建设计划暂时搁置。问题是，广州郊区的这些大型居住社区少则几十公顷大则几平方公里，不可能没有市政通道，以往城市道

---

① 《2005 年全国 1% 人口抽样调查主要数据公报》，中央政府门户网站 www.gov.cn，2006 年 03 月 16 日。

路建设无论通过旧城还是村庄都没有遭遇到目前这样大的压力。

这就迫切需要建立一个制度框架：首先要推行阳光规划，让老百姓在买房时能够有地方充分了解城市规划信息，避免开发商误导消费者。其次，遇到矛盾要建立包容多个方面来共同讨论的平台——通过专门的"委员会"来协商和决策，对利益受到损害的方面视责任由政府和开发商给以适当补偿。最后，如果对委员会的裁决还有争议，还可以交由法院裁定。

1.1.2 冲突 2：丽江花园优惠措施回归成本经营导致业主示威。

丽江花园也是广州开发较早的一个郊外大型社区，因此也较早接近销售完成，于是开发商逐渐取消售楼时的许多优惠措施，将各项服务回归到成本经营，结果是每一次调整都会导致业主们上街游行一次，丽江花园似乎已经成为广州民间社区维权运动的学校。

楼盘未开发完毕前，发展商为促销还能通过增加新房售价作一些补贴；一旦开发完毕，所有优惠措施都是没有经济根基的，都不可能持续。房地产公司把各项服务回归成本只是早晚的事。

1.1.3 冲突 3：华南新城楼巴[①] 改公交导致业主与开发商的冲突。

2006 年"华南新城 215 事件"[②] 是广州近年来少有的因为社区物业管理冲突导致的恶性事件。由于物业公司是开发商的属下关联公司，当业主与物业管理公司冲突难以解决的情况下，矛盾就转移为业主与开发商的对立，业主群体非理智地攻击开发商个人住宅而导致血腥冲突。

以上只是几个案例典型，这许多冲突的根源不仅仅在开发商一边，也与市民的消费观念有关，但根本上还是政府社区管理滞后的问题。中国社会还没有做好适应市场经济的准备。"小区不安宁，怎么建设和谐社会？"[③]

1.2 社区之治

目前大量的政府条例、规章、制度等等基本都是计划经济时代制定的，许多制度都是

[①] "楼巴"又称屋村巴士，本是借鉴于香港的楼盘专用交通工具，目前广州的楼巴都可以用"廉价、快速、优质"来形容，但是多数楼巴却已经廉价到无法维持自身运营成本的程度。因为这只是楼盘的促销手段，开发商的补贴就是楼盘营销成本，业主们还可以享有多久的"免费的午餐"决定于自己在房价里已经交纳的营销成本还有多少。

[②] 自 2002 年起，华南新城已陆续入住了 1 万多人近 5000 住户，近两年来，业主们多次因为公摊收费、保安打人、小区专线巴士等问题与小区开发商和物业公司发生争执。为了维护自己的正当权益，两年前小区准备成立业主委员会，热心的李刚被大家推举为筹委会的负责人之一。这期间，李刚多次代表大家就业主权益问题与开发商和物业公司进行沟通和商谈。但是，积压的矛盾始终没有得到彻底化解。2 月 6 日晚，华南新城业主突然被通知，小区的一条主要巴士线路屋村巴士被取消，事前没有任何的沟通，屋村巴士关系到小区上万名业主的民生。由于找不到小区屋村巴士运营商和物管的负责人，愤怒的业主自发进行游行抗议。这时，他们被突然涌出的一些人追打，两名业主被打得头破血流，幸有当时众多业主的掩护而得以逃脱。2 月 12 日是星期天，数百名业主为了替被打业主讨公道及维护自己的权益，在小区内游行。为免于事态恶化，紧急赶到的李刚，同其他两名业主筹委会成员一起代表业主同康景物业管理有限公司的肖姓负责人进行了对话、谈判。2 月 15 日，5 名打手闯入李刚家中，当着老人、孩子的面，将李刚打致重伤。就在李刚被打的当天，参与谈判的一名业主筹委会成员，也遭遇电话恐吓："你若是再带头闹事，就会有人到你家里给你送花圈！"2 月 17 日，华南新城最主要的上网途径"e 家宽"全面瘫痪，广州各大媒体噤声，但李刚事件在网络上开始传播。（《民主与法制时报》，2006-3-6，记者：刘丽琦，侯裕，景剑峰）

[③] 广州市政协委员李伟成，《南方都市报》2006.3.20.

为国有企业制定的。以前单位福利分房时物业管理是公家的事，因此有关物管的政府规章多站在物业管理立场代表国家进行国有资产管理。这些规定多数已经不适合目前利益多元化的现实情况，在一个产权分散的社区是无法通过权威来管理的，因此目前社区物业管理的冲突需要一个全新的框架来解决——社区自治。

现在的开发商（及属下的物业管理公司）已经不是"公家"，房子是私人物业，小区是业主共有物业，这是很大的转变，但是开发商们（及属下的物业管理公司）却往往利用原有规章把自己打扮成"公家"来管理"大家"，李代桃僵。现在的问题是，追求利益最大化和持续化的开发商们（及属下的物业管理公司）做不了"公家"。为避免买卖冲突延伸到社区管理，政府要明确规定开发商和关联企业不能够经营自身开发项目的物业管理业务，物业管理公司必须是独立经营的服务机构，由民选业主委员会组织投标择优委托物业管理。

作为消费者，业主要明白社区物业服务没有"免费的午餐"，没有"搭便车"的可能，负责任的业主在主张自己的权利时要对物业管理方有一个理性的认识，不能够只图眼前的一时利益"过度维权"，错失理性地进行制度建设的最好时机。

在城市开发过程中公共物品与公共服务要由城市政府统筹，不能简单交由市场经营。广州华南板块所谓的"楼巴"只是开发商的促销手段；"名校"是开发商经营的教育产业；医院是开发商经营的卫生产业⋯⋯都不是由政府的财政来维系的。如此复杂的局面，政府若不及早参与妥善处理，一旦社会冲突激化，最终所有的矛盾都会转移自己头上，而要后任政府为前任政府买单，形势也将会很严峻。

2　城市住房政策之困

城市建设和住宅建设在全民所有计划经济时代完全是政府的事情；1980 年代之后，随着外资的进入和城市土地使用权的转让，城市建设开始市场化；随着 2000 年住房制度的改革完成，中国住宅建设在没有完善新的制度设计的情况下，就走向完全市场化之路。

2.1　市场化的价值——提高效率

土地使用权转让改革，变土地无偿使用为有偿使用；一方面：为城市更新，城市基础设施建设提供了大量资金；另一方面：城市结构优化得以根据土地价值和资本分配来实施。

虽然广州市的住宅建设市场化比较早，但是 2000 年以前房地产市场也只是计划经济福利分房的补充，城市住宅供应还是普遍不能满足需要，单位分房是主要渠道，商品房只占城市住宅供应的一小部分。城市开发的主要模式是在旧城区拆旧建新。原因是受国家城市发展政策"控制大城市规模，适当发展中等城市，积极发展小城市"的影响，城市建设用地供应受到限制，不得不在旧城进行挖潜改造，其结果不仅难以满足住房需求，还严重破坏了国家级历史文化名城的保护。

2000 年以后，由于行政区划的调整，特别是城市发展战略规划的实施，意识到旧城是城市特色的根源，保护旧城拓展新区成为基本共识，广州市城市开发的重心逐步转移到新区。另外住房制度改革完成，货币分房开始，商品房成为市民获得住房的主要来源。期间广州经济高速增长，2000-2002 年，广州市的 GDP 从 2000 亿元到 3000 亿元，用了 3 年；

而 2003-2004 年，由 3000 亿元跃到 4000 多亿元，仅用了 2 年时间；2005 年广州市的 GDP 已经达到 5115.75 亿元。广州房地产迅速发展，人民的购买力增强也开始重新选择自己的居住地和住房产品——换房成为房地产业的主要动力，居住分异日益明显，郊区出现了大规模的别墅区，市区也出现了所谓的豪宅区、白领住区，成为开发商津津乐道的话题。

换房的另外一个结果就是"二手楼"市场和房屋租赁市场的兴起，房屋的流通优化了城市住宅的资源配置，为年轻人、新移民提供了大量廉价房源。根据房管部门的统计数据，从 1998 年 -2005 年，二手交易量均保持超过 36% 的年增长率。2005 年广州 10 个区二手房成交面积更达到 857.44 万 m^2，占同期房屋交易总量的 43.8%。

住房供应制度的市场化，极大地促进了城市住宅的供应，2005 年住宅房屋竣工面积 664.25 万 m^2，基本解决了"供应"问题。

2.2 市场化的问题——公平缺失

一方面房屋供应量大量增加，另一方面房价却不断飙升 [1]。

原因一：全球化背景下的中国工业化是后冷战时期国际产业分工的结果，是大量的廉价劳工、快速增长的经济体量和巨大的市场容量拉动国际制造业大量转移到我国所推动的，在空间上体现为东部沿海地区工业的快速增长。东部沿海地区工业化推动的城市化既体现为城市数量的增加又体现为大城市的进一步扩张。由于改革开放由沿海开始，新一轮经济发展的动力又多来自大城市，因此 21 世纪中国城市化的一个显著特点就是东部地区大发展、大城市大发展，中国城市化水平的差异表现为东西部之间的不平衡。

原因二：城市化质量的差异则表现为大小城市之间的不平衡。中国正处于城市化快速推进期，相对于巨大的人口基数，中国的城市数量不多，大城市又很少。即便是珠江三角洲这样的发达区域，城市化质量高的城市也为数不多，由于良好的教育、卫生等生活条件十分有吸引力，因此大城市住房成为周边四乡富裕农民和外乡移民追捧的对象。

原因三：由于北京、上海、广州、深圳这样的大城市房地产二手市场的发育，大城市住宅除作为生活资料外还是一笔因为可以流通而可能保值的资产，因此在目前中国投资渠道极其有限的情况下异化为富裕市民投资保值的金融产品。

目前过度市场化的住房供给体制，加上畸形的需求推力，使城市住房问题日益突现。

1）城市建设和住宅建设有其公共政策的属性，房价的不断飙升严重影响着普通市民的生活质量，公平缺失，威胁到广大城镇中低收入居民生存，长此以往必然会危及社会的稳定和国家的政治安全，引发政府失效。

2）不合理的市场价格体系导致的过分投资不动产，还会危及国民经济的安全，1997 年金融危机引发的东京、中国香港等亚洲地区大城市房地产市场崩溃的前车之鉴凸现市场失效。

---

[1] 权威部门出示的资料显示，1996 年广州商品房平均价格为每 $m^2$6616 元，1997 年中心区房价高达每 $m^2$8473 元，这时上海房价尚不足每 $m^2$3000 元，北京也只是每 $m^2$5357 元。这时，广州房地产市场最先开始了"落潮"。承受了冲击的 1998 年广州房价只有每 $m^2$4972 元，比前一年度下降 11.45%，随后几年行情趋向平稳下降。到了 2002 年，北京、上海等地中心区房价由每 $m^2$3000 多元向上万元迅速飞升时，广州总体房价在全国 35 个大中城市中最为平稳，当时在北京三环外、上海徐家汇买毛坯洋房的价钱可以在广州江景地段买到同样面积的精装修豪宅。2004 年广州房价"潮头"再起，房价从 2003 年的每 $m^2$3888 元大幅上升，达到每 $m^2$4618 元，2005 年商品住宅均价达到了每 $m^2$5114 元；今年以来，广州市中心区已有 20 多家楼盘每 m^2 售价超过 1 万元，这是自 1997 年之后首次出现的房价高企行情。（《一季度广州中心区房价涨 14% 上涨过快易生泡沫》，2006 年 04 月 21 日，人民日报 - 华南新闻）

从市场的角度看，一个完善的市场需要完善的竞争，因而要求满足四个条件：同质性，即同一种商品必须由多个销售者出售，不致产生垄断；有足够多的销售者和消费者，没有一个个体可以影响市场价格；任何资源都可以自由出入市场；消费者对市场有充分知识。对照这四个条件，房地产市场是不完善的，因而需要干预。

世界各国都将住房供给体制作为重要的公共政策，进行了大量制度创新，基本的思路是将住房分为由政府参与提供的保证"居者有其屋"的基本生活资料型的公共（或社会）住房和完全由市场提供的商品住宅。前者是基本的社会保障体系，主要针对年轻人和广大城镇中低收入居民，以公平为导向；后者则以市场为导向。

但是，由于现阶段城市政府的财政能力往往难以同时做到既保障基本的社会服务水准又有能力维持高速发展的所需的巨额基础设施投入，因此又不得不在城市内部划定界线，只能为户籍人口提供公共产品和服务，只能提供"市民住房"而无法负担"国民住宅"，如此又会引致新的社会不公。因此，我们可能需要的是国家层面的公共住房政策。

2006年5月26日国务院办公厅转发《建设部等部门关于调整住房供应结构稳定住房价格意见》（国办发[2006]37号，简称"国六条"），冀望通过行政手段要求开发商来稳定房价，作为应急措施无可厚非，但是没有一个完整的国家政府住房政策是不可能真正起到长远的功效的。

3 城市财政体制之困

3.1 分税制改革的问题

1980年代改革开放之后则开始实行"财政包干"，其要点是"划分收支，分级包干"，结果"在现行体制下，中央财政十分困难，现在不改革，中央财政的日子过不下去了，（如果这种情况发展下去）到不了2000年（中央财政）就会垮台！"（朱镕基，1993.7.）

1994年的分税制改革基于改善国家财政大局，其核心原则是"保地方利益，中央财政取之有度"。1994年-2003年，中央收入增长16.1%，地方收入增长19.3%。我国财政实力不断增强，财政收入从分税制改革前的5000多亿元增加到2005年的3万多亿。中央财政已经具备充裕的财政自给能力，征收的收入除了满足本级支出外，有相当一部分可以用于对地方政府实施转移支付。

但是税制改革中各级财政乘机"二次"集中财力，结果出现了财权层层集中，事权纷纷下移的背反格局，基层政府的财政困难进一步加剧。划归城市政府的税种虽然多达12种，但是却没有自己可以掌控的独立的当家主体税种。另一方面，政府层级过多，使得中国不可能像国外那样完整地按税种划分收入，而只能加大共享收入。

3.2 土地收益成为城市财政骨干

中国还是一个发展中国家，由于我们刚刚从全民所有计划经济的格局中出来，城市政府不仅仅是维护经济运行环境的"服务员"、"裁判员"还是地方经济发展的"发动机"，城市政府业绩考核的重心还是GDP。因此开放的投资市场，使"以足投票"的国内外游资成为城市政府尽力争取的对象，城市间的竞争日益剧烈。城市政府必须通过经营城市，扩张城市财政能力，才有可能投入巨资改善城市环境、塑造城市形象、改善社会和生态基础设施以增强城市核心竞争力，吸引和服务好投资者成为现阶段城市政府工作的重心。

另外，政府逐步退出经营性领域后，利用有限的"公共财政"为社会提供公共物品和服务成为其主要职责，财政能力也决定着行政能力。

1988年的宪法修正案开启了"土地使用权"转让的土地制度改革，土地市场的建立使城市政府获得了通过经营土地合法地获得巨额利益的机会，使城市政府有能力投入城市建设和公共产品的生产以提升城市的竞争力。1994年分税制的确立又进一步划定了中央与地方政府的财政权利边界，使城市政府拥有了可以自主控制和经营的剩余权（叶裕民，2004）。随着城市要素市场的建立，土地收益等日益成为政府重要收入来源。

在目前国家的税收、财政体制下，土地出让收益是城市政府的第二财政来源，普遍占到城市政府收入的30%-60%，即便是广州这样有经济实力的城市其土地收益也要占到政府可支配财力的10%-15%。在中国目前的城市开发的制度中，城市政府因此也成为了"运动员"——土地开发者和城市经营者。按照目前的格局，政府和开发商其实是利益共同体，因为政府赚的是第一笔钱——土地的钱，开发商赚的是第二笔钱——房产的钱。城市政府因此成为一个自有利益的开发集团。

另外，由于城市领导一般做五年，因此往往他们只考虑任期内的GDP政绩考核如何。通过扩张税基以取得收益毕竟需要较长时间才能做到，土地经营收效最快。由于国家的土地政策日益严厉，因此通过规划调整对外扩大城市规模以争取更多可以出让的土地储备，另外就是不惜破坏历史文化街区向内强力推进"旧城的成片改造"，把城市中心区地价尽量取出。

"一届政府一张规划"，城市新领导人急于修编城市总体规划基本是一个规律性的问题。结果是城市将会按照城市财政的逻辑发展，而不是按照规划师的长远、整体最优逻辑、建筑师的美学逻辑、环境工程师的可持续逻辑去发展。由于缺乏有效约束，领导人为抓眼球而进行的耗资巨大的形象工程也各显神通，结果只能是"有什么样的市长，就有什么样的城市。"那么城市的整体利益、长远利益和市民的利益又应该由谁来保障呢？

4　城市开发要"以民为本"

改革开放27年，中国的城市建设已经从纯粹的政府事务变成由政府和市场同时来做的事情。随着城市建设市场化的进展，城市规划日益面临巨大的挑战。"全民所有计划经济"时代的城市规划就是落实国民经济计划，公私分明；城市建设市场化后，市场主体多元化、利益多元化，城市规划面临如何协调多个利益主体的挑战，公与私、私与私都需要协调。在各种利益日渐成为塑造当今中国城市的最主要动力的情况下，城市规划理所当然地成为利益分配的重要机制，成为城市建设中可用以维护公共利益的第一道栅栏。

但是包括城市规划法在内的许多现行法规的还是80年代计划经济的思维指导下立的法，因此在市场经济条件下是要采取什么样的机制和手段才能维护和平衡公共利益，甚至辨别哪些是公共利益都成为当今城市规划的重大课题。

目前城市建设中公共利益被侵蚀的案例随处可见，迫切需要精致的制度设计和良好的法律体系来保护。可是在目前利益格局错综复杂，许多城市还冀望靠房地产拉动GDP的增长，城市各级政府还要亲自"经营城市"以获得土地收益的情况下，城市规划在维护公权上无疑面临巨大的压力。目前城市开发遭遇的困难除了财政体制、住宅政策、社区自治之外，旧城改造领域的拆迁安置问题、新区开发过程的农地开发和失地农民安置问题导致的社会冲突都严重影响着城市开发与和谐社会的建设。

正是因为社会的多元化、城市建设主体的多元化，才需要进一步在城市开发领域研究如何结合国家"和谐社会"建设推进各方面的工作，和谐的城市开发体制建设将会是一项艰苦、庞杂而且长期的工程。市场经济本来就应该与法治社会相匹配，这需要发动全社会在价值观念、制度建设和立法方面进行多方面的探究。

（1）加快城市民主化进程，虽然1980年代确定的"村居直选"由于各种原因还未进城，城市居民委员会直选暂时无法推行，但是政府应该积极推进社区自治，在居住社区建立直选的物业委员会，避免强势开发商利用制度缺陷对城市居民的盘剥，减少社会冲突。确立社区管理的民主制度，明确民选业主委员会的法律地位，规定社区利益共同体的议事和决策规程，按居民户的社区投票权，建立有效的协商和决策机制

（2）深化改革国家住宅供应体制，建立覆盖全国完整的国民公共住房体制，实现居者有其屋的社会住房保障体制。不能把广大城镇中低收入居民推向以赢利为目的的房地产市场，不能让房地产商人绑架全社会，政府要扶持社会保障住房事业的发展，积极探讨各种建设模式。

（3）改革国家税收体制，尽快推行物业税等财产税为城市主税种，给城市政府予财务自由，摆脱土地财政对城市政府的约束。在利益格局多元化的市场经济条件下，城市政府必须超脱利益的纠葛，成为社会公共设施和服务的提供者，成为市场经济运行秩序的维护者。

目前政府已经意识到在市场经济利益多元化的情况下必须要代表"最广大人民群众的根本利益"——用社会学的名词来说就是公共利益，"三个代表"思想的核心也是要维护社会公权，以民为本。我们相信"社会主义和谐社会，应该是民主法治、公平正义、诚信友爱、充满活力、安定有序、人与自然和谐相处的社会。"（胡锦涛，2005.2.19）这应该是我们的追求，但是这需要精心的制度设计来保证。

参考文献

[1] 王晶. 城市财政管理 [M]. 北京：经济科学出版社，2002.

[2] 卢有杰. 安居工程——社会保障商品房体系 [M]. 北京：中国建筑工业出版社，1996.

[3] 袁奇峰. 构建适应市场经济的城市规划体系 [J]. 规划师，2004，12.

[4] 李京文等. 广州市城市经济与城市经营发展战略研究（2002—2020）[J]. 研究报告，2004.

（原文发表于《规划50年——2006中国城市规划年会论文集》，2006年9月）

第陆篇

三旧改造与
土地制度研究

土地与中国快速发展

自 1979 年后，土地在中国快速发展中的作用毋庸置疑。尤其是源自中国国情的渐进式的土地制度改革，缓解了不少社会经济发展的难点（朱介鸣，2000）。尽管也有观点对土地与中国改革开放 30 年的成功经验和经济增长奇迹的关系持保留意见（马光远，2010），但诸多学者的研究均表明土地要素对中国经济增长的贡献是显著的（丰雷，2008；李名峰，2010；杨志荣，2009）；甚至有分析指出，我国工业化快速发展背景下的经济增长中，GDP 总量与建设用地面积具有显著的对数相关关系，关联系数达 0.9905（谷树忠，2010）。正如 Ngai（2004）所言，现阶段土地要素对于经济增长做出了具有"中国特色"的突出贡献；与此同时，中国现行的土地制度还使得土地创新性地参与宏观调控国民经济，通过调节土地供给对宏观经济运行"加油门"和"踩刹车"（杨志荣，2008），从而与财政货币政策共同构成国民经济宏观调控的两大措施。

在这些显性的贡献和作用背后，土地要素对于我国快速发展的价值是怎样体现和在过程中发挥作用的？

1　土地对中国快速发展的影响逻辑

土地对于中国快速发展客观上是产生影响的。在决定经济快速增长的劳动力、资本和技术等三大传统内生因素中，土地作为融资手段解决了发展之初资金流动性不足这一困扰中国经济的最短短板，为地方政府在城市化最困难的起步阶段筹集了大量发展资金，进而支持了产业的发展（郭仁忠，2010）。地方政府利用土地筹备发展资金推动发展的模式被称为"土地财政模式"，这一模式甚至被认为是改革开放以来中国发展模式的核心（郭仁忠，2010），适用于城市化加速的阶段（赵燕菁，2010）。

中国的快速发展主要体现在城市。一方面是城镇工业经济的快速崛起；一方面是城市化的快速推进。这两方面的快速发展，根本上均归结于中国参与国际分工的快速工业化进程。改革开放后，在全球化背景下，外资首先成为经济发展的主要推动力（叶嘉安，2006）；截至目前，尽管我国表现出的是混合型经济模式，且多种所有制模式并存、竞争、发展和融合的态势明朗，但总体上我国在过去 30 年建立的仍是外向型经济体系（郑永年，2009）。这种外向型的工业经济体系尤其得益于 1990 年代中期因原"东方集团"的解体和巨变而引发的第三次经济全球化浪潮，其促使西方发达国家在其所主导的国际分工体系中寻找新的据点；当时，中国所具有的稳定的内外政治环境和已储蓄的工业发展基础为中国承接低端产业创造了条件；同时，1998 年东南亚经济危机导致该区域的制造业被彻底灭绝，进一步给中国成为"世界生产车间"提供了契机；原本在"四小龙"、"四小虎"的制造业份额基本都被中国内地接收，日韩两国不少产业也转移到了中国（王伟，2011）。1999 年开始，全球的中低端制造业迅速向中国集中，中国经济由此得到快速发展。进一步深究，除了上述外在的机遇和优势，中低端制造业集聚中国，根本上仍在于中国提供了其所需求的低廉生产成本。这种低廉生产成本除了中国依靠"人口红利"储备的廉价劳动力外，同样重要的还有土地的低价入股，地方政府"招商引资"的实现很大程度上依赖于其对城市土地一级市场的垄断；即便在劳动力优势弱减和政府越发重视"土地经营"的当今，中国的"外向型经济"依然强劲，其中真正的秘密在于地方政府利用通过"土地财政模式"获取的土地收益对企业给予从最初的免税、减税到现在的直接融资、优惠等财政补贴（赵燕菁，2011）。这是土地在中国经济快速崛起中的作用体现。

中国工业经济的迅速崛起促进了城市化的发展进程。从土地角度，"招商引资"式的工业化带动了以"城市开发"为标志之一的空间城市化。根据相关学者的研究和实地访谈，地方政府通过成本价甚至是零地价出让基础设施完备的工业用地进行招商引资在财政上是净损失的，而且制造业产生的可观的增值税根据分税制也只有25%的份额被留给地方；但地方政府大力招商引资的根本原因之一便是他们对制造业显著推动本地服务业增长的认可，工业发展推动地方服务业部门增长所产生的"溢出效应"却能够带动城市开发（陶然，2010）。这种"溢出效应"表现为，制造业间接增加服务业产生的归属于地方的营业税收入，同时还会增加服务业的用地需求，从而有助于获得高额的土地出让金收入；使得地方政府能够通过出让商、住用地获得可观的土地出让金，并通过工业化带动的服务业部门的发展获得可观的营业税，建立起以"土地经营"为核心概念的城市开发模式。这是土地对中国快速城市化的作用逻辑。

在中国的快速发展中，土地产生重要作用的基础是什么？

2 作用的基础

2.1 环境基础

土地能够在中国快速发展中不可或缺，与中国能够得以快速发展所处的改革开放的时代背景密切相关。以广州为例，土地从 1980 年最初被广州岭南实业公司以地皮折价的模式参与投资①、到 1983 年被市主管部门向商品房开发公司换取后者配套承建的市政设施及公共设施参与开发、再到 1986 年被主管部门向城建公司换取市政设施及楼宇参与旧城改造（广州房地产志，1990），应归功于 1979 年中国改革开放国策所提供的发展环境。渐进式的改革，经过 1980 年代的尝试，获得了人民的普遍认同：①经济上，刚刚经历计划经济的失败，农村和城市初尝市场经济的甜头；②政治上，民众支持改革，到 1990 年代，以经济增长为导向的各级政府体制转型，发展导向型的政体得以构筑；③社会上，足量的剩余劳动力成为经济发展的巨大的人口红利；④文化上，"大一统"儒学国家的传统，勤劳的百姓干劲十足。渐进式的对外开放推动全球化的原材料、资本、技术和市场与国内廉价的土地和劳动力相结合，促使中国产业快速腾飞；尤其是 1992 年"南行讲话"后，"社会主义市场经济体制"得到认同，中国重新打开国门，迎接第三次"全球化"的浪潮；当时稳定的政治环境、良好的工业基础、鼓励出口的税惠体制等投资环境使中国成为"世界工厂"，中国得以通过向世界市场出口产品来换取进一步发展所需的各种资源，同时积极引进各项技术并消化、吸收和创新，确立了"贸易大国"的地位。

2.2 制度基础

中国之所以能在资源稀缺的条件下，支撑起高速的工业化和城市化，核心是有一套独

---

① 广州岭南实业公司即为当时广州市政府所属的城建公司；其与香港花园酒店有限公司签订合同，由对方出资在广州环市东路兴建花园酒店；双方共同经营，利润按比例分成。之后广州的白天鹅宾馆、中国大酒店、珠江啤酒厂等均采用地皮作价的方式与外商合作。

特的土地管理制度,可简单表述为"权利二元、政府垄断、非市场配置和管经合一"(刘守英,2011)。尤其是地方政府垄断城市土地一级市场的土地征用制度,使政府成为农地变为建设用地的唯一决定者,促成了地方政府以土地启动经济增长和城市扩张的特殊激励机构:政府掌握的土地越多,招商引资越便利,城市税源越多,城市扩张成本越低,政府征地、卖地就越积极,地方可支配收入就越多(蒋省三,等,2007)。同时,城市土地有偿使用制度和经营性用地"招拍挂"政策,加速实现了土地从资源、资产到资本的转化,使地方政府的财政能够获得土地资本化的最大收益,实现城市投资和招商引资补贴所需的巨额资金(刘守英,2011);另一方面,1994年税制改革建立的分税制成为地方政府依靠土地进行增量发展的动力机制;分税制所产生的集权效应及制度设计中将非预算收入和预算内财政中的营业税划归地方的安排,驱使地方政府积极谋取作为预算外主体的土地转让收入和作为营业税第一大户的建筑业相关税收(周飞舟,2006);土地由此成为工业发展和表现为城市增量开发的"城市化"的核心要素。当然,土地制度中的其他制度,诸如城市土地市场化流转制度等,以及住房制度等其他社会经济制度改革,也对土地参与快速发展起到助推作用。

2.3 作用机制

整体上,中国经济发展的核心机制可概括为政府主导工业化和城市化。中央政府层面,它是经济动态成长过程中冲破各个成长节点之间转换的障碍的主导外在力量(时磊,2011),通过全方位的制度改革、政策扶持(包括生产技术改造政策、金融政策等)、发展战略规划和"试验田"的实施行动等推动中国工业由劳动密集型初级加工业向重工业主导的产业升级,进而向"创新导向为战略"的方向转化。土地作为工业化的空间载体,理所当然成为中央政府推动发展的重要资源和政策工具,从1980年代土地使用制度改革、到2003年后土地被确立为宏观经济调控手段,从2003年后强制清理整顿各类开发园区、到目前控制土地供应规模和结构,是中央政府从土地利用角度主导工业化的显著体现。地方政府层面,自1990年代后,工业化和城市化战略的推行使得行政权力配置资源的体系重新得到强化(张孝德,2002),地方政府作为工业化和城市化核心资源控制者和配置主体,成功构筑了基于"地方主义"的发展政体。这种以发展为导向的地方机制以城市财政为指挥棒,推动各级政府迅速企业化;招商引资、制定产业发展战略、注重基础设施建设全力以赴为投资者服务,是地方发展政体主导发展的常规做法;土地作为地方政府垄断的核心资源,是发展政体主导发展的关键砝码。

3 土地要素对中国快速发展的作用评估

3.1 土地的"低成本"带动快速发展

自1990年代初,我国的工业化经历了起步期,进入腾飞的加速阶段,形成了以"开发区"和新型"产业集聚区"为主导形态的工业园区经济,工业发展对土地需求旺盛;从土地角度,我国1990年代末以来至今,仍处于城市化的早期阶段,各地的城市化进程加速以搭建城市框架为主,城市发展以外延扩展和占用农地为主(刘守英,2010)。可以断定,土地的增量式投入带动我国的快速发展。

带动模式上,则可归结为土地的"低成本"利用。即使在强调产业升级及结构区域性调整和城市土地集约化利用的今天，土地的"低成本"仍在发挥着重要作用；这显然源于大量建设土地的非市场配置方式。

工业化进程中，地方政府主导的招商引资很大程度上仍是工业化的主导模式，土地是其核心资本；其中，工业用地协议出让价格成为区域之间激烈的招商引资竞争的主要政策工具，提供地价补贴成为地方政府招商的重要手段。正如相关学者在讨论区域间的招商引资竞争时指出的，地方政府在推销自己的项目时，并不强调技术和制度条件，而是强调价格条件，突出表现在土地价格上，很多地区为了争夺项目资源，对土地的报价远远低于实际成本，发达地区也不例外（周业安，2003）。长三角地区作为经济发展的龙头，它的工业增长仍难脱离土地"低成本"的利用轨迹，即使在其经济发展中土地要素日渐稀缺，土地价格理论上应该攀升，但由于招商引资而人为压低地价，导致长三角各城市经济总量大幅增长的同时，工业地价却呈现十分异常的波动状况（张清勇，2006）。长三角某城市国土局相关官员就曾指出，地区之间的竞争客观存在，为招商引资压低土地价格甚至推出"零地价"一度是长三角各地心照不宣的做法（李芄，2004）。工业发展相对缓慢的中西部地区更是如此。土地的"低成本"还表现为工业用地的大规模粗放利用。目前，虽然发展用地逐渐吃紧的东南沿海不得不趋于紧凑，且已开始试点推行工业用地招拍挂，但对于承接发达地区转移的劳动密集型产业的中西部地区，为招商项目超大规模低价出让土地的情况仍相当普遍；郑州市为引进深圳富士康项目，在郑州航空港区、出口加工区和中牟县共提供高达 $10km^2$ 的用地，相当于深圳富士康用地面积的四倍[①]，预计用工为 30 万人，远低于深圳厂区的现行规模。武汉、廊坊、烟台等地在引进富士康项目时也均出现大规模低价出让土地的做法。从历史的进程看，工业用地的大规模粗放利用更明显地表现在作为各地低地价政策主要载体的开发区的建设上；这种粗放式利用可从国家在 2004 年对开发区的清理整顿中得出判断；2004 年 8 月，国土资源部摸底核查出各类开发区 6866 个，规划面积 3.86 万 km^2，经清理整顿后，各类开发区被减少到 2053 个，规划面积被压缩至 1.37 万 km^2（陈红艳，2004）；被清理的开发区存在闲置、未开发、开发不充分等各类粗放利用形态；显然，政府通过协议出让自由定价工业用地，为大规模粗放利用提供了驱动力。

城市化进程中，城市快速外延扩张的根本动力仍源于土地的"低成本"。无论是新城开发还是其他功能区建设，以及城市基础设施的跨区域延伸对接，所需土地几乎均通过占用农田的方式获得。土地的"低成本"表现在两个环节，一是土地的征用，二是转为国有用地的非市场化出让。在征用环节，根据 1998 年《土地管理法》第四十七条，征用补偿按照土地原用途包括土地补偿费、安置补助费及地上附着物和青苗补偿费；其中土地补偿费为耕地被征用前 3 年平均年产值的 6-10 倍，安置补偿费为 4-6 倍，最高不超过 15 倍，3 项费用总额不超过原用途征用前 3 年均产值的 30 倍；照此标准，土地征用成本仅区区几万元每亩，这与转化为国有用地后动辄几十万、上百万的市场出让价格相比，可忽略不计。在政府垄断的"一对一"式的征地框架下，土地征用的"低成本"成为地方政府推动城市化的有效工具。在转为国有用地的非市场出让环节，尽管城市经营性用地采取了严格的招拍挂政策，但占较大比重的非经营性用地仍以划拨、协议的框架被分割出去。根据相关人士提供的数据，2003-2007 年间，我国共供应国有土地 14374.2km²，而以划拨方式供应达 2218.1km²，占供应总量的 23.1%，协议出让 6564.2km²，占 45.7%，招拍挂出让为 3522.8km²，仅占 24.5%；2007 年，划拨方式仍占总供应量的 22.2%，协议方式占总供应量

① 数据来源：http：//www.linkshop.com.cn/web/archives/2010/140698.shtml；河南官员竭尽全力：富士康为何选择郑州？2010-08-19，联商·咨询中心。

364

的 34.4%（刘守英，2010）。划拨用地和协议出让用地占国有用地供应总量的比重近年来依然超过 50%，这表明城市化快速扩张期，土地的"低成本"一直发挥着主导作用；除商业和商住住宅等外，组成城市结构框架的中央政务区（CGB）、大学城、工业园区等功能片区以及贯穿全市甚至区域的呈线状或点状分布的道路交通和基础教育、医疗等功能点线的建设，仍建立在土地的"低成本"供应的基础之上。

3.2 现行土地制度拉大城乡发展差距

中国的 M2（M2 是指社会上流动资金（现金和活期存款）与定期存款的总和）被认为过高，是中国经济高速发展的结果。问题是，游资过多和消费不足已成为令人头痛的经济问题，撇开经济学里基于货币供求理论的解释，M2 过高显然与我国经济当前的发展阶段和转型期居民消费、储蓄行为的根本特征密切相关（尉高师，2003），而对此进行解释的重点便是找到中国的 M2 所对应的一篮子货物。在经济规模仍处于快速扩张期的过往及当前，居民基本生活消费已经充分但对非基本消费基本上仍较保守，导致社会资金规模越滚越大；与此同时，在当前股票投资风险骤大，其他金融式投资回报率普遍较低的情况下，储蓄很大程度上成为极稳妥的资本积累方式。对于资金规模庞大的个体或组织，投资预期稳妥且高昂的房地产和基础设施成为中国的 M2 入注最多且最愿意流向的领域；这些游资与定期存款所刺激的房地产开发和基础设施建设背后所需的便是大量的城市开发用地的快速规模化供给，而后者的供给正是来自现行城乡二元土地制度所提供的供给机制。至此可断定，中国的 M2 所对应的一篮子货物，其中便有城乡二元土地制度。

M2 所刺激的以房地产与基础设施为主要内容的城市化进一步带来的经济发展很大程度上拉大了城乡二元经济之间的差距；城市化一方面导致城市经济规模快速增长，另一方面快速的城市扩张严重压缩了乡村地区的发展空间，并剥夺了乡村发展所需的主要生产要素——土地和劳动力，致使乡村经济增长缓慢，城乡发展差距拉大。而城市剥夺乡村发展空间和生产要素的核心机制之一就是导致城进乡退的城乡二元土地制度。

尽管自 1980 年代实行家庭联产承包责任制以来，农村土地政策的演进一直在强调和强化农户的主体地位，确保了农村居民的基础劳动就业和基本生活权力（罗夫永，2009）；但是，受法律保护的农地产权和市场化流转却仅仅局限在农地农用范围，非农业经营受到禁止，而且农村集体建设用地也被纳入国家高度垄断和全面管制的计划，农村经济因此总体上被局限于附加值普遍较低的农业领域及难以规模集聚的小型非农生产或经营领域（刘守英，2008）。即使是在 1980 年代异军突起的乡镇企业曾经在改革开放后的工业化进程中军功居前，但却是建立在农村集体用地的违法利用之上；且在 1990 年代乡镇企业改制和集体建设用地整顿的背景下，以乡镇企业为主要组织单元的农村经济受到了很大的抑制。事实上，随着 20 世纪 90 年代中期以各级城市政府"开发园区"为工业载体的"自上而下"城市化模式的普及，农村经济的增长规模相对于城镇经济一直不断萎缩；相对应的是，农村工业用地的增长规模也一直相对缓慢。

相关数据证实了上述判断（图 1）。进入 21 世纪后，乡镇企业的发展势头弱减，在地区国民经济中退居次要地位。江苏省乡镇企业增加值在该省非农产业增加值的比重自进入 21 世纪后一直徘徊在 10.94%-14.42% 之间；而在 2000 年时，该省苏州市的农村工业总产值在全市工业总产值的份额仍高达 57.9%，2001 年，苏南地区乡镇企业发展最早、基础最好的无锡市的该份额则高达 70%，以江苏省为典型的长三角农村经济的规模总量相对城镇经济分量愈轻，并稳维在低水平状态。而乡镇企业同样发展较早的珠三角，21 世纪后，

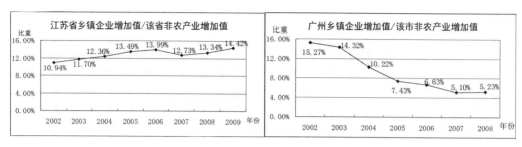

图1　2000年后乡镇企业对农村经济增长的贡献变化情况

乡镇企业增长的贡献持续下降；以广州为例，2008年，乡镇企业增加值在该市非农产业的份额仅为5.23%，降到无足轻重的地位。对于中西部地区，乡镇企业（或者农村工业）的数据在中西部地区绝多省份的统计年鉴等数据资料里未能呈现，一定程度上表明了乡镇工业对农村经济增长的贡献不显著，进而对地区经济增长的作用也较小。

农村经济滞后于城镇经济的原因，基于城乡二元土地制度，可以给出两个层面的详细解释。一是农村集体建设用地增量式扩充由于政府决策和全面操控的土地征用制度受到限制，在发展导向和地方竞争日趋激烈的背景下，城镇发展空间通过土地征用制度得到积极扩张，原本属农村集体的农田被转化为城镇国有用地时，却未被机会均等地留出相应比例作为非农发展用地，附着于集体建设用地上的农村经济的发展权因硬性制度障碍受到剥夺。二是农村集体建设存量用地由于二元土地制度和权利体系而被隔离为另类的土地市场；现有主要通过"以租代征"方式转化而成的绝大多数农村集体建设用地虽然经过整顿逐渐"合法化"，但仍面临着产权模糊和使用权不明确（如集体用地使用期限无法可依）等问题，无法像强势的政府所属的产权明晰的城镇建设用地一样体现其应有的市场价值；附着于集体土地上的经营者因隐性制度障碍而难以稳定预期，乡村经济发展受到影响。

3.3　现行土地利用框架难以为继，支撑中国内涵式发展

近年来经济的加速增长与城市化是与经济自由化和中国政府制定的一系列土地政策的基本改革携手并进的。目前，以土地粗放利用为空间表征的外延式扩张刺激的经济增长与城市化已到达一定阶段，其中所刻意规避的发展矛盾已经凸显并越加尖锐，进入必须严正以待的时刻。转变发展方式，以存量空间优化为主带动经济继续加速增长的内涵式发展势在必行。而内涵式发展宏观上体现为国家粮食安全、城乡统筹发展和城市化持续快速推进。

当然，对于今后的发展，土地的基本使命之一仍然是通过合理的市场机制为城市的理性扩张提供空间，促进服务业、制造业和住宅部门的发展，并支持土地利用规划决策，使之与市场导向背景下的快速经济增长相一致（国务院发展中心"中国土地政策改革"课题组，2006）。但是，现行土地利用框架难以为继，支撑中国内涵式发展；因土地利用导致的内部结构性矛盾，尤其是集中在耕地保护、城乡公平发展权、土地财政难以持续等层面的大矛盾，需要得到审视和缓解。

耕地保护上，现行的土地低成本扩张模式难以为继，国家粮食安全警钟即将敲响。尽管我国制定了最为严厉的耕地保护政策，确保18亿亩（约合120万km²）耕地红线，划定基本农田保护区，并强行推行占补平衡的策略以约束土地的农转非行为；但我国的耕地保护仍然受到极大的挑战。2008年末，我国耕地面积与18亿亩红线仅相差1.72万km²；而且占补平衡实际上根本无法做到，无论是占补规模还是补纳的土地质量；同时，无论是沿海地区还是中西部，地方政府对城市发展用地的需求仍然强烈，多数地区土地利用规划分

配的发展用地指标早在规划期中就已殆尽，城市化面临着发展空间受限的障碍。"外来务工人员带土地指标进城"、"村民集体上楼以腾退宅基地"等已开始尝试甚至实施，地方政府为寻找用地指标竭尽全力，耕地保护因此遭受巨大压力。在目前政府垄断农地转用的低成本征用制度下，地方政府将借助各种名目征用农地，为城市化和工业化谋求增长空间；那么，18亿亩的耕地红线势必被越过，国家粮食安全将受到威胁。为此，必须改革现行土地征用制度，缩窄政府土地征用范围，将政府的土地征用权利明确限定在公益性用地领域，并在法律法规上对公益性用地进行界定；同时抬高土地征用成本，从根源上扼杀政府低成本征地的冲动，驱使政府和市场将城市化和工业化的动力尽量回转到优化存量建设用地上，通过集约利用和腾笼换鸟，提高存量土地利用效率，从而将城市化和工业化对农用地的挤占降至最低限度。

城乡统筹发展方面，现行的城乡二元土地利用制度难以为继，城乡利益冲突严重，已成为影响和谐发展的重要因素。城乡统筹发展不但需要使工业化和城市化的效益惠及广大农村地区，"城进乡退"的过程中农村农民受到侵害的发展权益得到有效补偿，还尤其需要赋予农村自主的发展权利，使农村经济增长和农村建设与城市化同步向前推进；从土地利用角度，这样的城乡统筹发展目标首先要求统一和平等对待城市和农村土地，赋予农村集体同等的土地利用权利，其次需要为被征用土地的集体和个人提供使其得到长久保障的补偿机制。显然，现行的城乡不对等的土地二元制度和现金补偿机制难以支撑城乡统筹发展目标的实现。必须改革现行农地转为建设用地的国家惟一征用政策，探索集体用地直接转为建设用地的可靠途径，扭转城乡发展空间空间权的不平等；取消政府对集体土地的用途管制，发展"同地、同权、同价"的统一土地市场，赋予集体所有制的土地参与工业化的同等机会和权利（刘守英，2008），保证农村自主发展的权利；探索对农民实施财产补偿，并预留发展用地，建立促使被征地农民获取循环可持续收益的发展机制。

城市化持续快速推进方面，"土地财政"与城市化率密切相关，有关研究指出，城市化率每提高1个百分点，土地出让收入就增加1.2467亿元（韩本毅，2010）。然而随着城市化水平的进一步提高，农村人口继续大规模流向城市，政府用于包含养老、就业、基础设施、保障性住房等公共领域的财政支出将会更加庞大；同时，城市化持续快速推进，也将伴随着城市化进程从"搭建城市发展框架、外延拓展"向"框架内结构调整、存量优化"的模式转化。显然，目前建立于用地扩张之上的财税模式难以为继，为城市化提供稳健的财政支撑；增量空间开始受限、外延扩张亦减速的现实约束使得地方政府形成的以到处大兴土木为突出特征的推动地方经济和财政收入双双增长的新发展模式（周飞舟，2010）面临困境。2008年，全国范围内，土地出让收入占地方财政收入的比重高达33.5%；一旦土地供给收紧，地方政府依仗土地出让金获取的预算外财政将迅速锐减；随着地根紧缩政策日益强化和征地制度改革，附着于经营性土地上的建筑业和房地产开发营业税将消失。另外，现行的"土地财政"模式在给地方政府带来滚滚财源的同时，还带来了许多社会经济问题，其中最突出的便是失控的商品房价格，住房价格已成为阻碍快速城市化进程的逆力，而造成房价飙升的根源之一很大程度上仍是土地财政模式下城市政府对国有用地的垄断导致的经营性土地价格高企。因此，必须改革当前的土地财政模式，为城市财政寻找稳健的创收系统，并渐进地摆脱对土地扩张的依赖，促进城市化持续快速推进。

4 结语

自 1990 年代中期以来，土地要素为中国的高速工业化和快速城市化作出了重大贡献。土地要素在未来的短中期内仍不可或缺，但现行的土地制度和土地利用模式已急需改革和转型，土地要素对中国快速发展的作用模式需要修正；土地利用集约化、土地配置市场化、土地供应破垄断化、存量土地优化将是土地利用的主导方向，这意味着土地"低成本"的带动模式难以持续，现行土地利用框架直接导致或其引发的中国快速发展中的矛盾和问题也将不可继续规避，中国的快速发展不再仅停留在"做大蛋糕"上，而是"继续做大蛋糕且做好蛋糕"；土地要素对日后快速发展的贡献中应同时体现出这两项目标。

参考文献

[1] NGAI L R. Barries and the transition to modem growthU. Journal of Monetary Economics，2004，（7）：1353-1383.

[2] 陈红艳. 开发区整顿成果丰硕 [N]. 中国房地产报，2004 年 12 月 1 日。

[3] 丰雷，魏丽，蒋妍. 论土地要素对中国经济增长的贡献 [J]. 中国土地科学，2008，12：4-10.

[4] 谷树忠，成升魁. 中国资源调查报告——新时期中国资源安全透视 [M]. 北京：商务印书馆，2010.

[5] 郭仁忠. 快速城市化进程中几个土地问题的反思 [M]. 中国城市发展报告，2010：228-235.

[6] 国务院发展中心"中国土地改革"课题组. 中国土地政策改革——一个整体性行动框架 [J]. 中国发展观察，2006，5：4-9.

[7] 韩本毅. 城市化与地方政府土地财政关系分析 [J]. 城市发展研究，2010，5：12-17.

[8] 蒋省三，刘守英，李青. 土地制度改革与国民经济成长 [J]. 管理世界，2007，9：1-9.

[9] 李名峰. 土地要素对中国经济增长贡献研究 [J]. 中国地质大学学报，2010，1：60-64.

[10] 李芘. 国土资源部紧缩"地根"，长三角再告"地荒" [N]. 国际金融报，2004.

[11] 刘守英. 中国的二元土地权利制度与土地市场残缺——对现行政策、法律与地方创新的回顾与评论 [J]. 经济研究参考，2008，31：1-11.

[12] 刘守英. 城市化：土地从外延扩张转向理性增长 [J]. 中国国土资源报，2010 年 7 月 30 日.

[13] 刘守英. 土地制度改革——"转方式"破局之钥. 国土资源导刊，2011，Z1：26-27.

[14] 刘守英. 土地制度改革的几点思考 [J]. 资源导刊，2011，1：10.

[15] 罗夫永. 土地二元结构制约我国城市化进程 [J]. 中国房地产信息，2009，10：46-49.

[16] 马光远. 土地财政是无奈——鼓吹则是无耻 [J]. 城市住宅，2010，9：18-19.

[17] 时磊，杨德才. 政府主导工业化：经济发展的中国模式 [J]. 江苏社会科学，2011，4：33-40.

[18] 陶然，汪晖. 中国尚未完成之转型中的土地制度改革：挑战与出路 [J]. 国际经济评论，2010，2：93-124.

[19] 尉高师，雷名国. 中国的 M2/GDP 为何这么高 [J]. 经济理论与经济管理，2003，5：29-32.

[20] 王伟. 看懂世界格局的第一本书 [M]. 海口：南方出版社，2011.

[21] 杨志荣，靳相木. 基于面板数据的土地投入对经济增长的影响——以浙江省为例 [J]. 长江流域资源与环境，2009，5：409-415.

[22] 杨志荣. 土地供给政策参与宏观调控的理论与实证研究：基于风险控制的视角 [D]. 浙江大学博士论文，2008.

[23] 叶嘉安，徐江，易虹. 中国城市化的第四波 [J]. 城市规划，2006（30），增刊：13-18.

[24] 张清勇. 中国地方政府竞争与工业用地出让价格 [J]. 制度经济学研究，2006，1：184-199.

[25] 张孝德，钱书法. 中国城市化过程中的"政府悖论" [J]. 国家行政学院学报，2002，5：37-41.

土地紧缩政策背景下土地利用问题研究述评

——基于城市规划学科的视角

1 前言

2003 年以来，国家出台一系列"紧缩性"的土地政策，旨在从总量上控制土地开发的过速增长，低价征收农地再粗放利用的土地开发模式难以为继，亟待转型。国家土地紧缩政策并不是针对所有城市建设的"一刀切"，其初衷是迫使地方政府构建一套合理的土地利用绩效评价标准，并建立以供给为导向的土地管理制度，让城市规划建设重新纳入到土地利用总体规划的框架之内，让工业园区、经济技术开发区等企业"有进有出"，让低效利用的土地得以"再开发"。从这一角度来看，国家土地紧缩政策的作用机制是"调控政府"，终结政府主导的以廉价土地为支撑的、外延粗放型的城市化模式。尽管国家土地政策的口子在逐步收紧，但城市规划对土地问题似乎并不感冒，其研究焦点仍集中在"土地层面之上"。城市规划的核心是土地资源配置，其本质是权利的分割、分配与交易。这种权益的变化，运用技术性的手段是无法得到解决的。城市规划应分析开发过程中土地使用所蕴含的社会利益关系，充分认知这种调整对现有社会利益关系的影响及可能产生的后果。

中国城市规划的编制与实施是基于国有土地基础之上的，因为"任何单位和个人进行建设，需要使用土地的，必须依法申请国有土地……依法申请使用的国有土地包括国家所

（下接第 370 页）

（上接第 368 页）

[26] 赵燕菁. 财产税与城市化模式之变 [J]. 瞭望，2010，（39）：42-45.

[27] 赵燕菁. 关于土地财政的几个说明 [J]. 北京规划建设，2011，1：166-169.

[28] 郑永年. 国际发展格局中的中国模式 [J]. 中国社会科学，2009，5：20-29.

[29] 周飞舟. 分税制十年：制度及其影响 [J]. 中国社会科学，2006，6：100-116.

[30] 周飞舟. 大兴土木：土地财政与地方政府行为 [J]. 经济社会体制比较，2010，5：77-89.

[31] 周业安，冯兴元. 地方政府竞争与市场秩序 [M]. 北京：中国人民大学出版社，2003.

[32] 朱介鸣. 地方发展的合作——渐进式中国城市土地体制改革的背景和影响 [J]. 城市规划汇刊，2000，2：38-46.

（本文合作作者：马晓亚。原文发表于《城市规划学刊》，2012 年第 1 期）

有的土地和国家征收的原属于农民集体的土地①。"鉴于农地不仅是作为农村生产要素为土地使用者创造收益，且在劳动力市场不完善和非农就业机会有限的条件下，为农民充分利用家庭劳动力创造条件；而在丧失非农就业机会的情况下，土地更作为一种失业保险。城市扩展、新区开发等要征收农地，若补偿安置不到位的话，易引发一系列城乡矛盾和冲突。由于土地所涉及的利益面太广，如政府的土地财政、失地农民生计、集体土地发展权②等敏感问题，是一个社会经济转型过程中的宏大话题，因之城市规划缺乏踏踏实实地研究并解决土地问题的动机，对土地问题尽量规避。

2 2003 年以来国家土地使用政策的分析与解读

2.1 抑制政府投资冲动，遏制农地非农化速度过快

2003 年国务院连续出台一系列政策，主要是控制工业园区、开发区的过度泛滥，占用耕地、农地非农化的速度过快，且在此过程中农民利益未得到合理的保障，因违法圈地而造成的农民上访事件剧增，社会矛盾尖锐。涉及的政策主要有：《国务院办公厅关于暂停审批各类开发区的紧急通知》，《国务院办公厅关于清理整顿各类开发区，加强建设用地管理的通知》，《国务院关于加大工作力度进一步治理整顿土地市场秩序的紧急通知》，《关于清理整顿现有各类开发区的具体标准和政策界限》。

2.2 落实征地补偿制度，构建城乡和谐社会

《国务院关于深化改革严格土地管理的决定》提出，严格依照法定权限审批土地，严格执行占用耕地补偿制度，禁止非法压低地价招商；从严从紧控制农用地转为建设用地的总量和速度；完善征地补偿办法，妥善安置被征地农民，健全征地程序；实行强化节约和集约用地政策，推进土地资源的市场化配置，建立耕地保护责任的考核体系，严格土地管理责任追究制等等。《关于完善征地补偿安置制度的指导意见》更是对征地补偿作了明确的规定。征地补偿应遵循被征地农民原有生活水平不降低的原则，不能使被征地农民保持原有生活水平，不足以支付因征地而导致无地农民社会保障费用的，经省级人民政府批准应当提高倍数；土地补偿费和安置补助费合计按 30 倍计算，尚不足以使被征地农民保持原有生活水平的，由当地人民政府统筹安排，从国有土地有偿使用收益中划出一定比例给予补贴；被征地农民安置途径包括农业生产安置、重新择业安置、入股分红安置、异地移民安置等等。

2.3 改革政府"土地财政"，促使政府职能转型

《关于调整新增建设用地土地有偿使用费政策等问题的通知》规定，新增建设用地土地有偿使用费标准自 2007 年 7 月 1 日将提高一倍；同时继续实行中央与地方三七分成体制，相关收入专项用于基本农田建设和保护、土地整理和耕地开发。对于因违法批地、占用而

---

① 见《土地管理法》(1998 年) 第 43 条。
② 土地发展权是从土地所有权中分离出来的一种物权，是指所有权人将自己拥有的土地变更现有用途而求得更大发展机会的权利。

实际发生的新增建设用地，一律按实际新增建设用地面积征收土地有偿使用费。但为避免部分地方不能足额征收新增建设用地土地有偿使用费的问题，从 2007 年 1 月 1 日起，地方分成的 70% 部分一律全额缴入省级国库。《国务院关于将部分土地出让金用于农业土地开发有关问题的通知》规定，从各市、县（市、区）专账管理的土地出让金平均纯收益中划出 20% 用于农业土地开发，其中 70% 作为本级农业土地开发资金，30% 集中到省统一使用。

即将出台的《土地出让金收支管理办法》对土地出让总收益的收入、分配、收缴和划拨等工作，给予详细的规范管理。土地出让金必须足额安排支付征地补偿安置费用、拆迁补偿费用，补助被征地农民社会保障所需资金的不足，结余资金应逐步提高用于农业土地开发和农村基础设施建设的比重，以及廉租住房建设和完善国有土地使用功能的配套设施建设。具体比例为：总收益的 5% 用于廉租住房建设，15% 用于农村土地开发和农村基础设施建设，50%-60% 将用于拆迁补偿和土地一级开发。财政部预想将全国土地出让收益金纳入财政预算；全国土地出让总价款约 40% 纳入下一年度地方政府财政预算，规定不得作为政府当期收入安排使用；剩下的约 60% 用于当年的土地出让成本和地方各种建设，由地方政府自己决定。

2.4　城市反哺农村，和谐社会与社会主义新农村建设

《中共中央国务院关于推进社会主义新农村建设的若干意见》提出让农村、农民享受到城市化、工业化所带来的增值收益，城市"反哺"农村，工业"反哺"农业，逐步将农村公共物品纳入政府财政预算，提高农民生活质量与参与市场经济的能力，促使城市化、工业化进程的收益能够惠及农村。《中共中央关于构建社会主义和谐社会若干重大问题的决定》更是提出构建社会主义和谐社会的目标，城乡和谐，尤其是对于处于快速城市化阶段的珠江三角洲而言，过去那种忽视农村集体与农民切实利益的做法行不通了，依托生产要素（尤其是低价征用农村集体土地）的低成本扩张的经济模式应予终结。

3　土地紧缩政策背景下城市规划学科对土地问题的研究评述

3.1　土地问题日趋突显，城市规划相关研究开始"落地"

1980 年代以来中国的工业化有两条主线：一是由政府主导的，按产业发展策略与集聚经济原则推进的"园区工业化"，如各类工业园区、经济技术开发区和保税区等，进驻的企业为规模大、产值高、易于管理且有良好发展预期的优质企业；二是以集体经济组织为主体，自下而上的农村工业化，依托廉价的集体土地吸引一些中小型企业。有一点需要注意，中国最大的国情是"农村包围城市"，也就是农村的集体土地"包围"城市的国有土地，城市急速扩展的必然结果是不断地向农村征地，在土地资源尚富余的情况下，城市扩展与农村工业化并行不悖，相安无事，但 1990 年代中后期以来随着可开发土地的日趋缩减，政府主导的园区工业化与集体经济组织主导的乡村工业化在土地利用方面开始"短兵相接"，冲突与矛盾频发。另一方面，政府在经济社会发展过程中实施偏袒城市的政策，"重城市、轻农村，重城区、轻郊区，重工业、轻农业，先居民、后农民"，将积累剩余投资到城市工业区及公共服务设施等方面，以增强城市建设，加快工业化进程。依托城市以优先发展重工业的经济发展战略，使农村成为"为城市发展提供廉价土地、体制外的廉价劳动力和工业品市场"的附属品。

鉴于土地问题对城市规划实施绩效的巨大影响，通过税制改革来遏制政府土地开发的冲动，掐断地方政府在土地上的利益，已得到认可。从"量"和"质"两个方面储备土地，并进行土地资产经营在很长一段时期内（即使是在物业税征收的预期下）仍然是城市政府的主要目标；严格控制建设用地总量并优化用地结构成为城市规划编制的重心，要求城市规划要跟土地利用总体规划协调好，树立"土规"权威性。对于某一具体地块而言，开发商在获得土地开发和使用权利的同时，应承诺按照规划控制要求（或规划限定条件）从事开发，将规划的要求转换成合同履行的义务，城市规划从行政法转为民法，利于规划对土地调控的监管。物权法的颁布昭示着城市规划不能回避种种围绕土地的各种合法的权益诉求，如何应对"建立在物权机制上的土地权利制度"成为旧城更新、旧村改造等必须面对的难题。但这些研究只是"发现"了土地问题对城市规划绩效的重要影响，但并未深刻揭示"土地背后"的利益诉求。实际上，土地所有者、开发商、周边居民以及政府等均对某一地块具有明确的诉求，这些诉求如何均衡，既发挥地块的经济价值，又能保证社会的和谐，将是城市规划不能回避的理论难题。

3.2 土地约束下偏重于对城市发展模式的探讨，而缺乏对体制约束的剖析

中国城市处于"硬发展"下的快速扩张阶段，政府过分采用行政手段推动经济发展和城市化进程，以"做大增量"为目标，而忽视发展的高成本。快速城市化背景下，中国城市建设管理"重审批内容（城市性质、扩展方向、规模和布局），轻城市建设过程的管理"。提高城市化水平成为通过合法手段获批土地的有效途径，规划期末的城市化水平直接关系到可获批的用地规模，提前"预留"充足的土地成为城市总体规划编制的重要考虑因素，"人为增加城市化水平和人口基数"，造成城市化水平的远期虚增和近期建设用地的过量供应。通过虚增城市人口"套取"城市建设用地的一个重要后果是城市建成区空间上的连续扩张，而不是通过旧城改造满足城市快速发展所产生的需求。

针对这一问题，一些城市规划学者将"精明增长"、城市增长边界以及"新城市主义"等引入中国，意图解决中国城市扩展所面临的种种问题。这些研究对开拓中国城市规划的思路帮助比较大，但应当明白，"精明增长"等理念的产生与实施是完全建立在美国对于私有产权保护、政府行为约束、公共利益维护等一系列完善的法律基础之上的，在中国还没有这种制度环境。政府主导土地一级市场，"做大做强"的冲动往往使政府"主动"突破城市发展的合理界限；从城市发展的内在规律来看，城市通常又是"跨越其行政边界"而生长的，但政府往往通过行政力量将城市发展带来的"红利"控制在其行政辖区范围内，这违反了市场经济的规律；城市规划编制与实施通常又是在一个行政辖区范围，而不是从一个区域角度来思考的，"单一城市的规划"倾向于尽可能多用土地，提出"工业立市（镇）"等口号，低地价、"零地价"，甚至"负地价"来吸引外资，先把 GDP 总量做上去，而不管其资源禀赋如何。鉴于此，对城市发展模式的借鉴与探索，首先应弄清楚土地问题的原因在哪里，是规划管理出了问题，还是体制出了问题，弄清楚哪些是"表象"，哪些才是"本源"，否则所提出的城市发展模式，只能"挂在墙上"而不能"落地"。

3.3 偏重于国有土地的利用绩效分析，而对集体土地的关注不够

考虑到农村集体土地"包围"城市国有土地的国情，以及农地征收中预留经济发展用地政策的影响，城市规划范围内形成众多集体土地的"飞地"，如"城中村"、村级工业园等。集体土地尽管数量不多，但却影响城市整体发展的质量。由于集体土地涉及失地农民

生计、集体经济组织收入、外来流动人口居住等问题，再夹杂一些亲缘、地缘、血缘等因素，改造的成本非常高。大多数城市对于残留在城市规划范围内的集体土地采取"遇到问题绕道走"的思路，选择了回避，问题逐渐累积，矛盾越来越尖锐，集体土地问题已成为珠江三角洲诸多大中城市发展的"心病"。从土地权属角度来看，中国城市已进入"集体土地与国有土地"共同构建城市的时期。集体建设用地使用权的合理流转[①]意味着政府从土地征收中获取的利益来源被切断，城市急速扩展过程中如何处理集体土地成为城市政府亟待解决的难题，因为集体土地不仅是土地问题，更是农民城市化、提高城市建设质量的问题。农地非农化过程中，政府如何从原来的"要地不要人"的工业化向"要地更要人"的城乡和谐发展转变更需要深入研究。

农村依托集体土地进行"就地工业化"和"就地城市化"，集体经济组织和农民完全依托物业出租生活；城市政府依托"低价征地——高价出让"所带来的土地级差收益来进行开发，因而在某种程度上可以说，"农村靠物业租金，政府靠土地出让金"谋求发展，政府除一次性地拿到绝大部分土地出让收益及房地产企业上缴的一次性税收外，之后很长一段时期内无法从土地中获取任何收益。当土地资源日趋紧缺，集体建设用地使用权合理流转，农地征用、失地农民安置引发的社会矛盾日趋凸显之时，中国城市的发展模式亟待转型，当然这种转型不是"主动的"，而是"被动的"。从目前城市规划学者的研究状况来看，普遍忽视对集体土地的引导与控制，现有的研究主要侧重于征地补偿、农民安置等方面，主要研究的是"如何从农民手里顺利地拿到土地"，而不是如何引导农村及农民将其手中的集体土地有序合理的开发。

4 对进一步研究的展望

4.1 如何从法理、权利体系等角度解析土地及土地权属交易

在分权化、市场化以及经济全球化的背景下，城市政府更多地从自身经济利益出发进行决策和行动，展开类似企业间的激烈竞争。城市规划则成为"政府企业化"的集中体现，单纯追求经济增长的城市规划往往忽视更多的社会弱势群体的福祉以及土地、自然生态的长远平衡，实际上这涉及一个基本问题：这是谁的城市？谁在主导城市发展？城市规划是为谁服务的？但主流的城市规划理论与实践仍将经济效益高高置于社会和谐、生态平衡之上，土地被认为是可以永续利用的，以很低的价格计入成本。城市规划作为城市经济计划的空间表达，强调对城市经济竞争力的培育和对稀缺资源的竞争，而忽视规划对于社会公平的重要作用，蕴藏在土地背后的利益争端被忽略。在此背景下，从土地视角来思量城市规划，首先要澄清以下若干问题：其一，土地是什么？土地背后的利益机制是什么；其二，谁是土地问题的肇事者？其三，如何实现土地集约、找到实现土地集约的内在机制？不能是"口号式"的集约；其四，为什么集体土地的使用是低效的，症结出在哪里？有没有好的解决办法？只有逐一分析并阐释这些问题，才能构建土地集约利用的长效机制。关于城市化所带来的集体土地升值问题，是"涨价归公"，还是"涨价归私"必须澄清，在法理层面摆正立场，才能对征地补偿、土地权属交易等提供指导。

---

① 《广东省集体建设用地使用权流转管理办法》于 2005 年 10 月施行，农村集体建设用地将与国有土地一样，按"同地、同价、同权"的原则纳入土地交易市场。

4.2 如何建构一个围绕土地的利益共同体

城市与乡村的矛盾冲突主要集中在土地征收方面，政府和农村都强调土地的所有权。在土地所有权上城乡之间应"求同存异"，将土地所有权的争夺先搁置起来，谋求如何更高效地利用土地。土地资源配置的本质是权利的分割、分配与交易，要分析开发过程中土地使用所蕴含的社会利益关系，因为土地使用关系的任何改变都意味着社会利益的再调整。市场经济下的土地利用除要保障城市空间资源的分配效率外，更应关注社会各个群体合法财产权益的保护，构建围绕土地的利益共同体，让"政府－市民－农民－开发商"等共同享受农地转用所带来的收益，政府不再强求土地的所有权，"不求所有，但求所在；定分止争，物尽其用"，培养税基；对于集体建设用地而言，最终构建"农民收租－企业赢利－政府收税"的利益分配格局。

4.3 如何培育一个能促进土地集约利用的政府

对政府行为的评价体系与监管体制的错位，行政主导型投资过热是造成目前土地粗放利用的主要原因。地方官员为彰显"政绩"而大力推进"看得见的工程"，如为增强城市总体规划的可实施性而编制的近期建设规划，从实施效果来看，已成为"（官员）任期内的重点工程规划"，追求的是立竿见影的效果，而那些关系到居民生活质量的廉租房、公建配套、医疗、教育等多被确定为中远期发展目标，反应在土地上，就是官员任期内的"寅吃卯粮"，建设用地指标被轻易耗尽，土地利用总体规划失去效用，城市总体规划的不断修编成为必然。

土地能否公平高效地利用，不仅取决于规划师一方，还取决于整个规划过程的利益表达机制的健全。因政府是城市规划的制定者、决策者、实施者和审批者，政府的"自律"或自我监督实际上很难落实，应给予公众以知情权和参与权，让利益相关者切切实实地参与到规划编制实施的各个环节，信息要公开，程序要透明，参与要开放。如应举行公众听证会，当然不是花瓶式的"零异议"的听证会，"敢于"接受媒体监督，发言代表的产生方式要透明，不搞神秘主义的听证会等等[1]。另一方面，作为维护公共利益的城市规划，在其发生损害公共利益的时候，缺乏监督的法律程序。城市规划研究应首先明确界定"什么是公共利益[2]"，但界定公共利益确实很难，若界定不清，乱拆迁、乱征用的行为就会存在，但有一点需要肯定，公共利益一定要通过"公共程序"去寻求，公众可以有效参与公共政策的程序，这些制度与法规在城市规划领域还刚刚起步，亟待研究并完善。

参考文献

[1] 丛艳国，魏立华 . 土地紧缩政策下珠江三角洲工业园区发展态势分析 [J]. 城市发展研究，2006（6）：87-91.

[2] 孙施文，奚东帆 . 土地使用权制度与城市规划发展的思考 [J]. 城市规划，2003（9）：12-16.

[3] Putterman L. and A. F Chiacu. Elasticities and factor weights for agricultural growth accounting : a look at the data for China[J]. China Economic Review，1994（2）：191-204.

---

① 尽管城市规划的公众参与存在村民、市民难以理解规划方案与意图的问题，但不能因此而否认公共参与，公众只有公开、透明、理性地参与到城市规划编制之中，才能切实提高其公共参与的能力。

② 关于公共利益的法律适用更是无所适从，公共利益应是大多数人的利益，少数人为大部分人做出牺牲，大部分人或国家财政应当补偿少部分人的损失。

[4] 程开明. 城市偏向视角下的农地征用 [J]. 农村经济，2006，（12）：37-40.

[5] 林毅夫，蔡昉，李周. 中国的奇迹：发展战略与经济改革 [M]. 上海：上海三联书店/上海人民出版社，2002.

[6] 魏立华，袁奇峰. 基于土地产权视角的城市发展分析——以佛山市南海区为例 [J]. 城市规划学刊，2007（3）：61-65.

[7] 靳东晓. 严格控制土地的问题与趋势 [J]. 城市规划，2006，（2）：34-38（88）.

[8] 卢新海，邓中明. 对我国城市土地储备制度的评析 [J]. 城市规划学刊，2004，（6）：27-33.

[9] 敬东. 城市经济增长与土地利用控制的相关性研究 [J]. 城市规划，2004，（11）：60-70.

[10] 盛洪涛，周强. 土地资产经营机制中的城市规划管理 [J]. 城市规划，2004，（3）：48-51.

[11] 吕维娟，杨陆铭，李延新. 试析城市规划与土地利用总体规划的相互协调 [J]. 城市规划，2004，（4）：58-61.

[12] 中国城市规划学会. 规划 50 年——2006 中国城市规划年会论文集（上）[M]. 北京：中国建筑工业出版社，2006：521-525.

[13] 赵民，吴志城. 关于物权法与土地制度及城市规划的若干讨论 [J]. 城市规划学刊，2005（3）：52-58.

[14] 邓凌云，洪亮平. 中国"硬发展"背景下的城市扩张 [J]. 现代城市研究，2006，（11）：62-69.

[15] 李琳. "紧凑"与"集约"的并置比较——再探中国城市土地可持续利用研究的新思路 [J]. 城市规划，2006，30（10）：19-24.

[16] 中国城市规划学会. 规划 50 年——2006 中国城市规划年会论文集（上）[M]. 北京：中国建筑工业出版社，2006：557-560.

[17] 李翅. 土地集约利用的城市空间发展模式 [J]. 城市规划学刊，2006，（1）：49-55.

[18] 关涛，宗晓杰. 经营城市土地若干问题的战略思考 [J]. 城市规划，2005，（4）：52-55.

[19] 中国城市规划学会. 城市规划面对面——2005 城市规划年会论文集（上）[M]. 北京：中国水利水电出版社，2005：417-424.

[20] 魏立华，丛艳国. 从"零地价"看珠江三角洲的城市化及其城市规划绩效 [J]. 规划师，2005，（4）：8-13.

[21] 温国明，程俊超. 城市建设中农村集体土地补偿方式的新探索——以洛阳高新区 2004 年征地为例 [J]. 城市规划，2006（9）：15-20.

[22] 谭启宇，王仰麟，赵苑等. 集体土地国有化制度研究——以深圳市为例 [J]. 城市规划学刊，2006，（1）：98-101.

[23] 桑东升. 珠江三角洲地区村镇可持续发展的实践反思 [J]. 城市规划汇刊，2004，（3）：30-32.

[24] 殷洁，张京祥，罗小龙. 转型期的中国城市发展与地方政府企业化 [J]. 城市问题，2006，（4）：35-41.

[25] 彭阳，黄亚平，罗吉. 析双重转型时期中国城市规划制度 [J]. 城市发展研究，2006，（2）：59-63（126）.

[26] 戚冬瑾，周剑云. 透视城市规划中的公众参与——从两个城市规划公众参与案例谈起 [J]. 城市规划，2005，（7）：52-56.

（本文合作作者：魏立华。原文发表于《城市问题》，2008 年第 5 期）

从"城乡一体化"到"真正城市化"

——南海东部地区发展的反思和对策

1 引言

城乡一体化一度成为热门话题，其研究大致可分为两派。一派是同意城乡一体化的说法，赞成推进城乡一体化的理论和实践的进行。另一派反对城乡一体化的提法，认为城乡一体化将忽视城乡的差别效应。

通过对南海城乡一体化发展的反思和发展战略研究，笔者认为城市化的模式应该随着时代的发展或者不同的地域而发生改变，城乡一体化或许是高级产业形态下的一种理想模式，但是在中国当前仍然依靠传统工业带动的城市化快速发展的时代，过早提出城乡一体化不一定有益于经济和社会的持续发展，甚至是有害的。

2 研究区域

县级南海市政府从佛山市迁出来后，中心城区一直还在建设之中。南海经济其实是郊区经济，是以民营经济为特色的内生型经济发展模式。其早期经济发展"六个轮子一齐转"（六个轮子是指镇、公社、村、生产队、联合体、个体经济）的作法兼顾了各层次的发展积极性，被称为"南海模式"，其高速发展使之位列广东"四小虎"之一，并长期在"中国百强县"中名列前茅。早在1990年代南海就提出了城乡一体化的概念，并编制了城乡一体化规则[①]。

图1 研究区域

研究区域的范围包括佛山市南海区[②]东部的和顺、里水、黄岐、盐步、桂城、平洲六镇（街道）以及大沥街道的东部，面积共约330km^2（图1）。

3 南海东部地区"城乡一体化"的发展和挑战

3.1 城乡一体化的提出

1980年代末，在国家改革开放政策的推动下，一批受惠于家庭联产承包责任制的农

---

① 《南海市城乡一体化规则》由中国城市规划设计研究院1996年编制。

② 原为南海市，2002年11月行政区划调整改为佛山市南海区。

民"洗脚上田",办起了一批小五金、小冶炼、小化工、小塑料等个体私营企业,南海的非公有制经济由此起步。

地处广州佛山两大中心城市中间,有着大量的土地储备,当时的南海市政府把握住全国短缺经济的重大机会,作出了"国营、集体、个体经济一起","6个轮子一起转"的决定,鼓励了多方面发展经济的积极性,全民动员群众运动式发展经济的做法取得了巨大的成就。

到了1990年代初期,南海的非公有制经济已经与国营、集体三分天下。经济总量也有了很大提高,从1978-1998年20年的发展来看,整个国内生产总值增加了25.6倍,而第二产业增加了40.2倍,第三产业更是增加了47.0倍(图2)。惊人的发展速度得益于制度创新和民间重商传统的互动,进而形成了城乡一体化发展的思路。

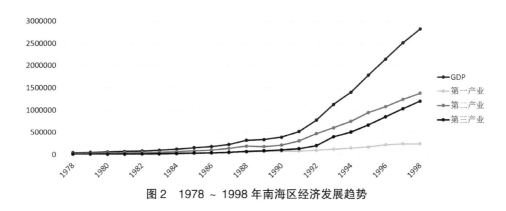

图2 1978～1998年南海区经济发展趋势

3.2 城乡一体化面临挑战

1990年代后期的社会经济条件发生了变化:①改革开放政策得到了普惠。南海是改革开放的前沿和最早的受惠者。但优惠政策现已从沿海发达地区逐渐搜盖到整个国家;②宏观经济从"短缺经济"走向了"过剩经济"。南海经济崛起的时候正是国内的短缺经济时期,而如今宏观经济发生了重大的变化,国家已经建立起较为完善的工业体系,市场上的商品供应十分丰富;③跨国公司也开始在国内设厂,产品大量进入中国市场。南海东部地区发展面临日益严峻的挑战,原来的"城乡一体化"规划已经难以解决发展中出现的新问题。

3.2.1 土地资源的约束

南海东部地区用地现状表现为各类用地空间布局散乱无序,工业用地、镇村居住生活用地、农田交错穿插,整个空间呈均质化、碎片化。据了解,东部7镇除平洲与和顺还有较大面积的连片未开发土地外,其他街镇土地严重分散,有些甚至难以找到6-7hm^{2}的连片未开发土地。

研究范围内的7镇总面积约358.23km^2,其中建设用地202.63km^2,占总面积达56.56%,远高于南海区全区46.41%的比例。其中桂城、黄岐、盐步、平洲、大沥五街镇更是达到了70%。2002年,7镇的可利用土地仅仅2.87km^2,农业用地尚有133.68km^2,城市社会经济的发展受到土地资源的严重制约。可利用土地和农业用地的分布也很不均衡,靠近中心城区的桂城、黄岐、盐步、平洲、大沥五街镇仅占不到40%,土地资源更显窘迫。

目前尚存的可利用土地仅仅够 1 年的新增建设用地使用，土地资源和需求之间的矛盾已经非常尖锐。在我国严格控制耕地指标的政策环境下（特别是 2004 年国家对省级以下实行土地垂直管理，进一步加强对农地转用的控制），发展空间受限的问题将更加明显。

3.2.2　产业升级困难

工业发展形势严峻，多数村镇工业园在不改变土地农用性质的前提下往往采取租用的形式，导致大量村级工业园的建设。由于工业是重要的税源，各级政府都鼓励工业的发展，但未能形成规模化生产，缺少名优品牌和拳头产品，工业发展也面临严峻形势。由于南海西部还有大量土地储备，又在信息化方面有大的进展，已形成了"南海科技工业园"概念，大量工业企业西移，对地价高企的东部工业发展无疑是雪上加霜。

三产发展乏力。东部地区 2002 年三产的比重只有 38.97%，虽然最高的镇（街）——桂城和黄岐已超过了 55%，但与 1998 年相比，整个东部地区三产的比重从 43.59% 到现在下降了 5 个多百分点。

3.2.3　农村与农民问题

城乡一体化的思路让南海东部地区农民获得了很大的收益。各村甚至村小组都有经济开发公司，利用村或组的土地进行工商业开发。农民可以从经济开发公司每年获得红利，农田大量转包给外地农民耕作。

另一方面，由于二元的土地政策，商业和房地产业开发往往需要将土地直接转为国有土地成本高企。而同样地段的农民宅基地建房不需要负担城市住宅的高昂费用，导致农民受到较多利益而不愿城市化，很多农民仍愿意居住在村中而不愿意购买商品房进城。在一些工厂较多、区位条件较好的地区，农民自建了 8-9 层高的楼房进行出租。自建房出租成为农民低成本高收益的主要经济来源，很多人成为"食利阶层"。这最终导致了农民更愿意靠红利和房租生活，既不从事农业生产，也不愿进入城市就业。而农民的大量自建房往往出现在城镇中成为"城中村"，更成为城市化的障碍。

4　对"城乡一体化"的反思

4.1　反思一："城乡一体化"是否真正实现了城乡一体

"六个轮子一起转"从经济形态上，城乡并非城乡有机联系的一体，而是城乡产业结构的同构。如此看来，乡已不再是乡了，也就更谈不上"城乡一体化"了。

同时，城乡一体化的思路也由此带来了更为复杂的农民问题。如果以户籍上的非农业人口占户籍人口来计算占总人口比例，2002 年末东部地区平均只有 27.07%，最高的是黄岐为 45.05%，最低的是和顺，只有 16.16%。

东部地区从事第一产业的户籍人口占户籍总人口的 87.4%，就说明虽有大量农民从事非农产业但并没有改变自己农民的身份。尽管南海"农民进城"进城的门槛很低，但是由于土地政策的双轨制，很多农民不愿意放弃集体土地非农生产的收益。同时，农村宅基地建设并不纳入城市规划，居住在城市中或城市边缘的农民更愿意修建高楼，以收取房屋租赁金来生活。这样，原来城乡一体化的思路非但没有促进城市化的进程，反倒妨碍了城市化，城乡也并非一体。

4.2 反思二：这样的城乡一体化是否能促进地区的持续发展

从发展阶段上来看，城乡一体化规划解决了当年经济发展的需要。但是按照区域经济发展阶段，南海东部地区已经处于区域经济发展的成长阶段（二产已经占很大优势，三产的比例也较高）。如何继续发展到成熟阶段是摆在地方政府面前的一个重要问题。同时，越来越激烈的区域竞争也给地方政府带来巨大的压力。城乡一体化当年促进了工业化的进程，是否可以促进三产发展，是否能提供南海东部地区走向区域经济发展成熟阶段（三产占优，二产较高水平）的动力？

同时，城乡一起发展却导致了地区的可持续发展问题。原来城乡一体化的思路极大地激发了村（甚至组）一级发展经济的积极性。但是随之带来的却是农用地大量被占用，生态环境逐渐恶化。加上发展之初对环境保护的不够重视带来了水、大气等环境污染。另外，村、组级工业园的布局原本没有规划，后逐渐扩展并"碎片化"，不利于土地的集约使用和合理功能布局的形成。这导致地区发展的不可持续。

5 真正城市化的战略选择

鉴于"城乡一体化"的反思，"真正城市化"可能更符合当前的背景。这里的"真正城市化"并不在于试图重新定义城市化，而是在于与"城乡一体化"的口号相对，提出不同于城乡一体发展的思路。首先，既然南海东部地区的真正的"乡"已经越来越少，与其让其冠以"乡"的名，不如再让其冠以"城"的名，最终形成区域的一体化发展。其次，"真正城市化"可能给予区域新的发展动力。有研究认为中国已经进入了城市化推进型经济增长新阶段。但很多研究却仍是基于"苏南模式"农民离土不离乡的情况提出的[1]。所谓城市化推进，就是让农民转化为市民，并以此激发三产的发展。但是南海与上述情况不同，通过农民转化为市民由此带来的三产有限。因此，对于南海东部地区来说，更重要的是城市的设施和氛围的形成，产生良好的三产发展环境。基于"真正城市化"的发展策略具体如下。

5.1 区域协调的制度安排

目前各镇"各扫门前雪"，基础设施不能对接，功能不协调，没有统一的一级土地市场，体现了以行政区划为基础的固定的政府管理的缺陷和强调"放权"思路的挑战。归纳起来，这些问题反映了功能地域（functional territory）、城市地区（urban area）和制度地域（institutional territory）、地方政府组织的管理范围的不一致（Lefèvre, 1998），需要构建新的区域协调机制。

大沥、黄岐、盐步虽然多轮规划都将其当作南海中心城区考虑（笔者仍认为以上做法是有科学依据和有远见的），但实施多年三地发展仍沿用着镇的发展思路。事实上，以

---

① 2003 年 1 月佛山市南海区规划建设局委托广州市城市规划勘测设计研究院开展《南海东部地区发展战略规划研究》。本文为该研究的主要结论和思考。

上三地名义上为街道而事实上仍互为藩篱，独立行事的镇。这样的制度安排主要出发点在于提高镇一级政府的积极性，但却降低了区域的整体运行效率。南海中心城区的作用发挥仍有限，而大沥、黄岐、盐步也未得到更高标准的发展（城镇面貌、污染、产业结构等）。笔者认为未来南海中心城区的打造需要新的行政架构，旨在提高城区统一管理能力。

建议将大沥、黄岐、盐步的规划、环保等方面的审批权力收为区所有。今后不再出现以大沥、黄岐、盐步街道办事处委托的覆盖各办事处范围的规划。但局部地区的整治、详细规划仍可由大沥、黄岐、盐步自行审批。保证大沥、黄岐、盐步招商引资的一定金额的自行审批权。但更大的项目应由区决定。

同时建议建立各街道（镇）之间的协调机制，最直接的目的在于理顺跨境道路，接通各街道（镇）市政管网。一方面区政府应在各镇的协调中发挥更大的作用。但它采取的方法并非自上而下发布政令，而是更多作为协调者和仲裁者。另一方面可创造更多的非正式沟通机会。事实证明非正式沟通往往比正式沟通有时更有效。南海不少城建干部反映，原先各镇主管城建的干部基本上互不认识，遇到跨境协调时只得求助区级部门，但是南海区最近组织城建干部到清华大学进行短期培训后，各镇城建干部互相熟识了，非正式交往增加了，一些跨境事务也可由各镇先沟通。因此，未来南海区可安排更多各镇级领导的非正式沟通机会，如组织大规模培训、联谊会等。

图3 "有效协调的CDA"方案图

5.2 设立有效协调的综合发展区

很显然，空间上如果继续遵循城乡一体化规划自发蔓延，最终的结果最终必然是整个地区生态环境的破坏和竞争力的丧失。但如果完全采取自上而下的管理，则不利于地方积极性的发挥。研究希望既实现该区域空间的有序发展，也要兼顾该地区镇、村级行政机构发展经济的积极性。参考香港综合发展区（Comprehensive Dvelopment Area）的经验，研究建议在南海东部地区也设立综合发展区（CDA）。政府应对该类地区未来重点发展区域进行预先的控制，包括对土地出让、产业引进、规划管理、功能布局等进行整体控制，以便在较长的时间周期内逐步实现预定的发展目标。同时，在广佛大都市区快速发展的大环境下，影响南海东部地区空间发展结构的主要不确定因素是管理模式。CDA的设立也有利于加强跨行政区的协调控制能力，转变分散多极发展模式的空间结构，强调地区整体产业空间布局和功能的协调性。

图4 "有效协调的CDA"方案规划结构

研究将整合盐步、黄岐镇域和大沥东部地区，设立区级政府直接控制的商贸综合发展区（CDA）。逐步改造置换现有占地大、产出低的工业用地，主要发展区域性商贸物流和零售商业中心功能（图 3、图 4）。

5.3　三产发展的鼓励和更佳产业环境的塑造

一方面，"真正城市化"的思路为南海东部地区的产业升级和区域经济发展提供了基础，三产将得到较大的发展。与此同时，从发展条件上看，南海东部也必须发展三产。因为工业所需的廉价土地和廉价劳动力等条件已经不存在，而三产发展的区位交通和市场条件已经逐渐具备。因此，未来必须鼓励三产的发展。具体而言，在中部通过行政区划调整或建立强有力的协调机制共同打造一个以商贸为主的综合功能区；在南部加大招商力度吸引香港工商服务业在本地区设立分支机构，打造广佛都市圈的现代服务中心；三山港地区结合广州石壁新客站构筑国际物流贸易园区。

另外为了促进产业的升级和发展，该地区还需进一步塑造产业的发展环境。政府在行业管理上要进一步放权，推动商会等 NGO 的发展，使商会组织在政府与市场之间展开协调，配合政府进行行业管理，减轻了行政的压力而且完成了原先政府不能完成的事情。例如行业维权，减少行业内的无序竞争等。

5.4　农村、农民问题的彻底解决

实现真正城市化，农村和农民问题仍然是问题的关键。佛山市的户籍改革[①]为彻底改变农民身份提供了条件，除此还需要实施以下策略。

5.4.1　合理解决农村宅基地

①鼓励农民放弃宅基地，支持他们进城生活，为农民在城市置换等量面积的住房；②将新增宅基地指标集中使用，新建住房尽可能安排在城镇住宅小区，逐步减少和避免分散建房；③村宅拆旧建新逐步实行宅基地"以旧换新"，对退出原有宅基地的农户，在城镇建新房所需宅基地的收费应适当减免，或者在购买商品房时给予适当优惠；④允许进镇农民采取有偿方式，依法将原有宅基地使用权在原集体组织范围内合理流转；⑤宅基地固化。就是按照设定的时限对符合分户条件的村民按照每人每户不超过 $80m^2$ 的标准一次性固化村民住宅用地指标，以后不再审批单门独院式的村民个人住宅用地。

5.4.2　完善股份合作制

农村土地和集体资产股份制的实施，实际上切断了农民与以物资形式存在的土地的联系，打乱了原来家庭联产承包责任制下分到每家每户名下的土地的边界，这从观念上改变了农民附属于土地的传统关系，而代之以农民拥有股份合作社的股份，本质上与城市居民拥有某公司的股份是一样的。

股份合作制的完善，主要包括如下措施。

[①] 《中共佛山市委、佛山市人民政府关于加快农村工业化城镇化和农业产业化建设的决定》已经决定从 2004 年从今年 7 月 1 日起，统一城乡户口，取消农业户口、非农业户口及其派生的各种户口类别，统一登记为佛山市居民户口，按实际居住地登记户口。

（1）实现股份完全自由流动。当前南海各村实行的股份合作制均规定股份只能在本村范围内进行转让、买卖、赠送、抵押，而且规定迁出本村农业户口的，必须由合作社用现金分两年赎回。事实上，现在的股份合作制没有真正实行"股随人转"和"持股进城"，这实际上是限制了村民持股到城市或城镇生活和工作的自由。笔者认为，"合理流动"应该变为"完全流动"。另外针对村、组拥有的集体资产（由于受政策限制，土地还不行）更应该可以量化并用现金的方式支付给个人，让村民拥有一笔原始资本进城市创业——"持币进城"。

（2）弱化集体经济组织、强化股份合作组织。为了切断农民与实物土地、宅基地和农村集体经济组织的纽带，弱化农村集体经济组织的实力和权利，强化股份合作组织的经济实力，而且股份合作社（也即未来的股份公司）应与农村行政组织严格做到政企分开。

5.5 新的政绩考核评价体系的建立

以GDP为核心的政绩考核，导致了政府在城市建设、招商引资上的急功近利，很难兼顾城镇的长远发展，同时也很难进行镇（街）之间的协调。事实上，GDP并非衡量经济社会发展水平的唯一指标。在国外GDP甚至是一个很少用的概念。国内已经有专家提出了扣除各种虚值的"绿色GDP"概念。如牛文元指出，"绿色GDP"应该是传统GDP减去自然部分的虚数和人文部分的虚数。笔者也认为以GDP为核心的政绩考核必须改革，应该采用能反映经济社会发展多方面的指标，以有利于区域可持续发展和区域合作。

6 结论与讨论

（1）尽管城乡一体化的提法曾是学术界的热门话题，但是对南海东部地区发展的反思表明原先对"城乡一体化"理解难以维持未来的发展，而且从根本上阻碍了城市化水平和质量的提升。这需要对城乡一体化的理论和实践进行进一步检讨。也许城乡一体化的理想是好的，但是在我国现阶段的工业化模式和经济发展水平，过早提出城乡一体化甚至是有害的。

（2）从南海东部地区地方发展的历程来看，"城乡一体化"规划在当时能够描述城乡共同工业化的情况，但是随着时间的推移这种模式已经不适应当地的发展，而且日益阻碍该地区的可持续发展，必须从"城乡一体化"走向"真正城市化"。而"真正城市化"的实现需要多方面措施的支持，笔者提出的措施很可能是不全面的，还需要做更多的研究。

（3）中国各地区社会经济发展水平相差很大，南海东部地区的战略显然不能应对全国各地的情况。但在珠三角、长三角可能有很多地区有类似南海东部地区的情况，以上的研究可以提供某些借鉴。即便目前经济发展不如珠三角、长三角的地区，随着时间的推移有可能出现类似南海东部地区的问题，需要未雨绸缪，尽早调整发展战略。

参考文献

[1] Lefèvre，C. Metropolitan government and governance in western countries : acritical review[J]. International Journal of Urban and Regional Research，Vol.22，No.1，9–25，1998.

[2] 景普秋、张复明. 城乡一体化研究的进展与动态 [J]. 城市规划，2003，（6）：30–35.

[3] 南海区统计局编. 南海巨变——改革开放二十年（1978–1998）.

[4] 石忆邵、何书金. 城乡一体化探论 [J]. 城市规划，1997，（5）：13–19.

[5] 石忆邵. 城乡一体化理论与实践：回眸与评析 [J]. 城市规划汇刊，2003，（1）：49–54.

[6] 王振亮. 城乡空间融合论——我国城市化可持续发展过程中城乡空间关系的系统研究 [M]. 上海：复旦大学出版社，2000，185–195.

[7] 王振亮. 城乡一体化的误区——兼与《城乡一体化探论》作者商榷 [J]. 城市规划，1998，（2）.

[8] 杨培峰. 城乡一体化系统初探 [J]. 城市规划汇刊，1998，（6）：31–35.

[9] 杨荣南. 关于城乡一体化的几个问题 [J]. 城市规划，1997，（5）：41–43.

[10] 易晓峰、苏燕羚. 我国城市化研究的再思考——不同城市化水平地区的比较研究 [J]. 城市规划汇刊，2004，（1）：37–39.

[11] 曾菊新. 现代城乡网络化发展模式 [M]. 北京：科学出版社，2001.

[12] 赵燕菁. 理论与实践：城乡一体化规划若干问题 [J]. 城市规划 2001，（1）：23–29.

[13] 甄峰. 城乡一体化理论及其规划探讨 [J]. 城市规划汇刊，1998，（6）：28–31.

[14] 郑艳婷、刘盛和、陈田. 试论半城市化现象及其特征——以广东省东莞市为例. 地理研究，2003，（6）：760–768.

[15] 中国城市规划设计研究院. 宁波市城市发展战略规划，2001.

[16] 朱磊. 城乡一体化理论及规划实践——以浙江省温岭市为例 [J]. 经济地理，2000，（5）：44–48.

[17] 邹军、刘晓磊. 城乡一体化理论研究框架 [J]. 城市规划，1997，（1）：14–14.

（本文合作作者：易晓峰、王雪、彭涛、刘云亚。原文发表于《城市规划学刊》，2005 年第 1 期）

从工业经济到城市经济
——佛山市南海区城市中心区的发展

1 引言

改革开放 30 年来南海经济发展取得巨大的成就，通过"农村地区工业化"创造性地开创了著名的"南海模式"。但也正是由于经济发展模式的制约，使得南海并没有走上传统的工业化带动城市化的发展之路，分散的工业化促使南海选择了"城乡一体化"的思路。严格来说，这种"城乡一体化"并不是真正意义上的城市化，而是一种"半城半乡"的空间形态，类似于加拿大学者麦基（T. G. McGee）提出的"Desakota"地区，我国部分学者也认为南海这类地区属于自下而上的农村都市化发展，属于由分散的"市镇化"向集中的"城市化"转变的过渡阶段。

进入 20 世纪 90 年代以后，南海的经济发展模式与经济形态逐步开始全面转型，与此相应的城市化发展转型也受到越来越多的关注，迫切需要一种全新的城市空间格局来迎接经济发展的进一步腾飞，由此南海开始了一段城市中心区建设的探索之路。南海的城市化发展历程及所遇到的问题是我国东部许多发达农村工业化地区所普遍面临的问题，因此对南海城市中心区发展的探索则显得尤为重要和必要，并且它的经验同样为正在承接产业转移的内陆农村地区发展提供借鉴。

2 南海的经济转型

2.1 南海的基本情况

佛山市南海区位于广东省中部，珠江三角洲腹地（图1），辖区面积 1073.8km²，辖 2 个街道、6 个镇，总户籍人口 106.6 万。广阔的肥沃土地和勤劳的人民造就了南海的农业大发展，素以"鱼米之乡"著称。上个世纪 78 年以后，在国家改革开放政策的推动下，南海凭借邻近港澳、间于广佛的区位优势，大量的土地储备，利用全国短缺经济的机会，提出"国营、集体、个体经济"齐发展、"县属、镇属、管理区属、村属、个人、联合体企业"

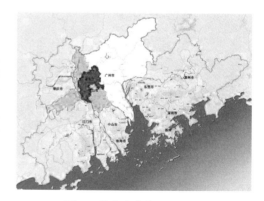

图 1 佛山市南海区区位图

六个轮子一起转的"全民工业化"的发展模式，取得了巨大的成就，创造性的开辟了著名的"南海模式"，产业结构得到迅速调整，城市化水平也得到长足发展。

2006 年，南海实现地区生产总值达 980.38 亿元，增长率高达 22.3%，按常住人口计算的人均 GDP 超过 5000 美元。第二产业比重不断增大，而第二、第三产业在 GDP 中的比重之和达到了 97.5%，从事第二、三产业的劳动力（本区劳动力加外来劳动力）约占

93%。总体而言，南海已经处在工业化后期，从经济指标来看，达到了基本实现现代化的目标（图2、图3）。

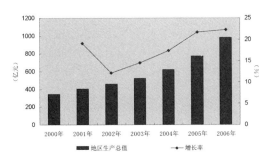

图2　佛山市南海区历年生产总值增长情况　　　　图3　佛山市南海区产业结构变化情况

资料来源：南海统计信息网，http://tongji.nanhai.gov.cn

社会发展方面，由于南海一直以来比较重视工业的发展，所以像体育、文化等事业的发展都不够。作为中心区的桂城街道，由于人口总体素质偏低，都市型的生活形态以及市民现代化的价值观还正在形成和发展中。而在其他镇街还存在着大量的收入、就业、土地利用均已非农化，但居住模式、社区管理模式还停留在原农业时代的没有农业、没有农民的村，即所谓的"无'农'村"。如以城市化形成的社会形态划分，南海尚属于村民社会，市民社会还远未形成。

2.2　南海的经济发展与城市化

经济基础是实现城市化发展的根本条件，不同的经济发展阶段对应于不同的城市化进程。对于南海经济发展阶段的划分有助认识城市中心区建设的城市化背景。笔者在《南海城市化进程中的土地使用问题及对策研究》（中山大学，2007）中曾将南海改革开放之后的经济发展分为：农村社区工业化、园区工业化和城市经济起步三个阶段。

2.2.1　阶段一：农村社区工业化（改革开放初－1990年代中期）

改革开放初期，我国农村地区联产承包责任制的实施大大提高了农业生产的劳动生产率，释放了大量的富余劳动力寻求就业；加之我国当时普遍存在的商品短缺现象，南海的农民开始"洗脚上田"，在自家门口的农村集体土地上办起了工业，这就是在农村社区集体土地上开始的"离土不离乡，进厂不进城"的农村社区工业化模式，最终形成了"村村点火、户户冒烟"的分散工业布局（图4）。

从城市化的角度来看，南海已经开始了产业结构由农业向非农产业的转

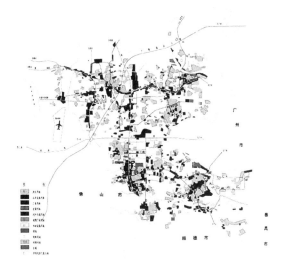

图4　1995年南海市土地利用现状图

资料来源：《南海南海市中心城区总体规划》，1996

385

变,但其人口和产业空间并没有转移和集聚,属于"就地城市化",形成了"小集中、大分散"的空间格局,其主要特征包括:产业用地布局分散,且与城镇在空间上分离;产业空间布局呈交通指向;城镇规模总体上偏小,农村居民点分布广、规模大;土地利用混杂交错。可以说这个阶段最终形成的是一种"半城市化地区",表现出"村村像城镇、镇镇像农村"的独特空间景观形态,真正的集中城市化尚未开始。

2.2.2 阶段二:园区工业化(1990年代后期 – 现在)

进入1990年代中后期,随着乡镇企业发展的日渐式微,当时的南海市政府为了促进工业总量的增长和工业结构的提升,着手启动工业园区的建设。1997年,狮山科技工业园投入建设,园区规划面积38km^2;1998年底,南海软件科技园创立,软件园规划面积22km^2,重点发展国家科研项目,以及软件研发加工,教育和培训等产业。除了工业园区,为了充分发挥三山港的优势,南海区还加大了对三山国际物流园区的开发建设步伐,该园区总用地面积1226.44hm^2。一系列的工业园区建设,使得南海迅速走出了亚洲金融危机后的低迷发展,展开了以外资为驱动的经济发展模式。

伴随着工业化发展的再次成功,在市场经济环境下,第三产业发展的需求日趋显现,促使了南海由"集镇化"向"市镇化"转变,各主要镇区规模迅速扩大,造成了各街镇空间发展各自为政,布局缺乏整体协调的局面;同时,产业空间开始出现转移,不同区位条件的街镇产业发展趋势分化,在此总体特征下,用地布局也发生改变,工业用地逐步向南海西部地区集中,而东部地区则重新叠加多样化的用地功能,用地布局呈现"碎片化"。另一方面,由于经济发展模式的转变,南海看到城市经济发展的趋势,已经开始酝酿城市中心区建设的构思(图5)。

图5 2005年南海区土地利用现状图

资料来源:《佛山市南海区近期建设规划》,2006

2.2.3 阶段三:城市经济起步(2003年起)

2003年,南海开始实施"东西板块"发展战略和民营外资"双轮驱动"战略,着力推进经济结构调整和经济增长方式转变。可以预见,南海经济将朝着工业结构高度化和经济服务化的方向发展,实现南海经济从"工业经济"到"服务经济"、从"村镇经济"到"都市经济"的转型,锻造"城市南海"的新品牌。特别是东部板块中的桂城和大沥地区,服务业的发展将成为经济发展的主线条和主引擎,这时作为空间载体的城市中心区,其建设将从幕后走到前台,重构土地利用布局,提高土地利用效率,实现集中的城市空间形态。

城市中心区建设代表了一种高等级的城市化发展阶段,是经济发展到一定阶段后的必然产物。像南海这样的半城市化地区的发展有别于一般的农村城市化地区，它的经济发展模式，以及在都市连绵带中的地位，都决定了它不应该采取一般的小城镇发展模式，而可以利用区位优势走一条"主动城市化"的道路，为第三产业获得持续发展动力。

3 南海城市中心区的初步形成

3.1 规划先导

1984年原南海县城的经济、社会、行政活动中心主要集中于南海大道两侧地区。由于邻近佛山市主城区，县城在空间上可以看作主城区的外围拓展新区，除行政、居住功能以外，其他城市功能均难以培育。

1992年9月南海撤县设市，同年编制的《南海市中心城区总体规划》中首次提出建设城市中心区的设想。1996年，原南海市规划管理部门委托中国城市规划设计研究院对《南海市中心城区总体规划》进行修编，规划重新明确了城市中心区的发展方向和选址，将原来规划城市中心向东发展的思路改变为南北向发展，进一步确定了将雷岗山以北地区作为中心区的发展用地，南海城市中心区建设由此确立。

1998年，为了将新修编完成的《南海市中心城区总体规划》中关于城市中心区建设的思路进一步深化落实，南海采取招投标方式组织了中国城市规划设计研究院、东南大学、清华大学和深圳规划设计院四家单位对城市中心区进行概念性城市设计，最后在综合了中国城市规划设计研究院和清华大学设计方案的基础上，吸取了其他两个方案的精华，由中国城市规划设计研究院深圳分院执笔，完成了南海新城市中心区的城市设计。

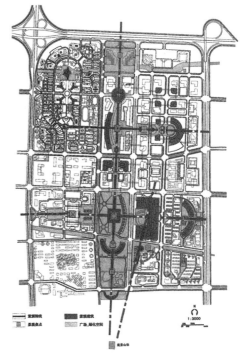

图6 1998年南海城市中心区规划平面图
资料来源：《南海市城市中心区城市设计》，1998

最后形成的城市设计方案首先确定了中心区定位是集金融、商贸、信息、文化、会展、行政及居住于一体的城市核心，既是南海市迈向21世纪的象征，又是珠江三角洲中部都市区的一个重要的后续发展地区。在此基础上划定了中心区的范围：由海三路、海八路、桂澜路、南海大道围合而成，面积345hm²，其中核心区为225hm²。

设计方案运用轴线的空间构成手法，将雷岗山引入中心区空间的关系中，形成中心区的

图7 1999年南海城市中心区规划鸟瞰图
资料来源：《南海市城市中心区城市设计》，1998

主轴线，构成了整个中心区的最大特色。同时，利用主次空间轴线的关系，安排城市各功能的布局，形成多层次、多样化的城市空间。

方案提出了土地预留和有限度开发的规划思路，为了保证规划实施的整体性，政府对中心区用地进行了大规模的土地储备，支付了大量的征地费用。但是由于经济环境的影响，开发一直缺乏动力，大量的储备用地闲置，中心区建设遭到质疑，而从另一方面来看，也正是当时战略性的用地储备，才使今天的中心区建设得以顺利进行（图6、图7）。

3.2　高水平城市设计

南海城市中心区规划设计完成之后，再由美国 SWA 环境设计公司完成了中轴线的景观规划设计：以雷岗山为起点、佛山水道为终点，从南至北在中轴线上布置了千灯湖公园、酒店商务区、商业水城广场、迎宾广场四个功能区。千灯湖公园 2003 年竣工，是整个中轴线的焦点所在，它非对称的曲面水态空间，有机地结合一系列多种活动空间，构成多样化滨水城市景观（图8）。

图 8　千灯湖实景鸟瞰图

图 9　南海城市中心区开发项目分布图

$70hm^2$ 的"千灯湖公园"挖湖堆山，高明的设计创造了极具震撼力的景观效果。其中水面约 $19hm^2$，充分体现了设计方案以水为主题的构思，创造了一个整体连贯而有效的自然开敞的公共绿地系统，使水面与绿地网络相互渗透，具有良好的景观连接度，为城市提供真正有效的"氧气库"和舒适、健康的外部休憩空间。创造了极富魅力的城市中心区中央公园景观，极大地提升了周边地区的土地价值。

南海区政府继续在中心区投资建设图书馆、市民健身广场等大型公共设施，进一步丰富了中心区的城市功能。其结果是大量的房地产、商业设施、五星级酒店等市场项目开始选址落户中心区，迅速催熟土地市场（图9）。

3.3　政府主导发展

南海城市中心区最终得以迅速发展的原因是因为采取了"以政府为主导、以土地经营为理念"的建设模式，即政府投资建设设施（包括基础设施和公共设施），以改善中心区开发投资环境、提升土地价值；吸引投资者进行项目开发；政府利用土地收益进一步完善城市功能。

这是一个漫长的培育过程，政府不仅需要有财力，更需要有魄力、毅力和耐心，采取"不求所有，但求所在"的战略思维，积极推动实施工作，将长远利益摆在第一位，最终将实现经济增长模式与城市空间形态的双重转型。

随着广佛两大都市圈的融合，广佛地铁的修建将为南海中心区的发展注入新的活力，但同时它又是一把双刃剑，如果在地铁开通之前，中心区不能构筑起服务业高地，两大都市圈的中心城区就会像"抽水机"一样将消费群吸走。因此，一批战略性项目必须尽快得以实施，以增强中心区认同感，汇集人气。但是，当前千灯湖地区在经历几年的快速发展之后，土地储备逐渐减少，已经受到空间资源条件的约束。应该说中心区的规模在规划之初是合理的，但是随着南海经济的再次大发展，加上"城市南海"战略的明确提出，目前的中心区规模显然难以承担如此重任。南海城市中心区的进一步发展亟需扩宽视野，扩大市场区范围，从"千灯湖时代"跨入"泛千灯湖时代"。

4 南海城市中心区的新起点

4.1 《南海东部地区发展战略规划研究》（广州市规划院，2004）

2003年提出"东西板块"发展战略之后，南海组织了东部地区的发展战略研究。该研究站在广佛都市区的宏观层面对南海东部地区的发展提出了"广佛纽带、华南流通；东借北接、南联西融；北工南商、重构共赢"的总体发展思路。在空间发展战略的选择中，鉴于南海当时"放权分治"管理各街镇各自为政发展态势、缺乏整体协调统一的问题，提出"有效协调的 CDA（Comprehensive Development Area，综合发展区）"发展模式，试图转变分散多极发展模式的空间结构，实现地区整体产业空间布局和功能的协调性。该成果直接指导了随后南海区"并镇扩权"的行政区划调整（图10）。

规划研究指出，东部板块的原桂城、平洲、大沥、黄歧、盐步5街镇将是南海城市化发展的主战场。位于佛山水道南北两侧的桂平城市综合发展区、黄盐沥商贸综合发展区则是"城市南海"的核心功能组团。虽然研究仍然把桂平城市综合发展区作为南海的城市中心区，但新中心区的空间布局已初具雏形，随着两大综合发展区建设工作的不断推进，新南海城市中心区也就呼之欲出了。

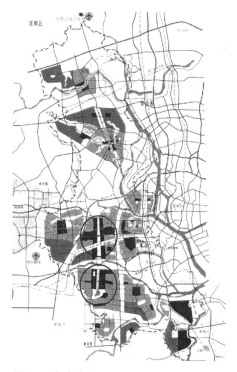

图10 南海东部地区土地利用规划概念图
资料来源：《南海东部地区发展战略规划研究》，2004

4.2 《南海城市中心区北延战略研究》(中山大学，2007)

2007 年，南海组织了《南海城市中心区的北延战略研究》，该研究正式提出南海中心区应由当前的千灯湖地区北延，跨佛山水道与北部的大沥镇商贸综合发展区共同构建新的南海城市中心区。这一重大的发展战略是在以下几个因素影响下促成的：

4.2.1 宏观层面

在广州、佛山的城市发展战略中，如果南海自身不采取构筑高地的发展策略，将面临被边缘化的危机；而广佛都市区一体化的总体趋势，使位于广州、佛山两大都市圈中部、具有区位优势和交通条件的南海，具备从两个大城市的边缘地区演变为一体化后的都市区次中心的机遇。南海要想实现这种转变就得积极构筑强大的、功

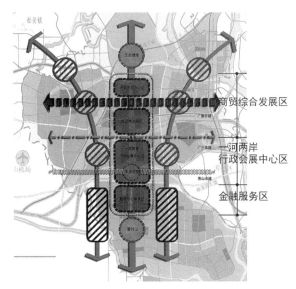

图 11　南海东部地区"一脊两翼"空间结构图
资料来源：《南海城市中心区北延战略研究》，2007

能复合的城市中心区，成为两个大都市之间的产业高地，以主动的姿态引导区域格局的转变。

4.2.2 中观层面

南海经济发展和增长模式的转型，需要建设一个更大规模、强有力的城市中心区作为空间载体予以支撑。目前，南海已经明确认识到要保持经济的持续繁荣，必须坚持从"工业南海"到"城市南海"，从"村镇经济"到"都市经济"的发展目标，培育以民营企业、外资企业为主体的现代服务业增长点，而发展的空间载体就是城市中心区，二者之间是相辅相成的，最终带动地区城市化质量的提升。

4.2.3 微观层面

首先，南海目前的城市中心区——千灯湖地区已显现现空间资源不足的问题；其次，大沥商贸综合发展区建设开始启动，与南部千灯湖地区遥相呼应，成为提升南海东部地区城市化质量的两大动力。

图 12　金融服务区
资料来源：《南海金融服务区城市设计》，2007

图 13　一河两岸行政会展中心区
资料来源：《佛山水道一河两岸城市设计》国际竞赛，美国易道公司中标方案，2007

图 14　商贸综合发展区
资料来源：《大沥商贸综合发展区城市设计》国际竞赛，中山大学、香港 UDI 国际城市设计公司中标方案，2007

城市中心区北延战略明晰了南海东部地区的城市发展思路，对大沥、桂城的空间格局进行重构，跨行政区域的整合布局将最终形成"一脊两翼"的空间结构："一脊"是以千灯湖中心商务区、一河两岸都市核心区、大沥商贸综合发展区为轴线的南海新城市中心区，它将打造广佛都市区综合型次核心区，具有居住、商贸、商务、行政、公共服务等复合功能的新城。"两翼"则是由其他商业、居住、工业等功能组团构成的东西两侧发展带，与中心区一起共同构成南海东部板块的城市化地区（图11）。

新南海城市中心区由三个部分组成："金融服务区"是目前的南海城市中心区，以广东省金融高新技术服务区和千灯湖公园为核心，集商务、居住、休闲、公共服务等为一体的功能区。"一河两岸行政会展中心区"是以行政、文化、会展、商务、游憩、居住为主导功能的都市核心区，是城市中心区北延的关键区域，是大中心区空间融合的重要节点。"商贸综合发展区"由华南国际商贸城的中心服务区（CSD）和商贸物流区南北两个功能区组成，前者主要提供行政、商务、金融、酒店、产业博览、居住等生产性服务功能；而后者主要发展园区化商贸批发业，提供物流仓储及其相关配套服务功能（图12、图13、图14）。

5 反思

改革开放以后，南海成功打造了一个"工业南海"，工业化取得了很大成就，而目前确立的"城市南海"战略无疑也走在了国内同类型地区发展的前面，总结与反思南海城市中心区发展的历程，不仅能为未来中心区的进一步建设提供指引，也为其他类似地区的发展提供借鉴的经验。

5.1 配合城市转型

随着土地、廉价劳动力、环境容量等资源约束越来越紧，南海以低效乡村工业增长为主的发展模式已经难以维系。正如南海从"农村社区工业化"起步到"园区工业化"的进一步提升，2000年以来是第二产业的"高度化"推动了整个南海经济的飞跃；"村镇经济"形态也需要向"都市经济"形态转型，只有适时发展第三产业，进一步实现经济的"服务化"才能确保南海经济社会的持续繁荣。

另一方面，传统的"村镇经济"模式下确立的城乡一体化发展思路也存在诸多问题：工业用地与工业向园区转移之后出现的仓储、物流、商贸用地皆属于占地面积大、经济效益低的粗放型利用方式，且出现了在空间布局上的均质化，土地资源稀缺；城市建设用地则呈现出"大分散、小集中"的格局，每个镇街都在行政区域范围以内积极发展自己的城区，规模偏小，缺乏协调统一布置，城市规模经济难以发挥。

在经济发展模式转型的背景下，城市化发展模式也需随之调整，即从分散、粗放的"城乡一样化"向集中、集约的"城市化"转型，而城市中心区则恰恰是提供了这样一个转型的空间平台，成就从"工业南海"向"城市南海"转变的梦想。

5.2 规划研究前置

城市中心区的建设是关系一个地区未来发展成败的关键因素，因此其城市规划必须具备战略性、前瞻性，从选址策略、功能配置、景观控制都必须体现这两点要求，才能保证实施的可靠性和操作性。此外，战略性还应体现在土地储备上，为了保证中心区的规划完整和建设顺利，政府必须要有计划的进行土地储备。

在农民土地观念发生改变、对土地价值已有预期设想的情况下，做好征地保障制度，创造性地和农民开展多方面的合作，不仅可以避免利益矛盾的出现，还能积极的推动农民、农村社区的城市化。

5.3 政府主导发展

政府主导是城市中心区建设过程中必须坚持的一项基本原则。

南海采取的模式是政府投资进行基础、公共设施建设，改善中心区的投资环境、提升土地价值，进而积极引进投资者进行项目开发，最后政府再利用土地收益进一步完善中心区的城市功能，提供更为优越的投资环境。这是一种良性的循环方式，它体现了政府"不求所有、但求所在"的开发决心和毅力。同时，这种以土地长远经营为理念的方式，使得政府的眼界不再是紧盯着眼前的土地收益，而是考虑长远的税收收益，这才是城市经济发展的正道。

5.4 持续培育产业

城市中心区的建设是一个持续的过程，可能要花上几年、甚至几十年的时间才会慢慢成型，这就需要政府耐心的培育，时刻把握发展过程中的供求关系。所谓"供"就是指各种设施的建设，城市功能的完善；而"求"则是人气的汇聚。

在中心区的发展中，供与求二者是一种不断相互匹配的过程，有时需要超前的设施来吸引人气，有时则需要人的需求来拉动设施的建设。只有通过城市功能的不断叠加、人气的不断聚集，才有可能形成一个有认同感的、成熟的城市中心区。

参考文献

[1] 袁奇峰、易晓峰、王雪、彭涛、刘云亚，从"城乡一体化"到"真正城市化"——南海东部地区发展的反思和对策 [J]. 城市规划学刊，2005，（1）：63-67.

[2] 周大鸣、郭正林，中国乡村都市化 [M]. 广州：广东人民出版社，1996.

[3] 中山大学地理科学与规划学院，南海城市化进程中的土地使用问题及对策研究，2007.

[4] 郑艳婷、刘盛和、陈田，试论半城市化现象及其特征——以广东省东莞市为例 [J]. 地理研究，2003.22（6）：760-769.

[5] 千茜、王涛，佛山市南海中心区带状公园廊道中轴线景观设计 [J]. 中国园林，2003，（5）：19-20.

[6] 广州市城市规划勘测设计研究院，南海东部地区发展战略规划研究，2004.

[7] 中山大学地理科学与规划学院，南海城市中心区北延战略研究，2007.

（本文合作作者：杨廉、郭炎。原文发表于《南方建筑》，2008 年第 4 期）

城乡统筹中的集体建设用地问题研究

——以佛山市南海区为例

1 引言

我国在全民所有计划经济时代形成了城乡二元的土地制度。《中华人民共和国土地管理法》明确规定:"任何单位和个人进行建设,需要使用土地的,必须依法申请国有土地,……依法申请使用的国有土地包括国家所有的土地和国家征收的原属于农民集体的土地"。我国现行的城市建设制度——土地管理、城市规划、市政建设、城市管理和公共财政管理等都是源于计划经济时代的,其管辖空间也多局限于国有土地。

由于我国人多地少的矛盾十分突出,为有效控制农地转用,国家一直实行严格的"农地农用、农地农有"的耕地保护制度。对集体土地使用权比国有土地使用权具有更多的限制:宅基地使用权依法不能转让和抵押;只有依法承包并经发包方同意抵押的荒山、荒沟、荒丘、荒滩等农村集体荒地的土地使用权和抵押乡(镇)村企业厂房等建筑物涉及所使用范围内的集体土地使用权可以抵押;集体土地使用权不能用于租赁。

确实,计划经济时代国家在经济社会发展过程中实施偏袒城市的政策,"重城市、轻农村,重城区、轻郊区,重工业、轻农业,先居民、后农民",将积累剩余投资到城市工业区和公共服务设施等方面,以增强城市建设,加快工业化进程。依托城市以优先发展重工业的经济发展战略,而城乡间农业与工业产品之间的"剪刀差"更使农村变成为城市发展提供廉价土地、廉价劳动力和工业品市场的附属品。

1978年后国家开始实施改革开放,转型期的特点就是新的体制尚未确立,而制度创新层出不穷。乡镇企业用地权首先获得法律认可,开启了农地转用的窗口。由于集体土地使用权与国有土地使用权在收益上不平等,前者收益要少很多。出于利益上的考量,集体土地使用权人不再安分于土地使用的各种法规,试图寻求与国有土地使用权对等的利益。而最近北京地下市场非法的"小产权房"与1990年代初广州大量主动针对城市市场的农村"集资建房"一样,危害着现行的城市建设体制和城市公共财政安全。另外,还有大量"合法"的"集体建设用地"——宅基地及其集合"城中村"、"厂中村"也混杂在城市中,成为集体产权的"飞地",这些都对现行的城市建设制度提出了严峻挑战。

2 农村社区工业化

2.1 乡镇企业发展阶段

1978年十一届三中全会以后,农村体制改革首先破局,"包产到户"、"承包责任制",土地使用权的明晰让农民将生产结果与收益结合起来,农村焕发出新的活力,农产品供应迅速走出匮乏的阴影,随着劳动生产率的提高,大量的富余劳动力得以释放。当时由于国企改革滞后和商品供应短缺,发达地区农村乡镇企业发展迅速,推动了农村的产业升级,也促进了小城镇的发展。费孝通先生当时就"苏南模式"提出"小城镇,大问题"的命题,主张发展乡镇企业，以乡镇工业化带动农村城镇化，让农民"离土不离乡"，形成具有中国特色的乡村城市化模式。

1980 年代乡镇企业获得了极大的发展空间，在集体土地上开始了"离土不离乡，进厂不进城"的工业化——"农村社区工业化"。乡镇企业的建立对推动农村集体经济的发展、缓解"城乡二元结构"起到了重大作用，提高了农村居民的非农收入，也培育了农村居民的商品经济意识。出于对乡镇企业用地的肯定，1998 年修订的《土地管理法》为农村集体土地的"非农化使用"提供了法律依据，也使农村集体土地的市场价值显现了出来。

广东省的城市化水平和城镇整体发展质量不断提高，土地制度的创新带来的小城镇发展功不可没。广东省内原有大、中城市数量本来就不多，城市规模扩张又长期受到国家土地供应的控制，而且创业和就业成本较高。作为人口输入地，内地大量"离土离乡"的劳动力入粤并没有全部涌入原有的少数大中城市，而是随着生产力布局自然地流向了广大小城镇。

小城镇是广东经济建设的主战场之一，已成为全省经济现代化和农村城市化的重要据点。以东莞为代表的珠江三角洲东岸地区大量"三来一补"的制造业企业基本都分布在小城镇内。内生型的西岸地区也依托小城镇发展：顺德、中山是类"苏南模式"地区，依托小城镇发展大型乡镇企业；南海则是类"温台模式"地区，在广大乡村地区出现了大量的中小企业。

2.2 南海农村社区工业化及其利益格局

1990 年代后期由于亚洲金融危机的爆发和北美自由贸易区的建立，我国劳动力密集型产品的出口受到打击；加上乡镇企业产权不清晰导致企业家出现道德危机，许多乡镇企业纷纷倒闭并让不少村庄欠下了大量的银行债务。南海的乡镇企业纷纷转制成为私营企业，但转制只拍卖了原集体企业的所有权，土地所有权仍在集体（村委会或村民小组）手中，村集体于是又从靠办企业、经营企业赚取利润退回到纯粹依靠土地（收取地租）生存的状态。由于乡镇企业大多已转化为私营企业，所以 1998 年修法以来所谓的乡镇企业用地都是农民变相租地给私营企业。

与乡镇企业的转制相匹配，1992 年南海开始实施土地股份制，其核心理念是让农民以土地权利参与工业化，分享工业化进程中农地非农化的增值收益。具体做法是用集体土地股份制来替代原来的农户分户承包制，农地的使用权与所有权合二为一，村集体作为土地所有权的代表人重新获得土地经营权，农民按股份获取股红。这一制度创新大大促进了乡村工业化进程，集中集体建设用地引进大企业、配套公共设施等。可以说，正是农村集体土地的股份制改造为南海乡村工业化在 1990 年代后期以来的发展和提升提供了制度保障。

在乡镇企业发展面临转型的同时，全球化来临，国家改革开放政策已定，外资企业开始大规模进入内地。外资企业在珠江三角洲有两个去处：一个是各地城市政府设立的经济技术开发区、工业园区；再一个就是落户到农村社区，他们通过与农村集体联合办厂等形式，采用租地或租厂房的方式按乡镇企业的政策使用非农建设用地。显然后者的进入门槛和投入成本都较低。

农地转用带来的巨大利益，使得发达地区的农地开始以各种方式大量转为工业用地。国家为严格控制"农转用"建设用地，最近又提高了办理土地权证的费用。2007 年新规发布以前农地转用成本包括耕地开垦费、新增建设用地土地有偿使用费和税费，办 1 亩地的成本合计已经超过 5 万元，就有"三亩征地赔款办一亩农转用"的说法。开始时农民因为办不起而不办合法的留用集体建设用地"农转用"手续，而地方政府由于支付的征地赔款本来也不多，因此采取了放任的态度，其结果是引发了更大规模的农地违法转用潮。

目前，农村社区工业化现实的要素结构是"技术含量较低的外来资本－外来低素质劳动力－村集体廉价土地"，低附加值的劳动密集型、高污染型、土地利用粗放型企业在各个镇区急速蔓延。进驻企业占地多、产值小、效益差，远低于政府主导的大型工业园区，如 2005 年南海区狮山科技工业园总产值为 316.9 亿元，税收总额为 10.23 亿元，占狮山镇域工业总产值的 81.8% 和税收总额的 80.4%，若按已开发面积 15450 亩计算，其产值密度达到 205 万元 / 亩,而狮山科技工业园之外的其他用地的产值密度仅为 2.51 万元 / 亩。

集体土地按照"廉价土地－吸引资本－收取租金－再开发土地－继续出租"的模式进行滚动开发，但这是一个封闭体系（图1），由于租金水平较低，因此只有不断推出土地，才能确保农村集体经济组织收入的不断增长。

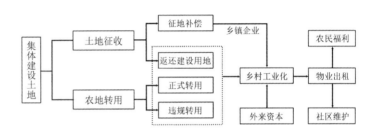

图 1　依托集体土地的农村社区工业化

农村社区工业化模式在纯粹的乡镇企业发展阶段（即农村集体作为投资人和创办人，也是企业产权所有者阶段），形成了"地租和企业利润保留在农村集体内部，政府靠收取税收"的两层利益分配格局。到后来的转制，靠出租土地给私营企业或外资企业办厂，在利益关系上又形成了"农民（农村集体）收租、企业赚利、政府收税"的三层利益分配格局。

农村社区工业化模式最大的特点是不涉及农村集体土地所有权的变更，在非农化过程中，农民始终保有土地的所有权，让渡的只是一定年限的土地使用权；土地收益留在农村集体，农地转用后的土地增值收益也基本内部化在农村集体；政府与农村集体之间的利益关系集中在税收上。

不论是初期的"两层利益分配格局"还是后来的"三层利益分配格局"，基本都是一种较稳定的利益分配格局。如果不考虑农村社区工业化的外部负效应（主要是土地利用粗放、环境污染严重和阻碍城市品质的提高）和与现行法律框架相冲突的问题，这也是一种较好的利益分配格局。各发展主体在经济利益分配层面各得其所，财产权利界定清晰。

2.3　粗放低效的"半城半乡"

农村社区工业化在空间上的后果是出现了大量"半城半乡"低效使用的农村土地，城镇、村庄、工厂和零星农田在景观上很难分清。产业和居住分散化的发展模式使得这些地区往往无法维持基本的服务设施，成为一种"城中有村、村中有城"的"灰色区域"，这种发展模式与其称为"城市化"，不如用"非农化"更为贴切。如果考虑到其外部效应和与现行法律框架的相容方面，问题就凸现了：

（1）出租土地与现行法律框架相矛盾。如果企业经营稳定，农村集体组织与企业签订的土地出租合同在执行上不会有问题。但是当企业经营出现困难时，问题就严重了。近年南海出现多起外资企业老板在欠薪又欠租的情况下关闭工厂逃离，导致工人闹事，然后地方政府不得不"买单"的事情。尽管从 2005 年 10 月 1 日开始有了广东省发布的地方法规《广东省集体建设用地使用权流转管理办法》作支持，但由于合同签订时间早于这个法规发布时间且其中有不少土地是违规转用的，没有合法手续，即使告到法院，受"伤"的还是农村集体经济组织（即损失租金），出"医药费"的往往是当地政府（即为了社会稳定和地区形象，政府要从财政拿钱补偿给被欠薪的外来工）。

（2）低价招商导致土地利用粗放。建设用地沿交通运输网络延伸，工业用地与农村居民点和农田混杂布局，导致城市、城镇、村庄很难分清，耕地大量减少，非农建设用地数量大幅增加且布局分散，非农建设用地呈现出利用粗放、土地产出水平低下等特点。从南海的土地利用状况看，1991-1999 年耕地数量减少了 19929.41hm²，其中：独立工矿用地（绝大部分是乡镇工业用地）占用达到了 20.06%，农业结构调整占用耕地达 16.93%，灾害毁地与弃耕占 16.18%。同期工业总产值从 91.37 亿元增长到 625.05 亿元，每增加 1 亿元的工业总产值需减少约 110 亩耕地；或每增加 1 亩工业用地，仅增加约 91 万元工业产值。这主要是因为乡村工业化中劳动密集型和土地占用型的行业占绝大多数，企业规模小，建筑密度和容积率较低。

（3）产业布局混乱，污染严重。由于发展超前于规划，产业用地基本是沿现状道路布局，且与村庄、农田混杂。"村村点火、户户冒烟"导致环境污染难以治理：产业门类低，且在进入社区时缺乏门槛限制和生产工艺审查；在生产过程中更是缺乏有效的污染控制程序，企业就近随意排放"三废"；产业区小而散，并缺乏公共使用的污染处理设施。

（4）城市化质量低、社会发展落后的农村社区工业化产生出大量的城中村、厂中村，在工业较为发达的地区，农村的"非农化"水平均很高，以农业生产为主的传统农村已基本不存在；"家家务工、人人姓农"，"离土不离乡、进厂不进城"，导致"城不像城、村不像村"，产生了大量的"无'农'村"（没有农业和农民的村），出现经济发达、社会基础设施严重匮乏的状态，第三产业等城市型产业无从生根。农村居民停留在原来"单家独院"、"一户多宅"的分散居住模式上，导致农村居民人均占有居住面积过大；而社会结构还停留在原农业生产方式下以亲缘、血缘、族缘、地缘聚合的村落模式。

（5）政府公共财政和社会保障未能提供服务。集体经济组织源于土地的集体所有制，在村委会的监督下经营与管理本经济组织的集体资产。1992 年南海区实施土地股份制改革之前，农村公共产品的提供源于农地承包收益的集体留成，而土地承包权收归集体之后，农村的公共产品供给自然转移到集体经济组织身上。集体经济组织实际上担负着发展经济、股红分配和提供农村公共产品等三大职能，其中后者占集体经济组织收益的比例高达 30% -40%，农村"自己在养活自己"，政府公共财政和社会保障未能覆盖到农村。

尽管 2002 年以来珠江三角洲农村集体经济组织进行了公司化改制，但并未交纳 33% 的企业所得税，"一定时期内享受当前农村集体经济组织的税收待遇"。由于政府未能从农村集体经济组织中"纳税"，自然"不情愿"为农村提供公共产品，同时农村仍承担着大量的公共事务开支，又不应交纳企业所得税，结果造成农村基础设施较差，农民生活质量较低，农民对政府不太满意。

3 政府主导的园区工业化

3.1 土地财政背景下的城市拓展

中国城市规模的扩张既是经济发展、人口增长的结果，也是经济发展的手段。1987年开始的"土地有偿使用制度"，使得城市土地的价值逐步显现出来，土地使用权转让成为我国城市重要的收入来源。"以土地换资金，以空间换发展"，城市土地的经营是绝大多数城市在城市快速发展中积累建设资金、滚动推进基础设施建设和增量土地开发的基本模式。城市政府普遍用城市规划工具培育城市土地价值，大量市郊土地被划入开发区和城市发展区，大量城市新区孕育而生，大中城市规模的不断扩张说明城市政府获得了提供市政服务与收益之间的正反馈和财政的平衡点（图2）。

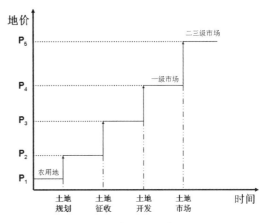

图2　农地非农化之后的增值过程

在分权化、市场化以及经济全球化背景下，城市政府更多地从自身经济利益出发进行决策和行动，展开类似企业间的激烈竞争，城市规划则成为"政府企业化"（Entrepreneurial City）的集中体现。对城市政府而言，其行政能力就是提供服务的能力，而行政能力取决于财政能力。目前任何中国城市都是一个独立的经营体，这不是地方政府自己想要搞"城市经营"，而是国家财政的"分税制"决定了"分灶吃饭"，因此所得不多的地方政府不得不经营城市，否则"吃饭财政"无论如何也无法"扩大再生产"。

其实绝大多数城市在土地出让中更倾向于控制房地产开发用地供应，尽量增加工商业用地供应，用零地价甚至负地价吸引工商业企业入驻，因为持续的工商业税收是城市政府更为重要的财政保障，因此许多城市政府将经营性土地经营的收益更多地转移到工业园区的开发上去。由于城市间招商引资的竞争十分激烈，各地政府在工业用地开发中基本无利可图，但是企业投产后的税收留成却非常可观。正是因为工业园区前期开发成本太大，又要低成本甚至可能是负成本招商，因而造成了地区工业产值和GDP不断提升而园区征用农地补偿价长期难以提升的情况。

3.2　南海园区工业化及其利益格局

1990年代后期的社会经济条件确实也变了。第一，改革开放政策得到了普惠。特别是实施西部大开发战略以后，开放的优惠政策已覆盖到广大西部地区。第二，国家宏观经济从"短缺经济"走向了"过剩经济"，卖方市场向买方市场转变，"自下而上"的低水平工业化已难以支撑经济的持续发展，1997年亚洲金融危机爆发以后，乡镇集体企业基本退出市场。第三，土地资源日益减少，以土地换发展的低水平工业发展模式难以为继。

根据2002年的资料，深圳、中山、佛山三市的建设用地分别占其可利用土地总量的72.93%、84.24%和87.32%，已无多少土地可以利用。土地利用粗放的原因主要是农村社区工业化带来的入驻企业规模普遍偏小、效益较差，2002年珠江三角洲有4个主导行业的企业平均资产规模在50万元以下（服装及其他纤维制品制造业22.19万元、皮革皮毛羽绒制品业36.55万元、金属制品业35.61万元、塑料制品业44.54万元）。

1997-2004年南海新增建设用地约218km²，同期GDP从251亿元增加到548亿元，GDP每增长1亿元需消耗0.73km²土地。虽然土地利用较以往集约，但是在可利用土地锐减、土地成本急速提升的情况下，由村镇主导的农村社区工业化与非农化模式不得不转型。

进入 1990 年代中后期，随着乡镇企业发展的日渐式微，当时的南海市政府为了促进工业总量的增长和工业结构的提升，在"双轮驱动"（在发展民营企业的同时，引进外资企业）的战略下，于 1997 年启动了狮山科技工业园的建设以吸引外资，园区规划面积 38km²。2005 年已开发 10km²，创造总产值 316.9 亿元，税收总额 10.23 亿元。又于 1998 年底创立了 22km² 的南海软件科技园，重点发展国家科研项目，以及软件研发加工、教育和培训等产业。

政府拿地后实施基础设施建设，然后根据用地单位项目的需要切块将 50 年的土地使用权出让给用地单位。在园区内部土地上所产生的收益，包括土地出让收益、企业上缴的税收、土地使用费等全部由政府收取。园区内部形成了"政府收税费、企业赚利润"的两层利益分配格局。但任何一个工业园区在其建设和运行过程中都会对周边地区产生外部正效应：园区建设给周边地区带来的道路、水电等基础设施和公共服务设施的改善；园区发展中外来人口增加给周边地区带来的餐饮、仓储运输、商业、房屋出租等相关服务业发展的机会。园区外部农村"经济发展用地"普遍升值，土地租金上升，而其利益分配格局与前述的农村社区工业化形成的三层利益分享格局基本相同。

3.3 征地日益困难

在农村土地资源富余、农地产出不高的情况下，原有大中城市的征地扩展还比较容易。首先，农村可以将获得的征地补偿作为集体经济发展的启动资金；其次，农村集体可以通过留地合法地获得一定比例的"经济发展用地"（集体建设用地）发展工商业；最后，政府征地搞工业园区还可以改善本地区的基础设施，并带来餐饮、仓储运输、商业、房屋出租等有关服务业发展、劳动力就业和留地增值的机会。

工业园区征用农村集体土地时，通常按国家法律和地方法规确定的经济补偿标准给予一次性经济补偿，不同时期的补偿标准不一样，从 1980 年代几千元一亩到现在的几万元一亩。由于征地补偿是以农民所生活的农村为背景来进行补偿的，而失地农民面临的却是"城市生活"，各项生活成本远比农村要高，农民拿着"依照农业收入制定的征地补偿金"进入城市生活显然难以为继，按 30000 元／亩（1 亩农地年产值的 30 倍）计算，刚够一个农民家庭勉强生活两年。若城市不能为农民提供稳定的就业机会或可预期的稳定的收入的话，农民自然就会抵制征地。

为弥补征地补偿的不足，保证失地农民的生活水平，地方政府一般会在征地总面积中留给村集体 15%－20% 的"经济发展用地"，留用地是目前合法"集体建设用地"的主要来源。由农村集体组织经营，收益用于社区服务、基础设施提供和通过分红在经济上保障进入城市的村民的生活。在珠江三角洲 30 年快速城市化过程中，村集体一直是为农村提供社会服务和基础设施的主体，而集体经济依附在农村集体建设用地上成为农村稳定的一个重要因素。这也正是"城中村"、"厂中村"形成的制度性原因。

1990 年代后期以来，随着发达地区可开发土地的日趋缩减，土地的流动性越来越强，土地的资本属性日益显现，农民对土地价值的预期也越来越高。政府主导的园区工业化与集体经济组织主导的乡村"租地"工业化在土地利用方面开始"短兵相接"，城市扩展、新区开发等城市政府征地导致的冲突与矛盾频发，发达地区"统筹城乡发展"的焦点日益集中在土地政策上。政府与农村集体经济组织之间在征地问题上的谈判成本和支付成本也越来越大。

在竞争性土地市场条件下，土地价值是未来土地净收益流的贴现值。工业用地的租金收入按照 16000 元（2 元 /m² · 月）计，由于集体土地可无限期使用，该收入为永续收入，且租金可逐年按一定比例递增。选取 1 年期的税后银行存款利率 1.8% 作为无风险收益率，这一永续的租金收入折现后的价值是 90 万元，也就是说要获取 1 亩集体工业用地的所有权要付出 90 万元。若农村集体将这 1 亩土地改为商业用地，其租金收入大增。以南海区夏西村橡塑市场为例，租金收入可达 6 万元 / 亩 · 年，仍以 1.8% 作为无风险收益率，这一永续的租金收入折现后的价值为 300 万元，也就是说要获取 1 亩集体商业用地的所有权要付出 300 万元。

出于利益上的考量，集体土地使用权人不再安分于国家土地使用的各种法规，试图寻找与国有土地使用权对等的利益。如果地方政府没有能力控制农村集体"农转用"，无法控制其工业用地转化为商业或居住用地，那么未来城市政府征地及规划管制的难度将进一步增加。

4　土地产权对城市发展的影响

土地交易的对象其实不是土地本身，而是附着于其上的各类权益，城市是在不断重复的对土地及附着于其上的资源的产权进行定义的过程中发展的。由于农地收益远低于建设用地，为获取更多的农地转用增值收益，政府大多选择压制甚至剥夺农村的土地发展权。

1949-1987 年城市发展所需建设用地先向农村征地，然后行政划拨给用地单位，可无偿、无限期使用（图 3）。

1987 年城市土地有偿使用制度逐步实施，土地一级市场逐步形成，政府严格控制土地供应，使得城市土地的价值逐步显现出来，土地使用权转让成为我国城市重要的收入来源。大量城市新区孕育而生，城市规模随着城市化的推进而扩张，城市土地的经营使城市基础设施得以改善，城市政府获得了提供市政服务与收益之间的正反馈和财政的平衡点，逐步确立了"一个渠道进水，一个池子蓄水，一个龙头供水"的土地供应制度（图 4）。

由于认为城市征地补偿标准偏低，建设用地指标有限，办理土地权证费用较高，农村则以各种自发的方式实现集体建设用地使用权的流转。针对这种情况，2005 年 10 月 1 日实施的《广东省集体建设用地流转办法》出于规范现实中已经大量存在的集体建设用地使用权的流转，作出了"农村集体土地将与国有土地一样，按'同地、同价、同权'的原则纳入统一的土地市场，允许在土地利用总体规划中确定并经批准为建设用地的集体土地进入市场，可出让、出租、转让、转租和抵押"的规定。集体建设用地可用于除了商品房地产开发之外的所有用途，其他与国有土地一样进入土地一级市场。

国土资源部发布的"支持社会主义新农村建设的通知（国土资发 [2006]52 号)"也

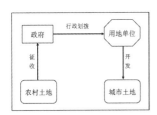

图 3　征收、划拨

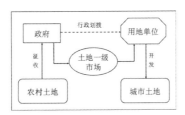

图 4　征收、拍卖

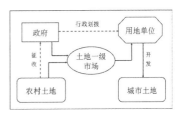

图 5　征收、拍卖、流转

提出要"开展集体非农建设用地使用权流转试点"。完全分割的城乡二元土地制度可能因此接轨，原来所强调的集体建设用地必须经过国有化才能发展工商业的规定也已经放开（图 5）。

从土地产权构成角度看，政府拥有充足的城市规划技术力量有序配置国有土地，城市扩展的空间模式多遵循"中心城区（国有土地）–间隔绿带（集体土地）–郊区块状组团（国有土地）"的模式，在近郊区或远郊区建设工业园区、经济技术开发区、新城和卫星城等以疏解中心城区职能。而郊区农村基于各自集体经济发展的需要，积极吸引投资推动基于集体建设用地的"自下而上"的工业化，争相开发辖区内的集体土地，结果是土地的非农开发使城乡界限日益模糊，形成大量"半城半乡"的空间景观，导致"政府主导的高效有序的国有土地开发"与"农村主导的低效无序的集体土地开发"相并置、混杂。

5　构建城乡利益共同体

在城市急速扩展过程中如何处理集体土地已成为城市政府亟待解决的难题，因为集体土地不仅是土地问题，更是农民城市化、提高城市建设质量的问题。由于集体土地涉及失地农民生计、集体经济组织收入、外来流动人口居住等问题，再夹杂亲缘、地缘、血缘等因素，改造的成本非常高，珠江三角洲大多数城市对于残留在城市规划范围内的集体土地采取"遇到问题绕道走"的思路，结果是大量"城中村"、"厂中村"影响城市整体的发展质量，城市已进入要破解"集体土地与国有土地共同构建城市"难题的时期。

城市规划的核心是土地资源配置，其本质是权利的分割、分配与交易。这种权益的变化，运用技术性的手段是无法得到解决的。城市规划应分析开发过程中土地使用所蕴含的社会利益关系，充分认知这种调整对现有社会利益关系的影响及可能产生的后果。

5.1　农村收入增长缓慢

南海曾以"六个轮子一起转"的自下而上的农村工业化模式和大力发展民营经济的"南海模式"著称于世，南海也在全国率先创造了农村集体以土地参与工业化的"以土地为中心的股份合作制"，应该说相比其他农村地区，南海的农村更多地分享了地区工业化的收益。

虽然多年来南海政府持续投巨资建设了大量基础设施和公共服务设施，但农村居民的收入仍然增长缓慢，其原因在于 1990 年代以后形成的农村出租经济模式，由于受到土地政策的限制，租用农村土地办厂的企业普遍档次不高，因此，周边基础设施的改善对农村土地租金的提高作用不明显。不论是位于南海中心城区桂城的夏西村、靠近广州的盐步六联村，还是大沥西部落后的颜峰村，虽然区位和地区基础设施的配套程度相差甚远，但其农地租金水平和工业用地租金水平相差很小；农地租金不会超过 1000 元 / 亩·年，工业用地租金不会超过 3 元 /㎡·月（换算成每亩年租金为 24000 元 / 亩·年）。

普通农民的收入构成由集体土地分红、住房出租和打工收入构成，大约各占 1/3。但是以物业出租作为农村集体经济组织和农民家庭的主要经营方式，收益稳定又没有风险，把本来已经城市化的农民捆在集体土地上，使其缺乏提升自身素质、参与市场竞争的动力。但从 1990 年代后期开始，政府主导的园区工业化为投资者提供了更好的服务，农村集体建设用地租金进入"维持中的低速增长阶段"，使得城乡居民的收入差距进一步扩大。1997 年南海区农村股份经济社每股股红为 310.81 元，2000 年仅增加到 314 元，三年增加

3.19 元，人均分配 1046 元 / 年。2005 年南海区村组两级股份分红总额为 10.29 亿元，参与股份分红的股东人数 67.59 万人，人均分配金额为 1523 元 / 年，2000-2005 年人均股红仅增加 477 元。

物业出租收益的多少很大程度上取决于区位的优劣。如南海区大沥镇颜峰村有 10 个自然村，人均股红从 400-6000 元不等，不同区位的村庄村民小组的集体分红差距也很大。

尽管 2005 年南海农村居民的人均纯收入达到了同期全国人均纯收入的 2.7 倍、全省人均纯收入的 1.9 倍，但从增长率来看，全国是 6.2%，全省是 7.4%，而南海只有 5%。2005 年，南海城镇居民人均可支配收入为 18217 元，增长 8.3%，全区农民人均纯收入为 8744 元，增长 5%（图 6）。城镇居民的可支配收入是农民居民纯收入的 2.1 倍。

"十五"期间（2001-2005 年），南海城镇在岗职工平均工资从 13352 元增长到 22455 元，增长了 68%；而同期农民人均纯收入从 7142 元增加到 8744 元，只增长了 22%（图 7）。这说明，即使在南海这样的发达地区，城乡居民的收入差距也与全国一样在扩大。不仅如此，2001-2005 年，南海农民人均纯收入的增长幅度还不如全国——全国同期农民人均纯收入从 2366 元增加到 3255 元，增长了 38%。

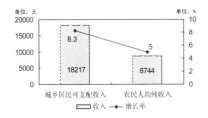

图 6 2005 年南海城乡居民收入增长率的差距

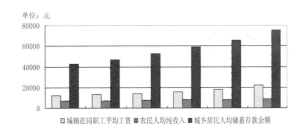

图 7 "十五"期间南海城乡居民收入的增长情况（元）

5.2 在发展中构筑城乡利益共同体

在快速城市化地区，农民面临着生存环境的急剧变化，土地出租已成为一种生活保障手段而不仅仅是生产资料，固守土地这惟一的财产权利是理性经济人的表现。由于农民手中的集体建设用地和农地不能像城市土地那样可以充分流转，资本化程度低，其价值也就得不到充分体现，这时他们执著于土地面积也是可以理解的。

南海是一个勇于创新的地方，当家庭联产承包责任制不能很好的适应当时的农村生产力发展时，当工业发展需要集中使用承包地时，南海在全国率先创造了土地股份合作制，将土地的使用权和所有权从承包制的分离状态又重新结合起来，大大促进了乡镇工业的发展，为南海农村工业化的推进创造了一个制度平台。那么在国家强调建设"和谐社会"，而地区土地资源又日益紧张的情况下，地方政府未来能否与农村集体、村民、企业等共同构筑起一个"共建、共享、共赢"的利益共同体呢？

工业园区开发需要巨额的基础设施资金投入，而且启动时是不盈利的，只有政府才可以从未来的企业税收中弥补启动期的亏损。另外，入园企业需要一定年期（按国家规定是 40 年）的土地使用权，目的是为了能够将土地作为抵押品从银行融资，而农村集体害怕风险是不允许企业这样做的，这样就难以招进好的企业和产业。因此，由政府承担起促进工业园区发展的角色有利于招商引资。

随着国家对土地"农地转用"管理日益严格，农村合法获得集体建设用地的渠道将进一步回归到"征地补偿－留用地政策"模式上来。工业园区发展中城乡之间利益的平衡点何在？近年来各地均有大量的创新，如：东莞松山湖征地除一次性支付土地补偿费和留地后，还按征地数按年支付土地年租；顺德统一和提高土地补偿费和安置补助费，对依法取得土地使用权的农民集体所有建设用地，经批准可采用转让、租赁或抵押等多种形式进行流转，集体土地资产通过股份的形式进行量化和固化，实施工业区集约发展战略。

2006年6月南海丹灶镇推出了"利益共同体"，被称为"613"的模式，即在成片工业园区土地开发中镇政府征用60%、村委会留10%、村民小组留30%。在镇政府、村委会、村民小组之间构筑起一个共同开发成片工业用地、共同分享地区工业化成果、共同分享土地增值收益的合作伙伴关系：

（1）如果像以前那样简单采用"政府征地－给予补偿和15%－20%的留用地－各自开发"的模式，农村集体无法接受，而且政府需要负担80%－85%的征地费用，一次性的开支过大。由于政府拿这么多土地本身需要的基础设施投资也很大，况且这些工业用地本身并不能够通过出让行为赚取附加值（实际上所有政府行为开发的工业地产都是不赚钱的，主要是通过入驻的企业获得工商税收补偿），所以在与村民小组的博弈中，政府宁愿多留一部分给予村委会和村民小组。

（2）对于农村集体土地，政府采取了"不求所有、但求所在"的态度。镇政府对于土地的所有权并不坚持长期拥有，自己征用的60%的土地中一半的土地仍然办理集体建设土地使用证，承诺经营满50年后其所有权再返还给原村民小组。因为只要工厂还在，GDP就在，政府的税基就在。

（3）征用农村集体的土地后，政府还必须考虑农村集体留用地的开发收益问题。为此，丹灶镇设置了"统一规划、各自开发"、"统一开发、公司营运"、"统一开发、返租经营"三种模式，村委会、村民小组可以根据自己的经济实力和市场经验，采用其中的一种模式。

（4）必须考虑村委会一级的开支需要，所以，在"613"模式中，专门给予村委会（即股份合作经济联社）10%的土地，用于长期收租，收入用于支付村委会工作人员的工资、管理费用、公益事业发展和村公共设施建设维护等。

6　平衡利益，和谐发展

集体土地在城市市区及城市规划区范围内大量存在已是不争的事实。集体土地关乎农村发展和农民生计，政府在获取农地进行城市建设时，必须充分考虑失地农民的出路，对失地农民的安排不应是发放一次性的征地补偿金，而应是连续的、制度化的关怀。

1990年代以来珠江三角洲的急速扩展是建立在"以土地换资金、以空间换发展"基础上的，当土地资源日趋紧缺，集体建设用地使用权合理流转，农地征用、失地农民安置引发的社会矛盾日趋凸显之时，中国城市的发展模式亟待转型。农村依赖集体土地进行"就地工业化"和"就地城市化"，集体经济组织和农民完全依靠物业出租生活；而城市政府依托"低价征地－高价出让"所带来的土地级差收益来进行发展的"农村靠物业租金、政府靠土地出让金"模式已难以为继。

对城市而言，其可利用的土地总量是受到土地的自然属性限制的，从长远来看，这种依靠土地出让换取财政收入和发展资金的做法肯定是不可持续的，惟一可依靠的是在土地上建立的企业的税收和在土地上建设的物业所带来的税收，形成一个利益平衡、良性、可持续的财政循环。因此，在土地产权方面，政府应积极规避土地争端，学会在集体土地上建设城市。

中央政府必须进一步强化农地转用的纪律，以划定城乡利益边界；在明确农民对土地的耕作权的前提下，要明确城市周边土地升值是人口聚集、基础设施建设的结果，因此土地价值增加部分应"涨价归公"，但是应在土地价值实现过程中妥善安排失地农民的出路，保障其生存权。

在城市中保留一定的集体建设用地看来是解决前述问题的出路之一，因此就更有必要积极推进集体建设用地使用权流转制度的创新，使工业、商业用地可以通过"同地同市、同地同价"进入一级土地市场，采用"不求所有，但求所在"的政策，与农民构筑利益共同体，培养税基，而不管税基是在集体土地上，还是在国有土地上。

对于处于城市中心区的集体建设用地，可以通过制度安排引导农民与开发公司合作开发商业、居住区，通过进入阳光市场发现土地的市场价值，再通过谈判确定分成比例。让农民以集体土地置换与市场价值相当甚至更高的集体产权的物业，在保障土地使用效率的同时，集体经济也可以得到持续发展；而开发商获得开发权的那部分集体土地则缴纳土地出让金，进入国有化程序。

改进土地征用制度，可以适度增加工业园区土地征收的留用地比例，在空间上落实好留用地，完善全征地农民的社会保障体系，试行"征地年薪制"，构建"城市政府－农村集体－企业"等围绕土地的利益共同体。只有这样，围绕土地的争利才会平息，城乡才会逐步走向和谐。

进一步完善法律法规体系，目前有关土地使用的法规长期滞后于实践，并且改革方向具有较大的不确定性。中央土地主管机构与地方政府都存在大量"可做不说、可说不做"的潜规则，影响了土地相关法律的权威性。例如，涉及集体建设土地出租给私营企业经营就没有相关的法律法规，集体经济组织的收益权根本没有法律保障。《广东省集体建设用地流转办法》的意义就在于把集体建设用地中存在的大量潜规则显化，既规范行政行为，又可避免政治风险。

坚持走提高城市化质量的道路，实行支付一代人城市化成本的政策，培育市民社会；保持强势政府的行政优势，保证城市发展的公益性用地需求，尝试开展"市地重划"，推动城乡混杂地区的土地整合。走精明增长、紧凑型的城市发展道路，提高土地使用效率，推动旧村改造和农村工业用地的整合；规划先行，启动城乡综合规划，划清城乡利益边界和物理边界，维护城乡生态安全，平衡各阶层和地区的利益，构筑共建共享共赢的"利益共同体"；强调规划执行的严肃性，加强空间管制执法力度，建立统筹联动的土地利用和规划的跟踪管理制度，限制闲置土地和低效利用土地。

参考文献

[1] 程开明. 城市偏向视角下的农地征用 [J]. 农村经济，2006，（12）.

[2] 林毅夫，蔡昉，李周. 中国的奇迹：发展战略与经济改革 [M]. 上海：上海三联书店 / 上海人民出版社，1999.

基于村庄集体土地开发的农村城市化模式研究

——佛山市南海区为例

1 问题：矛盾的城市化状态

改革开放 30 年，珠三角地区的经济发展取得了举世瞩目的成就，2010 年实现地区生产总值 37388.2 亿元，人均总产值 66624 元，接近发达国家水平。与此同时，经济的飞速发展促使人口和经济要素在珠三角地区高度聚集，城市化水平快速提高，目前已超过

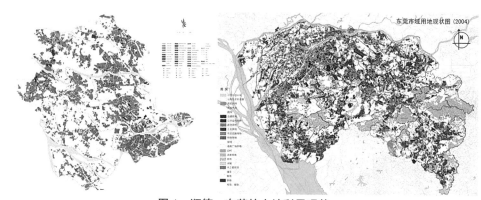

图 1 顺德、东莞的土地利用现状

（下接第 405 页）

（上接第 403 页）

[3] 袁奇峰，易晓峰，王雪．从"城乡一体化"到"真正城市化"——南海东部地区发展的反思和对策 [J]．城市规划学刊，2005，（1）．

[4] 蒋省三，刘守英．土地资本化与农村工业化——广东省佛山市南海经济发展调查 [J]．管理世界，2003，（11）．

[5] 董玉祥，全洪，张青年，等．大比例尺土地利用更新调查技术与方法 [M]．北京：科学出版社，2004．

[6] 殷洁，张京祥，罗小龙．转型期的中国城市发展与地方政府企业化 [J]．城市问题，2006，（4）．

[7] 魏立华，袁奇峰．基于土地产权视角的城市发展分析——以佛山市南海区为例 [J]．城市规划学刊，2007，（3）．

[8] 黄祖辉，汪晖．非公共利益性质的征地行为与土地发展权补偿 [J]．经济研究，2002，（5）．

[9] 杨明洪，刘永湘．压抑与抗争：一个关于农村土地发展权的理论分析框架 [J]．财经科学，2004，（6）．

[10] 孙施文，奚东帆．土地使用权制度与城市规划发展的思考 [J]．城市规划，2003，（9）．

（本文合作作者：杨廉、邱加盛、魏立华、王欢。原文发表于《规划师》，2009 年第 4 期）

80%。然而，如此高的城市化率，在现实中却呈现出被称作"半城半乡"或"城乡一样化"的独特城乡空间景观，急剧扩张的非农建设用地在区域中呈"面"状展开，工业用地、农业用地、农村居民点用地、城镇用地等各类土地利用斑块混杂交错，形成"马赛克"式的土地利用景观（图1）。珠三角的农村城市化地区为什么会存在如此反差？这种看似矛盾的城市化状态是如何形成的？笔者试图回答这些问题。

2 视角：以村庄为主体的统筹单位

对比苏南地区，同样是农村城市化发展典型，却并未出现如珠三角般混杂的城乡空间景观；相反，其镇域尺度的城乡土地利用清晰明显，呈现"农用地向规模经营集中，工业用地向园区集中，农民住宅用地向镇区集中"的"三集中"格局（图2）。

比较两地之间的区别，最明显的差异在于"统筹单位"的不同，苏南地区侧重于强化镇级政府在发展中的作用，而珠三角地区则是农村集体组织在发展中扮演着更为重要的角色；"统筹单位"的差异同时使得苏南地区是在镇域尺度进行统筹发展，而珠三角地区则是在基于村庄边界的村域尺度统筹发展。因此，从"统筹单位"的角度来看，村集体推动村庄发展将是认识珠三角农村城市化地区当前城市化状态的重要视角。

作为集体土地的产权主体，农村集体组织是珠三角农村城市化地区主要的开发者和经营者，它所推动的村庄发展是认识珠三角农村城市化地区当前城市化状态的重要视角。在村集体的推动下，通过集体土地非农开发，村庄迅速实现非农化，对珠三角的农村城市化发展产生深刻地影响作用。基于此研究假设，笔者选择农村集体组织这一行为主体作为切入视角，通过分析其主导的集体土地开发认识"非农化"村庄的形成、发展和转型，试图从微观产权主体的分析去去重新认识珠三角的农村城市化模式（图3）。

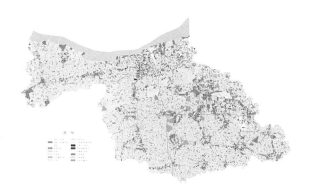

图2 江苏省江阴市土地利用现状

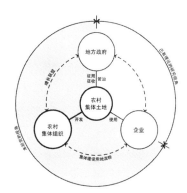

图3 研究视角

3 特征："'量'高、'质'低"的非农化

产业、土地利用和村民就业选择佛山市南海区作为研究案例地（图4）。南海是珠三角典型的农村城市化地区，在1980年代初"六个轮子一起转"的发展策略和1990年代初"土地股份合作制"的制度创新驱动下，该地农村村庄的发展异常活跃，在各方面迅速实现非农化。与此同时，目前该地的城市化状态又正陷于"'量'高、'质'低"的困境，因而具有典型代表意义。

1978年在国家提出改革开放的总体政策以后，广东在20世纪80年代初提出了"对外更加开放，对内更加放宽，对下更加放权"的指导思想（傅高义，1991）。在此以发展为主旨的政策支持下，南海适时的提出"三大产业齐发展、六个层次一起上（县、公社、大队、生产队、联合体、个体私营）"的经济发展方针，对非公有制经济实行"政治上鼓励、政策上扶持、方向上引导、法律上保护"的措施，在南海形成以非公有制的经济为主体、传统产业为主导、中小产业集群为组织形式的格局（毛艳华，2003），造就了享誉国内的"南海模式"。

从1978-2008年，南海区的地区生产总值（GDP）从3.94亿元快速增长到1490.75亿元，年均增长速度为21.88%，在30年内增长了约380倍，人均地区生产总值增长到10533美元[①]，超过中上等国家收入水平标准（图5）。

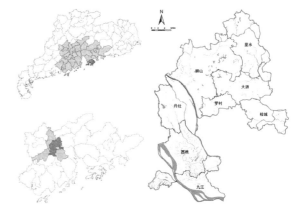

图4　研究案例地示意

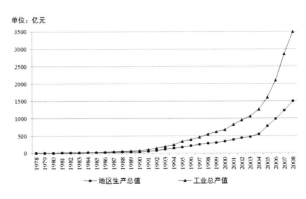

图5　南海1978年以来的GDP值变化

数据来源：《南海巨变：改革开放20年（1978-1998）》和《南海统计年鉴》（1999-2008）

3.1　城市化"量"高

工业化推动的经济增长是城市化发展的根本动力，极大的促进了南海的农村城市化进程。通过3种测算方法可以测算出南海的城市化水平：

3.1.1　国民生产总值相关法

按照我国学者周一星教授测度的国民生产总值与城市化水平的对数曲线相关公式Y=40.55lgX-74.96（周一星，1982），南海的城市化水平从1978年的26.57%急速攀升到2008年88.15%。

3.1.2　劳动力结构法

以从事第二、三产业的劳动力数量占总人口的比例来推算城市化水平，考虑到南海的外来劳动力基本是从事第二产业，因此将其分别加入非农产业劳动力数量和总人口中，按此方式计算出南海1978年的城市化水平为20.94%，而2008年则增长到77.86%。此方法

---

① 按国家外管局2008年12月公布的供计划统计用的人民币对美元折算率0.14645计算。

与国民生产总值相关法有极大的相似性，均是与经济指标相关的衡量标准，因此得出的城市化率也相当接近，且稍高于珠三角的整体水平。

3.1.3 非农业人口比值法

以本地非农业人口与总人口的比值作为城市化率，按此方式南海的城市水平增长较缓慢，从 1978 年的 18% 增长到 2008 年的 35.82%。由于受到户籍制度限制的影响，在南海大部分农村人口虽然已经不再从事农业生产，但仍然保留了农村户籍，这也是按此方式计算的城市化水平较低的原因。

通过对 3 种计算方法得出的城市化率取平均值，可以大致认为南海目前的城市化水平为 67.3%（图 6）。

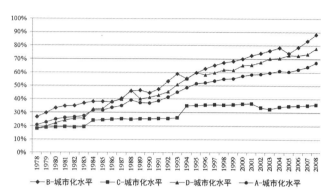

图 6　南海 1978 年以来的城市化水平变化

注：A 表示三种计算方法的平均值，B 表示按国民生产总值相关法计算的城市化水平，C 表示按劳动力结构法计算的城市化水平，D 表示按非农业人口比值法计算的城市化水平。

数据来源：《南海巨变：改革开放 20 年（1978-1998）》、《南海统计年鉴》（1999-2008）和《南海农村经济统计》（2003-2008）

3.2　城市化"质"低

若按指标数值判断，南海的农村城市化发展已达到相当高的水平，但事实上却存在"量"和"质"的差别，城市化质量尚不高。

3.2.1　土地利用非农化程度高，但却利用粗放

2007 年南海土地总面积为 1071.81km²，其中，建设用地总面积 568.81km²，占土地总面积的 53.07%。但是，大部分呈现出利用粗放、土地产出水平低下的特点。2006 年，单位建设用地面积的地区生产总值为 1.89 亿元 / km²、工业总产值为 4.05 亿元 /km²，处于珠三角中下游水平，分别仅是地均产出最高的深圳的 29.08% 和 29.41%（图 7）。

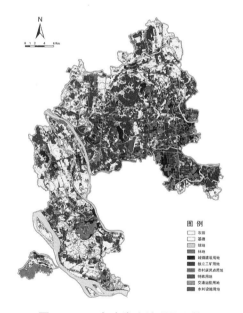

图 7　2007 年南海土地利用现状

3.2.2　产业布局混乱，环境污染严重

由于发展超前于规划，产业用地布局主要沿交通运输网络延伸，工业、农业和农村居住的用地斑块破碎、混杂，导致城市、城镇、村庄很难分清，"村村像城镇，镇镇像农村"（唐常春、陈烈等，2007a；唐常春、陈烈等，2007b）。与此同时，"村村点火、户户冒烟"导致环境污染难以治理：①产业门类低，且在进入社区时缺乏门槛限制和生产工艺审查；

②在生产过程中更是缺乏有效的污染控制程序，企业就近随意排放"三废"；③产业区小而散，并缺乏公共使用的污染处理设施。

3.2.3 "村自为政、组自为政"

该农村型管理体制导致不同投资和管理主体的利益在空间上缺乏协调，由此形成许多亦城亦乡的"灰色空间"，而农村居民在股份合作制影响下仍然保留着原农业时代的居住模式和社区管理模式，形成了所谓的没有农业和农民的"无'农'村"，并未实现乡土生活方式向现代城市生活方式的转变。

3.3 "非农化"，农村城市化的初级阶段

综上所述，在经历30年的快速工业化和农村城市化之后，南海的城市化陷入一种困境：虽然指标计算的城市化"量"很高，但实际的城市化"质"却较低。在空间上的反映是南海，特别是东部的桂城和大沥，确实呈现出"半城市化"地区的特征：产业、人口的非农化程度高，但聚集程度低，出现大量"半城半乡"低效使用的农村土地，城镇、村庄、工厂和零星农田在景观上很难分清，产业和居住分散化的发展模式使得这些地区往往无法维持基本的服务设施，成为

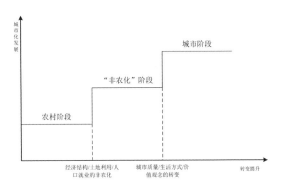

图8　农村城市化阶段示意

一种"城中有村、村中有城"的"灰色区域"。南海的这种状态更接近于"非农化"，而非"城市化"（图8）。

4　解释：非农化村庄的形成与发展

众所周知，南海在1992年进行了以土地为中心的股份合作制改革，将集体土地的所有权、承包权和使用权分离，通过清产核资和资产评估，以净资产量化给村民配置股权。村民的土地承包经营权被置换为股权，身份由农民转变为股民，凭股权分享土地增值收益。

村民与村集体之间实际上形成了"委托－代理"关系：村民委托村集体

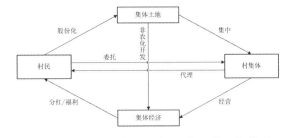

图9　村民与村集体之间的"委托－代理"关系

管理和经营集体资产，以求通过集体经济的发展来增加个人收益；作为"委托人"的村民对村集体的要求则是增加股份分红和提供公益福利（图9）。

改革后，村集体与所有村民"捆绑"在一起，构成了一个相对封闭的"统筹单位"。村集体全面负责村域土地规划、开发、出租与收益分配，成为一个实实在在的土地经营者。

4.1 发展阶段一：以乡镇企业为主的开发

1980 年代，在国家发展乡镇企业的政策支持下，为解决从农业生产中释放出来的剩余劳动力的就业出路，村集体开始在集体土地上办起工业，形成了以乡镇企业为主的集体土地开发（图10）。

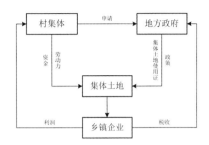

图 10　以乡镇企业为主的开发模式

这一阶段实质上是村集体和地方政府就经济发展相互合作结成的"增长联盟"，共同推动乡镇企业发展，实现各自的利益追求。村集体利用其掌握的资金和劳动力资源，向地方政府提出创办乡镇企业的申请，并委派村领导中有能力、有经验的人员经营管理企业；而地方政府作为经济组织者和参与者，往往采取较为宽松的用地、税收等政策在农村地区积极地推广乡镇企业（Qi，1995），并主动为其整合资源，如以政府名义为村集体提供信用担保以获得银行贷款。

4.2 发展阶段二：以土地流转为主的开发

1990 年代，因乡镇企业发展的日渐式微，村集体和地方政府组成的"增长联盟"逐渐解体，村集体面临如何继续从合法的经营性建设用地中获取收益的问题。在地方政府的默许下，村集体开始将手中掌握的集体建设用地私自出租给企业或个人使用，双方就土地的租赁期限、租金、付款方式、违约惩罚等事项签订合同，这

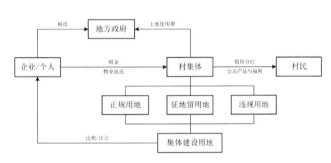

图 11　以土地流转为主的开发模式

样工业仍在集体土地上大量发展，并与集体组织的土地收益权联系在一起（赵民、鲍桂兰等，1998；Yao，2000），形成了以土地流转为主的开发模式。事实上，这是一种源自集体对所有土地收益最大化的追求的集体土地自发流转（吴智刚、周素红，2006）（图11）。

4.3 发展阶段三：以物业建设为主的开发

2000 年以后，国家出台土地紧缩政策，村集体再难以通过合法或非法的渠道获得增量土地，加之村庄自身土地总量的刚性约束，单纯的土地流转开发已经难以推动集体经济的持续增长。在不改变土地集体权属的前提下，村集体只能选择在集体土地上建设物业的方式，从出租土地转变为出租物

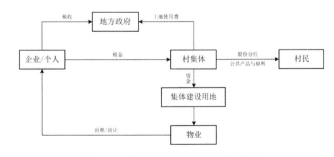

图 12　以物业建设为主的开发模式

业，以获得更高的租金收益。

以物业建设为主的开发模式有两种情况：

一是由村集体作为开发主体，利用征地补偿费、积累的租金收益或贷款等自筹资金建设物业用于出租（图12）。

二是在物业建设过程中，由村集体、村民或社会投资者多个主体参与，形成多元合作的联合开发形式。一般是由开发主体共同出资成立股份开发公司，以开发公司的名义向村集体租用集体土地建设物业，再出租或出让给企业或个人使用，开发公司按各投资主体股份比例分配红利。当集体土地的租赁期限届满时，开发公司可以继续承租土地经营物业，也可以解散公司将集体土地连同地上物业一起返还村集体（图13）。

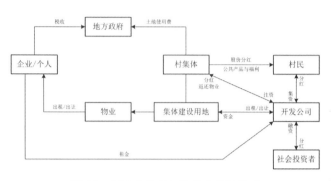

图 13　多元主体参与的物业建设模式

经过近 30 年的开发，村庄的集体土地、产业结构已迅速实现非农化。

2007 年，集体土地的开发强度达 48.7%，村集体因此掌握了 240.79km² 的集体经营性建设用地，占南海独立工矿用地总面积的 72.35%，这意味着南海绝大部分的工业企业是生长在集体土地之上（图14）。

与集体土地非农化相匹配的是全区农村产业结构的高度非农化。2007 年，南海的农村社会总产值达 3333.28 亿元，三产结构分别为 1.65∶79.16∶19.19，非农产业比重高达 98.35%；其中，工业占据绝对主导地位，实现产值 2546.97 亿元，独占 76.41% 的比重，之后则是第三产业中的商业、服务、饮食业，共占 12.35% 的比重。集体经营性建设用地上的非农产业已经成为农村经济最主要的收入来源（表 1）。

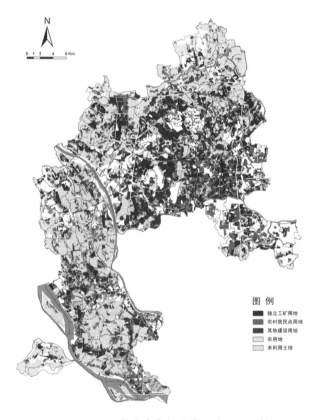

图 14　2007 年南海农村集体土地利用现状

2007 年南海农村的产业结构　　　　　　　　　　　表 1

	第一产业				第二产业		第三产业		
	农业	林业	畜牧业	渔业	工业	建筑业	运输业	商饮业	其他
产值（亿元）	24.43	0.15	12.64	17.65	2546.97	91.77	38.71	411.7	189.25
比重（%）	0.733	0.004	0.379	0.529	76.41	2.753	1.161	12.351	5.678

资料来源：《南海农村经济统计》（2007 年度）。

2007 年南海桂城街道的农村集体收入来源　　　　　表 2

	农用地	工业用地	厂房、商铺	市场	其他收入
出租面积（亩）	8718	19675	5972	438	—
租金收益（亿元）	1.96	2.31	3.53	0.71	1.13
地均租金收益（万元／亩）	0.23	1.17	5.92	16.13	—
比重（%）	2.49	29.35	44.88	9.01	14.3

资料来源：桂城街道农村经营管理办，《桂城街道农村经营管理的现状及分析》。

　　如此的"非农化"发展为村集体和村民带来了丰厚的经济收益。2007 年，南海区村社（组）两级可支配收入 38.19 亿元，其中村集体直接从 240.79km² 的经营性建设用地上获得的租金收益为 23.56 亿元，占可支配收入的 61.69%，平均每亩地收入 6523 元／亩，远高于农用地 1000 元／亩的收入水平，体现了土地非农使用的巨大增值收益。若按全区 224 个行政村平均计算，南海每个村集体获得的年租金收益达 1051.79 万元，人均股份分红 2124 元，土地和物业租金收益也成为集体经济和村民收入的重要组成部分[①]（表 2）。

　　伴随着村集体主导的集体土地开发过程，南海的村庄由传统的农业生产村落迅速转变为非农化的"村社利益共同体"，形成一种相对独立的，以村集体为统筹单位，以村域为统筹尺度，以集体土地开发为手段，主动追求土地租金收益，推动集体经济和村民收入共同增长的发展模式。

　　在这种发展模式下，村集体的土地通常被划分为 3 类：①作为农业生产使用的农用地；②作为经济发展使用的经营性建设用地；③作为村民生活居住使用的农村居民点用地（图 15）。后两者是集体土地非农化使用的主要形式，其扩张过程也是对农用地的不断蚕食和挤迫的过程。从南海的情况来看，平均每个村集体平均拥有 3.28km² 的土地，其中农用地占 52.85%、经营性建设用地占 32.34%、农村居民点用地占 14.81%。在南海东部靠近广州区位条件好的村庄，绝大部分已经没有农用地，土地的非农化程度高达 100%。

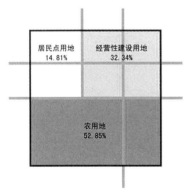

图 15　南海典型的村庄土地利用现状

① 数据来源：《南海农村经济统计》（2007 年度）。

5 总结：基于非农化村庄的农村城市化模式

通过对南海的深入剖析发现，正是由于非农化村庄的存在，使其当前的城市化状态呈现出"'量'高、'质'低"的"非农化"特征，处于农村城市化的初级阶段（图16）。

一方面，村庄在土地利用，产业结构、收入来源和农民就业构成等方面高度的非农化，使得按非农业产值、非农就业人口等指标计算的城市化率反映出相当高的城市化水平。

另一方面，每个村庄都是一个独立的发展主体，以村集体为统筹单位对村域内的土地进行"统一规划、统一开发、统一经营、统一管理"，利用有限的土地资源争取最大化的产出收益，形成完全依赖土地租金收益的"租赁经济"模式。一系列村域用地布局相对合理的村庄组合在一起，出现"合成谬误"——"马赛克"式的土地利用景观，形成非农化村庄集合构成"非农化地区"，呈现出"半城半乡"的独特空间景观（图17）。

基于上述分析，笔者认为，珠三角的农村城市化实际上是一种基于非农化村庄集合的模式，在空间上形成村庄拼贴构成的均质化地域形态，这个理论模型能够较贴切地解释珠三角农村城市化地区当前的城市化状态及其形成原因。这一模式最重要的特征体现在"统筹单位"和"土地产权"两方面：①以农村集体组织为统筹单位，在村域尺度统筹发展；②以集体土地产权为主进行土地开发。这两点结合起来不仅是非农化村庄形成并发展的原因，更是形成当前珠三角城市化状态的根源，在经济、人口、土地利用等方面展现出与苏南农村城市化地区完全不同的景象（表3）。

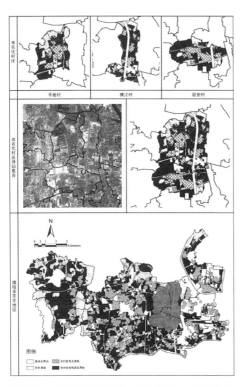

图16 "非农化村庄"拼贴集合成"非农化地区"

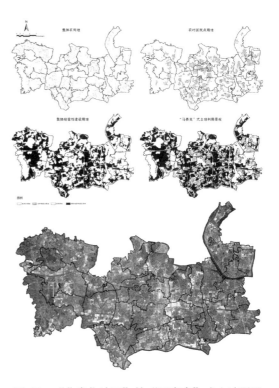

图17 "非农化地区"的"马赛克"式土地利用景观

	珠三角地区	苏南地区
经济	(1) 发展初期"六个轮子一起转"，以村级乡镇企业和私营企业为主，企业规模偏小；目前，外资和民营"双轮驱动"； (2) 产业非农化程度高； (3) 工业布局分散，既有市级工业园区，也有村级工业小区，并以后者居多；	(1) 发展初期乡镇企业为主，政府出面组织，企业规模较大；目前，外资和民营"双轮驱动"； (2) 产业非农化程度高； (3) 工业布局集中于镇级、市级工业园区；
人口	就业结构非农化程度高，居住空间聚集程度低；	就业结构非农化程度高，居住向镇区集中；
土地利用	(1) 非农化程度高，达50%以上； (2) 村域范围内划分三区：农业保护区、工业开发区、商贸住宅区； (3) 一系列村域内用地布局相对合理的村庄组合在一起，出现"合成谬误"——"马赛克"式的土地利用景观；	(1) 非农化程度适中，占20%-30%； (2) 镇域范围内的三集中：农用地向规模经营集中、工业用地向园区集中、农民住宅用地向镇区集中；
城乡空间格局	(1) 非农化地区与城市化地区二元并置； (2) 非农化地区"半城半乡"；	(1) 镇区具备一定规模； (2) 城乡边界清晰；
治理环境	地方政府"放水养鱼、无为而治"	地方政府强干预
发展主体	非农化村庄	建制镇
统筹单位	农村集体组织	镇级政府
土地产权	以集体土地为主	以国有土地为主

珠三角与苏南地区农村城市化模式的特征对比　　表3

参考文献

[1] 傅高义．凌可丰、丁安华译．先行一步——改革中的广东 [M]．广州：广东人民出版社，1991．

[2] 毛艳华．珠江三角洲"南海模式"：中小企业发展特征与启示 [J]．南方经济，2003，（4）：44-46．

[3] Qi, J.C..The Role of the Local State in China's Transitional Economy[J].The China Quarterly，1995，144：1132-1149．

[4] 唐常春，陈烈，王爱民．快速工业化区域建设用地问题与制度优化研究——以佛山市南海区为例 [J]．中国人口·资源与环境，2007a，17（1）：96-101．

[5] 唐常春，陈烈，王爱民，魏成．快速工业化区域土地利用变迁机制研究：发展模式视角——以佛山市南海区为例 [J]．热带地理，2007b，27（1）：49-53．

[6] 吴智刚，周素红．快速城市化地区城市土地开发模式比较分析 [J]．中国土地科学，2006，（1）：27-33．

[7] Yao, Y..The Development of the Land Lease Market in Rural China[J].Land Economics，2000，76（2）：252-266．

[8] 赵民，鲍桂兰，侯丽．土地使用制度改革与城乡发展 [M]．上海：同济大学出版社，1998．

[9] 周一星．城市化与国民生产总值关系的规律性探讨 [J]．人口与经济，1982，（1）：28-33．

（本文合作作者：杨廉。原文发表于《城市规划学刊》，2012年第6期）

珠三角"三旧"改造中的土地整合模式

——以佛山市南海区联滘地区为例

改革开放 30 年，珠三角的经济发展取得了举世瞩目的成就，地区生产总值由 1978 年的 97.53 亿元增长到 2009 年的 32105.88 亿元，已经从一个农业地区发展成为全球主要的制造业基地之一。但是珠三角前 30 年的超速发展是以资本、土地、劳动力等生产要素的高强度投入为前提的，随着后备资源的日益紧张，不可避免地面临发展"瓶颈"，其中土地资源的约束最先显现。

珠三角的建设用地已从 1988 年的 1765.3km² 急速扩张到 2006 年的 6816.04km²，年均增长速度高达 7.79%。在深圳、东莞以及佛山的南海和顺德等地，建设用地占土地总面积的比例已经超过 40%，而这一指标在香港仅为 21%、日本三大都市圈仅为 16.4%，这意味着这些城市几年之后便已无地可用。问题的另一方面却是土地的利用效率低下，除深圳、广州以外，2006 年珠三角其他各市的单位建设用地面积的地区生产总值还不到 3 亿元 /km²，佛山市南海区的地均 GDP 产值仅 1.89 亿元 /km²，仅为 2004 年日本的 15.9%、美国的 13.6%、新加坡的 11.5%。为增强可持续发展能力，谋求地区发展模式转型已经成为近年来珠三角各地政府的工作重点。

为解决产业结构升级和城市化质量提升过程中的土地"瓶颈"，2009 年 9 月广东省政府在总结推广佛山经验的基础上出台了《关于推进"三旧"改造促进节约集约用地的若干意见》，在全国范围内率先启动"三旧"改造行动，计划用三年时间完成约 1133km² 的用地改造，而珠三角就占 600 多 km²。

事实上，由于珠三角发达地区集体土地隐性流转市场的长期存在，农村集体组织大多已经成为土地经营者，地租成为它们最主要的收入来源，导致了大量低效使用的土地。以佛山市南海区为例，农村集体组织在竞争十分激烈的隐性土地流转市场中，以极低的土地租金吸引了大量企业经营者在集体建设用地上开办工厂、市场，全区建设用地已经近行政区面积的 50%，其中有 60% 属于集体建设用地。

珠三角"三旧"改造是对现有农村集体建设用地格局（包括土地利用和土地收益格局）的一次"破旧立新"式的改革，它将要面对大量的既得利益主体，这不再是一个土地用途和强度提升的技术问题，而是利益重新分配的难题。因此，如何在地方政府和村集体之间达成共识，形成利益共同体，是顺利实施"三旧"改造的关键所在。通过对佛山南海联滘地区再开发的实证研究，试图揭示在"三旧"改造过程中遇到的实际问题和矛盾，并在此基础上提出一些设想，为珠三角顺利实现转型提供支持。

1 联滘地区的改造规划

1.1 启动的偶然性

2006 年 11 月，英国天空电视台的报道使原本籍籍无名的联滘村一夜成名，跃入国际

视野 ①。据相关报道披露，世界最大的货轮爱玛·马士基号在向欧洲运送完圣诞礼物之后，满载 17 万吨洋垃圾来到中国，而这些洋垃圾的终点正是珠江三角洲的一个叫"联滘"的地方。

随后中央电视台《经济信息联播》栏目连续数日的追踪报道还原了事件的真相：联滘地区是位于佛山市南海区大沥镇的一个垃圾分拣处理集散地，以处理废旧塑料为主要品种，且规模相当庞大，近千家企业，达到 20 万吨的年处理能力，处理的废旧塑料中不乏来自欧洲各国的洋垃圾，但 80% 以上还是属于"国货"；日积月累的、简单工艺的垃圾处理使整个地区环境遭到严重污染，除了空气中充斥的有毒黑烟，对水体的污染也达到了难以复加的地步，就近的雅瑶水道变成天然的排污渠，河水已经完全变成黑色（图 1）。

图 1　联滘地区雅瑶水道污染情况

"联滘事件"报道之后，南海区政府迅速行动，取缔和拆除了工业区内的废旧塑料行业和旧厂房，面对整治出来的土地，如何改造升级成为关注焦点，地方政府、村集体、村民等利益相关方都迫切需要迅速启动土地的再开发。

1.2　现实的困境

从发展历程来看，联滘是一个典型的珠江三角洲"自下而上"农村工业化地区。早在 1980 年代中期，凭借地处广州、佛山两大城市郊区、紧邻广佛公路的区位优势，联滘村已经开始了农用地的非农化使用。初期的做法是村民以自愿的方式，出让家庭联产承包责任制下分到土地的使用权给村集体，由村集体进行"三通一平"的基础设施建设后，转为建设用地对外承包。

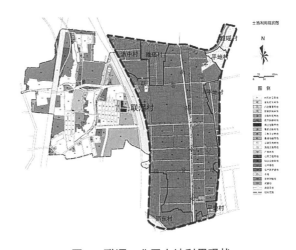

图 2　联滘工业区土地利用现状

承租人开始以本村人居多，后来逐渐有少量外地人进入，承租土地做废品收购站。这个阶段联滘村农地转用的规模不大，主要沿道路两侧布局，每块建设用地的面积也比较小。1992 年以后，随着土地股份合作制的建立，村民自愿将手中的土地交给联滘村的经济联社（集体经济组织）统一规划、统一开发，开始进入大规模的农地转用阶段。1993 年桂和路建成以后，联滘村基本形成了"东工西住"的空间布局。

---

① 2006 年 11 月 26 日，美国天空电视台女记者何丽·威廉姆斯将联滘村洋垃圾的情况制成电视节目播放，并整理出一篇名为《中毒性休克的中国》的文字稿放到天空电视台网站的新闻频道上，使联滘村一夜成为国际关注的对象。

<table>
<thead>
<tr><th colspan="3">联滘地区土地权属　　　　　　　　　　　　　　　　　　表 1</th></tr>
</thead>
<tbody>
<tr><td>村名</td><td>面积（hm²）</td><td>比重（%）</td></tr>
<tr><td>联滘</td><td>83.77</td><td>68.36</td></tr>
<tr><td>沥东</td><td>11.15</td><td>9.11</td></tr>
<tr><td>平地</td><td>9.57</td><td>7.82</td></tr>
<tr><td>雅瑶</td><td>10.17</td><td>8.31</td></tr>
<tr><td>沥中</td><td>7.83</td><td>6.40</td></tr>
<tr><td>合计</td><td>122.49</td><td>100.00</td></tr>
</tbody>
</table>

资料来源：笔者自制。

随着企业的不断进入，桂和路东侧联滘村的工业用地与周边沥中、沥东、雅瑶、平地四个村的部分用地共同形成了一片占地 122.49hm² 的工业区（图 2，表 1）。截至 1995 年，工业区内的土地基本用完，区内厂房建筑基本为一层的简易框架结构，大部分企业是废旧塑料简单回收、手工加工企业。2006 年，工业区 5 个村集体的土地租金收入为 3200 万元，工业用地平均的租金为 3-3.5 元 /m²/ 月，租期一般为 10 年，每 3 年租金增长 20%[①]；联滘村税收总额 5000 万元，废旧塑料行业仅占 500 万元；该工业区经济效益较低下，土地粗放利用的特征极其明显。

和珠江三角洲大多数自建自管的社区一样，区内的社会公共事务由村集体向各企业收取低廉的管理费来维持，这就难免造成"脏、乱、差"的环境卫生问题和复杂的治安问题。虽然随着周边地区城市化的推进，各个村集体也认识到联滘地区的土地价值，曾打算通过"退二进三"提升租金水平，但长周期的土地出租协议和周边剧烈竞争的土地市场将整个片区锁定在土地低效利用的状态，路径依赖的惯性抑制了自我突变的可能。

1.3 规划的愿景

"联滘事件"报道之后，南海区大沥镇政府迅速组织编制了《联滘地区开发可行性研究》。

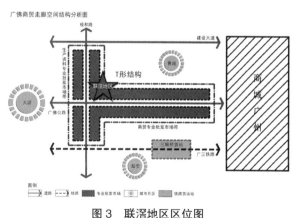

图 3　联滘地区区位图　　　　　　图 4　南海东部地区空间结构规划

① 　租金和租期的差别除了与用地性质或物业有关以外，区位也是两者的重要影响因素，如位于广佛公路和桂河路交汇处东北角的沥东土地，租金最高达 22.8 元 /m²·月，租期一般仅为 5 年。

416

其实，联滘地区地处广佛公路商品批发市场"黄金走廊"西端，虽然离开广州较远，市场竞争十分剧烈，但是仍然具有发展商贸业的区位优势（图3）。另外根据大沥镇总体规划，本地区南部的南海城市新中心区也有北进之意（图4）。

联滘地区新的城市规划将其定位为南海新城市中心区的重要组成部分、广佛国际商贸城的中心服务区。又由于大沥镇生产的建筑铝型材占全国30%，确定了在此建设有色金属交易中心、商品批发市场、商务办公、酒店服务、公共服务5个核心功能，以及居住、消费型商业两个衍生功能（图5）。

根据联滘地区新的土地利用规划（图6），按照市场比较法计算，除了41hm²的公共服务、绿地和水域、道路用地不能获利以外，27hm²专业市场用地的价值为12.31亿元；20.5hm²有色金属交易中心包括有色金属交易市场、酒店、公寓、写字楼、步行街等商业商务设施的土地价值为9.73亿元；33.5hm²居住用地的价值为5.45亿元；因此联滘地区的总共土地价值为27.5亿元（表2）。但这个价值是国有土地一定年限内的批租租金，如果农村集体建设用地能够与国有土地"同地、同价、同权"，土地价值折现之后的年收益率将远远高于目前每年3200万元的租金水平。

图5 联滘地区新的城市规划

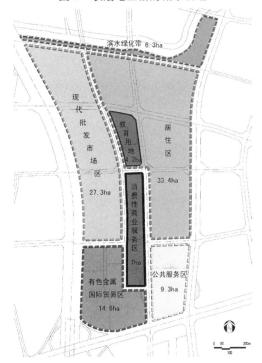

图6 联滘地区土地利用规划

联滘地区土地价值估算 表2

用地性质	用地面积（hm²）	容积率	地价（元）	土地价值（万元）
专业市场用地	27.33	2.0	2253	123133
有色金属交易中心	20.44	2.0	2253	97345
居住用地	33.44	1.0	1631	54492
公共设施用地	13.50			
绿地与水域	10.04			
道路用地	17.74			
合计	122.49			274969

资料来源：笔者整理。

2　土地整合模式选择

地方政府关注地区质量的整体提升，通过道路等基础设施和公共服务设施的建设，以期提升土地价值、改善城市面貌、培植优质产业，这也就意味着部分土地要征为国有，作为培育和提升地区品质的"触媒"。

但是联滘地区的122.49hm²土地，除5.3hm²国有土地外，其余分属5个行政村的集体建设用地。集体建设用地对村集体已成为一头可以持续产出现金的"奶牛"——资本化的土地不仅仅是生产资料还是"非农化"的村民的基本生活保障，固守集体建设用地的财产权利正是理性经济人的表现[①]。因此，保证土地所有权不改变自然成为各个村集体愿意参与再开发的基本底线，村集体还要求政府在推进"三旧"改造中要保证近期土地收益不减少，远期收益有增加[②]。

看来与在国有土地上开发建设不同，联滘地区农村集体建设用地的盘活得以实现的关键是需要围绕土地整合，在政府、村集体、投资者之间建立一个利益共同体，才有可能实现既定的规划目标，平衡各相关参与主体的利益。针对联滘地区的实际情况，笔者提出了可供选择的3种土地整合开发模式。

2.1　政府主导模式

对地方政府而言，在难以通过征地国有化土地的前提下启动联滘地区的再开发建设，最简单的方式莫过于向村集体租地：①由政府租用各村集体的土地，土地租期可设为40年（国有商业服务业用地使用权出让的最高年限）；②租地合同约定允许政府按照《广东省集体建设用地使用权流转管理办法》将租用的土地的使用权转租给开发商，或政府自行将土地使用权作为抵押品到金融机构融资；③由政府作为全资股东或引进战略投资者，组建开发公司，并将承租的土地以原租金水平转租给开发公司，由开发公司负责整个地区的土地经营——将土地转租或抵押融资自行开发商业项目；④开发公司一方面要给政府交租，后者将其转付给各村社；另一方面要按投资比例给股东分红（图7）。

图7　政府主导模式示意

此模式中，村集体的承租人换成地方政府，除此之外，均与原来的土地租赁一样，按年收取租金，按规定年限增长租金水平，基本不承担市场风险。而地方政府虽然完全掌控了地方发展的主导权，但却承担了巨大的开发压力。这种地方政府向村集体租地的模式面临3个方面的问题：①征地问题：按照规划方案，有的村集体土地将被征完；②40年后的返还问题：按目前村集体的租地方式，租期届满之后土地上的物业是归村集体所有，但是在整体开发之后，物业价值有高有低，将难以分割；③开发商的融资问题：由于租赁的集体土地，没有办法将土地使用证办到开发商名下，直接影响开发项目的融资。

---

①　利用联滘地区的土地租金水平，可以简单的算出，政府征地对村集体来说是不划算的。联滘集体工业用地平均租金为1.77元/m²·月，年租金则为14160元/亩，租期一般为20年，每3年租金增长20%，折现率为2.25%（当前1年期的存款利率），那企业如果一次性支付地租则约55万元/亩；而南海每亩工业用地的出让价不能低于22.38万元的标准，加上征地补偿费最高3万元/亩，也不过25.38万元/亩，远远低于村集体自己开发工业用地出租所获得的地租。

②　联滘地区2006年的土地租金共3200万元。

前两个问题，可以考虑由政府引导成立一个土地股份合作社。将各村的土地按面积（或当前租金水平或租金总额）量化成股份放到该合作社，以达到4个目的：①股份化土地，方便基地内一些土地被征后，剩下土地能够股份化（价值化），避免物理重划；②平衡被征地村和未被征地村之间的利益；③接收征地补偿款；④土地到期后，如果全体股东同意，可以让股份合作社继续运作，避免了土地的物理重划问题。第三个问题的解决，可依据《广东省集体建设用地使用权流转管理办法》的相关条款，由各村集体将土地出让给当地政府，即通过集体建设用地流转的方式，将土地使用证办到承载者名下，使其具有抵押融资的权利。出让金可以是40年租金的折合，也可以选择"年租制"。最终形成图8所示的新政府主导模式。

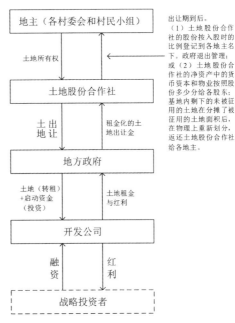

出让期到后。
（1）土地股份合作社的股份按入股时的比例登记到各地主名下。政府退出管理；或（2）土地股份合作社的净资产中的货币资本和物业按照股份多少分给各股东；基地内剩下的未被征用的土地在分摊了被征用的土地面积后，在物理上重新划分，返还土地股份合作社给各地主。

图8　政府主导模式修改示意

2.2　村集体主导模式

与政府主导模式相对应，也可以选择村集体主导的再开发模式。在地方政府财力不足或村集体发展意愿强的情况下，为了减少基地内的土地产权主体，方便征地和集中大面积用地，可以由地方政府牵头，召集各村集体将基地内的全部土地的所有权入股建立一个新型的、跨村委会的土地股份合作社——"超级合作社"。股份比例可以按土地面积（不论地段）、土地现有租金收入或评估值核准，以打破了土地的物理界限，完全实现了土地的股份化和价值化。超级合作社的运作体制可以仿照现有南海区农村一般的土地股份合作联社进行，建立"股东大会 - 董事会 - 管理层"三级治理结构，按照合作社的章程实行"一人（即村委会或村民小组）一票"的投票机制。超级合作社自主开展土地经营。同时，根据规划和建设时序的需要，地方政府与超级合作社协商，征一部分必要的土地，作为基础设施和公共服务设施建设之用。所有的征地补偿（货币或物业）进入超级合作社（图9）。

从南海村集体的实际情况来看，在一个行政村范围内的"一村一社"[①] 尚且难以开展，要建立跨行政村层面的超级合作社，难度可想而知；同时，有些村集体掌握着雄厚的经济实力支撑，有着强烈的独自开发意愿。鉴于不同的实际情况，村集体主导模式也可以借鉴台湾"市地重划"的做法：在基地开发前根据规划，政府与各村集体谈判协商，征用一部分土地建设道路等基础设施和公共服务设施，被征用的土地面积和征地补偿款由基地内所有的地主按在基地内的土地占有比例分摊和分享；然后将剩下的土地重新划分给各个村集体，而政府也从中获得一部分土地平衡设施投入的成本（图10）。

图9　村集体主导模式示意

---

① 撤销村民小组一级的经济社，只保留村一级的经济联社，统筹整个行政村的经济发展。

419

村集体主导模式最大的隐忧是地方政府没有掌握土地的使用权和处置权，较难保证基地内发展的产业、引进的项目符合政府的意图。

2.3 政府和村集体合作模式

为了降低地方政府和村集体独自开发承担的风险，保证地区发展遵循既定规划的思路，合作开发是两者最容易接受的模式。在对各村集体土地价值（实际是 N 年的土地使用权）进行评估的基础上，由"政府出钱、集体出地"，联合组建经济共同体——股份公司，承担联滘地区的开发。政府和村集体按各自出资比例承担开发风险和分享开发收益。为了减少农村集体的风险，政府财政可能要对每年的分红收益进行"兜底"，保证农村集体的分红收益不少于现有的租金收入。同样，需要征地时，政府与全部土地所有人（即所有的股东）协商，征地补偿进入股份公司（图 11）。

2.4 三种土地整合模式比较

针对上述三种模式五种做法，在开发整体性、利益平衡性、可操作性、政府对基地开发的主导性、政府承担的财务风险、农村集体承担的财务风险、农村集体接受程度、土地作为资本的融通性（主要是指将土地作为抵押品融资的可能性）等8个方面进行定性比较（表3）。分析可知，对地区的整体再开发来说，

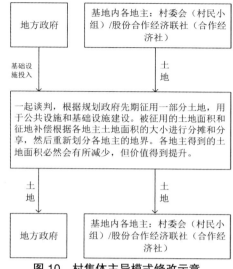

图 10 村集体主导模式修改示意

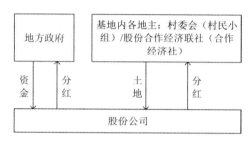

图 11 政府和村集体合作模式

土地整合模式比较　　　　　　　　　　　　　表 3

	政府主导模式		村集体主导模式		政府和村集体合作模式
	政府租地	政府受让土地使用权	超级合作社	土地重划	股份公司
开发整体性	好	好	一般	很好	好
利益平衡性	好	好	一般	好	很好
可操作性	容易	一般	难	难	难
政府对地区开发的主导型	强	强	弱	弱	一般
政府承担的财务风险	大	大	小	小	小（如果不保底）
农民承担的财务风险	小	小	大	大	大（如果不保底）
农民接受程度	容易	一般	难	难	难
资本融通性	一般	很好	一般	一般	很好

资料来源：笔者整理。

政府主导模式具有明显的优越性，但是对政府的考验也非常大，必须承担巨大的财务风险；而村集体承担风险的能力较低，"求稳、保增长"的经济发展思路使村集体主导模式在一般情况下难以推行；相比之下合作开发是较为综合的模式，对政府和村集体的利益均有较好的顾及，关键是如何在两者之间建立相互信任、共担风险、共享利益的合作关系，共同参与土地的经营开发。

2.5 最终的土地整合方案

在规划研究完成之后，大沥镇政府组建了广佛商贸城发展有限公司，作为政府利益代表主导整个地区的土地再开发；同时，经过与村集体协商，确定了基地内 13.3hm² 规划道路基础设施的征地问题。围绕联滘地区剩余 106.6hm² 土地的整合方案，广佛商贸城发展有限公司与村集体展开了艰难的谈判过程。理想的土地盘整方案无疑是"政府和村集体合作模式"，这也是研究推荐地方政府采纳的方案，但在实际谈判过程中却受到诸多问题的挑战。

2.5.1 谈判中的问题

（1）利益主体多成本高

利益相关主体过多，致使谈判成本较高。由于其中部分村集体仍然是村组两级经济，使得整个谈判过程涉及 5 个村 19 个集体经济体，如果一个参与方对方案不赞成，将直接导致整个方案搁置。

（2）股份化方式难以定夺

前面已经分析了将各村土地股份量化的优越性，但是在具体操作过程中，以何种方式量化却成为无法化解的困难。就联滘村而言，由于占有整个地区 68% 的土地，则更愿意采取按土地面积量化的方式；而沥东村仅有 9% 的土地，但地块位于主干道旁，并且以出租物业为主，因而更愿意采取按土地租金量化的方式，其他各村出自自身的利益考虑也有不同的意见，由此产生的矛盾难以调和。

（3）控股权争夺

5 个行政村中，土地最多的联滘村占 68%，最少的沥中村只占 6%。因此，如果成立股份公司，联滘村委始终坚持享有 51% 的决策表决权，但其他 4 个村委会则坚决反对。随后，政府提出两个变通方案：一是仍由 5 个村委会成立股份公司投资开发，但政府也享有一定的股权，使得联滘不能一家独大；二是通过约定将表决权与收益权分开，规定联滘村仍然占有 64% 的收益权，但表决权不超过 50%。最终这两种方案都未获同意，各村为控股权的争夺一直僵持不下。

（4）收益的风险

对联滘村来说，成立股份公司联合开发引发两方面的矛盾心理，一方面是所占股份最多可以控制"话事权"；另一方面是投入土地最多也承担了最大的风险，特别是在开发过程中，如果股份公司以土地作为抵押向银行贷款，最后经营不善，土地很有可能要被拍卖抵债，联滘村的利益将受到极大损害，这触及到村民对保持土地集体所有权的底线，引起了村民的普遍反对。

由于上述问题难以在村集体之间达成共识，股份有限公司的组建也因而陷入僵局。最后，政府只能采取"租赁及征用村委会土地，统一规划开发"的方式，首先，通过按土地面积比例分摊的方式征收 13.3hm² 土地用于引进大型项目；其次，剩余的土地由政府分别向各村返租后按规划用于发展公共设施、大型商业项目，具体租赁条件为月租金 3.5 元 / m²，每 3 年递增 10%，所有税费由镇政府负责，租期 40 年，以后出租土地上物业归村委会所有。这一方案正是上述研究中提出的政府主导的租地模式，是最具实操性，但也是潜在问题最多的方案。

2.5.2 政府主导的租地模式

（1）政府只是租用土地，没有将土地转化为国有，开发商难以通过流转取得土地产权，导致在引进开发商和项目时面临诸多限制，例如不能进行房地产项目开发，难以吸引大型高端项目落户，只能进行商业和公共设施开发，使得土地的价值不能完全体现。

（2）在整个方案中村集体实现了收益零风险，相反政府则承担了招商引资、规划建设等方面的较大风险，如何经营成为政府未来面临的首要问题。

（3）40 年后政府拿什么返还给村集体？由于没有打破现有村集体的土地物理边界，按租赁协议，政府 40 年后将把土地及土地上的物业一并返还给村集体，但那些建设成为广场、绿地以及公共服务设施等无经济收益的土地怎么办？难道村集体收回后要重新转为经营性建设用地开发？

无论如何，联滘地区的土地盘整已经尘埃落定，地区开发的巨大利益已经鼓起了各方的改造意愿，城市规划的蓝图统一了开发的方向，土地再开发已经迈出了最艰难的一步，为地区的产业升级和城市化质量提升奠定了坚实的基础。可以预见，前述利益分配问题在未来的谈判中也会迎刃而解，联滘地区必将从低效、无序的半城市化地区状态中蜕变、新生。

3 小结

珠三角 30 年来的经济高速发展使土地、环境难以为继的问题已逐渐显露，制约着地区的持续发展。特别是在"自下而上"的农村快速城市化地区，呈现出"村村像城镇、镇镇像农村"的"半城市化"现象，经济、人口、土地的"非农化"特征十分明显，进一步发展面临产业结构升级和城市化质量提升双转型的挑战。

地方政府推行的"三旧"改造意味着对现有城乡空间和利益格局的重新分配，因此必然会是一个艰难的利益协调过程。从联滘地区的再开发案例看，要顺利实施"三旧"改造，必须建立地方政府、村集体和投资者之间的利益共同体，才能盘活农村集体建设用地，实现集体土地的市场价值，以提升城市化质量。本案虽然差强人意，但是仍然表明了政府和村集体之间有可能够达成共识，共同在集体建设用地上推动土地的"集约节约"利用，实现从"无序"到"有序"、从"低效"到"高效"的转型。

重建"社会资本"推动城市更新

——联滘地区"三旧"改造中协商型发展联盟的构建

1 "三旧"改造，以增量换发展

改革开放 30 多年来，珠三角先行一步取得了巨大的经济成效，但是通过低价格配置劳动力、土地两大要素吸引产业资本的模式，造成珠三角整体产业结构长期处于利润率最低的加工组装环节，处于微笑曲线的底端。以农村工业化为基础、"自下而上"的城市化发展路径，导致城市化"量"高、"质"低，城市化滞后于工业化、内部需求滞后于外部需求、城市化质量滞后于数量。这种低成本城市化的结果就是新增建设用地资源枯竭、土地利用低效、空间碎化和社会异化、固化效应明显。

在国家严控土地增量的背景下，面对现有土地使用效率低下、未来新增建设用地的枯竭，为提高土地使用效率推动产业转型，广东省政府于 2009 年 09 月在总结佛山市南海区经验的基础上出台了《关于推进"三旧"改造促进节约集约用地的若干意见》，计划从2009 至 2012 年，用 3 年时间"以推进'三旧'改造工作为载体，促进存量建设用地二次开发"。2013 年，国土资源部又下发了《国土资源部关于广东省深入推进节约集约用地示范省建设工作方案的批复》，肯定了广东"三旧"改造政策：通过对农村存量集体建设用地赋权，推动土地集约节约利用。

现有的广东"三旧"改造的研究，聚焦规划案例、讨论改造模式和政策创新研究等几个方面。从时间上来看可以分为两个阶段：2011 年前研究基本集中于规划方案介绍、"三旧"

（下接第 424 页）

（上接第 422 页）

参考文献

[1] 叶玉瑶 . 改革开放以来珠江三角洲城乡建设用地扩展及其经济增长的关系研究 [D]. 中山大学博士论文，2008.

[2] 广东"三旧"改造有了标准 [N]. 南方日报，2009 年 9 月 21 日，要闻版 .

[3] 蒋省三，韩俊 . 土地资本化和农村工业化——南海发展模式与制度创新 [M]. 太原：山西经济出版社，2005.

[4] 袁奇峰，杨廉，郭炎 . 从工业经济到城市经济——佛山市南海区城市中心区的发展 [J]. 南方建筑，2008，（4）：52-57.

[5] 袁奇峰、杨廉、邱家盛、魏立华、王欢 . 城乡统筹中的集体建设用地问题研究——以佛山市南海区为例 [J]. 规划师，2009，（4）：5-13.

（本文合作作者：杨廉。原文发表于《城市规划学刊》，2010 年第 2 期）

改造模式探讨、改造背景分析等内容。2011 年后开始转向对"三旧"改造政策的反思和实施效果的检讨。已有研究多提出农村工业化地区"三旧"改造要打破现有利益格局，改革土地增值收益的分配模式，构建地方政府、村集体与开发商三者之间的利益共同体，形成利益共享机制。本文借用城市政体理论的"政府 - 社区 - 市场"三元分析框架，试图通过考察广东"三旧"改造原点——佛山市南海联滘地区 ① 的城市更新改造的实施过程回答：如何才能建构起利益共同体或利益共享机制？

2 "社会资本"，多元博弈的基础

城市政体理论最早出现在美国，以城市发展过程中具有极大影响的政府、市场和社区之间的关系为主要研究对象，解释政府如何通过公共与私人部门之间的非正式"合作性"制度安排和"选择性激励"来有效管理城市发展。

政体理论的发展大致可以分为两个阶段。第一阶段，是在上世纪 80 年代至 90 年代，美国学者通过对本土城市发展案例的研究，构建了城市政体理论的基本内容和分析框架。最具有代表性的就是 Clarence Stone 对战后亚特兰大城市发展中黑人政治精英与白人商业精英之间统治联盟的研究。第二阶段是政体理论的海外研究和应用，主要集中于两个方面：一是将政体理论应用于非美国背景的城市，二是研究政体理论在不同背景下应用的困难和不同。

国内城市规划学界对政体理论已经有一系列介绍和研究。何丹、周恺、曾艳艳等人对政体理论的发展和中国化运用作出了初步介绍和研究。张庭伟通过对影响 1990 年代中国城市空间结构变化的经济、社会、文化、政策等动力因素研究，提出了以"政府力 - 市场力 - 社区力"三元分析框架为基础的城市空间变化动力机制分析理论框架。廖磊磊和邹东以政体理论为基础，分析在城市发展过程中的政府和战略规划的作用。

总体来看，城市政体理论中国化应用的主要困境在于：现阶段中国城市发展中是否存在社区力？改革开放 30 多年，全民所有计划经济和单位社会体制逐步瓦解，公民意识缺乏、社会建设严重滞后。由于社会组织发展滞后，在经济发展是硬道理的背景下，市民阶层在城市建设领域往往为权力和资本所裹挟，社区无法影响政府决策。更由于市场经济转型中土地产权制度不健全，农民利益往往被权力和资本俘获，面对国家征地城市化，农村无力抗争，结果导致农民对政府的极度不信任，成为"反增长联盟"研究的主角。因此在三元框架中，重点是如何培育和强化社区力量。否则，政体理论很难适用于中国城市发展的研究中。

良好的"社会资本"积累是一个地区多元利益主体能够展开博弈的前提，即博弈各方对规则的认可和彼此间的信任。根据福山的定义，"社会资本"是一个群体的成员共同遵守的、例示的一套非正式价值观和行为规范，按照这一套价值观和规范，他们得以合作。如果这个群体的成员能期待其他成员的行为可靠和诚实，他们就能彼此信任对方。信任的作用是像一种润滑剂，它使一个群体或组织的运作更有效率。

---

① 在广东三旧改造政策出来之前，联滘地区已经启动了改造计划。同时本文亦是《珠三角"三旧"改造中的土地整合模式——以佛山市南海区联滘地区为例》（载于《城市规划学刊》2010 年第 2 期）一文的延续。笔者希望通过对联滘地区的持续性观察，通过个案深入研究珠三角农村工业化地区空间发展演变。

在对珠三角农村工业化地区再城市化实施案例中利益博弈的研究，我们发现以农村集体组织掌控着集体建设用地，因此原住民的"社区力"开始显现，政府要推动区域更新就必须要调整游戏规则，要重视农村集体利益以重新赢得农村社区的信任，构建正向的"社会资本"。本研究提供了一个政体理论在中国的应用的全新案例。

3 联滘地区城市更新中"社会资本"的重构

3.1 改造的困境："社区力"强大，"社会资本"缺失

本研究的案例地——联滘地区位于佛山市南海区大沥镇，地处广州和佛山主城区之间，距广州约9km，距佛山主城区禅城区约8km（图1）。南海区是一个典型的"自下而上"的农村工业化地区，城市建设用地已占到全区土地的50%，基本无新的增量土地，建设用地中的60%为集体建设用地。土地使用效率较低，地均工业总产值仅为江苏昆山的1/4。为了推动城市更新，南海区从2007至2013年，共认定"三旧"改造项目43批次3539项，涉及土地面积约19万亩，已完成"三旧"改造项目400个，土地面积约2.3万亩[①]。

联滘地区土地面积约122.49hm²，土地权属分属于联滘、沥东、平地、雅瑶和沥中5个行政村、19个自然村。其中，联滘村占地83.77hm²、沥东村占地11.15hm²、平地村占地9.57hm²、雅瑶村占地10.17hm²、沥中村占地7.83hm²（图2）。

城市更新改造前，联滘地区聚集了大量的垃圾分拣和废旧塑料回收企业，在为当地带来一定的土地出租收益的同时，也给地区环境带来灾难性的影响。2006年底由于境内外媒体报道了联滘地区污染情况，地方政府在舆论压力下被迫强制启动了城市更新改造[②]。

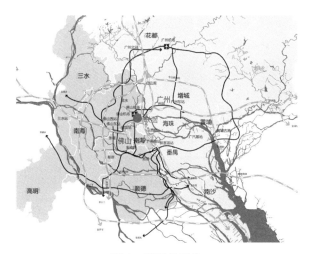

图1 联滘的区位

资料来源：笔者自绘

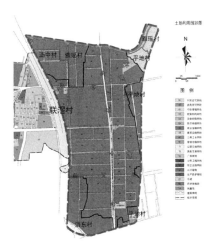

图2 改造前联滘土地利用现状

资料来源：转引自《广佛国际商贸城-联滘地区可行性研究》

① 相关数据来自南海区政府网站 http：//www.nanhai.gov.cn/cms/html/8625/2013/20130827084436317738957/20130827084436317738957_1.html。

② 2006年底至2007年初，英国天空电视台、美国CCN和中国中央电视台对联滘村的严重污染进行了报道。联滘事件报道后，大沥镇政府迅速启动了联滘地区的城市更新改造。具体详见《珠三角"三旧"改造中的土地整合模式——以佛山市南海区联滘地区为例》一文。本文不再赘述。

政府要在集体建设用地上推动城市更新改造，最困难的就是如何说服并征得农村集体的同意，否则任何规划都只能"墙上挂挂"，很难落实。首先，珠三角农村集体在乡镇企业发展阶段，以及广东省征地留用地的制度安排下，获得了大量合法的集体建设用地，因此拥有巨额土地经营收益。以本案例地为例，改造前联滘地区涉及的五个村集体每年实际收取的土地租金约为 1600 万 / 年，折算成静态土地价值达到 6.32 亿元人民币；若按改造时平均土地租金价格（1.77 元 /㎡·月）折算成静态土地价值则达到 10.54 亿元人民币[①]。无论采取何种改造方式，失地农民都必然会为了捍卫巨额土地收益而抗争。

其次，南海从 1990 年代开始的农村土地股份合作制，使得村委会、村民小组通过农村集体经济组织（经济联社、合作社）形成了"村社共同体"——农民因为在集体经济组织获得经济分红，也就会通过村委会、村民小组争取政治权益以保障自己的利益。农民、农村与村集体经济组织之间形成了高度组织化的利益共同体，我们在联滘地区的村庄访谈中发现，行政村和村民小组的大部分收入都用于村民分红和村庄福利。由于集体经济组织掌控着大量的合法集体建设用地，原住民因此获得了强大的"社区力"。

从法理上讲，我国实行的是土地公有制，城市土地为国有用地，农村土地归集体所有。由于"村社共同体"的出现，在村民组织法的赋权下，集体经济组织自然拥有了农村集体土地的经营权。制度赋权、巨大的土地收益以及"村社共同体"使珠三角农村工业化地区形成了以村（行政村或村民小组）为主体的农民话语权。相较于其他地区，由于传统宗族文化的保留和发展，华南地区的农民具有强大的谈判能力。

但是，1997 年亚洲经济危机后乡镇企业衰落，地方政府通过征地城市化推动经济发展，政府主导的土地财政与民争利，造成农民与地方政府的种种对立和不信任，城乡关系日益紧张。农村集体和村民对政府的不信任形成了大量的负向"社会资本"，成为联滘地区城市更新改造的最大阻力。由地方政府与资本共同主导的征地城市化模式在更新改造中再难以复制，如何让村民在城市更新中保有既得利益、还能分享土地增值收益，是取得农村集体和村民支持的关键。

3.2 改造过程：重建"社会资本"，获取农民信任

联滘地区改造涉及有多个利益主体，而且 5 个行政村 19 个经济主体既有土地租金因为区位差异而不均衡[②]。政府成立专班、垫付了大量资金，经历了拆迁补偿、行政村调地、政府租控和更新改造四个阶段，终于推动了这个地区的三旧改造：

（1）拆迁补偿。为了顺利推动地区的改造和升级，政府在关停迁移污染企业过程中承担了全部拆迁费用约 3.3 亿。为了弥补农民的租金损失，企业原有的剩余合同租金由政府负担。2007-2008 年大沥政府承担的剩余合同租金约 1600 万 / 年。在这个阶段，地方政府通过财政资金垫付土地租金和拆迁补偿费用获得了村民对城市更新改造的初步认同。

（2）行政村调地。现状行政村之间边界复杂，不利于地区的整体开发。同时，由于地区开发主导权的问题，各行政村又不同意按股份分享开发利益。经过艰苦谈判，在政府的

---

① 本文内所有出租地块土地价值均按一次性收取 40 年租金进行静态估算，土地租金每 3 年增长 10%，折现率 3%（1 年期银行存款利率）。

② 各村平均地租收益差异较大。如沥中村平均租金水平在 3 元 /㎡/ 月；沥东中村平均租金水平在 8 元 /㎡/ 月；联滘村平均租金水平在 2.5 元 /㎡/ 月。

协调下，各村之间按规划道路按比例重新调整用地。

行政村调地的过程类似于台湾城市更新中的"市地重划"，其目的都是为了便于基础设施建设、公共设施配套并争取开发地块的相对完整。调地完成后，各行政村用地的物理边界清晰，每块规划开发用地对应一个土地权属主体，以方便单独办理土地所有权证和使用权证。在这个阶段，地方政府的协调各个村集体利益，通过谈判明确的土地产权边界，为地区整体改造引入社会资本奠定了基础（图3）。

（3）地方政府对土地的全面租控。政府通过镇政府的土地资产公司，以"集体土地租控"的方式，按约定的土地租金从五个行政村集体手中将联滘地区全部土地租用过来。由于政府愿意承担地区开发风险，作为交换条件，各个村都同意按比例让政府低价征用其中200亩土地（有色金属总部基地地块），转为国有开发用地以筹措基础设施建设费用，提升土地区位价值。

以区内最大的"地主"联滘村为例，政府租用这个村894.294亩土地，其中征用141.011亩为国有土地。根据租用土地合约，政府从2009年1月1日开始租用土地，租期为40年，每 m² 土地月租金为3.5元，每三年为一个周期，每周期租金在上一个周期的基础上递增10%，政府承担因土地开发建设所发生的一切税费及费用，同时政府承担拆迁补偿费用及两年的租金补偿费用。如果村民投票通过土地收储国有进行开发，村集体接受利益补偿方案则停止租控。如在出租的集体建设用地上进行开发，40年后出租土地上建设的物业归村民委员会所有，然后才停止租金支付。在这个阶段，地方政府动用财政信用通过土地租控获取了该地区土地资源配置与开发的主导权。

（4）统一实施更新改造和开发。镇政府的土地资产公司投资1亿元建设道路、市政等基础设施，然后按规划方案将土地出让、出租给开发商，推动了区域的整体开发。在这个阶段，地方政府全面主导了地区开发，村集体开始享受到了土地增值收益，开发商获取了项目开发权。

联滘地区城市更新的实际操作过程就是地方政府重建"社会资本"、获取农民信任，通过多种方式协调关系、降低交易成本的过程。通过重复交易，信任和信心在可靠的增长[17]。从企业拆迁、租金补偿、行政村调地、集体土地租控到最后的更新改造实施，政府前期投

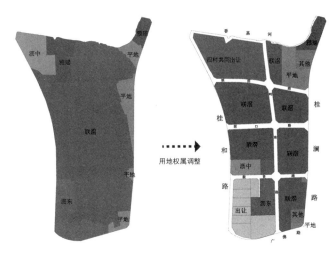

图3　土地权属调整示意图

资料来源：笔者自绘

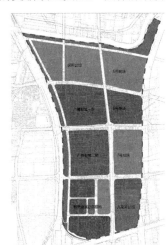

图4　改造后用地图

资料来源：笔者自绘

入巨额资金，改造中充分考虑农民的土地既得利益格局，并同意在增量中分享利益，逐步取得地区再开发主导权。在联滘地区的村集体访谈中，经常能听到如下的对话：

"……对政府的信任逐渐上升。开始抗拒，搞九龙涌改造赢得人心。以前是垃圾村，现在可以出来散步，环境改善，收入也增加了。联滘村的支持度上升，现在的村书记是最好做的。……"

——摘自笔者与大沥镇某领导的谈话

"……最初很少人支持卖地。村委做工作，解决利益问题，……，村民逐步接受。现在反对人是少数。……"

——摘自笔者与联滘地区某村领导的谈话

3.3 改造的结果：形成集体土地增值收益的共享机制

从 2007 年启动拆迁到目前为止，联滘地区改造已初步完成（图 4），区内地块均已出让或出租，主要项目包括保利公馆、广佛智城、有色金属总部基地、九龙湖公园等（表 1）。

土地改造项目一览表　　　　　　　　　　　　　　表 1

序号	项目名称	面积	改造类型	土地用途	土地市场价格
1	保利公馆	255.9 亩	村集体主导用地转国有	居住用地	700 万 / 亩
2	广佛智城	394 亩	集体土地出租	商业用地	以 200 万元每月，每三年递增 10% 的租金租用土地，租期 40 年
3	有色金属总部基地	200 亩	政府征地转国有	商业用地	120 万 / 亩
4	九龙湖公园	140 亩	政府租控集体土地	公共绿地	
5	5、6、7 号地块	332.4 亩	村集体主导用地转国有	居住、商业用地	371.51 万 / 亩 *，村集体获得 35% 的物业

* 注：目前只有 7 号地块被正式拍卖，5、6 两号地块目前在协商中。由于区位条件、用地条件相似，本文假定 5、6 号地块出让价格与 7 号地块相似。

资料来源：笔者根据访谈资料整理。

土地改造前后产权配置比较　　　　　　　　　　　　表 2

		改造前		改造后	
土地产权配置方式	集体土地	国有土地	783.3 亩 (42.91%)	改造方式：政府征地转国有	200 亩 (10.89%)
				改造方式：村集体主导用地转国有	588.3 亩 (32.03%)
		集体土地	1048.7 亩 (57.09%)	改造方式：集体土地出租	394 亩 (21.45%)
				改造方式：土地租控	654.7 亩 (35.64%)

资料来源：笔者访谈收集。

在改造过程中，地方政府充分利用国家三旧改造政策试点的机会，超越土地产权属性的约束，探索了多种土地开发模式：政府征地转国有用地出让开发、村集体建设用地主动

428

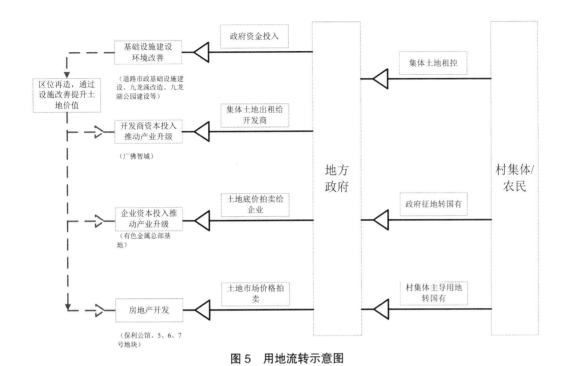

图 5　用地流转示意图

资料来源：笔者自绘

转国有用地开发、村集体建设用地出租开发和政府租控集体建设用地建设公园等（图 5）。截止 2013 年底，联滘地区通过政府征地转国有改造实施面积约 200 亩、三旧改造实施面积约 588.3 亩、集体建设用地出租改造实施面积约 394 亩、剩余 654.7 亩土地仍然实施土地租控（表 2）。

无论采取哪种改造模式，联滘地区的城市更新改造过程中地方政府、开发商和村集体都通过协商共同构建了一个集体土地增值收益共享机制，共享了土地在一级市场的增值收益，因此推动土地集约节约高效利用。改造后，实现土地市场总收益约 42.38 亿元，其中村集体分得土地收益约 26.25 亿元，政府分得土地收益约 16.13 亿元（图 6）。

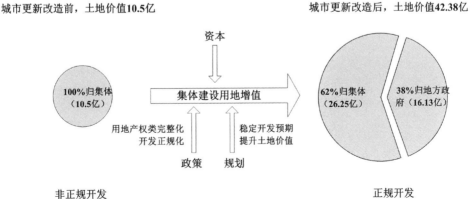

图 6　联滘地区集体建设用地土地价值变化及分配

资料来源：笔者自绘

对于村集体来说，通过"三旧"改造政策创新实现了集体建设用地产权的完整化，保证了土地开发的正规化，农民实际收益现金收入达到 33.99 亿，远远超过改造前的 10.5 亿元元价值。其中：拆迁补偿租金费用（0.32 亿）、土地现金收益（26.25 亿）、剩余土地政府租控收入（7.42 亿），其中一次性现金收入约 22.1 亿、长期租金收入约 11.89 亿。（表 3）。

村集体收益比较　　　　　　　　　　　　　　　　　　　　　　　表 3

改造前村集体收益	改造后村集体收益
1. 土地租金收益约 10.5 亿	1. 一次性土地现金收益约 22.1 亿 2. 40 年土地租金收益约 11.89 亿 3. 广佛智城 40 年后的物业所有权 4. 5、6、7 号地块 35% 的物业所有权 5. 剩余土地的所有权 6. 联滘地区的环境改善

地方政府收益比较　　　　　　　　　　　　　　　　　　　　　　表 4

改造前地方政府收益	改造后地方政府收益
1. 少量税收 2. 负的社会和生态环境	1. 少量的土地收益 2. 提升城市形象、改善城市环境，区位再造*，提升周边土地价值 3. 通过产业提升，扩大的财政税基

* 注：除了外在城市建成环境的改善，还有地下室和空气质量的改善。在访谈中发现，最明显的环境改造效应就是联滘地区的癌症病人数目的下降。

对于地方政府来说，城市更新改造前获得是少量税收和负的环境收益。更新改造后，地方政府获得 16.13 亿的土地收益，其中一次性土地出让金收入约 10.88 亿，40 年土地租金收益约 5.25 亿元元。政府在改造过程中，已先行垫付了 12.04 亿元，其中：前期拆迁补偿费用 3.3 亿、2007-2008 年补偿给村民的剩余合同租金约 0.32 亿元元、租控剩余集体用地 40 年需要付出的租金约 7.42 亿以及前期投入的基础设施建设费用 1 亿元。如果算上后期还需要投入的基础设施建设，人力和资金成本，可以发现地方政府在土地增值收益这一块所得不多。但是，地方政府实现了多目标导向的城市更新战略，培育了地方税基（表 4）。

一地一策，每一种改造模式的土地增值收益分配方式都是是不同的：

【案例 1】有色金属总部基地

政府在有色金属总部基地地块改造过程中，以 30 万元 / 亩的价格将土地从村集体手中征用。为了促使地区产业升级和保留住地方财政税源，政府以较低的价格（120万 / 亩）拍卖给本土有色金属行业中的"领头"型企业，各企业总投资约 28 亿元建设有色金属总部基地和商业服务设施（图 7）。

此地块改造方法为传统的政府征地路径，政府垄断了一、二级土地市场，因此采用该方法改造的土地占总土地比例的份额较小，是由政府通过其他利益付出（政

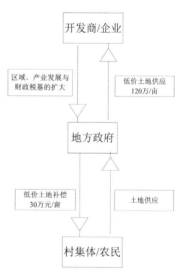

图 7　案例 1 土地利益分配图
资料来源：笔者自绘

府承租村集体土地、承担区域开发的市场风险等）所得到的。

【案例 2】保利公馆地块

该地块总面积 17.06hm²，以每亩 700 万的价格被保利地产拿下。根据广东省、佛山市和南海区的"三旧"改造政策，70% 的土地增值收益将分给村集体。联滘村集体拿到 5 亿元的土地出让费，其中的 50% 被用来改善村庄福利、30% 作为现金发给经济联社的股民、20% 用于发展村集体经济。为了取得较高的拍卖价格，地块容积率由 3.4 调整为 3.6（图 8）。

此地块改造方法与有色金属总部基地地块改造相似，均是将村集体的集体建设用地转为国有建设用地公开拍卖。不同的是，此地块改造的土地通过市场公开拍卖获得市场价格，并根据"三旧"改造政策，政府与农民共同分享土地租金剩余。由于政府和村集体均能得到较大收益，被广泛接受。

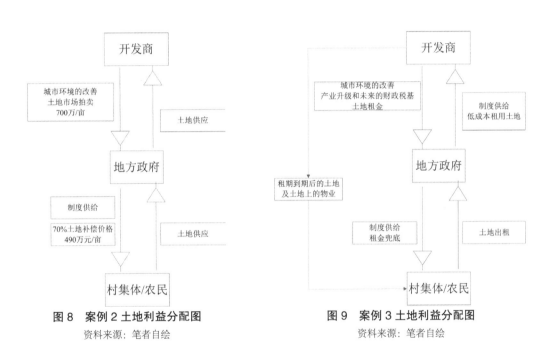

图 8　案例 2 土地利益分配图
资料来源：笔者自绘

图 9　案例 3 土地利益分配图
资料来源：笔者自绘

【案例 3】7 号地块

7 号地块面积约 129.62 亩，出让价格为每亩 375.51 万，大约是保利公馆地块的价格一半。但是，在土地的出让条件中，明确要求地块上 35% 的物业归联滘村所得。按照出让条件，7 号地块容积率为 3.3，村集体得到约 9.98 万平方米的物业，物业价值约 10 个亿[①]。加上土地出让所得 70% 的收入，联滘村在 7 号地块上获得的总收益约为 13.4 亿元，两倍于按案例 2 的分配方法所得（图 9）。

此地块的改造方法比案例 2 的改造方法更进一步。在案例 2 中，村集体只是分得一级市场的土地增值收益。随着联滘地区的成功改造，开发风险逐渐变小并且可控，村集体进入了房地产的终端分配市场，直接与开发商联合，由土地转向物业，攫取更大的增值收益。

---

① 参考同类地区住宅均价计算。保利公馆住宅均价约为 10000 元 /m²。

【案例 4】广佛智城地块

在该地块的改造过程中，地方政府按前文所述租地条件将土地从村集体手中租赁过来后，整合出租给开发商，并承担外部基础设施的建设。开发商从政府手中以 200 万元 / 月，每三年递增 10% 的租金租用土地，并在地块上建设物业向外出租。租期以政府与村集体签订的租期为准绳，自 2009 年起算 40 年（图 10）。

开发商从地方政府手中租赁土地，以低成本撬动项目[①]。由于开发商是租赁土地，而不是购买土地使用权，不能依靠土地和物业做资本运作，最终得到是项目开发周期内的物业租金。所以开发商必须花费大量的力气提升项目运作的质量以获得最大的租金回报，如低租金吸引创业项目，提供入驻企业补贴，低租金引入永旺百货等服务设施、宣传电商概念等。目前商铺租金达到 35 元 /m² · 月。在运作过程中，开发商有一定的法律及村集体违约风险[②]。

该地块的改造方法实质上是农村集体建设用地流转。地方政府将土地从村集体手中租赁过来后，再将土地整合出租给开发商，开发商在地块上建设物业向外出租。租赁到期后，土地和物业归村集体所有。此方法使农民获得稳定的租金，租期届满后还可以收回土地与附属物业，亦得到村集体与农民的欢迎。

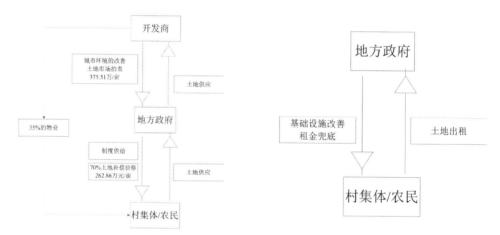

图 10　案例 4 土地利益分配图
资料来源：笔者自绘

图 11　案例 5 土地利益分配图
资料来源：笔者自绘

【案例 5】九龙湖公园地块

九龙湖公园地块的改造是政府以每月按 3.5 元 /m² 的价格从联滘村手中将土地租用过来，然后投入巨资建设区域公共休闲绿地，极大地提升了联滘地区的整体土地价值（图 11）。

该地块的改造方法为政府向村集体租用土地，用于公益性设施建设或整合储备土地等待开发。公益性设施建设主要包括市政道路、基础设施、公园、水系改造等，通过设施改善提升土地价值。

---

① 开发商仅以 3 亿元土地租金作为启动资金开始操作 80 万建筑面积的项目，相对而言保利公馆项目光前期土地费用就为 17.9 亿。

② 广佛智城与业主的合约中，标明是出租 36 年。为了避免合同法租赁不超过 20 年的期限，合同中约定租期 20 年，送 16 年。同时为了避免村集体的违约风险，开发商将建设的物业在相关部门作了 40 年的相关权益担保。

4 利益导向的协商型发展联盟

联滘地区三旧改造城市更新改造过程中，地方政府、村集体和开发商通过协商形成的增值收益分配办法打破现有利益格局，形成了新的利益共享机制，构建了一个以"政府—市场—社会"为轴心的"协商型地区发展联盟"（图12）。在联盟中，地方政府处于核心角色，通过调整游戏规则，以多种形式推动"社会资本"的正向积累，重建地方政府与农民的信任；同时通过整合开发规划，改善地区基础设施，提升土地区位价值，通过制度供给吸引社会资本进入，实现了城市更新的多赢。

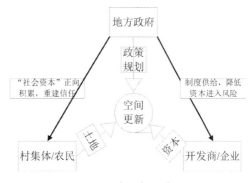

图 12　地区发展联盟

资料来源：笔者自绘

4.1 地方政府

从珠三角现状来看，由于增量土地缺乏，传统的由地方政府为主导的"自上而下"的征地城市化模式和农民自主的"自下而上"的农村工业化模式均不可持续。但是，又由于中国独特的"发展型政府"角色和地方官员激励机制，地方政府必须追求新的发展模式，承担起推动区域发展和产业升级的重要作用。在联滘地区的城市更新改造中，地方政府不再简单追求土地财政收入的最大化。地方政府通过城市更新改造提升城市形象、改善城市环境、发展高附加值产业以扩大未来的财政税基。因此，在和村集体的谈判中，地方政府主动放弃绝大部分的土地收益，并承担起推动地区更新改造的主要推动力的角色。

首先，地方政府在联滘地区的改造过程中，通过"集体土地租控"、承担拆迁补偿费用、承担企业迁移后造成的合同剩余租金、预先投入巨资建设基础设施和环境等方式，以巨大的前期经济投入挽回负向的"社会资本"、重新构建村民与政府的信任。前文所述的行政村用地调整就是建立在村集体对地方政府信任的基础上。在访谈中可以得知，由于收入保证和环境改善农民对政府的信任度逐渐上升，农民由拆迁开始的抗拒转变为对改造的支持，因此获得三旧改造地区的土地资源配置权，通过多种方式推动了"社会资本"的正向积累，重建地方政府与农民的信任。

其次，地方政府更新改造过程中承担了制度供给的主要作用，主要包括土地政策与规划两方面。一方面省、市、区及镇政府均提出了一系列关于"三旧改造"的政策（表5）。这些政策最重要的意义不是给了众多的优惠条件，而是赋权于集体建设用地，使其产权完整化，完成了农村集体建设用地的"资本化"以推动开发的正规化，使得市场资本有可能进入农村工业化地区。开发商直接从政府手中租用或购买土地，由于政策的保障降低了资本进入的交易成本，降低了政策风险系数。

另一方面，政府通过规划，稳定地区开发的预期，提升土地区位价值。而规划的编制过程伴随整个利益相关主体谈判的过程，城市规划成为利益分配谈判的平台。联滘地区更新改造能基本按规划实施，就在于开始之初就考虑了未来的利益平衡。

"三旧"改造政策一览表   表 5

级别	"三旧"改造政策
广东省 / 国土资源部	《关于推进"三旧"改造村居节约集约用地的若干意见》（粤府【2009】78 号） 《关于加强和改进我省国土资源工作的意见》（粤发【2012】22 号） 《国土资源部关于大力推进节约集约用地制度建设的意见》（国土资发【2012】47 号） 《国土资源部关于广东省深入推进节约集约用地示范省建设工作方案的批复》（国土资函【2013】371 号）
佛山市	《印发贯彻省政府推荐"三旧"改造促进节约集约用地若干意见的实施意见》（佛府办【2009】261 号） 《印发佛山市三旧改造项目规划建设管理指导意见》（粤府办【2010】141 号） 《关于通过"三旧"改造促进工业提升发展的若干意见》（佛府【2011】11 号）
南海区	关于印发《南海城市更新行动计划（2010-2015 年）》的通知（南府【2010】17 号） 《佛山市南海区关于推进旧村改造的实施意见》（南府【2010】160 号） 关于印发《佛山市南海区城市更新实施办法》的通知（南府【2011】168 号） 关于印发佛山市南海区通过"三旧"改造促进工业提升发展工作方案的通知（南府办【2011】95 号）
大沥镇	《大沥镇城市更新项目扶持办法》

我们编制的《联滘地区开发可行性研究》针对在集体土地上实施城市更新，一开始就针对 5 个行政村、19 个所有权主体的现实土地状况提出了三种模式五种做法：政府主导模式下的政府租地和政府收受土地使用权、村集体主导模式下的超级合作社和土地重画以及政府和村集体合作构建股份公司，并对五种做法分别在开发整体性、利益平衡性、可操作性、政府对地区开发的主导型、政府承担的财务风险、农民接受成都和资本融通性等八个方面进行了充分比较（杨廉，袁奇峰，2010）。

4.2 村集体

制度赋权、巨大的土地收益以及"村社共同体"使村民能通过村集体或村经济（联）社这一组织发出利益诉求与政府、开发商进行谈判，发挥巨大的影响力。

在改造项目中农民和村集体追求"保障现有存量利益、积极参与增量利益分配"。对村民来说，无论采取何种改造模式，都希望首先能保障现有的存量利益，即要求政府通过"集体土地租控"方式垫付土地租金，将改造过程的风险完全转移给政府。其次，农民亦是理性经济人，知道土地与土地上的物业是赖以生存的根本，要求参与远期的土地增值收益分配。因此，除了少量被征用土地，区域内大部分用地都在"三旧"改造中成为农民获取长期土地增值收益的保障。在访谈中，村领导表示：

"……在实施过程中，村民对项目的支持比想象的要好，只要有足够的利益保障，不在乎土地如何使用[①]……"

——摘自笔者与联滘地区某村领导的谈话

随着联滘地区的发展，地区开发风险越来越低，农民要求分享更多的土地增值收益，从一开始的土地收益现金分成模式转向物业分成，参与到土地终端市场分享土地长远利益，实现了从土地收益向物业收益的转变。在 5、6、7 号地块的开发模式上，就可看到村集体

[①] 以保利公馆项目为例，联滘村集体拿到 5 亿元的土地出让费。这笔费用的 50% 被用来改善联滘村各项福利，30% 被发给经济联社的股民，20% 用来发展村集体经济。同时，由于联滘地区的改造，联滘村的股民分红由改造前（2007 年）的人均 4300 元上涨到改造后的 2011 年 6700 元。

的此种"进步"。

4.3 开发商（企业）

城市更新过程中,无论采取何种土地开发模式,开发商（企业）追求的都是利润最大化。在追求利润最大化时, 开发商（企业）还特别关注政府的信用和制度安排,降低项目的开发风险。开发商（企业）的资本进入, 使农民手中的集体建设土地资本化"显化", 同时亦为政府付给农民的"集体土地租控"提供了经济支持。

5 结论

珠三角农村工业化地区城市更新改造面临的现实困境是如何在保障现有土地利益分配格局的基础上,通过增量利益分配实现多元主体之间的利益平衡,构建区域发展联盟。联滘地区能改造成功,就在于村集体通过强大的社区话语权与地方政府、开发商共同构建了一个协商型发展联盟,参与分享集体土地增值收益。

在这个发展联盟中,地方政府处于核心和主要推动力角色。地方政府采取多种形式促进"社会资本"的正向积累,通过重建地方政府与农民的信任,以取得地区统筹开发权;其中的关键是通过制度与规划供给赋权集体建设用地、提升地区区位价值,促进资本进入农村工业化地区。由于制度赋权、巨大的土地收益以及"村社共同体",村集体在城市更新过程中具有强大的话语权。村集体已经不拘泥于土地性质和改造模式,使得三旧改造能够保障现有存量利益并参与土地增值收益的分配。开发商进入地区更新改造的本质是追求利益,为城市更新的实施奠定了资金支持。为了降低开发风险,市场需要政府的信用和制度安排。

需要进一步指出的是,在联滘地区城市更新改造规划能够实施,是因为在一开始就通过经济测算明晰存量利益的保护和增量利益的分配。其中可以观察到,城市规划范式已经由传统的空间开发和管制工具成为增量利益形成和分配谈判工具,注重协调利益相关主体之间的关系,实现了从"开发导向"向"关系导向"的转变[①]。城市规划稳定了地方政府、村集体与市场对区域未来发展的预期。其次,城市规划成为增量利益分配的谈判平台,为政府、市场和社区三者共同构建地区协商型增长联盟奠定了基础。

参考文献

[1] 温铁军 等 . 解读珠三角 广东发展模式和经济结构调整战略研究 [M]. 北京 : 中国农业科学技术出版社, 2010.

[2] 许学强, 李郇 . 改革开放 30 年珠江三角洲城镇化的回顾与展望 [J]. 经济地理, 2009, 29（1）: 13-18.

[3] 杨廉, 袁奇峰 . 基于村庄集体土地开发的农村城市化模式研究——佛山市南海区为例 [J]. 城市规划学刊, 2012, 204（6）: 34-41.

[4] 仝德, 刘涛, 李贵才 . 外生拉动的城市化困境及出路——以珠江三角洲地区为例 [J]. 城市发展研究, 2013,（6）: 80-86.

---

① 此概念来源于 2014 年 06 月 28 日同济大学孙施文教授在广州中山大学举办的中国城市规划学会青年工作委员会上的报告《城市更新 : 寻求城乡规划的改革方向》。

[5] 李志刚，杜枫."土地流转"背景下快速城市化地区的村庄发展规划分析——以珠三角为例 [J]. 规划师，2009，25（4）：19-23.

[6] 杨廉，袁奇峰.珠三角"三旧"改造中的土地整合模式——以佛山市南海区联滘地区为例 [J]. 城市规划学刊，2010，187（2）：14-20.

[7] 王冀.合理确定"三旧"改造项目容积率的探索——以珠海市为例 [J]. 规划师，2011，27（6）：76-81+86.

[8] 刘云刚，黄思骐，袁媛."三旧"改造政策分析——以东莞市为例 [J]. 城市观察，2011，（2）：76-85.

[9] 周晓，傅方煜.由广东省"三旧改造"引发的对城市更新的思考 [J]. 现代城市研究，2011，（8）：82-89.

[10] 杨廉，袁奇峰，邱加盛，等.珠江三角洲"城中村"（旧村）改造难易度初探 [J]. 现代城市研究，2012，（11）：25-31.

[11] 李小军，吕嘉欣.广东"三旧"改造面临的挑战及政策创新研究 [J]. 现代城市研究，2012，（9）：63-70.

[12] 赵艳莉.公共选择理论视角下的广州市"三旧"改造解析 [J]. 城市规划，2012，36（6）：61-65.

[13] 卢丹梅.规划：走向存量改造与旧区更新——"三旧"改造规划思路探索 [J]. 城市发展研究，2013，（6）：43-48+71.

[14] 赖寿华，吴军.速度与效益：新型城市化背景下广州"三旧"改造政策探讨 [J]. 规划师，2013，29（5）：36-41.

[15] N.stone C. Looking Back to Look Forward Reflections on Urban Regime Analysis[J]. Urban Affairs Review，2005，40（3）：309-341.

[16] 周恺，朱杰，陶来利.浅析城市政体理论的发展与运用 [J]. 特区经济，2007，（1）：261-263.

[17] Stone C. Regime Politics：Governing Atlanta，1946-1988[M]. [S.l.]：University Press of Kansas，1989.

[18] Llera pacheco FJ. The Geography of Interests：Urban Regime Theory and the Construction of a Bi-national Urban Regime in the United States/mexico Border Region（1980-1999）[D]. [S.l.]：The University of Arizona，2000.

[19] 张庭伟.1990 年代中国城市空间结构的变化及其动力机制 [J]. 城市规划，2001，27（7）：7-14.

[20] 曾艳艳.城市政体理论简析 [D]. 吉林大学，2009.

[21] 何丹.城市政体模型及其对中国城市发展研究的启示 [J]. 城市规划，2003，27（11）：13-18.

[22] 缪磊磊，邹东.城市发展战略与政府作用分析——以广州市为例 [J]. 现代城市研究，2002，（3）：36-40.

[23] 张庭伟.构筑规划师的工作平台——规划理论研究的一个中心问题 [J]. 城市规划，2002，26（10）：18-23.

[24] 弗朗西斯·福山.社会资本 [C]// 赛谬尔·亨庭顿 劳伦斯·哈里森.文化的重要作用，价值观如何影响人类进步.北京：新华出版社，2013：143-157.

[25] 朱介鸣.城乡统筹发展：城市整体规划与乡村自治发展 [J]. 城市规划学刊，2013，206（1）：10-17.

[26] Fulong wu FZCW. Informality and the Development and Demolition of Urban Village in the Chinese Peri-urban Area[J]. Urban Studies，2012，50（10）：1919-1934.

[27] 周黎安.转型中的地方政府：官员激励与治理 [M]. 上海：格致出版社 / 上海人民出版社，2008.

（本文合作作者：钱天乐、郭炎。原文发表于《城市规划》，2015 年第 9 期）

珠江三角洲"城中村"（旧村）改造难易度初探

经过改革开放 30 多年的高速发展，珠江三角洲核心区城市普遍存在"增量建设用地获取难、存量建设用地使用粗放"的局面。以佛山市为例，第二次全国土地调查成果显示，到 2009 年年底，全市建设用地总量已达 195.56 万亩，占辖区面积的 34.33%（对比日本三大都市圈仅 16.4%，香港也只有 21%）。根据土地利用总体规划，未来 10 年佛山市年均新增用地量仅 7200 亩，已经难以满足经济社会发展的需要。另一方面存量建设用地却具有较大的潜力，2006 年佛山市的单位建设用地面积的地区生产总值仅为 2.77 亿元 /km²，与世界先进国家地区相比还有较大差距。

2009 年 8 月 25 日广东省出台了《关于推进"三旧"改造促进节约集约用地的若干意见》（粤府 [2009]78 号）（以下简称《若干意见》）提出在中央政府给广东的三年政策实验期内以存量建设用地中的旧村庄、旧厂房和旧城镇（简称"三旧"）改造工作为抓手，推动土地的"二次开发"，支持广东省的产业结构升级和经济发展方式转变。全省初步认定"三旧"用地面积 175 万亩，包括旧城镇 34 万亩、旧厂房 81 万亩、旧村庄 60 万亩；而土地最为紧缺的珠三角地区"三旧"用地也达 90 多万亩。仅广州市可供"翻新"的规模就达到 50 多万亩，若按照 2009 年的供应量，足以满足 20 年的供应需求。广州提出的目标是"力争用 10 年时间基本完成全市在册的 138 条'城中村'的整治改造任务，力争用 3-5 年的时间基本完成 52 条'城中村'的全面改造任务"。

旧村改造本质上是政府、开发商、村集体、村民等几个"主体"之间的相互博弈过程，各利益主体之间存在权责利关系，各方都希望能实现自身最优目标或利益的最大化。因此，如何创造一种使对弈各方共赢的合约安排，即如何协调好改造中各相关利益主体的利益关系，对于改造的顺利进行至关重要。只有在利益相关主体之间达到利益均衡才有可能切实地推动改造。旧村改造中村民和开发商间的经济利益平衡是实现改造的基础条件，此外还须满足地方政府对社会经济环境效益的追求。本文总结了广东现行的四种旧村改造模式，选择珠三角地区三个不同区位案例进行实证研究，提取四个重要影响因素，初步构筑了"城中村"改造的经济分析模型，提出了用"拆建比"判别"城中村"改造的难易程度的方法。

1　广东"旧村改造"政策供给

《若干意见》就旧村庄改造的政策：①针对历史遗留问题，提出要尊重历史妥善解决，按时间节点进行分类处理，做到改造利用与完善手续相挂钩；②依据土地利用总体规划限定改造方式。若是"土地利用总体规划确定的城市建设用地规模范围内的旧村庄改造，原农村集体经济组织提出申请，可以将农村集体所有的村庄建设用地改变为国有建设用地，可用于商品房开发"；而"范围外的旧村改造，在符合土地利用总体规划和城乡规划的前提下，也可由农村集体经济组织或者用地单位自行组织实施，并可参照旧城镇改造的相关政策办理，但不得用于商品住宅开发"；③鼓励土地使用权人参与改造，在旧村庄改造中，市、县人民政府通过征收农村集体建设用地进行经营性开发的，其土地出让纯收益可按不高于 60% 的比例返还给村集体；④鼓励多渠道利用社会资金参与改造，可在拆迁阶段通过招标的方式引入企业单位承担拆迁工作，拆迁费用和合理利润可以作为成本从土地出让收入中支付；也可在确定开发建设条件的前提下，由政府将拆迁及拟改造土地的使用权一并通过招标等方式确定土地使用权人，即所谓的"生地熟拍"。

最早提出和试点"三旧"改造工作的佛山市，近年来工作重点主要集中在旧厂房和旧城区改造，对经营性集体建设用地的盘活和使用性质的转换做了许多创新，"城中村"的改造力度反而不如广州。2009年10月佛山市出台的《关于贯彻省政府推进"三旧"改造促进节约集约用地若干意见的实施意见（佛府办〔2009〕261号）》与省里文件相比没有突破，而且在某些方面的规定还更严格，比如集体建设用地转国有用地后用于房地产开发必须公开招拍挂，而省政策没有明文规定需要公开交易。

规定最细、突破较大的当属广州的"三旧"改造政策。2009年12月广州市颁布《关于加快推进"三旧"改造工作的意见》（穗府〔2009〕56号）针对旧城改造、旧村改造和旧厂房改造分别制定实施意见。在《关于广州市推进"城中村"（旧村）整治改造的实施意见》中，进一步将广州市的"城中村"划分为"全面改造"型和"综合整治"型。对于全面改造的"城中村"制定了明确的指引：①按照"改制先行，改造跟进"的原则，在村委会和村集体经济组织转制的同时，土地须转为国有；②改造须经村集体经济组织80%以上成员同意后即可进行；③立足于市场运作，鼓励村集体经济组织自主实施改造。除村集体经济组织自行改造外，应当通过土地公开出让招商融资进行改造；④允许村集体经济组织协议出让土地以用于筹集改造资金，居住用地只缴基准地价的30%（商业用地为35%），在此基础上还可享受5折优惠，因此村集体经济组织实际只需要交纳基准地价的15%（商业用地为17.5%）；⑤出让土地纯收益（土地公开出让收入扣除土地储备成本及按规定计提、上缴的专项资金）的60%支出用于支持村集体经济发展；⑥被拆迁村民房屋有证建筑面积，按"拆1补1"给予复建，其他按建设成本给予货币补偿；被拆迁合法的集体物业原则上按"拆1补1"原则进行复建或者按照集体物业收入不减少的原则核算复建量；⑦改造后的村民安置房若办理国有房地产权证，可以先注明未办理土地有偿使用手续，待交易转让时再按照基准地价的30%交国有土地使用权出让金。这一系列优惠政策极大地激励了村集体、村民、开发商参与到广州的旧村改造中来。

广州"城中村"（旧村）改造之所以能够推动，最大的动力来自于政府的大规模让利，保证改造后村民和村集体的收益不减少。机会是广东省的三旧改造政策把"土地二调"前的违规用地合法化；做法是政府主导，村为主体，市场（开发商）参与。有两个前提：

一个前提是政府把城中村改造当成改善城市政府公共治理形象的工具，所以旧村改造已经变成一个政治性的话题。广东的城中村在全国也是比较典型的，在过去30年工业化快速发展的过程中，由于没有能够统筹城乡关系，因此无法保证一个高质量的城市化，是一个很大的伤疤。相较上海、北京，这对于广州城市政府的声誉是有所损害的，所以旧村改造是省、市两级政府的共同意志。

另一个前提是房地产开发地价的高涨使得城中村改造成为可能。城中村是政府在城市化的过程中留给村民唯一的少数赖以生存的资源，村民已经将其作为持续收入的保障，农民已经退无可退，所以只能在承认农民既得利益的前提下进行改造，因此这个成本比一般的旧城改造要昂贵。政府长期以来一直不敢动城中村改造的念头，因为政府主动，就要有大量的资金投入，目前几个已经推动的村子，动辄几十个亿投入。这样高强度的投入，城市政府是没有能力支持的，必须依靠引入市场，因此只有在地价达到相当高的水平的时候，这种改造在成本上才是可行的。

2 广东现行"旧村改造"模式评述

在上述政策背景下，目前珠三角地区大致出现了四种类型的旧村改造模式，即政府主导模式、自我主导模式、开发商主导模式和半市场化模式。

（1）政府主导模式：由政府统一征用收购，完成前期土地开发，通过策划包装、招商引资等，采用市场化的招拍挂方式进行出让；该模式的特点是操作相对简单，但由于前期拆迁安置成本高，政府资金有限，难以做到资金的平衡，无法大规模推广；典型代表是已经完成改造的广州猎德村①。

（2）自我主导模式：村集体和村民在政府的指导和支持下，自筹资金，自我安排，自行完成改造；该模式的前提是政府支持力度较大，对于村办企业发达，村集体及村民筹资能力强的村庄比较适用。典型代表是已经启动改造的佛山市南海区的夏西村②。

（3）开发商主导模式：地方政府公布旧村改造方案和要求，将融资地块与村民住宅和集体物业的拆迁安置以及市政道路、广场、公共绿地等公共配套设施建设一起捆绑进行招标，即所谓的"生地熟拍"。具体做法是将城中村改造项目完全交给开发商运作，政府不负责拆迁安置，开发商全程参与城中村改造的整个过程，因此也被称为开发商"一锅端"模式。该模式的特点是可以缓解政府资金的压力，前提是改造的透明度高和开发公司实力强。典型代表是已经由保利地产启动改造的广州的琶洲村③。

（4）半市场化模式：在村民自我改造模式的基础上，通过引入房地产企业，借助其资金、技术和经验，通过签订合作协议的方式明确彼此的权利义务，合作完成改造，改造后村集体得到了物业，村民得到了商品房；该模式的特点是村集体组织负责城中村改造、拆迁补偿与安置方案的设计、组织与实施，体现了村民的要求，同时引入开发商弥补改造资金的不足。典型代表是已经完成改造的佛山市禅城区石头村④。

---

① 广州猎德村改造：猎德村位于广州CBD核心区——珠江新城中南部，南临珠江。全村户籍人口7000多人，旧村居建筑面积49.8万m²，村集体物业建筑面积8.62万m²，是广州启动改造的首个城中村。改造的基本原则是对猎德村改造红线范围内有明确产权的村民住宅和集体物业按1:1进行等量复建安置。改造后的猎德村将被划分为东西南三个片区①东片作为村民的复建安置区；②西片规划为商业区，按土地价值最大化的原则，由市政府制定土地开发中心组织代征拍卖，所得土地出让金用于弥补改造成本，而市区两级政府财政不再投入改造资金；③南片为村集体经济发展用地，规划建设酒店，留给村集体用于收租分红。整个改造步骤是先建村民安置房，再进行融资地块和集体物业用地的开发。猎德村改造的最大特点是政府全程参与改造过程，从旧村拆迁，到土地拍卖，再到安置房建设，均由政府主导完成，并且需要投入的启动资金很大，因此猎德村的改造也被认为是"不堪重负、不可复制"。

② 佛山夏西村改造：夏西村位于佛山南海桂城RBD核心区，全村户籍人口8100多人。改造的做法是村集体自行筹集改造资金，不引入开发商投资。改造采取"先拆旧、后建新"的方式，将村民集中安置于680亩的夏西新邨中，腾出700亩土地将用于村集体物业开发。整个改造计划用10年时间完成。

③ 广州琶洲村改造：琶洲村位于广州海珠区东北部，广州新中轴线南段，毗邻广州国际会展中心与琶洲大桥。全村户籍人口3700多人，改造总建筑面积75.8万m²，其中旧村居建筑面积约62万m²。改造采取"生地熟拍"的方式，将改造项目整体打包给开发商运作。与猎德村"三大片"的划分不同，琶洲村采用"切豆腐"的方式先留出市政道路，然后将土地划分为13宗地块，其中4块作为融资地块划给开发商，筹集改造资金44.7亿元，其余9块则为村民复建安置用地、村集体经济发展用地和公建配套用地，均由开发商完成建设交付村集体和村民。琶洲村改造的最大特点是"纯市场运作，开发商全程参与"，利用4宗经营性用地作为融资地块通过土地公开市场筹集改造资金，并将其与村民和村集体的复建安置和拆迁补偿，琶洲区域的综合整治，以及市政道路、广场、公共绿地等公共配套设施建设捆绑出让。

④ 佛山石头村改造：石头村位于佛山石湾街道，与东平新城隔江相望。全村户籍人口2200多人，占地面积0.95km²。改造采取村集体与开发商合作的方式：村集体以土地入股，开发商承担改造资金。改造完成后，村民获得1:1等面积置换的住宅物业，村集体按比例获得商业物业，开发商则获得一定比例的物业销售利利。石头村改造的最大特点是村集体通过土地入股的方式与开发商联合开发，一方面解决了自有资金不足的问题，另一方面又得以将原有旧物业置换为高价值的新物业，充分实现土地价值。

439

改造后的旧村用地一般被划分为三块：①安置地块，用于复建村民住宅和集体物业②融资地块，用于筹集改造成本，参与改造的开发商能够通过其上商品房或商用物业销售获利③道路基础设施和公共服务设施配套用地。若还有用地剩余一般就作为村集体经济发展用地，但是为了降低地区的容积率，政府在审批改造规划时，一般以实现改造成本内部平衡为原则，因此很少有旧村改造会有剩余用地存在。

旧村改造是否可行的唯一判断标准即是在满足村民、村集体的复建要求后，开发商是否可以通过融资地块获利。从理论上讲，只要地块的开发容积率给予足够高，旧村改造是绝对可行的。但实际上，地方政府出于公共利益、城市品质、居住环境等多方面的考虑，会对地块的开发容积率进行限定，而开发商也会根据市场的接受程度，考虑合理的容积率值。故而，在村民、村集体、开发商和地方政府之间就形成了基于经济社会利益的相互博弈，村集体与开发商要在经济利益上达到平衡，而平衡的结果还须与地方政府关注的社会和环境达到平衡。

3 "拆建比"决定旧村改造的难易度

影响旧村改造的主要因素有四个：

（1）现状容积率：反映了旧村现状的建筑规模，由于采取"拆1补1"进行复建，因而现状容积率越高，复建总量越大，改造的难度也相应增加。

（2）规划容积率：旧村改造后的开发强度，如前所述，高的规划容积率可以增强改造的可能性，但是取值也必须在地方政府和开发商所接受范围内。

（3）改造成本：进行拆迁、复建的建设费用，如表1所示，可分为四项：①拆除费用，一般拆除1平方米旧村建筑（包括运输费用）需支付30元；②临迁费用，在改造期间需支付村民外出租房居住的费用，按3年改造期、20元/m²·月租金水平计算为720元/m²；③复建费用，建设安置房的费用，按广州规定的标准，高层建筑的建设成本为2968元/m²；④不可预见费用，按上述三项费用合计的5%计算，为186元/m²。四项合计可知，旧村改造的单方成本为3904元，这一成本基本是刚性的，在珠三角各地基本一样。

广州旧村改造成本一览表 表1

序号	项目	价格（元/m²）	备注
1	拆除费用	30	拆除费用
2	临迁费用	720	预计每个村的改造期为3年，临迁费按照20元/m²月
3	复建费用	2968	高层建筑（7层及7层以上100米以内，带地下室和电梯），包括了前期费用、单体建安工程费、小区配套设施费、不可预见费，共计2831元/m²，另增计6%的公共服务设施配套
4	不可预见费	186	按上述三项费用合计的5%计算
5	合计	3904	

注：复建费用计算标准参考《广州城中村改造复建费用标准指引》。

（4）楼面地价：由于平衡旧村改造成本的资金主要源于土地出让金，因而楼面地价成为决定融资地块面积的重要指标。楼面地价视区位条件的不同差异较大，如广州猎德村土地拍卖的楼面地价 8095 元 /㎡，而佛山南海石肯村土地拍卖的楼面地价仅为 1478 元 /㎡。

进一步分析可以发现，改造 1㎡ 的成本在珠三角各地基本是一样的，或者说基本是刚性的，但用来弥补改造成本的楼面地价在各地是差别很大的，或者说是弹性十足的。为了更好地说明这种刚性成本对弹性地价的关系，我们引入拆建比这一概念。所谓拆建比，就是拆除村民 1㎡ 建筑后需要复建和新建的建筑量。其计算公式为：

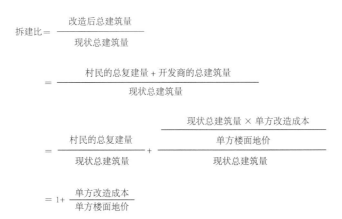

$$拆建比 = \frac{改造后总建筑量}{现状总建筑量}$$

$$= \frac{村民的总复建量 + 开发商的总建筑量}{现状总建筑量}$$

$$= \frac{村民的总复建量}{现状总建筑量} + \frac{\dfrac{现状总建筑量 \times 单方改造成本}{单方楼面地价}}{现状总建筑量}$$

$$= 1 + \frac{单方改造成本}{单方楼面地价}$$

上述公式中，按照"拆 1 补 1"的改造模式，"村民的总复建量"与"现状总建筑量"是相同的，即为"1"（若采取"拆 1 补 1.2"则是"1.2"）。"开发商的总建筑量"是为弥补旧村改造成本需建设出售的建筑面积，它取决于两个因素：①"单方改造成本"，用"单方改造成本"乘以"现状总建筑量"即是旧村改造需要的成本费用，目前在珠三角地区的刚性标准约为 3904 元 /㎡。②"单方楼面地价"，用总改造成本除以"单方楼面地价"即是开发商的总建筑量，由于"单方楼面地价"是开发商、村集体和地方政府共同权衡博弈的结果，往往低于市场价格，使开发商具有获利空间，诱使其参与旧村改造。二者的比值实际上是为平衡改造成本，即每复建 1㎡ 村民安置用房另需新增的建筑量（一般为面向市场销售的商品房或商用物业）。

"拆建比"是判断旧村改造是否可行的关键因素，"拆建比"越高，说明每拆除 1㎡ 村民住宅，需要建回去的建筑量越大，在村民住宅复建比例一定的背景下，即用于融资的建筑量越大。它真实反映的是某一个旧村改造的土地市场价值：在单方改造成本一定的情况下，楼面地价越高，"拆建比"越低，说明这个村的可改造性越高。根据我们的实践经验，在广州市核心区，拆建比一般要达到 1.3 至 1.5；在佛山禅城、桂城一带，一般要达到 1.7 至 1.9；而在珠三角外围地区，比如高明、三水一带，则要达到 3.3 至 4.0。

通过"拆建比"与现状容积率相乘，可以反推平衡改造成本的规划容积率（计算得出的规划容积率是毛容积率，即是包含了旧村改造后道路用地和公共服务设施用地的整体容积率。），计算公式为：

平衡改造成本的规划容积率 = 现状容积率 × 拆建比

平衡改造成本的规划容积率是实施改造的"门槛"容积率值，低于此值将导致无法平衡改造成本，即现有旧村用地面积无法容纳改造后最基本的总建筑量。另一方面，这一指标若太高，大大超出地区控制性详细规划的标准也将难以为城市规划管理部门所接受。

4 三个"旧村改造"案例分析

我们近年编制了珠江三角洲三个不同区位的"旧村改造"规划（表2）。广州市的A村位于白云新城北部，区位条件优越，土地价值相对较高，使得拆建比相对较低，为1.50，但由于现状容积率过高，按前述方法计算改造后平衡成本的规划容积率须达到6.32，大大超出上位控制性详细规划确定的容积率。为了降低改造规划容积率，一种办法是扩大规划范围，将村庄的非住宅物业纳入改造范围之中，与住宅物业"捆绑"进行整体改造，以摊低现状整体容积率；另一种方式则是政府给予财政支持，直接给予开发商资金补贴（如白云区棠下村），也可以在改造区外额外划拨国有储备土地用于融资或安置村民（如白云区三元里村）。A村选择了第一种方式，由于村庄非住宅物业部分的现状容积率为1.42，纳入改造后全村整体的现状容积率可降低到2.45，在拆建比不变的情况下，规划容积率则降低为3.68（3.68的容积率是把非住宅物业的拆建比按1.5计算的结果，实际上，非住宅物业改造的拆建比一般会比住宅物业的较高，故而总体的规划容积率会高于3.68），已缩小到控制性详细规划确定的容积率范围内。

三个旧村的数据比较 表2

村名	区位	现状总建筑量（万 m²）	现状容积率	楼面地价（元/m²）	拆建比	规划容积率
广州白云区A村	A村位于白云区中南部，白云新城北侧地带	75.65	4.21	7800	1.50	6.32
佛山南海区B村	B村位于南海区桂城街道中部，西侧紧邻千灯湖金融高新技术服务区	59.75	0.8	5000	1.78	1.42
佛山高明区C村	C村位于高明区荷城街道城区中部，环绕福临岭山	15.98	1.08	1500	3.60	3.89

注：考虑数据敏感问题将村名以字母代替。

南海区的B村位于桂城街道中部，与千灯湖金融高新技术服务区一路之隔，广佛地铁在村域范围内有两个站点，土地价值较高，楼面地价可达5000元/m²，拆建比为1.78；与此同时，由于历史上规划控制严格，旧村整体现状容积率较低，仅0.8，这使得该村的改造难度小，按前述方法计算改造后的规划容积率仅需为1.42即可平衡改造成本。

位于珠三角核心区外围的高明区C村，由于房地产市场需求较弱，楼面地价仅为1500元/m²，虽然现状容积率偏低，仅1.08，但由于拆建比高达3.60，按前述方法计算规划容积率须达到3.89方可实现改造成本的平衡。

总结上述三个案例发现，根据现状容积率和楼面地价两项指标，可将珠三角地区的"城中村"划分为四种类型，每种类型因指标取值的高低而具有不同的改造难易度。如表3所示，最容易改造的是"低–高"型旧村，即较低的现状容积率、较高的楼面地价使得开发商愿意参与改造，而改造后的容积率也让地方政府容易接受，并具有调整空间，典型代表是佛山南海桂城的"城中村"。以广州为代表的"城中村"属于"高–高"型旧村，虽然楼面地价高，拆建比较低，但是因现状容积率很高，致使须赋予地块较高的开发容积率方可平衡成本，最终能否实现改造取决于政府的态度与措施。与"高－高"型旧村相反，"低－低"型旧村改造的困难则主要源于土地价值较低，由于楼面地价完全是市场所决定的，因而即便是地方政府大力支持，其改造难度比之"高－高"型旧村仍更为困难，这种类型以高明区荷城街道的城中村为代表。除了前面列举的三种类型以外，在珠三角外围落后地区还有一种"高－低"型旧村，即由于规划管理失控导致现状容积率高但楼面地价却很低，为旧村改造设立了"双重"障碍。

旧村类型划分　　　　　　　　　　　　　　　　　　　　　　　　　　表 3

类型	现状容积率	楼面地价	改造易难度	代表地区
高 - 高	高	高	适中	广州
低 - 高	低	高	容易	佛山南海桂城
低 - 低	低	低	较困难	佛山高明荷城
高 - 低	高	低	困难	落后地区

5 结论

当前珠三角地区的"三旧"改造正在如火如荼的展开。本质上这是一场为农村集体土地"赋权"的运动，通过改造，将原来已经开发但是产权不完整的集体土地被转变为享有完整产权的、合法的国有土地，推动了农村集体土地由"资源"到"资产"再到"资本"的转化，使之成为可以在市场上完全自由流通和融资的"资本"，为打破城乡土地"二元"困局探索了一条有效可行的途径。

在"三旧"改造巨大的政策优惠吸引下，越来越多的村民和村集体逐渐认识到改造的好处，开始着手推动旧村的整体改造。然而我们的研究发现，不是所有的旧村都具备改造的条件，村集体的改造热情还需要市场的配合。在影响旧村改造的主要因素中，现状容积率是改造的内在条件，是无法改变的既定事实；而楼面地价是改造的外在条件，是随区位条件的变化而改变。正因如此，珠三角地区不同地域的旧村也具有不同的改造时机，只有充分认识这一现实，才有可能制定有效、有序的旧村改造计划，推动存量建设用地使用效率的优化提升。

旧村改造是村民、村集体、开发商、地方政府四个相关利益者追求利益平衡的博弈过程。村民追求的是现状住宅尽可能多地给予复建；村集体的出发点是在保证集体收入不减少的底线下，要求更多的集体物业复建量；开发商是以利润最大化为目标，借助"三旧"改造的优惠政策，发挥自身的资本和技术优势，从中获取高额利润；地方政府在改造中则扮演政策制定者和裁判员的角色，将出发点设定在平衡社会公共利益，实现经济发展方式转变、城市环境品质提升。四者之间形成相互制约的权责利关系，只有相互之间达到利益平衡才有可能切实地推动旧村改造。

本文基于旧村住宅物业的"拆 1 补 1"的模式进行研究，在实际的改造过程中难免地会出现就地回迁改造难以实现的情况。

从村集体角度，可以通过扩大改造范围，将非住宅物业与住宅物业"捆绑"在一起改造,以摊低旧村的现状容积率,如前面分析的广州 A 村。因此旧村改造时最好不要采取"先易后难"、"先物业后村庄"的模式,这将直接导致最后的纯住宅物业改造无腾挪用地而难以实施;另外也可以根据村民的意愿,采取商业物业补偿的形式,如将住宅物业 2 ： 1 折合为商业物业,这样一方面可以降低容积率,另一方面还可以保障村民持续的经济收入。

从地方政府角度,可以直接给予开发商资金补贴,如广州三元里村改造政府补贴 3.58 亿元的资金以弥补改造缺口;另一种方式是政府在改造区范围以外提供一部分土地用于融资或安置村民,如广州棠下村,政府则愿意额外提供国有建设用地平衡改造成本。

广州"城中村"(旧村)改造的结果也只能做到"帕罗托最优",必须实现各方利益的最大化,而且不损害任何一方的利益。也就是说在规划容积率既定的前提下只有到地价能够足够高覆盖几个方面的成本的时候,才能够同时满足政府、开发商、农民三方利益最大化的要求。其实如此高的地价又是由房价决定的,正是隐形的广大购房者把房价抬到目前这么高水平以后,开发商才会参与到城中村改造中来。

总而言之,旧村改造的方式应该因地制宜、因时而异,可在满足基本利益格局的基础上,创造性地采取不同的措施增强改造的可行性。

参考文献

[1] 中国土地矿产法律事务中心调研组 . 惠民多赢的助推器——广东省佛山市"三旧"改造调研报告 [J]. 国土资源通讯,2011,(4):34-41.

[2] 梁学斌 . 三旧改造激活广州新动力 [J]. 房地产导刊,2010,(4):56-56.

[3] 李炎鑫 . "三旧改造"的广东试题 [J]. 决策,2010,(7):58-59.

[4] 谢戈力 . 如何实现"三旧"改造中的"共赢"——"三旧"改造参与者利益平衡的博弈分析 [J]. 中国土地,2011,(2):44-46.

[5] 张侠,赵德义,朱晓东,彭补拙 . 城中村改造中的利益关系分析与应对 [J]. 经济地理,2006,26(3):496-499.

(本文合作作者:杨廉、邱加盛、郑家荣。原文发表于《现代城市研究》,2012 年第 11 期)

城中村改造村民参与机制分析

——以广州市猎德村为例

公众参与最早起源于西方的政治参与，其后许多其他领域中公众参与的实践和研究都得到了重视和发展，如城市政策、环境保护、社区建设、地方政治、城市规划等。其中，城市规划和城市建设的公众参与自上世纪60年代以来得到规划师、政府、学者的普遍关注，公众参与在城市规划中的兴起，是特定社会思潮和实践的结果。20世纪60年代中期开始，公众参与作为一种规划实践的重要手段在英、美等西方国家的城市更新和社区发展领域得到了普遍重视和应用，进而促进了城市规划中公众参与理论的发展。Mathews提出公众参与实质是权力和资源的再分配，涉及实际决策的参与；Pateman认为公众参与的目的是通过政治权力再分配以求得决策的公正；周大鸣等认为，"参与"实质是决策民主化的过程，即从资金、权力等资源拥有者（传统的决策者）那里分权，或赋权给其他相关群体，以便在多方倾听中求得决策的公正与科学。20世纪80年代以来，公众参与城市规划理论逐渐被介绍到我国规划界，在我国城市更新中也进行了一些有益尝试。其中，城中村改造实践中公众参与的研究逐渐受到重视。城中村改造中的公众参与具有较强的必要性，合理的利益分配格局仅仅是改造得以启动的一个基本前提；城中村改造是一个持续漫长的社区建设过程，从改造规划方案的制定、改造项目启动的动员、拆迁补偿方案的制定与通过、临时安置方案的制定与通过、拆迁和安置房的建设等每个环节都需要得到村民的支持与配合，任何一个环节的村民动员与组织实施遇到障碍都将使改造面临难以推进的困境。因此，从这个意义上来说，城中村改造中的公众参与直接关系到改造效果，应成为城中村改造机制研究的重要部分。吴小建等肯定了城中村改造中公众参与在公共治理方面的重要价值，通过公众参与有利于化解不同利益相关者之间的冲突。Arnstein通过其著名的市民参与阶梯理论将参与程度分为三类，即"假参与""象征性参与"和"实质性参与"。前两类属于非实质性参与，"实质性参与"是指公众能够控制决策的形成和制定。IAP2（International Association for Public Participation，国际公众参与协会）根据参与目标、决策方式和参与程度等把参与方式划分为通知、咨询、参与、合作和赋权5种参与类型。

目前有关城中村改造的研究，国内学者主要根据改造主导主体和改造形式对改造模式进行分类，以及从改造相关主体利益格局角度对改造模式进行静态结构性分析，对于城中村改造中的公众参与的研究却很少，尚处于起步阶段。不同的城中村改造模式中，公众参与的方式与角色都有很大差别，参与效果直接影响改造效果，这方面的研究对于探索我国城中村改造实施机制有着重大意义。

广州市猎德村是广州市政府放开"禁止开发商参与改造"的红线之后第一个成功进行全面改造的城中村，其后几个城中村（如冼村、杨箕村等）的改造实施都遇到了各种困境和阻力。猎德村和这几个村的改造模式和改造流程基本相近，但实施推进效率却不一样，其原因和影响因素较复杂，其中一个重要影响因素就是公众参与。本研究以新制度经济学作为研究城中村的微观视角，采用IAP2的概念和划分理论，结合Amstein对于参与度的划分方法，以是否参与决策为划分依据，把通知与咨询归为"象征性参与"，参与、合作与赋权则归为"实质性参与"，对城中村改造整个过程中的村民参与进行动态跟踪研究，试图揭示不同社会阶层中具体个人因其特定的需求而策略性地参与城中村改造事务的具体过程。笔者自2007-2010年期间持续对猎德改造过程中的公众参与进行长时间的跟踪调查，并进行评估式的研究，可为广州城中村改造实施提供更为详尽的个案研究，对于今后"一村一策"中的"策"有着直接的参考意义，有利于更好配合广州新一轮城中村改造和国内其他地区城中村改造的开展。

1 理论与方法

1.1 研究理论：新制度经济学——研究城中村的微观视角

新制度经济学强调研究人、制度与经济活动及其相互关系，而城中村改造本质上是在特定制度背景下，特定的利益相关主体参与的经济活动。可见新制度经济学为如何理解城中村改造中的经济过程、人的行为和相关制度提供了一个十分恰当和独特的微观视角和分析工具，有助于深入分析和理解城中村公众参与的内在机制。全德等运用新制度经济学理论从产权界定保护和交易费用支付2个层面揭示了城中村产生、发展和屡禁不止的原因，从建立明晰产权并全力执行的角度提出了对城中村管理及改善的建议。

产权理论、交易费用理论与制度变迁理论是新制度经济学研究制度构成和运行的基本原理。本研究中，城中村改造中的公众参与主体主要是与改造利益直接相关的村民。通过对在猎德村改造过程中村民参与和日常生活实践来进行认知，以展现城中村改造日常生活实践中村民参与过程中的需求、困境和行动策略的选择等，探讨在广州"三旧改造"的宏观城市更新背景下，村民参与行动路径与宏观制度结构之间的关联，从产权、交易成本和制度相关理论视角来分析和解读村民参与方式、参与过程、动力机制和存在问题。本研究的公众参与主要对象是村民，因此本文主要研究的制度是城中村的村民参与制度。其中，交易费用是衡量城中村村民参与制度的一个重要判断标准。

1.2 研究方法与资料收集

本研究采用的方法主要是观察和访谈，笔者从2007-2010年定期到猎德村及时收集现场的公布栏信息和照片，加入猎德村本地的网络论坛，包括"猎德在线"和猎德QQ群，一直关注收集村民参与改造过程中的各种信息；同时对猎德改造的一系列相关媒体报道进行了系统、完整的文本收集整理。拆迁改造的前期，由于村民对相关"拆迁补偿"字眼的高度敏感与警惕性，结构性访谈难度很大。笔者在村里的老人活动中心、猎德河涌的两岸等地点完成了对13个村民随遇式的开放式访谈。2008年底通过"猎德在线"论坛结识了一位关键人物，并成功通过该村民逐渐进入现场结识更多本地村民、完成了对5个村民和1个规划师的结构性访谈。以上研究途径为笔者对猎德的长期和系统跟踪调研提供了一个"鲜活"的现场资料，官方文本与村民在场的话语文本包括访谈、整理的新闻报道、村公告栏的信息、村民写的信件、村民聊天记录和照片等。通过"过程－事件"的方法对村民改造参与的过程进行叙事性的再现和动态关联分析，对日常生活改造过程中各个阶段"小事件"的访谈与观察的资料收集、话语和材料的互相印证，力图再现城中村村民参与改造过程的情景，使其改造过程与各利益相关主体尤其是村民的参与过程的关联更加具体化，同时保持事件的连贯性。而且笔者通过"批判话语分析"的方法从日常微观的话语与文本来分析其背后的宏观叙事背景，阐述广州城中村改造宏观叙事语境之下的第一个城中村改造的详细而鲜活的改造个案，将宏观分析与微观分析进行有机结合。

2 猎德改造概况

猎德村是广州市天河区街属下的行政村，位于珠江新城中南部，东与誉城苑社区居民委员会为邻，南与临江大道紧靠，西与利雅湾接壤，北与兴民路及花城大道相连。该村是广州市政府放开"禁止开发商参与改造"红线之后第一个成功进行全面改造的城中村，其改造具有特殊意义，具有典型性和代表性，故选择其作为实证案例。

图 1　猎德村改造规划平面图

由于城中村问题的突出性，广州市政府从 20 世纪 90 年代中后期开始着手推动全市的城中村改造，基本上完成了城区城中村"村转居"的撤村改制，完成大量的城中村改造规划，但直到 2007 年，广州市"城中村"改造的实践仍处于没有实质性进展的停滞状态。主要原因是 2007 年前广州市政府坚持在城中村改造中不进行"直接投资"，同时也禁止开发商介入改造，资金不足的问题阻碍了城中村改造的进程。其后由于实践工作无法取得进展，广州市政府开始放松政策，允许开发商参与城中村改造。在这样的背景下，猎德村被确定为广州市城中村全面实施改造的第一村。该村改造的总体思路是"市、区政府主导，以村为实施主体"。在广州市、天河区两级财政不投入的情况下，通过合理确定建筑容积率、确保改造资金的平衡，实现村民得到实惠、村集体经济得到壮大、城区面貌得到提升、传统文化得以保存和延续的目的。

根据《天河区珠江新城猎德村旧村改造方案》，猎德村原有用地面积 337547m²，除猎德涌河涌面积 20655m² 外，其余用地 316892m² 全部纳入本次改造红线范围内。猎德村旧村

村民住宅和集体物业复建的项目及其成本支出　　　　表 1

成本类型	项目	建筑面积（m²）	造价（万元）	总价（万元）
村民住宅	小学	6000	0.15	900
和集体物业复建安置	祠堂	2500	0.60	1500
	幼儿园	2200	0.15	330
	住宅与物业楼（41 栋）	255520	0.27	158089.6
临迁费	猎德大桥北引桥路段	154765.42	13817	
	复建安置地块			
	酒店用地			
	其余地块	107588.7		
聋人学校迁建	征地	20000	30	1800
	建设成本	15000	0.15	2250

数据来源：天河区珠江新城猎德村旧村改造方案．广东省建筑设计研究院（2007）。

整体改造以猎德大桥和市政道路建设、猎德涌整治为依托，以地铁5号线建设和珠江新城地下空间开发利用为契机，通过市政基础设施建设带动旧村整体改造。猎德村分作3部分进行规划，以规划的新光快速路、猎德大桥为界，分为桥东、桥西、桥西南3部分（图1）。其中，桥东主要用于居民安置；桥西主要用于土地拍卖，从中获取改造资金；桥西南主要用于建造星级酒店，发展集体经济。改造从桥东区开始，村民先自觅或由村集体统一安排周转房居住，在东片安置房建好后，再按事先定好的回迁方案入住，每套房屋都统一办理集体土地房产证。

猎德改造资金筹集的主要途径是按价值最大化原则实行"生地熟让"的拍卖形式，合景、富力和新地3家地产最后以46亿元的高价拍得桥西的猎德地块。猎德村旧村改造成本主要包括①村民住宅和集体物业复建成本；②临迁费；③市聋人学校迁建所需费用（表1）。

3 基于新制度经济学视角的猎德改造村民参与过程分析

3.1 猎德改造参与主体的角色分析

3.1.1 改造实施的多方主体

猎德改造主要由2个核心环节组成：一是村委、政府和开发商之间的土地产权交易的外部过程；二是村委与普通村民之间进行产权明晰及再分配的内部过程（图2）。猎德改造资金筹集的主要途径是按价值最大化原则实行"生地熟让"的拍卖形式，由市政府土地开发中心组织代征代拍，开发商只参与土地拍卖环节，不参与补偿标准制定、拆迁、安置等环节。在"市、区政府主导，以村为实施主体"的指导思想下，猎德经济开发有限公司（主要由村委成员组成）负责具体拆迁安置、报批、招标、发放临迁费等工作，实质是把拆迁的动员和实施

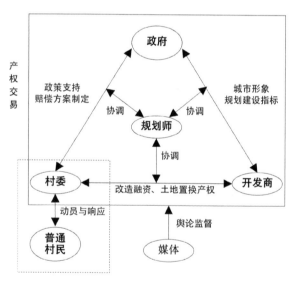

图2 猎德改造主体关系图

的成本都通过"村为实施主体"的方式内部化。故猎德村的改造实施牵动多方主体，包括政府、开发商、规划师、媒体和村民，其中规划师在其中担任协调的"桥梁"角色，媒体担任公众监督及传达各方声音的"话筒"角色；改造利益格局中的直接利益相关主体主要包括政府、开发商和村民三方。

从表2可看出，猎德改造中政府、开发商、村委及村民各自担任的角色及成本收益，进行理性的成本收益分析是建构四者利益关系的前提。

猎德的改造不仅是规划方案的实施，更是一场政府、开发商、村委、村民之间利益博弈的过程。政府、市场、村委和普通村民都是"经济人"，是理性的利益主体。在猎德改

猎德改造中政府、开发商、村委和普通村民四方角色和成本利益分析　　　　表2

主体	角色	成本	收益	利益
政府	利益协调机制主体；提供合作框架，减少土地交易成本，及时推进改造进程	市政基础设施征地补偿款；土地出让金收益的放弃	低成本推动城中村改造；完成珠江新城规划建设；优化城市空间，提升城市形象	未来可观的税收收入；使管理走向良性循环，降低未来管理成本
开发商	土地交易主体	村改造成本、社会成本、风险成本	物业租售总额	物业租售利润；品牌宣传，开拓市场，获得社会认可
村委	代表村民整体利益的谈判主体；负责组织拆迁、安置、补偿等工作	原有物业潜在收益；实施规划建设方案的管理成本	改造后桥西南区酒店项目年收益	集体物业市场竞争力提升；更高利润收益
普通村民	维护既得利益，配合规划方案实施	潜在出租收益、搬迁安置成本	"拆一补一"安置房补偿，安置期间出租收益补偿；社区服务和配套设施齐全，居住环境改善	出租房升值；居住条件完善；社会福利提升

造的利益博弈过程中，利益各方按自身目标追求收益的最大化，最终实施是利益主体多次博弈选择和交易换算后的结果。可见，在城中村改造中涉及的产权包括土地产权与房屋产权，且这些产权制度是组成城中村制度的一个重要基础。从新制度经济学视角看，这些产权也直接决定了城中村的社会关系。新制度经济学家一般都认为，产权实质上是一套激励与约束机制，也是一种权利、一种社会关系，是规定人们相互行为关系的一种规则，并且是社会的基础性规则。产权构成制度安排的基础，所有的经济主体的交互行为就其本源都是围绕产权展开。周霖认为产权的重新安排与界定是城中村改造中最敏感、村民利益关联最大的工作，政府、村民、村集体和开发商之间会经历艰难的产权界定和社会关系网络的重组过程。村民对于改造的关注点主要是其房屋产权，产权模糊是房屋产权存在的普遍问题，尤其是大量违章建筑产权缺乏法律上的合法性，该部分产权是村民积极参与产权界定谈判的激励与直接动力，村民的参与在改造中体现了很强的逐利性。

3.1.2　改造参与的村民主体

　　村内部的参与主体主要有两部分，村委与普通村民。村委同时担任着城中村撤村改制后设置的经济发展公司的重要职务，具有双重身份，他们既是政府的代理人，也是管理改造事务的村民"家长"。从图3可以看出，村委、政府两者在整个改造过程中主要扮演精英决策的角色；普通村民是理性的经济人，改造的村民参与主要是基于维护其私有房屋产权利益的激励与约束，这由城中村经济特性所决定，普通村民作为直接的利益相关者对改造决策

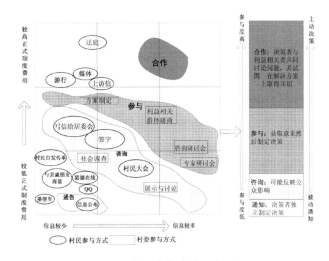

图3　村民参与方式示意图

449

进行一系列的响应。村委与普通村民的关系十分复杂，当村委代表全体村民利益与政府、开发商进行谈判时，村委与普通村民利益一致；在改造实施过程中村委同时也是参与改造利益分配的"村民"，普通村民对于村委不信任的现象十分普遍。

3.2　村民参与方式分析

图 3 是通过调查、访谈等方式获悉信息整理后的猎德所有村民参与方式的矩阵，包括普通村民与村委。其中，村委本身也是村民，但其参与角色和参与方式明显不同于普通村民。村委的参与方式主要是咨询和参与，具有决策的影响力和权力，参与度相对较高；而普通村民的参与方式主要是通知，对决策的影响力很有限，参与度较低；村民在改造参与中较为被动，基本是"接收"村委的决策通告。

事实上，制度可分为正式制度（如法律、政治制度等）和非正式制度（如习俗、行为准则等），其所对应的村民参与方式和途径也可归为正式参与和非正式参与。在现有制度安排之下，村民代表大会、股东代表大会是村民的正式参与途径，但当改造过程中村民的利益诉求在正式的参与制度下缺乏有效的表达途径时，村民就会在产权维护的激励之下突破现有制度安排"生产"出很多正式制度安排之外的非正式参与方式与途径。如传统村落里"差序格局"熟人社会中的"口口相传"、建立在村庄社会网络基础上的集体游行、求助媒体、网络社区信息交流等，这些是现有正式参与制度安排之外的行动策略。以拆迁补偿安置方案制定与通过中的村民参与过程为例，由于普通村民对一开始制定的赔偿方案中增加部分回迁房的购买单价 5000 元 $/m^2$ 很不满意，他们除了在村民代表大会上和口口相传向村委表达不满外，还成功地通过组织游行的方式在安置补偿方案签字之前给村委施加压力，最后成功争取到将增加部分回迁房回购价格下调到 3500 元 $/m^2$。在补偿方案制定期间，猎德的社区网络论坛，如"猎德在线"和"QQ 群"的网络参与互动都十分积极，体现了较为强烈的维权意识。

城中村现有的村民参与制度具有很大的局限性，远不能满足村民改造参与的需求（图 4）。村委与普通村民之间存在严重的信息不对称。笔者通过对村民的访谈与实地收集的文本分析发现，普通村民对改造事务的很多不满都与其缺乏"知情权"有关，普通村民的上访信和网络论坛等的大量讨论都是围绕着改造信息的不透明展开，村民对改造信息的知情权有很强的争取意识，信息成本也是改造过程交易费用的核心。如在访谈中一位村民[①]说："因为从一开始方案初稿，基本是村的领导班子那几个人去规划这件事情，村民只是在方案中争取最大的利益。通过这样那样，不满、抗议、反对啊，只能这样去争取，村民比较被动。"由于缺乏正式制度的保障，对于村民个体来说，突破现有正式制度来争取知情权的信息成本很大。

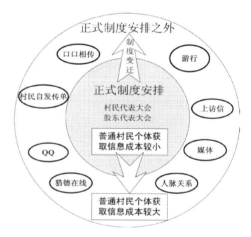

图 4　正式制度安排内外的村民参与途径示意图

① 村民 33 岁，男，本科学历，访谈日期：2010-03-13。

改造中村民参与方式很多都是非决策性的被动参与，但这并不意味其参与没有意义，尽管参与的过程和结果可能不具学者所期待的民主效果，但可体现其社区参与意识。可见村民也不是纯粹的"被动响应者"，当普通村民产生不满时会主动"反抗"，通过正式和非正式的途径去表达利益诉求。其中，非正式的利益诉求途径被大量建构及使用，这个过程具有创造性及建构性，具体体现在结合网络资源和本土资源2个方面。在我国社会转型的大背景下，村民从传统的社会主义文化和新兴的网络资源中寻找有利于维权的因子，进行策略性建构，实现其行动的合法性和可能性，如求助媒体、网络社区等。同时，传统的本土村落社会网络资源在城中村改造组织、动员、矛盾化解等过程中有着积极作用，如民间舆论、熟识关系、身份认同等在改造谈判中的运用，在一定程度上是节约变迁成本的有效模式。以拆迁安置补偿方案的签字通过为例，访谈中一位村民[①] 说："如果他们（村干部）的亲戚都不签的话，怎么拉动说服其他人签。因为每个领导都有一帮亲戚朋友，他们会在亲人朋友那里做思想工作，说改革方案如何的好，消除某些村民的疑虑，逐渐地支持的声音越来越多，最终反对的声音演变成仅剩下 4-6 家，通过法律途径来解决。"签字过程中村委首先动员其相关亲朋进行签字，其亲朋相继动员其他村民，通过村民熟人间的信息传递与交流来消除某些村民的疑虑，进而推动村民的改造响应。可见，村民参与方式的构建是转型期的一个特殊产物。他们将自己嵌入到现有的体制中表达自己的诉求，在一定程度上改变了现有参与路径的行动逻辑。从"在场"村民的行动逻辑来看，传统的本土村落网络资源在城中村改造组织、动员、矛盾化解等过程中有着积极作用。可能传统的熟人行动策略看起来较"土"，但有必要对其进行关注与扶植。

总的来说，伴随着村民"权利意识"的觉醒，村民参与实质上是通过对自上而下制度设计的结合与利用在日常生活中进行自下而上的参与响应实践。这是根据其特定需求而采取的策略性行为，这种由产权维护而促发的元素组合是一种城中村文化再生产的过程。

4 猎德村改造中村民参与制度建设的问题与建议

4.1 问题：产权明晰产生大量交易费用，现有正式制度安排不能满足村民参与需求

我国城乡土地的二元制和城中村土地产权的不明晰，使得城中村改造成为各种利益关系以及各种利益摩擦和冲突的焦点。而土地管理制度的制约以及土地产权的分散和不明晰又导致城中村产权模糊。为了建立所有权、激励与经济行为的内在联系，需要进行产权界定，这个界定行为实际上是目前城中村制度安排下土地进入市场的交易行为，该过程

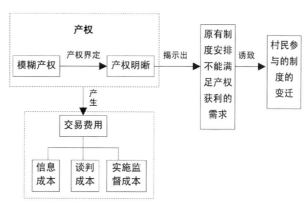

图 5　新制度经济学解析思路

---

① 该村民 30 岁，男，本科学历，访谈日期：2010-04-02。

会产生大量交易费用。由图5可见，城中村改造的交易费用主要指产权界定和维护过程所产生的成本，包括调查和信息成本、谈判和决策成本以及制定和实施政策的成本。

本研究主要关注猎德村内部产权界定过程中产生的交易费用，村委为改造的主体。猎德村产权界定的交易行为以城中村的已有制度为基础。制度变迁的方式主要包括诱致性和强制性两种（图6）。强制性制度变迁由政府命令和法律引入和实行；诱致性制度变迁必然由某种在原有制度安排之下无法得到的获利机会引起。在猎德村再造的过程中，由于现有正式制度安排无法满足村民改造参与的需求，从而构建了多种非正式的参与方式，这实质

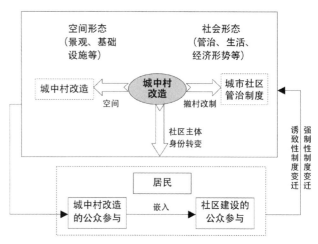

图6 城中村改造村民参与制度建设策略

上是诱致性的制度变迁，村民作为微观的经济行为主体，在产权明晰过程中通过从下而上的改造响应和参与而产生了制度需求，同时这个制度需求通过交易成本进而反应和衡量现有制度安排的效率和不足。诺思指出，信息的高昂代价是交易费用的核心，它由衡量所交换物品的价值属性的成本、保护权利的成本及监察与实施合同的成本组成，这些成本是导致政治、社会和经济制度变革的源泉。

通过诱致性的制度变迁可影响决策者安排更好的制度。如2010年出台的《关于广州市推进"城中村"（旧村）整治改造的实施意见》就已提出了"'城中村'全面改造专项规划、拆迁补偿安置方案和实施计划应当充分听取改造范围内村民的意见：经村集体经济组织80%以上成员同意后，由区政府报请市'三旧'改造工作领导小组审议，其中涉及完善征收土地手续的，需在市'三旧'改造工作领导小组审定后，报请省人民政府批准。"可见，从2010年开始村民的改造意愿在政策层面得到了政府的重视，村民的参与需求进一步得到了政府制度安排的认可和考虑，且产生了强制性的制度变迁。虽然公共参与制度确立会增加正式制度安排下的公众参与交易成本，但大大减少了非正式公共参与所产生的交易成本，交易成本是衡量制度是否有效的标准。在新制度经济学家看来，制度是当事人交易过程中缔结契约的结果，制度的作用必须通过交易成本的相对比较来判定，一个有效的制度就是引致交易成本相对较低的制度。制度可以把人们的决策程序化、规则化，使得人们在相互交往中有一个共同的平台和依据，从而大大降低这种交易成本。

4.2 建议：利用城中村改造村民参与制度建设契机推进城市社区管治转型

城中村改造不仅意味着物质空间的转变，更意味着社区组织和管治形式的转型。在猎德村改造中，村民参与行为主要是通过嵌入到城中村的管理体制中，在改造过程中，村民的权利意识和参与意识都得到建构与培养；在处理村民各种诉求行为的过程中对村委与政府部门也是一个学习的过程，这是一个通过城中村改造参与过程的学习与调整进行社区参与制度建设的机遇，最终不仅在空间形态上实现社区的转型，也在社区管治的体制上实现实质的转型。同时在村民参与制度建设的过程中注意依赖本土化资源，对其进行扶植与延

续，从而实现村民参与制度的建设，促进参与制度变迁的实现。

在社区实现转型的过程中，出现了本土与非本土资源和行动策略相互融合的交界面，本土资源和完整的村社共同体组织网络在推动城中村改造、实现社区管理转型中有着重要影响。蓝宇蕴认为无论是村社型的组织还是村社的个人，承续与再组织起来的共同体网络都是城市化利益与需求实现中最具有资源价值的最重要社会网络。可见，加强城中村改造村民参与制度的建设，提供一个交易成本相对较小的社区参与平台建设，对于建立合理平衡的村民、政府、开发商各方利益格局，推动城中村内部的改造动员与村民响应以实现帕累托最优和实现社区顺利转型有着十分重要的意义。

5 结语与讨论

通过对村民的利益诉求和参与状况进行研究，揭示城中村改造中村民参与所存在的问题。猎德村改造过程中村委和普通村民的参与方式具有较大差异，普通村民更多的是被动地参与，处于"被通告"的角色，且影响决策的能力很有限；同时普通村民也不是纯粹的"被动响应者"，当其产生不满时会主动地"反抗"，通过正式和非正式的途径去表达利益诉求，其中非正式的利益诉求途径被大量建构和使用。本文从"在场"村民的行动逻辑出发，探讨传统的本土村落网络资源在城中村改造组织、动员、矛盾化解等过程中的作用，探讨其已有习惯性与传统性的管理组织形式在改造旧社区和建立新社区中的价值与意义，这些看起来可能是"土"方法，但有必要对其进行关注与扶植；同时在改造过程中其采用的带有明显时代性的参与、组织形式，对探讨城中村改造中村民权利意识的发育状态、提高村民参与效率的策略建设有启示意义。从新制度经济学理论的视角来分析，普通村民改造参与的动力和需求基础是产权保护的激励，土地产权和房屋产权是城中村经济社会关系的基础。村民参与过程中存在的问题是：普通村民参与的动力与需求较大，但现有的正式参与制度安排不能满足村民改造利益诉求的需求，因此村民结合网络资源和村庄本土社会网络资源"生产"了很多正式制度安排之外的参与途径。猎德改造中普通村民与村委之间存在严重的信息不对称，村民参与的信息成本较大，可见现有的城中村改造村民参与制度具有较低的效率，不能满足村民参与的需求，因此需要结合本土化资源特点加强城中村改造村民参与平台的制度建设，以促进城中村改造社区管治的成功转型。虽然在2007—2010年期间关注猎德村改造的媒体很多，但报道通常注重短期时效和效益，缺乏持续关注的耐心。因而对猎德村民回迁后的社区经济、社会、管理等各方面进行改造后的调研和评估，或进行改造前后的比较研究，跟踪调查改造后的村民参与方式是今后有待进一步研究的课题，这些对于加深城中村改造村民参与机制的认识有着重要的积极意义。

参考文献

[1] Mathews T. Interest group access to the Australian government bureaucracy : consultant's report[R]. Canberra : Royal Commissionon Australian Government Administration，Appendix，1976 : 2.

[2] PatemanC. Participation and Democratic Theory[M]. Cambridge : Cambridge University Press，1970.

[3] 周大鸣，秦红增. 参与式社会评估：在倾听中求得决策 [M]. 广东：中山大学出版社，2005.

[4] 吴小建，张华. 公众参与城中村改造：缘由、困境与实现 [J]. 皖西学院学报，2011，（3）：13-16.

[5] Arnstein S. Aladder of citizen participation，Journal of the American Institute of Planning[J]. 1969，35（4）：216-224.

多重利益博弈下的"三旧"改造存量规划

——以珠江三角洲集体建设用地改造为例

在国家近三十年分权改革的大背景下，广东省率先采用了"分权以促竞争、竞争以促发展"的治理模式。1980 年代，珠江三角洲各农业县成功把握商品稀缺时代大力发展乡镇企业。1990 年代，更把握全球产业分工的重大机遇，通过"以土地换税收，以空间换发展"构筑工业发展的成本洼地吸引外资。经过 30 多年的努力，成功将珠江三角洲打造为"世界工厂"。

但是以低成本推动工业化也导致了城市化质量的低下。为集约节约利用土地，针对旧村庄、旧厂房和旧城镇的"三旧改造"政策给了珠江三角洲一个提高城市化质量的机会。本文重点讨论存量农村集体建设用地的改造及其带来的规划变革。

1 低成本城镇化之殇

珠江三角洲有两种典型的城镇化模式：一种是由政府主导的，由原有城镇扩张或新设工业园区拉动的"自上而下"的"征地拆迁城镇化"；另一种则是由乡镇或村庄主导的，通过发展乡镇企业或者引进外资工厂推动的"离土不离乡、进厂不进城"的"自下而上"的"农村社区城镇化"或称"就地城镇化"。

（下接第 455 页）

（上接第 453 页）

[6] IAP2（The International Association for Public Participation）. Public Participation Spectrum [EB/OL]. [2010−01−05]. http：//www.iap2.org.au/resources/spectrum.

[7] 仝德，李贵才. 运用新制度经济学理论探讨城中村的发展与演变 [J]. 城市发展研究，2010，（10）：102−106.

[8] 周霖. 城市资源配置：产权与制度、政府与经济关系研究 [J]. 福建师范大学学报，2004，（3）：17−22.

[9] Robinson L. Two tools for choosing the appropriate depth of public particitiong indecision−making [EB/OL]. [2009−04−13]. http：//www.enablingchange.com.au/Two_decision_tools.pdf.

[10] 迈克尔·迪屈奇. 交易成本经济学 [M]. 北京：经济科学出版社，1999：44.

[11] 蓝宇蕴. 都市里的村庄（一个新村社共同体的实地研究）[M]. 北京：生活·读书·新知三联书店，2005.

（本文合作作者：谭肖红、吕斌。原文发表于《热带地理》，2012 年第 6 期）

1.1 征地拆迁城镇化

国家在计划经济时期在广东的投入非常有限，导致改革开放之初珠江三角洲城镇工业化水平低、政府财力弱、吸纳就业不足。地方政府在30多年"自上而下"的城镇建设和工业园区开发中，尽可能地压低征地成本，回避村民安置的巨额经济补偿；普遍选择了征用农地、绕开村落居民点的思路。

为减少征用农地的障碍，广东开创性地采用了征地留地的政策，即"国家征收农村集体土地后，按实际征收土地面积的一定比例，作为征地安置另行安排给被征地农村集体经济组织用于发展生产的建设用地。留用地的使用权及其收益全部归该农村集体经济组织所有。""留用地按实际征收农村集体经济组织土地面积的10%-15%安排，具体比例由各地级以上市人民政府根据当地实际以及项目建设情况确定。"[1]

广东这种"要地不要人，用建设用地指标支付征地成本"的城镇化模式，做大了村级集体经济，造就了大量"城中村"、"园中村"。

1.2 农村社区城镇化

在东莞、南海、顺德等这些传统农业地区，"自下而上"的农村社区工业化所推动的"就地城镇化"则造就了大量"半城半乡"地区。

在竞争性的土地出租市场中，集体建设用地的价值可以近似地用净收益流的贴现值来估算。譬如佛山市南海区2008年集体工业用地租金每年每亩1.6万元，如果按1年期银行存款利率1.8%作为无风险收益率，这一永续的租金收入折现后的土地价值为90万元/亩。而集体商业用地租金收入每年每亩高达6万元，折现后的土地价值则为300万元/亩。

一方面，村庄通过集体经济合作组织成为一个个相对独立的经营村域土地资源、主动追求土地非农化租金收益推动集体经济发展、承担村民土地分红和提供村域基本公共服务的利益共同体。同时兼有村民自治权和土地经营权的"村社共同体"掌握了巨量的集体建设用地资源，经营收益总量巨大。

另一方面，村集体大量留用地、由乡镇企业用地转化而来的农村经营性集体建设用地和宅基地被二元土地政策锁定在资产层面，无法通过抵押获取金融支持，只能获取土地和物业租金，所以无法吸引优质企业。农村集体建设用地由于产权不完整，导致了土地利用和产出效率双双低下。村民的宅基地房出租也受制于公共服务设施水平，使得村庄成为农民工落脚城市的低租金住区。

1.3 城镇化质量低下

通过低成本优势招商引资发展经济必然导致城镇化质量低下。无处不在的"非农化村庄"使得珠江三角洲大部分建成区呈现"半城半乡"的景观特征。绝大部分"非农化的农民"仍然居住在旧村居，城市新区中的"城中村"和工业园区中的"园中村"成为村民获取住房出租收入的"奶牛"，农民仍然依赖土地收入。

如位于广州市新CBD地区的"城中村"猎德村，改造前村集体物业建筑面积8.62万㎡，

---

[1] 广东省国土资源厅颁发的《广东省征收农村集体土地留用地管理办法》(2010年)。

经济总收入约 5000 万元／年，在支付村庄公共支出后村民人均分红 5000 元／年；村民自建房建筑面积 49.8 万 ㎡，人均住房面积 71㎡，月租金收益约 800 元／户。

村庄既是生活空间也是生产空间，大量中小企业和工资低廉的外来"农民工"就寄居在城里城外的这些"半城镇化"地带（图 1）。

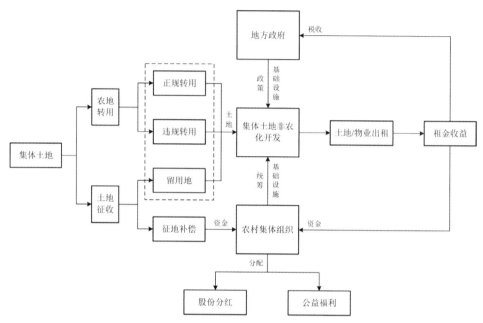

图 1　非农化村庄的集体土地开发示意图

2　"三旧改造"推动土地集约节约利用

2.1　建设用地指标之困

从 1990 年到 2005 年，珠三角城镇建设用地规模从 732km² 增加到 4307km²，增长近 5 倍，GDP 增长近 17 倍。进入 21 世纪以来，中央政府推出了最严格的土地管理制度，相继于 2004 年出台《关于深化改革严格土地管理的决定》、2006 年出台《关于加强土地调控有关问题的通知》，将土地政策列为宏观调控手段，希望通过紧缩"地根"以达到加强土地资源保护、促进经济转型、推动城乡和谐发展的目的。

于是"供应总量调控、盘活存量土地、提高土地利用效率、节约集约用地"成为地方政府在转型发展中不得不采取的策略。以佛山市为例，第二次全国土地调查成果显示，到 2009 年年底，全市建设用地总量已达 195.56 万亩，占辖区面积的 34.33%，下辖南海区建设用地比重更是高达 53%。与此同时，在总量调控的限制下，未来 10 年佛山市年均新增用地量仅 7200 亩，增量空间已非常有限。

面对普遍存在的"增量建设用地获取难、存量建设用地使用粗放"局面，广东省政府主动向中央要政策，并于 2009 年 8 月出台了《关于推进"三旧"改造促进节约集约用地的若干意见》（粤府［2009］78 号）（以下简称《若干意见》），提出在中央政府给广东的三年政策实验期内以存量建设用地中的旧村庄、旧厂房和旧城镇（简称"三旧"）改造工作为抓手，推动土地的"二次开发"。

2.2 "三旧改造"的制度供给

产业财政和土地财政都有赖于土地供给,在此背景下如何通过"三旧改造"释放低效用地价值成为广东现阶段城镇化进程中的一个必然选择。《若干意见》的出台从政策上打开了旧村居的改造之门:

(1)历史遗留问题要尊重历史妥善解决,按时间节点进行分类处理,做到改造利用与完善手续相挂钩,为集体建设用地确权。最大的政策利好是允许给符合土地使用规划的第二次土地调查时的现状建设用地确权,打捞出大量沉淀的集体建设用地。

(2)创新土地管理政策,简化集体用地转国有用地程序,完善集体土地权能。

(3)鼓励土地使用权人参与改造,实现土地增值收益共享。在旧村庄改造中,市、县人民政府通过征收农村集体建设用地进行经营性开发的,其土地出让纯收益可按不高于60%的比例返还给村集体。

(4)鼓励多渠道利用社会资金参与改造,可在拆迁阶段通过招标的方式引入企业单位承担拆迁工作,拆迁费用和合理利润可以作为成本从土地出让收入中支付;也可在确定开发建设条件的前提下,由政府将拆迁及拟改造土地的使用权一并通过招标等方式确定土地使用权人,即所谓的"生地熟拍"。

广州借举办亚运会之机,在《若干意见》的基础上出台了更加详细、更大突破的规定。在《关于广州市推进"城中村"(旧村)整治改造的实施意见》中,进一步将广州市的"城中村"划分为"全面改造"型和"综合整治"型,对于全面改造的"城中村"制定了明确的指引(表1)。

这一系列的政策在宏观上解决了集体土地产权明晰问题,在中观上解决了土地增值收益分配问题,在微观上解决了村集体物业和村民住宅复建问题,为旧村居提供了完整的改造框架。

	广州市三旧改造政策读解 表1

序号	政策
1	按照"改制先行,改造跟进"的原则,在村委会和村集体经济组织转制的同时,土地须转为国有
2	改造须经村集体经济组织80%以上成员同意后即可进行
3	立足于市场运作,鼓励村集体经济组织自主实施改造。除村集体经济组织自行改造外,应当通过土地公开出让招商融资进行改造
4	允许村集体经济组织协议出让土地以用于筹集改造资金,居住用地只缴基准地价的30%(商业用地为35%),在此基础上还可享受5折优惠,因此村集体经济组织实际只需要交纳基准地价的15%(商业用地为17.5%)
5	出让土地纯收益(土地公开出让收入扣除土地储备成本及按规定计提、上缴的专项资金)的60%支出用于支持村集体经济发展
6	被拆迁村民房屋有证建筑面积,按"拆1补1"给予复建,其他按建设成本给予货币补偿;被拆迁合法的集体物业原则上按"拆1补1"原则进行复建或者按照集体物业收入不减少的原则核算复建量
7	改造后的村民安置房若办理国有房地产权证,可以先注明未办理土地有偿使用手续,待交易转让时再按照基准地价的30%缴交国有土地使用权出让金

截至 2012 年底，广东已经完成"三旧"改造项目 2684 个，节约土地约 6.5 万亩，政策红利相当明显。而据省国土厅的数据显示，经各地规划统计，全省至少有 410 万亩地可以作为"三旧"改造的土地，这一数字接近国家给广东省 2006 年到 2020 年的 430 多万亩用地指标。

3 "三旧改造"中的利益博弈

"三旧改造"的目的是解除二元土地政策的锁定，让农村集体建设用地有可能逐步进入土地资本市场。但是，改造过程中如何平衡地方政府、开发商、村集体和村民等各方利益则是能否推动的关键。

3.1 改造成本

集体建设用地是村集体和农民的主要收入来源，村集体要求保证集体收入不减少，希望复建更多的集体物业；村民则希望获得更多拆迁安置住房。但是现状容积率越高，复建总量越大，改造的难度也相应增加。现状建筑规模往往成为村集体、村民和政府争议的关键点。

为此，广州市的三旧改造采取了"双控双限"的做法：村民住宅复建以户均 280m²、人均 80m² 的建筑面积进行限制。"被拆迁村民房屋有证建筑面积，按'拆 1 补 1'给予复建，其他按建设成本给予货币补偿；被拆迁的合法集体物业原则上按'拆 1 补 1'原则进行复建或者按照集体物业收入不减少的原则核算复建量"。（见第 448 页表 1）

3.2 旧改融资

城中村改造多是动辄高达数十亿元人民币的巨型项目[①]，一般的做法是把土地切分为三块：①安置地块，用于复建村民住宅和集体物业；②融资地块，用于出让，以筹集改造成本；③基础设施和公共服务设施配套用地。（图 2）

融资地块就是通过有形土地市场出让（广州也有协议转让）给开发商的那部分旧村居土地，所得土地出让金用以平衡旧村居改造成本，因而市场能够接受的楼面地价成为决定融资地块面积的重要依据。

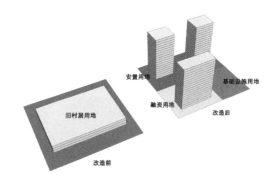

图 2　改造前后土地划分示意

出让地块的大小和容积率是村集体、地方政府、开发商三方利益博弈的焦点。村集体希望提高出让地块容积率降低出让土地面积。开发商则以利润最大化为目标，希望通过提前介入改造，借助协议出让的方式以低于市场水平的楼面地价获得土地，再凭借自身的政治资源、资本和经营优势，从改造中获取高额利润。

---

① 广州市猎德村改造成本 46 亿元、琶洲村改造成本 44.7 亿元。

3.3 基础设施优化

城市政府在旧村居改造中难以追求土地财政收益最大化，但必须以改善环境、完善基础设施为前提，根据改造后的人口估算安排道路、公共服务、市政公用、公共绿地等公益性设施用地。

为"完善公共服务设施、市政公用设施、保障性住房及公共绿地，促进城市服务功能的完善和环境品质的提升"[①]，广州市政府规定"用于建设城市基础设施、公共服务设施或者城市公共利益项目等的独立用地，应当按现行规划技术标准和准则规范设置，原则上不小于更新改造用地面积的15%，一般不少于3000m²"[②]。

3.4 开发强度之争

"三旧改造"受前述综合改造成本、融资、基础设施三项因素影响，使得开发强度成为平衡改造成本的重要手段。

将规划容积率控制在地区开发可承受的范围内。通过"拆建比"与现状容积率相乘，可以反推平衡改造成本的规划容积率[③]。所谓"拆建比"，就是每拆除1m²旧村居建筑后需要复建和新建的建筑量。在村民住宅和集体物业复建量、土建成本一定的背景下，"拆建比"越高、需要新建的建筑量越大，出让用于融资的建筑量也就越大。反之市场能够接受的楼面地价越高"拆建比"就越低，因此周边房地产的市场价格成为判断能否推动改造的关键性因素。

$$平衡改造成本的规划容积率 = 现状容积率 × 拆建比$$

由于土地的级差地租，在广州市核心区，拆建比一般要达到1.3至1.5；在佛山禅城、南海桂城一带，一般要达到1.7至1.9；而在珠三角外围地区，比如佛山高明、三水一带，则要达到3.3至4.0。所以不是所有地段的旧村居都具备改造的条件，关键在于旧村居现状容积率和区域楼面地价两项指标。

平衡改造成本的规划容积率是实施改造的"门槛"容积率值，低于此值将导致无法平衡改造成本，即现有旧村用地面积无法容纳改造后最基本的总建筑量。另一方面，这一指标若太高，大大超出地区控制性详细规划的标准也将难以为城市规划管理部门所接受。地方政府一方面必须严谨测算改造成本，另一方面还要综合评估改造的社会、经济环境效益。

4 广州的城中村改造

4.1 改善城市形象

广州市政府为快速改善城市政府公共治理形象，在亚运会前匆匆启动了几个城中村的改造。由于难以通过土地收储获利，城市政府不可能动用有限的公共财政来推动改造。但

---

① 《关于加强"三旧"改造规划实施工作的指导意见》（粤建规函 [2011]304 号）。

② 《关于加快推进三旧改造工作的补充意见》（穗府 [2012]20 号）。

③ 计算得出的规划容积率是毛容积率，即是包含了旧村改造后道路用地和公共服务设施用地的整体容积率。

是要直接引入市场资本，也只有在周边楼面地价达到相当高的水平的时候才是可行的。而当时房地产价格的高涨，使得城中村改造成为可能。

由于城中村的土地是城镇化的过程中政府留给村民的少数可赖以生存的资源，所以只能在承认农民既得利益的前提下进行改造，因此城中村改造只能做到"帕罗托最优"，即必须实现各参与方利益的最大化，而且不损害任何一方的利益。但是目前普遍采用的"卖地筹资"模式都是以提高开发地块的容积率为前提来平衡改造成本的。

4.2 猎德村，立起来的城中村

猎德村位于广州 CBD 核心区，珠江新城中南部，南临珠江，全村总用地面积 33.6 万 m²，户籍人口 7865 人，原有总建筑面积 68.6 万 m²。改造前是典型的"城中村"——高密度的农民自建住宅，违章建筑多、治安环境乱、卫生条件较差（图 3）。

在 1992 年的珠江新城规划中曾经建议整体保留猎德村，将其打造成"岭南水乡"。但是在长达 20 年的时间里，由于缺乏控制违法建设的长效机制，传统水乡村落终于城中村化。

2010 年广州亚运会选址珠江新城做开幕式会场，为建设跨江大桥而推动了猎德村的整村改造（见第 447 页图 1）。城市政府于 2007 年开始介入并主导了从旧村拆迁、土地拍卖，再到安置房建设的过程。改造思路就是出让部分旧村用地以平衡改造成本，利用土地出让金复建村民住宅和村集体物业（图 4，表 2）。

村民按照"拆 1 补 1"的补偿标准获得复建住宅，总建筑面积 68.22 万 m²，人均住房面积达 86.7m²。改造前，猎德村的宅基地房租金水平仅为 10-15 元 /m²；而改造后，根据

猎德改造各类建筑面积及占地面积一览表　　　　　　　　　　　表 2

建筑类型	建筑面积（万 m²）	占总建筑面积比例	占地面积（hm²）	占全部用地面积比例	容积率
村民复建住宅	68.2	39.5%	17.11	51.0%	5.2
公共服务设施	20.8	12.0%			
复建集体物业	27	15.6%	5.00	14.9%	5.4
融资地块物业	56.8	32.9%	11.42	34.1%	5.0
合计	172.8	100.0%	33.53	100.0%	5.2

图 3　猎德村改造前航拍图

图 4　猎德村改造后用地划分示意

网上招租信息推算月租金水平达到 35-40 元 /m²，是改造前的 3-4 倍。

村集体以保障集体收入"不减少且有适当增长"为目标，获得优质的商业经营性物业总建筑面积约 27 万 m²，若按每 m²50 元 / 月的租金水平计算，村集体每年将获得 1.62 亿元收益。

土地拍卖是改造资金的主要来源。猎德改造总成本为 32.9 亿，估算商业地块楼面地价 5800 元 /m²，需要融资的总建筑面积为 56.8 万 m²。按猎德村改造规划确定的容积率 5.0，用于融资的地块面积达到 11.42hm²[①]。最终卖了 46 亿元，折合楼面地价 8095.3 元 /m²，溢价部分的 60% 返还村集体。

村民、村集体和开发商各自利益的最大化推高了改造的开发强度，政府允许高容积率改造的结果除获得少量土地溢价分成外得到了若干设施用地。高达 170 余万 m² 的建筑总量[②] 最终将改造地块平均容积率推到 5.2。村民复建房 37 幢 25 至 42 层的住宅沿江而立，被市民戏称为"立起来的城中村"。

4.3　对猎德村改造的讨论

广州猎德村改造的巨额土地收益由村民、村集体和开发商所分享。城市政府却要为地块的高强度开发付出了高昂的代价。由于改造未计入村庄既有留用地利益的前提下极大化开发增量，使得公共服务需求外溢，把一部分改造成本交给社会承担。政府看起来没有出资改造，但是要为如此高强度的开发配套进行大量的基础设施和公共设施建设，支出大笔财政。

此外，由于改造过程中缺乏村民参与还引发大量社会矛盾。村庄是集体所有制，土地和集体财产是共有的关系，村民有权利知道其中如何操作。在村民的利益已经最大化的情况下，如果能够做到公开、公平、公正，相信大部分村民都会接受的。

广州市出于政治考量不计公共成本的城中村改造推高了全市农民的期望值，无计划的大量推出"城中村"改造用地扰乱了全市有形土地市场供求关系，所得税制的不完善制造了新的社会不公。

5　南海的旧村居改造

改革开放后，佛山市南海区凭借毗邻广州的地缘优势大搞农村社区工业化，取得了经济上的成功，但是城镇化明显滞后于工业化。"村村点火、户户冒烟"的工业化形成了"半城半乡"的城镇化空间景观，大规模的集体建设用地被锁定在低效利用的状态。

5.1　区位发现

区位价值的改变为"半城市化地区"迎来了"二次城市化"的机会。首先是广州在 2000 年完成了行政区划调整后城市区域化；其次是区域一体化的加快，广州作为中心城

---

① 为保证 30% 的绿地率，经过规划调整后部分地块容积率高达 7.2。

② 包括 20.8 万 m² 的祠堂、小学等公共服务设施建筑面积。

市在近十年摆脱了发展困境，完成了要素的聚集，特别是在工业化战略的成功使得中心城市的辐射力、扩散力开始发挥出来。因此在"广佛同城化"发展的区域背景下，近年来南海区的城镇化取得了突飞猛进的发展。

2003年，南海实施了东西板块战略在西部打造工业园区，经济发展的主战场从东部的"农村社区工业化"转向西部的"园区工业化"。《南海东部地区发展战略研究》预判未来广佛同城化会极大地改变这个地理上处于广佛之间的洼地，而区位的改变将有机会让这个地区从农村社区城镇化走向更高质量的城镇化。

2005年提出东部南海围绕千灯湖公园建设"广佛RBD"——即广佛都市区副中心；2006年在《千灯湖地区发展策略研究》中进一步明确了建设商业服务业高地的战略以迎接广佛地铁的建设。而随后的《广东都市型产业基地发展策略研究》、《南海城市化进程中的土地使用问题及对策研究》、《南海集体土地活化对策研究》，探索在农村社区工业化地区提高城市化质量、活化存量土地、在集体建设用地上建设城市的路径，在城市规划、产业、政策和制度上为三旧改造做好了准备。虽然在同城化的过程中广佛两个市级政府在这个地区的公共财政投入并不多，但由于南海区明确的战略和环境改善行动获得了市场对该区位的强烈认同，大量金融和房地产企业在此投下重金。

2007年后，南海区政府适时推动"工业南海"向"城市南海"转变，东部地区已经从两个城市交界的价值洼地，变成价值高地，成为广佛同城的最大受益者。

5.2 夏北村改造的"三个前置"

佛山市南海区发掘区位价值，最先推动农村集体建设用地的再开发和"二次城市化"，成为广东省三旧改造政策的原点。其得以成功的原因除了区位外，还在于政府对集体建设用地二次使用政策的探索。

长期以来，南海的集体建设用地由于产权不完整被锁定在资产层面，无法获得资本收益。旧改的政策设计基本实现了集体建设用地同地同权、同市同价的突破，为资产向资本转化打开了渠道。譬如南海三旧改造政策允许集体建设用地登记为国有，然后通过有形土地市场公开"招拍挂"，由于土地价值增量很高，改造后农民可以用土地换物业保持经济收入有所增长。其结果让资本进入获利，政府也得益。

夏北村位于南海桂城中部，处于广佛同城的主要对接区。经过改革开放后30年的发展，夏北村已经由一个农业村庄转变为"非农化村庄"——无农业、无农民，只有少量零星分布的农地（图5）。2009年，夏北村村域面积259.96hm²，户籍人口7200人，农村经济总收入16.44亿元，村社（组）两级集体经济总收入8428万元，村委会可支配收入1568万元，社（组）级可支配收入5166万元，人均收入13867元，人均股份分红5600元。

2007年，南海区政府在与夏北村一路之隔的千灯湖地区建设广东金融高新技术服务区，为广佛地区的金融企业提供后台服务基地。经过几年的发展，金融区原有规划用地已难以满足市场需求，夏北所在地区被划定为金融服务区的拓展用地。与此同时，广佛地铁于2010年通车，从夏北村的西侧通过，在村域边缘有金融城和千灯湖两个站点，极大地改善了土地的区位价值，使之成为最具改造潜力的地区。

2010年，夏北村改造规划确定了"三个前置"的改造原则：村民既有利益保障优先、生态优先和公共（基础）设施优先。要让村民同意改造，不但要保障其个人和集体经济存

图5 夏北村改造前航拍图（2010年）

图片来源：《广东金融高新技术服务区C区城市更新策略与控制性详细规划》

图6 夏北村改造中航拍图（2013年）

图片来源：Google Earth

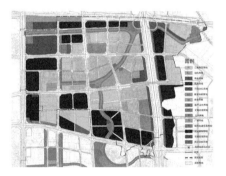

图7 夏北村土地利用规划图

图片来源：《广东金融高新技术服务区C区城市更新策略与控制性详细规划》

图8 夏北村改造后效果图

图片来源：《广东金融高新技术服务区C区城市更新策略与控制性详细规划》

量利益，还得适度增长。政府做城市即是做产业，可以通过城市环境的提升聚集和培育优质产业，获取长期税基。开发商其实也很看重地段的环境和设施水平（图6～图8）。

夏北村改造采取三项基本原则：①市场化，政府主导、村为主体、市场运作、村民参与；②封闭运行，政府不以获取土地运营收益为主要目的。改造范围内土地出让金政府所得部分全部用于区内弥补改造成本（主要包括改造期间维持村集体租金，支付工厂拆迁补偿、搬迁补偿，道路景观等基础设施建设费用）；③财务平衡，开发强度以平衡改造成本为底线，控制融资用地规模。

村庄的集体建设用地被划分四块：①村民安置用地；②集体物业复建用地；③融资用地；④公共设施用地，用于城市建设需要的道路、市政、公服、绿地、水系等建设。

夏北村改造总成本为36亿元，村集体从融资用地中分到现金32亿元，采取"分四留六"，即40%分给村民，保证每个股东不少于20万元，60%用于支付集体物业复建。改造后，四类用地的比重分别是：村民安置用地占9%、集体物业复建用地占17%，融资用地占25%、公共设施用地占49%。

改造前，夏北村集体物业总建筑量为89.05万 m^2，村民住宅总建筑面积为59.75万 m^2，合计总建筑量为148.8万 m^2；改造后，集体物业复建量为73.1万 m^2（合作社物业拆1复建1，村委会的物业不再复建）、旧村居复建量74.69万 m^2（拆1复建1.25）、融资建筑量343.29万 m^2（假设楼面地价4000元），合计491.08万 m^2，毛容积率1.9，净容积率3.1。

土地实现了集约节约利用，整个地区通过改造提升了城市品质，既有河涌改造成为优美的水系绿化景观、公共活动空间，也有完备的医院、中小学、幼儿园等公共服务设施。大量优质物业为村民提供了持续的租金收入，为政府扩张了第三产业税基。

5.3 对南海旧村居改造的讨论

在夏北村的改造中看出，南海区政府通过精确的计算明确了城乡利益边界、分配土地增值收益，确立了一整套开发模式，使得多方利益得到保证，让城市政府、开发商和农民共赢，构筑了围绕农村集体建设用地的新的城市增长联盟，推动了地区的改造更新。

改造规划由于坚持了"三个前置"的原则，提前控制了城市公共绿地、基础设施、公共设施等用地，在保障农民集体建设用地上的利益不受损害还略有增长的前提下推动了有质量的城镇化，保障了公共利益。

与广州猎德村不同的是，南海的旧村改造将村庄集体物业全部纳入改造范围，避免了单纯改造旧住宅造成的开发强度推高的问题，更重要的是保证了公共设施与基础设施的配置与落实。基本做法类似于私有土地产权明晰的台湾地区旧城改造中的"市地重划"和日本的"减步法"。

虽然南海的旧村居改造取得了明显的成效，但也存在增值收益分配的问题。以万达广场项目为例，城市政府鼓励村民将部分集体建设用地转国有出让，最终以 1400 万元／亩的价格由万达拍得。根据南海三旧改造政策，土地出让金在扣除"三金"后由城市政府与村集体五五均分，也正是这一激励驱使村民愿意出让用地。但换个角度看，这实际意味着城市政府以近 700 万元／亩的价格征地！这一代价是否过于昂贵？村集体和村民是否真正有权享受如此巨大的收入？

进一步的问题是，村集体获得土地出让金后该如何使用？是分钱，还是作为集体资产投资换取持续收入？这一系列问题都是值得进一步思考，以对目前的改造模式继续修正完善。

6 高成本城镇化之困

城镇化是一个从数量扩张到质量提升的持续过程，"新型城镇化"意味着政府要加强对城镇化的领导和引导。相对于以往粗放、低成本的城镇化而言，新型城镇化就是追求更高质量的城镇化，就是要支付更高成本的城镇化，因此如何处理好城市土地增值分配，便是新型城镇化成败的关键！

6.1 区位决定阶层

近年来珠江三角洲的"三旧改造"得益于土地区位价值的改善和房价的大幅度提升。但是由于缺乏国家税收制度的保障，"三旧改造"孤军深入的结果却导致了社会阶层分化的加剧：

（1）"城中村变富豪、城边村变富人，远郊村还是穷人"。同样是农民，却因三旧改造政策导致财富差距的巨大悬殊，这样的社会政策显然是有失公平的。

（2）集体建设用地的二次改造产生了大量的食租阶层，最终会腐蚀城市的风气，因为一个好的城市文化应该鼓励创新创业，而租赁经济则是消极的。

（3）由于城中村改造，这些城市自发形成的廉租房社区被推向远郊，使得大量外来低收入务工者被驱逐到远郊去居住，在生活成本增加的同时，工资也要随之提升，广大市民不得不为服务业工资上涨买单。

为此，2012年广州出台的《关于〈加快推进"三旧"改造工作意见〉的补充意见》，要求改造"从紧从慢"，以检讨改造中建设强度过高、土地协议出让压低土地价值、公共服务设施得不到保障、历史文化保护力度不够等问题。

6.2　存量规划的变革

从使用增量土地的"开发型"规划转变为盘活存量土地的"三旧改造"，意味着城市发展将从外延粗放式向内涵集约式转变。在传统的增量土地供给模式下，地方政府相当于土地一级开发商，进行统一的征地、拆迁、安置、补偿，将生地变为熟地有偿出让。而存量土地盘活，则属于土地的"二次开发"，由于土地已经有使用者，不考虑既定的利益格局，就难以推动再开发。这一根本性的转变，必然对城市规划产生直接影响：

面对旧村居多方利益角力的改造局面，规划的前置基础发生变化：不能只是考虑地方政府土地整备成本，还必须回应多方利益平衡，只有通过强化规划中的"经济账"环节厘清现状利益格局，测算改造成本；介入增量收益分配机制的政策设计；最后才能在空间上落实利益格局重置。

因此，"三旧改造"中的规划已经不再只是用地控制管理工具，不能只简单地计算土地一级开发的投入产出；而是直指改造决策的"变压器"，城市规划也就成为多方利益主体博弈的平台：

（1）研究型规划：结合城市发展规划充分发现改造地段的区位价值，明确发展预期，谋划合理的改造目标。

（2）策划型规划：平衡各方利益，强化经济测算，制定开发模式。帮助政府厘清存量利益，控制改造的经济和社会风险，设计好增量收益分配机制。

（3）政策型规划：加强土地开发权管制，把住土地从资产转为资本的关口，实现生态环境、公共设施（基础设施）、农民利益"三个前置"，保证公共利益优先。

6.3　结论

珠三角"三旧改造"通过构筑城乡利益共同体推动了城市更新，是对农村集体建设用地"潜在市场价格"的认可，开启了我国城乡建设用地"同地同市、同地同价"的先河。

从本质上看，这是一场为农村集体建设用地"赋权"的运动，即通过土地确权承认农民对合法集体建设用地拥有完全产权。通过改造，将原来已经开发但是产权不完整的集体建设用地转变为享有完整产权的、合法的国有用地，通过土地的"正规化"使用，推动了农村集体建设用地由"资产"到"资本"的转化，使之成为可以在市场上完全自由流通和融资的"资本"，为打破城乡建设用地"二元"困局，为节约集约土地探索了一条有效可行的途径。

"三旧改造"的过程是地方政府、开发商、村集体和村民等几个"主体"之间的相互博弈过程，各利益主体之间存在权责利关系，各方都希望能实现自身最优目标或利益的最大化。因此，如何通过规划研究创造一种使对弈各方共赢的合约安排，即如何协调好改造中各相关利益主体的利益关系，是三旧改造规划得以顺利推进的前提。

　　"三旧改造"在保障农民既有利益适度增长的前提下，破除了"低成本城镇化"的魔咒，提升了城镇化质量；进一步改进的方向是通过完善税制避免"区位决定阶层"的尴尬，让工业化、城镇化带来的土地升值能够更多进入公共财政领域以支付城镇化的成本。

参考文献

[1] 魏立华、闫小培."'城中村'：存续前提下的转型"[J].城市规划，2005，（7）.

[2] 袁奇峰、杨廉、邱加盛、魏立华、王欢.城乡统筹中的集体建设用地问题研究——以佛山市南海区为例[J].规划师.2009，（4）.

[3] 杨廉、袁奇峰.基于村庄集体土地开发的农村城市化模式研究——佛山市南海区为例[J].城市规划学刊，2012，（6）.

[4] 杨廉、袁奇峰、邱加盛、郑家荣.珠江三角洲'城中村'（旧村）改造难易度初探[J].现代城市研究，2012，（5）.

[5] 中国土地矿产法律事务中心调研组.惠民多赢的助推器——广东省佛山市'三旧'改造调研报告[J].国土资源通讯，2011，（4）.

[6] 梁源源.猎德城中村拆迁补偿安置模式研究[D].暨南大学，2009.

[7] 谢戈力.如何实现'三旧'改造中的'共赢'——'三旧'改造参与者利益平衡的博弈分析[J].中国土地，2011，（2）.

[8] 张侠、赵德义、朱晓东、彭补拙.城中村改造中的利益关系分析与应对[J].经济地理，2006，（3）.

（本文合作作者：钱天乐、杨廉。原文发表于《城市与区域规划研究》，2015年第3期）

附录

安宁给了我机遇

——访云南省安宁市政府办公区设计者

2007 年元旦，中山大学博士导师袁奇峰教授旧地重游，在他主持设计的云南省安宁市政府办公区接受了本报采访。可能没有任何地方比在这里与他见面更适合，十多年前，就是他，在白纸上为这块荒地勾下一个未来。

"十年的时间跨度很大，虽然建筑风格在不断流变，建筑材料也日新月异，但是现在回头看来这还是一个成功的作品，因为这是一个很有魅力的建筑群体设计，特别是市政府广场已经成为市民活动的场所而被广泛认同，已经成为城市的象征和标志性建筑，是安宁的城市名片。"当年的青葱小伙转眼已年过不惑，他的眼光很放松，也很深沉，我能感觉到他话语中的坚定、自信和自豪。

他说安宁是他的幸运地。市政府办公区于 1997 年建成，至今已经使用了近十年，这个项目曾经获得由云南省建设厅和建筑师学会颁发的"省级优秀建筑创作奖"，是他职业生涯刚刚起步时期的作品。当年，他还是云南工学院的一名讲师，跨出同济大学的校门还没几年。身处中国改革建设大时代，中国城市的发展正处于大发展、大重组中，年轻的城市规划师一直在用青春特有的激情，思考着一道也许是横在当代所有城市建设着面前的课题：如何在高速发展中保持和创造城市的特色，让城市真正成为市民留恋的家园，而不是钢筋混凝土的集中营。

图 1　安宁政府办公区（日景）　　　　图 2　安宁政府办公区设计模型（全景）

袁奇峰教授说"建筑是有魂的"。如何让建筑拥有长久的生命力？袁奇峰认为核心不在外形和细节处，经过近 20 年他的实践历练，他已形成了自己独特的建筑设计理念：

"一是喜欢将建筑放在城市和周边环境中一同思考，这就是城市设计的观点；二是倾向把建筑作为形成高质量城市空间的手段，在满足建筑功能的前提下注意创造有魅力的室外空间，为市民提供活动空间，建筑只是这些活动空间的围合体而不是主角；三是习惯在设计中将公共利益放在首位，在保证甲方的利益的同时，将项目带来的好处贡献给周边社区，而将项目的外部不经济降到最低。"当年，他在安宁初试牛刀，这些理念还不像现在这么清晰，所幸他不完全成熟的想法得到了当时的安宁市领导的认可，并给他尝试的空间。

袁奇峰记得：当时安宁撤县设市，需要建设新的行政中心，市政府非常重视，经过多家方案比较，最终由他带领的云南化工设计院项目组获得了设计任务。作为主创者，袁奇峰提出打破传统政府建筑"高墙大院"的衙门模式，将政府前广场和大会堂直接对市民开放，用建筑创造亲民的政府形象的思路，与当时的市领导一拍即合，因此他们的方案打出了"撤县设市，送给安宁人民的礼物"口号。像他这样一个二十多岁的年轻设计师，能够获得这个机会，而且基本是按自己的想法实施，在当时难能可贵。新安宁的锐气和大气，给了年轻的设计师机会，也给自己找到了一条适宜人居的城市建设之路。这些年建成的百花公园、调蓄湖公园、电影院广场等，和政府前广场一样，为安宁人提供了闲适休憩的空间体系，开启了从县城走向城市格局的转变。与国内很多同类城市相比，安宁走在前面。

创新意味着挑战。袁奇峰还记得：政府办公区当时面临两大挑战：一是如何处理复杂的地形？二是开放式的人民政府办公区模式应该是怎样的？

办公区的基地地形比较复杂，地处一条冲沟之上，基地刚刚完成填土，地基松软；地形北高南低，高差达到10余米；西、南侧是城市主干道，南侧道路平坦，西侧道路落差则较大；东、北侧是已经建成的居民小区。他提出了比较高明的基地处理方案：①划分台地，形成三个台阶，尽量减少填埋冲沟的土方工程量，最大限度减薄新填土厚度，降低基础建造成本，避免土方塌陷；②大会堂和政府办公楼设计都跨越两级台地，减少在山地上划分台地给建筑使用带来的不便；最低一级基本与南侧道路平，设置大会堂入口；第二级设置政府办公楼礼仪性入口和大会堂后勤入口；第三级设置政府办公楼日常出入口。③利用西侧道路较大的落差，在政府前广场北端因借大规模的台阶围合形成下沉式广场的特征，在西、北两侧利用地形高差和树木布局与东侧安宁会堂共同围合起一个高质量的城市钟形广场。

图3　安宁政府办公区（会堂）

图4　安宁政府办公区（夜景）

设计方案因地制宜、体现了先进的规划布局理念：①亲民，方案以"撤县设区，送给安宁人民的礼物"为题，在规划布局中将政府前广场、"安宁会堂"对市民开放，打破了传统政府建筑"高墙大院"与民隔绝的衙门模式，创造了亲民的政府形象。②威严，通过广场的设计，创造出空间的轴线，把构图对称的政府办公楼布局在轴线尽端的高地上，一栋仅11层高的办公楼凌驾于十米高台之上，犹如布达拉宫般依山而建，庄严感、权威性油然而生。③景观，广场设计运用水景增加活动的趣味，改善了小气候，还考虑了从高空观赏的"第五立面"，形成"一把金钥匙"的广场图案造型效果；充分利用地方材料，用红沙石和青石配合铺装广场，形成有色彩和构图的地面铺装效果。④效率，便于安全控制，将政府办公区管理的范围退到第二级台地办公楼入口处和第三级政府内部停车场，使安全控制面尽可能缩小并更为有效。

袁奇峰教授说"一个好的设计要三个要素：①好的甲方，在方案选择上秉持公正立场，眼界开阔，能够尊重和平等对待设计人员，从善如流；对自己的需求有正确而深刻的理解，可以和设计人员共同探讨和深化设计方案；②好的项目，好项目一要重要，二要有挑战性；③好的设计师，他师有意愿也有能力解决问题，能够因地制宜、因势利导地做到地尽其利，并有充分的想象力和说服能力。"幸运的是，他在安宁都碰上了。

安宁给了袁奇峰"财富"。他说自己在后来的工作中，在安宁实践里形成的理念和经验一直非常受用。因此，他对安宁有一种特别的感情，他称为"一生的缘分"。

1995 年，袁奇峰教授被广州市作为特殊人才引进，曾担任广州城市规划院总规划师、院长助理。他先后主持了广州、深圳、成都、沈阳、南京、南昌、江西九江、珠海、佛山、东莞、惠州、南海、番禺等多个城市

图 5　安宁政府办公区（办公楼）

市或地区发展战略研究，以及广州沙面保护规划、珠江新城规划检讨、花园酒店广场设计等近百个规划设计项目。曾经三次获得建设部优秀规划设计奖；2001 年获"广州市建设者奖章"。2002 年作为主要起草人员参与中华人民共和国国家标准《民用建筑设计通则》修编。在广州市城市发展战略规划中他提出广州市城市发展从"云山珠水"走向"山城田海"，和"南拓、北优、东进、西联"的发展战略；为配合 2010 年亚运会在广州召开，他又首倡"亚运城市"概念，提出建设"文化广州、商业广州、活力广州、绿色广州"，后来在政府文件规划中正式表述为 32 字目标。谈到这些，袁奇峰充满了自豪与期待。显然他正享受着工作带给他的愉悦和成就。

目前袁奇峰是中山大学教授、博士生导师；国家注册城市规划师，教授级高级规划师。身为广州、武汉、南京、佛山多个城市的顾问。经常在全国各地担任各类城市规划和建筑设计国际竞赛的评审专家。

"我们是 80 年代的大学生，与国家一同苏醒，伴随改革开放一起成长，是中国社会转型时期培养的第一代人。我们比六十年代的大学生少了一些理想主义，又比 90 年代商业化时代的大学生少了一些现实主义色彩，关心国家大势。我们还算是有理想和追求的一代人，能够干自己喜欢干的事，已经很幸运。"

（原文发表于《安宁日报》，2007 年 6 月 15 日，记者：石西）

阔别六年重返城市规划委员会

——一个广州规划界"炮手"的执著与信念

说起这些城市规划师，中山大学地理科学与规划学院教授、博士生导师袁奇峰可以说是这一行业的风云人物，近年来，袁奇峰的名字见诸报端杂志时，往往是由于他通过微博对广州城市规划中一些不合理的项目进行"炮轰"，上周他又以"袁奇峰阔别六年重返规委会"的头条新闻再一次强势进入公众视野，一个规划界的急先锋，到底跟广州市规委会有什么瓜葛？为何要出了又入？并且还要如此高调？入了以后，他的规划火力又将如何安放？

谈经历：20年规划界的摸爬滚打见证20年的城建史

深蓝色风衣下衬着笔挺的浅蓝色衬衣，略显灰白的头发，春日的一个下午，袁奇峰在位于中山大学的工作室里接受了记者的专访。谈起诸多往事，细节依旧清晰，兴之所至，他拿起烟来一根接一根地抽着，还不时发出"哈哈"的爽直笑声。

1965年他出生于云南普洱，1989年从同济大学城市规划专业毕业，获工学硕士学位，毕业后的五年他回到云南昆明在大学里任教，五年间获得的最大的感悟是"在薄田上耕耘，努力工作的边际效益递减来得很快。"

用他自己的话来说，在30岁这年他"下定决心'归零'"，在广州交易会通过人才招聘会得到第二份工作——广州城市规划勘测设计研究院总规划师，直至院长助理。十年后，他又再次"清空"，来到中山大学任教。

今年对于袁奇峰来说，是挺特殊的一年，踏入五十"知天命之年"，来穗工作生活第二十个年头。

前十年在广州市规划勘测设计研究院任总规划师时，他在"体制内"完成了广州城市发展战略、总体规划、珠江新城CBD等多个奠定广州未来城市发展的规划设计方案；而后十年中山大学的学者生涯中，他又不停歇地用"第三只眼"来审视着广州的城市规划，成为广州规划界乃至媒体中知名的"炮手"。

对于这二十年的风雨历程，这个年过半百的专家是这样总结的："虽然社会是很复杂的，但是我们仍然可以保持内心的纯净和简单，要'外圆而内方'"。这段话是去年6月，在中山大学地理科学与规划学院的毕业大会上，袁奇峰送给即将走出校园学子们的。

谈规委会：曾是首届规委会发展策略委员会委员

谈及这些年来与市规委会这段"斩不断理还乱"的关系，袁奇峰点着一支烟，透过烟雾，他说，这要回到2006年，当时广州正式成立城市规划委员会，委员由政府委员、规划专家和公众代表委员两部分组成。其中，设有由市长主持的"大规委"、由分管副市长或者规划局局长主持的发展策略委员会，以及建筑环境与文化艺术委员会，共计95个席位，当时袁奇峰曾是广州首届规划委员会发展策略委员会的委员。

按照制度设计，大规委主要讨论城市总体规划和重大课题，而涉及利益调整的控规都由发展策略委员会这个常设会议来审议，作为其中的一员，袁奇峰回忆，"当时有很多控规调整都没有通过，有的案子还数次提交上会"。

"据我了解，当初成立规委会的初衷很简单，就是规划局自己要减少自由裁量权，保护干部。"袁奇峰说，改革开放三十年广州的城市规划管理一直面临着市场经济巨大利益的急剧冲击，有曾经的同事倒在了钱权交易上。

这个行之有效的制度随着时间变化而变化。2008 年，广州亚运会的建设也进入到最后的"冲刺阶段"，为保证规划调整的效率，规委会原有的议事制度悄然发生了改变：常设会议的制度被打破，原有的三个委员会专家被"打通"，任何一个规划方案提交审议时，规划局会从这三个委员会中按比例随机抽取委员"临时"组成委员会来审议……

在这期间，袁奇峰在广东省委宣传部主办的"岭南大讲堂"的一次演讲中，因为批评金沙洲建设大规模保障性住区是"政府人为制造贫民窟"，而得罪了不少人。

广州建设金沙洲保障房小区旨在为 6000 多户"双特困户"解决住房问题，袁奇峰认为"把保障性小区建设到要独立配套小学和中学的规模，将这么多贫困人口放在一个地方，只会为那里生活的居民世世代代打上'贫民'的标签。"

他建议保障性住区应该"大分散小集中，把十二个五百户规模的保障房组团分散到全市不同的地方，让双特困户的孩子可以选择周边任何一所学校，避免贫困的代际传递。"当时这一话题掀起了全城媒体的大讨论。

"从此广州城市规划委员会再也没有通知我开过会，我基本和广州规划界'绝缘'了，2008 年以后再没有到过广州市规划局。"于是，袁奇峰与规委会"渐行渐远"，被贴上了广州城市规划批评者的标签。

批评、讨论的意义就在于它们往往会构筑起社会认知的平均水平线，这对于一个城市的提升很有价值。规划方案为什么要提交规委会来讨论，它就是形成了一个标准，这次方案没通过，下次再提交方案时水平就要比这次的更高，有了这样的标准才对一个城市发展有利。

谈回归：作为第二届规委会增补委员从市长手中接过聘书

本月初，广州市规委会召开了今年以来的第一次会议，这也是广州启动机构改革成立国土资源和规划委员会以后的首次规委会。作为第二届规委会的增补委员，袁奇峰在会上从市长陈建华手中接过了聘书，第二天，全城媒体纷纷以"阔别六年"、"重返规委会"等字眼报道了这一消息。

谈到重返规委会的感想，袁奇峰表示，"这是我参加的规委会中规格最高的一次，过去都是分管副市长或者规划局长主持，而第二届规委会从 2012 年至今又恢复了常设会议制度，这非常重要，可以为规划调整建立一支相对稳定的尺子，有利于提高规委会决策的公信力。"

他认为，去年下半年他对广州城市规划的一些批评意见引起了市领导的重视，可能他们希望在决策之初就能够多听到一些不同的意见，在规委会上能包容更多的声音，这是他这次被增补进来的重要原因。

本次规委会由市长陈建华主持，历时三个半小时的会议共审议了六个议题，其中三个议题获得高票通过，另外三个则由于种种原因被挂起"暂不表决"。会后，袁奇峰用"原则性强又有灵活性"来形容作为会议主持的市长在规委会上发挥的作用。

提交本次会议审议的白云山西南麓的总部发展项目，让袁奇峰印象深刻，该项目计划利用白云山西南侧一块废旧油库的空地，建设中航油集团的南方总部研发基地，并开辟多一个白云山风景区的出入口，方便市民登山，但项目由于涉及白云山风景名胜保护区范围，遭到了不少与会专家的反对，最后该项目未提交规委会表决。

"市长在会上说，本届政府承诺在任期内不减白云山的一寸绿地，提出可以用'土地置换'的方式，在广州其他地区为中航油提供一块用于总部办公的同样价值的土地。其实，中航油总部项目就是市长亲自联系的招商引资项目，对广州经济发展很重要。这样的处理方案，一方面白云山不但没有减少绿地，还增加了绿地的面积；另一方面，维持了政府招商引资的承诺。市长的处置方法平和、务实，原则性中又有灵活性。"

谈"放炮"：发起海心沙讨论竖起社会认知标杆

虽然有六年时间离开了广州规划界，袁奇峰依然没有停止过对广州城市规划的关注，此时的他已在中山大学校园里开始了学者生涯，同时也用起了"博客"、"微博"这些的"新式大炮"。

沙面入选"中国历史文化名街"，他在微博上直叹"沙面沦落"，更用"哀其不幸，怒其不争"直指沙面保护不力；广州亚运会一周年之际，他在微博上发问："亚运会开幕式主会场不是临时建筑吗？还打不打算拆了？难不成要留一个广州最显著的违章建筑？"此时媒体和公众才发现，这个曾经震撼亚洲的亚运开幕主会场原本的规划用途是公共绿地……

在袁奇峰发起海心沙拆留大讨论不久，2011年7月，广州市规委会以全票通过的形式，赋予了海心沙亚运主看台合法的永久建筑身份。"到现在为止，我都不知道我这个批评算是干了好事还是坏事。如果我不说，可能过一段时间政府觉得维护这个东西经济上不划算就会拆了，可提出批评后，政府反而通过规委会合法地将其变成了永久建筑。"

说起自己曾经放的这个"炮"，袁奇峰有点哭笑不得，但他很快严肃地表示，之所以要批评海心沙，是因为它破坏了法治，如果这次不提出来，那下次如果广州要开奥运会，是不是可以把流花公园给拆了来建场馆？

"我要通过这次讨论传达一个观点：'即便是政府也不能够随意违反规划，侵占规划确定的公共绿地。'这不只是海心沙本身的问题，也是广州所有的公园都可能要面临的压力。我们要通过公共讨论树立一个标杆，让今后政府在做类似决策的时候都会多一些谨慎，我想这个意义比海心沙看台拆不拆还要重要得多，为维护广州公共绿地修筑了一道防线。"

谈批评：在规委会议题之外还将"继续开炮"

在广州这个城市生活了二十年，袁奇峰说，早已将这里当成自己的家，正是因为太有感情了，才觉得广州值得自己花这么多精力来关注、批评和建设。在频频"开炮"的日子里，有网友质疑他的批评是"马后炮"，为了"博眼球"，甚至有身边的同事问他"为什么老是发表对广州城市规划的批评"意见。

在采访中，袁太太曾这么评价自己的老公："这样的脾气还能在国内混下去，简直就像在做梦啊！"但袁奇峰很得意："你看，这就是广州的可爱之处，它有足够的包容性。"

袁奇峰说，他的出发点往简单里说就是搞城市规划科普，"我主要想把这些问题放到公共平台上去讨论，向大众传达理性、专业的分析，让学术的东西变成一种常识，最后形成对这城市公共性的捍卫。"

"批评、讨论的意义就在于它们往往会构筑起社会认知的平均水平线，这对于一个城市的提升很有价值。规划方案为什么要提交规委会来讨论，它就是形成了一个标准，这次方案没通过，下次再提交方案时水平就要比这次的更高，有了这样的标准才对一个城市发展有利。"

而让他感触颇深的是，一直以来广州的城市舆论环境还是不错的，虽然对政府有很多平和、理性和务实的批评，但总的来说大家都很能够接受，很多决策都可以放到公共领域来进行讨论。

如今再次回归规委会，袁奇峰评价自己成为了规委会中的1/37，面对提交审议的规划方案将通过无记名的投票器投上自己的一票。"一旦我在规委会上充分表达了我自己的观点，不管被大家接受还是没有被接受，我都不会再在会议之外再进行任何批评，因为既然我已经在决策体制内进行了表达，当然就应该服从决策程序。"

这番话，是否意味着今后广州规划界将少了一名"炮手"？袁奇峰说，对广州城市建设的批评应该成为一种常态，专家学者对公共事务批评或者评论的意义就在可能构筑起社会认知的平均水平线，这有助于城市整体水平的提升。而规委会这种形式就是将不同的声音都包容在一起，在决策前听取各方面的声音，再通过委员无记名投票来进行决策，这比在体制外的批评更加有效，对于领导决策来说也更有帮助。"当然，规委会上没有讨论过的问题，我还是会通过报纸和微博、微信表达自己的观点。"

谈珠江新城：是我带着一群华工的实习生规划的

去年底，广州第一高楼珠江新城东塔正式封顶，它以530m的全新高度冲击着广州的天际线，也意味着广州在过去二十年倾心打造的珠江新城终于落下最后一颗棋子。在这条新中轴线上有太多的广州之最——最大的市民广场、最大的地下空间、最好的文化建筑、最繁华的商务区和最高的摩天大楼……

作为2003年《珠江新城规划检讨》的项目负责人，回首往事，袁奇峰多次用了"神奇"二字来形容，珠江新城规划给予他最大的收获，就是"听从自己的兴趣，耕耘必定会有收获，天大的压力如果都能够承受，所有的挫折都会转化为正向收获。而世事往往是'失之东隅、得之桑隅'，我在规划院做了那么多项目，只有这个让人们念念不忘，当然也是因为我们的方案为广州规划发展的关键时期提供了一个很好的产品，满足了发展的需要。广州过去从来没有过这样一个地方，以后也不会再有这样的机会。"

1999年，当时在广州市规划勘测设计研究院工作的袁奇峰遇到一个机会：启动六年却迟迟不能发展的珠江新城将要调整规划，但项目设计费仅50万元。这明显是"吃力不讨好"的事，领导重视、要求奇高、费用极低。"我觉得有意思，就接了过来"。

十多年后，袁奇峰与记者谈及往事时坦言，此前在云南的五年讲师生涯中"没遇到过一个像样的规划"，也增加了他来广州后对于承接项目的"渴望"。但是规划费确实太低了，以至于该项目甚至没办法在规划院维持一个设计团队。"有一个高级工程师看我一个人可怜，跟我合作了一年也就再也不管了，最后的规划成果中我还是将她的名字写在了第二位，如果不写她，后面可能就都是实习生的名字了。最后就是我一个人带领几个华南理工大学的本科实习生尽力完成了这个规划。想不到吧！"后来，广州市政府为白鹅潭地区发展规划聘请外国公司，项目经费却高达5000万元人民币。

如今，袁奇峰在中山大学拥有了属于自己的城市规划工作室和设计团队，参与编制的规划图册遍布工作室的各个角落，但对于规划项目的兴趣仍然是他取舍项目的重要导向，"在经济上，大家都有一定的生存压力，我们教授工作室也有，但我们没有规划院那么急。更多时候对于我感兴趣的事情，我愿意多花些力气来做些研究，这样的做法给研究生提供了不少课题。在选择项目上我可能比较'任性'，不感兴趣的项目可能要给我很多钱我才做，而我想做的事情贴钱我也愿意干。"

谈遗憾：珠江新城规划停车位太多致交通容量和停车位配比失调

在珠江新城高速发展的这六七年时间里，袁奇峰与其带领的研究生团队一直没停止过对于规划实施情况的研究，"我们跟踪了六七年形成了多篇硕士论文，可以说珠江新城规划的完成率至少在9成以上"。

虽然珠江新城规划已成为自己职业生涯中浓墨重彩的一笔，但多年来袁奇峰也没有停止过对自己规划方案的检讨。

在他眼中，规划之初，珠江新城地下停车场按照常规的高容积率汽车配套来配是最大的失误。完成珠江新城规划后不久，袁奇峰先后到了纽约曼哈顿和香港中环考察，"回来之后就发现自己搞错了"。

按照袁奇峰的规划，珠江新城停车是按照100㎡建筑面积配0.8个车位，这么多停车场配下去，会导致珠江新城的道路交通容量和停车位的配比失调，在交通高峰时段，车辆进不去停车场，停车场里的车也出不来。

此外，规划中规定了所有中轴线上的建筑，都要经过国际竞赛来获得方案，但由于"规划管理部门没有坚持下来"，至今只执行了三分之一左右，甚至在中轴线两旁都出现了许多难看的"方盒子"建筑。"广州的城市建筑和上海一对比就显得要平淡，正是由于上海大多数的高层建筑引入了国际竞赛的机制，造型设计比较丰富。而广州则是开发商的品位绑架了市民，这才是奇奇怪怪建筑的根源所在。"

谈尴尬：沙面和花园酒店广场两个规划最可惜

除了珠江新城规划，如今的广州城中有不少地方也留下了袁奇峰的印迹，主导编制沙面保护规划、环市东路花园酒店广场设计、上下九骑楼街步行化以及解放路双层骑楼等规划设计项目，作为2000年《广州城市总体发展战略规划》"南拓、北优、东进、西联"的主要完成人，袁奇峰首次提出了广州要从"云山珠水"走向"山城田海"，此项目开了中国研究型规划的先河，并被业内誉为"新千年以来城市总体规划编制领域最具革命性的探索"。

谈到自己多年来对于广州城市规划项目的遗憾时，袁奇峰会不假思索地抛出两个项目，沙面保护规划和环市东花园酒店广场规划。

按照袁奇峰原本的设想，沙面保护将分为"三步走"：搬迁岛内的公房居民，恢复沙面建筑的现代办公功能，拆除白天鹅宾馆引桥、在沙面公园建设地下停车场、全面恢复沙面的步行化空间。

"现在沙面的保护只按照我的思路往前走了一步，第二、三步都无法推进。"袁奇峰指出这当中并不是被经济利益所绑架，而是被有关部门不愿意承担责任所耽误，"沙面地区很多历史建筑原来都是洋行的办公楼，而这些房子本身就不适合居住，而建筑本身也不是为了住宅楼宇设计的。因此我们希望在保持外立面不变的前提下，引入社会的资金对其内部进行结构加固和改造，以满足现代办公的需求。但这遭到了当时有关部门的坚决反对。而我们提出建设利用沙面公园下面的地下空间建设停车场，又由于涉及古树的保护而搁置了项目，很遗憾，如果当初拆除引桥建成了地下停车场，如今的沙面岛就能实现完全的步行化，这其中的意义可能要比保护几棵古树要现实得多。"

而位于环市东路花园酒店前的广场，按照袁奇峰当初的设计，是结合淘金地铁站建设，在环市东路下修一条行车的地下隧道，将地面5万多 m² 用地建设成为市民广场。"其实这个隧道已修好了，按照当初的思路走了一步，但遗憾的是隧道两边的坡道一直没有修通，而地铁方面想将这条隧道改造为地下商城，这也是做了一半没有做下去的遗憾。"

在广州市规划勘测设计研究院工作的十年里，用袁奇峰的话来说就是完成了"八级修炼"，参与的项目几乎涉及了规划设计领域的各个类型，"都'摸'了一遍，而且做得还可以。"

而在中山大学这十年的学者生涯里，袁奇峰用了很多时间和精力来审视规划设计与城市发展、经济利益之间的关系："城市规划是一个城市集体理性的体现，它超越了所有个人理性，却常常面临这样的尴尬：当我们做一个规划或者决策的时候，可能得益的人很多，从集体理性的思维出发应该选择，然而人均得益很少，所以大家不会誓死来争取这样事情。但在利益调整的过程中，可能利益受损的人很少，但是往往受损的利益很大，所以他们会跳出来坚决反对。这就出现了一些局部的、短期的利益往往会绑架集体的、长期的利益。"

（原文发表于《信息时报》，2015年3月15日，记者：吴瑕）

用批评的方式爱一座城

因为刚落马的广州前市委书记，中山大学博士生导师袁奇峰意外地在网络上"火"了一把。

万庆良被中纪委带走的第二天，他在微博上写道，新加坡的"规划之父"刘太格来广州做项目，遭遇了"规划之神"——当地一些官员，"不尊重科学，不知道常识。在山顶开挖大湖，在山地建百米大道。疯狂又狂妄！"

这番话看着如此新鲜，以至于几天后，全国有好几家报刊开始讨论"专家的反对何以成'马后炮'"。

如果他们以往关注过袁教授，也许就不会这么大咧咧地发表此论了。袁氏"炮轰"城市规划的问题已经 10 多年了。他写微博称，2010 年以后广州的城市发展就是"瞎折腾"，当地海珠区的环岛轻轨项目"没有科学论证，没有客流支持"，写到兴起时，这位广州城市规划院的前总规划师会问："这种稀里糊涂的决策竟然在广州市如此通行无阻……广州的专业部门难道都被阉割了吗？"

"一了解我这人，就发现我没停过'开炮'是吧？哈哈！"见到记者时，他略带得意地问道。

说是教授，袁奇峰身上却没多少书卷气，他不戴眼镜，是个国字脸、褐色脸膛的中年壮汉；与记者第一次聊天的近两个小时里，一根接一根地抽烟，时不时就"哈哈哈哈"地大笑。

他对眼下发生的争论多少有些习以为常。还在广州市规划院的时候，袁先生就在《羊城晚报》上开专栏，专门点评广州城市建设。原本的计划是写上 100 篇。

"结果写到 24 篇就再也没写下去了，哈哈哈哈哈！"这一串笑声，每一个"哈"字都响亮饱满。

他写文章抨击广州市中心一处高尔夫球场规划不合理，占用原本应向市民开放的绿地，结果领导找他谈话："球场是为了改善广州招商引资环境特意提议建造的，你咋能这么说呢？"

"城市规划本来就是一个'挑刺儿'的专业。"袁奇峰解释说，"每一个项目都是要解决未来可能影响生活的一系列空间问题。"城市规划的定义是"人类各种专业知识的集成"，他觉得，这种事儿，得用专业来说话。

因为"一根筋地直抒胸臆"，袁奇峰先生告别了自己的专栏，这是 1999 年的事儿。几年后，他还告别了广州的规划委员会，乃至被逐出这城市的规划界。

广州市在 2007 年要给 6000 多户"双特困户"兴建一个大型社区。"问题是，为什么要把这么多贫困人口集中，大规模地放在一个小区里？"袁奇峰很清楚这么做的弊端——事实上二战后的西方城市已经有过不止一次类似的尝试，结果大同小异：因为社区被打上了"贫民"的标签，不论其设施如何完善，人们一有出路就会急着离开。最后历经筛选而留下的，是越来越绝望的居民，最终集结成为严重的社区问题。

广州的这片社区范围大得可以建不止一所小学，他能想到的是，这儿的孩子长大以后，别人一看档案，就知道：哦，贫民区出来的。

国外的类似贫民区后来多被拆除，一些国家已要求房地产项目搭配建造 1/10 左右的公共住宅，以求穷人与其他社会阶层享用无差别的公共设施与服务。为什么国内却无视这些经验，转而去走别人失败的老路呢？

另一件事是广州市政府当初计划花上 10 亿元人民币，在市中心建 15 万个停车位。听着也是雄心勃勃的计划，袁规划师觉得忍无可忍：光建停车场，路还是原来的路，就好比"肚子很大，肠子细"，"不还是个死结吗？"

对这两个问题的思考，他都在广东省委宣传部主办的"岭南大讲堂"中一股脑儿说了出来。"过瘾！"袁老师回忆时仍觉得畅快，"下面的市民都叫好。"

可有时，他也"招骂"。"广州去番禺有三座桥，有一回，人大代表建议其中一座桥要免费了，记者来问我怎么看，我说，要不三座桥都免费，要不就还是全收费。因为收费除了还贷，还有调节交通流量的功能。只有一座桥免费，那不得交通大拥堵？"

这番话发表出去，"祖宗八代都被人骂了一遍"。要是时光倒转，他说，他还这么说。

"岭南大讲堂"讲完后，"领导都快被气坏啦"，广州的规划项目便不再找袁奇峰了，开会也不再邀请他，"广州的规划界就没我这个人了。"

好在他已经在中山大学重新开始了自己的学者生涯。研究之外，接点自己喜欢的外地项目做做，养家糊口总还不用担心。

袁奇峰甚至可以负担学生的交通费，让他们去外地，深入调研一个城市的情况，以真实存在的规划项目作为专业课的作业。

因为开销颇大，合作伙伴一度反对这种做法，但他的主意打定了：我当年在同济大学就是这么被培养的，现在该用这种方式去教下一代。

开学第一课，他命学生买把标尺，把宿舍里的桌椅床凳、宿舍外的花坛走道都量一遍，令这些学规划的新人一下对数字有具体的概念；他的学生每学期都要精读一本著作，写下"看着头大"的读书报告，因为规划师在领会数字之外，必须要有人文素养；最后，他还会让学生以自己的家乡为对象写一份规划现状的报告。

2010 年和 2013 年，他两次被毕业生评为"我心目中的良师"。

"他算不上是这行最博学的人，但个性一定是最棱角分明的。"老友杨保军说。生活中，袁奇峰个性随和，大多数事儿都不计较；就是在与人争论的时候，对自己认定的事理，一步都不肯退。于是同行聚会时常见的场面是，袁奇峰一个人就某件事说得滔滔不绝，其他人很少能插得上话。哪怕只和他见过一次面的人，也会对他印象深刻。"他会说，某某某是个傻子，他干的这就是个傻事儿！"其他中年人多少会说得委婉些，袁奇峰不这样。

他对这次自己的名字与万庆良联系起来"感到很不满意"：自己的批评，都是就事论事，从来不对着某个人穷追猛打；说事儿，不是为了泄愤，不是光抱怨，总会提出改进的方式，希望能让城市变得更好。

让他忍不住要发声的规划，往往是实在"太突破底线了"。

尽管被广州的城市规划界屏蔽，老袁也没闲着，现在他有了"微博"这件新式大炮。从前要批评一件事，还得先说上一堆好话，离开规划局以后，他的"开炮"就更直接了。

2011年，广州亚运会结束快一年时，他在微博上问：亚运会开幕式主会场不是临时建筑吗？还打不打算拆了？难不成要留一个广州最显著的违章建筑？

广东媒体一片哗然，好多人这才第一次知道主会场规划的用途本该是公共绿地。

他都数不清自己是第几次被推上风口浪尖了。袁太太这么评价自己的老公："这样的脾气还能在国内混下去，简直就像在做梦啊！"但袁奇峰很得意："你看，这就是广州的可爱之处。它有足够的包容性。"

一位大学同学曾对袁奇峰说："你要是在我们这儿，想说这些话，除非你这一辈子都别打麻将、斗地主或者是唱卡拉OK，你得当一个圣人才行。"这位同学在另一个省会城市担任规划局的局长。

"广州是我的家啊，我说它是为了让它更好。其他地方我去说它干啥。"袁奇峰说。

亚运会开幕式主场馆所在地海心沙，是广州CBD珠江新城的一处小岛。当年袁奇峰在做珠江新城的规划时，把这一片设计成了一处公园。

海心沙上的会场最终还是成了永久建筑，并且被用于商业用途。但袁教授并不沮丧。他说："我主要想把这些问题放到公共平台上去讨论，向大众传达理性、专业的分析，让学术的东西变成一种社会上的常识，最后形成对这城市公共性的捍卫。"

他希望自己的努力能留下一个又一个的足以成为后人捍卫城市公共性的案例，譬如"即便是政府，也不能随意侵占绿地公园"；譬如后来，广州再也没有建设大型的针对贫困人口的社区，转而将小型的保障房社区与其他房地产项目"混搭"在一起。袁先生尽管再也没有动笔画出城市的权力，但他知道，以后这城市里，不会再多出一群孩子仅仅因为小学的名字就被区分开来。

最近袁奇峰与中山大学的同事组织学术会议，发给嘉宾的礼品，是一本书，书名是《陈寅恪的最后二十年》。

"我们这代人与老三届那代人不同，他们被'上山下乡'修理得非常非常乖。但是我们1980年代上大学的这一代人，经历过公民意识的觉醒，我们身在其中，有责任推动进步，让这个城市变得更好。"

6月，中山大学地理科学与规划学院的毕业大会上，袁奇峰特别对学生们提到一件事情："在规划院工作时，有领导提点他说，你注重学习，善于思考，很好！但是你知道你说出这个理论，谁会因此受益，谁会因此受损吗？"他的回答是："我只能从学理、理性和逻辑去衡量，至于动了谁谁谁的奶酪，对不起，这是领导的责任！"

在这场人生中难得拿着讲稿发表的演讲中，他希望他的后来者们"尽可能不要陷入利益纠葛……虽然社会是很复杂的，但是我们仍然可以保持内心的纯净和简单。虽然我们去到社会上不得不经常要说一些违心的话，不得不办一些违心的事——但是，一定要有自己的底线。"

在讲话的最后，他祝福学生，希望当他们像自己一样老的时候，在饱经沧桑后，仍然能有一颗"乐观、纯净和充满激情"的心。

（原文发表于《中国青年报》，2014年7月16日，记者：黄昉苨）